Phare collection dirigée par Christian LEBŒUF

PC
PC*

Exercices avec indications
et corrigés détaillés
pour assimiler tout le programme

Maths

Jacques DELFAUD

Professeur agrégé de mathématiques
en 2e année de CPGE

ellipses

Retrouvez tous les titres de la collection *Phare*

sur http://www.editions-ellipses.fr

ISBN 9782340-003613

32, rue Bargue 75740 Paris cedex 15

www.editions-ellipses.fr

AVANT–PROPOS

Cet ouvrage est un recueil d'exercices conformes au nouveau programme 2013 des Classes Préparatoires aux Grandes Ecoles, filière PC. Il s'adresse à tous les élèves qui veulent se préparer aux colles (et donc aux oraux des concours) ou qui cherchent à approfondir leur compréhension du cours. J'ai essayer de poser des exercices sur tous les points du programme afin de rendre ce livre le plus complet possible et conforme à l'esprit de ce nouveau programme.

Il est à noter que la plus grande partie des chapitres sont communs aux filières PT et PSI, ce qui rend cet ouvrage accessible en grande partie aux élèves de ces filières.

Le découpage des chapitres et des sous-chapitres est celui du programme officiel. Les exercices sont ensuite classés par difficultés croissantes à l'intérieur de chaque sous-chapitre, les premiers exercices étant des applications directes du cours, les derniers plutôt des approfondissements. Il est donc conseillé de faire les exercices dans l'ordre du livre.

Vous trouverez les énoncés des exercices séparés des corrections afin d'éviter la tentation de regarder trop rapidement la correction. Si vous n'arrivez pas à démarrer un exercice, vous pourrez consulter les indications permettant de ne pas rester bloqué, sans pour autant consulter tout de suite la correction de l'exercice.

Les corrigés ont été rédigés très en détail et en n'utilisant que les théorèmes officiellement au programme. Il peut, bien évidemment, y avoir parfois d'autres rédactions possibles. Le choix des solutions retenues a été dicté par un souci de clarté et les «astuces» n'ont été utilisées qu'avec parcimonie et seulement dans des cas très classiques qu'il vaut mieux connaître.

Je me permet également de rappeler aux lecteurs qu'il est évidemment toujours préférable de bien chercher un exercice et de ne consulter la correction qu'après une vraie recherche approfondie. On ne se rend compte, bien souvent, des difficultés d'un exercice qu'après y avoir consacré suffisamment de temps et on ne pourra tirer un bénéfice du corrigé qu'en essayant de comprendre pourquoi on n'a pas pensé à procéder tel que, par exemple, le correcteur l'a fait. C'est à ce prix que l'on s'habituera à démarrer seul des exercices.

Il en est de même pour les parties calculatoires ou seul l'entrainement permet de ne pas faire d'erreurs de calculs et de gagner du temps sur ces questions ; la correction sert essentiellement dans ces cas là à vérifier ses propres résultats.

Je tiens, pour finir, à remercier Mr Christian Lebœuf pour sa relecture approfondie ainsi que pour ses conseils avisés et bien sûr mon épouse et mes enfants pour leur patience et leur soutien pendant les mois consacrés à la rédaction de cet ouvrage.

TABLE DES MATIÈRES

Espaces vectoriels
Endomorphismes et matrices

01

RÉPARTITION DES EXERCICES

I. ÉNONCÉS DES EXERCICES

1.01 Soient $E = \mathbb{R}[X]$, $A \in E \setminus \{0\}$ et :

$$F = \{P \in E \;/\; P = 0 \text{ ou } d^\circ(P) < d^\circ(A)\}$$

1°) Montrer que F est un sous-espace vectoriel de E.

2°) Déterminer un sous-espace vectoriel supplémentaire G de F dans E.

◇

1.02 Soient $E = C^0([0;1],\mathbb{R})$, $G = \{f \in E \;/\; \int_0^1 f(t)dt = 0\}$ et F l'ensemble des fonctions constantes.

1°) Montrer que F et G sont deux sous-espaces vectoriels de E.

2°) F et G sont-ils supplémentaires dans E ?

◇

1.03 Soient E un $\mathbb{K}$-espace vectoriel de dimension finie et (f,g) un couple d'endomorphismes de E.

1°) Montrer que si $f \circ g = g \circ f$, alors $\mathrm{Ker}(f)$ et $\mathrm{Im}(f)$ sont stables par g.

2°) Montrer que si $f \circ g \circ f = f$ et $g \circ f \circ g = g$, alors :

a) $E = \mathrm{Im}(f) \oplus \mathrm{Ker}(g)$.

b) $\mathrm{Ker}(f \circ g) = \mathrm{Ker}(g)$ et $\mathrm{Ker}(g \circ f) = \mathrm{Ker}(f)$.

c) $\mathrm{rg}(f) = \mathrm{rg}(g)$ puis $\mathrm{rg}(f \circ g) = \mathrm{rg}(g \circ f)$.

◇

1.04 Soient m un nombre réel, $e = (e_1, e_2, e_3, e_4)$ une base de $E = \mathbb{R}^4$ et u l'endomorphisme de E dont la matrice dans la base e est :

$$A = \begin{pmatrix} 1 & 1 & 0 & 0 \\ 2 & 1 & 1 & 1 \\ 0 & 0 & 0 & m \\ m & m & 0 & 0 \end{pmatrix}$$

1°) Déterminer $\operatorname{Im}(u)$ et $\operatorname{Ker}(u)$.

2°) Quand a-t-on $E = \operatorname{Im}(u) \oplus \operatorname{Ker}(u)$?

◇

1.05 Soit la matrice A, carrée de dimension $n \in \mathbb{N}^*$, définie par :

$$A = \begin{pmatrix} 1 & \dots & 1 \\ \vdots & \ddots & \vdots \\ 1 & \dots & 1 \end{pmatrix} \text{ (on a donc : } \forall\, i, j, a_{i,j} = 1)$$

On considère l'endomorphisme u de $\mathbb{R}^n$ représenté par A dans la base canonique e.

1°) Calculer A^p pour p entier naturel non nul quelconque.

2°) Montrer que : $\mathcal{M}_{n,1}(\mathbb{R}) = \operatorname{Im}(A) \oplus \operatorname{Ker}(A)$.

3°) Déterminer une base e' dans laquelle u est représenté par la matrice B définie par : $B = \begin{pmatrix} n & 0 & \dots & 0 \\ 0 & 0 & \dots & 0 \\ \vdots & \vdots & \ddots & \vdots \\ 0 & 0 & \dots & 0 \end{pmatrix}$.

◇

1.06 Soient $E = \mathbb{R}^4$ muni de sa base canonique $e = (e_1, e_2, e_3, e_4)$ et f l'endomorphisme de E représenté, sur la base e, par la matrice :

$$A = \begin{pmatrix} 3 & -8 & -5 & 6 \\ 0 & -1 & -2 & 1 \\ 0 & 1 & 0 & 0 \\ -2 & 4 & 0 & -2 \end{pmatrix}$$

On définit $\begin{cases} F = \operatorname{Vect}(e_1 + e_2 - e_3, e_2 + e_3 + 2e_4) \\ G = \operatorname{Vect}(e_1 + e_3, e_1 + e_2 + e_4) \end{cases}$.

1°) Montrer que F et G sont stables par f.

2°) En déduire que A est semblable à une matrice blocs $B = \begin{pmatrix} M & O_2 \\ O_2 & N \end{pmatrix}$, où O_2 désigne la matrice nulle de $\mathcal{M}_2(\mathbb{R})$ et $(M, N) \in \left(\mathcal{M}_2(\mathbb{R})\right)^2$.

◇

1.07 Soient $E = \mathbb{R}^3$ et u un endomorphisme de E tel que : $u^2 \neq 0$ et $u^3 = 0$.

1°) Soient $e_3 \in E$ tel que $u^2(e_3) \neq 0$, $e_2 = u(e_3)$ et $e_1 = u^2(e_3)$. Montrer que $e = (e_1, e_2, e_3)$ est une base de E.

2°) Donner la matrice M de u sur la base e puis déterminer $\operatorname{Im}(u)$ et $\operatorname{Ker}(u)$.

3°) Déterminer tous les sous-espaces vectoriels de E stables par u.

◇

1.08 Soit $E = \mathbb{R}^3$ rapporté à sa base canonique $e = (e_1, e_2, e_3)$. On note id l'application identité de E.

On considère la matrice A de $\mathcal{M}_3(\mathbb{R})$ définie par $A = \begin{pmatrix} 1 & 0 & -1 \\ -1 & 1 & 1 \\ 0 & -1 & 0 \end{pmatrix}$

et f l'endomorphisme de E dont la matrice dans la base e est A.
Soient F et G les sous-espaces vectoriels de E définis par :

$$F = \operatorname{Ker}(f) \text{ et } G = \operatorname{Ker}(f^2 - 2f + 2id).$$

1°) Déterminer une base de $\operatorname{Ker}(f)$.

2°) Déterminer la matrice dans la base e de l'endomorphisme $f^2 - 2f + 2id$ puis déterminer une base de G.

3°) Montrer que F et G sont deux-sous espaces vectoriels stables par f.

4°) Montrer que F et G sont supplémentaires dans E.

5°) Déterminer une base e' de E dans laquelle la matrice de f soit de la forme : $A' = \begin{pmatrix} 0 & 0 & 0 \\ 0 & \alpha & \beta \\ 0 & \gamma & \delta \end{pmatrix}$, avec $(\alpha, \beta, \gamma, \delta) \in \mathbb{R}^4$.

◇

1.09 Dans tout cet exercice, n désigne un entier naturel non nul, E un espace vectoriel réel de dimension n et f un endomorphisme de E.

1°) On suppose dans cette question que $\operatorname{Ker} f = \operatorname{Im} f$.

a) Montrer que n est pair.

b) Déterminer le rang de f en fonction de n.

c) Montrer que f^2 est l'endomorphisme nul.

2°) On suppose dans cette question que f^2 est l'endomorphisme nul et que $n = 2\operatorname{rg}(f) = 2p$.

a) Montrer que $\operatorname{Im} f \subset \operatorname{Ker} f$.

b) En déduire que $\operatorname{Ker} f = \operatorname{Im} f$.

c) Montrer qu'il existe une base B de E telle que $M_B(f) = \begin{pmatrix} O_p & O_p \\ I_p & O_p \end{pmatrix}$,

où I_p est la matrice identité de dimension p et O_p la matrice carrée de dimension p dont tous les éléments sont nuls.

◇

1.10 Soient a, b, x trois nombres réels fixés. Calculer les déterminants suivants :

1°) $\Delta_1 = \begin{vmatrix} 2x & 2x & x-a-b \\ 2a & a-b-x & 2a \\ b-a-x & 2b & 2b \end{vmatrix}$

2°) $\Delta_2 = \begin{vmatrix} 1 & 1 & 1 \\ x+a & x+b & a+b \\ ax & bx & ab \end{vmatrix}$

3°) $\Delta_3 = \begin{vmatrix} (a+b)^2 & a^2 & b^2 \\ x^2 & (x+b)^2 & b^2 \\ x^2 & a^2 & (x+a)^2 \end{vmatrix}$

4°) $\Delta_4 = \begin{vmatrix} 0 & 1 & 1 & 1 \\ 1 & 0 & x^2 & a^2 \\ 1 & x^2 & 0 & b^2 \\ 1 & a^2 & b^2 & 0 \end{vmatrix}$ **5°)** $\Delta_5 = \begin{vmatrix} x & b & b & a \\ b & x & a & b \\ b & a & x & b \\ a & b & b & x \end{vmatrix}$

◇

1.11 Soient n un entier naturel supérieur ou égal à 2, x un nombre réel et les déterminants Δ_n et $D_n(x)$ définis par :

$$\Delta_n = \begin{vmatrix} 1 & 2 & 2 & 2 & \dots & 2 \\ 2 & 2 & 2 & 2 & \dots & 2 \\ 2 & 2 & 3 & 2 & \dots & 2 \\ 2 & 2 & 2 & 4 & \ddots & \vdots \\ \vdots & \vdots & \vdots & \ddots & \ddots & 2 \\ 2 & 2 & 2 & \dots & 2 & n \end{vmatrix}$$

$$\text{et } D_n(x) = \begin{vmatrix} 1 & 1 & \dots & \dots & \dots & 1 \\ 1 & 1-x & 1 & \dots & \dots & 1 \\ 1 & 1 & 2-x & 1 & \dots & 1 \\ \vdots & \vdots & 1 & \ddots & \ddots & \vdots \\ \vdots & \vdots & \vdots & \ddots & \ddots & 1 \\ 1 & 1 & 1 & \dots & 1 & n-x \end{vmatrix}$$

1°) Donner une expression simple de Δ_n en fonction de n.

2°) Calculer, sous forme factorisée, $D_n(x)$ en fonction de n et de x.

◇

1.12 Soient n un entier naturel supérieur ou égal à 2 et (a, b) un couple de nombres réels tels que $a \neq b$. On définit le déterminant D_n d'ordre n par :

$$D_n = \begin{vmatrix} a+b & b & \dots & \dots & b \\ a & a+b & \ddots & & \vdots \\ \vdots & \ddots & a+b & \ddots & \vdots \\ \vdots & & \ddots & \ddots & b \\ a & \dots & \dots & a & a+b \end{vmatrix}$$

1°) Déterminer une relation de récurrence liant D_n et D_{n-1}.

2°) En déduire que $D_n = \dfrac{a^{n+1} - b^{n+1}}{a-b}$.

◇

1.13 Soient n un entier naturel supérieur ou égal à 2 et le déterminant D_n d'ordre

n défini par : $D_n = \begin{vmatrix} 1 & 2 & 3 & 4 & \dots & n-1 & n \\ 1 & 1 & 2 & 3 & \dots & n-2 & n-1 \\ 1 & 1 & 1 & 2 & \dots & n-3 & n-2 \\ 1 & 1 & 1 & 1 & \ddots & \vdots & n-3 \\ \vdots & \vdots & \vdots & \ddots & \ddots & 2 & \vdots \\ \vdots & \vdots & \vdots & \ddots & \ddots & 1 & 2 \\ 1 & 1 & 1 & \dots & 1 & 1 & 1 \end{vmatrix}$

1°) Trouver une relation de récurrence entre D_n et D_{n-1}.

2°) Calculer D_n.

◇

1.14 Soient x un nombre réel fixé, n un entier naturel supérieur ou égal à 1. On considère le déterminant $D_n(x)$ d'ordre n défini par :

$$D_n(x) = \begin{vmatrix} 1+x^2 & -x & 0 & \dots & \dots & 0 \\ -x & 1+x^2 & -x & 0 & \dots & 0 \\ 0 & -x & \ddots & \ddots & \ddots & \vdots \\ \vdots & \ddots & \ddots & \ddots & -x & 0 \\ \vdots & & \ddots & -x & 1+x^2 & -x \\ 0 & \dots & \dots & 0 & -x & 1+x^2 \end{vmatrix}$$

1°) Trouver, pour tout entier $n \geqslant 3$, une relation de récurrence entre les déterminants $D_n(x)$, $D_{n-1}(x)$ et $D_{n-2}(x)$.

2°) Calculer, pour $n \geqslant 2$, $\Delta_n(x) = D_n(x) - D_{n-1}(x)$.

3°) En déduire $D_n(x)$ en fonction de n et de x.

◇

1.15 Soient les déterminants D_n définis par $D_0 = 1$ et, pour tout $n \geqslant 1$:

$$D_n = \begin{vmatrix} 2 & 1 & 0 & \dots & \dots & 0 \\ 3 & 2 & 1 & 0 & \dots & 0 \\ 0 & 3 & \ddots & \ddots & \ddots & \vdots \\ \vdots & \ddots & \ddots & \ddots & 1 & 0 \\ \vdots & & \ddots & 3 & 2 & 1 \\ 0 & \dots & \dots & 0 & 3 & 2 \end{vmatrix}$$

1°) Déterminer, pour tout $n \geqslant 2$, une relation de récurrence entre D_n, D_{n-1} et D_{n-2}.

2°) En déduire la valeur de D_n en fonction de n.

◇

1.16 Pour $n \in \mathbb{N}$ tel que $n \geqslant 2$ et $(x_1, x_2, \dots, x_n)$ une famille de n scalaires, on définit le déterminant de *Vandermonde* d'ordre n, noté $V_n(x_1, x_2, \dots, x_n)$, par :

$$V_n(x_1, x_2, \ldots, x_n) = \begin{vmatrix} 1 & x_1 & x_1^2 & \ldots & x_1^{n-1} \\ 1 & x_2 & x_2^2 & \ldots & x_2^{n-1} \\ \vdots & \vdots & \vdots & & \vdots \\ \vdots & \vdots & \vdots & & \vdots \\ 1 & x_n & x_n^2 & \ldots & x_n^{n-1} \end{vmatrix}$$

Montrer que : $\forall\, n \geqslant 2, V_n(x_1, x_2, \ldots, x_n) = \prod_{1 \leq j < i \leq n} (x_i - x_j)$.

◇

1.17 Soient $x \in \mathbb{R}$ et $n \in \mathbb{N}^*$. On définit le déterminant $D_n(x)$ par :

$$D_n(x) = \begin{vmatrix} x & 1 & 0 & \ldots & 0 \\ \dfrac{x^2}{2!} & x & \ddots & \ddots & \vdots \\ \vdots & \ddots & \ddots & 1 & 0 \\ \dfrac{x^{n-1}}{(n-1)!} & & \ddots & x & 1 \\ \dfrac{x^n}{n!} & \dfrac{x^{n-1}}{(n-1)!} & \ldots & \dfrac{x^2}{2!} & x \end{vmatrix}$$

1°) Montrer, pour tout $n \geqslant 2$, que D_n est dérivable sur $\mathbb{R}$ puis calculer $D'_n(x)$.

2°) En déduire $D_n(x)$.

◇

1.18 Soient n un entier naturel pair non nul, A une matrice carrée antisymétrique réelle de dimension n et J la matrice de $\mathcal{M}_n(\mathbb{R})$ dont tous les coefficients valent 1.

On définit l'application f de $\mathbb{R}$ vers $\mathbb{R}$ par : $\forall\, x \in \mathbb{R}, f(x) = \det(A + xJ)$.

1°) Montrer que l'application f est dérivable sur $\mathbb{R}$ et que sa dérivée est constante.

2°) En déduire que : $\forall\, x \in \mathbb{R}, \det(A + xJ) = \det(A)$.

3°) Déterminer la somme des cofacteurs de la matrice A.

◇

1.19 Soient $\mathbb{K} = \mathbb{R}$ ou $\mathbb{C}$ et trois nombres entiers naturels non nuls n, p et q tels que $n = p + q$.

On considère trois matrices $A \in \mathcal{M}_p(\mathbb{K})$, $B \in \mathcal{M}_q(\mathbb{K})$ et $C \in \mathcal{M}_{p,q}(\mathbb{K})$, puis on définit la matrice carrée M d'ordre n par : $M = \begin{pmatrix} A & C \\ O_{q,p} & B \end{pmatrix}$

1°) Calculer $\det \begin{pmatrix} A & D \\ O_{q,p} & I_q \end{pmatrix}$ et $\det \begin{pmatrix} I_p & D \\ O_{q,p} & B \end{pmatrix}$, pour $D \in \mathcal{M}_{p,q}(\mathbb{K})$. .

2°) En déduire que $\det(M) = \det(A)\det(B)$.

◇

1.20 Soit $e = (e_1, e_2, e_3)$ une base de $E = \mathbb{R}^3$ et f l'endomorphisme de E représenté sur la base e par la matrice A définie par :

$$A = \begin{pmatrix} 3 & -3 & 6 \\ 1 & -1 & 2 \\ -1 & 1 & -2 \end{pmatrix}$$

1°) Montrer que $\mathrm{Im}(f) \subset \mathrm{Ker}(f)$.

2°) En déduire que A est semblable à la matrice $B = \begin{pmatrix} 0 & 0 & 0 \\ 1 & 0 & 0 \\ 0 & 0 & 0 \end{pmatrix}$.

◇

1.21 Soient les deux matrices A et B de $\mathcal{M}_4(\mathbb{R})$ définies par :

$$A = \begin{pmatrix} 1 & 1 & 0 & 0 \\ 0 & 1 & 1 & 0 \\ 0 & 0 & 1 & 1 \\ 0 & 0 & 0 & 1 \end{pmatrix} \text{ et } B = \begin{pmatrix} 1 & 2 & 3 & 4 \\ 0 & 1 & 2 & 3 \\ 0 & 0 & 1 & 2 \\ 0 & 0 & 0 & 1 \end{pmatrix}$$

Montrer que A et B sont semblables.

◇

1.22 Soient E un $\mathbb{R}$-espace vectoriel de dimension n non nulle et f un endomorphisme de E tel que $f^n = 0$ et $f^{n-1} \neq 0$. Le but de cet exercice est de montrer que la trace de l'endomorphisme f est nulle.

1°) Montrer que : $\exists\, x \in E$ tel que $e = \big(x, f(x), f^2(x), \ldots, f^{n-1}(x)\big)$ soit une base de E.

2°) Déterminer la matrice de f sur la base e puis conclure.

◇

1.23 **1°)** Résoudre dans $\mathcal{M}_2(\mathbb{R})$ l'équation : $X + \mathrm{tr}(X).\begin{pmatrix} 2 & 4 \\ 7 & 1 \end{pmatrix} = \begin{pmatrix} -1 & 5 \\ 6 & 1 \end{pmatrix}$.

2°) Soient n un entier naturel non nul et une matrice A de $\mathcal{M}_n(\mathbb{R})$.
Résoudre dans $\mathcal{M}_n(\mathbb{R})$ l'équation : $AX - XA = I_n$.

◇

1.24 Soient $\mathbb{K} = \mathbb{R}$ ou $\mathbb{C}$, n un nombre entier naturel non nul et l'espace vectoriel $E = \mathcal{M}_n(\mathbb{K})$.
On considère deux matrices A et B dans $\mathcal{M}_n(\mathbb{K})$ puis on définit les trois endomorphismes u, v et w de E par :

$$\forall\, M \in E, u(M) = AM, v(M) = MB \text{ et } w(M) = AMB.$$

Déterminer les traces de ces trois endomorphismes.

◇

1.25 Soient n un entier naturel non nul et $A \in \mathcal{M}_n(\mathbb{K})$ une matrice vérifiant $A^k = I_n$ pour $k \neq 0$.
On pose $B = I_n + A + A^2 + \cdots + A^{k-1}$ puis on définit les endomorphismes u et v de $\mathbb{K}^n$ de matrices respectives A et B dans la base canonique.

1°) Montrer que :

a) $\mathrm{Ker}(u - id) = \mathrm{Im}(v)$.
b) $\mathrm{Im}(u - id) = \mathrm{Ker}(v)$.
c) $\mathrm{Ker}(v) \oplus \mathrm{Im}(v) = \mathbb{K}^n$.

2°) En déduire : $\mathrm{tr}(B) = k.\,\mathrm{rg}(B)$.

II. INDICATIONS

1.01. Penser à la division euclidienne.

1.02. Pour montrer que F et G sont supplémentaires, montrer que $E = F + G$ puis que $F \cap G = \{0\}$.

1.03. Exercice assez simple qui nécessite de bien connaître les définitions de $\mathrm{Ker}(f)$ et de $\mathrm{Im}(f)$ et de penser au théorème du rang pour finir.

1.04. Ne pas oublier le cas $m = 0$.

1.05. Pour **1)**, calculer A^2 et en déduire A^p. Pour **3)**, utiliser le résultat de **2)**.

1.06. On montrera que les sous-espaces vectoriels F et G sont supplémentaires.

1.07. Pour la question **3)**, étudier les sous-espaces stables en fonction de leur dimension et utiliser la base définie en **1)** pour déterminer les sous-espaces stables de dimension 2.

1.08. Utiliser des bases de F et de G pour obtenir A'.

1.09. Pour le **2) b)**, penser à utiliser les dimensions des espaces considérés. Pour le **2) c)**, utiliser un supplémentaire de $\mathrm{Ker}(f)$.

1.10. Utiliser des opérations élémentaires sur les lignes et/ou les colonnes d'un déterminant, ainsi que la multilinéarité, pour factoriser autant que possible.

1.11. Bien choisir les opérations à effectuer sur les lignes et les colonnes afin d'obtenir des déterminants triangulaires.

1.12. **1)** Faire $C_1 \leftarrow C_1 - C_2$ puis développer par rapport à C_1. **2)** On rappelle la formule : $a^{n+1} - b^{n+1} = (a - b)\sum\limits_{k=0}^{n} a^k b^{n-k}$.

1.13. Faire apparaître $(n - 1)$ zéros sur une colonne de D_n pour obtenir une relation de récurrence entre D_n et D_{n-1}, puis remarquer que l'on obtient une suite géométrique pour conclure.

1.14. On pourra commencer par développer le déterminant $D_n(x)$ par rapport à sa première colonne pour obtenir une relation de récurrence entre $D_n(x)$, $D_{n-1}(x)$ et $D_{n-2}(x)$ puis remarquer que la suite $(\Delta_n(x))_n$ est une suite géométrique pour conclure.

1.15. On utilisera les résultats sur les suites récurrentes linéaires d'ordre 2.

1.16. Faire une démonstration par récurrence. Pour évaluer V_{n+1}, introduire le polynôme $P = \prod\limits_{i=1}^{n}(X - x_i)$ et le développer pour construire une opération sur les colonnes simplifiant la dernière.

1.17. Utiliser la dérivabilité des formes n-linéaires ainsi que l'expression de leurs dérivées pour obtenir une expression de $D'_n(x)$ en fonction de $D_{n-1}(x)$.

1.18. **1)** Introduire la matrice colonne U dont tous les termes valent 1 et qui engendre donc J puis l'utiliser dans le développement du calcul de la dérivée de $f'(t)$. **2)** Montrer que l'application f est paire. **3)** Développer $\det(C_1, \ldots, C_{k-1}, U, C_{k+1}, \ldots, C_n)$ par rapport à la colonne U.

1.19. Pour la question **2)**, distinguer le cas A inversible du cas A non inversible.

1.20. Bien utiliser la première question pour trouver une nouvelle base sur laquelle f sera représenté par la matrice B.

1.21. On cherchera une matrice P inversible telle que $PB = AP$.

1.22. 1) Un tel vecteur x est tel que $f^{n-1}(x) \neq 0$.

1.23. Calculer la trace des matrices de part et d'autre du signe $=$.

1.24. Appliquer ces endomorphismes à la base canonique de E composée des matrices élémentaires $(E_{i,j})_{1 \leq i \leq n, 1 \leq j \leq n}$.

1.25. Pour le **1) a)** on pourra procéder par double inclusion et pour le **1) b)**, une inclusion plus une égalité des dimensions permettra de conclure.

III. CORRIGÉS DÉTAILLÉS DES EXERCICES

Corrigé 1.01

1°) F est non vide car il contient le polynôme nul.
Soient B et C deux polynômes de F et $\lambda \in \mathbb{R}$. On a alors $P = B + \lambda C \in F$ car ou bien P est nul, ou bien le degré de P est inférieur ou égal au plus grand de ceux de B et C, donc strictement inférieur à celui de A.
Donc F est bien un sous-espace vectoriel de E.

2°) Soit $G = \{P \in E \,/\, A \text{ divise } P\}$. Nous allons montrer que G est un sous-espace vectoriel supplémentaire de F dans E.
Tout d'abord G est bien un sous-espace vectoriel de E car il contient le polynôme nul et si B et C sont deux polynômes de G et $\lambda \in \mathbb{R}$, alors $\exists (P, Q) \in E^2$ tels que $B = PA$ et $C = QA$ donc $B + \lambda C = (P + \lambda Q)A \in G$.
D'autre part, pour tout polynôme P de E nous avons, d'après l'algorithme d'Euclide : $\exists ! (Q, R) \in E \times F$ tel que $P = AQ + R$ et comme $AQ \in G$ nous avons obtenu une unique décomposition de P en éléments de F et G qui sont donc bien supplémentaires.

Corrigé 1.02

1°) $\star$ F et G sont deux sous-ensembles de E (G est bien défini car la continuité implique l'intégrabilité sur un segment).
$\star$ F et G contiennent l'application nulle.
$\star$ F est clairement stable par combinaison linéaire et il en est de même pour G par linéarité de l'intégration.
On a ainsi montré que F et G sont deux sous-espaces vectoriels de E.

2°) $\star$ Soit h une fonction de E, notons $k = \displaystyle\int_0^1 h(t)\,dt$. On définit alors les fonctions f et g par :

$$\forall x \in [0,1], f(x) = k \text{ et } g(x) = h(x) - k$$

On a bien $h = f + g$ et $f \in F$. Or $g \in G$ car :

$$\int_0^1 g(t)\,dt = \int_0^1 \big(h(t)-k\big)dt = \int_0^1 h(t)\,dt - k\int_0^1 dt = k-k=0$$

Donc $E = F + G$.

$\star$ Soit $f \in F \cap G$.

Comme $f \in F$, $\exists\, k \in \mathbb{R}$ tel que $\forall x \in [0;1], f(x) = k$, et $f \in G$ donne alors : $0 = \displaystyle\int_0^1 f(t)\,dt = \int_0^1 k\,dt = k$. Donc $f = 0$, et $F \cap G = \{0\}$.

F et G sont donc bien supplémentaires dans E.

Corrigé 1.03

1°) $\star$ Soit $x \in \mathrm{Ker}(f)$. Alors $f(x) = 0$ et $f(g(x)) = g(f(x)) = g(0) = 0$. Donc $g(x) \in \mathrm{Ker}(f)$, ainsi $\mathrm{Ker}(f)$ est stable par g.

$\star$ Soit $y \in \mathrm{Im}(f)$. Alors il existe x dans E tel que $y = f(x)$ et on a donc $g(y) = g(f(x)) = f(g(x)) \in \mathrm{Im}(f)$. Donc $\mathrm{Im}(f)$ est stable par g.

2°) a) $\star$ Soit $x \in E$. On peut écrire $x = (f \circ g(x)) + (x - f \circ g(x))$.
Or $f \circ g(x) \in \mathrm{Im}(f)$ et $g(x - f\circ g(x)) = g(x) - g \circ f \circ g(x) = 0$, ainsi $x - f \circ g(x) \in \mathrm{Ker}(g)$, et $x \in \mathrm{Im}(f) + \mathrm{Ker}(g)$. Donc $E = \mathrm{Im}(f) + \mathrm{Ker}(g)$.

$\star$ Soit $x \in \mathrm{Im}(f) \cap \mathrm{Ker}(g)$: $\exists\, a \in E$ tel que $x = f(a)$ et $g(x) = 0$. Alors :
$x = f(a) = f \circ g \circ f(a) = f \circ g(x) = f(0) = 0$, donc $\mathrm{Im}(f) \cap \mathrm{Ker}(g) = \{0\}$.

En conclusion :

$$E = \mathrm{Im}(f) \oplus \mathrm{Ker}(g)$$

b) $\star$ $x \in \mathrm{Ker}(g) \implies g(x) = 0 \implies f(g(x)) = 0 \implies x \in \mathrm{Ker}(f \circ g)$, donc $\mathrm{Ker}(g) \subset \mathrm{Ker}(f \circ g)$ (cette propriété est universelle)

$\star$ Réciproquement :

$$\begin{aligned} x \in \mathrm{Ker}(f\circ g) &\implies f\circ g(x) = 0 \implies g\circ f\circ g(x) = 0 \implies g(x) = 0 \\ &\implies x \in \mathrm{Ker}(g), \text{ donc } \mathrm{Ker}(f\circ g) \subset \mathrm{Ker}(g). \end{aligned}$$

On conclut, par double inclusion :

$$\mathrm{Ker}(f \circ g) = \mathrm{Ker}(g)$$

f et g jouant des rôles symétriques, on a de même : $\mathrm{Ker}(g \circ f) = \mathrm{Ker}(f)$.

c) Par le résultat **2°) a)** et le théorème du rang :

$$\dim E = \mathrm{rg}(f) + \dim(\mathrm{Ker}\, g) = \mathrm{rg}(f) + \dim E - \mathrm{rg}(g)$$

On a donc $\mathrm{rg}(f) = \mathrm{rg}(g)$.

Les résultats **2°) b)** donnent $\mathrm{rg}(f \circ g) = \mathrm{rg}(g)$ et $\mathrm{rg}(g \circ f) = \mathrm{rg}(f)$, et donc, par le résultat précédent : $\mathrm{rg}(f \circ g) = \mathrm{rg}(g \circ f)$.

Corrigé 1.04

1°) $\star$ Commençons par l'image :

On remarque que $u(e_1) = u(e_2) + u(e_3)$, donc $\mathrm{Im}\, f = \mathrm{Vect}(u(e_2), u(e_3), u(e_4))$ et les vecteurs $u(e_2)$ et $u(e_3)$ sont non colinéaires.

On est alors amenés à discuter ...

→ Si $m \neq 0$, le vecteur $u(e_4)$ n'est pas combinaison linéaire de $u(e_2)$ et $u(e_3)$ et $(u(e_2), u(e_3), u(e_4)) = (e_1 + e_2 + me_4, e_2, e_2 + me_3)$ est une base de $\operatorname{Im} f$.

→ Si $m = 0$, alors $u(e_4) = u(e_3)$ et $(u(e_2), u(e_3)) = (e_1 + e_2, e_2)$ est une base de $\operatorname{Im} f$ (si vous préférez (e_1, e_2) en est une autre).

⋆ Continuons avec le noyau :
On a remarqué que $u(e_1 - e_2 - e_3) = 0$, donc

→ Si $m \neq 0$, on a vu que u est de rang 3, donc son noyau est de dimension 1 et $\operatorname{Ker}(u) = \operatorname{Vect}(e_1 - e_2 - e_3)$.

→ Si $m = 0$, on a vu que u est alors de rang 2 et que $u(e_3 - e_4) = 0$. Comme $(e_1 - e_2 - e_3, e_3 - e_4)$ est clairement une famille libre, on conclut : $\operatorname{Ker}(u) = \operatorname{Vect}(e_1 - e_2 - e_3, e_3 - e_4)$.

[On aurait pu écrire :

$$xe_1 + ye_2 + ze_3 + te_4 \in \operatorname{Ker}(u) \iff \begin{cases} x + y = 0 \\ 2x + y + z + t = 0 \\ mt = 0 \\ mx + my = 0 \end{cases} \iff \begin{cases} x + y = 0 \\ 2x + y + z + t = 0 \\ mt = 0 \end{cases}$$

et la discussion est sans alors difficulté, selon que m est nul ou non nul.]

2°) ⋆ Si $m \neq 0$, les vecteurs $u(e_2) = e_1 + e_2 + me_4$, $u(e_3) = e_2$ et $u(e_4) = e_2 + me_3$ ne sont pas colinéaires à $e_1 - e_2 - e_3$, donc n'appartiennent pas à $\operatorname{Ker}(u)$ et ainsi $\operatorname{Im}(u) \cap \operatorname{Ker}(u) = \{0\}$. Comme, par le théorème du rang, $\dim \operatorname{Im}(u) + \dim \operatorname{Ker}(u) = \dim \mathbb{R}^4$, on conclut :

$$\operatorname{Im}(u) \oplus \operatorname{Ker}(u) = \mathbb{R}^4$$

⋆ Si $m = 0$, $\operatorname{Ker}(u)$ est engendré par $e_1 - e_2 - e_3$ et $e_3 - e_4$. Comme ces vecteurs utilisent e_3, ils ne sont pas combinaisons linéaires des deux vecteurs $u(e_2) = e_1 + 2e_2$ et $u(e_3) = e_2$ (qui engendrent $\operatorname{Im} u$), donc n'appartiennent pas à $\operatorname{Im} u$ et on a encore $\operatorname{Im}(u) \cap \operatorname{Ker}(u) = \{0\}$ et la même conclusion finale :

$$\operatorname{Im}(f) \oplus \operatorname{Ker}(f) = \mathbb{R}^4$$

Corrigé 1.05

1°) On a $A = A$, $A^2 = nA$, donc $A^3 = A^2A + nA^2 = n^2A$ et par une récurrence simple :

$$\forall p \in \mathbb{N}^*, A^p = n^{p-1}A$$

2°) ⋆ Toutes les colonnes de A sont égales à sa première colonne C_1 qui est non nulle, donc $\operatorname{rg}(A) = 1$ et $\operatorname{Im}(A) = \operatorname{Vect}(C_1)$ pour $C_1 = \begin{pmatrix} 1 \\ \vdots \\ 1 \end{pmatrix}$.

⋆ Facilement $AC_1 = nC_1 \neq 0$, donc $C_1 \notin \operatorname{Ker}(A)$ et $\operatorname{Im}(A) \cap \operatorname{Ker}(A) = \{0\}$.
Or le théorème du rang montre que $\dim \operatorname{Im}(A) + \dim \operatorname{Ker} A = \dim \mathcal{M}_{n,1}(\mathbb{R})$, on peut donc conclure :

$$\mathcal{M}_{n,1}(\mathbb{R}) = \operatorname{Im}(A) \oplus \operatorname{Ker}(A)$$

3°) Notons $e'_1 = (1, \ldots, 1)$, ce vecteur appartient à $\mathrm{Im}(u)$ et $u(e'_1) = ne'_1$. Le résultat précédent s'écrit aussi $\mathbb{R}^n = \mathrm{Im}(u) \oplus \mathrm{Ker}(u)$ et on obtient donc une base e' de $\mathbb{R}^n$ en complétant la base (e'_1) de $\mathrm{Im}(u)$ par une base $(e'_2, \ldots, e'_n)$ de $\mathrm{Ker}(u)$. On a alors $u(e'_1) = ne'_1$ et $u(e'_i) = 0$ pour $i \in \{2, ..., n\}$.
Ainsi :

$$M_{e'}(u) = B = \begin{pmatrix} n & 0 & \cdots & 0 \\ 0 & 0 & \cdots & 0 \\ \vdots & \vdots & \ddots & \vdots \\ 0 & 0 & \cdots & 0 \end{pmatrix}$$

Corrigé 1.06

On notera $a_1 = e_1 + e_2 - e_3 = (1, 1, -1, 0)$, $a_2 = e_2 + e_3 + 2e_4 = (0, 1, 1, 2)$, $a_3 = e_1 + e_3 = (1, 0, 1, 0)$ et $a_4 = e_1 + e_2 + e_4 = (1, 1, 0, 1)$.

1°) Des calculs matriciels faciles donnent $f(a_1) = a_2$ et $f(a_2) = -a_1$, ce qui prouve que F est stable par f, puis $f(a_3) = -2a_4$ et $f(a_4) = a_3$ donnent G également stable par f.

2°) La famille $a = (a_1, a_2, a_3, a_4)$ est une base de E car :

$$\det_e(a_1, a_2, a_3, a_4) = \begin{vmatrix} 1 & 0 & 1 & 1 \\ 1 & 1 & 0 & 1 \\ -1 & 1 & 1 & 0 \\ 0 & 2 & 0 & 1 \end{vmatrix} = \begin{vmatrix} 1 & 0 & 1 & 1 \\ 0 & 1 & -1 & 0 \\ 0 & 1 & 2 & 1 \\ 0 & 2 & 0 & 1 \end{vmatrix} = \begin{vmatrix} 1 & 0 & 1 & 1 \\ 0 & 1 & -1 & 0 \\ 0 & 0 & 3 & 1 \\ 0 & 0 & 2 & 1 \end{vmatrix}$$
$$= 3 - 2 = 1 \neq 0.$$

Les résultats vus en **1°)** donnent alors : $B = M_a(f) = \begin{pmatrix} 0 & -1 & 0 & 0 \\ 1 & 0 & 0 & 0 \\ 0 & 0 & 0 & 1 \\ 0 & 0 & -2 & 0 \end{pmatrix}$, qui est bien de la forme annoncée. Si P est la matrice de passage de e à a, on a alors $A = PBP^{-1}$ et A et B sont bien semblables.

[En fait si a est une base de $\mathbb{R}^4$ obtenue en «concaténant» une base de F et une base de G, alors la matrice B correspondante est toujours de la forme indiquée.]

Corrigé 1.07

1°) Soit $(\lambda_1, \lambda_2, \lambda_3) \in \mathbb{R}^3$ tel que :

$$\lambda_1 e_1 + \lambda_2 e_2 + \lambda_3 e_3 = \lambda_1 u^2(e_3) + \lambda_2 u(e_3) + \lambda_3 e_3 = 0 \quad (*)$$

Comme u est linéaire, en appliquant u, on obtient :
$\lambda_1 u(e_1) + \lambda_2 u(e_2) + \lambda_3 u(e_3) = \lambda_1 u^3(e_3) + \lambda_2 u^2(e_3) + \lambda_3 u(e_3) = 0$, ou encore :

$$\lambda_2 u^2(e_3) + \lambda_3 u(e_3) = 0 \quad (**)$$

En réappliquant u, on obtient de même : $\lambda_2 u^3(e_3) + \lambda_3 u^2(e_3) = \lambda_3 u^2(e_3) = 0$.

La dernière relation donne $\lambda_3 = 0$ (car $u^2(e_3) \neq 0$), en remplaçant $(**)$ donne alors $\lambda_2 = 0$ et enfin $(*)$ donne $\lambda_1 = 0$.
Ainsi $e = (e_1, e_2, e_3)$ est une famille libre d'éléments de E et comme son nombre d'éléments est la dimension de E, e est une base de E.

2°) On trouve immédiatement :

$$M = \begin{pmatrix} 0 & 1 & 0 \\ 0 & 0 & 1 \\ 0 & 0 & 0 \end{pmatrix} \text{ car } u(e_1) = 0, u(e_2) = e_1 \text{ et } u(e_3) = e_2.$$

On obtient, en regardant les colonnes de M, ou directement :

$$\operatorname{Im}(u) = \operatorname{Vect}(e_1, e_2)$$

Le théorème du rang nous donne alors $\dim(\operatorname{Ker}(u)) = 1$ et comme $e_1 \in \operatorname{Ker}(u)$, il vient $\operatorname{Ker}(u) = \operatorname{Vect}(e_1)$.

3°) $\star$ $\{0\}$ et E étant stables par tous les endomorphismes de E, il reste uniquement à déterminer les sous-espaces stables de dimensions 1 ou 2.

$\star$ Les sous-espaces vectoriels F de E de dimension 1, stables par u, sont les droites vectorielles engendrées par un vecteur propre de u. Or, soit en remarquant que M est strictement triangulaire, soit en utilisant le fait que u est un endomorphisme nilpotent, on voit que la seule valeur propre de u est 0, le sous-espace propre associé (qui n'est autre que $\operatorname{Ker} u$) étant de dimension 1, donc la seule droite stable par u est la droite $Keru = \operatorname{Vect}(e_1)$.

$\star$ Si F est un sous-espace vectoriel de E de dimension 2, stable par u, alors il admet dans la base e une équation du type : $a_1x_1 + a_2x_2 + a_3x_3 = 0 \quad (*)$.

Soit $x = x_1e_1 + x_2e_2 + x_3e_3 \in F$. Comme F est stable par u alors les vecteurs $u(x) = x_2e_1 + x_3e_2$ et $u^2(x) = x_3e_1$ sont dans F, donc $u(x)$ et $u^2(x)$ vérifient (*), ce qui donne : $a_1x_2 + a_2x_3 = 0$ et $a_1x_3 = 0$.

Si $a_1 \neq 0$, alors $x_3 = 0$ et donc $x_2 = x_1 = 0$, d'après les équations précédentes, ce qui implique $F = \{0\}$, ce qui est faux puisque sa dimension est ici supposée égale à 2.

On a donc $a_1 = 0$ et de la même manière on montre que $a_2 = 0$. L'équation de F est donc $x_3 = 0$, c'est-à-dire que $F = \operatorname{Im}(u)$ et il existe un seul plan stable par u.

Conclusion :

les sous-espaces vectoriels de E stables par u, sont $\{0\}, \operatorname{Ker}(u), \operatorname{Im}(u)$ et E.

Corrigé 1.08

1°) $x = x_1e_1 + x_2e_2 + x_2e_3 \in F \iff \begin{cases} x_1 - x_3 = 0 \\ -x_1 + x_2 + x_3 = 0 \\ -x_2 = 0 \end{cases} \iff \begin{cases} x_1 = x_3 \\ x_2 = 0 \end{cases}$.

Donc $\operatorname{Ker}(f) = \operatorname{Vect}(e'_1)$, pour $e'_1 = e_1 + e_3$.

2°) Comme $A^2 = \begin{pmatrix} 1 & 1 & -1 \\ -2 & 0 & 2 \\ 1 & -1 & -1 \end{pmatrix}$, il vient :

$$B = M_e(g) = A^2 - 2A + 2I_3 = \begin{pmatrix} 1 & 1 & 1 \\ 0 & 0 & 0 \\ 1 & 1 & 1 \end{pmatrix}$$

B est de rang 1, donc $\dim(\operatorname{Ker}(g)) = 2$ et comme les colonnes de B sont toutes identiques, on obtient immédiatement : $\operatorname{Ker}(g) = \operatorname{Vect}(e'_2, e'_3)$, pour $e'_2 = e_1 - e_2$ et $e'_3 = e_1 - e_3$.

3°) $\star$ Si $x \in F = \text{Ker}(f)$, alors $f(x) = 0$ et comme f est linéaire, on a $f(f(x)) = f(0) = 0$, donc $f(x) \in \text{Ker}(f)$, donc F est bien stable par f (propriété universelle).

$\star$ Si $x \in G = \text{Ker}(g)$, alors $f^2(x) - 2f(x) + 2x = 0$ ce qui implique, encore par linéarité de f :
$f^3(x) - 2f^2(x) + 2f(x) = 0$, c'est-à-dire : $f^2(f(x)) - 2f(f(x)) + 2f(x) = 0$, qui s'écrit aussi : $g(f(x)) = 0$, donc $f(x) \in G$, donc G est bien stable par f (encore une propriété générale valable dès que g commute avec f).

4°) Les trois vecteurs e'_1, e'_2 et e'_3 forment une base de E car :

$$\det_e(e'_1, e'_2, e'_3) = \begin{vmatrix} 1 & 1 & 1 \\ 0 & -1 & 0 \\ 1 & 0 & -1 \end{vmatrix} = 2 \neq 0$$

donc $e'_1 \notin \text{Vect}(e'_2, e'_3)$, soit $\text{Ker}(f) \cap \text{Im}(f) = \{0\}$ et $E = F \oplus G$.

5°) On a $f(e'_1) = 0$ car $e'_1 \in \text{Ker}(f)$ et comme G est stable par f : $f(e'_2) \in G$ et $f(e'_3) \in G$, donc $f(e'_2)$ et $f(e'_3)$ sont combinaisons linéaires de e'_2 et e'_3. et

$$A' = M_{(e'_1,e'_2,e'_3)}(f) \text{ est de la forme } A' = \begin{pmatrix} 0 & 0 & 0 \\ 0 & \alpha & \beta \\ 0 & \gamma & \delta \end{pmatrix}.$$

[Remarque : on trouve ici, avec notre choix de e'_2 et de e'_3, $f(e'_2) = e'_2 - e'_3$ et $f(e'_3) = e'_2 + e'_3$, donc $A' = \begin{pmatrix} 0 & 0 & 0 \\ 0 & 1 & 1 \\ 0 & -1 & 1 \end{pmatrix}$*]*

Corrigé 1.09

1°) On a ici : $\text{Ker}\, f = \text{Im}\, f$. En particulier $\dim \text{Ker}\, f = \dim \text{Im}\, f$.

a) Le théorème du rang donne : $n = \dim(\text{Ker}\, f) + \dim(\text{Im}\, f) = 2\dim(\text{Im}\, f)$, et n est pair.

b) Soit p le rang de f, on a : $p = \dim(\text{Im}\, f) = \frac{n}{2}$.

c) $\forall x \in E, f(x) \in \text{Im}(f) = \text{Ker}(f) \implies f(f(x)) = 0$, donc f^2 est l'endomorphisme nul.

2°) On a ici : $f^2 = 0$ et $n = 2\,\text{rg}(f) = 2p$.

a) Pour tout $y \in \text{Im}(f)$, on a :
$\exists\, x \in E$ tel que $y = f(x) \implies f(y) = f^2(x) = 0 \implies y \in \text{Ker}(f)$. Donc

$$\text{Im}\, f \subset \text{Ker}\, f$$

b) Par le théorème du rang : $\dim(\text{Ker}\, f) + \dim(\text{Im}\, f) = n$ et $n = 2\,\text{rg}(f)$, donc $\dim(\text{Ker}\, f) = \dim(\text{Im}\, f) = \frac{n}{2}$.
On en déduit que $\text{Ker}\, f = \text{Im}\, f$ car le seul sous-espace vectoriel de $\text{Ker}\, f$ de même dimension que $\text{Ker}\, f$ est $\text{Ker}\, f$ lui-même.

c) On choisit une famille libre $(e_1, \ldots, e_{\frac{n}{2}})$ d'un supplémentaire G de $\text{Ker}(f)$ dans E.
On définit alors $(e_{\frac{n}{2}+1}, ..., e_n)$ par : pour tout $i \in \{1, \ldots, \frac{n}{2}\}, e_{\frac{n}{2}+i} = f(e_i)$.

On remarque que $\left(e_{\frac{n}{2}+1},\ldots,e_n\right)$ est une famille de vecteurs de $\operatorname{Ker} f$ car $f(e_{\frac{n}{2}+i}) = f(f(e_i)) = f^2(e_i) = 0$.

De plus $\left(e_{\frac{n}{2}+1},\ldots,e_n\right)$ est une famille libre car :

$$0 = \sum_{i=1}^{n/2} \lambda_i e_{\frac{n}{2}+i} \text{ s'écrit } 0 = \sum_{i=1}^{n/2} \lambda_i f(e_i) = f\big(\sum_{i=1}^{n/2} \lambda_i e_i\big),$$

par conséquent $\sum_{i=1}^{n/2} \lambda_i e_i$ appartient à $\operatorname{Ker} f$ et comme il appartient aussi à G, il appartient à $\operatorname{Ker}(f) \cap G = \{0\}$.

Ainsi $\sum_{i=1}^{n/2} \lambda_i e_i = 0$ et $\lambda_1 = \cdots = \lambda_{\frac{n}{2}} = 0$, car $\left(e_1,\ldots,e_{\frac{n}{2}}\right)$ est libre.

Ainsi, comme $\dim(\operatorname{Ker} f) = \frac{n}{2}$, la famille $\left(e_{\frac{n}{2}+1},\ldots,e_n\right)$ est une base de $\operatorname{Ker} f$.

Donc, par concaténation $B = \left(e_1,\ldots,e_{\frac{n}{2}},e_{\frac{n}{2}+1},\ldots,e_n\right)$ est une base de E, car G est un supplémentaire de $\operatorname{Ker}(f)$ et en regardant les images des vecteurs de B :

$$Mat_B(f) = \begin{pmatrix} 0 & 0 \\ I_p & 0 \end{pmatrix}, \text{ où } I_p \text{ est la matrice identité de dimension } p = \frac{n}{2}.$$

Corrigé 1.10

1°) $\Delta_1 = \begin{vmatrix} 2x & 2x & x-a-b \\ 2a & a-b-x & 2a \\ b-a-x & 2b & 2b \end{vmatrix}$

$$\underset{C1 \leftarrow C1-C3}{=} \begin{vmatrix} x+a+b & 2x & x-a-b \\ 0 & a-b-x & 2a \\ -b-a-x & 2b & 2b \end{vmatrix}$$

$$= (a+b+x) \begin{vmatrix} 1 & 2x & x-a-b \\ 0 & a-b-x & 2a \\ -1 & 2b & 2b \end{vmatrix}$$

$$\underset{L3 \leftarrow L3+L1}{=} (a+b+x) \begin{vmatrix} 1 & 2x & x-a-b \\ 0 & a-b-x & 2a \\ 0 & 2b+2x & x-a+b \end{vmatrix}$$

$$= (a+b+x) \begin{vmatrix} a-b-x & 2a \\ 2b+2x & x-a+b \end{vmatrix}$$

$$\underset{C1 \leftarrow C1-C2}{=} (a+b+x) \begin{vmatrix} -a-b-x & 2a \\ b+x+a & x-a+b \end{vmatrix} = (a+b+x)^2 \begin{vmatrix} -1 & 2a \\ 1 & x-a+b \end{vmatrix}$$

$$\underset{L2 \leftarrow L2+L1}{=} (a+b+x)^2 \begin{vmatrix} -1 & 2a \\ 0 & x+a+b \end{vmatrix}.$$

Donc $\Delta_1 = -(a+b+x)^3$.

2°) Ici, les manipulations faites sont directement lisibles :

$$\Delta_2 = \begin{vmatrix} 1 & 1 & 1 \\ x+a & x+b & a+b \\ ax & bx & ab \end{vmatrix} = \begin{vmatrix} 1 & 0 & 0 \\ x+a & b-a & b-x \\ ax & x(b-a) & a(b-x) \end{vmatrix}$$

$$\Delta_2 = \begin{vmatrix} b-a & b-x \\ x(b-a) & a(b-x) \end{vmatrix} = (b-a)(b-x)\begin{vmatrix} 1 & 1 \\ x & a \end{vmatrix} = (b-a)(b-x)(a-x)$$

Donc : $\Delta_2 = (b-a)(b-x)(a-x)$

3°) Ici : $\Delta_3 = \begin{vmatrix} (a+b)^2 & a^2 & b^2 \\ x^2 & (x+b)^2 & b^2 \\ x^2 & a^2 & (x+a)^2 \end{vmatrix}$

Les manipulations $L_2 \leftarrow L_2 - L_1$ et $L_3 \leftarrow L_3 - L_1$ permettent de faire apparaître deux 0 et donnent en prime une factorisation partielle :

$$\Delta_3 = \begin{vmatrix} (a+b)^2 & a^2 & b^2 \\ (x+a+b)(x-a-b) & (x+a+b)(x+b-a) & 0 \\ (x+a+b)(x-a-b) & 0 & (x+a+b)(x+a-b) \end{vmatrix}$$

$$\Delta_3 = (x+a+b)^2 \begin{vmatrix} (a+b)^2 & a^2 & b^2 \\ x-a-b & x+b-a & 0 \\ x-a-b & 0 & x+a-b \end{vmatrix}$$

Arrivés à ce point, on ne voit pas comment faire apparaître deux 0 sur une même rangée et on se dit que, comme on a déjà une factorisation partielle, on peut finir le calcul en développant selon la première ligne :

$$\begin{aligned} \Delta_3 &= (x+a+b)^2[(a+b)^2(x+b-a)(x+a-b) - a^2(x-a+b)(x+a-b) \\ &\qquad -b^2(x-a-b)(x+b-a)] \\ &= (x+a+b)^2[2abx^2 + 2ab(a+b)x] \end{aligned}$$

$$\Delta_3 = 2abx(x+a+b)^3$$

4°) Un alignement de 1 donnant aisément un alignement de 0, on écrit, avec des manipulations claires :

$$\Delta_4 = \begin{vmatrix} 0 & 1 & 1 & 1 \\ 1 & 0 & x^2 & a^2 \\ 1 & x^2 & 0 & b^2 \\ 1 & a^2 & b^2 & 0 \end{vmatrix} = \begin{vmatrix} 0 & 1 & 1 & 1 \\ 1 & 0 & x^2 & a^2 \\ 0 & x^2 & -x^2 & b^2-a^2 \\ 0 & a^2 & b^2-x^2 & -a^2 \end{vmatrix}$$

$$= -\begin{vmatrix} 1 & 1 & 1 \\ x^2 & -x^2 & b^2-a^2 \\ a^2 & b^2-x^2 & -a^2 \end{vmatrix} = -\begin{vmatrix} 1 & 0 & 0 \\ x^2 & -2x^2 & b^2-a^2-x^2 \\ a^2 & b^2-a^2-x^2 & -2a^2 \end{vmatrix}$$

$$= (b^2-a^2-x^2)^2 - 4a^2x^2 = (x+a+b)(x+a-b)(x-a+b)(x-a-b)$$

5°) $\Delta_5 = \begin{vmatrix} x & b & b & a \\ b & x & a & b \\ b & a & x & b \\ a & b & b & x \end{vmatrix} \underset{\substack{C_1 \leftarrow C_1 - C_4 \\ C_2 \leftarrow C_2 - C_3}}{=} \begin{vmatrix} x-a & 0 & b & a \\ 0 & x-a & a & b \\ 0 & a-x & x & b \\ a-x & 0 & b & x \end{vmatrix}$

$$\underset{\substack{L_4 \leftarrow L_4 + L_1 \\ L_3 \leftarrow L_3 + L_2}}{=} \begin{vmatrix} x-a & 0 & b & a \\ 0 & x-a & a & b \\ 0 & 0 & x+a & 2b \\ 0 & 0 & 2b & x+a \end{vmatrix}$$

On développe maintenant selon la première colonne, on développe le déterminant restant selon sa première colonne (ou on fait les deux opérations en même temps si on sait déjà développer par blocs) et il reste :

$$\Delta_5 = (x-a)^2 \begin{vmatrix} x+a & 2b \\ 2b & x+a \end{vmatrix} = (x-a)^2[(x+a)^2 - 4b^2]$$

$$\Delta_5 = (x-a)^2(x+a+2b)(x+a-2b)$$

Corrigé 1.11

1°) Si on enlève la colonne C_2 de Δ_n à toutes ses autres colonnes on obtient :

$$\Delta_n = \begin{vmatrix} 1 & 2 & 2 & 2 & \dots & 2 \\ 2 & 2 & 2 & 2 & \dots & 2 \\ 2 & 2 & 3 & 2 & \dots & 2 \\ 2 & 2 & 2 & 4 & \ddots & \vdots \\ \vdots & \vdots & \vdots & \ddots & \ddots & 2 \\ 2 & 2 & 2 & \dots & 2 & n \end{vmatrix} = \begin{vmatrix} -1 & 2 & 0 & 0 & \dots & 0 \\ 0 & 2 & 0 & 0 & \dots & 0 \\ 0 & 2 & 1 & 0 & \dots & 0 \\ 0 & 2 & 0 & 2 & \ddots & \vdots \\ \vdots & \vdots & \vdots & \ddots & \ddots & 0 \\ 0 & 2 & 0 & \dots & 0 & n-2 \end{vmatrix}$$

En développant par rapport à la première colonne :

$$\Delta_n = - \begin{vmatrix} 2 & 0 & 0 & \dots & 0 \\ 2 & 1 & 0 & \dots & 0 \\ 2 & 0 & 2 & \ddots & \vdots \\ \vdots & \vdots & \ddots & \ddots & 0 \\ 2 & 0 & \dots & 0 & n-2 \end{vmatrix}$$

et comme le déterminant d'une matrice triangulaire est égal au produit de ses éléments diagonaux, on obtient :

$$\Delta_n = -2(n-2)!$$

2°) Nous allons, cette fois-ci enlever la colonne C_1 à toutes les autres colonnes de $D_n(x)$ et on obtient :

$$\begin{vmatrix} 1 & 1 & \dots & \dots & \dots & 1 \\ 1 & 1-x & 1 & \dots & \dots & 1 \\ 1 & 1 & 2-x & 1 & \dots & 1 \\ \vdots & \vdots & 1 & \ddots & \ddots & \vdots \\ \vdots & \vdots & \vdots & \ddots & \ddots & 1 \\ 1 & 1 & 1 & \dots & 1 & n-x \end{vmatrix} = \begin{vmatrix} 1 & 0 & \dots & \dots & \dots & 0 \\ 1 & -x & 0 & \dots & \dots & 0 \\ 1 & 0 & 1-x & 0 & \dots & 0 \\ \vdots & \vdots & 0 & \ddots & \ddots & \vdots \\ \vdots & \vdots & \vdots & \ddots & \ddots & 0 \\ 1 & 0 & 0 & \dots & 0 & n-1-x \end{vmatrix}$$

On a encore le déterminant d'une matrice triangulaire, donc :
$D_n(x) = -x(1-x)(2-x)\cdots(n-1-x)$ ou encore :

$$D_n(x) = (-1)^n x(x-1)(x-2)\cdots(x-n+1)$$

Corrigé 1.12

1°) On a : $D_n = \begin{vmatrix} a+b & b & \dots & \dots & b \\ a & a+b & \ddots & & \vdots \\ a & a & a+b & \ddots & \vdots \\ \vdots & \vdots & \ddots & \ddots & b \\ a & a & \dots & a & a+b \end{vmatrix}$, donc :

$$D_n \underset{C_1 \leftarrow C_1 - C_2}{=} \begin{vmatrix} a & b & \dots & \dots & b \\ -b & a+b & \ddots & & \vdots \\ 0 & a & a+b & \ddots & \vdots \\ \vdots & \vdots & \ddots & \ddots & b \\ 0 & a & \dots & a & a+b \end{vmatrix}$$

$$= a \begin{vmatrix} a+b & b & \dots & b \\ a & a+b & \ddots & \vdots \\ \vdots & \ddots & \ddots & b \\ a & \dots & a & a+b \end{vmatrix} + b \begin{vmatrix} b & b & \dots & b \\ a & a+b & \ddots & \vdots \\ \vdots & \ddots & \ddots & b \\ a & \dots & a & a+b \end{vmatrix}$$

(en développant par rapport à la première colonne)

Soit :

$$D_n = aD_{n-1} + b^2 \begin{vmatrix} 1 & 1 & 1 & \dots & 1 \\ a & a+b & b & \dots & b \\ a & a & a+b & \ddots & \vdots \\ \vdots & \ddots & \ddots & \ddots & b \\ a & \dots & a & a & a+b \end{vmatrix}$$

(en factorisant par b sur la première ligne)

$$D_n = aD_{n-1} + b^2 \begin{vmatrix} 1 & 0 & 0 & \dots & 0 \\ a & b & b-a & \dots & b-a \\ a & 0 & b & \ddots & \vdots \\ \vdots & \vdots & \ddots & \ddots & b-a \\ a & 0 & \dots & 0 & b \end{vmatrix}$$

(en enlevant C_1 à toutes les autres colonnes)

$$D_n = aD_{n-1} + b^2 \begin{vmatrix} b & b-a & \dots & b-a \\ 0 & b & \ddots & \vdots \\ \vdots & \ddots & \ddots & b-a \\ 0 & \dots & 0 & b \end{vmatrix}$$

(en développant selon la première ligne)

On obtient ainsi : $D_n = aD_{n-1} + b^2.b^{n-2} = aD_{n-1} + b^n$

2°) En réutilisant le résultat précédent jusqu'à redescendre à $D_1 = a+b$, on obtient pour $n \geqslant 2$:

$$\begin{aligned} D_n &= aD_{n-1} + b^n = a(aD_{n-2} + b^{n-1}) + b^n = a^2 D_{n-2} + ab^{n-1} + b^n \\ &= a^2(aD_{n-3} + b^{n-2}) + ab^{n-1} + b^n = a^3 D_{n-3} + a^2 b^{n-2} + ab^{n-1} + b^n \end{aligned}$$

et ainsi de suite, jusqu'à :

$$\begin{aligned} D_n &= a^{n-1} D_1 + a^{n-2} b^2 + a^{n-3} b^3 + \dots + ab^{n-1} + b^n \\ &= a^n + a^{n-1} b + a^{n-2} b^2 + a^{n-3} b^3 + \dots + ab^{n-1} + b^n = \sum_{k=0}^{n} a^k b^{n-k}. \end{aligned}$$

et comme $a^{n+1} - b^{n+1} = (a-b) \sum_{k=0}^{n} a^k b^{n-k}$, on trouve bien :

$$D_n = \frac{a^{n+1} - b^{n+1}}{a - b}$$

On constate enfin que le résultat reste valable pour $n = 1$

Corrigé 1.13

1°) Si on enlève la colonne C_2 à la colonne C_1 de D_n on obtient :

$$D_n = \begin{vmatrix} 1 & 2 & 3 & \dots & n-1 & n \\ 1 & 1 & 2 & \dots & n-2 & n-1 \\ 1 & 1 & 1 & \dots & n-3 & n-2 \\ 1 & 1 & 1 & \ddots & \vdots & n-3 \\ \vdots & \vdots & \ddots & \ddots & 1 & \vdots \\ 1 & 1 & \dots & 1 & 1 & 1 \end{vmatrix} = \begin{vmatrix} -1 & 2 & 3 & \dots & n-1 & n \\ 0 & 1 & 2 & \dots & n-2 & n-1 \\ 0 & 1 & 1 & \dots & n-3 & n-2 \\ 0 & 1 & 1 & \ddots & \vdots & n-3 \\ \vdots & \vdots & \ddots & \ddots & 1 & \vdots \\ 0 & 1 & \dots & 1 & 1 & 1 \end{vmatrix}$$

donc en développant par rapport à la première colonne on a la relation cherchée : $D_n = -D_{n-1}$.

2°) La suite $(D_n)_{n\geq 2}$ est géométrique de raison -1. Comme $D_2 = \begin{vmatrix} 1 & 2 \\ 1 & 1 \end{vmatrix} = -1$ (ou même $D_1 = 1$), on obtient :

$$D_n = (-1)^{n-2}(-1) = (-1)^{n-1}$$

Corrigé 1.14

1°) Comme on ne voit rien de mieux à faire, on développe $D_n(x)$ par rapport à sa première colonne :

$$D_n(x) = \begin{vmatrix} 1+x^2 & -x & 0 & \dots & \dots & 0 \\ -x & 1+x^2 & -x & 0 & \dots & 0 \\ 0 & -x & \ddots & \ddots & \ddots & \vdots \\ \vdots & \ddots & \ddots & \ddots & -x & 0 \\ \vdots & & \ddots & -x & 1+x^2 & -x \\ 0 & \dots & \dots & 0 & -x & 1+x^2 \end{vmatrix}$$

$$= (1+x^2)m_{1,1} - (-x)m_{1,2}$$

où :

⋆ $m_{1,1}$ est le déterminant d'ordre $n-1$ obtenu en éliminant la première ligne et la première colonne du tableau définissant $D_n(x)$, donc on reconnaît en $m_{1,1}$ le déterminant définissant $D_{n-1}(x)$.

⋆ $m_{1,2}$ est le déterminant d'ordre $n-1$ obtenu en éliminant la première ligne et la deuxième colonne du tableau définissant $D_n(x)$, donc :

$$m_{1,2} = \begin{vmatrix} -x & 0 & \dots & \dots & 0 \\ -x & 1+x^2 & \ddots & \ddots & \vdots \\ \ddots & \ddots & \ddots & -x & 0 \\ \ddots & \ddots & -x & 1+x^2 & -x \\ 0 & \dots & 0 & -x & 1+x^2 \end{vmatrix}$$

On développe alors ce dernier déterminant selon sa première ligne et il reste $m_{1,2} = -x \times m'_{1,1}$, où $m'_{1,1}$ est le déterminant obtenu en éliminant ligne 1 et colonne 1 du déterminant que l'on vient d'écrire et donc en reconnaissant à nouveau le personnage : $m'_{1,1}$ vaut $D_{n-2}(x)$.

Ainsi :

$$D_n(x) = (1 + x^2)D_{n-1}(x) - x^2 D_{n-2}(x)$$

2°) Soit $n \geqslant 3$. On a :

$$\begin{aligned}\Delta_n(x) = D_n(x) - D_{n-1}(x) &= (1 + x^2)D_{n-1}(x) - x^2 D_{n-2}(x) - D_{n-1}(x)\\ &= x^2 \left[D_{n-1}(x) - D_{n-2}(x)\right],\end{aligned}$$

donc :

$$\forall n \geqslant 3, \Delta_n(x) = x^2 \Delta_{n-1}(x)$$

On remarque que la suite $(\Delta_n(x))_{n \geq 2}$ est géométrique de raison x^2 et de premier terme $\Delta_2(x)$, donc :

$$\forall n \geqslant 2, \Delta_n(x) = (x^2)^{n-2} \Delta_2(x)$$

Or $D_1(x) = 1 + x^2$ et $D_2(x) = 1 + x^2 + x^4$ donc $\Delta_2(x) = D_2(x) - D_1(x) = x^4$.

Ainsi : $\forall n \geqslant 2, \Delta_n(x) = (x^2)^{n-2} x^4 = x^{2n}$.

3°) On en déduit, pour $n \geqslant 2$:

$$\begin{aligned}D_n(x) &= (D_n(x) - D_{n-1}(x)) + (D_{n-1}(x) - D_{n-2}(x)) + \cdots\\ &\qquad + (D_2(x) - D_1(x)) + D_1(x)\\ &= \Delta_n(x) + \Delta_{n-1}(x) + \cdots + \Delta_2(x) + D_1(x)\\ &= x^{2n} + x^{2n-2} + \cdots + x^4 + x^2 + 1\end{aligned}$$

Ce que l'on peut écrire aussi :

$$D_n(x) = \begin{cases} \dfrac{x^{2n+2} - 1}{x^2 - 1} & \text{si } x^2 \neq 1 \\ n + 1 & \text{si } x^2 = 1 \end{cases}$$

Et on remarque que la formule générale reste valide pour $n = 1$.

Corrigé 1.15

1°) Le déterminant en question est un peu de la même forme que celui de l'exercice précédent.

On procède donc de même en le développant par rapport à sa première ligne :

$$D_n = \begin{vmatrix} 2 & 1 & 0 & \dots & \dots & 0 \\ 3 & 2 & 1 & 0 & \dots & 0 \\ 0 & 3 & \ddots & \ddots & \ddots & \vdots \\ \vdots & \ddots & \ddots & \ddots & 1 & 0 \\ \vdots & & \ddots & 3 & 2 & 1 \\ 0 & \dots & \dots & 0 & 3 & 2 \end{vmatrix}$$

$$D_n = 2\begin{vmatrix} 2 & 1 & 0 & \dots & 0 \\ 3 & \ddots & \ddots & \ddots & \vdots \\ 0 & \ddots & \ddots & 1 & 0 \\ \vdots & \ddots & 3 & 2 & 1 \\ 0 & \dots & 0 & 3 & 2 \end{vmatrix} - \begin{vmatrix} 3 & 1 & 0 & \dots & 0 \\ 0 & 2 & 1 & \ddots & \vdots \\ 0 & 3 & \ddots & \ddots & 0 \\ \vdots & \ddots & \ddots & 2 & 1 \\ 0 & \dots & 0 & 3 & 2 \end{vmatrix}$$

On reconnaît le premier déterminant (il vaut D_{n-1}) puis en développant le deuxième déterminant par rapport à la première colonne, on reconnaît D_{n-2} dans le cofacteur d'indice $(1,1)$. Bref :

$$\forall n \geqslant 3, D_n = 2D_{n-1} - 3D_{n-2}$$

On peut remarquer que l'on a $D_2 = 2\times2 - 3\times1 = 1$, $D_1 = 2$ et $D_0 = 1$, donc la formule précédente est valide au rang 2.

2°) La suite $(D_n)_{n\in\mathbb{N}}$ est donc une suite récurrente linéaire d'ordre 2 dont l'équation caractéristique associée est : $r^2 - 2r + 3 = 0$.

Cette équation admet deux racines complexes conjuguées $1+i\sqrt{2}$ et $1-i\sqrt{2}$, donc il existe deux nombres complexes λ_1 et λ_2 tels que :

$$\forall n \in \mathbb{N}, D_n = \lambda_1(1+i\sqrt{2})^n + \lambda_2(1-i\sqrt{2})^n$$

Avec $D_0 = 1$ et $D_1 = 2$, il vient : $\begin{cases} \lambda_1 + \lambda_2 = 0 \\ \lambda_1(1+i\sqrt{2}) + \lambda_2(1-i\sqrt{2}) = 2 \end{cases}$

D'où l'on déduit $\lambda_1 = \frac{1}{2} - \frac{i\sqrt{2}}{4}$ et $\lambda_2 = \frac{1}{2} + \frac{i\sqrt{2}}{4}$.

On obtient donc, pour tout n entier naturel :

$$D_n = \left(\frac{1}{2} - \frac{i\sqrt{2}}{4}\right)(1+i\sqrt{2})^n + \left(\frac{1}{2} + \frac{i\sqrt{2}}{4}\right)(1-i\sqrt{2})^n$$

Corrigé 1.16

Nous allons montrer le résultat par récurrence :

⋆ le résultat est vrai au rang $n = 2$, car :

$$V_2(x_1, x_2) = \begin{vmatrix} 1 & x_1 \\ 1 & x_2 \end{vmatrix} = x_2 - x_1 = \prod_{1\leq j<i\leq 2} (x_i - x_j)$$

⋆ Supposons le résultat vérifié pour un certain $n \geqslant 2$ et montrons le au rang $n+1$.

On définit alors le polynôme P unitaire et de degré n par $P = \prod_{j=1}^{n} (X - x_j)$ dont la forme développée sera notée $P = X^n + \sum_{k=0}^{n-1} a_k X^k$.

On sait que l'on ne change pas la valeur d'un déterminant par opérations élémentaires sur les colonnes. On effectue alors sur le déterminant définissant $V(x_1, \dots, x_{n+1})$ l'opération $C_{n+1} \leftarrow C_{n+1} + \sum_{k=0}^{n-1} a_k C_{k+1}$.

On obtient ainsi :

$$V_n(x_1,\dots,x_n,x_{n+1}) = \begin{vmatrix} 1 & x_1 & x_1^2 & \dots & x_1^{n-1} & x_1^n \\ 1 & x_2 & x_2^2 & \dots & x_2^{n-1} & x_2^n \\ \vdots & \vdots & \vdots & & \vdots & \vdots \\ \vdots & \vdots & \vdots & & \vdots & \vdots \\ 1 & x_{n+1} & x_{n+1}^2 & \dots & x_{n+1}^{n-1} & x_{n+1}^n \end{vmatrix}$$

$$= \begin{vmatrix} 1 & x_1 & x_1^2 & \dots & x_1^{n-1} & x_1^n + \sum\limits_{k=0}^{n-1} a_k x_1^k \\ 1 & x_2 & x_2^2 & \dots & x_2^{n-1} & x_2^n + \sum\limits_{k=0}^{n-1} a_k x_2^k \\ \vdots & \vdots & \vdots & & \vdots & \vdots \\ \vdots & \vdots & \vdots & & \vdots & \vdots \\ 1 & x_{n+1} & x_{n+1}^2 & \dots & x_{n+1}^{n-1} & x_{n+1}^n + \sum\limits_{k=0}^{n-1} a_k x_{n+1}^k \end{vmatrix}$$

Soit : $V_n(x_1,\dots,x_n,x_{n+1}) = \begin{vmatrix} 1 & x_1 & x_1^2 & \dots & x_1^{n-1} & P(x_1) \\ 1 & x_2 & x_2^2 & \dots & x_2^{n-1} & P(x_2) \\ \vdots & \vdots & \vdots & & \vdots & \vdots \\ \vdots & \vdots & \vdots & & \vdots & \vdots \\ 1 & x_{n+1} & x_{n+1}^2 & \dots & x_{n+1}^{n-1} & P(x_{n+1}) \end{vmatrix}$

Or nous savons, par définition de P, que $P(x_1) = P(x_2) = \cdots = P(x_n) = 0$, donc :

$$V_n(x_1,\dots,x_n,x_{n+1}) = \begin{vmatrix} 1 & x_1 & x_1^2 & \dots & x_1^{n-1} & 0 \\ 1 & x_2 & x_2^2 & \dots & x_2^{n-1} & 0 \\ \vdots & \vdots & \vdots & & \vdots & \vdots \\ \vdots & \vdots & \vdots & & \vdots & 0 \\ 1 & x_{n+1} & x_{n+1}^2 & \dots & x_{n+1}^{n-1} & P(x_{n+1}) \end{vmatrix}$$

Il ne reste plus qu'à développer cette dernière forme par rapport à sa dernière colonne pour obtenir :

$$V_n(x_1,\dots,x_n,x_{n+1}) = P(x_{n+1})V_n(x_1,\dots,x_n)$$

L'hypothèse de récurrence donne alors :

$$\begin{aligned} V_n(x_1,\dots,x_n,x_{n+1}) &= P(x_{n+1}) \prod_{1\leq j<i\leq n} (x_i - x_j) \\ &= \prod_{j=1}^{n} (x_{n+1} - x_j) \times \prod_{1\leq j<i\leq n} (x_i - x_j) \\ &= \prod_{1\leq j<i\leq n+1} (x_i - x_j). \end{aligned}$$

Ce qui donne le résultat au rang $n+1$ et achève le raisonnement.

Corrigé 1.17

1°) Soit $n \geqslant 2$. Notons $C_1(x),\dots,C_n(x)$ les colonnes du déterminant définissant $D_n(x)$. Chaque colonne C_i est dérivable de $\mathbb{R}$ dans $\mathcal{M}_{n,1}(\mathbb{R})$ et l'application déterminant (relativement à la base canonique e de $\mathcal{M}_{n,1}(\mathbb{R})$) est dérivable en tant que forme $n-$linéaire, donc $D_n : x \mapsto \det_e(C_1(x),\dots,C_n(x))$ est dérivable sur $\mathbb{R}$.

[On pourrait se dispenser de la notation $\det_e$, *car lorsque l'on écrit que le déterminant d'une matrice est le déterminant de la famille de ses vecteurs colonnes, il est toujours sous-entendu que l'on travaille dans la base canonique de* $\mathcal{M}_{n,1}(\mathbb{K})$*]*

On obtient alors, pour tout $x \in \mathbb{R}$:

$$\begin{aligned} D_n'(x) &= \det_e(C_1'(x), C_2(x), \dots, C_n(x)) + \det_e(C_1(x), C_2'(x), \dots, C_n(x)) \\ &\qquad + \dots + \det_e(C_1(x), \dots, C_{n-1}(x), C_n'(x)) \\ &= \sum_{j=1}^{n} \det_e(C_1(x), \dots, C_j'(x), \dots, C_n(x)) \end{aligned}$$

Or on observe que $C_j'(x) = C_{j+1}(x)$ pour tout $j \in \{1, \dots, n-1\}$, donc :

$$\begin{aligned} D_n'(x) &= \det_e(C_2(x), C_2(x), \dots, C_n(x)) \\ &\qquad + \det_e(C_1(x), C_3(x), C_3(x), \dots, C_n(x)) \\ &\qquad + \dots + \det_e(C_1(x), \dots, C_n(x), C_n(x)) \\ &\qquad + \det_e(C_1(x), \dots, C_{n-1}(x), C_n'(x)) \end{aligned}$$

Le déterminant étant une forme alternée, les n premiers déterminants du développement précédentde $D_n'(x)$ sont nuls, ce qui implique :

$D_n'(x) = \det_e(C_1(x), C_2(x), \dots, C_{n-1}(x), C_n'(x))$, soit :

$$\forall x \in \mathbb{R}, D_n'(x) = \begin{vmatrix} x & 1 & 0 & \dots & 0 \\ \frac{x^2}{2!} & x & \ddots & \ddots & \vdots \\ \vdots & \ddots & \ddots & 1 & 0 \\ \frac{x^{n-1}}{(n-1)!} & & \ddots & x & 0 \\ \frac{x^n}{n!} & \frac{x^{n-1}}{(n-1)!} & \dots & \frac{x^2}{2!} & 1 \end{vmatrix}$$

Il ne reste alors plus qu'à développer par rapport à la dernière colonne pour obtenir :

$$\forall n \geqslant 2, \forall x \in \mathbb{R}, D_n'(x) = D_{n-1}(x)$$

2°) Nous avons $D_1(x) = x$, et on remarque que pour tout n, $D_n(0) = 0$ (car il s'agit alors d'un déterminant trigonal supérieur dont les coefficients diagonaux sont nuls)

On a alors $D_2(x) = D_2(x) - D_2(0) = \displaystyle\int_0^x D_2'(t)\,dt = \int_0^x t\,dt = \frac{x^2}{2}$

et si on suppose que pour un certain rang n on a $D_{n-1}(x) = \dfrac{x^{n-1}}{(n-1)!}$, alors au rang suivant :

$$D_n(x) = D_n(x) - D_n(0) = \int_0^x D_n'(t)\,dt = \int_0^x \frac{t^{n-1}}{(n-1)!}\,dt = \frac{x^n}{n!}$$

Ainsi, par le principe de récurrence :

$$\forall x \in \mathbb{R}, \forall n \in \mathbb{N}^*, D_n(x) = \frac{x^n}{n!}$$

Corrigé 1.18

1°) L'application f est polynômiale en x, elle est donc dérivable sur $\mathbb{R}$.

On définit les matrices colonnes $U, C_1, \dots, C_n$ telles que $J = (\,U \quad \dots \quad U\,)$ et $A = (\,C_1 \quad \dots \quad C_n\,)$.

On obtient alors, e désignant la base canonique de $\mathcal{M}_{n,1}(\mathbb{R})$:

$$f(x) = \det_e(C_1 + xU, \dots, C_k + xU, \dots, C_n + xU)$$

et en utilisant la formule de la dérivée des formes $n-$linéaires, on obtient une expression de la dérivée de f :

$$\forall x \in \mathbb{R}, f'(x) = \sum_{k=1}^{n} \det_e(C_1+xU, \dots, C_{k-1}+xU, U, C_{k+1}+xU, \dots, C_n+xU)$$

Pour chaque déterminant obtenu on enlève x fois sa $k^{\text{ème}}$ colonne (qui est U) à toutes les autres colonnes et il reste :

$$\forall x \in \mathbb{R}, f'(x) = \sum_{k=1}^{n} \det_e(C_1, \dots, C_{k-1}, U, C_{k+1}, \dots, C_n)$$

Ainsi $f'(x)$ ne dépend pas de x : f' est constante et f est affine.

[On aurait pu écrire directement, en enlevant la première colonne de $A + xJ$ à toutes les autres :

$$\begin{aligned} f(x) &= \det(A + xJ) = \det_e(C_1 + xU, C_2 - C_1, \dots, C_n - C_1) \\ &= x\det_e(U, C_2 - C_1, \dots, C_n - C_1) + \det_e(C_1, C_2 - C_1, \dots, C_n - C_1) \end{aligned}$$

et il est alors clair que f est une fonction affine, mais cette expression ne semble pas très performante pour résoudre la question ***3)****.]*

2°) Calculons $f(-x)$ pour un x quelconque :

$f(-x) = \det(A - xJ) = (-1)^n \det(-A + xJ) = \det({}^tA + xJ)$, puisque n est pair et A est antisymétrique.

Or J est symétrique donc ${}^tA + xJ = {}^t(A + xJ)$ et le déterminant étant invariant par transposition, on obtient :

$$\forall x \in \mathbb{R}, f(-x) = f(x)$$

c'est-à-dire que f est une fonction paire.

Or f paire et dérivable implique f' impaire et donc $f'(0) = 0$, et comme f' est constante, alors $f' = 0$ et f est une fonction constante. Comme $f(0) = \det(A)$, on trouve bien :

$$\forall x \in \mathbb{R}, f(x) = \det(A + xJ) = \det(A)$$

3°) On a obtenu, à la question **1°)** :

$$f'(x) = \sum_{k=1}^{n} \det_e(C_1, \dots, C_{k-1}, U, C_{k+1}, \dots, C_n)$$

Or, en développant $\det_e(C_1, \dots, C_{k-1}, U, C_{k+1}, \dots, C_n)$ par rapport à la $k^{\text{ème}}$ colonne (qui vaut U, donc dont tous les coefficients valent 1), on obtient la somme des cofacteurs de la matrice A correspondants à la $k^{\text{ème}}$ colonne.

On vient donc de montrer que $f'(x)$ est la somme de tous les cofacteurs de A, et comme $f'(x) = 0$ pour tout $x \in \mathbb{R}$, alors cette somme est nulle.

Corrigé 1.19

1°) En développant selon la dernière ligne, on obtient :

$$\det\begin{pmatrix} A & D \\ O_{q,p} & I_q \end{pmatrix} = \det\begin{pmatrix} A & D_1 \\ O_{q-1,p} & I_{q-1} \end{pmatrix},$$

où D_1 est la matrice obtenue en éliminant la dernière colonne de D.

On recommence, et au bout de q développements, il reste :

$$\det\begin{pmatrix} A & D \\ O_{q,p} & I_q \end{pmatrix} = \det A$$

De la même façon et en développant à chaque fois par rapport à la première colonne, on obtient :

$$\det\begin{pmatrix} I_p & D \\ O_{q,p} & B \end{pmatrix} = \det B$$

2°) Si A est inversible, alors on a :

$$M = \begin{pmatrix} A & C \\ O_{q,p} & B \end{pmatrix} = \begin{pmatrix} A & O_{p,q} \\ O_{q,p} & I_q \end{pmatrix} \begin{pmatrix} I_p & A^{-1}C \\ O_{q,p} & B \end{pmatrix}$$

Donc :

$$\det(M) = \det\begin{pmatrix} A & O_{p,q} \\ O_{q,p} & I_q \end{pmatrix} \det\begin{pmatrix} I_p & A^{-1}C \\ O_{q,p} & B \end{pmatrix} = \det(A)\det(B),$$

d'après les résultats de la question **1°)**.

Si A est non inversible, alors cela implique que ses vecteurs colonnes forment une famille liée, donc il en est de même pour ceux de M.

On a donc montré que M est également non inversible.

On a alors $\det(A) = \det(M) = 0$, donc l'égalité $\det(M) = \det(A)\det(B)$ est bien encore vérifiée.

Corrigé 1.20

1°) Un calcul simple donne $A^2 = 0$, ce qui se traduit par $f \circ f = 0$. On a donc, pour $y \in \mathrm{Im}(f)$, $f(y) = f(f(x)) = 0$, c'est-à-dire :

$$\mathrm{Im}(f) \subset \mathrm{Ker}(f)$$

2°) Les trois colonnes de A sont proportionnelles à sa première, qui est non nulle, donc $\mathrm{Im}(f)$ est une droite (engendrée par le vecteur $3e_1 + e_2 - e_3$).

Par le théorème du rang, on a donc $\dim \mathrm{Ker}(f) = 2$.

Prenons alors un vecteur e'_1 n'appartenant pas au noyau de f (c'est possible), et posons $e'_2 = f(e'_1)$.
Le vecteur e'_2 est non nul et $f(e'_2) = f \circ f(e'_1) = 0$, donc $e'_2 \in \mathrm{Ker}(f)$.

Complétons alors avec un vecteur e'_3 tel que (e'_2, e'_3) soit une base de $\mathrm{Ker}(f)$.

Comme e'_1 n'appartient pas à $\mathrm{Ker}(f)$, la famille $e' = (e'_1, e'_2, e'_3)$ est libre et est une base de E.

Avec $f(e'_1) = e'_2$ et $f(e'_2) = f(e'_3) = 0$, il vient : $M_{e'}(f) = \begin{pmatrix} 0 & 0 & 0 \\ 1 & 0 & 0 \\ 0 & 0 & 0 \end{pmatrix} = B$

Ce qui implique bien que A et B sont deux matrices semblables.

Corrigé 1.21

On a : $A = \begin{pmatrix} 1 & 1 & 0 & 0 \\ 0 & 1 & 1 & 0 \\ 0 & 0 & 1 & 1 \\ 0 & 0 & 0 & 1 \end{pmatrix}$ et $B = \begin{pmatrix} 1 & 2 & 3 & 4 \\ 0 & 1 & 2 & 3 \\ 0 & 0 & 1 & 2 \\ 0 & 0 & 0 & 1 \end{pmatrix}$.

Nous allons chercher une matrice inversible P sous la forme :

$$P = \begin{pmatrix} a & b & c & d \\ a' & b' & c' & d' \\ a'' & b'' & c'' & d'' \\ a''' & b''' & c''' & d''' \end{pmatrix}$$

telle que $PB = AP$.

$$\to AP = \begin{pmatrix} a+a' & b+b' & c+c' & d+d' \\ a'+a'' & b'+b'' & c'+c'' & d'+d'' \\ a''+a''' & b''+b''' & c''+c''' & d''+d''' \\ a''' & b''' & c''' & d''' \end{pmatrix}$$

$$\to PB = \begin{pmatrix} a & 2a+b & 3a+2b+c & 4a+3b+2c+d \\ a' & 2a'+b' & 3a'+2b'+c' & 4a'+3b'+2c'+d' \\ a'' & 2a''+b'' & 3a''+2b''+c'' & 4a''+3b''+2c''+d'' \\ a''' & 2a'''+b''' & 3a'''+2b'''+c''' & 4a'''+3b'''+2c'''+d''' \end{pmatrix}$$

En identifiant colonne par colonne, il vient :

$a' = a'' = a''' = 0, b' = 2a, b'' = b''' = 0$, etc. D'où :

$$P = \begin{pmatrix} a & b & c & d \\ 0 & 2a & 3a+2b & 4a+3b+2c \\ 0 & 0 & 4a & 12a+4b \\ 0 & 0 & 0 & 8a \end{pmatrix}$$

En prenant $a = 1$ (et b, c, d) quelconques) une telle matrice P est triangulaire supérieure sans terme diagonal nul, donc est inversible.
On peut alors écrire $B = P^{-1}AP$ et A et B sont bien semblables.

Corrigé 1.22

1°) Comme $f^{n-1} \neq 0$, alors $\exists\, x \in E$ tel que $f^{n-1}(x) \neq 0$.

La famille $e = \big(x, f(x), \dots, f^{n-1}(x)\big)$ ayant n éléments, c'est une base de E si et seulement elle est libre.

Soit alors $(\lambda_1, \dots, \lambda_n)$ une famille de réels telle que

$$\lambda_1 x + \lambda_2 f(x) + \cdots + \lambda_n f^{n-1}(x) = 0$$

En appliquant f, qui est linéaire, nous obtenons :

$$\lambda_1 f(x) + \lambda_2 f^2(x) + \cdots + \lambda_n f^n(x) = 0$$

et donc, puisque $f^n = 0$, on obtient en fait :

$$\lambda_1 f(x) + \lambda_2 f^2(x) + \cdots + \lambda_{n-1} f^{n-1}(x) = 0$$

On recommence alors $(n-2)$ fois jusqu'à obtenir $\lambda_1 f^{n-1}(x) = 0$, ce qui implique $\lambda_1 = 0$ puisque on a choisi x tel que $f^{n-1}(x) \neq 0$.

En remontant toutes les équations obtenues, on trouve : $\lambda_1 = \lambda_2 = \cdots = \lambda_n = 0$, ce qui implique que e est une famille libre et donc une base de E.

2°) Pour tout $j \in [\![1, n-1]\!]$, l'image par f du $j^{\text{ème}}$ vecteur de la base e est le $(j+1)^{\text{ème}}$ vecteur de e, enfin l'image du dernier vecteur de e, qui est $f^{n-1}(x)$, est le vecteur nul.

Ainsi, en construisant colonne par colonne :

$$C = M_e(f) = \begin{pmatrix} 0 & 0 & \dots & \dots & 0 \\ 1 & 0 & & & \vdots \\ 0 & 1 & \ddots & & \vdots \\ \vdots & \ddots & \ddots & \ddots & \vdots \\ 0 & \dots & 0 & 1 & 0 \end{pmatrix}$$

ce qui implique immédiatement $\operatorname{tr}(f) = \operatorname{tr} C = 0$.

Corrigé 1.23

1°) $\star \operatorname{tr}\left[X + \operatorname{tr}(X).\begin{pmatrix} 2 & 4 \\ 7 & 1 \end{pmatrix}\right] = \operatorname{tr} X + \operatorname{tr} X \times 3 = 4\operatorname{tr}(X)$, car la trace est une application linéaire.

$\star \operatorname{tr}\begin{pmatrix} -1 & 5 \\ 6 & 1 \end{pmatrix} = 0.$

Donc l'équation proposée entraîne $4\operatorname{tr}(X) = 0$, soit $\operatorname{tr}(X) = 0$, ce qui donne immédiatement : $X = \begin{pmatrix} -1 & 5 \\ 6 & 1 \end{pmatrix}$ unique solution possible de l'équation. Cette matrice étant évidemment solution, on conclut.

2°) $\operatorname{tr}(AX - XA) = \operatorname{tr}(AX) - \operatorname{tr}(XA) = 0$, car la trace est linéaire et on sait que pour toutes matrices carrées on a $\operatorname{tr}(AX) = \operatorname{tr}(XA)$.

Or $\operatorname{tr}(I_n) = n \neq 0$, donc l'équation proposée n'admet aucune solution.

Corrigé 1.24

On sait que la trace d'un endomorphisme est la trace de la matrice associée à cet endomorphisme, quel que soit le choix de la base de référence utilisée (deux matrices semblables ont même trace).

On va bien évidemment utiliser la base canonique e de E composée des matrices élémentaires $(E_{i,j})_{1\leq i\leq n, 1\leq j\leq n}$ définies par $(E_{i,j})_{k,\ell} = \delta_{i,k}\delta_{j,\ell}$.

Si on pose $A = (a_{i,j})_{i,j}$ et $B = (b_{i,j})_{i,j}$, alors on obtient :

$\star \, \forall (i,j) \in [\![1, n]\!]^2, u(E_{i,j}) = AE_{i,j} = \Big(\sum\limits_{k=1}^{n}\sum\limits_{\ell=1}^{n} a_{k,\ell}E_{k,\ell}\Big)E_{i,j} = \sum\limits_{k=1}^{n} a_{k,i}E_{k,j}.$

Ainsi la coordonnée selon $E_{i,j}$ de $u(E_{i,j})$ exprimé dans la base e est $a_{i,i}$. Ce nombre est le coefficient diagonal de la colonne correspondant à $u(E_{i,j})$ dans la matrice représentant u relativement à la base e.

On obtient ainsi :

$$\operatorname{tr}(u) = \sum_{i=1}^{n}\sum_{j=1}^{n} a_{i,i} = \sum_{i=1}^{n} n a_{i,i} = n\operatorname{tr}(A)$$

$\star$ De manière symétrique pour v, on obtient :

$$\forall\,(i,j) \in [\![1,n]\!]^2, v(E_{i,j}) = E_{i,j}B = E_{i,j}\big(\sum_{k=1}^{n}\sum_{\ell=1}^{n} b_{k,\ell}E_{k,\ell}\big) = \sum_{\ell=1}^{n} b_{j,\ell}E_{i,\ell}$$

donc la coordonnée selon $E_{i,j}$ de $v(E_{i,j})$ exprimé selon la base e, (qui est l'élément courant de la diagonale de la matrice représentant v sur la base canonique e, et qui se trouve en position $((i,j),(i,j))$), est $b_{j,j}$. On obtient ainsi :

$$\mathrm{tr}(v) = \sum_{i=1}^{n}\sum_{j=1}^{n} b_{j,j} = n\,\mathrm{tr}(B)$$

⋆ Pour l'endomorphisme w, on écrit :

$$\forall\,(i,j) \in [\![1,n]\!]^2, w(E_{i,j}) = (AE_{i,j})B = \big(\sum_{k=1}^{n} a_{k,i}E_{k,j}\big)\big(\sum_{r=1}^{n}\sum_{s=1}^{n} b_{r,s}E_{r,s}\big)$$
$$= \sum_{k=1}^{n}\sum_{s=1}^{n} a_{k,i}b_{j,s}E_{k,s}.$$

et sa coordonnée selon $E_{i,j}$ est donc $a_{i,i}b_{j,j}$. Ainsi :

$$\mathrm{tr}(w) = \sum_{i=1}^{n}\sum_{j=1}^{n} a_{i,i}b_{j,j} = \sum_{i=1}^{n}\big(a_{i,i}\sum_{j=1}^{n} b_{j,j}\big) = \sum_{i=1}^{n} a_{i,i}\,\mathrm{tr}(B) = \mathrm{tr}(A)\,\mathrm{tr}(B)$$

Corrigé 1.25

1°) Remarquons que l'on a en fait : $v = id + u + u^2 + \cdots + u^{k-1}$ et comme $u^k = id$, l'identité géométrique nous donne :

$$(u - id)\circ v = v\circ(u-id) = (u-id)\big(\sum_{j=0}^{k-1} u^j\big) = u^k - id = \widetilde{0}$$

(où $\widetilde{0}$ désigne l'endomorphisme nul de $\mathbb{K}^n$)

a) Procédons par double inclusion :

⋆ Soit $y \in \mathrm{Im}(v)$, alors $\exists\, x \in E$ tel que $y = v(x)$. On a donc :

$$(u-id)(y) = (u-id)(v(x)) = (u-id)\circ v(x) = \widetilde{0}(x) = 0$$

Ainsi $y \in \mathrm{Ker}(u-id)$, ce qui implique que $\mathrm{Im}(v) \subset \mathrm{Ker}(u-id)$.

⋆ Soit $x \in \mathrm{Ker}(u-id)$, alors $u(x) - x = 0$, soit $u(x) = x$, ce qui implique, par une récurrence élémentaire, pour tout j de $\mathbb{N}$: $u^j(x) = x$, et donc :

$$v(x) = (id + u + \cdots + u^{k-1})(x) = \sum_{j=0}^{k-1} x = kx$$

comme $k \neq 0$, on en déduit $x = v\big(\frac{1}{k}x\big) \in \mathrm{Im}(v)$, ce qui prouve que l'on a : $\mathrm{Ker}(u-id) \subset \mathrm{Im}(v)$.

On a donc bien $\mathrm{Ker}(u-id) = \mathrm{Im}(v)$ et on a montré en prime que :

$$\forall\, x \in \mathrm{Im}(v), v(x) = kx$$

b) Nous allons montrer une inclusion et l'égalité des dimensions :

⋆ Soit $y \in \mathrm{Im}(u-id)$: alors $\exists\, x \in E$ tel que $y = (u-id)(x)$, et par conséquent : $v(y) = v((u-id)(x)) = v\circ(u-id)(x) = \widetilde{0}(x) = 0$, ce qui montre que $y \in \mathrm{Ker}(v)$ et $\mathrm{Im}(u-id) \subset \mathrm{Ker}(v)$.

⋆ Deux applications du théorème du rang donnent :

$$\dim(\mathrm{Im}(u-id)) + \dim(\mathrm{Ker}(u-id)) = n = \dim(\mathrm{Im}(v)) + \dim(\mathrm{Ker}(v))$$

et nous avons démontré en **a)** que $\mathrm{Ker}(u - id) = \mathrm{Im}(v)$, donc nous en concluons que $\dim(\mathrm{Im}(u - id)) = \dim(\mathrm{Ker}(v))$.
Or $\mathrm{Im}(u - id) \subset \mathrm{Ker}(v)$ et le seul sous-espace vectoriel de $\mathrm{Ker}(v)$ qui soit de la même dimension que lui est $\mathrm{Ker}(v)$, donc :

$$\mathrm{Im}(u - id) = \mathrm{Ker}(v)$$

c) $\star$ Soit $x \in \mathrm{Ker}(v) \cap \mathrm{Im}(v) = \mathrm{Ker}(v) \cap \mathrm{Ker}(u - id)$.
On a donc $u(x) = x$ et on a vu que cela entraîne que $v(x) = kx$.
Comme $x \in \mathrm{Ker}(v)$ on a donc $0 = v(x) = kx$ et puisque $k \neq 0$, $x = 0$.
Ainsi

$$\mathrm{Ker}(v) \cap \mathrm{Im}(v) = \{0\}$$

$\star$ Comme nous savons que $\dim(\mathrm{Im}(v)) + \dim(\mathrm{Ker}(v)) = \dim(\mathbb{K}^n)$. Le cours nous assure que l'on a alors :

$$\mathrm{Ker}(v) \oplus \mathrm{Im}(v) = \mathbb{K}^n$$

2°) Soit $p = \dim(\mathrm{Ker}(v))$ et $q = \dim(\mathrm{Im}(v)) = \mathrm{rg}(v) = n - p$.
Soit $(e_1, \dots, e_p)$ une base de $\mathrm{Ker}(v)$ et $(e_{p+1}, \dots, e_n)$ une base de $\mathrm{Im}(v)$. La famille $e = (e_1, \dots, e_n)$ est une base de $\mathbb{K}^n$ et comme on a remarqué que pour tout vecteur x de $\mathrm{Im}(v)$ on a $v(x) = kx$ (voir **1°) a)**), on a en construisant colonne par colonne :

$$B' = M_e(v) = \begin{pmatrix} 0_{p,p} & 0_{p,q} \\ 0_{q,p} & kI_q \end{pmatrix}$$

Donc :

$$\mathrm{tr}(B) = \mathrm{tr}(v) = \mathrm{tr}(B') = kq = k.\,\mathrm{rg}(v) = k.\,\mathrm{rg}(B)$$

Réduction des endomorphismes et des matrices carrées 02

RÉPARTITION DES EXERCICES

I. ÉNONCÉS DES EXERCICES

2.01 Soient a, b, c et d quatre nombres réels et l'endomorphisme f de $E = \mathbb{R}^4$ dont la matrice dans la base canonique est :

$$A = \begin{pmatrix} a & 3 & 0 & 5 \\ 0 & b & 0 & 2 \\ 1 & 2 & c & 3 \\ 0 & 0 & 0 & d \end{pmatrix}$$

1°) On suppose dans cette question que a, b, c et d sont deux à deux distincts. Montrer que l'endomorphisme f est diagonalisable.

2°) On suppose maintenant que a, b et d sont deux à deux distincts et que $c = b$. Donner une condition nécessaire et suffisante sur a, b et d pour que f soit diagonalisable.

◇

2.02 Soit l'espace vectoriel $E = \mathbb{R}^3$ muni de sa base canonique $e = (e_1, e_2, e_3)$. On considère l'endomorphisme f de E dont la matrice sur la base e est :

$$A = \begin{pmatrix} a & 1 & 0 \\ 1 & a & 0 \\ 0 & 0 & -1 \end{pmatrix}, \text{ avec } a \in \mathbb{R}.$$

1°) Montrer que -1 est valeur propre de f.

2°) On suppose dans cette question que $a = 0$.

a) Déterminer la dimension du sous-espace propre E_{-1}.

b) En déduire le polynôme caractéristique de f sans calculer $\det(A - \lambda I_3)$.

c) L'endomorphisme f est-il diagonalisable ? Inversible ?

◇

2.03 On définit, dans $E = \mathcal{M}_5(\mathbb{R})$, les matrices suivantes :

$$J = \begin{pmatrix} 1 & 1 & 1 & 1 & 1 \\ 1 & 1 & 1 & 1 & 1 \\ 1 & 1 & 1 & 1 & 1 \\ 1 & 1 & 1 & 1 & 1 \\ 1 & 1 & 1 & 1 & 1 \end{pmatrix} \text{ et } M = \begin{pmatrix} 0 & 1 & 0 & 1 & 0 \\ 1 & 0 & 1 & 0 & 0 \\ 0 & 1 & 0 & 0 & 1 \\ 1 & 0 & 0 & 0 & 1 \\ 0 & 0 & 1 & 1 & 0 \end{pmatrix}$$

1°) Calculer $M^2 + M$ en fonction de I et de J, où I est la matrice identité de $\mathcal{M}_5(\mathbb{R})$.

2°) Exprimer J^2 en fonction de J, en déduire un polynôme annulateur de M.

3°) Montrer que M possède une unique valeur propre entière dont on déterminera le sous-espace propre associé.

◇

2.04 Soit $(a, b) \in \mathbb{C}^2$ et $A = \begin{pmatrix} a & b & b \\ b & a & b \\ b & b & a \end{pmatrix}$.

Montrer que A est diagonalisable, en déduire A^n, pour tout $n \in \mathbb{N}$.

◇

2.05 Soient α un nombre réel et la matrice $A_\alpha = \begin{pmatrix} 3-\alpha & -5-\alpha & \alpha \\ -\alpha & \alpha-2 & \alpha \\ 5 & -5 & -2 \end{pmatrix}$.

1°) Montrer qu'il existe une unique valeur de α pour laquelle la matrice A_α est diagonalisable.

2°) Déterminer, dans ce cas, $(A_\alpha)^n$ pour $n \in \mathbb{N}^*$.

◇

2.06 Soit E un espace vectoriel de dimension n non nulle. On considère un endomorphisme u de E tel que u^2 soit diagonalisable.

1°) L'endomorphisme u est-il toujours diagonalisable ?

2°) Montrer que u diagonalisable $\Longrightarrow$ $\text{Ker}(u) = \text{Ker}(u^2)$.

◇

2.07 Soit E un $\mathbb{K}$-espace vectoriel de dimension $n \in \mathbb{N}^*$. On considère u et v deux endomorphismes de E, l'endomorphisme u possédant n valeurs propres distinctes dans $\mathbb{K}$.
Montrer que : $u \circ v = v \circ u \Longleftrightarrow$ tout vecteur propre de u est vecteur propre de v.

◇

2.08 Soient E un $\mathbb{K}$-espace vectoriel de dimension n non nul et u un endomorphisme de E tel que $u^2 = id_E$.

1°) Montrer que :

a) $\text{Ker}(u - id_E) \cap \text{Ker}(u + id_E) = \{0\}$.

b) $\text{Im}(u + id_E) \subset \text{Ker}(u - id_E)$.

c) $\text{Im}(u - id_E) \subset \text{Ker}(u + id_E)$.

2°) Montrer que $\dim(\text{Ker}(u - id_E)) + \dim(\text{Ker}(u + id_E)) = n$. En déduire que u est diagonalisable.

(Voir aussi l'exercice 2.17.)

◇

2.09 Trouver une matrice carrée M de $\mathcal{M}_4(\mathbb{C})$ telle que :

$$M^2 = A = \begin{pmatrix} 0 & 1 & 1 & 1 \\ 1 & 0 & 1 & 1 \\ 1 & 1 & 0 & 1 \\ 1 & 1 & 1 & 0 \end{pmatrix}.$$

◇

2.10 Etablir une condition nécessaire et suffisante sur $(a, b, c, d, e, f) \in \mathbb{R}^6$ pour que la matrice $M = \begin{pmatrix} 1 & a & b & c \\ 0 & 1 & d & e \\ 0 & 0 & 2 & f \\ 0 & 0 & 0 & 2 \end{pmatrix}$ soit diagonalisable.

◇

2.11 Soient $A \in \mathcal{M}_n(\mathbb{C})$ et $M = \begin{pmatrix} A & 4A \\ A & A \end{pmatrix} \in \mathcal{M}_{2n}(\mathbb{C})$.

Déterminer le polynôme caractéristique de M en fonction de celui de A.

◇

2.12 Soient E un $\mathbb{C}$-espace vectoriel de dimension n. On dit qu'un endomorphisme τ est *nilpotent* si :

$$\exists\, k \in \mathbb{N}^* \text{ tel que } \tau^{k-1} \neq 0 \text{ et } \tau^k = 0.$$

Soit u un endomorphisme nilpotent de E de polynôme caractéristique χ_u.

1°) Montrer que $\chi_u(\lambda) = (-\lambda)^n$.

2°) Soit v un automorphisme qui commute avec u et $f = u + v$.

a) Montrer que f et v ont les mêmes valeurs propres.

b) Montrer que $w = v^{-1} \circ u$ est nilpotent.

c) En déduire que $\det(f) = \det(v)$.

◇

2.13 On considère les trois suites $(u_n), (v_n), (w_n)$ définies par :

$$(u_0, v_0, w_0) = (100, 100, 100)\,;\ \forall n \in \mathbb{N},\ \begin{cases} u_{n+1} = v_n + 3w_n \\ v_{n+1} = \dfrac{1}{2}u_n \\ w_{n+1} = \dfrac{1}{3}v_n \end{cases}.$$

On pose $X_n = {}^t\,(\,u_n \quad v_n \quad w_n\,)$.

Montrer que la suite $(X_n)_n$ converge et déterminer sa limite.

◇

2.14 Résoudre sur $]-1, +\infty[$ le système différentiel suivant :

$$\begin{cases} x'(t) = (\frac{1}{1+t} + \frac{1}{2})x(t) - \frac{1}{2}y(t) + \frac{1}{2}z(t) - \frac{1}{2}u(t) \\ y'(t) = -\frac{1}{2}x(t) + (\frac{1}{1+t} + \frac{1}{2})y(t) + \frac{1}{2}z(t) - \frac{1}{2}u(t) \\ z'(t) = \frac{1}{2}x(t) + \frac{1}{2}y(t) + (\frac{1}{1+t} + \frac{1}{2})z(t) + \frac{1}{2}u(t) \\ u'(t) = -\frac{1}{2}x(t) - \frac{1}{2}y(t) + \frac{1}{2}z(t) + (\frac{1}{1+t} + \frac{1}{2})u(t) \end{cases}.$$

◇

2.15 Déterminer toutes les matrices qui commutent avec la matrice M définie par : $M = \begin{pmatrix} 2 & 0 & 4 \\ 3 & -4 & 12 \\ 1 & -2 & 5 \end{pmatrix}$.

◇

2.16 Montrer que, quel que soit l'entier naturel non nul n, la matrice M de $\mathcal{M}_n(\mathbb{R})$ dont tous les éléments sont égaux à 1 est diagonalisable.

◇

2.17 Soit E un $\mathbb{C}$-espace vectoriel de dimension finie n. On considère $f \in \mathcal{L}(E)$ tel que $f^2 = -id_E$.
On définit alors $g = id_E + i.f$ et $h = id_E - i.f$, puis $G = g(E)$, $H = h(E)$.

1°) Montrer que $E = G \oplus H$.

2°) En déduire que f est diagonalisable, avec $\text{Spec}(f) \subset \{-i, i\}$.

◇

2.18 Soit E un $\mathbb{C}$-espace vectoriel de dimension finie n.
On considère g et u deux endomorphismes de E tels que : $g \circ u - u \circ g = 2u$.

1°) Soit x un vecteur propre de g associé à une valeur propre α. Montrer que : $\forall p \in \mathbb{N}, g\big(u^p(x)\big) = (\alpha + 2p)u^p(x)$.

2°) Montrer que si u est diagonalisable, alors u est nilpotent.

◇

2.19 On définit sur le $\mathbb{R}-$espace vectoriel $E = \mathcal{M}_2(\mathbb{R})$ les matrices A, D et U par : $A = \begin{pmatrix} 0 & 1 \\ 0 & 1 \end{pmatrix}$, $D = \begin{pmatrix} 0 & 0 \\ 0 & 1 \end{pmatrix}$ et $U = \begin{pmatrix} 1 & 0 \\ 0 & 0 \end{pmatrix}$.
Soit $F = \{M \in E \ / \ AM = MD\}$.

1°) Montrer que F est un sous-espace vectoriel de E admettant pour base (U, A).

2°) Montrer que l'application f définie sur E par :
$\forall M \in E, f(M) = AM - MD$, est un endomorphisme de E.

3°) Déterminer les solutions dans E de $f(M) = M$ puis de $f(M) = -M$.

4°) Montrer que f est diagonalisable et en donner le spectre.

◇

2.20 Soient f et g les endomorphismes de $\mathbb{C}^3$ représentés, relativement à la base canonique de $\mathbb{C}^3$, par les matrices A et B de $\mathcal{M}_3(\mathbb{C})$ définies par :

$$A = \begin{pmatrix} 0 & 0 & 1 \\ 1 & 0 & 0 \\ 0 & 1 & 0 \end{pmatrix} \text{ et } B = \begin{pmatrix} \alpha & \beta & \gamma \\ \gamma & \alpha & \beta \\ \beta & \gamma & \alpha \end{pmatrix}, \text{ où } (\alpha, \beta, \gamma) \in \mathbb{C}^3.$$

1°) Déterminer les valeurs propres et les sous-espaces propres de f.

2°) En déduire les valeurs propres et les sous-espaces propres de f^2.

3°) Ecrire B comme combinaison linéaire de I, A et A^2 et en déduire, sans calculer son polynôme caractéristique, les valeurs propres de g.

◇

2.21 On considère le polynôme P de $\mathbb{R}[X]$ défini par : $P = X^2 + X + 1$ et l'espace vectoriel $E = \mathbb{R}^2$ muni de sa base canonique e.
Soient $A \in \mathcal{M}_2(\mathbb{R})$ vérifiant $P(A) = 0$, f l'endomorphisme de E admettant A pour matrice sur la base e et $a \in E \setminus \{0\}$.

1°) Montrer que, si λ est valeur propre complexe de A, on a : $\lambda^2 + \lambda + 1 = 0$.

2°) En déduire le polynôme caractéristique χ_A et le spectre complexe $\mathrm{Spec}(A)$ de A.

3°) Montrer que la famille $e' = (a, f(a))$ est une base de E. Déterminer la matrice A' de f dans la base e'.

◇

2.22 Soit n un entier naturel supérieur ou égal à 2. Etudier la diagonalisabilité de la matrice A de $\mathcal{M}_n(\mathbb{R})$ définie par : $A = \begin{pmatrix} 2 & -1 & 0 & \dots & 0 \\ -1 & 2 & \ddots & \ddots & \vdots \\ 0 & \ddots & \ddots & \ddots & 0 \\ \vdots & \ddots & \ddots & 2 & -1 \\ 0 & \dots & 0 & -1 & 2 \end{pmatrix}$.

◇

2.23 Soient n un entier naturel non nul et $E = \mathbb{R}_n[X]$ le $\mathbb{R}-$espace vectoriel des polynômes à coefficients dans $\mathbb{R}$ de degré inférieur ou égal à n. On considère l'application u sur E qui à tout polynôme P de E associe :

$$u(P) = (X^2 - 1)P'' + (2X + 1)P'.$$

1°) Justifier que u est un endomorphisme de E.

2°) Montrer que u est diagonalisable.

◇

2.24 Soient n un entier naturel non nul et (a, b) un couple de nombres réels quelconques. On considère le $\mathbb{R}-$espace vectoriel $E = \mathbb{R}_n[X]$ des polynômes à coefficients dans $\mathbb{R}$ et de degré inférieur ou égal à n, puis on définit l'endomorphisme f de E par :

$$\forall P \in E, \quad f(P) = [(aX + b)P]'$$

1°) Déterminer les valeurs propres de f ainsi que les sous-espaces propres associés.

2°) Donner une condition nécéssaire et suffisante sur le couple (a, b) pour que f soit diagonalisable.

◇

2.25 Soient n un entier naturel non nul et a un nombre réel. On considère le $\mathbb{R}$−espace vectoriel $E = \mathbb{R}_{2n}[X]$ des polynômes à coefficients dans $\mathbb{R}$ et de degré inférieur ou égal à $2n$ puis on définit une application f de E vers $\mathbb{R}[X]$ par :

$$\forall P \in E, f(P) = X(X+1)P' - aXP$$

où P' est le polynôme dérivé de P.

1°) Déterminer toutes les valeurs de a dans $\mathbb{R}$ pour lesquelles f est un endomorphisme de E.

2°) Montrer que, lorsque f est un endomorphisme de E, il est diagonalisable.

◇

2.26 Soient un entier naturel $n \geqslant 2$ et le $\mathbb{R}$−espace vectoriel $E = \mathbb{R}^n$ muni de sa base canonique $e = (e_1, \ldots, e_n)$.
On considère trois nombres réels non nuls a, b et c ainsi que l'endomorphisme f de E représenté sur la dase e par la matrice $A \in \mathcal{M}_n(\mathbb{R})$ définie par :

$$A = \begin{pmatrix} 0 & \ldots & 0 & c \\ \vdots & \ddots & \vdots & \vdots \\ 0 & \ldots & 0 & c \\ b & \ldots & b & a \end{pmatrix}$$

Donner une condition nécessaire et suffisante sur les réels a, b et c pour que l'endomorphisme f soit diagonalisable.

◇

2.27 Soient $\mathbb{K} = \mathbb{R}$ ou $\mathbb{C}$ et n un nombre entier naturel non nul. On considère quatre matrices A, B, C et D de $\mathcal{M}_n(\mathbb{K})$ puis on définit la matrice carrée M d'ordre $2n$ par :

$$M = \begin{pmatrix} A & B \\ C & D \end{pmatrix}$$

Montrer que, si A et C commutent, alors $\det(M) = \det(AD - CB)$.

◇

2.28 Soit $\mathbb{K} = \mathbb{R}$ ou $\mathbb{C}$, soient E un $\mathbb{K}$-espace vectoriel de dimension $n \in \mathbb{N}^*$ et f un endomorphisme de E.
On considère l'endomorphisme Φ de $\mathcal{L}(E)$ défini par :

$$\forall u \in \mathcal{L}(E), \Phi(u) = f \circ u$$

1°) Montrer que f et Φ ont le même spectre.

2°) Pour λ valeur propre de f et Φ, on notera $E_\lambda(f)$ et $E_\lambda(\Phi)$ les sous-espaces propres associés à λ pour f et Φ respectivement.

a) Montrer que : $u \in E_\lambda(\Phi) \iff \mathrm{Im}(u) \subset E_\lambda(f)$.

b) En déduire que l'on peut définir une application φ de $E_\lambda(\Phi)$ dans $\mathcal{L}\big(E, E_\lambda(f)\big)$ par :

$$\forall u \in E_\lambda(\Phi), \varphi(u) : E \to E_\lambda(f), x \mapsto u(x)$$

c) Montrer que φ est un isomorphisme de $E_\lambda(\Phi)$ sur $\mathcal{L}\big(E, E_\lambda(f)\big)$.

d) En déduire une relation entre les dimensions de $E_\lambda(f)$ et de $E_\lambda(\Phi)$.

3°) Montrer que Φ est diagonalisable si et seulement si f est diagonalisable.

◇

2.29 Soient $n \in \mathbb{N}$ tel que $n \geqslant 2$, et $(a_0, a_1, \ldots, a_{n-1}) \in \mathbb{K}^n$ avec $\mathbb{K} = \mathbb{R}$ ou $\mathbb{C}$.

On considère le polynôme P de $\mathbb{K}_n[X]$ défini par $P(X) = X^n - \sum\limits_{k=0}^{n-1} a_k X^k$.

On définit la *matrice compagnon* $M \in \mathcal{M}_n(\mathbb{K})$ de P par :

$$M = \begin{pmatrix} 0 & \ldots & \ldots & 0 & a_0 \\ 1 & 0 & & \vdots & a_1 \\ 0 & 1 & \ddots & \vdots & \vdots \\ \vdots & \ddots & \ddots & 0 & a_{n-2} \\ 0 & \ldots & 0 & 1 & a_{n-1} \end{pmatrix}.$$

Déterminer le polynôme caractéristique de M en fonction de P.

◇

2.30 Soient E un $\mathbb{K}$-espace vectoriel de dimension $n > 0$ et f un endomorphisme de E. Le but de cet exercice est de démontrer le théorème de **Cayley-Hamilton** :

« χ_f étant le polynôme caractéristique de f, on a $\chi_f(f) = 0$. »

(C'est-à-dire que si $\chi_f(\lambda) = \sum a_k \lambda^k$, alors $\sum \lambda_k f^k = 0$. On admettra que les règles de calcul sur les polynômes se généralisent aux endomorphismes, avec pour tous polynômes : $(PQ)(f) = P(f) \circ Q(f)$)

1°) On considère un vecteur non nul x de E. Justifier qu'il existe un entier naturel p strictement inférieur à n tel que :

la famille $(x, f(x), \ldots, f^p(x))$ est libre,
la famille $(x, f(x), \ldots, f^{p+1}(x))$ est liée.

2°) On note alors $G = \mathrm{Vect}(x, f(x), \ldots, f^p(x))$ et g la restriction de f à G. Montrer que g réalise un endomorphisme de G (encore noté g) et donner la matrice de cet endomorphisme g dans la base $(x, f(x), \ldots, f^p(x))$ de G ainsi que son polynôme caractéristique χ_g.

3°) En déduire que $\chi_f(f) = 0$.

◇

2.31 On considère un entier naturel $n \geqslant 2$, une famille $(a_1, \ldots, a_n) \in \mathbb{C}^n$ et le polynôme $Q \in \mathbb{C}_{n-1}[X]$ défini par : $Q(X) = a_1 + a_2 X + \cdots + a_n X^{n-1}$.

1°) Montrer que la matrice $A = \begin{pmatrix} 0 & 1 & 0 & \dots & 0 \\ 0 & 0 & 1 & \ddots & \vdots \\ \vdots & \ddots & \ddots & \ddots & 0 \\ 0 & & \ddots & \ddots & 1 \\ 1 & 0 & \dots & 0 & 0 \end{pmatrix}$ est diagonalisable dans $\mathcal{M}_n(\mathbb{C})$ et déterminer son spectre.

2°) Soit $M = \begin{pmatrix} a_1 & a_2 & \dots & a_{n-1} & a_n \\ a_n & a_1 & a_2 & \dots & a_{n-1} \\ \vdots & \ddots & a_1 & \ddots & \vdots \\ a_3 & & \ddots & \ddots & a_2 \\ a_2 & a_3 & \dots & a_n & a_1 \end{pmatrix} \in \mathcal{M}_n(\mathbb{C})$.

Montrer que $\det(M) = \prod_{k=0}^{n-1} Q\left(e^{\frac{2ik\pi}{n}}\right)$.

◇

2.32 Déterminer une matrice triangulaire supérieure semblable à la matrice A dans les cas suivants :

a) $A = \begin{pmatrix} 6 & -2 & 2 \\ 7 & -3 & -3 \\ 5 & -5 & -1 \end{pmatrix}$ **b)** $A = \begin{pmatrix} -1 & 3 & 1 & -2 \\ -7 & 14 & 6 & -8 \\ -1 & 2 & 2 & 0 \\ -10 & 19 & 9 & -10 \end{pmatrix}$.

◇

2.33 **1°)** Soit $E = \mathbb{R}^3$ muni de sa base canonique e et f l'endomorphisme de E représenté, sur la base e par la matrice $A = \begin{pmatrix} -3 & -3 & 2 \\ 1 & 1 & -2 \\ 2 & 4 & -4 \end{pmatrix}$.

1°) Montrer que f n'a qu'une seule valeur propre λ et que son sous-espace propre associé $E_\lambda = \text{Ker}(f - \lambda id)$ est de dimension 1. On exprimera E_λ sous la forme $\text{Vect}(a_1)$.

2°) Déterminer $E' = \text{Ker}((f - \lambda id)^2)$.

3°) Déterminer un vecteur a_2 tel que $a_2 \in E' \setminus E_\lambda$. Que peut-on dire de la famille (a_1, a_2) ?

4°) Déterminer une base a de E telle que $M_a(f)$ soit triangulaire supérieure.

◇

2.34 On considère un entier $n \in \mathbb{N}^*$ et une matrice $A \in \mathcal{M}_n(\mathbb{C})$ telle que $A^3 = 2A^2 - A$. Montrer que $\text{tr}(A)$ est un entier inférieur ou égal à n.

◇

2.35 On considère un entier naturel non nul n et l'espace vectoriel $E = \mathbb{C}_n[X]$ des polynômes à coefficients complexes et de degré inférieur ou égal à n. Soit P un polynôme de E unitaire et de degré n dont tous les coefficients sont entiers. On notera $\lambda_1, \dots, \lambda_n$ ses n racines complexes (non supposées distinctes).

On définit alors, pour tout entier naturel non nul q, le polynôme P_q par :

$$P_q(X) = (X - \lambda_1^q)\times \cdots \times (X - \lambda_n^q).$$

Montrer que P_q est également à coefficients entiers.

◇

2.36 Soit E le $\mathbb{C}$-espace vectoriel des matrices carrées de dimension 2. On note I la matrice identité de E. On considère une matrice A de E ayant une unique valeur propre α et B une matrice de E qui commute avec la matrice A (c'est-à-dire telle que $AB = BA$).

1°) Montrer que la famille (I, A, B) est liée dans E.

2°) Montrer que, pour tout entier naturel $n \geqslant 2$, on a :

$$A^n = \alpha^n I + n\alpha^{n-1}(A - \alpha I).$$

◇

2.37 Soit $E = \mathbb{C}^n$, avec $n \geqslant 1$, et f un endomorphisme de E de matrice A dans la base canonique b.

1°) Justifier l'existence d'un vecteur non nul e_1 de E et d'un nombre complexe λ tel que $f(e_1) = \lambda e_1$.

2°) a) Montrer qu'il existe une base b' de E telle que $M_{b'}(f)$ soit de la forme $A' = \begin{pmatrix} \lambda & L \\ 0_{n-1,1} & M \end{pmatrix}$.

b) Calculer χ_A en fonction de χ_M.

3°) En raisonnant par récurrence, montrer que toute matrice de $\mathcal{M}_n(\mathbb{C})$ est semblable à une matrice trigonale supérieure.

◇

2.38 On considère un entier naturel n non nul, l'espace vectoriel $E = \mathbb{R}^3$ muni de sa base canonique $e = (e_1, e_2, e_3)$ et l'endomorphisme f représenté par rapport à la base e par la matrice A définie par : $A = \frac{1}{2}\begin{pmatrix} 2 & 1 & 4 \\ -1 & 4 & 1 \\ 0 & 0 & 6 \end{pmatrix}$.

1°) a) Montrer que la matrice A admet deux valeurs propres distinctes α et β (on choisira $\alpha > \beta$).

b) Montrer que les sous-espaces propres E_α et E_β sont de dimension 1 et déterminer e'_1 et e'_2 deux vecteurs propres de f pour les valeurs propres α et β respectivement.

2°) On pose $e'_3 = e_1$. Montrer que la famille $e' = (e'_1, e'_2, e'_3)$ est une base de E.

3°) Déterminer la matrice T de f par rapport à la base e'.

4°) Résoudre le système différentiel suivant :

$$(s) : \begin{cases} x'(t) = x(t) + \frac{1}{2}y(t) + 2z(t) \\ y'(t) = -\frac{1}{2}x(t) + 2y(t) + \frac{1}{2}z(t) \\ z'(t) = 3z(t) \end{cases}.$$

II. INDICATIONS

[Dans les nouveaux programmes le polynôme caractéristique d'une matrice A est défini par $\chi_{\boldsymbol{A}}(\lambda) = \det(\lambda I - A)$, alors qu'il était d'usage de prendre plutôt $\chi_{\boldsymbol{A}}(\lambda) = \det(A - \lambda I)$. Les deux définitions coïncident au signe près (si l'ordre est impair) et cette nouvelle définition nous semble une source d'erreurs de recopie de la matrice A (il faut changer **tous** *les signes des coefficients) et les inconvénients nous semblent donc bien grands pour un simple gain de normalisation. Nous garderons donc l'ancienne définition en explicitant à chaque fois le choix fait.]*

2.01. Pour la question **2)**, on pourra déterminer la dimension du sous-espace propre correspondant à la valeur propre double.

2.02. Pour la question **2) b)**, on pourra utiliser la trace de A.

2.03. On utilisera le polynôme annulateur de M ainsi déterminé pour en déduire les valeurs propres possibles de M.

2.04. Introduire la matrice dont tous les coefficients valent 1.

2.05. Montrer qu'il existe une valeur propre double et déterminer la dimension du sous-espace propre correspondant.

2.06. 1) Trouver une matrice de dimension 2 non diagonalisable dont le carré soit la matrice nulle. **2)** Justifier l'inclusion évidente et conclure avec une égalité de dimension.

2.07. On pourra procéder par double implication et utiliser la définition des couples (valeur propre/vecteur propre).

2.08. Remarquer que $f^2 - id_{\boldsymbol{E}} = (f - id_{\boldsymbol{E}}) \circ (f + id_{\boldsymbol{E}})$.

2.09. On pourra chercher les matrices Δ telles que $\Delta^2 = D$, où D est une matrice diagonale semblable à A.

2.10. On pourra soit chercher les dimensions des sous-espaces propres, soit utiliser un polynôme annulateur de M.

2.11. Commencer par diagonaliser la matrice $B = \begin{pmatrix} 1 & 4 \\ 1 & 1 \end{pmatrix}$.

2.12. Pour **1)** chercher les valeurs propres de u. Vérifier que si u commute avec v, et si v est inversible, alors u commute aussi avec v^{-1}. Enfin noter que $\det(u + id_{\boldsymbol{E}}) = \chi_{\boldsymbol{u}}(-1)$.

2.13. On pourra écrire ce système matriciellement, puis diagonaliser dans $\mathbb{C}$ la matrice considérée.

2.14. On pourra écrire ce système matriciellement, puis diagonaliser la matrice obtenue.

2.15. On pourra chercher les matrices qui commutent avec une matrice diagonale semblable à M.

2.16. On pourra déterminer les dimensions des sous-espaces propres de M.

2.17. Remarquer que $f^2 + id_{\boldsymbol{E}} = (f - i.id_{\boldsymbol{E}}) \circ (f + i.id_{\boldsymbol{E}})$.

2.18. Pour **1)** on pourra faire une récurrence, puis pour **2)** utiliser le fait qu'un endomorphisme possède au plus n valeurs propres distinctes dans un espace de dimension n.

2.19. Utiliser les questions **1)** et **3)** pour montrer que E peut s'écrire comme une somme directe de sous-espaces propres de f.

2.20. On remarquera que les vecteurs propres de A sont vecteurs propres de A^2 et de B.

2.21. Utiliser le fait que la matrice A est à coéfficients réels alors que le polynôme P est à racines complexes.

2.22. On pourra utiliser la notion de récurrence linéaire appliquée aux valeurs propres.

2.23. On pourra déterminer la matrice de u dans la base canonique de $\mathbb{R}_n[X]$.

2.24. Différencier le cas $a = 0$ du cas $a \neq 0$ et chercher les solutions polynomiales de l'équation différentielle linéaire $f(P) = \lambda P$.

2.25. La recherche d'un couple valeur propre/vecteur propre se ramène à une résolution d'équation différentielle linéaire homogène.

2.26. On peut «voir»l'image et le noyau de f directement sur la forme de A.

2.27. Commencer par le cas A inversible puis, pour le cas A non inversible, remplacer A par $A - \lambda I_n$ avec λ en dehors du spectre de A.

2.28. Pour la question **1)**, on pourra procéder par double inclusion et pour la question **3)**, on utilisera comme caractérisation de la diagonalisabilité que la somme des dimensions des sous-espaces propres doit être égale à la dimension de l'espace.

2.29. Faire une combinaison astucieuse des lignes afin de faire le développement de χ_M en une seule fois.

2.30. Pour **2)** utiliser la relation de liaison entre les vecteurs et penser à la matrice compagnon vue à l'exercice précédent pour calculer le polynôme caractéristique de la matrice trouvée. Pour **3)** faire un calcul par blocs.

2.31. Résoudre directement $AX = \lambda X$, avec X matrice colonne et λ paramètre complexe.

2.32. On va commencer par chercher un maximum de vecteurs propres linéairement indépendants puis on complètera la famille obtenue en une base.

2.33. (a_1, a_2) est une base de E' qu'il suffit de compléter en une base de E.

2.34. Déterminer les valeurs propres possibles de $A \dots$

2.35. Penser aux matrices compagnons définies dans un exercice antérieur et remarquer que l'on travaille sur $\mathbb{C}$, donc que l'on peut trigonaliser les matrices.

2.36. Pour la question **1)** on pourra trigonaliser la matrice A, et pour la question **2)** on pourra faire une récurrence et remarquer que A^2 commute avec A ce qui implique que l'on peut donc écrire A^2 en fonction de A et de I.

2.37. On remarquera que si $Q \in \mathcal{M}_{n-1}(\mathbb{C})$ est inversible, alors $P = \begin{pmatrix} 1 & 0_{1,n-1} \\ 0_{n-1,1} & Q \end{pmatrix}$ est inversible et on calculera son inverse.

2.38. On utilisera bien évidement la nouvelle base pour résoudre le système différentiel.

III. CORRIGÉS DÉTAILLÉS DES EXERCICES

Corrigé 2.01

1°) On a :

$$\chi_f(\lambda) = \begin{vmatrix} a-\lambda & 3 & 0 & 5 \\ 0 & b-\lambda & 0 & 2 \\ 1 & 2 & c-\lambda & 3 \\ 0 & 0 & 0 & d-\lambda \end{vmatrix} = (c-\lambda)\begin{vmatrix} a-\lambda & 3 & 5 \\ 0 & b-\lambda & 2 \\ 0 & 0 & d-\lambda \end{vmatrix}$$
$$= (a-\lambda)(b-\lambda)(c-\lambda)(d-\lambda).$$

Ainsi f admet quatre valeurs propres distinctes, donc est diagonalisable.

2°) Les valeurs propres sont donc ici a, b et d, b est la seule valeur propre multiple. Son ordre de multiplicité étant égal à 2, f sera diagonalisable si, et seulement si, le sous-espace propre E_b est de dimension 2.

Comme $\dim E = 4$, le théorème du rang donne : $\dim(E_b) = 4 - \operatorname{rg}(A - bI_4)$ et donc f diagonalisable si et seulement si $\operatorname{rg}(A - bI_4) = 2$.

Or $A - bI_4 = \begin{pmatrix} a-b & 3 & 0 & 5 \\ 0 & 0 & 0 & 2 \\ 1 & 2 & 0 & 3 \\ 0 & 0 & 0 & d-b \end{pmatrix}$,

donc $\operatorname{rg}(A - bI_4) = 2 \iff a - b = \dfrac{3}{2}$, car $d - b \neq 0$ implique que la colonne C_4 est non colinéaire aux colonnes C_1 et C_2 et donc le rang vaut 2 si et seulement si C_1 est proportionnelle à C_2.

Corrigé 2.02

1°) Il suffit de regarder la dernière colonne de A : -1 est toujours valeur propre de f et e_3 est un vecteur propre associé.

2°) a) On a ici $A + I_3 = \begin{pmatrix} 1 & 1 & 0 \\ 1 & 1 & 0 \\ 0 & 0 & 0 \end{pmatrix}$, qui est clairement de rang 1, donc $\dim(E_{-1}) = 3 - 1 = 2$, d'après le théorème du rang.

b) Comme la dimension d'un sous-espace propre est inférieure ou égale à l'ordre de multiplicité de la valeur propre associée, -1 est valeur propre au moins double et comme la trace de A, qui vaut -1, est la somme des valeurs propres (a priori complexes et comptées avec leurs ordres de multiplicité) de A, la dernière valeur propre de A vaut 1.

Ainsi 1 est racine simple de χ_A et -1 en est racine double. Donc :

$$\chi_f = \chi_A = -(X+1)^2(X-1)$$

c) Le sous-espace propre associé à la valeur propre double est bien de dimension 2, donc f est diagonalisable, et comme 0 n'est pas valeur propre, f est également inversible.

Corrigé 2.03

1°) On trouve $M^2 = \begin{pmatrix} 2 & 0 & 1 & 0 & 1 \\ 0 & 2 & 0 & 1 & 1 \\ 1 & 0 & 2 & 1 & 0 \\ 0 & 1 & 1 & 2 & 0 \\ 1 & 1 & 0 & 0 & 2 \end{pmatrix}$, ce qui donne

$$M^2 + M = \begin{pmatrix} 2 & 1 & 1 & 1 & 1 \\ 1 & 2 & 1 & 1 & 1 \\ 1 & 1 & 2 & 1 & 1 \\ 1 & 1 & 1 & 2 & 1 \\ 1 & 1 & 1 & 1 & 2 \end{pmatrix} = I + J.$$

2°) On obtient $J^2 = 5J$, ce qui donne, d'après la relation de la question **1°)** : $(M^2 + M - I)^2 = 5(M^2 + M - I)$, soit en regroupant :

$$(M^2 + M - I)(M^2 + M - 6I) = 0$$

Ainsi le polynôme $P = (X^2 + X - 1)(X^2 + X - 6)$ est annulateur de M.

3°) On sait que les valeurs propres (*a priori* complexes) de M sont à prendre parmi les racines de P.

Donc en déterminant les racines de chacun des deux facteurs de P :

$$\text{Spec}(M) \subset \{\frac{-1+\sqrt{5}}{2}, -\frac{1+\sqrt{5}}{2}, 2, -3\}$$

Les seules valeurs propres entières possibles sont alors -3 et 2.

Or, en vous laissant le plaisir de reconstituer les manpulations effectuées (vous pouvez aussi confier le calcul à une machine !) :

$$\det(M+3I) = \begin{vmatrix} 3 & 1 & 0 & 1 & 0 \\ 1 & 3 & 1 & 0 & 0 \\ 0 & 1 & 3 & 0 & 1 \\ 1 & 0 & 0 & 3 & 1 \\ 0 & 0 & 1 & 1 & 3 \end{vmatrix} = \begin{vmatrix} 0 & 1 & 0 & -8 & -3 \\ 0 & 3 & 1 & -3 & -1 \\ 0 & 1 & 3 & 0 & 1 \\ 1 & 0 & 0 & 3 & 1 \\ 0 & 0 & 1 & 1 & 3 \end{vmatrix}$$

$$= -\begin{vmatrix} 1 & 0 & -8 & -3 \\ 3 & 1 & -3 & -1 \\ 1 & 3 & 0 & 1 \\ 0 & 1 & 1 & 3 \end{vmatrix} = -\begin{vmatrix} 1 & 0 & -8 & -3 \\ 0 & 1 & 21 & 8 \\ 0 & 3 & 8 & 4 \\ 0 & 1 & 1 & 3 \end{vmatrix} = -\begin{vmatrix} 1 & 21 & 8 \\ 3 & 8 & 4 \\ 1 & 1 & 3 \end{vmatrix}$$

$$= -\begin{vmatrix} 0 & 20 & 5 \\ 0 & 5 & -5 \\ 1 & 1 & 3 \end{vmatrix} = 125 \neq 0, \text{ donc } -3 \text{ n'est pas valeur propre.}$$

En revanche $M - 2I = \begin{pmatrix} -2 & 1 & 0 & 1 & 0 \\ 1 & -2 & 1 & 0 & 0 \\ 0 & 1 & -2 & 0 & 1 \\ 1 & 0 & 0 & -2 & 1 \\ 0 & 0 & 1 & 1 & -2 \end{pmatrix}$ et comme il est clair que la somme des colonnes est nulle, les colonnes sont liées et donc 2 est bien une valeur propre, et c'est la seule qui soit entière.

De plus la colonne $C = {}^t(1 \quad 1 \quad 1 \quad 1 \quad 1)$ est propre pour la valeur propre 2. (écrire une colonne longue comme transposée d'une ligne permet de gagner de la place dans tout ouvrage écrit dans une langue écrite en lignes !)

$$M - 2I = \begin{pmatrix} -2 & 1 & 0 & 1 & 0 \\ 1 & -2 & 1 & 0 & 0 \\ 0 & 1 & -2 & 0 & 1 \\ 1 & 0 & 0 & -2 & 1 \\ 0 & 0 & 1 & 1 & -2 \end{pmatrix} \sim \begin{pmatrix} -2 & 1 & 0 & 1 & 0 \\ 1 & -2 & 1 & 0 & 0 \\ 0 & 1 & -2 & 0 & 0 \\ 1 & 0 & 0 & -2 & 0 \\ 0 & 0 & 1 & 1 & 0 \end{pmatrix}$$

(on a fait $C_4 \leftarrow C_1 + C_2 + C_3 + C_4$)

$$\sim \begin{pmatrix} \mathbf{1} & 0 & 0 & -2 & 0 \\ -2 & 1 & 0 & 1 & 0 \\ 1 & -2 & 1 & 0 & 0 \\ 0 & 1 & -2 & 0 & 0 \\ 0 & 0 & 1 & 1 & 0 \end{pmatrix} \sim \begin{pmatrix} 1 & 0 & 0 & -2 & 0 \\ 0 & \mathbf{1} & 0 & -3 & 0 \\ 0 & -2 & 1 & 2 & 0 \\ 0 & 1 & -2 & 0 & 0 \\ 0 & 0 & 1 & 1 & 0 \end{pmatrix}$$

$$M - 2I \sim \begin{pmatrix} 1 & 0 & 0 & -2 & 0 \\ 0 & 1 & 0 & -3 & 0 \\ 0 & 0 & \mathbf{1} & -4 & 0 \\ 0 & 0 & -2 & 3 & 0 \\ 0 & 0 & 1 & 1 & 0 \end{pmatrix} \sim \begin{pmatrix} 1 & 0 & 0 & -2 & 0 \\ 0 & 1 & 0 & -3 & 0 \\ 0 & 0 & 1 & -4 & 0 \\ 0 & 0 & 0 & -5 & 0 \\ 0 & 0 & 0 & 5 & 0 \end{pmatrix}$$

Les nombres écrits en gras donnent les pivots utilisés et comme la réduite obtenue est clairement de rang 4 (on n'a pas jugé nécessaire de faire apparaître la dernière manipulatuion qui serait $L_5 \leftarrow L_5 + L_4$), on a $\mathrm{rg}(A - 2I) = 4$, donc $\dim \mathrm{Ker}(A - 2I) = 1$.

Le sous-espace propre associé à la valeur propre 2 est une droite, donc est la droite engendrée par la colonne C.

Corrigé 2.04

Ecrivons $A = (a - b)I + bJ$, avec $J = \begin{pmatrix} 1 & 1 & 1 \\ 1 & 1 & 1 \\ 1 & 1 & 1 \end{pmatrix}$.

La matrice J est de rang 1, donc son noyau est de dimension 2, clairement engendré par les colonnes $\begin{pmatrix} 1 \\ -1 \\ 0 \end{pmatrix}$ et $\begin{pmatrix} 0 \\ 1 \\ -1 \end{pmatrix}$. De plus on « voit » que la colonne $\begin{pmatrix} 1 \\ 1 \\ 1 \end{pmatrix}$ est propre pour J associée à la valeur propre 3.

Ainsi pour $P = \begin{pmatrix} 1 & 0 & 1 \\ -1 & 1 & 1 \\ 0 & -1 & 1 \end{pmatrix}$, on a $P^{-1}JP = \mathrm{diag}(0, 0, 3)$ et, par conséquent

$$P^{-1}AP = P^{-1}((a - b)I + bJ)P = (a - b)P^{-1}IP + bP^{-1}JP$$

c'est-à-dire :

$$P^{-1}AP = (a - b)I + b\,\mathrm{diag}(0, 0, 3) = \mathrm{diag}(a - b, a - b, a + 2b) = D$$

[Où bien entendu l'écriture $\mathrm{diag}(\lambda_1, \ldots, \lambda_n)$ *désigne la matrice diagonale dont les termes diagonaux sont* $\lambda_1, \ldots, \lambda_n$ *dans l'ordre des numéros croissants des lignes.]*

La relation $A = PDP^{-1}$ donne, par l'argument de récurrence habituel :

$$\forall n \in \mathbb{N}, A^n = PD^nP^{-1}$$

Or $P^{-1} = \frac{1}{3}\begin{pmatrix} 2 & -1 & -1 \\ 1 & 1 & -2 \\ 1 & 1 & 1 \end{pmatrix}$ et $D^n = \mathrm{diag}((a - b)^n, (a - b)^n, (a + 2b)^n)$, ce qui donne tous calculs effectués :

$$A^n = \frac{1}{3}\begin{pmatrix} \alpha & \beta & \beta \\ \beta & \alpha & \beta \\ \beta & \beta & \alpha \end{pmatrix}, \text{ avec } \begin{cases} \alpha = (a + 2b)^n + 2(a - b)^n \\ \beta = (a + 2b)^n - (a - b)^n \end{cases}$$

Corrigé 2.05

1°) $\chi_{A_\alpha}(\lambda) = \det(A_\alpha - \lambda I_3) = \begin{vmatrix} 3-\alpha-\lambda & -5+\alpha & \alpha \\ -\alpha & \alpha-2-\lambda & \alpha \\ 5 & -5 & -2-\lambda \end{vmatrix}$

$$\underset{C_1 \leftarrow C_1+C_2}{=} \begin{vmatrix} -2-\lambda & -5+\alpha & \alpha \\ -2-\lambda & \alpha-2-\lambda & \alpha \\ 0 & -5 & -2-\lambda \end{vmatrix} = \begin{vmatrix} -2-\lambda & -5+\alpha & \alpha \\ 0 & 3-\lambda & 0 \\ 0 & -5 & -2-\lambda \end{vmatrix}$$

Donc $\chi_{A_\alpha}(\lambda) = (\lambda+2)^2(3-\lambda)$, et le polynôme caractéristique de A_α est indépendant de α et les valeurs propres sont 3 (valeur propre simple) et -2 (valeur propre double).
La matrice A_α est donc diagonalisable si et seulement si le sous-espace propre E_{-2} est de dimension 2.
Or si $X = {}^t(\,x \quad y \quad z\,)$, on a :

$$X \in E_{-2} \iff \begin{cases} (5-\alpha)x + (-5+\alpha)y + \alpha z = 0 \\ -\alpha x + \alpha y + \alpha z = 0 \\ 5x - 5y = 0 \end{cases} \iff \begin{cases} y = x \\ \alpha z = 0 \end{cases}$$

Donc E_{-2} est de dimension 2 si et seulement si $\alpha = 0$:

$$A_\alpha \text{ diagonalisable} \iff \alpha = 0$$

2°) Si $\alpha = 0$, on obtient $E_{-2} = \mathrm{Vect}\left({}^t(\,1 \quad 1 \quad 0\,), {}^t(\,0 \quad 0 \quad 1\,)\right)$, tandis qu'un calcul simple montre que $E_3 = \mathrm{Vect}\left({}^t(\,1 \quad 0 \quad 1\,)\right)$. Donc :

Pour $P = \begin{pmatrix} 1 & 0 & 1 \\ 1 & 0 & 0 \\ 0 & 1 & 1 \end{pmatrix}$, on a $P^{-1} = \begin{pmatrix} 0 & 1 & 0 \\ -1 & 1 & 1 \\ 1 & -1 & 0 \end{pmatrix}$, et

$$A_0 = P\,\mathrm{diag}(-2,-2,3)P^{-1},$$

d'où, $\forall n \in \mathbb{N}$, $(A_0)^n = P\,\mathrm{diag}((-2)^n,(-2)^n,3^n)P^{-1}$, soit tous calculs faits :

$$(A_0)^n = \begin{pmatrix} 3^n & (-2)^n - 3^n & 0 \\ 0 & (-2)^n & 0 \\ -(-2)^n + 3^n & (-2)^n - 3^n & (-2)^n \end{pmatrix}$$

Corrigé 2.06

1°) Soit la matrice $A = \begin{pmatrix} 0 & 1 \\ 0 & 0 \end{pmatrix}$ et u l'endomorphisme de $\mathbb{R}^2$ canoniquement associé. Alors $A^2 = O_2$, donc u^2 est diagonalisable.
En revanche 0 est la seule valeur propre de A et si A était diagonalisable, A serait semblable à la matrice diagonale de diagonale nulle, donc serait semblable à la matrice nulle, c'est-à-dire de la forme $A = PO_2P^{-1} = O_2$, ce qui est clairement faux.

$$u \text{ n'est pas diagonalisable et } u^2 \text{ l'est.}$$

2°) $\star$ Si $x \in \mathrm{Ker}(u)$, alors $u(x) = 0$, donc $u^2(x) = u(u(x)) = u(0) = 0$ (puisque u est linéaire), donc $x \in \mathrm{Ker}(u^2)$.
Ainsi $\mathrm{Ker}(u) \subset \mathrm{Ker}(u^2)$ est une inclusion universelle pour les endomorphismes.

$\star$ Supposons u diagonalisable, donc il existe une base e formée de vecteurs propres pour u et le rang de u est le rang de la matrice diagonale $M_e(u)$ représentant u sur la base e. Ce rang est donc le nombre de valeurs non nulles se trouvant sur la diagonale de $M_e(u)$.
Or : $M_e(u) = \text{diag}(\lambda_1, \ldots, \lambda_n) \implies M_e(u^2) = \text{diag}(\lambda_1^2, \ldots, \lambda_n^2)$
Ces deux matrices diagonales ont le même nombre de coefficients non nuls, donc $\text{rg}(u) = \text{rg}(u^2)$ et donc par le théorème du rang nous pouvons affirmer que $\dim(\text{Ker}(u)) = \dim(\text{Ker}(u^2))$.
L'inclusion $\text{Ker}(u) \subset \text{Ker}(u^2)$ donne alors l'égalité de ces noyaux.

Corrigé 2.07

u possède n valeurs propres distinctes et $\dim E = n$. Les sous-espaces propres associés sont en somme directe et non réduits à $\{0\}$, donc chaque sous-espace propre de u est de dimension 1 et u est diagonalisable.

$\star$ « $\implies$ ». Soit x un vecteur propre de u associé à la valeur propre λ : on a $x \neq 0$ et $u(x) = \lambda x$.
Comme $u \circ v = v \circ u$, on a $v(u(x)) = u(v(x))$, soit $v(\lambda x) = u(v(x))$ ou encore $\lambda v(x) = u(v(x))$.
Donc $v(x) \in E_\lambda(u)$ et comme cet espace est la droite engendrée par le vecteur non nul x, le vecteur $v(x)$ est colinéaire à x : $\exists\, k \in \mathbb{K}$ tel que $v(x) = kx$. Donc x est vecteur propre de v.
Tout vecteur propre de u est vecteur propre de v.

$\star$ « $\Longleftarrow$ ». Comme u est diagonalisable, soit $e = (e_1, \ldots, e_n)$ une base de vecteurs propres de u. Par hypothèse cette base e est aussi formée de vecteurs propres pour v, donc : $\exists\,(\lambda_1, \ldots, \lambda_n) \in \mathbb{K}^n, \exists\,(\mu_1, \ldots, \mu_n) \in \mathbb{K}^n$, tels que :
$$\forall i \in [\![1, n]\!], u(e_i) = \lambda_i e_i \text{ et } v(e_i) = \mu_i e_i$$
Ainsi, pour tout i :
$$\begin{cases} u \circ v(e_i) = u(v(e_i)) = u(\mu_i e_i) = \mu_i u(e_i) = \mu_i \lambda_i e_i \\ v \circ u(e_i) = v(u(e_i)) = v(\lambda_i e_i) = \lambda_i v(e_i) = \lambda_i \mu_i e_i \end{cases}$$
Ainsi $u \circ v$ et $v \circ u$ sont deux endomorphismes qui coïncident sur une base, donc sont égaux et $u \circ v = v \circ u$.

On a ainsi montré, par double implication, l'équivalence demandée.

Corrigé 2.08

1°) a) Soit $x \in \text{Ker}(u - id_E) \cap \text{Ker}(u + id_E)$. Alors $u(x) - x = 0$ et $u(x) + x = 0$, donc $u(x) = x = -x$, donc $x = 0$, et :
$$\text{Ker}(u - id_E) \cap \text{Ker}(u + id_E) = \{0\}$$

b) Soit $y \in \text{Im}(u + id_E)$. Alors $\exists\, x \in E$ tel que $y = u(x) + x$, donc $u(y) - y = u^2(x) + u(x) - u(x) - x = u^2(x) - x = 0$, car $u^2 = id_E$, donc $y \in \text{Ker}(u - id_E)$. Ainsi :
$$\text{Im}(u + id_E) \subset \text{Ker}(u - id_E)$$

c) Il suffit de décalquer le raisonnement précédent :

$$\operatorname{Im}(u - id_E) \subset \operatorname{Ker}(u + id_E)$$

2°) ⋆ D'une part on a : $\operatorname{Ker}(u - id_E) + \operatorname{Ker}(u + id_E) \subset E$, et par le résultat **1°) a)** cette somme est directe, donc :

$$\dim \operatorname{Ker}(u - id_E) + \dim \operatorname{Ker}(u + id_E) \leqslant n$$

⋆ D'autre part, le théorème du rang et le résultat **1°) c)** donnent :

$$n = \dim(\operatorname{Ker}(u - id_E)) + \dim(\operatorname{Im}(u - id_E)) \leqslant \dim(\operatorname{Ker}(u - id_E)) + \dim(\operatorname{Ker}(u + id_E)) \leqslant n$$

On a donc bien, par double inégalité : $\dim \operatorname{Ker}(u - id_E) + \dim \operatorname{Ker}(u + id_E) = n$ et ainsi :

$$\operatorname{Ker}(u - id_E) \oplus \operatorname{Ker}(u + id_E) = E$$

Ainsi, si l'un de ces deux noyaux est réduit à $\{0\}$, alors l'autre vaut E et $u = id_E$ ou $u = -id_E$.

Sinon $\operatorname{Ker}(u - id_E) = E_1$, sous-espace propre de u pour la valeur propre 1 et $\operatorname{Ker}(u + id_E) = E_{-1}$, sous-espace propre de u pour la valeur propre -1. Des sous-espaces propres étant toujours en somme directe, il n'y en a pas d'autre et comme $E_1 \oplus E_{-1} = E$, u est diagonalisable.

Dans tous les cas u est diagonalisable.

<u>Corrigé 2.09</u>

⋆ On a $A + I = J$, où J est la matrice dont tous les coefficients valent 1. Les colonnes $\begin{pmatrix} 1 \\ -1 \\ 0 \\ 0 \end{pmatrix}$, $\begin{pmatrix} 1 \\ 0 \\ -1 \\ 0 \end{pmatrix}$ et $\begin{pmatrix} 1 \\ 0 \\ 0 \\ -1 \end{pmatrix}$ appartiennent clairement au noyau de J et forment une famille libre. De plus $\begin{pmatrix} 1 \\ 1 \\ 1 \\ 1 \end{pmatrix}$ est aussi propre pour J associée à la valeur propre 4.

Ainsi, pour $P = \begin{pmatrix} 1 & 1 & 1 & 1 \\ -1 & 0 & 0 & 1 \\ 0 & -1 & 0 & 1 \\ 0 & 0 & -1 & 1 \end{pmatrix}$, on a $P^{-1}JP = \operatorname{diag}(0, 0, 0, 4)$ et donc :

$$P^{-1}AP = P^{-1}(J - I)P = P^{-1}JP - I = \operatorname{diag}(-1, -1, -1, 3) = D$$

Soit la matrice $\Delta = \operatorname{diag}(i, i, i, \sqrt{3})$ (on travaille dans $\mathcal{M}_4(\mathbb{C})$!) qui donne $\Delta^2 = D$.

On a alors pour $M = P\Delta P^{-1}$:

$$M^2 = P\Delta P^{-1}P\Delta P^{-1} = P\Delta^2 P^{-1} = PDP^{-1} = A$$

et la matrice M convient.

Si on veut expliciter davantage, il vient tous calculs faits :

$$M = \begin{pmatrix} \alpha & \beta & \beta & \beta \\ \beta & \alpha & \beta & \beta \\ \beta & \beta & \alpha & \beta \\ \beta & \beta & \beta & \alpha \end{pmatrix}, \text{ avec } \alpha = \frac{3i + \sqrt{3}}{4} \text{ et } \beta = \frac{-i + \sqrt{3}}{4}$$

Corrigé 2.10

M est triangulaire, donc ses valeurs propres sont en évidence sur sa diagonale : $\operatorname{Spec}(M) = \{1, 2\}$, ces valeurs propres étant doubles.

Méthode 1 : M est diagonalisable si et seulement si les sous-espaces propres E_1 et E_2 sont de dimension 2.

$$X = {}^t(x \quad y \quad z \quad t) \in E_1 \iff \begin{cases} ay + bz + ct = 0 \\ dz + et = 0 \\ z + ft = 0 \\ t = 0 \end{cases} \iff \begin{cases} t = z = 0 \\ ay = 0 \end{cases}$$

Donc $\dim E_1 = 2 \iff a = 0$ (si $a \neq 0$, on a aussi $y = 0$ et $\dim E_1 = 1$).

$$X = {}^t(x \quad y \quad z \quad t) \in E_2 \iff \begin{cases} -x + ay + bz + ct = 0 \\ -y + dz + et = 0 \\ ft = 0 \end{cases}$$

Par échelonnement ce système est de rang 2 si et seulement si $f = 0$, donc par le théorème du rang $\dim E_2 = 2 = 4 - 2 \iff f = 0$.

Conclusion : M diagonalisable $\iff a = f = 0$.

Méthode 2 : on sait que M est diagonalisable si et seulement si M annule un polynôme scindé à racines simples, on sait aussi que toute valeur propre de M est racine de tout polynôme annulateur de M.

La condition nécessaire et suffisante recherchée est donc $(M - I_4)(M - 2I_4) = 0$.

Un calcul simple donne : $(M - I_4)(M - 2I_4) = \begin{pmatrix} 0 & -a & ad & ac + bf \\ 0 & 0 & 0 & df \\ 0 & 0 & 0 & f \\ 0 & 0 & 0 & 0 \end{pmatrix}$

et cette matrice est la matrice nulle si et seulement si $a = f = 0$, ce qui redonne (heureusement) le même résultat.

Corrigé 2.11

$\star$ Pour $B = \begin{pmatrix} 1 & 4 \\ 1 & 1 \end{pmatrix}$, on a :

$\chi_B(\lambda) = \begin{vmatrix} 1 - \lambda & 4 \\ 1 & 1 - \lambda \end{vmatrix} = (\lambda - 1)^2 - 4 = (\lambda - 3)(\lambda + 1)$, donc B est diagonalisable, puis :

$$B \begin{pmatrix} x \\ y \end{pmatrix} = 3 \begin{pmatrix} x \\ y \end{pmatrix} \iff -2x + 4y = 0 : E_3 = \operatorname{Vect} \begin{pmatrix} 2 \\ 1 \end{pmatrix}$$

$$B \begin{pmatrix} x \\ y \end{pmatrix} = - \begin{pmatrix} x \\ y \end{pmatrix} \iff 2x + 4y = 0 : E_3 = \operatorname{Vect} \begin{pmatrix} 2 \\ -1 \end{pmatrix}$$

Ainsi, pour $P = \begin{pmatrix} 2 & 2 \\ -1 & 1 \end{pmatrix}$, on a $P^{-1} = \frac{1}{4} \begin{pmatrix} 1 & -2 \\ 1 & 2 \end{pmatrix}$, $P^{-1}BP = \begin{pmatrix} -1 & 0 \\ 0 & 3 \end{pmatrix}$

$\star$ On remarque alors, par un calcul par blocs, que en posant $P = \begin{pmatrix} 2I_n & 2I_n \\ -I_n & I_n \end{pmatrix}$, on obtient $P^{-1} = \frac{1}{4} \begin{pmatrix} I_n & -2I_n \\ I_n & 2I_n \end{pmatrix}$.

On obtient alors, toujours par multiplication par blocs, $P^{-1}MP = \begin{pmatrix} -A & O_n \\ O_n & 3A \end{pmatrix}$

et donc : $\chi_M(x) = \chi_{P^{-1}MP}(x) = \begin{vmatrix} -A - xI_n & O_n \\ O_n & 3A - xI_n \end{vmatrix}$

$$\begin{aligned}\chi_M(x) &= \det(-A - xI_n)\times \det(3A - xI_n) \\ &= (-1)^n 3^n \det(A - (-x)I_n)\times \det(A - \tfrac{x}{3}I_n)\end{aligned}$$

soit finalement :

$$\chi_M(x) = (-3)^n \chi_A(-x)\chi_A(\tfrac{x}{3})$$

Corrigé 2.12

1°) χ_u étant un polynôme de $\mathbb{C}[X]$, il est scindé. Donc il existe au moins une valeur propre λ. On a alors : $\exists\, x \neq 0$ tel que $u(x) = \lambda x$.
Or u est nilpotent, donc $\exists\, k \in \mathbb{N}^*$ tel que $u^k = 0$. On a donc $0 = u^k(x) = \lambda^k x$, et comme $x \neq 0$, alors $\lambda = 0$.
La seule valeur propre de u étant 0, on a bien

$$\chi_u(\lambda) = (-\lambda)^n$$

2°) a) $\star$ Soit λ une valeur propre de v et x un vecteur propre associé. On a : $v(x) = \lambda x$.
D'autre part, il existe $p \in \mathbb{N}^*$ tel que $y = u^{p-1}(x) \neq 0$ et $u^p(x) = 0$.
On a alors $f(y) = u(y) + v(y) = 0 + v \circ u^{p-1}(x)$, et comme toute puissance de u commute avec v on a :

$$f(y) = u^{p-1} \circ v(x) = u^{p-1}(\lambda x) = \lambda y$$

Le vecteur y étant non nul, c'est un vecteur propre de f pour la valeur propre λ.
On a ainsi montré que $\mathrm{Spec}(v) \subset \mathrm{Spec}(f)$.

$\star$ Réciproquement, soit λ valeur propre de f associée au vecteur propre x.
On a encore : $\exists\, p \in \mathbb{N}^*$ tel que $y = u^{p-1}(x) \neq 0$ et $u^p(x) = 0$.
Alors d'une part :
$u^{p-1} \circ f(x) = u^{p-1}(\lambda x) = \lambda u^{p-1}(x) = \lambda y$
et d'autre part :
$u^{p-1} \circ f(x) = u^{p-1}(u(x) + v(x)) = u^p(x) + u^{p-1}(v(x)) = v(u^{p-1}(x)) = v(y)$
Donc $\lambda y = v(y)$ et comme le vecteur y est non nul, c'est un vecteur propre de v pour la valeur propre λ.
On a alors montré que $\mathrm{Spec}(f) \subset \mathrm{Spec}(v)$.
Conclusion : $\mathrm{Spec}(f) = \mathrm{Spec}(v)$ et f et v ont les mêmes valeurs propres.

b) Si u et v commutent, alors :

$$v \circ u = u \circ v \implies u = v^{-1} \circ u \circ v \Rightarrow u \circ v^{-1} = v^{-1} \circ u,$$

donc u et v^{-1} commutent également et toute puissance de u commute avec toute puissance de v^{-1}.
Si k désigne toujours un entier tel que $u^k = 0$, alors

$$w^k = (v^{-1} \circ u)^k = v^{-k} \circ u^k = 0,$$

donc w est nilpotent.

c) On a : $f = u + v = v \circ (v^{-1} \circ u + id_E) = v \circ (w + id_E)$,

donc $\det(f) = \det(v) \times \det(w + id_E) = \det(v) \times \chi_w(-1)$.
Or w est nilpotent donc, d'après la question **1°)**, $\chi_w(\lambda) = (-\lambda)^n$ et $\chi_w(-1) = 1$.
il vient bien :

$$\det(f) = \det(v)$$

Corrigé 2.13

Le système s'écrit matriciellement :

$$\forall n \in \mathbb{N}, X_{n+1} = AX_n, \text{ avec } X_n = \begin{pmatrix} u_n \\ v_n \\ w_n \end{pmatrix} \text{ et } A = \begin{pmatrix} 0 & 1 & 3 \\ 1/2 & 0 & 0 \\ 0 & 1/3 & 0 \end{pmatrix}$$

On a :

$$\chi_A(\mu) = \begin{vmatrix} -\mu & 1 & 3 \\ 1/2 & -\mu & 0 \\ 0 & 1/3 & -\mu \end{vmatrix} = (-\mu)\mu^2 - \frac{1}{2}(-\mu - 1) = -\mu^3 + \frac{1}{2}\mu + \frac{1}{2}$$

$$= -(\mu - 1)\left(\mu^2 + \mu + \frac{1}{2}\right) = -(\mu - 1)(\mu - \lambda)(\mu - \overline{\lambda}), \text{ avec } \lambda = \frac{-1+i}{2}.$$

La matrice A n'est donc pas diagonalisable dans $\mathbb{R}$ mais elle l'est dans $\mathbb{C}$ puisqu'elle admet trois valeurs propres complexes distinctes.

Pour μ racine de χ_A :

$$A\begin{pmatrix} x \\ y \\ z \end{pmatrix} = \mu \begin{pmatrix} x \\ y \\ z \end{pmatrix} \iff \begin{cases} -\mu x + y + 3z = 0 \\ \frac{1}{2}x - \mu y = 0 \\ \frac{1}{3}y - \mu z = 0 \end{cases} \iff \begin{cases} y = 3\mu z \\ x = 2\mu y = 6\mu^2 z \end{cases}$$

(et la première équation est alors automatiquement vérifiée car μ est racine de χ_A)

$$\text{Ainsi pour } P = \begin{pmatrix} 6 & -3i & 3i \\ 3 & \frac{3(i-1)}{2} & -\frac{3(i+1)}{2} \\ 1 & 1 & 1 \end{pmatrix}, P^{-1}AP = \operatorname{diag}(1, \lambda, \overline{\lambda}) = D$$

(noter que la troisième colonne de P est la conjuguée de la deuxième)

La relation $X_{n+1} = AX_n$ s'écrit $X_{n+1} = PDP^{-1}X_n$ ou encore :

$$(P^{-1}X_{n+1}) = D(P^{-1}X_n)$$

Ainsi, en posant $Y_n = P^{-1}X_n$, on a : $\forall n \in \mathbb{N}, Y_{n+1} = DY_n$.
Par l'argument de récurrence habituel, on en déduit :

$$\forall n \in \mathbb{N}, Y_n = D^n Y_0 = \operatorname{diag}(1, \lambda^n, \overline{\lambda}^n)Y_0 \text{ et } X_n = P\operatorname{diag}(1, \lambda^n, \overline{\lambda}^n)Y_0$$

Comme $|\lambda| < 1$, on a : $\lim\limits_{n\to\infty} \operatorname{diag}(1, \lambda^n, \overline{\lambda}^n) = \Delta = \operatorname{diag}(1, 0, 0)$.
Ainsi : $\lim\limits_{n\to\infty} X_n = P\operatorname{diag}(1, 0, 0)Y_0$.

$$\text{Or, avec } Y_0 = \begin{pmatrix} a \\ b \\ c \end{pmatrix}, \text{on a } PY_0 = X_0 \iff \begin{cases} 6a - 3ib + 3ic = 100 \\ 3a + \frac{3}{2}(i-1)b - \frac{3}{2}(i+1)c = 100 \\ a + b + c = 100 \end{cases}$$

Les deux équations extrêmes donnent $b + c = 100 - a$ et $b - c = \dfrac{6a - 100}{3i}$
l'équation centrale est $3a + \frac{3}{2}i(b - c) - \frac{3}{2}(b + c) = 100$ et donne alors la valeur $a = 40$ (les valeurs de b et c sont inutiles).

Ainsi $\operatorname{diag}(1,0,0)Y_0 = \begin{pmatrix} 40 \\ 0 \\ 0 \end{pmatrix}$ et $\lim\limits_{n\to\infty} X_n = P\begin{pmatrix} 40 \\ 0 \\ 0 \end{pmatrix} = \begin{pmatrix} 240 \\ 120 \\ 40 \end{pmatrix}$.

Corrigé 2.14

Le système s'écrit matriciellement sous la forme :
$(S) : X'(t) = \left(A + \frac{1}{1+t} I_4\right) X(t)$, avec $X(t) = {}^t\begin{pmatrix} x(t) & y(t) & z(t) & u(t) \end{pmatrix}$ et

$$A = \frac{1}{2}\begin{pmatrix} 1 & -1 & 1 & -1 \\ -1 & 1 & 1 & -1 \\ 1 & 1 & 1 & 1 \\ -1 & -1 & 1 & 1 \end{pmatrix}$$

On a donc, en faisant attention au facteur $\frac{1}{2}$ qui s'applique à tout le monde :

$$\chi_A(\lambda) = \frac{1}{2^4}\det(2A - 2\lambda I) = \frac{1}{2^4}\begin{vmatrix} 1-2\lambda & -1 & 1 & -1 \\ -1 & 1-2\lambda & 1 & -1 \\ 1 & 1 & 1-2\lambda & 1 \\ -1 & -1 & 1 & 1-2\lambda \end{vmatrix}$$

et en ajoutant ou en retranchant L_1 aux autres lignes :

$$\chi_A(\lambda) = \frac{1}{2^4}\begin{vmatrix} 1-2\lambda & -1 & 1 & -1 \\ 2\lambda-2 & 2-2\lambda & 0 & 0 \\ 2-2\lambda & 0 & 2-2\lambda & 0 \\ 2\lambda-2 & 0 & 0 & 2-2\lambda \end{vmatrix}$$

$$= \frac{(1-\lambda)^3}{2}\begin{vmatrix} 1-2\lambda & -1 & 1 & -1 \\ -1 & 1 & 0 & 0 \\ 1 & 0 & 1 & 0 \\ -1 & 0 & 0 & 1 \end{vmatrix}$$

Le calcul s'achève alors sans gros problèmes : on effectue $C_1 \leftarrow C_1 + C_4$ et on développe par rapport à la dernière ligne et on recommence, ce qui donne :

$$\chi_A(\lambda) = -(1-\lambda)^3(1+\lambda).$$

$\star$ Pour $V = {}^t\begin{pmatrix} a & b & c & d \end{pmatrix}$, on a aisément $AV = V \iff a+b-c+d = 0$, donc E_1 est de dimension 3, engendré par exemple par les colonnes ${}^t\begin{pmatrix} 1 & -1 & 0 & 0 \end{pmatrix}$, ${}^t\begin{pmatrix} 1 & 0 & 1 & 0 \end{pmatrix}$ et ${}^t\begin{pmatrix} 1 & 0 & 0 & -1 \end{pmatrix}$.

$\star$ De même $AV = -V$, donne V colinéaire à la colonne ${}^t\begin{pmatrix} 1 & 1 & -1 & 1 \end{pmatrix}$ (soit par le calcul, soit parce que l'on a déjà entendu parler de réduction des matrices symétriques réelles ...)

Ainsi, pour $P = \begin{pmatrix} 1 & 1 & 1 & 1 \\ -1 & 0 & 0 & 1 \\ 0 & 1 & 0 & -1 \\ 0 & 0 & -1 & 1 \end{pmatrix}$, on a $P^{-1}AP = D = \operatorname{diag}(1,1,1,-1)$.

On a alors
$X' = AX \iff X' = PDP^{-1}X \iff P^{-1}X' = DP^{-1}X \iff Y' = DY$,
en posant $Y = P^{-1}X$, qui donne bien $Y' = P^{-1}X'$, puisque P est à coefficients constants.

On obtient ainsi :

$$X'(t) = PY'(t) = AX(t) + \frac{1}{1+t}X(t) = APY(t) + \frac{1}{1+t}PY(t)$$

Soit : $Y'(t) = DY(t) + \frac{1}{1+t}Y(t) = (D + \frac{1}{1+t}I)Y(t)$, ce qui donne en explicitant les termes de la colonne $Y = {}^t\begin{pmatrix} y_1 & y_2 & y_3 & y_4 \end{pmatrix}$:

$$\begin{cases} y_i'(t) = \left(1 + \frac{1}{1+t}\right)y_i(t) & \text{pour } 1 \leqslant i \leqslant 3 \\ y_4'(t) = \left(-1 + \frac{1}{1+t}\right)y_4(t) \end{cases}$$

et donc, il existe des constantes réelles K_1, K_2, K_3, K_4 telles que, pour tout $t > -1$:

$$\begin{cases} y_i(t) = K_i \exp(t + \ln(1+t)) = K_i \mathrm{e}^t(1+t) & \text{pour } 1 \leqslant i \leqslant 3 \\ y_4(t) = K_4 \mathrm{e}^{-t}(1+t) \end{cases}$$

Or on a $X = PY$, donc le calcul de P^{-1} n'est pas utile et finalement :

$$\begin{cases} x(t) = (K_1 + K_2 + K_3)\mathrm{e}^t(1+t) + K_4\mathrm{e}^{-t}(1+t) \\ y(t) = -K_1\mathrm{e}^t(1+t) + K_4\mathrm{e}^{-t}(1+t) \\ z(t) = K_2\mathrm{e}^t(1+t) - K_4\mathrm{e}^{-t}(1+t) \\ u(t) = -K_3 e^t(1+t) + K_4 e^{-t}(1+t) \end{cases}$$

Corrigé 2.15

On a :

$$\chi_M(\lambda) = \begin{vmatrix} 2-\lambda & 0 & 4 \\ 3 & -4-\lambda & 12 \\ 1 & -2 & 5-\lambda \end{vmatrix}$$
$$= (2-\lambda)((5-\lambda)(4+\lambda) + 24) + 4(4+\lambda-6) = (\lambda-2)(\lambda-\lambda^2)$$

Donc $\chi_M(\lambda) = -\lambda(\lambda-1)(\lambda-2)$, et M est diagonalisable (3 valeurs propres simples).

Pour $X = {}^t\begin{pmatrix} x & y & z \end{pmatrix}$, on a successivement :

$$MX = 0 \iff \begin{cases} 2x + 4z = 0 \\ 3x - 4y + 12z = 0 \\ x - 2y + 5z = 0 \end{cases} \iff \begin{cases} x = -2z \\ y = \frac{3}{2}z \end{cases}$$

$$MX = X \iff \begin{cases} x + 4z = 0 \\ 3x - 5y + 12z = 0 \\ x - 2y + 4z = 0 \end{cases} \iff \begin{cases} x = -4z \\ y = 0 \end{cases}$$

$$MX = 2X \iff \begin{cases} 4z = 0 \\ 3x - 6y + 12z = 0 \\ x - 2y + 3z = 0 \end{cases} \iff \begin{cases} z = 0 \\ x = 2y \end{cases}$$

Ainsi, pour $P = \begin{pmatrix} 4 & 4 & 2 \\ -3 & 0 & 1 \\ -2 & -1 & 0 \end{pmatrix}$, on a $P^{-1}MP = \mathrm{diag}(0,1,2) = D$.

Ceci étant fait revenons à notre propos : soit N une matrice qui commute avec M, puisque $PDP^{-1} = M$, on a :

$$NM = MN \iff NPDP^{-1} = PDP^{-1}N \iff P^{-1}NPD = DP^{-1}NP$$
$$\iff AD = DA, \text{ avec } A = P^{-1}NP.$$

On cherche donc les matrices A qui commutent avec D. Or :

$$\rightarrow \begin{pmatrix} a & b & c \\ d & e & f \\ g & h & i \end{pmatrix} \begin{pmatrix} 0 & 0 & 0 \\ 0 & 1 & 0 \\ 0 & 0 & 2 \end{pmatrix} = \begin{pmatrix} 0 & b & 2c \\ 0 & e & 2f \\ 0 & h & 2i \end{pmatrix}$$

$$\rightarrow \begin{pmatrix} 0 & 0 & 0 \\ 0 & 1 & 0 \\ 0 & 0 & 2 \end{pmatrix} \begin{pmatrix} a & b & c \\ d & e & f \\ g & h & i \end{pmatrix} = \begin{pmatrix} 0 & 0 & 0 \\ d & e & f \\ 2g & 2h & 2i \end{pmatrix}$$

Il y a donc égalité si et seulement si A est aussi une matrice diagonale :

$$AD = DA \iff A = \begin{pmatrix} a & 0 & 0 \\ 0 & e & 0 \\ 0 & 0 & i \end{pmatrix}, \ a, e, i \text{ réels (ou complexes)}$$

Avec $N = PAP^{-1}$, on obtient tous calculs effectués :

$$N = \frac{1}{2} \begin{pmatrix} 4a - 8e + 6i & -8a + 16e - 8i & 16a - 40e + 24i \\ -3a + 3i & 6a - 4i & -12a + 12i \\ -2a + 2e & 4a - 4e & -8a + 10e \end{pmatrix}$$

où (a, e, i) est un triplet quelconque de réels.

[Remarque : l'ensemble trouvé est un sous-espace vectoriel de $\mathcal{M}_3(\mathbb{R})$ (ou $\mathcal{M}_3(\mathbb{C})$) et on peut montrer qu'il est engendré par les matrices I, M et M^2.]

Corrigé 2.16

$\star$ On a $M = \begin{pmatrix} 1 & \dots & 1 \\ \vdots & \ddots & \vdots \\ 1 & \dots & 1 \end{pmatrix}$.

La matrice M est de rang 1, donc son noyau est de dimension $n - 1$, ce qui prouve que 0 est valeur propre de M et $E_0(M)$ n'est autre que $\text{Ker}(M)$. D'autre part il est aussi clair que n est valeur propre de M, la colonne ${}^t(1 \ \dots \ 1)$ étant une colonne propre associée.

Des sous-espaces propres associés à des valeurs propres différentes de M étant toujours en somme directe, on en conclut que $\dim E_n(M)$ vaut nécessairement 1 et :

$$E_0(M) \oplus E_n(M) = \mathcal{M}_{n,1}(\mathbb{R})$$

M est diagonalisable.

Corrigé 2.17

1°) $\star$ $\forall x \in E, x = \frac{1}{2}(x + if(x)) + \frac{1}{2}(x - if(x))$, et :

$\frac{1}{2}(x + if(x)) = (id_E + if)(\frac{x}{2}) \in G$; $\frac{1}{2}(x - if(x)) = (id_E - if)(\frac{x}{2}) \in H$

donc $E = G + H$.

$\star$ D'autre part $x \in G \cap H \implies \exists y, z \in E, x = g(y) = h(z)$, soit :

$$x = y + if(y) = z - if(z)$$

donc :

$$x - if(x) = (id - if)(x) = (id - if) \circ (id + if)(y) = (id + f^2)(y) = 0 \,;$$
$$x + if(x) = (id + if)(x) = (id + if) \circ (id - if)(z) = (id + f^2)(z) = 0.$$

et, par sommation $2x = 0$, soit $x = 0$ et $F \cap H = \{0\}$.

Conclusion $E = G \oplus H$.

2°) On a vu en cours de route que : $x \in G \implies x - if(x) = 0 \implies f(x) = -ix$; de même $x \in H \implies x + if(x) = 0 \implies f(x) = ix$.
Donc tout vecteur non nul de G (s'il en existe) est vecteur propre de f associé à la valeur propre $-i$, alors que tout vecteur non nul de H (idem) est vecteur propre de f associé à la valeur propre i, donc il existe une base de E formée de vecteurs propres, et f est diagonalisable avec $\text{Spec}(f) \subset \{-i, i\}$.

Corrigé 2.18

1°) Soit x un vecteur propre de g associé à une valeur propre α, on a :

$$g(x) = \alpha x \text{ et } x \neq 0$$

Nous allons faire une démonstration par récurrence :
Soit (H_p) la proposition : $g\big(u^p(x)\big) = (\alpha + 2p).u^p(x)$.

$\star$ On a $u^0(x) = id(x) = x$ et $g\big(u^0(x)\big) = g(x) = \alpha x = (\alpha + 2.0).u^0(x)$ et (H_0) est vraie.

$\star$ Supposons (H_{p-1}) vraie pour un rang $p \geqslant 1$ et montrons alors que (H_p) est vraie :

$$\begin{aligned} g\big(u^p(x)\big) &= g \circ u\big(u^{p-1}(x)\big) = (2u + u \circ g)\big(u^{p-1}(x)\big) \text{ (hypothèse de l'énoncé)} \\ &= 2u^p(x) + u \circ g\big(u^{p-1}(x)\big) = 2u^p(x) + u\big((\alpha + 2(p-1))u^{p-1}(x)\big) \\ &\qquad\qquad \text{(par l'hypothèse de récurrence)} \\ &= 2u^p(x) + (\alpha + 2(p-1))u^p(x) = (\alpha + 2p)u^p(x) \end{aligned}$$

ce qui prouve que la propriété est héréditaire et achève la récurrence.

2°) L'endomorphisme g est diagonalisable, donc il existe une base $(e_1, \ldots, e_n)$ de E formée de vecteurs propres.
Soit x un vecteur propre de g.
Si on avait $u^n(x) \neq 0$, alors comme $g(u^p(x)) = (\alpha + 2p).u^p(x)$, pour $0 \leqslant p \leqslant n$, les vecteurs non nuls $u^p(x)$ seraient $n+1$ vecteurs propres de g pour les valeurs propres distinctes$(\alpha + 2p)$.
Or $\dim(E) = n$, donc g admet au plus n valeurs propres différentes, donc notre hypothèse est absurde et $u^n(x) = 0$.

Ainsi u^n s'annule pour tous les vecteurs de la base $(e_1, \ldots, e_n)$, donc $u^n = 0$.

Conclusion : u est bien nilpotent (d'ordre $k \leqslant n$).

Corrigé 2.19

1°) Soit $M = \begin{pmatrix} x & y \\ z & t \end{pmatrix} \in E$. Alors

$$AM = MD \iff \begin{pmatrix} z & t \\ z & t \end{pmatrix} = \begin{pmatrix} 0 & y \\ 0 & t \end{pmatrix} \iff \begin{cases} z = 0 \\ t = y \end{cases} \iff M = \begin{pmatrix} x & y \\ 0 & y \end{pmatrix},$$

donc :

$$AM = MD \iff \exists\,(x, y) \in \mathbb{R}^2 \text{ tel que } M = xU + yA$$

Ainsi $F = \text{Vect}(A, U)$, ce qui implique immédiatement que F est un sous-espace vectoriel de E et (A, U) en est une famille génératrice.

Or comme les matrices A et U sont non colinéaires, on a aussi (A, U) base de F qui est donc de dimension 2.

2°) $\forall \lambda \in \mathbb{R}, \forall (M, N) \in E^2$, on a :

$$\begin{aligned} f(\lambda M + N) &= A(\lambda M + N) - (\lambda M + N)D = \lambda AM + AN - \lambda MD - ND \\ &= \lambda(AM - MD) + AN - ND = \lambda f(M) + f(N) \end{aligned}$$

donc f est bien linéaire sur E et étant à valeurs dans E, c'est un endomorphisme de E.

3°) $\star$ Pour $M = \begin{pmatrix} x & y \\ z & t \end{pmatrix}$, on a $f(M) = AM - MD = \begin{pmatrix} z & t-y \\ z & 0 \end{pmatrix}$.

On trouve alors :

$$f(M) = M \Leftrightarrow \begin{cases} x = z \\ t = 0 \\ y = t - y \end{cases} \Leftrightarrow \begin{cases} x = z \\ t = y = 0 \end{cases} \Leftrightarrow \exists x \in \mathbb{R}, M = x \begin{pmatrix} 1 & 0 \\ 1 & 0 \end{pmatrix}$$

$$f(M) = -M \Leftrightarrow \begin{cases} x = -z \\ z = -z \\ t = 0 \\ y = y - t \end{cases} \Leftrightarrow \begin{cases} x = z = 0 \\ t = 0 \end{cases} \Leftrightarrow \exists y \in \mathbb{R}, M = y \begin{pmatrix} 0 & 1 \\ 0 & 0 \end{pmatrix}$$

4°) Les résultats des questions **1°)** et **3°)** montrent que $0, 1, -1$ sont valeurs propres de f, avec : $E_0(f) = \{M \in E \ / \ f(M) = 0\} = F$, et :

$$E_1(f) = \{M \in E \ / \ f(M) = M\} = \text{Vect}\left(\begin{pmatrix} 1 & 0 \\ 1 & 0 \end{pmatrix}\right)$$

$$E_{-1}(f) = \{M \in E \ / \ f(M) = -M\} = \text{Vect}\left(\begin{pmatrix} 0 & 1 \\ 0 & 0 \end{pmatrix}\right)$$

Or des sous-espaces propres associés à un même endomorphisme sont toujours en somme directe et comme $\dim(E_0) + \dim(E_1) + \dim(E_{-1}) = 4 = \dim(E)$, on a obtenu tous les sous-espaces propres et :

$$E = E_0 \oplus E_1 \oplus E_{-1}$$

ce qui nous donne bien f diagonalisable avec de plus $\text{Spec}(f) = \{-1, 0, 1\}$.

Corrigé 2.20

1°) Cherchons directement les éléments propres de f :

Pour $x = (x_1, x_2, x_3) \in \mathbb{C}^3$, X la colonne associée dans la base canonique et $\lambda \in \mathbb{C}$, on a :

$$f(x) = \lambda x \Longleftrightarrow AX = \lambda X \Longleftrightarrow \begin{cases} x_3 = \lambda x_1 \\ x_1 = \lambda x_2 \\ x_2 = \lambda x_3 \end{cases} \Longleftrightarrow \begin{cases} x_2 = \lambda x_3 \\ x_1 = \lambda x_2 = \lambda^2 x_3 \\ x_3 = \lambda x_1 = \lambda^3 x_3 \end{cases}$$

$\star$ Si $\lambda^3 \neq 1$, la dernière relation donne $x_3 = 0$ et en remplaçant $x_1 = x_2 = 0$ et $x = 0$, donc $\text{Ker}(f - \lambda id) = \{0\}$ et λ n'est pas valeur propre de f.

$\star$ Si $\lambda^3 = 1$, x_3 est quelconque et on en déduit x_2 et x_1, soit : $x = x_3(\lambda^2, \lambda, 1)$, donc λ est alors valeur propre de f et on vient de déterminer le sous-espace propre associé.

On conclut :

$\text{Spec}(f) = \mathbb{U}_3 = \{1, j, j^2\}$, et : $E_1(f) = \text{Vect}((1, 1, 1))$;

$E_j(f) = \text{Vect}((j^2, j, 1))$; $E_{j^2}(f) = \text{Vect}((j^4, j^2, 1)) = \text{Vect}((j, j^2, 1))$

2°) Notons $a = (1, 1, 1), b = (j^2, j, 1)$ et $c = (j, j^2, 1)$. La famille (a, b, c) est une base de $\mathbb{C}^3$ (formée de trois vecteurs propres pour f associés à des valeurs propres distinctes) et $f(a) = a, f(b) = jb, f(c) = j^2c$ donnent :

$$f^2(a) = a, f^2(b) = j^2b, f^2(c) = j^4c = jc$$

Ainsi $1, j, j^2$ sont aussi valeurs propres de f^2 et comme f^2 admet trois valeurs propres distinctes, les sous-espaces propres de f^2 sont des droites, ce qui donne :

$$E_1(f^2) = \text{Vect}(a) \text{ ; } E_j(f^2) = \text{Vect}(c) \text{ et } E_{j^2}(f^2) = \text{Vect}(c)$$

3°) Remarquons que : $A^2 = \begin{pmatrix} 0 & 1 & 0 \\ 0 & 0 & 1 \\ 1 & 0 & 0 \end{pmatrix}$ et donc $B = \alpha I + \beta A^2 + \gamma A$, ou encore :

$$g = \alpha id + \gamma f + \beta f^2.$$

On a :

$$\begin{cases} g(a) = \alpha a + \gamma f(a) + \beta f^2(a) = (\alpha + \gamma + \beta)a \\ g(b) = \alpha b + \gamma f(b) + \beta f^2(b) = (\alpha + \gamma j + \beta j^2)b \\ g(c) = \alpha c + \gamma f(c) + \beta f^2(c) = (\alpha + \gamma j^2 + \beta j)c \end{cases}$$

On vient donc de mettre en évidence une base de $\mathbb{C}^3$ formée de vecteurs propres de g. On a ainsi déterminé toutes les valeurs propres de g, mais elles ne sont pas *a priori* deux à deux distinctes. On se permettra d'écrire tout de même :

$$\text{Spec}(B) = \text{Spec}(g) = \{\alpha + \beta + \gamma, \alpha + \beta j^2 + \gamma j, \alpha + \beta j + \gamma j^2\}$$

Corrigé 2.21

1°) Soit $\lambda \in \text{Spec}_{\mathbb{C}}(A)$, X une colonne de $\mathcal{M}_{2,1}(\mathbb{C})$ non nulle telle que $AX = \lambda X$. Alors $A^2X = AAX = A\lambda X = \lambda^2 X$ et comme $A \in G$:

$$0 = (A^2 + A + I)X = (\lambda^2 + \lambda + 1)X.$$

La matrice X étant non nulle, il vient bien :

$$\lambda^2 + \lambda + 1 = 0$$

2°) A est à coefficients réels donc χ_A est un polynôme du second degré à coefficients réels.

La matrice A admet au moins une valeur propre complexe λ, qui vérifie donc $\lambda^2 + \lambda + 1 = 0$. Ainsi $\lambda \in \{j, j^2\}$ et λ est non réel. q_A étant à coefficients réels, A admet aussi la valeur propre complexe $\overline{\lambda}$.

Bref A admet pour valeurs propres complexes les deux nombres j et j^2 et comme χ_A est unitaire du second degré :

$$q_A(\lambda) = (\lambda - j)(\lambda - j^2) = \lambda^2 + \lambda + 1$$

3°) Soit $(\alpha, \beta) \in \mathbb{R}^2$ tel que $\alpha a + \beta f(a) = 0$.

Si $\beta \neq 0$, alors $f(a) = \frac{-\alpha}{\beta}a$, donc $\frac{-\alpha}{\beta} \in \text{Spec}(A)$, ce qui est absurde car $\frac{-\alpha}{\beta} \in \mathbb{R}$. Donc $\beta = 0$, et $\alpha a = 0$, d'où $\alpha = 0$ car $a \neq 0$.

Donc $e' = (a, f(a))$ est une famille libre à deux éléments dans E et comme $\dim(E) = 2$ on a bien e' base de E.

Or $f(a) = 1 \times f(a)$ et $f(f(a)) = f^2(a) = -f(a) - a$, car $f^2 = -f - id_E$. On obtient donc :

$$A' = \begin{pmatrix} 0 & -1 \\ 1 & -1 \end{pmatrix}$$

Corrigé 2.22

On notera u l'endomorphisme de $\mathbb{R}^n$ représenté par A sur la base canonique. Soient $\lambda \in \mathbb{R}$ et $x = (x_1, \ldots, x_n) \in \mathbb{R}^n$ tel que $u(x) = \lambda x$. Ceci s'écrit :

$$\begin{cases} 2x_1 - x_2 = \lambda x_1 \\ -x_{k-1} + 2x_k - x_{k+1} = \lambda x_k \quad \text{pour } k \in [\![2, n-1]\!] \\ -x_{n-1} + 2x_n = \lambda x_n \end{cases}$$

Pour homogénéiser ce système, posons $x_0 = x_{n+1} = 0$, alors le système devient :

$$\begin{cases} \forall\, k \in [\![1, n]\!], -x_{k-1} + 2x_k - x_{k+1} = \lambda x_k \\ x_0 = x_{n+1} = 0 \end{cases}$$

L'équation générale s'écrit encore : $x_{k+1} - (2 - \lambda)x_k + x_{k-1} = 0$ et la séquence $(x_0, \ldots, x_{n+1})$ vérifie une relation de récurrence linéaire d'ordre deux.

L'équation caractéristique de cette relation de récurrence est $r^2 - (2-\lambda)r + 1 = 0$, de discriminant $\Delta = \lambda(\lambda - 4)$ qui s'annule pour $\lambda = 0$ et pour $\lambda = 4$.
On est donc conduit à la discussion suivante :

$\star$ Si $\lambda = 0$, alors le système initial donne directement :
$x_2 = 2x_1$, $x_3 = 2x_2 - x_1 = 3x_1$, $x_4 = 2x_3 - x_2 = 4x_1$ et ainsi de suite, jusqu'à $x_{n+1} = (n + 1)x_1$. Donc $x_1 = 0$ puisque $x_{n+1} = 0$. Finalement $u(x) = 0 \implies x = 0$ et 0 n'est pas valeur propre de u.

$\star$ Si $\lambda = 4$, alors la relation de récurrence est : $x_{k+1} + 2x_k + x_{k-1} = 0$, et pour varier les méthodes notons que l'équation caractéristique admet -1 pour racine double. Ainsi, il existe α, β réels tels que pour tout k, $x_k = (\alpha + \beta k)(-1)^k$. $x_0 = 0$ donne $\alpha = 0$ et $x_{n+1} = 0$ donne alors $\beta = 0$. Ainsi $\forall\, k, x_k = 0$, donc $u(x) = 4x \implies x = 0$ et 4 n'est pas non plus valeur propre.

$\star$ Nous pouvons alors affirmer que si λ est valeur propre, on a $\lambda \notin \{0, 4\}$ et l'équation caractéristique admet deux racines distinctes (éventuellement complexes conjuguées), r_1 et r_2. Donc : $\exists (a, b) \in \mathbb{C}^2$ tel que $\forall\, k \in [\![0, n+1]\!], x_k = ar_1^k + br_2^k$, avec $b = -a$ puisque $x_0 = 0$:

$$\exists\, a \in \mathbb{C}, \forall\, k \in [\![0, n + 1]\!], x_k = a(r_1^k - r_2^k).$$

Notons d'autre part que le produit $r_1 r_2$ des racines vaut 1, donc $r_2 = r_1^{-1}$ et comme $r_2 \neq r_1$, on a $r_1 \notin \{-1, 1\}$.
Enfin on utilisera plus tard la relation $r_1 + r_2 = 2 - \lambda$.

Résumons :

$$\exists\, a \in \mathbb{C}, \forall\, k \in [\![0, n + 1]\!], x_k = a(r_1^k - r_2^{-k}).$$

$\to$ Si λ est tel que $r_1^{n+1} - r_2^{-(n+1)} \neq 0$, donc est tel que $r_1^{2n+2} \neq 1$, alors, comme $x_{n+1} = 0$, on a $a = 0$ et $\forall\, k, x_k = 0$, donc $u(x) = \lambda x \implies x = 0$ et λ n'est pas valeur propre de u.

$\to$ Si λ est tel que $r_1^{n+1} - r_1^{-(n+1)} = 0$, donc est tel que $r_1^{2n+2} = 1$, alors $x_{n+1} = 0$ est vérifié sans condition sur a, et l'équation $u(x) = \lambda x$ admet pour solution tout vecteur de la forme $a(r_1 - r_1^{-1}, r_1^2 - r_1^{-2}, \ldots, r_1^n - r_1^{-n})$ et comme $r_1 - r_1^{-1} \neq 0$, ce système admet des solutions autres que le vecteur nul.

En résumé, tout nombre réel λ de la forme $\lambda = 2 - (r_1 + r_2) = 2 - (r_1 + r_1^{-1})$ tel que $r_1 \notin \{-1, 1\}$ et $r_1^{2n+2} = 1$ est valeur propre de u.
r_1 est donc une racine $(2n+2)^{\text{ème}}$ de l'unité, autre que 1 ou -1 et comme $|r_1| = 1$, $r_2 = r_1^{-1}$ est le conjugué de r_1. Quitte à permuter les rôles de r_1 et r_2 on peut supposer la partie imaginaire de r_1 strictement positive et r_1 est de la forme $r_1 = \exp(i\dfrac{k\pi}{n+1})$, avec $1 \leqslant k \leqslant n$.

La valeur de λ correspondante est : $\lambda_k = 2 - (\exp(i\dfrac{k\pi}{n+1}) + \exp(-i\dfrac{k\pi}{n+1}))$, soit $\lambda_k = 2(1 - \cos(\dfrac{k\pi}{n+1}))$.

La fonction cos étant strictement monotone sur $]0, \pi[$, on obtient ainsi n valeurs propres (réelles) distinctes pour u. Ainsi u, donc A, est $\mathbb{R}$-diagonalisable.

[Comme $r_1 = e^{i\frac{k\pi}{n+1}}$ *donne* $r_1^p - r_1^{-p} = 2i\sin(\dfrac{kp\pi}{n+1})$*, on a montré de plus que le vecteur* $e_k = (\sin(\dfrac{k\pi}{n+1}), \sin(\dfrac{2k\pi}{n+1}), \ldots, \sin(\dfrac{nk\pi}{n+1}))$ *est propre pour* u *associé à la valeur propre* λ_k*.]*

Corrigé 2.23

1°) L'application u est bien linéaire puisque l'opérateur de dérivation l'est.
Soit $P \in E = \mathbb{R}_n[X]$, alors $u(P)$ est bien encore un polynôme et comme $\deg P \leqslant n$, on a $\deg((X^2-1)P'') \leqslant n$ et également $\deg((2X+1)P') \leqslant n$, par conséquent $\deg u(P) \leqslant n$ et u est bien un endomorphisme de E.

2°) Soit $e = (1, X, X^2, \ldots, X^n)$ la base canonique de E.
$u(1) = 0$, $u(X) = 2X + 1$ et, pour tout entier $k \geqslant 2$, on a :

$$\begin{aligned} u(X^k) &= k(k-1)(X^2-1)X^{k-2} + k(2X+1)X^{k-1} \\ &= -k(k-1)X^{k-2} + kX^{k-1} + (k(k-1)+2k)X^k \\ &= -k(k-1)X^{k-2} + kX^{k-1} + k(k+1)X^k, \text{ donc :} \end{aligned}$$

$$M_e(u) = \begin{pmatrix} 0 & 1 & -2 & & (0) \\ & 2 & 2 & \ddots & \\ & & 6 & \ddots & -n(n-1) \\ & & & \ddots & n \\ (0) & & & & n(n+1) \end{pmatrix}$$

Cette matrice étant triangulaire on en conclut immédiatement que :

$$\operatorname{Spec}(u) = \{0, 2, 6, \ldots, n(n+1)\}$$

et donc que u admet $n+1$ valeurs propres distinctes. Or $\dim(E) = n+1$, donc u est diagonalisable.

Corrigé 2.24

1°) $\star$ Si $a = 0$.
$\to$ Si $b = 0$, alors $f = 0$ et le problème est dégénéré : $E_0(f) = E$.

$\rightarrow$ Si $b \neq 0$, λ est une valeur propre de f s'il existe un polynôme non nul $P \in E$ tel que $f(P) = bP' = \lambda P$. Or si P n'est pas un polynôme constant , on a $\deg(bP') = \deg(P') = \deg(P) - 1$ et $f(P)$ n'est pas proportionnel à P. Réciproquement les polynômes constants vérifient $f(P) = 0 = 0.P$, donc on a $\operatorname{Spec} f = \{0\}$ et $E_0(f) = \mathbb{R}_0[X]$.

$\star$ Si $a \neq 0$, alors on obtient :

$$f(P) = [(aX+b)P]' = \lambda P \iff (aX+b)P' + (a-\lambda)P = 0$$

donc on est amené à résoudre l'équation différentielle

$$(L) : (ax+b)y' + (a-\lambda)y = 0,$$

dont on ne retiendra que les solutions non nulles qui sont dans E.
Comme a est non nul, on peut se placer sur un intervalle I non réduit à un point et sur lequel $ax+b$ reste strictement positif. Alors : $(L) : y' = \dfrac{\lambda - a}{ax+b}y$ donne :

$$\exists\, \alpha \in \mathbb{R}, y(x) = \alpha \exp(\frac{\lambda - a}{a} \ln(ax+b)) = \alpha(ax+b)^{\frac{\lambda-a}{a}}$$

Pour $\alpha \neq 0$, ces fonctions sont polynomiales de degré compris entre 0 et n si et seulement si λ est tel que $\dfrac{\lambda}{a} - 1 = k \in \{0, 1, \ldots, n\}$.
Dans ce cas les fonctions solutions sont valables sur $\mathbb{R}$ tout entier.
On obtient ainsi $\operatorname{Spec}(f) = \{\lambda_k \ / \ 0 \leqslant k \leqslant n\}$, avec pour tout $k \in [\![0, n]\!]$ $\lambda_k = a(k+1)$ et $E_k(f) = \operatorname{Vect}(aX+b)^k$.

2°) $\star$ Pour $a \neq 0$, on a obtenu $n+1$ valeurs propres distinctes, donc un endomorphisme f diagonalisable.
$\star$ Pour $a = 0$ et $b \neq 0$, on a obtenu une unique valeur propre (0) associée à un sous-espace propre de dimension 1, donc f n'est pas diagonalisable puisque $\dim(E) = n+1 \geqslant 2$.
$\star$ Pour $(a, b) = (0, 0)$, on a $f = 0$ qui est évidemment diagonalisable.

Corrigé 2.25

1°) Remarquons tout d'abord que f est bien linéaire puisque l'opérateur de dérivation l'est, le reste découlant des propriétés des opérations.
Pour $P = \sum\limits_{k=0}^{2n} a_k X^k$, on a : $P' = \sum\limits_{k=1}^{2n} k a_k X^k$ et $XP = \sum\limits_{k=0}^{2n} a_k X^{k+1}$. Ainsi $f(P)$ est de degré inférieur ou égal à $2n+1$ et le coefficient du terme en X^{2n+1} est $2na_{2n} - a.a_{2n} = (2n-a)a_{2n}$
Si $a_{2n} = 0$, alors $\deg f(P) \leqslant 2n$, mais si $a_{2n} \neq 0$, alors $\deg f(P) > 2n$, sauf dans le cas $a = 2n$.
Réciproquement si $a = 2n$, alors les termes de degré $2n+1$ se détruisent et $\deg P \leqslant 2n \implies \deg f(P) \leqslant 2n$. Ainsi :

$$f \in \mathcal{L}(E) \iff a = 2n$$

2°) Supposons donc $a = 2n$. On a : $\lambda \in \operatorname{Spec}(f) \iff \exists\, P \neq 0$ tel que $f(P) = \lambda P$. Or :

$$X(X+1)P' - 2nXP = \lambda P \iff X(X+1)P' - (2nX + \lambda)P = 0 \quad (*)$$

La fonction polynomiale associée à P vérifie donc l'équation différentielle linéaire homogène de degré 1 suivante :

$$(H) : x(x+1)y'(x) - (2nx+\lambda)y(x) = 0$$

Sur un intervalle en contenant ni -1 ni 0, disons sur l'intervalle $]0, 1[$, on écrit :

$$\frac{2nx+\lambda}{x(x+1)} = \frac{\lambda}{x} + \frac{2n-\lambda}{x+1}$$

et les solutions de (H) sur $]0, 1[$ sont les fonctions de la forme :

$$x \mapsto K \exp(\lambda \ln x + (2n-\lambda)\ln(x+1)) = Kx^{\lambda}(x+1)^{2n-\lambda}$$

où K est une constante réelle quelconque.

On remarque que ces solutions sont polynômiales si et seulement si λ est un entier de $[\![0, 2n]\!]$ et pour $K \neq 0$ elles sont alors de degré $2n$.

Bref, pour $\lambda_k \in [\![0, 2n]\!]$, le polynôme $P_k = X^{\lambda}(X+1)^{2n-\lambda}$ appartient à E et vérifie $f(P_k) = \lambda_k P_k$ (car si une fonction polynôme vérifie (H) sur $]0, 1[$, qui contient une infinité d'éléments, alors le polynôme associé vérifie $(*)$).

En conclusion, nous trouvons $2n+1$ polynômes propres associés à autant de valeurs propres distinctes et comme $\dim(E) = 2n+1$, nous pouvons en déduire que f est bien diagonalisable, avec $\mathrm{Spec}(f) = [\![0, 2n]\!]$.

Corrigé 2.26

Comme $b \neq 0$ et $c \neq 0$, alors on a de manière évidente $\mathrm{rg}(f) = 2$ et les vecteurs $v_1 = (0, \ldots, 0, 1) = e_n$ et $v_2 = (1, \ldots, 1, 0)$ engendrent $\mathrm{Im}\, f$ et en forment une base.

Le noyau de f est donc de dimension $n-2$, et on pourrait facilement en expliciter une base ...

→ Si $n > 2$, on connaît déjà une valeur propre : 0, et $E_{(0)}(f) = \mathrm{Ker}\, f$ est de dimension $n-2$.

→ Si x est un vecteur propre associé à une valeur propre λ non nulle, alors $f(x) = \lambda x \iff x = f(\frac{1}{\lambda}x)$ et $x \in \mathrm{Im}\, f$. Ainsi la recherche des vecteurs propres non associés à la valeur propre 0 est la recherche des vecteurs propres de l'endomorphisme de $\mathrm{Im}\, f$ induit par f (car $\mathrm{Im}\, f$ est bien stable par f). On note g cet induit.

Or on connait une base de $\mathrm{Im}\, f$, à savoir $b = (v_1, v_2)$.

On a : $$\begin{cases} g(v_1) = f(v_1) = f(e_n) = c(e_1 + \cdots + e_{n-1}) + ae_n = cv_2 + av_1 \\ g(v_2) = f(v_2) = \sum\limits_{k=1}^{n-1} f(e_k) = \sum\limits_{k=1}^{n-1} be_n = (n-1)be_n = (n-1)bv_1 \end{cases}$$

Donc : $U = M_b(g) = \begin{pmatrix} a & (n-1)b \\ c & 0 \end{pmatrix}$

Puis : $\chi_U(\lambda) = \det(U - \lambda I_2) = \begin{vmatrix} a-\lambda & (n-1)b \\ c & -\lambda \end{vmatrix} = \lambda^2 - a\lambda - (n-1)bc.$

χ_U est un polynôme du second degré dont le discriminant vaut $\Delta = a^2 + 4(n-1)bc$.
On a donc :

⋆ Si $a^2 + 4(n-1)bc > 0$, g admet deux valeurs propres distinctes et non nulles, donc il existe dans $\operatorname{Im} f$ deux droites propres pour g, donc pour f, associées à des valeurs propres distinctes non nulles. Ainsi f est diagonalisable puisque la somme des dimensions de ses sous-espaces propres vaut $n - 2 + 1 + 1 = n$.

⋆ Si $a^2 + 4(n-1)bc < 0$, g n'admet pas de valeur propre, donc f n'a pas de valeur propre autre que 0 et comme $\dim E_0(f) \neq n$, f n'est pas diagonalisable.

⋆ Si $a^2 + 4(n-1)bc = 0$, g admet une valeur propre α double et le sous-espace propre associé n'est de dimension 2 que si g est alors une homothétie. Comme U n'est pas une matrice scalaire, g n'est pas une homothétie et $E_{(\alpha)}(g) = E_{(\alpha)}(f)$ n'est que de dimension 1, et f n'est pas diagonalisable puisque $n - 2 + 1 < n$!
Ainsi :

$$f \text{ diagonalisable} \iff a^2 + 4(n-1)bc > 0$$

Corrigé 2.27

⋆ Si A est inversible, alors on a :

$$\begin{pmatrix} A^{-1} & O_n \\ -C & A \end{pmatrix}\begin{pmatrix} A & B \\ C & D \end{pmatrix} = \begin{pmatrix} I_n & A^{-1}B \\ -CA + AC & -CB + AD \end{pmatrix}$$

$$= \begin{pmatrix} I_n & A^{-1}B \\ O_n & AD - CB \end{pmatrix} \quad \text{(car } A \text{ et } C \text{ commutent)}$$

Donc, puisque $\det(MN) = \det(M)\det(N)$, on obtient :

$$\det\begin{pmatrix} A^{-1} & O_n \\ -C & A \end{pmatrix}\det\begin{pmatrix} A & B \\ C & D \end{pmatrix} = \det\begin{pmatrix} I_n & A^{-1}B \\ O_n & AD - CB \end{pmatrix}$$

On utilise alors la décomposition des déterminants des matrices triangulaires par blocs (voir l'exercice **1.19**) et on obtient :

$$\det(A^{-1})\det(A)\times\det(M) = \det(I_n)\det(AD - CB)$$

Or $\det(I_n) = 1 = \det(A^{-1})\det(A)$, d'où le résultat demandé :

$$\det(M) = \det(AD - CB)$$

⋆ Si A est non inversible, alors pour tout $\lambda \notin \operatorname{Spec}(A)$, la matrice $A - \lambda I_n$ est inversible et commute encore avec C (car C commute évidemment avec λI_n), on a alors, par le résultat précédent :

$$\forall \lambda \in \mathbb{C} \setminus \operatorname{Spec}(A), \det\begin{pmatrix} A - \lambda I_n & B \\ C & D \end{pmatrix} - \det((A - \lambda I_n)D - BC) = 0$$

On a ainsi obtenu une fonction polynôme en λ nulle en une infinité de points. Il s'agit donc de la fonction nulle et en particulier elle est aussi nulle en 0, ce qui donne :

$$\det(M) = \det(AD - CB)$$

Corrigé 2.28

⋆ Soit $\lambda \in \operatorname{Spec} f$, x un vecteur propre associé. Notons $D = \operatorname{Vect}(x) \subset E_\lambda(f)$ et H un supplémentaire de D. Notons enfin p la projection sur D parallèlement à H.
On a $p \neq 0_{\mathcal{L}(E)}$ et : $\forall y \in E, p(y) \in D$, donc $f(p(y)) = \lambda p(y)$,
soit $\Phi(p) = f \circ p = \lambda p$ et $\lambda \in \operatorname{Spec} \Phi$.

$\star$ Soit $\lambda \in \operatorname{Spec}\Phi$, $u \in \mathcal{L}(E)$ non nul tel que $\Phi(u) = f \circ u = \lambda u$.
Comme u est non nul, il existe $y \in E$ tel que $x = u(y) \neq 0$ et on a $f(x) = f \circ u(y) = \lambda u(y) = \lambda x$, donc $\lambda \in \operatorname{Spec} f$.
Par double inclusion, nous avons donc montré que :

$$\operatorname{Spec}(\Phi) = \operatorname{Spec}(f)$$

2°) a) Puisque $\Phi(u) = f \circ u$, alors en enchaînant les équivalences :

$$\begin{aligned} u \in E_\lambda(\Phi) &\Longleftrightarrow u \in \operatorname{Ker}(\Phi - \lambda Id_{\mathcal{L}(E)}) \Longleftrightarrow (\Phi - \lambda Id_{\mathcal{L}(E)})(u) = 0 \\ &\Longleftrightarrow \Phi(u) - \lambda u = 0 \Longleftrightarrow f \circ u - \lambda u = 0 \\ &\Longleftrightarrow (f - \lambda Id_E) \circ u = 0 \Longleftrightarrow \operatorname{Im}(u) \subset \operatorname{Ker}(f - \lambda Id_E) \\ &\Longleftrightarrow \operatorname{Im}(u) \subset E_\lambda(f). \end{aligned}$$

b) Pour tout $u \in E_\lambda(\Phi)$, d'une part $\varphi(u) : x \mapsto u(x)$ est bien linéaire comme u (on s'est contenté de faire une restriction à l'arrivée) et d'autre part $\operatorname{Im}(u) \subset E_\lambda(f)$ nous assure que $u(x) \in E_\lambda(f)$. Donc φ est bien définie.

c) L'application φ étant bien linéaire il nous reste à montrer qu'elle est bijective :

$\rightarrow$ Si $u \in \operatorname{Ker}(\varphi)$, alors $\varphi(u) = 0$, donc $\forall x \in E, \varphi(u)(x) = u(x) = 0$, donc $u = 0$. Ainsi $\operatorname{Ker}(\varphi) = \{0\}$, et φ est injective.

$\rightarrow$ Soit $u \in \mathcal{L}(E, E_\lambda(f))$. Alors $\operatorname{Im}(u) \subset E_\lambda(f)$ donc d'une part, la question **2°) a)** implique que $u \in E_\lambda(\Phi)$ et d'autre part, la définition de φ nous donne $\varphi(u) = u$. Par conséquent, $\exists v = u \in E_\lambda(\Phi)$ tel que $u = \varphi(v)$, donc ϕ est surjective.

Ainsi φ est bijective, et φ est bien un isomorphisme de $E_\lambda(\Phi)$ sur $\mathcal{L}(E, E_\lambda(f))$.

d) Les isomorphismes conservant les dimensions, on déduit de la question précédente :

$$\dim(E_\lambda(\Phi)) = \dim(\mathcal{L}(E, E_\lambda(f))) = \dim(E) \times \dim(E_\lambda(f)) = n \times \dim(E_\lambda(f))$$

3°) L'endomorphisme Φ de $\mathcal{L}(E)$ est diagonalisable si et seulement si :

$$\dim(\mathcal{L}(E)) = \sum_{\lambda \in \operatorname{Spec}(\Phi)} \dim(E_\lambda(\Phi))$$

Or $\dim(\mathcal{L}(E)) = n^2$, donc d'après la question **2°) d)** on a :

$$\begin{aligned} \Phi \text{ diagonalisable} &\Longleftrightarrow n^2 = \sum_{\lambda \in \operatorname{Spec}(\Phi)} n \times \dim(E_\lambda(f)) \\ &\Longleftrightarrow n = \sum_{\lambda \in \operatorname{Spec}(f)} \dim(E_\lambda(f)) \Longleftrightarrow f \text{ diagonalisable.} \end{aligned}$$

car $\operatorname{Spec}(\Phi) = \operatorname{Spec}(f)$.

Corrigé 2.29

Le polynôme caractéristique de M est défini par :

$$\chi_M(\lambda) = \det(M - \lambda I_n) = \begin{vmatrix} -\lambda & 0 & \dots & 0 & a_0 \\ 1 & -\lambda & \ddots & \vdots & a_1 \\ 0 & 1 & \ddots & \vdots & \vdots \\ \vdots & \ddots & \ddots & -\lambda & a_{n-2} \\ 0 & \dots & 0 & 1 & a_{n-1} - \lambda \end{vmatrix}$$

Si l'on ajoute à la première ligne la combinaison linéaire $\sum_{k=1}^{n-1} \lambda^k L_{k+1}$, où L_i désigne la $i^{\text{ème}}$ ligne, alors on trouve :

$$\chi_M(\lambda) = \det(M - \lambda I_n) = \begin{vmatrix} 0 & 0 & \dots & 0 & -P(\lambda) \\ 1 & -\lambda & \ddots & \vdots & a_1 \\ 0 & 1 & \ddots & \vdots & \vdots \\ \vdots & \ddots & \ddots & -\lambda & a_{n-2} \\ 0 & \dots & 0 & 1 & a_{n-1} - \lambda \end{vmatrix}$$

et donc, en développant par rapport à la première ligne, nous obtenons :

$$\chi_M = (-1)^n P$$

Corrigé 2.30

1°) D'une part, la famille $(x, f(x), \dots, f^n(x))$ est formée de $n+1$ vecteurs de l'espace E, qui est de dimension n, donc elle est liée.
D'autre part, le vecteur x étant non nul, la famille (x) est libre.
Donc $\exists p \in [\![0, n-1]\!]$ tel que la famille $(x, f(x), \dots, f^{p+1}(x))$ soit liée avec $(x, f(x), \dots, f^p(x))$ famille libre.
(en clair on avance tant que l'on obtient une famille libre et il faudra bien s'arrêter !)

2°) $(x, f(x), ..., f^p(x))$ est une famille génératrice de G et étant libre, elle en est une base que nous noterons B_x.
Or la famille $(x, f(x), \dots, f^{p+1}(x))$ est liée, donc il existe des scalaires $\lambda_0, \dots, \lambda_{p+1}$ non tous nuls tels que $\sum_{k=0}^{p+1} \lambda_k f^k(x) = 0$. On ne peut avoir $\lambda_{p+1} = 0$, car la liberté de $(x, f(x), \dots, f^p(x))$ entrainerait alors la nullité de tous les coefficients. On peut donc diviser par λ_{p+1} et écrire $f^{p+1}(x)$ comme combinaison linéaire des vecteurs précédents :

$$\exists\, (a_0, \dots, a_p) \in \mathbb{K}^p,\, f^{p+1}(x) = \sum_{k=0}^{p} a_k f^k(x) \quad (*)$$

Si on note $Q(X) = X^{k+1} - \sum_{k=0}^{p} a_k X^k$, alors $(*)$ s'écrit : $Q(f)(x) = 0$.
Nous allons maintenant déterminer la matrice de g sur la base B_x.
$f(f^k(x)) = f^{k+1}(x)$ pour $k \in [\![0, p-1]\!]$ et $f(f^p(x)) = f^{p+1}(x) = \sum_{k=0}^{p} a_k f^k(x)$ nous donne :

$$M_{B_x}(g) = \begin{pmatrix} 0 & \dots & \dots & 0 & a_0 \\ 1 & 0 & & \vdots & a_1 \\ 0 & 1 & \ddots & \vdots & \vdots \\ \vdots & \ddots & \ddots & 0 & \vdots \\ 0 & \dots & 0 & 1 & a_p \end{pmatrix}$$

Nous avons vu à l'exercice précédant que le polynôme caractéristique de cette matrice **compagnon** de Q est : $\chi_g(\lambda) = (-1)^{p+1} Q(\lambda)$.

3°) Complétons la base B_x en une base B de E. La matrice de f dans cette base est alors une matrice par blocs de la forme suivante : $M_B(f) = \begin{pmatrix} M_{B_x}(g) & A \\ O & B \end{pmatrix}$, où $A \in \mathcal{M}_{p+1,n-p-1}(\mathbb{K})$, $B \in \mathcal{M}_{n-p-1,n-p-1}(\mathbb{K})$ et O représente la matrice nulle de $\mathcal{M}_{n-p-1,p+1}(\mathbb{K})$.

Comme cette matrice est triangulaire par blocs, son polynôme caractéristique, qui est aussi celui de f, est le produit des polynômes caractéristiques de g et de B.

Ainsi :

$$\chi_f(f) = \chi_g(f) \circ \chi_B(f) = \chi_B(f) \circ \chi_g(f) = (-1)^{p+1}\chi_B(f) \circ Q(f),$$

puisque nous avons montré à la question précédente que $\chi_g(\lambda) = (-1)^{p+1}Q(\lambda)$.

Or $Q(f)(x) = 0$ donc

$$\chi_f(f)(x) = (-1)^{p+1}\chi_B(f)(Q(f)(x)) = (-1)^{p+1}\chi_B(f)(0) = 0,$$

et ceci est montré pour tout $x \neq 0$.

Or $\chi_f(f)(0) = 0$ est banal par linéarité de $\chi_f(f)$, donc :

$$\forall x \in E, \chi_f(f)(x) = 0, \textit{i.e.}\ \chi_f(f) = 0$$

Corrigé 2.31

1°) Soit f l'endomorphisme de $E = \mathbb{C}^n$ représenté par la matrice A sur la base canonique de E.

Pour $v = (x_1, \ldots, x_n)$, on a :

$$f(v) = \lambda v \iff \begin{cases} x_2 = \lambda x_1 \\ x_3 = \lambda x_2 \\ \quad\vdots \\ x_n = \lambda x_{n-1} \\ x_1 = \lambda x_n \end{cases} \iff \begin{cases} x_2 = \lambda x_1 \\ x_3 = \lambda^2 x_1 \\ \quad\vdots \\ x_n = \lambda^{n-1} x_1 \\ x_1 = \lambda^n x_1 \end{cases}$$

Si $\lambda^n \neq 1$, il vient $x_1 = 0$ et tous les coefficients x_i sont nuls, soit $v = 0$ et λ n'est pas valeur propre de f.

Si $\lambda^n = 1$, alors x_1 est quelconque et les autres x_i s'en déduisent. Donc les racines $n^{\text{èmes}}$ de l'unité sont toutes valeurs propres de f, le sous-espace propre associé à la valeur propre $\lambda_k = e^{2ik\pi/n}$ $(0 \leqslant k \leqslant n-1)$ étant la droite engendrée par le vecteur $v_k = (1, \lambda_k, \ldots, \lambda_k^{n-1})$.

2°) On peut écrire $A = \begin{pmatrix} 0 & I_{n-1} \\ I_1 & 0 \end{pmatrix}$. Des calculs simples (il suffit de suivre les images des vecteurs de base) donnent :

$$A^2 = \begin{pmatrix} 0 & I_{n-2} \\ I_2 & 0 \end{pmatrix}, \ldots, A^{n-1} = \begin{pmatrix} 0 & I_1 \\ I_{n-1} & 0 \end{pmatrix} \text{ et } A^n = I = A^0.$$

Ainsi, on a $M = a_1 I_n + a_2 A + a_3 A^2 + \cdots + a_n A^{n-1} = Q(A)$.

Soit $P \in GL_n(\mathbb{C})$ telle que $P^{-1}AP = D = \operatorname{diag}(\lambda_0, \lambda_1, \ldots, \lambda^{n-1})$

Alors :

$$\begin{aligned} M &= Q(A) = Q(PDP^{-1}) = PQ(D)P^{-1} \\ &= P \operatorname{diag}(Q(\lambda_0), Q(\lambda_1), \ldots, Q(\lambda^{n-1}))P^{-1} \end{aligned}$$

Cela donne alors immédiatement :

$$\det(M) = \prod_{k=0}^{n-1} Q(\lambda_k) = \prod_{k=0}^{n-1} Q(\mathrm{e}^{\frac{2ik\pi}{n}})$$

Corrigé 2.32

a) Soient $e = (e_1, e_2, e_3)$ la base canonique de l'espace vectoriel $E = \mathbb{R}^3$ et f l'endomorphisme représenté par la matrice $A = \begin{pmatrix} 6 & -2 & 2 \\ 7 & -3 & -3 \\ 5 & -5 & -1 \end{pmatrix}$ sur cette base.

On a :

$$\chi_A(\lambda) = \chi_f(\lambda) = \begin{vmatrix} 6-\lambda & -2 & 2 \\ 7 & -3-\lambda & -3 \\ 5 & -5 & -1-\lambda \end{vmatrix} = \begin{vmatrix} 4-\lambda & -2 & 2 \\ 4-\lambda & -3-\lambda & -3 \\ 0 & -5 & -1-\lambda \end{vmatrix}$$

$$\chi_A(\lambda) = \begin{vmatrix} 4-\lambda & -2 & 2 \\ 0 & -1-\lambda & -5 \\ 0 & -5 & -1-\lambda \end{vmatrix} = (4-\lambda)((\lambda+1)^2 - 5^2)$$

$$= -(4-\lambda)^2(\lambda+6).$$

χ_A est $\mathbb{R}$-scindé, ce qui nous permet déjà de dire que A est $\mathbb{R}$-trigonalisable. Puis :

$$\star\ f(x,y,z) = -6(x,y,z) \iff \begin{cases} 12x - 2y + 2z = 0 \\ 7x + 3y - 3z = 0 \\ 5x - 5y + 5z = 0 \end{cases} \iff \begin{cases} z = y \\ x = 0 \end{cases}$$

Donc $E_4(f)$ est la droite engendrée par le vecteur $a_1 = (0,1,1)$.

$$\star\ f(x,y,z) = 4(x,y,z) \iff \begin{cases} 2x - 2y + 2z = 0 \\ 7x - 7y - 3z = 0 \\ 5x - 5y - 5z = 0 \end{cases} \iff \begin{cases} x - y + z = 0 \\ z = 0 \end{cases}$$

Donc $E_4(f)$ est la droite engendrée par le vecteur $a_2 = (1,1,0)$.

On remarque que le sous-espace propre $E_4(f)$ n'est que de dimension 1, donc A n'est pas diagonalisable.

Soit la famille $a = (a_1, a_2, a_3)$ définie par :

$$a_1 = (0,1,1), a_2 = (1,1,0) \text{ et } a_3 = (1,0,0)$$

[On a complété la famille (a_1, a_2) de vecteurs propres par un vecteur qui ne semble pas se trouver dans $\mathrm{Vect}(a_1, a_2)$. Nous allons le vérifier : la matrice de passage de la base e à la famille a est $P = \begin{pmatrix} 0 & 1 & 1 \\ 1 & 1 & 0 \\ 1 & 0 & 0 \end{pmatrix}$ dont le déterminant est clairement non nul (par échelonnement) ce qui nous assure que a est une base de E.]

On a $f(a_1) = -6a_1$ et $f(a_2) = 4a_2$, car a_1 et a_2 sont des vecteurs propres associés respectivement aux valeurs propres -6 et 4. Il reste uniquement à calculer $f(a_3)$, en fonction de a_1, a_2, a_3.

On a $f(a_3) = f(e_1) = (6,7,5)$. Or $\begin{cases} a_1 = e_2 + e_3 \\ a_2 = e_1 + e_2 \\ a_3 = e_1 \end{cases} \iff \begin{cases} e_1 = a_3 \\ e_2 = a_2 - a_3 \\ e_3 = a_1 - a_2 + a_3 \end{cases}$;

donc $f(a_3) = 6e_1 + 7e_2 + 5e_3 = 5a_1 + 2a_4 + 4a_3$.

Finalement $M_a(f) = \begin{pmatrix} -6 & 0 & 5 \\ 0 & 4 & 2 \\ 0 & 0 & 4 \end{pmatrix}$, qui est bien triangulaire supérieure, est semblable à A.

On remarque que l'on a bien trouvé un 4 comme coordonnée sur a_3 de $f(a_3)$ dans la base (a_1, a_2, a_3), ce que l'on attendait car deux matrices semblables ont les mêmes valeurs propres avec les mêmes ordres de multiplicité.

b) On procède de même avec cette fois-ci $e = (e_1, e_2, e_3, e_4)$ la base canonique de l'espace vectoriel $E = \mathbb{R}^4$ et f l'endomorphisme représenté par la matrice

$$A = \begin{pmatrix} -1 & 3 & 1 & -2 \\ -7 & 14 & 6 & -8 \\ -1 & 2 & 2 & 0 \\ -10 & 19 & 9 & -10 \end{pmatrix}$$

En procédant de la même façon, ou en confiant les calculs à sa machine préférée on trouve les éléments suivants :

$\star$ Le polynôme caractéristique de A ou f est $\chi_A(\lambda) = \chi_f(\lambda) = \lambda^2(\lambda - 1)(\lambda - 4)$. Il est scindé, donc A est trigonalisable sur $\mathbb{R}$.

On a ainsi $\mathrm{Spec}(f) = \{0, 1, 4\}$ avec 0 valeur propre double.

$\star$ On trouve les sous-espaces propres suivants :

$\rightarrow$ $E_0(f) = \mathrm{Vect}(a_1)$ avec $a_1 = (0, 1, -1, 1)$;

$\rightarrow$ $E_1(f) = \mathrm{Vect}(a_2)$ avec $a_2 = (1, 1, -1, 0)$;

$\rightarrow$ $E_4(f) = \mathrm{Vect}(a_3)$ avec $a_3 = (0, 1, 1, 2)$

Ainsi dans une base $a = (a_1, a_2, a_3, a_4)$ obtenue par complétion de la famille libre (a_1, a_2, a_3) (cette famile est libre car constituée de vecteurs propres pour des valeurs propres deux à deux distincts), $M_a(f)$ sera de la forme :

$$M_a(f) = \begin{pmatrix} 0 & 0 & 0 & * \\ 0 & 1 & 0 & * \\ 0 & 0 & 4 & * \\ 0 & 0 & 0 & * \end{pmatrix}$$

On peut choisir $a_4 = (1, 0, 0, 0)$, car $\begin{vmatrix} 0 & 1 & 0 & 1 \\ 1 & 1 & 1 & 0 \\ -1 & -1 & 1 & 0 \\ 1 & 0 & 2 & 0 \end{vmatrix} = 2 \neq 0$ ce qui nous assure que a est alors une base de E.

On a $f(a_4) = f(e_1) = (-1, -7, -1, -10)$ et après quelques calculs on trouve : $f(a_4) = -2a_1 - a_2 - 4a_3$.

Ainsi, avec $P = \begin{pmatrix} 0 & 1 & 0 & 1 \\ 1 & 1 & 1 & 0 \\ -1 & -1 & 1 & 0 \\ 1 & 0 & 2 & 0 \end{pmatrix}$, on a $P^{-1}AP = \begin{pmatrix} 0 & 0 & 0 & -2 \\ 0 & 1 & 0 & -1 \\ 0 & 0 & 4 & -4 \\ 0 & 0 & 0 & 0 \end{pmatrix}$

On remarque encore que l'on a bien trouvé un 0 comme coefficient en ligne 4 et colonne 4, ce que l'on attendait car deux matrices semblables ont même trace.

Corrigé 2.33

1°) On cherche le polynôme caractéristique de A et on trouve :

$$\chi_A(\lambda) = \det(A - \lambda I_3) = \begin{vmatrix} -3-\lambda & -3 & 2 \\ 1 & 1-\lambda & -2 \\ 2 & 4 & -4-\lambda \end{vmatrix}$$

$$= \begin{vmatrix} -2-\lambda & -2-\lambda & 0 \\ 1 & 1-\lambda & -2 \\ 2 & 4 & -4-\lambda \end{vmatrix} = \begin{vmatrix} -2-\lambda & 0 & 0 \\ 1 & -\lambda & -2 \\ 2 & 2 & -4-\lambda \end{vmatrix}$$

$$= -(\lambda+2)(\lambda^2+4\lambda+4) = -(\lambda+2)^3$$

Ainsi la seule valeur propre de A ou f est $\lambda = -2$.

Alors $(x, y, z) \in E_{-2}(f) \iff \begin{cases} -x - 3y + 2z = 0 \\ x + 3y - 2z = 0 \\ 2x + 4y - 2z = 0 \end{cases} \iff \begin{cases} -x - 3y + 2z = 0 \\ -2y + 2z = 0 \end{cases}$

Soit : $y = z$ et $x = -z$.

Ainsi $E_{-2}(f)$ est la droite engendrée par exemple par le vecteur $a_1 = (-1, 1, 1)$.

2°) $A + 2I = \begin{pmatrix} -1 & -3 & 2 \\ 1 & 3 & -2 \\ 2 & 4 & -2 \end{pmatrix} \implies (A + 2I)^2 = \begin{pmatrix} 2 & 2 & 0 \\ -2 & -2 & 0 \\ -2 & -2 & 0 \end{pmatrix}$

Le noyau de $(f + 2id)^2$ est alors en évidence sur les lignes de cette matrice : il s'agit du plan P d'équation $x + y = 0$.

3°) On veut un vecteur (x, y, z) tel que $x + y = 0$ et qui soit non colinéaire au vecteur $a_1 = (-1, 1, 1)$. On peut choisir le vecteur $a_2 = (0, 0, 1)$.

On remarque que $a_1 \in P$ et donc (a_1, a_2) est une base du plan P.

4°) On a $f(a_1) = -2a_1$ et comme $f(a_2) = (2, -2, -4)$ (regardez la troisième colonne de A !), il vient $f(a_2) = -2a_1 - 2a_2$.

Soit alors a_3 **n'importe quel vecteur** tel que $a = (a_1, a_2, a_3)$ soit une base de E. On a, par simple copie pour les deux premières colonnes :

$$M_a(f) = \begin{pmatrix} -2 & -2 & * \\ 0 & -2 & * \\ 0 & 0 & * \end{pmatrix}$$

où les coefficients « $*$ » s'obtiennent en écrivant $f(a_3)$ en fontion de a_1, a_2 et a_3. Dans tous les cas on obtient ainsi une matrice triangulaire supérieure (et d'ailleurs comme $\mathrm{tr}(f)$ vaut -6 la troisième étoile sera toujours égale à -2)

Choisissant par exemple $a_3 = (0, 1, 0)$ dont l'image par f (regarder la deuxième colonne de A) est le vecteur $(-3, 1, 4) = 3a_1 + a_2 - 2a_3$, on obtient :

$$M_a(f) = \begin{pmatrix} -2 & -2 & 3 \\ 0 & -2 & 1 \\ 0 & 0 & -2 \end{pmatrix}$$

Corrigé 2.34

Soit λ une valeur propre de A et X une colonne propre associée. On a :

$AX = \lambda X$, donc $A^2X = AAX = A\lambda X = \lambda^2 X$ et de même $A^3X = \lambda^3 X$.

Donc $0 = (A^3 - 2A^2 + A)X = (\lambda^3 - 2\lambda^2 + \lambda)X$ et comme X n'est pas la colonne nulle :
$0 = \lambda^3 - 2\lambda^2 + \lambda = \lambda(\lambda - 1)^2$ et $\operatorname{Spec} A \subset \{0, 1\}$.
Comme la trace de A est la somme de ses valeurs propres comptées avec leur ordre de multiplicité, on a bien $\operatorname{tr}(A) \in \mathbb{N}$ et $0 \leqslant \operatorname{tr} A \leqslant n$.

Corrigé 2.35

Notons $P = X^n + a_{n-1}X^{n-1} + \cdots + a_1X + a_0$, les coefficients étant dans $\mathbb{Z}$.
On définit alors la matrice **compagnon** de P tel qu'à l'exercice **2. 29**, à savoir :

$$A = \begin{pmatrix} 0 & 0 & \dots & 0 & -a_0 \\ 1 & 0 & & \vdots & -a_1 \\ 0 & 1 & \ddots & \vdots & \vdots \\ \vdots & \ddots & \ddots & 0 & \vdots \\ 0 & \dots & 0 & 1 & -a_{n-1} \end{pmatrix}$$

On a vu que le polynôme caractéristique de A est, au signe prés, le polynôme P.
Or la matrice A est trigonalisable sur $\mathbb{C}$, donc il existe une matrice Q inversible telle que : $Q^{-1}AQ = \begin{pmatrix} \lambda_1 & * & \cdots & * \\ 0 & \lambda_2 & \ddots & \vdots \\ \vdots & \ddots & \ddots & * \\ 0 & \cdots & 0 & \lambda_n \end{pmatrix}$.

On obtient alors : $\forall q \in \mathbb{N}^*, Q^{-1}A^qQ = \begin{pmatrix} \lambda_1^q & * & \cdots & * \\ 0 & \lambda_2^q & \ddots & \vdots \\ \vdots & \ddots & \ddots & * \\ 0 & \cdots & 0 & \lambda_n^q \end{pmatrix}$.

les valeurs des coefficients « astérisqués » dépendent de q et sont sans intérêt ici.
Le polynôme caractéristique de A^q est donc, au signe près selon la parité de n, le polynôme P_q et comme la matrice A^q est à coefficients entiers (puisque il en est ainsi de A), alors le polynôme P_q est bien à coefficients entiers.

Corrigé 2.36

1°) Soit f l'endomorphisme de $\mathbb{C}^2$ canoniquement associé à A. Le sous-espace propre $E_\alpha(f)$ étant au moins de dimension 1, nous considérons une base e de $\mathbb{C}^2$ formée d'un vecteur non nul e_1 de $E_\alpha(f)$ et d'un autre vecteur e_2 non colinéaire à e_1. Si P est la matrice de passage de la base cononique à la base e, nous avons alors $P^{-1}AP = A' = \begin{pmatrix} \alpha & \beta \\ 0 & \gamma \end{pmatrix}$, puisque e_1 est un vecteur propre de f pour la valeur propre α.
Or les matrices A et A' ont les mêmes valeurs propres puisqu'elles sont semblables, donc $\alpha = \gamma$ et $A' = \begin{pmatrix} \alpha & \beta \\ 0 & \alpha \end{pmatrix}$.

On a :

$$AB = BA \iff PA'P^{-1}B = BPA'P^{-1} \iff A'P^{-1}BP = P^{-1}BPA'$$

On pose alors $B' = P^{-1}BP$ et $AB = BA \iff A'B' = B'A'$.

Avec $B' = \begin{pmatrix} a & b \\ c & d \end{pmatrix}$, $A'B' - B'A' = \begin{pmatrix} \beta c & \beta(d-a) \\ 0 & \beta c \end{pmatrix}$

$\star$ Si $\beta = 0$, alors $A' = \alpha I$ et $A = P(\alpha I)P^{-1} = \alpha I$, donc (I, A) est liée et *a fortiori* (I, A, B) est liée.

$\star$ Si $\beta \neq 0$, B commute avec A si et seulement si $c = 0$ et $d = a$, donc si et seulement si B' est de la forme : $B' = P^{-1}BP = \begin{pmatrix} a & b \\ 0 & a \end{pmatrix}$ et alors

$$\beta B' - bA' = (a\beta - b\alpha)I$$

et aussi en multipliant à gauche par P^{-1} et à droite par P.

$$\beta B - bA = (a\beta - b\alpha)I$$

Comme β est non nul cela prouve que la famille (I, A, B) est liée.

2°) $\star$ On a $A' - \alpha I = \begin{pmatrix} 0 & \beta \\ 0 & 0 \end{pmatrix}$, donc $(A' - \alpha I)^2 = 0$ et $A'^2 = 2\alpha A' - \alpha^2 I$.

On a donc aussi $A^2 = 2\alpha A - \alpha^2 I = \alpha^2 I + 2\alpha(A - \alpha I)$

Supposons maintenant que $A^n = \alpha^n I + n\alpha^{n-1}(A - \alpha I)$ pour un entier $n \geqslant 2$.

Alors

$A^{n+1} = \alpha^n A + n\alpha^{n-1}(A^2 - \alpha A) = \alpha^n + n\alpha^{n-1}(\alpha A - \alpha^2 I)$

$\qquad = (n+1)\alpha^n A - n\alpha^{n+1} I = \alpha^{n+1} I + (n+1)\alpha^n(A - \alpha I)$, ce qui donne la relation à l'ordre $(n+1)$, termine la récurrence et l'exercice.

Corrigé 2.37

1°) Le polynôme χ_f est un polynôme à coefficients complexes de degré $n \geqslant 1$, donc $\mathrm{Spec}_{\mathbb{C}}(f) \neq \emptyset$ et on peut choisir une valeur propre λ de f et un vecteur propre e_1 associé. On a bien :

$$e_1 \neq 0 \text{ et } f(e_1) = \lambda e_1$$

2°) a) Par le théorème de la « base incomplète », il existe une base b' de E dont le premier vecteur est e_1 et comme $f(e_1) = \lambda e_1$ on connaît la première colonne de $M_{b'}(f)$. Ainsi $M_{b'}(f)$ est de la forme :

$$M_{b'}(f) = \begin{pmatrix} \lambda & L \\ 0_{n-1,1} & M \end{pmatrix}, \text{ avec } M \in \mathcal{M}_{n-1}(\mathbb{C})$$

b) On a $\forall \mu, \chi_A(\mu) = \chi_{A'}(\mu) = \begin{vmatrix} \lambda - \mu & * \\ 0_{n-1,1} & M - \mu I_{n-1} \end{vmatrix} = (\lambda - \mu)\chi_M(\mu)$

Soit :

$$\chi_A(X) = (\lambda - X)\chi_M(X)$$

3°) $\star$ Toute matrice de $\mathcal{M}_1(\mathbb{C})$ est semblable à une matrice trigonale supérieure !

$\star$ Supposons le résultat acquis pour toute matrice de $\mathcal{M}_{n-1}(\mathbb{C})$ et soit $A \in \mathcal{M}_n(\mathbb{C})$. On vient de montrer qu'il existe $P \in GL_n(\mathbb{C})$ telle que $P^{-1}AP$ soit de la forme $\begin{pmatrix} \lambda & L \\ 0_{n-1,1} & M \end{pmatrix}$.

Comme $M \in \mathcal{M}_{n-1}(\mathbb{C})$, il existe, par hypothèse de récurrence, $Q \in GL_{n-1}(\mathbb{C})$ telle que $Q^{-1}MQ = T$ soit trigonale supérieure.

Un calcul par blocs montre que la matrice $R = \begin{pmatrix} 1 & 0_{1,n-1} \\ 0_{n-1,1} & Q \end{pmatrix}$ est inversible, d'inverse $R^{-1} = \begin{pmatrix} 1 & 0_{1,n-1} \\ 0_{n-1,1} & Q^{-1} \end{pmatrix}$ et :

$$R^{-1}(P^{-1}AP)R = \begin{pmatrix} 1 & 0_{1,n-1} \\ 0_{n-1,1} & Q^{-1} \end{pmatrix}\begin{pmatrix} \lambda & L \\ 0_{n-1,1} & M \end{pmatrix}\begin{pmatrix} 1 & 0_{1,n-1} \\ 0_{n-1,1} & Q \end{pmatrix}$$

Soit :

$$(PR)^{-1}A(PR) = \begin{pmatrix} \lambda & * \\ 0_{n-1,1} & Q^{-1}MQ \end{pmatrix} = \begin{pmatrix} \lambda & * \\ 0_{n-1,1} & T \end{pmatrix}$$

Ainsi A est semblable à une matrice trigonale supérieure, ce qui est le résultat voulu au rang n.

On conclut par le principe de récurrence.

<u>Corrigé 2.38</u>

1°) a) $\chi_A(\lambda) = \det(A - \lambda I_3) = \frac{1}{8}\begin{vmatrix} 2-2\lambda & 1 & 4 \\ -1 & 4-2\lambda & 1 \\ 0 & 0 & 6-2\lambda \end{vmatrix}$

$= \frac{1}{4}(3-\lambda)[(2-2\lambda)(4-2\lambda)+1] = (3-\lambda)(\lambda - \frac{3}{2})^2$, donc on a deux valeurs propres : $\alpha = 3$ et $\beta = \frac{3}{2}$.

b) On obtient facilement :

$E_\alpha(f) = \mathrm{Vect}(e'_1)$ et $E_\beta(f) = \mathrm{Vect}(e'_2)$, avec $e'_1 = (1,0,1)$ et $e'_2 = (1,1,0)$.

[On remarque que β est une valeur propre double alors que son sous-espace propre est de dimension 1, donc la matrice A n'est pas diagonalisable.]

2°) On a : $\det_e(e'_1, e'_2, e'_3) = \begin{vmatrix} 1 & 1 & 1 \\ 0 & 1 & 0 \\ 1 & 0 & 0 \end{vmatrix} = -1 \neq 0 \implies e'$ base de E.

3°) On a : $f(e'_1) = 3e'_1$ car $e'_1 \in E_3(f)$ et $f(e'_2) = \frac{3}{2}e'_2$ car $e'_2 \in E_{3/2}(f)$.

Enfin : $f(e'_3) = f(e_1) = (1, -\frac{1}{2}, 0) = -\frac{1}{2}e'_2 + e'_3$.

On obtient alors : $T = M_{e'}(f) = \begin{pmatrix} 3 & 0 & 0 \\ 0 & \frac{3}{2} & -\frac{1}{2} \\ 0 & 0 & \frac{3}{2} \end{pmatrix}$.

4°) Le système différentiel (S) s'écrit $X' = AX$. Soit :

$$X' = PTP^{-1}X, \text{ avec } P = \begin{pmatrix} 1 & 1 & 1 \\ 0 & 1 & 0 \\ 1 & 0 & 0 \end{pmatrix}$$

En posant $Z = P^{-1}X = {}^t\begin{pmatrix} u(t) & v(t) & w(t) \end{pmatrix}$, il s'écrit donc $Z' = TZ$. Soit :

$$\begin{cases} u'(t) = 3u(t) & (1) \\ v'(t) = \frac{3}{2}v(t) - \frac{1}{2}w(t) & (2) \\ w'(t) = \frac{3}{2}w(t) & (3) \end{cases}$$

(3) donne $w(t) = \lambda e^{\frac{3}{2}t}$, et (1) donne $u(t) = \mu e^{3t}$, λ et μ réels quelconques.
(2) devient alors : $v'(t) = \frac{3}{2}v(t) - \frac{\lambda}{2}e^{\frac{3}{2}t}$.

$\rightarrow$ L'équation homogène associée a pour solutions $v_h(t) = \gamma e^{\frac{3}{2}t}$ et par le principe de résonance, on cherche une solution particulière de la forme $t \mapsto kte^{\frac{3}{2}t}$.
finalement on trouve donc : $v(t) = \alpha e^{\frac{3}{2}t} - \frac{\lambda}{2}te^{\frac{3}{2}t}$, α réel quelconque.
On repasse à l'ancienne base par $X = PZ$ (noter qu'il n'est donc pas nécessaire de calculer P^{-1}) et on obtient :

$$\begin{cases} x(t) = \mu e^{3t} + (\alpha + \lambda - \frac{\lambda}{2}t)e^{\frac{3}{2}t} \\ y(t) = (\alpha - \frac{\lambda}{2}t)e^{\frac{3}{2}t} \\ z(t) = \lambda e^{\frac{3}{2}t} \end{cases}, \alpha, \lambda, \mu \text{ réels quelconques.}$$

Espaces euclidiens

03

RÉPARTITION DES EXERCICES

I. ÉNONCÉS DES EXERCICES

3.01 On considère un espace vectoriel euclidien E, un vecteur non nul a de E et la droite vectorielle D de vecteur directeur a.
On note, pour tout vecteur x de E, $x' = \dfrac{\langle x, a\rangle}{\|a\|^2} a$ et $p_D(x)$ le projeté orthogonal de x sur D.

1°) Calculer $\langle x', x - x'\rangle$ et en déduire $p_D(x)$.

2°) Déterminer $d(x, D)$ en fonction de x et de a.

◇

3.02 On considère l'espace vectoriel $E = \mathbb{R}^4$ muni de sa base canonique $e = (e_1, e_2, e_3, e_4)$. On définit une forme bilinéaire b sur E par :
$b(u, v) = xx' + 2yy' + 4zz' + 18tt' + xz' + zx' + yt' + ty'$
pour tout couple (u, v) de E^2 tel que $u = xe_1 + ye_2 + ze_3 + te_4$ et $v = x'e_1 + y'e_2 + z'e_3 + t'e_4$.

1°) Montrer que b est un produit scalaire sur E.

2°) On considère le sous-espace vectoriel F de E défini par :

$$u = xe_1 + ye_2 + ze_3 + te_4 \in F \iff \begin{cases} x - y + z - t = 0 \\ y - 2t = 0 \end{cases}$$

Déterminer l'orthogonal de F.

◇

3.03 Soient n un entier naturel non nul et E un espace euclidien de dimension n.
On suppose qu'il existe q vecteurs unitaires $u_1, \ldots, u_q$ de E tels que :

$$\forall x \in E, \|x\|^2 = \sum_{i=1}^{q} \langle x, u_i\rangle^2$$

Montrer que $(u_1, \ldots, u_q)$ est une base orthonormale de E.

◇

3.04 Dans l'espace vectoriel euclidien $E = \mathbb{R}^4$ muni du produit scalaire usuel et de la base canonique $e = (e_1, e_2, e_3, e_4)$, on considère le sous-espace vectoriel F défini par les équations : $\begin{cases} x - y + z + t = 0 \\ x + 2y + 2z - t = 0 \end{cases}$, et le vecteur $u = e_1 - e_3 + 2e_4$.

1°) Déterminer une base orthonormée de F.

2°) Calculer la distance $d(u, F)$.

◇

3.05 Soit $E = \mathbb{R}_2[X]$ le $\mathbb{R}$−espace vectoriel des polynômes de degré inférieur ou égal à 2. On définit l'application φ de $E \times E$ dans $\mathbb{R}$ par :

$$\forall (P, Q) \in E^2, \varphi(P, Q) = \int_0^1 P(x)Q(x)\, dx.$$

1°) Montrer que φ est un produit scalaire sur E.

2°) Déterminer une base orthonormée de $F = \mathrm{Vect}(1, X)$ et le projeté orthogonal de X^2 sur F.

3°) En déduire la valeur de $m = \inf\limits_{(a,b)\in\mathbb{R}^2} \displaystyle\int_0^1 (x^2 - a - bx)^2\, dx.$

◇

3.06 On considère l'espace vectoriel préhilbertien $E = \mathcal{C}^0([0, \pi], \mathbb{R})$ muni du produit scalaire φ défini par :

$$\forall\, (f, g) \in E^2, \varphi(f, g) = \frac{1}{\pi}\int_0^{\pi} f(t)g(t)\, dt.$$

Soient f_1, f_2, f_3 les trois fonctions de E définies par :

$$\forall\, x \in [0, \pi], f_1(x) = 1, f_2(x) = \sin x, f_3(x) = \sin 2x.$$

1°) Montrer que (f_1, f_2, f_3) est une famille libre de vecteurs de E.

2°) Construire une base orthonormée du sous-espace $F = \mathrm{Vect}(f_1, f_2, f_3)$.

3°) Soit h l'élément de E défini par : $\forall\, x \in [0, \pi], h(x) = x$.
Déterminer l'image de l'élément h par la projection orthogonale sur le sous-espace F.

◇

3.07 Soit E un espace vectoriel euclidien de dimension $n \neq 0$.
On considère un endomorphisme u de E tel que : $\forall x \in E, \langle u(x), x\rangle = 0$.

1°) Montrer que : $\forall (x, y) \in E^2, \langle u(x), y\rangle = -\langle x, u(y)\rangle$.

2°) Montrer que les sous-espaces $\mathrm{Ker}(u)$ et $\mathrm{Im}(u)$ sont supplémentaires orthogonaux dans E.

3°) En déduire que l'endomorphisme v de $\mathrm{Im}\, u$ induit par u est un automorphisme de $\mathrm{Im}\, u$.

◇

3.08 Soient n un entier naturel supérieur ou égal à 2 et E un espace vectoriel euclidien de dimension n. On considère un endomorphisme non nul u de E qui conserve l'orthogonalité, c'est-à-dire tel que :

$$\langle x, y\rangle = 0 \implies \langle u(x), u(y)\rangle = 0$$

Le but de cet exercice est de montrer que :

$\exists\, \lambda \in \mathbb{R}_+^*$ tel que : $\forall\, x \in E$, $\|u(x)\| = \lambda\|x\|$.

1°) Montrer qu'il existe un vecteur unitaire e_1 de E tel que $\|u(e_1)\| > 0$.

2°) **a)** Montrer que pour tous vecteurs $x, y \in E$,

$(x+y) \perp (x-y) \iff \|x\| = \|y\|$.

b) En déduire qu'il existe $\lambda > 0$ tel que $\|x\| = 1 \implies \|u(x)\| = \lambda$.

3°) Conclure.

◇

3.09 On considère un espace vectoriel euclidien E de dimension 4 muni d'une base orthonormale $e = (e_1, e_2, e_3, e_4)$.
On définit $F = \text{Vect}(u, v)$, pour $u = e_1 + e_2 + e_3 + e_4$ et $v = 2e_2 + 3e_4$.
Déterminer la matrice de la projection orthogonale sur F.

◇

3.10 Soient n un entier naturel non nul et $E = S_n(\mathbb{R})$ l'espace vectoriel des matrices carrées symétriques de taille n à coefficients réels.

1°) Montrer que l'application $\varphi : (A, B) \mapsto \text{tr}(AB)$ est un produit scalaire sur E (tr désignant la trace).

2°) En déduire que : $\forall\, (A, B) \in E^2, (\text{tr}(AB + BA))^2 \leqslant 4\,\text{tr}(A^2)\,\text{tr}(B^2)$.

◇

3.11 Soient n un entier naturel non nul et $E = \mathbb{R}_n[X]$ l'espace vectoriel des polynômes de degré inférieur ou égal à n et à coefficients réels.

1°) Montrer que l'application :

$$\varphi : (P, Q) \mapsto \varphi(P, Q) = \int_{-2}^{2} P(t)Q(t)\sqrt{4-t^2}dt$$

est un produit scalaire sur E.

2°) En déduire que : $\forall P \in E$,

$$\left|\int_{-2}^{2} P(t)\sqrt{4-t^2}\,dt\right| \leqslant \sqrt{2\pi\int_{-2}^{2} P^2(t)\sqrt{4-t^2}\,dt}.$$

◇

3.12 On considère l'espace vectoriel euclidien $E = \mathbb{R}^2$ muni du produit scalaire usuel et d'une base orthonormée directe $e = (e_1, e_2)$.
On définit f_1, f_2, f_3, f_4 quatre endomorphismes de E dont les matrices respectives, par rapport à la base e, sont :

$$M_1 = \begin{pmatrix} 0 & 1 \\ 1 & 0 \end{pmatrix}, M_2 = \frac{\sqrt{2}}{2}\begin{pmatrix} 1 & -1 \\ 1 & 1 \end{pmatrix}, M_3 = \frac{1}{2}\begin{pmatrix} \sqrt{3} & -1 \\ 1 & \sqrt{3} \end{pmatrix} \text{ et}$$

$$M_4 = \frac{1}{2}\begin{pmatrix} 1 & \sqrt{3} \\ \sqrt{3} & -1 \end{pmatrix}.$$

Caractériser chacun des endomorphismes f_1, f_2, f_3 et f_4.

◇

3.13 Soient $(E, \langle ., . \rangle)$ un espace vectoriel euclidien et u un vecteur unitaire de E. On définit l'application f de E dans E par : $\forall x \in E, f(x) = 2\langle x, u\rangle u - x$.

1°) Montrer que f est une isométrie vectorielle de E.

2°) Déterminer les éléments remarquables de f.

◇

3.14 Soit l'espace euclidien $E = \mathbb{R}^3$ muni du produit scalaire usuel et de la base canonique $e = (e_1, e_2, e_3)$.
Déterminer la matrice, dans la base e, de la symétrie vectorielle orthogonale par rapport au plan P admettant pour équation : $x + 2y + 3z = 0$.

◇

3.15 Soit $(E, \langle ., . \rangle)$ un espace vectoriel euclidien de dimension 3, muni d'une base orthonormée directe $B = (i, j, k)$. On définit l'endomorphisme f de E par :
$f(i) = \frac{1}{3}(i - 2j + 5k); f(j) = \frac{1}{3}(-2i - 2j + 2k); f(k) = \frac{1}{3}(5i + 2j + k)$

1°) Montrer que $\mathrm{Im}(f)$ est un plan vectoriel (noté P) orthogonal à $\mathrm{Ker}(f)$.

2°) Montrer que $b = (i + k, i + j - k)$ est une base orthogonale de P.

3°) Soit g l'endomorphisme de P induit par f. Déterminer la matrice de g relativement à la base b.

4°) Montrer que f est la composée de trois applications simples que l'on déterminera.

◇

3.16 Soient $(a, b, c) \in \mathbb{R}^3$ tels que $a^2 + b^2 + c^2 = 1$ et $s = a + b + c$. On définit la matrice A de $\mathcal{M}_3(\mathbb{R})$ par : $A = \begin{pmatrix} a & b & c \\ c & a & b \\ b & c & a \end{pmatrix}$

1°) Montrer que $|s| < \sqrt{3}$.

2°) Exprimer $\det(A)$ en fonction de s. En déduire que $|\det(A)| \leqslant 1$.

3°) Montrer que : $|\det(A)| = 1 \implies A$ matrice orthogonale.

◇

3.17 On considère n un entier naturel non nul et $A \in M_n(\mathbb{R})$ une matrice antisymétrique réelle, c'est-à-dire telle que l'on ait ${}^tA = -A$.

1°) Montrer que A n'admet pas de valeur propre réelle différente de 0.

2°) En déduire que les matrices $I_n + A$ et $I_n - A$ sont inversibles.

3°) Montrer que la matrice $M = (I_n - A).(I_n + A)^{-1}$ est orthogonale.

4°) Montrer que la matrice A^2 est symétrique.

◇

3.18 Soient n un entier naturel non nul, E un espace vectoriel euclidien de dimension n, v un vecteur non nul de E et $\lambda \in \mathbb{R}^*$.
On définit l'application f de E dans E par : $\forall x \in E, f(x) = x + \lambda\langle x, v\rangle.v$

1°) Donner une condition nécessaire et suffisante sur λ et v pour que f soit une isométrie vectorielle de E.

2°) Etudier, dans ce cas, les éléments propres de f et en donner une interprétation géométrique.

◊

3.19 Soient E un espace vectoriel euclidien, f un automorphisme symétrique de E et g un endomorphisme antisymétrique de E qui commute avec f (c'est-à-dire tel que $f \circ g = g \circ f$).

1°) Montrer que, pour tout $x \in E$, $f(x)$ est orthogonal à $g(x)$.

2°) Montrer que $(f+g)$ et $(f-g)$ sont deux automorphismes de E.

3°) Montrer que : $\forall\, x \in E, \|(f+g)(x)\| = \|(f-g)(x)\|$.

4°) En déduire que $h = (f+g) \circ (f-g)^{-1}$ est une isométrie vectorielle.

◊

3.20 Soient E un espace euclidien et u une application de E dans E vérifiant :

$$u(0) = 0 \text{ et } \forall\,(x,y) \in E^2, \|u(x) - u(y)\| = \|x - y\|$$

Montrer que u est un automorphisme orthogonal de E.

◊

3.21 On considère un entier naturel n non nul et l'espace vectoriel euclidien $E = \mathbb{R}^n$ muni du produit scalaire usuel.

Soient $a = (a_1, a_2, \ldots, a_n)$ un vecteur non nul de E, identifié à la matrice ligne $(\, a_1 \quad a_2 \quad \ldots \quad a_n\,)$ et la matrice : $A = I_n - \dfrac{2}{\|a\|^2} \times {}^t a.a.$

1°) Montrer que A est une matrice symétrique de $\mathcal{M}_n(\mathbb{R})$.

2°) Montrer que A est une matrice involutive (c'est-à-dire une matrice telle que $A^2 = I_n$).

3°) En déduire que A est une matrice orthogonale.

◊

3.22 Soient n un entier naturel supérieur ou égal à 2 et $(E, \langle .,. \rangle)$ un espace euclidien de dimension n muni d'une base orthonormale $e = (e_1, \ldots, e_n)$. On considère un endomorphisme antisymétrique u de E, c'est à dire tel que : $\forall\,(x,y) \in E^2, \langle u(x), y \rangle = -\langle x, u(y) \rangle$

1°) Montrer que la matrice $M_e(u)$, représentant l'endomorphisme u sur la base e, est une matrice dont tous les éléments diagonaux sont nuls.

2°) Montrer que le spectre de u est soit vide soit réduit à $\{0\}$.

3°) Montrer que l'endomorphisme u^2 est diagonalisable. Montrer que le spectre de u^2 est inclus dans $\mathbb{R}_-$.

◊

3.23 Soient n un entier naturel non nul et A une matrice inversible de $\mathcal{M}_n(\mathbb{R})$. Montrer qu'il existe deux matrices S et Q dans $\mathcal{M}_n(\mathbb{R})$, avec S symétrique et Q orthogonale, telles que : $A = QS$.

◇

3.24 On munit l'espace $E = \mathbb{R}^3$ de sa structure euclidienne canonique et on définit un endomorphisme f de E par :

$$f(x, y, z) = (x', y', z') \text{ avec : } \begin{cases} x' = x + 2z \\ y' = 2x + y \\ z' = 2y + z \end{cases}$$

Interpréter géométriquement f.

◇

3.25 Soit E un espace vectoriel euclidien de dimension $n \geqslant 3$. On considère une famille libre de deux vecteurs unitaires (u, v) de E et l'endomorphisme f défini par : $\forall\, x \in E,\ f(x) = \langle u, x\rangle u + \langle v, x\rangle v$.

1°) Justifier que f est diagonalisable.

2°) a) Calculer $f(u + v)$ et $f(u - v)$.

b) Déterminer les valeurs propres et les vecteurs propres de f.

◇

3.26 Soient l'espace vectoriel $E = \mathbb{R}^3$ muni de sa base canonique $e = (e_1, e_2, e_3)$ et a un nombre réel. On considère la forme bilinéaire symétrique f définie sur E^2 par :

$$f(x, y) = (a + 1)(x_1y_1 + x_2y_2 + x_3y_3) + x_2y_1 + x_1y_2 + x_3y_1 + x_1y_3 + x_2y_3 + x_3y_2$$

pour tout couple $(x, y) \in E^2$ tel que $x = x_1e_1 + x_2e_2 + x_3e_3$ et $y = y_1e_1 + y_2e_2 + y_3e_3$.

1°) Donner l'expression de la matrice M de f sur la base e en fonction de I_3 et de $A = \begin{pmatrix} 1 & 1 & 1 \\ 1 & 1 & 1 \\ 1 & 1 & 1 \end{pmatrix}$.

2°) En déduire une base e' orthonormée constituée de vecteurs propres de l'endomorphisme canoniquement associé à M.

3°) Donner une condition nécessaire et suffisante sur le réel a pour que f soit un produit scalaire.

◇

3.27 Soit $\mathcal{R} = (O, e_1, e_2)$ un repère orthonormé du plan affine euclidien.

1°) On veut étudier la courbe C d'équation : $x^2 + 4xy + 4y^2 - 5y = 0$.

Déterminer une base orthonormée (a_1, a_2) constituée de vecteurs propres de la matrice symétrique $A = \begin{pmatrix} 1 & 2 \\ 2 & 4 \end{pmatrix}$.

2°) Donner une équation de C dans le repère orthonormé $\mathcal{R}' = (O, a_1, a_2)$ et en déduire la nature de C.

II. INDICATIONS

3.01. Utiliser la décomposition $E = \text{Vect}(a) \oplus (\text{Vect}(a))^\perp$.

3.02. Chercher une base de F puis les vecteurs orthogonaux aux vecteurs de cette base.

3.03. Regarder ce que donne l'hypothèse pour les vecteurs u_k, puis pour un vecteur orthogonal à tous les u_i.

3.04. Déterminer le projeté orthogonal de u sur F puis utiliser le théorème de Pythagore.

3.05. Penser à écrire l'inf cherché comme la distance d'un vecteur à un sous-espace.

3.06. On utilisera la décomposition de h dans la base orthonormée obtenue à la question **2)**.

3.07. Noter que $\langle u(x+y), u(x+y)\rangle = 0$. Pour **2)** calculer la norme de $x \in \text{Ker}\, u \cap \text{Im}\, u$.

3.08. On montrera que $\lambda = \|u(e_1)\|$.

3.09. Utiliser une base de $F^\perp$.

3.10. et **3.11.** Utiliser l'inégalité de Cauchy-Schwarz.

3.12. On pourra commencer par montrer que ces endomorphismes sont orthogonaux.

3.13. Pour la question **2)**, on cherchera l'ensemble $\text{inv}(f)$ des invariants de f, puis on caractérisera les images des vecteurs de son orthogonal.

3.14. Utiliser la décomposition de E : $E = P \oplus P^\perp$.

3.15. On pourra remarquer que $E = \text{Ker}(f) \oplus^\perp \text{Im}(f)$ puis utiliser la projection orthogonale sur le plan $P = \text{Im}\, f$.

3.16. Pour **2)** manipuler les colonnes du déterminant pour factoriser par s, puis faire une étude de fonction.

3.17. Pour la question **1)** on pourra utiliser la relation $\langle AX, X\rangle = \langle X, {}^tAX\rangle$ pour X vecteur colonne propre.

3.18. On décomposera E en une somme directe de sous-espaces propres.

3.19. Pour un endomorphisme d'un espace de dimension finie :
injectif $\Longleftrightarrow$ surjectif $\Longleftrightarrow$ bijectif.

3.20. On pourra commencer par montrer que u conserve la norme, puis le produit scalaire et utiliser enfin le fait que $\|x\| = 0 \Longleftrightarrow x = 0$ pour montrer la linéarité.

3.21. Prendre garde au fait que ${}^ta.a$ est le produit d'une matrice colonne (à gauche) par une matrice ligne (à droite), alors que $a.{}^ta$ nous donne un carré scalaire.

3.22. Pour la question **3)**, on pourra montrer que l'endomorphisme u^2 est symétrique.

3.23. Procéder par analyse/synthèse pour déterminer Q et S en fonction de A et ${}^tA$.

3.25. Pour la première question, on pourra montrer que f est un endomorphisme symétrique. Pour la dernière question, on différenciera le cas où u et v sont orthogonaux du cas contraire.

3.26. Puisque f est une forme bilinéaire symétrique, alors on a :
f produit scalaire $\Longleftrightarrow \text{Spec}(M) \subset \mathbb{R}_+^*$.

III. CORRIGÉS DÉTAILLÉS DES EXERCICES

Corrigé 3.01

1°) Soit $x \in E$, notons $\lambda = \dfrac{\langle x, a\rangle}{\|a\|^2}$, on a donc :

$$\langle x', x - x' \rangle = \big\langle \lambda a, x - \lambda a \big\rangle = \big\langle \lambda a, x \big\rangle - \big\langle \lambda a, \lambda a \big\rangle = \lambda \langle a, x \rangle - \lambda^2 \langle a, a \rangle$$
$$= \frac{\langle x, a \rangle^2}{\|a\|^2} - \frac{\langle x, a \rangle^2}{\|a\|^4} \times \|a\|^2 = 0.$$

On en déduit que x' est orthogonal à $x - x'$, et comme $x' \in \mathrm{Vect}(a)$, on obtient que $x = x' + (x - x')$ est **la** décomposition de x sur $\mathrm{Vect}(a) \oplus^{\perp} (\mathrm{Vect}(a))^{\perp}$ et donc que x' n'est autre que $p_D(x)$.

2°) D'après la question précédente, on obtient :
$d^2(x, D) = \|x - p_D(x)\|^2 = \langle x - x', x - x' \rangle = \langle x, x - x' \rangle = \|x\|^2 - \lambda \langle x, a \rangle$
Soit :

$$d(x, D) = \sqrt{\|x\|^2 - \frac{\langle x, a \rangle^2}{\|a\|^2}}$$

Corrigé 3.02

1°) Question purement calculatoire, à savoir faire rapidement pour montrer que l'on connaît ses définitions ...

$\star$ La forme b est clairement symétrique et si on fixe x', y', z', t', l'expression de $b(u, v)$ est une forme linéaire par rapport au premier argument u, donc b est bilinéaire symétrique.

$\star$ $\forall\, u \in E$, en se souvenant de la canonisation d'un trinôme :
$b(u, u) = x^2 + 2y^2 + 4z^2 + 18t^2 + 2xz + 2ty$
$\quad = (x + z)^2 + 2y^2 + 3z^2 + 18t^2 + +2ty$ (on a canonisé en x)
$\quad = (x + z)^2 + 2(y + \frac{t}{2})^2 + 3z^2 + \frac{35}{2}t^2$ (ce qui restait a été canonisé en y)

$\forall\, u = xe_1 + ye_2 + ze_3 + te_4 \in \mathbb{R}^4, b(u, u) = (x + z)^2 + 2(y + \frac{t}{2})^2 + 3z^2 + \frac{35}{2}t^2$

Donc $b(u, u) \geqslant 0$ et n'est nul que si $x + z = y + \dfrac{t}{2} = z = t = 0$, ce qui donne clairement $u = 0$.

Donc b est une forme bilinéaire symétrique définie positive, *i.e.* un produit scalaire sur E.

2°) $u = xe_1 + ye_2 + ze_3 + te_4 \in F \iff \begin{cases} x - y + z - t = 0 \\ y - 2t = 0 \end{cases} \iff \begin{cases} y = 2t \\ x = 3t - z \end{cases}$

Donc u est de la forme :
$u = (3t - z)e_1 + 2te_2 + ze_3 + te_4 = z(-e_1 + e_3) + t(3e_1 + 2e_2 + e_4)$
On en déduit que la famille (a_1, a_2) déninie par $a_1 = -e_1 + e_3$ et $a_2 = 3e_1 + 2e_2 + e_4$ est une famille génératrice de F et comme les vecteurs a_1 et a_2 sont non colinéaires, (a_1, a_2) est une base de F.

On obtient alors en retournant à la définition de b :

$$u = xe_1 + ye_2 + ze_3 + te_4 \in F^{\perp} \iff \begin{cases} b(u, a_1) = 0 \\ b(u, a_2) = 0 \end{cases}$$
$$\iff \begin{cases} 3z = 0 \\ 3x + 5y + 3z + 20t = 0 \end{cases} \iff \begin{cases} z = 0 \\ 3x + 5y + 20t = 0 \end{cases}$$

Les vecteurs de $F^{\perp}$ sont donc les vecteurs de la forme $xe_1 + ye_2 - \dfrac{1}{20}(3x + 5y)e_4$, c'est-à-dire de la forme $x(e_1 - \dfrac{3}{20}e_4) + y(e_2 - \dfrac{1}{4}e_4)$.

Les vecteurs $a_3 = e_1 - \frac{3}{20}e_4$ et $a_4 = e_2 - \frac{1}{4}e_4$ étant non colinéaires, ils forment une base du plan $F^\perp$.

Corrigé 3.03

$\star$ Pour tout $k \in [\![1, q]\!]$, on a :

$$\|u_k\|^2 = \sum_{i=1}^{q} \langle u_k, u_i\rangle^2 = \langle u_k, u_k\rangle^2 + \sum_{i\neq k} \langle u_k, u_i\rangle^2 = \|u_k\|^4 + \sum_{i\neq k} \langle u_k, u_i\rangle^2$$

Avec $\|u_k\|^2 = \|u_k\|^4 = 1$, il reste $\sum_{i\neq k} \langle u_k, u_i\rangle^2 = 0$ et donc $\langle u_k, u_i\rangle = 0$, pour tout $i \neq k$.

Ainsi $(u_1, \ldots, u_q)$ est une famille orthogonale de E et comme elle ne contient pas le vecteur nul, c'est une famille libre de vecteurs de E.

$\star$ Soit x un vecteur orthogonal à tous les vecteurs u_i, on a donc :

$$\|x\|^2 = \sum_{i=1}^{q} \langle x, u_i\rangle^2 = \sum_{i=1}^{q} 0^2 = 0 \text{ et donc } x = 0$$

Donc $(\text{Vect}(u_1, \ldots, u_q))^\perp = \{0\}$ et $\text{Vect}(u_1, \ldots, u_q) = \{0\}^\perp = E$. Par conséquent $(u_1, \ldots, u_q)$ qui est libre et orthonormée est génératrice de E, donc est bien une base orthonormale de E.

Corrigé 3.04

1°) $\star$ Cherchons un premier vecteur $v = (x, y, z, t)$ non nul de F. En prenant $x = y = 1$ (ou n'importe quoi d'autre, sauf $x = y = 0$!), il vient $z = -t$ et $2z - t = -3$, ce qui donne le vecteur : $v = (1, 1, -1, 1)$.

$\star$ Cherchons maintenant un deuxième vecteur $w = (x, y, z, t)$ dans F et orthogonal au premier. Il nous faut donc résoudre le système :

$$(S) : \begin{cases} x - y + z + t = 0 \\ x + 2y + 2z - t = 0 \\ x + y - z + t = 0 \end{cases}. \text{ On a :}$$

$$(S) \iff \begin{cases} x - y + z + t = 0 \\ 3y + z - 2t = 0 \\ 2y - 2z = 0 \end{cases} \iff \begin{cases} x - y + z + t = 0 \\ z = y \\ 2y = t \end{cases} \iff \begin{cases} y = z \\ t = 2y \\ x = -t \end{cases}$$

et comme on veut un vecteur non nul, on choisit le vecteur $w = (-2, 1, 1, 2)$.

Il ne reste plus qu'à « normaliser » la famille (v, w). On obtient alors une base orthonormale (a_1, a_2) de F avec :

$$a_1 = \frac{1}{2}(1, 1, -1, 1) \text{ et } a_2 = \frac{1}{\sqrt{10}}(-2, 1, 1, 2)$$

2°) Le théorème de Pythagore nous donne : $\|u\|^2 = d^2(u, F) + \|P_F(u)\|^2$, où $P_F(u)$ est le projeté orthogonal de u sur F, donc défini par :

$$P_F(u) = \langle u, a_1\rangle a_1 + \langle u, a_2\rangle a_2$$

et donc $\|P_F(u)\|^2 = \langle u, a_1\rangle^2 + \langle u, a_2\rangle^2$.

On trouve ainsi : $\|P_F(u)\|^2 = 4 + \frac{1}{10} = \frac{41}{10}$, et comme $\|u\|^2 = 6$, finalement :

$$d(u, F) = \sqrt{\|u\|^2 - \|P_F(u)\|^2} = \sqrt{6 - \frac{41}{10}} = \sqrt{\frac{19}{10}}$$

Corrigé 3.05

1°) $\star$ φ est bien une application de E^2 vers $\mathbb{R}$.
$\star$ φ est symétrique puisque, pour tous polynômes :

$$\varphi(P,Q) = \int_0^1 P(x)Q(x)\,dx = \int_0^1 Q(x)P(x)\,dx = \varphi(Q,P).$$

$\star$ $\forall\,(P,Q,\lambda) \in E \times E \times \mathbb{R}, \varphi(P+\lambda Q, R) = \varphi(P,R) + \lambda\varphi(Q,R)$, par linéarité de l'intégration et propriétes des opérations, ce qui nous donne la linéarité de φ par rapport au premier argument, puis par symétrie la bilinéarité.
$\star$ On a $\varphi(P,P) \geqslant 0$ et

$$\varphi(P,P) = 0 \Longleftrightarrow \int_0^1 (P(x))^2\,dx = 0 \Longleftrightarrow \forall\,x \in [0,1], P(x) = 0,$$

car P^2 est une fonction continue positive. Ainsi P est un polynôme qui admet une infinité de racines, donc $P = 0$. On vient de montrer que φ est définie positive.

Conclusion : φ est une forme bilinéaire symétrique définie positive, donc un produit scalaire sur E.

2°) $\|X^0\|^2 = \|1\|^2 = \displaystyle\int_0^1 1^2 dx = 1$ donc on va prendre $e_1 = X^0 = 1$ comme premier vecteur de notre base orthonormale de F.

Soit $y = X + a$ un vecteur orthogonal à e_1. On a :

$$0 = \varphi(e_1, y) = \int_0^1 (x+a)dx = \Big[\frac{x^2}{2} + ax\Big]_0^1 = \frac{1}{2} + a \Longleftrightarrow a = -\frac{1}{2}.$$

On prend donc $y = X - \frac{1}{2}$.

Calculons la norme de y : $\|y\|^2 = \displaystyle\int_0^1 \big(x - \frac{1}{2}\big)^2 dx = \Big[\frac{1}{3}(x-\frac{1}{2})^3\Big]_0^1 = \frac{1}{12}$.

On prendra donc $a_2 = \sqrt{12}y = \sqrt{3}(2X-1)$ et on obtient ainsi :
$(a_1, a_2) = (1, \sqrt{3}(2X-1))$ est une base orthonormée de $F = \mathrm{Vect}(1, X)$.

On sait alors que e projeté orthogonal de X^2 sur F est :

$$\begin{aligned}P_F(X^2) &= \varphi(X^2, a_0)a_0 + \varphi(X^2, a_1)a_1\\ &= \Big(\int_0^1 x^2 dx\Big)\times 1 + \Big(\sqrt{3}\int_0^1 (2x-1)x^2 dx\Big)\times\sqrt{3}(2X-1)\\ &= \frac{1}{3} + 3\big(\frac{1}{2} - \frac{1}{3}\big)(2X-1) = \frac{1}{3} + \frac{1}{2}(2X-1)\end{aligned}$$

$$P_F(X^2) = X - \frac{1}{6}$$

3°) Comme la distance d'un vecteur de E à un sous-espace vectoriel F est la plus petite des distances entre ce vecteur et les vecteurs de F et qu'elle est atteinte pour le projeté orthogonal, on obtient :

$$m = \inf_{(a,b)\in\mathbb{R}^2} \int_0^1 (x^2 - a - bx)dx = d^2(X^2, F) = \|X^2 - P_F(X^2)\|^2$$

$$= \|X^2 - X + \frac{1}{6}\|^2 = \int_0^1 \big(x^2 - x + \frac{1}{6}\big)^2 dx$$

soit, tous calculs faits :

$$m = \frac{1}{180}$$

Corrigé 3.06

[On admet donc que φ est un produit scalaire, ceux qui ont le moindre doute n'ont qu'à recopier le raisonnement fait dans l'exercice précédent.]

1°) Soit $(\lambda_1, \lambda_2, \lambda_3) \in \mathbb{R}^3$ tel que $\lambda_1 f_1 + \lambda_2 f_2 + \lambda_3 f_3 = 0$.
Alors, $\forall\, x \in [0, \pi], \lambda_1 + \lambda_2 \sin(x) + \lambda_3 \sin(2x) = 0$.
Avec $x = 0$, on obtient $\lambda_1 = 0$, avec $x = \frac{\pi}{2}$, on obtient alors $\lambda_2 = 0$, et $x = \frac{\pi}{4}$ nous donne enfin $\lambda_3 = 0$.
Conclusion, (f_1, f_2, f_3) est bien une famille libre de E.

2°) Nous allons construire (Q_1, Q_2, Q_3) une base orthonormée de F par le procédé de Schmidt :

$\to \|f_1\|^2 = \varphi(f_1, f_1) = \frac{1}{\pi}\int_0^\pi dt = 1$, on peut donc prendre $Q_1 = f_1$.

$\to$ Soit $f = f_2 + af_1$, $\varphi(Q_1, f) = 0 \Longleftrightarrow \frac{1}{\pi}\int_0^\pi (\sin(t) + a)\, dt = 0$

$$\Longleftrightarrow \big[-\cos(t) + at\big]_0^\pi = 0 \Longleftrightarrow 2 + a\pi = 0 \text{ et on prend donc } a = -\frac{2}{\pi}$$

Alors :

$$\|f\|^2 = \varphi(f, f) = \frac{1}{\pi}\int_0^\pi \big(\sin t - \frac{2}{\pi}\big)^2 dt = \frac{1}{\pi}\int_0^\pi \big(\sin^2 t - \frac{4}{\pi}\sin t + \frac{4}{\pi^2}\big)dt$$

$$= \frac{1}{\pi}\int_0^\pi \big(\frac{1-\cos 2t}{2} - \frac{4}{\pi}\sin t + \frac{4}{\pi^2}\big)dt = \frac{1}{\pi}\big(\frac{\pi}{2} - \frac{8}{\pi} + \frac{4}{\pi}\big) = \frac{\pi^2 - 8}{2\pi^2}$$

et on prend donc : $Q_2 : x \mapsto \frac{\pi\sqrt{2}}{\sqrt{\pi^2 - 8}}(\sin x - \frac{2}{\pi})$.

$\to$ la chance étant avec nous, des calculs simples donnent $\langle f_1, f_3\rangle = \langle f_2, f_3\rangle = 0$, il n'y a donc plus qu'à calculer la norme de f_3 :

$\|f_3\|^2 = \frac{1}{\pi}\int_0^\pi \sin^2 t dt = \frac{1}{\pi}\int_0^\pi \frac{1-\cos 2t}{2}\, dt = \frac{1}{2}$ et on prend

$Q_3 : x \mapsto \sqrt{2}\sin(2x)$.

La famille (Q_1, Q_2, Q_3) obtenue est alors une base orthonormée de F.

3°) La projection orthogonale de h sur $F = \text{Vect}(Q_1, Q_2, Q_3)$ est donnée par :

$$p_F(h) = \varphi(Q_1, h)Q_1 + \varphi(Q_2, h)Q_2 + \varphi(Q_3, h)Q_3$$

$$= \frac{1}{\pi}\Big(\int_0^\pi t dt.Q_1 + \frac{\pi\sqrt{2}}{\sqrt{\pi^2-8}}\int_0^\pi t(\sin t - \frac{2}{\pi})dt.Q_2 + \sqrt{2}\int_0^\pi t\sin t dt.Q_3\Big)$$

Or : $\int_0^\pi t\sin t\, dt = \big[-t\cos t\big]_0^\pi + \int_0^\pi \cos t\, dt = \pi$ et $\int_0^\pi t\, dt = \frac{\pi^2}{2}$, donc la coordonnée sur Q_2 est nulle et

$$p_F(h) = \frac{\pi}{2} - \frac{\sqrt{2}}{2}Q_3 : x \mapsto \frac{\pi}{2} - \sin(2x)$$

Corrigé 3.07

1°) Par hypothèse : $\forall\,(x, y) \in E^2$
$0 = \langle u(x+y), x+y\rangle = \langle u(x) + u(y), x+y\rangle$ par linéarité de u

$= \underbrace{\langle u(x),x\rangle}_{0} + \langle u(x),y\rangle + \langle u(y),x\rangle + \underbrace{\langle u(y),y\rangle}_{0}$, par l'hypothèse faite.

ce qui nous donne bien : $\langle u(x),y\rangle = -\langle u(y),x\rangle = -\langle x,u(y)\rangle$

2°) $\star$ Soit $(x,y) \in \mathrm{Ker}(u) \times \mathrm{Im}(u)$, alors $u(x) = 0$ et $\exists\, z \in E$ tel que $u(z) = y$, d'où $\langle x,y\rangle = \langle x,u(z)\rangle = -\langle u(x),z\rangle = -\langle 0,z\rangle = 0$ et $\mathrm{Ker}\, u \perp \mathrm{Im}\, u$.

Par conséquent $\mathrm{Ker}\, u \cap \mathrm{Im}\, u = \{0\}$ (un vecteur de $\mathrm{Ker}\, u$ est orthogonal à tout vecteur de $\mathrm{Im}\, u$, donc un vecteur de l'intersection est orthogonal à lui-même) et $\mathrm{Ker}\, u$ et $\mathrm{Im}\, u$ sont en somme directe.

Par le théorème du rang, nous obtenons alors $E = \mathrm{Ker}(u) \oplus \mathrm{Im}(u)$.
En conclusion : $E = \mathrm{Ker}(u) \oplus^{\perp} \mathrm{Im}(u)$.

3°) Soit v l'endomorphisme de $\mathrm{Im}\, u$ induit par v (ceci a bien un sens, puisque $u(\mathrm{Im}\, u) \subset \mathrm{Im}\, u$) et $x \in \mathrm{Im}\, u$ tel que $v(x) = 0$.
On a donc $u(x) = 0$ et x appartient aussi à $\mathrm{Ker}\, u$, et $x = 0$. Ainsi v est un endomorphisme injectif de $\mathrm{Im}\, u$, donc un automorphisme de cet espace de dimension finie.

Corrigé 3.08

1°) $u \neq 0 \implies \exists\, x \in E$ tel que $u(x) \neq 0$. On remarque alors que x est non nul car u étant linéaire on aurait sinon $u(x) = 0$.
On peut donc définir le vecteur unitaire $e_1 = \dfrac{1}{\|x\|}x$, qui vérifie bien

$$\|u(e_1)\| = \frac{1}{\|x\|}\|u(x)\| > 0$$

2°) a) Pour tous vecteurs on a :

$$\langle x+y, x-y\rangle = \langle x,x\rangle - \langle x,y\rangle + \langle y,x\rangle - \langle y,y\rangle = \|x\|^2 - \|y\|^2,$$ donc :
$(x+y) \perp (x-y) \iff \langle x+y, x-y\rangle = 0 \iff \|x\|^2 = \|y\|^2$

$$(x+y) \perp (x-y) \iff \|x\| = \|y\|$$

b) Soit donc x tel que $\|x\| = 1$. On a $\|x\| = \|e_1\|$ et donc $(x+e_1) \perp (x-e_1)$. L'hypothèse faite sur u donne alors $u(x+e_1) \perp u(x-e_1)$, donc

$$[u(x) + u(e_1)] \perp [u(x) - u(e_1)]$$

et ceci impose d'avoir $\|u(x)\| = \|u(e_1)\|$. On a donc $\lambda = \|u(e_1)\|$.

3°) Soit $x \in E \setminus \{0\}$, on a $\left\|\dfrac{1}{\|x\|}x\right\| = 1$, donc $\left\|u\left(\dfrac{1}{\|x\|}x\right)\right\| = \lambda$, soit :
$\left\|\dfrac{1}{\|x\|}u(x)\right\| = \lambda$, c'est-à-dire $\dfrac{1}{\|x\|}\|u(x)\| = \lambda$, ou encore $\|u(x)\| = \lambda\|x\|$, le résultat étant encore banalement vrai pour $x = 0$.

Corrigé 3.09

Soit $w = ae_1 + be_2 + ce_3 + de_4 \in F^{\perp}$. Alors w est orthogonal à u et à v, donc :

$$\begin{cases} a+b+c+d = 0 \\ 2b + 3d = 0 \end{cases}, \text{ soit } \begin{cases} d = \dfrac{-2}{3}b \\ c = -a - \dfrac{1}{3}b \end{cases}$$

Donc $w = ae_1 + be_2 + \left(-a - \dfrac{b}{3}\right)e_3 - \dfrac{2b}{3}e_4 = a(e_1 - e_3) + b\left(e_2 - \dfrac{1}{3}e_3 - \dfrac{2}{3}e_4\right)$.

Ainsi $F^{\perp} = \text{Vect}(w,t)$ avec $w = e_1 - e_3$ et $t = e_2 - \frac{1}{3}e_3 - \frac{2}{3}e_4$.
Si on note f la projection orthogonale sur F, alors on a :

$$\begin{cases} f(u) = u \\ f(v) = v \\ f(w) = 0 \\ f(t) = 0 \end{cases}, \textit{i.e.}\ (S) : \begin{cases} f(e_1) + f(e_2) + f(e_3) + f(e_4) = e_1 + e_2 + e_3 + e_4 \\ 2f(e_2) + 3f(e_4) = 2e_2 + 3e_4 \\ f(e_1) - f(e_3) = 0 \\ f(e_2) - \frac{1}{3}f(e_3) - \frac{2}{3}f(e_4) = 0 \end{cases}$$

$$(S) \iff \begin{cases} f(e_1) = f(e_3) \\ f(e_2) + 2f(e_3) + f(e_4) = e_1 + e_2 + e_3 + e_4 \\ 2f(e_2) + 3f(e_4) = 2e_2 + 3e_4 \\ 3f(e_2) - f(e_3) - 2f(e_4) = 0 \end{cases}$$

$$\iff \begin{cases} f(e_1) = f(e_3) \\ f(e_2) + 2f(e_3) + f(e_4) = e_1 + e_2 + e_3 + e_4 \\ -4f(e_3) + f(e_4) = -2e_1 - 2e_3 + e_4 \\ -7f(e_3) - 5f(e_4) = -3e_1 - 3e_2 - 3e_3 - 3e_4 \end{cases}$$

$$\iff \begin{cases} f(e_1) = f(e_3) \\ f(e_2) + 2f(e_3) + f(e_4) = e_1 + e_2 + e_3 + e_4 \\ -4f(e_3) + f(e_4) = -2e_1 - 2e_3 + e_4 \\ -27f(e_3) = -13e_1 - 3e_2 - 13e_3 + 2e_4 \end{cases}$$

Donc : $f(e_1) = f(e_3) = \frac{1}{27}(13e_1 + 3e_2 + 13e_3 - 2e_4)$ et en remontant :
$f(e_4) = \frac{1}{27}(-2e_1 + 12e_2 - 2e_3 + 19e_4)$ et $f(e_2) = \frac{1}{27}(3e_1 + 9e_2 + 3e_3 + 12e_4)$

Ce qui donne alors : $M_e(f) = \frac{1}{27}\begin{pmatrix} 13 & 3 & 13 & -2 \\ 3 & 9 & 3 & 12 \\ 13 & 3 & 13 & -2 \\ -2 & 12 & -2 & 19 \end{pmatrix}$

Corrigé 3.10

1°) La routine :
$\star\ \forall\,(A,B) \in E^2, \varphi(A,B) = \text{tr}(AB) = \sum_{i=1}^{n}\sum_{j=1}^{n} A_{i,j}B_{j,i} = \sum_{j=1}^{n}\sum_{i=1}^{n} B_{j,i}A_{i,j}$
$= \text{tr}(BA) = \varphi(B,A)$, donc φ est une forme symétrique.
$\star$ La linéarité de la trace nous donne immédiatement : $\forall(A,B,C) \in E^3, \forall\lambda \in \mathbb{R}$,
$\varphi(A + \lambda B, C) = \text{tr}((A + \lambda B)C) = \text{tr}(AC + \lambda BC) = \text{tr}(AC) + \lambda\,\text{tr}(BC)$
$= \varphi(A,C) + \lambda\varphi(B,C)$,
d'où la linéarité de φ par rapport au premier argument, et par symétrie la bilinéarité de φ.
$\star\ \forall A \in E, \varphi(A,A) = \text{tr}(AA) = \sum_{i=1}^{n}\sum_{j=1}^{n} A_{i,j}A_{j,i} = \sum_{i=1}^{n}\sum_{j=1}^{n}(A_{i,j})^2$, puisque A est symétrique.
Donc $\varphi(A,A) \geqslant 0$, et $\varphi(A,A) = 0 \iff \forall\,(i,j) \in [\![1,n]\!]^2, A_{i,j} = 0 \iff A = 0$, donc φ est définie positive.
Conclusion : φ est une forme bilinéaire symétrique définie positive, donc un produit scalaire sur E.

2°) φ étant un produit scalaire, on peut utiliser l'inégalité de Cauchy-Schwarz qui nous donne :
$\forall (A,B) \in E^2, (\varphi(A,B))^2 \leqslant \varphi(A,A) \times \varphi(B,B)$, soit :

$$(\mathrm{tr}(AB))^2 \leqslant \mathrm{tr}(A^2)\,\mathrm{tr}(B^2)$$

Or comme : $\mathrm{tr}(AB+BA) = \mathrm{tr}(AB) + \mathrm{tr}(BA) = 2\,\mathrm{tr}(AB)$, on obtient bien :

$$(\mathrm{tr}(AB+BA))^2 = 4(\mathrm{tr}(AB))^2 \leqslant 4\,\mathrm{tr}(A^2)\,\mathrm{tr}(B^2)$$

Corrigé 3.11

1°) $\star$ φ est bien définie sur E^2 et à valeurs dans $\mathbb{R}$, puisque les fonctions polynômes et $t \mapsto \sqrt{4-t^2}$ sont continues sur $[-2,2]$.
$\star$ $\forall\,(P,Q) \in E^2, \varphi(P,Q) = \varphi(Q,P)$ est clair, donc φ est une forme symétrique.
$\star$ La linéarité de l'intégration nous donne immédiatement :
$\forall\,(P,Q,R) \in E^3, \forall \lambda \in \mathbb{R}$:

$$\begin{aligned}\varphi(P+\lambda Q,R) &= \int_{-2}^{2} (P+\lambda Q)(t)R(t)\sqrt{4-t^2}dt \\ &= \int_{-2}^{2} P(t)R(t)\sqrt{4-t^2}dt + \lambda \int_{-2}^{2} Q(t)R(t)\sqrt{4-t^2}dt \\ &= \varphi(P,R) + \lambda\varphi(Q,R),\end{aligned}$$

d'où la linéarité de φ par rapport au premier argument, et par symétrie la bilinéarité de la forme φ.

$\star$ $\forall\,P \in E, \varphi(P,P) = \displaystyle\int_{-2}^{2} P^2(t)\sqrt{4-t^2}dt \geqslant 0$, donc la forme φ est positive.

$\star$ $\varphi(P,P) = 0 \iff \displaystyle\int_{-2}^{2} P^2(t)\sqrt{4-t^2}dt = 0$

$\iff \forall t \in [-2,2], P^2(t)\sqrt{4-t^2} = 0$, car la fonction à intégrer est continue et positive sur $[-2,2]$. Ceci impose $P(t) = 0$ pour tout $t \in \,]-2,2[$ donc P est un polynôme qui admet une infinité de racines, et $P = 0$, donc φ est définie.
Conclusion : φ est une forme bilinéaire symétrique définie positive, donc un produit scalaire sur E.

2°) φ étant un produit scalaire, on peut utiliser l'inégalité de Cauchy-Schwarz qui nous donne :

$$\forall\,(P,Q) \in E^2, \left|\varphi(P,Q)\right| \leqslant \sqrt{\varphi(P,P)}\sqrt{\varphi(Q,Q)}$$

donc en prenant $Q = X^0 = 1$, on trouve :

$$\left|\int_{-2}^{2} P(t)\sqrt{4-t^2}dt\right| \leqslant \sqrt{\int_{-2}^{2} \sqrt{4-t^2}\,dt \times \int_{-2}^{2} P^2(t)\sqrt{4-t^2}dt}$$

Or on a : $\displaystyle\int_{-2}^{2} \sqrt{4-t^2}\,dt = \frac{1}{2}\pi 2^2 = 2\pi$ (aire d'un demi-disque centré en O et de rayon 2 et si on ne voit pas cette ruse, on peut faire le changement de variable $t = 2\cos x$, ce qui revient à voir la ruse ! !)
ce qui nous donne bien :

$$\left|\int_{-2}^{2} P(t)\sqrt{4-t^2}dt\right| \leqslant \sqrt{2\pi\int_{-2}^{2} P^2(t)\sqrt{4-t^2}dt}$$

Corrigé 3.12

On remarque que, pour $i \in [\![1,4]\!]$, on a ${}^tM_iM_i = I_2$, donc les quatre endomorphismes proposés sont bien orthogonaux.
De plus, $\det(M_1) = -1 = \det(M_4) \implies f_1$ et f_4 sont des symétries orthogonales, alors que $\det(M_2) = 1 = \det(M_3) \implies f_2$ et f_3 sont des rotations.
$\star$ $X = (x,y) \in \text{inv}(f_1) \iff x = y$, donc $\text{inv}(f_1) = \text{Vect}(e_1 + e_2)$, et$f_1$ est la symétrie orthogonale par rapport à la droite $d_1 = \text{Vect}(e_1 + e_2)$.
On pouvait aussi remarquer que $M_1 = \begin{pmatrix} \cos(\pi/2 & \sin(\pi/2) \\ \sin(\pi/2 & -\cos(\pi/2) \end{pmatrix}$ et ainsi conclure que f_1 est la symétrie vectorielle orthogonale par rapport à la droite vectorielle qui fait un angle de $\theta = \frac{1}{2}\times\frac{\pi}{2} = \frac{\pi}{4}$ par rapport à $\text{Vect}(e_1)$, ce qui correspond bien à la droite d'équation $x = y$.
$\star$ $M_2 = \begin{pmatrix} \cos(\pi/4) & -\sin(\pi/4) \\ \sin(\pi/4) & \cos(\pi/4) \end{pmatrix}$, donc f_2 est la rotation vectorielle plane d'angle $\theta = \pi/4$.
$\star$ De même : $M_3 = \begin{pmatrix} \cos(\pi/6) & -\sin(\pi/6) \\ \sin(\pi/6) & \cos(\pi/6) \end{pmatrix}$, donc f_2 est la rotation vectorielle plane d'angle $\theta = \pi/6$.
$\star$ Enfin $X = (x,y) \in \text{inv}(f_4) \iff x = \sqrt{3}y$ et $\text{inv}(f_4) = \text{Vect}(\sqrt{3}e_1 + e_2)$, donc f_4 est la symétrie vectorielle orthogonale par rapport à la droite $\text{Vect}(\sqrt{3}e_1 + e_2)$.
On pouvait aussi remarquer que $M_4 = \begin{pmatrix} \cos(\pi/3) & \sin(\pi/4) \\ \sin(\pi/4) & -\cos(\pi/4) \end{pmatrix}$ et conclure de même.

Corrigé 3.13

1°) Tout d'abord, f est clairement un endomorphisme de E et :

$$\forall x \in E, \|f(x)\|^2 = \|2\langle x,u\rangle u - x\|^2 = \|2\langle x,u\rangle u\|^2 + \|x\|^2 - 2\langle 2\langle x,u\rangle u, x\rangle$$
$$= 4\langle x,u\rangle^2\|u\|^2 + \|x\|^2 - 4\langle x,u\rangle\langle u,x\rangle$$

et comme $\|u\| = 1$, il reste :

$$\|f(x)\|^2 = 4\langle x,u\rangle^2 + \|x\|^2 - 4\langle x,u\rangle^2 = \|x\|^2$$

f est un endomorphisme qui conserve la norme, donc une isométrie vectorielle de E.

2°) $\star$ $f(u) = 2\langle u,u\rangle u - u = 2\|u\|^2u - u = u$, donc u est invariant par f.

$\star$ Soit x orthogonal à u, alors $\langle x,u\rangle = 0$ et $f(x) = 2\langle x,u\rangle u - x = -x$.

Bref, $\forall x \in D = \text{Vect}(u)$, $f(x) = x$ et $\forall x \in D^\perp$, $f(x) = -x$.

Donc f est, selon la façon de voir de chacun : la symétrie orthogonale par rapport à la droite $D = \text{Vect}(u)$, ou la rotation d'angle π (c'est-à-dire le demi-tour) d'axe D.

Corrigé 3.14

Notons s_P la symétrie vectorielle orthogonale par rapport au plan P. Le plan P de cette symétrie est l'ensemble des invariants de s_P, donc : $\forall\, x \in P, s_P(x) = x$.
Or $u = -2e_1 + e_2$ et $v = -3e_1 + e_3$ sont deux vecteurs de P, ils vérifient alors $s_P(u) = u$ et $s_P(v) = v$.
D'autre part, si $x \in D = P^\perp$, alors $s_P(x) = -x$. Or $w = e_1 + 2e_2 + 3e_3$ est un vecteur normal à P , donc appartient à D et $s_P(w) = -w$.
On obtient ainsi le système suivant :

$$\begin{cases} -2s_P(e_1) + s_P(e_2) = -2e_1 + e_2 \\ -3s_P(e_1) + s_P(e_3) = -3e_1 + e_3 \\ s_P(e_1) + 2s_P(e_2) + 3s_P(e_3) = -e_1 - 2e_2 - 3e_3 \end{cases}$$

ce qui équivaut, après quelques manipulations à : $\begin{cases} s_P(e_1) = \frac{1}{7}(6e_1 - 2e_2 - 3e_3) \\ s_P(e_2) = \frac{1}{7}(-2e_1 + 3e_2 - 6e_3) \\ s_P(e_3) = \frac{1}{7}(-3e_1 - 6e_2 - 2e_3) \end{cases}$

Conclusion : $M_e(s_P) = \frac{1}{7}\begin{pmatrix} 6 & -2 & -3 \\ -2 & 3 & -6 \\ -3 & -6 & -2 \end{pmatrix}$

Corrigé 3.15

1°) On a $M_B(f) = \frac{1}{3}\begin{pmatrix} 1 & -2 & 5 \\ -2 & -2 & 2 \\ 5 & 2 & 1 \end{pmatrix}$, donc on obtient :

$$xi + yj + zk \in \mathrm{Ker}(f) \iff \begin{cases} x - 2y + 5z = 0 \\ -2x - 2y + 2z = 0 \\ 5x + 2y + z = 0 \end{cases}$$

$$\underset{\substack{L_2 \leftarrow L_2 + 2L_1 \\ L_3 \leftarrow L_3 - 5L_1}}{\iff} \begin{cases} x - 2y + 5z = 0 \\ -6y + 12z = 0 \\ 12y - 24z = 0 \end{cases} \iff \begin{cases} y = 2z \\ x = -z \end{cases}$$

donc $\mathrm{Ker}(f) = \mathrm{Vect}(u)$, pour $u = -i + 2j + k$.
Le théorème du rang nous donne alors que $\mathrm{Im}(f)$ est un plan vectoriel P.
On remarque que $\langle u, f(i)\rangle = \langle u, f(j)\rangle = \langle u, f(k)\rangle = 0$, donc que le vecteur u est orthogonal aux vecteurs $f(i)$, $f(j)$ et $f(k)$ qui engendrent $\mathrm{Im}(f)$ (d'ailleurs 2 quelconques de ces vecteurs suffisent à engendrer $\mathrm{Im}(f)$ qui est de dimension 2).
On en conclut que l'on a bien : $\mathrm{Im}(f) = P = (\mathrm{Ker}(f))^\perp$.

2°) Soient $v = i + k$ et $w = i + j - k$. Alors $\langle u, v\rangle = 0 = \langle u, w\rangle$ implique que v et w sont des vecteurs de $(\mathrm{Ker}(f))^\perp = P$ et $\langle v, w\rangle = 0$ implique que (v, w) est une famille orthogonale sans vecteur nul, donc une famille libre, et comme $\dim(P) = 2$, c'en est une base.
En conclusion, $b = (v, w)$ est une base orthogonale de P et (u, v, w) est une base orthogonale de E.

3°) Les calculs suivants :

$g(v) = f(i+k) = 2i+2k = 2v$ et $g(w) = f(i+j-k) = -2i-2j+2k = -2w$, nous donnent immédiatement :

$$M_b(g) = \begin{pmatrix} 2 & 0 \\ 0 & -2 \end{pmatrix}$$

4°) On a donc :

$$M_{(u,v,w)}(f) = \begin{pmatrix} 0 & 0 & 0 \\ 0 & 2 & 0 \\ 0 & 0 & -2 \end{pmatrix} = \begin{pmatrix} 0 & 0 & 0 \\ 0 & 1 & 0 \\ 0 & 0 & 1 \end{pmatrix} \begin{pmatrix} 2 & 0 & 0 \\ 0 & 2 & 0 \\ 0 & 0 & 2 \end{pmatrix} \begin{pmatrix} -1 & 0 & 0 \\ 0 & 1 & 0 \\ 0 & 0 & -1 \end{pmatrix}$$

et f est la composée (d'ailleurs commutative, de la projection orthogonale sur P, de l'homothétie de rapport 2 et du demi-tour autour de v.

Corrigé 3.16

1°) L'inégalité de Cauchy-Schwarz nous donne, pour le produit scalaire usuel dans $\mathbb{R}^3$:

$$|a+b+c| = |\langle (a,b,c),(1,1,1)\rangle| \leqslant \sqrt{a^2+b^2+c^2}\sqrt{1^2+1^2+1^2}$$

Comme $a^2+b^2+c^2 = 1$, il vient bien : $|a+b+c| \leqslant \sqrt{3}$.

2°) $\star$ En effectuant la manipulation $C_1 \leftarrow C_1 + C_2 + C_3$, il vient :

$$\det(A) = \begin{vmatrix} a+b+c & b & c \\ a+b+c & a & b \\ a+b+c & c & a \end{vmatrix} = (a+b+c) \begin{vmatrix} 1 & b & c \\ 1 & a & b \\ 1 & c & a \end{vmatrix}$$
$$= s(a^2+b^2+c^2-(ab+bc+ac)).$$

Or $s^2 = (a+b+c)^2 = a^2+b^2+c^2+2(ab+bc+ad) = 1+2(ab+bc+ad)$, donc on trouve finalement :

$$\det(A) = s\big(1 - \frac{s^2-1}{2}\big) = \frac{s}{2}(3-s^2)$$

$\star$ Soit la fonction $f : s \mapsto \frac{s}{2}(3-s^2)$.

Comme f est impaire, il nous suffit de faire son étude sur l'intervalle $[0, \sqrt{3}]$.

On a $f'(s) = \frac{3}{2}(1-s^2)$, d'où le tableau des variations :

s	0		1		$\sqrt{3}$
$f'(s)$		$+$	0	$-$	
f	0	$\nearrow$	1	$\searrow$	0

Il est donc clair que $0 \leqslant s \leqslant \sqrt{3} \implies 0 \leqslant f(s) \leqslant 1$ et en complétant par imparité :

$$|\det(A)| = |f(s)| \leqslant 1$$

3°) On obtient également, d'après le tableau de variations de f que :

$|\det(A)| = 1 \iff s^2 = 1 \iff (a+b+c)^2 = 1$
$\iff a^2+b^2+c^2+2(ab+ac+bc) = 1 \iff ab+ac+bc = 0$

(puisque $a^2+b^2+c^2 = 1$).

On a donc, dans ce cas : $ab+ac+bc = 0$ (et les colonnes de A sont deux à deux orthogonales) et on a toujours $a^2+b^2+c^2 = 1$ (les colonnes sont de norme 1). Ce qui équivaut à dire que les colonnes de la matrice A forment une base orthonormale de $\mathbb{R}^3$ et donc que A est une matrice orthogonale.

Corrigé 3.17

1°) Soit λ une éventuelle valeur propre réelle de A, et X un vecteur colonne propre associé. On a, en munissant $\mathcal{M}_{n,1}(\mathbb{R})$ de son produit scalaire canonique :
$\langle AX, X\rangle = {}^t(AX)X = {}^tX{}^tAX = -{}^tX(AX) = -\langle X, AX\rangle = -\langle AX, X\rangle$
Ainsi $\langle AX, X\rangle = 0$, soit $\langle \lambda X, X\rangle = \lambda\|X\|^2 = 0$ et comme $X \neq 0$:

$$\lambda = 0$$

2°) $\lambda \in \mathbb{R}$ est valeur propre de A si et seulement si $A - \lambda I$ n'est pas inversible. Comme -1 et 1 ne peuvent être valeurs propres de A (question précédente) les matrices $A + I_n$ et $A - I_n$ sont inversibles.

3°) On vient de prouver l'existence de $M = (I_n - A)(I_n + A)^{-1}$, et :

$$\begin{aligned}
{}^tMM &= {}^t((I_n - A)(I_n + A)^{-1})(I_n - A)(I_n + A)^{-1}\\
&= {}^t(I_n + A)^{-1}\times{}^t(I_n - A)(I_n - A)(I_n + A)^{-1}\\
&= (I_n + {}^tA)^{-1}(I_n - {}^tA)(I_n - A)(I_n + A)^{-1}, \text{ car } {}^t(B^{-1}) = ({}^tB)^{-1}\\
&= (I_n - A)^{-1}(I_n + A)(I_n - A)(I_n + A)^{-1}\\
&= (I_n - A)^{-1}(I_n - A)(I_n + A)(I_n + A)^{-1}\\
&\qquad \text{car } (I_n - A)(I_n + A) = I_n - A^2 = (I_n + A)(I_n - A))
\end{aligned}$$

Il reste donc ${}^tMM = I_n$ et M est bien orthogonale.

4°) On a : ${}^t(A^2) = {}^t(AA) = {}^tA{}^tA = (-A)(-A) = A^2$ et A^2 est symétrique.

Corrigé 3.18

1°) Il est clair que f est un endomorphisme de E, et donc f est une isométrie vectorielle si et seulement si elle conserve la norme. Or :

$$\begin{aligned}
\|f(x)\|^2 &= \|x + \lambda\langle x, v\rangle v\|^2 = \|x\|^2 + 2\langle x, \lambda\langle x, v\rangle v\rangle + \lambda^2\langle x, v\rangle^2\|v\|^2\\
&= \|x\|^2 + 2\lambda\langle x, v\rangle^2 + \lambda^2\langle x, v\rangle^2\|v\|^2
\end{aligned}$$

Donc f conserve la norme si et seulement si :

$$\forall x \in E, 2\lambda\langle x, v\rangle^2 + \lambda^2\langle x, v\rangle^2\|v\|^2 = \lambda\langle x, v\rangle^2(2 + \lambda\|v\|^2) = 0$$

Ceci doit être vrai en particulier pour $x = v \neq 0$ et comme $\lambda \neq 0$, il reste :

$$f \text{ est une isométrie} \iff 2 + \lambda\|v\|^2 = 0$$

2°) On suppose donc cette condition réalisée et :

$$\forall x \in E, f(x) = x - 2\frac{\langle x, v\rangle}{\|v\|^2}v$$

Comme f est une isométrie, les seules valeurs propres possibles sont -1 et 1.

$\star$ $f(x) = x \iff 2\dfrac{\langle x, v\rangle}{\|v\|^2}v = 0 \iff \langle x, v\rangle = 0$, puisque $v \neq 0$, donc :

$$E_1(f) = \{x \in E \;/\; f(x) = x\} = (\operatorname{Vect} v)^\perp \text{ et } \dim E_1(f) = n - 1$$

$\star$ $f(x) = -x \iff x - 2\dfrac{\langle x, v\rangle}{\|v\|^2}v = -x \iff x = \dfrac{\langle x, v\rangle}{\|v\|^2}v \implies x \in \operatorname{Vect}(v)$.

Or $f(v) = v - 2\dfrac{\langle v, v\rangle}{\|v\|^2} v = -v$, on a donc

$$E_{-1}(f) = \{x \in E \;/\; f(x) = -x\} = \text{Vect}(v) \text{ et } \dim E_{-1}(f)) = 1$$

Ainsi $E = E_{-1}(f) \oplus^{\perp} E_1(f)$, et f est la symétrie orthogonale par rapport à l'hyperplan $(\text{Vect}(v))^{\perp}$.

Corrigé 3.19

1°) Soit $x \in E$:

$$\begin{aligned}\langle f(x), g(x)\rangle &= \langle x, f(g(x))\rangle \text{ (car } f \text{ est symétrique)}\\ &= \langle x, g(f(x))\rangle \text{ (car } f \text{ et } g \text{ commutent)}\\ &= -\langle g(x), f(x)\rangle \text{ (car } g \text{ antisymétrique)}\end{aligned}$$

Ainsi $\langle f(x), g(x)\rangle = -\langle g(x), f(x)\rangle = -\langle f(x), g(x)\rangle$ (par symétrie du produit scalaire) et donc :
$\forall\, x \in E, \langle f(x), g(x)\rangle = 0$, ce qui signifie que $f(x) \perp g(x)$.

2°) Soit $x \in Ker(f+g)$. On a alors :
$(f+g)(x) = f(x) + g(x) = 0$ et donc $\langle f(x) + g(x), f(x)\rangle = 0$
Ainsi, en développant : $\|f(x)\|^2 + \langle g(x), f(x)\rangle = 0$ et comme on sait que $g(x)$ et $f(x)$ sont orthogonaux, il reste $\|f(x)\|^2 = 0$, soit $f(x) = 0$.

Par hypothèse f est un automorphisme de E, donc $f(x) = 0 \implies x = 0$ et $\text{Ker}(f+g) = \{0\}$, ainsi $f+g$ est injectif et donc bijectif puisque $f+g$ est un endomorphisme d'un espace de dimension finie.
Donc $(f+g)$ est bien un automorphisme de E.
On montre exactement de la même façon que $\text{Ker}(f-g) = \{0\}$ et donc que $f-g$ est un automorphisme de E (en fait $f + \lambda g$ est un automorphisme pour tout $\lambda \in \mathbb{R}$).

3°) Soit $x \in E$:

$$\|(f+g)(x)\|^2 = \|f(x) + g(x)\|^2 = \|f(x)\|^2 + 2\langle f(x), g(x)\rangle + \|g(x)\|^2$$

et comme $\langle f(x), g(x)\rangle = 0$, on peut écrire aussi :

$$\begin{aligned}\|(f+g)(x)\|^2 &= \|f(x)\|^2 - 2\langle f(x), g(x)\rangle + \|g(x)\|^2 = \|f(x) - g(x)\|^2\\ &= \|(f-g)(x)\|^2\end{aligned}$$

Donc : $\forall x \in E, \|(f+g)(x)\| = \|(f-g)(x)\|$.

4°) Notons déjà que h est bien défini, puisque $f-g$ est un automorphisme de E.

Soit $x \in E$, notons $y = (f-g)^{-1}(x)$. On a donc $x = (f-g)(y)$ et grâce au résultat de la question **3°)** :

$$\|h(x)\| = \|(f+g) \circ (f-g)^{-1}(x)\| = \|(f+g)(y)\| = \|(f-g)(y)\| = \|x\|$$

Ainsi h est un endomorphisme qui conserve la norme, donc est une isométrie vectorielle.

Corrigé 3.20

[Attention, l'énoncé dit que u est une application, c'est tout !]

$\star$ Puisque $u(0) = 0$, alors en prenant $y = 0$ dans la relation de l'énoncé, nous obtenons :

$$\forall x \in E, \|u(x)\| = \|u(x) - u(0)\| = \|x - 0\| = \|x\|$$

On a ainsi montré que u est une **application** qui conserve la norme.

$\star$ Montrons que u conserve aussi le produit scalaire.

Soit $(x, y) \in E^2$, on a par hypothèse :

$$\|u(x) - u(y)\|^2 = \|x - y\|^2$$

Soit en développant :

$$\|u(x)\|^2 - 2\langle u(x), u(y)\rangle + \|u(y)\|^2 = \|x\|^2 - 2\langle x, y\rangle + \|y\|^2$$

et comme $\|u(x)\| = \|x\|$ et $\|u(y)\| = \|y\|$, il reste :

$$\forall (x, y) \in E^2, \langle u(x), u(y)\rangle = \langle x, y\rangle$$

$\star$ Montrons maintenant que u est linéaire.

Soient $(x, y) \in E^2$ et $\lambda \in \mathbb{R}$, on écrit :

$$\begin{aligned}\|u(\lambda x + y) - \lambda u(x) - u(y)\|^2 &= \|u(\lambda x + y)\|^2 + \lambda^2\|u(x)\|^2 + \|u(y)\|^2 \\ &\quad -2\lambda\langle u(\lambda x + y), u(x)\rangle - 2\lambda\langle u(\lambda x + y), u(y)\rangle + 2\lambda\langle u(x), u(y)\rangle\end{aligned}$$

On profite du fait que u conserve norme et produit scalaire, pour faire disparaître u !

$$\begin{aligned}\|u(\lambda x + y) - \lambda u(x) - u(y)\|^2 &= \|\lambda x + y\|^2 + \lambda^2\|x\|^2 + \|y\|^2 \\ &\quad -2\lambda\langle \lambda x + y, x\rangle - 2\lambda\langle \lambda x + y, y\rangle + 2\lambda\langle x, y\rangle \\ &= \|(\lambda x + y) - \lambda x - y\|^2 = 0\end{aligned}$$

Donc $u(\lambda x + y) = \lambda u(x) + u(y)$ et u est bien linéaire.

Ainsi u est linéaire et conserve la norme :

c'est un automorphisme orthogonal de E.

Corrigé 3.21

1°) Attention on identifie ici un vecteur de $\mathbb{R}^n$ avec la matrice **ligne** canoniquement associée, donc ${}^t a$ est la matrice **colonne** canoniquement associée à a.

$a.{}^t a$ est donc une matrice de $\mathcal{M}_1(\mathbb{R})$ identifiée avec son unique terme $\sum_{i=1}^{n} a_i^2 = \|a\|^2$ et ${}^t a.a$ est la matrice de $\mathcal{M}_n(\mathbb{R})$ de terme générique $a_i a_j$. Notons enfin que ${}^t({}^t a.a) = {}^t a.{}^{tt} a = {}^t a.a$, donc ${}^t a.a$ est symétrique et :

$$A = I_n - \frac{2}{\|a\|^2}\,{}^t a.a \text{ est bien une matrice symétrique.}$$

2°) Calculons A^2. Comme I_n commute avec toute matrice de $\mathcal{M}_n(\mathbb{R})$:

$$\begin{aligned}A^2 &= \left(I_n - \frac{2}{\|a\|^2}\,{}^t a.a\right)^2 = I_n + \frac{4}{\|a\|^4}\,{}^t a.a{}^t a.a - \frac{4}{\|a\|^2}\,{}^t a.a \\ &= I_n + \frac{4}{\|a\|^4}\,{}^t a(a{}^t a)a - \frac{4}{\|a\|^2}\,{}^t a.a = I_n + \frac{4}{\|a\|^4}\,{}^t a(\|a\|^2)a - \frac{4}{\|a\|^2}\,{}^t a.a \\ &= I_n + \frac{4}{\|a\|^2}\,{}^t a.a - \frac{4}{\|a\|^2}\,{}^t a.a = I_n.\end{aligned}$$

Ainsi $A^2 = I_n$ et A est bien une matrice involutive.

c) Puisque nous avons montré que la matrice A est symétrique et involutive, alors nous avons : $I_n = A^2 = AA = {}^t AA$ et A est bien une matrice orthogonale.

Corrigé 3.22

1°) Notons $a_{i,j}$ le terme générique de $M_e(u)$. Comme e est une base orthonormée, on a, pour tout $(i,j) \in [\![1,n]\!]^2$: $a_{i,j}$ qui est la coordonnée sur e_i de $u(e_j)$ vaut $\langle u(e_j), e_i\rangle$. Alors, pour tout $(i,j) \in [\![1,n]\!]^2$:

$$a_{i,j} = \langle u(e_j), e_i\rangle = -\langle e_j, u(e_i)\rangle = -\langle u(e_i), e_j\rangle = -a_{j,i}$$

Ainsi A est antisymétrique et, en particulier, tous ses termes diagonaux sont nuls.

2°) Soit λ une éventuelle valeur propre de u (donc λ est réel) et x un vecteur propre associé.

$\langle u(x), x\rangle = -\langle x, u(x)\rangle$ s'écrit $\langle \lambda x, x\rangle = -\langle x, \lambda x\rangle$, soit $\lambda\|x\|^2 = -\lambda\|x\|^2$ et comme $\|x\|^2 > 0$ (x est un vecteur propre donc est non nul), il reste $\lambda = -\lambda$.

La seule valeur propre possible (mais il peut n'y avoir aucune valeur propre) est 0.

$$\mathrm{Spec}(u) \subset \{0\}$$

3°) On a $M_e(u^2) = A^2$ et comme A est antisymétrique, on a :

$$^t(A^2) = {}^tA^tA = (-A)(-A) = A^2$$

Ainsi la matrice de u^2 dans la base orthonormée e est symétrique réelle et u^2 est diagonalisable.

Soit $\lambda \in \mathrm{Spec}(u^2)$ et x un vecteur propre associé. On a donc $u^2(x) = \lambda x$. Puis :

$$\begin{aligned}\lambda\|x\|^2 &= \langle \lambda x, x\rangle = \langle u^2(x), x\rangle = \langle u(u(x)), x\rangle = -\langle u(x), u(x)\rangle \\ &= -\|u(x)\|^2 \leqslant 0\end{aligned}$$

Donc $\lambda\|x\| \leqslant 0$ et comme $x \neq 0$, on a $\|x\| > 0$ et $\lambda \leqslant 0$.

On a donc bien $\mathrm{Spec}(u^2) \subset \mathbb{R}_-$.

Corrigé 3.23

$\star$ Supposons que l'on puisse écrire $A = QS$, avec S symétrique et Q orthogonale et notons $B = {}^tAA$.

On a donc ${}^tS = S$ et ${}^tQ = Q^{-1}$.

Alors ${}^tA = {}^tS^tQ = SQ^{-1}$ et ${}^tAA = SQ^{-1}QS = S^2$.

Donc S est, si cela est possible, une matrice symétrique telle que $S^2 = B$.

$\star$ On a ${}^tB = {}^t({}^tA.A) = {}^tA.{}^{tt}A = {}^tAA = B$. Ainsi B est une matrice symétrique réelle et B est diagonalisable *via* le groupe orthogonal. Ce qui veut dire que :

il existe une matrice orthogonale P et une matrice diagonale $D = \mathrm{diag}(\lambda_1, \dots, \lambda_n)$ telles que :

$$B = PDP^{-1} = PD^tP$$

Or si λ est une valeur propre de B et X une colonne propre (donc non nulle) associée, on a, $BX = \lambda X$, donc :

$$\lambda\|X\|^2 = \langle X, \lambda X\rangle = \langle X, BX\rangle = \langle X, {}^tAAX\rangle = \langle AX, AX\rangle = \|AX\|^2 > 0$$

(car A est inversible et $X \neq 0$))

Ainsi $\lambda = \dfrac{\|AX\|^2}{\|X\|^2} > 0$ et toutes les valeurs propres de B sont strictement positives.

On peut alors poser $\Delta = \mathrm{diag}(\sqrt{\lambda_1}, \dots, \sqrt{\lambda_n})$ et $\Delta^2 = D$.

On touche au but :
On pose $S = P\Delta P^{-1} = P\Delta {}^tP$ et $Q = AS^{-1}$ (S^{-1} existe puisque Δ est inversible)
$\rightarrow {}^tS = {}^t(P\Delta {}^tP) = {}^{tt}P{}^t\Delta {}^tP = P\Delta {}^tP = S$ et S est bien symétrique.
$\rightarrow QS = AS^{-1}S = A$ (c'est le choix de la matrice Q !)
$\rightarrow$ Comme S^{-1} est aussi symétrique, on a :

$$ {}^tQQ = {}^t(AS^{-1})AS = S^{-1}.{}^tAAS = S^{-1}BS = S^{-1}S^2S^{-1} = I_n $$

et Q est orthogonale.
Conclusion, on a bien trouvé deux matrices S et Q dans $\mathcal{M}_n(\mathbb{R})$, avec S symétrique et Q orthogonale, telles que : $A = QS$.

Corrigé 3.24

Soit $A = \begin{pmatrix} 1 & 0 & 2 \\ 2 & 1 & 0 \\ 0 & 2 & 1 \end{pmatrix}$ la matrice représentant f sur la base canonique e de $\mathbb{R}^3$.
On a :

$$ \chi_f(\lambda) = \chi_A(\lambda) = \det(A - \lambda I_3) = \begin{vmatrix} 1-\lambda & 0 & 2 \\ 2 & 1-\lambda & 0 \\ 0 & 2 & 1-\lambda \end{vmatrix} $$

$$ = \begin{vmatrix} 3-\lambda & 0 & 2 \\ 3-\lambda & 1-\lambda & 0 \\ 3-\lambda & 2 & 1-\lambda \end{vmatrix} = (3-\lambda)\begin{vmatrix} 1 & 0 & 2 \\ 0 & 1-\lambda & -2 \\ 0 & 2 & -1-\lambda \end{vmatrix} $$

$$ = (3-\lambda)[(1-\lambda)(-1-\lambda)+4] = (3-\lambda)(3+\lambda^2) $$

Ainsi f n'a qu'une valeur propre : $\mathrm{Spec}(f) = \{3\}$ et on obtient facilement :

$$ E_3(f) = D = \mathrm{Vect}(u) \text{ avec } u = (1,1,1). $$

On définit alors P, le plan vectoriel orthogonal à D, qui est donc d'équation : $x + y + z = 0$.
Soit $(x, y, z) \in P$, on a $f(x, y, z) = (x + 2z, 2x + y, 2y + z)$ et

$$ (x + 2y) + (2x + y) + (2y + z) = 3(x + y + z) = 0, $$

donc $f(x, y, z) \in P$ et P est stable par f.
Le vecteur $e_2' = \frac{1}{\sqrt{2}}(1, 0, -1)$ est un vecteur unitaire de P et $(1, -2, 1)$ est orthogonal à e_2' et appartient à P, on prend donc $e_3' = \frac{1}{\sqrt{6}}(1, -2, 1)$ et (e_2', e_3') est une base orthonormée de P.
On a alors : $f(1, 0, -1) = (-1, 2, -1)$ et $f(1, -2, 1) = (3, 0, -3)$, d'où l'on déduit : $f(e_2') = -\sqrt{3}e_3'$ et $f(e_3') = \sqrt{3}e_2'$.
Ainsi l'endomorphisme g induit par f dans le plan P a pour matrice relativement à la base (e_2', e_3') de P :

$$ A' = M_{(e_2',e_3')}(g) = \begin{pmatrix} 0 & \sqrt{3} \\ -\sqrt{3} & 0 \end{pmatrix} = \sqrt{3}\begin{pmatrix} 0 & 1 \\ -1 & 0 \end{pmatrix} $$

Donc g est la composée de l'homothétie vectorielle dans P de rapport $\sqrt{3}$, et de la rotation vectorielle dans P d'angle de mesure $-\frac{\pi}{2}$ (on oriente P avec (e_2', e_3') base directe de P). L'application g est donc une similitude directe et finalement :

$\forall v \in E, \exists!(d,p) \in D \times P$ tel que $v = d + p$ et $f(v) = 3d + g(p)$.

Corrigé 3.25

1°) $\forall (x,y) \in E^2$, on a :

$$\langle f(x), y\rangle = \langle \langle u, x\rangle u + \langle v, x\rangle v, y\rangle = \langle u, x\rangle\langle u, y\rangle + \langle v, x\rangle\langle v, y\rangle$$

On obtient évidemment le même résultat en échangeant les places de x et y, donc $\langle f(x), y\rangle = \langle f(y), x\rangle$ et ainsi :

f est un endomorphisme symétrique réel, donc il est diagonalisable.

2°) a) $f(u+v) = \langle u, u+v\rangle u + \langle v, u+v\rangle v = \|u\|^2 u + \langle u, v\rangle u + \langle v, u\rangle v + \|v\|^2 v$ donc :

$$f(u+v) = \big[1 + \langle u, v\rangle\big](u+v),$$

car $\|u\| = \|v\| = 1$.

On trouve de la même façon $f(u-v) = \big[1 - \langle u, v\rangle\big](u-v)$.

b) Notons $F = \text{Vect}(u, v)$.

$\star$ Si x est orthogonal à u et v, *i.e.* si $x \in F^\perp$, on a $f(x) = 0$.

$\star$ Comme (u,v) est une base de F, $(u-v, u+v)$ en est une autre et on a vu que $f(u+v) = \big[1 + \langle u, v\rangle\big](u+v)$; $f(u-v) = \big[1 - \langle u, v\rangle\big](u-v)$

Les vecteurs u et v sont unitaires et forment une famille libre, donc $\langle u, v\rangle \notin \{-1, 1\}$.

• Si u et v sont orthogonaux, alors 0 est valeur propre de f et $E_0(f) = F^\perp$ et 1 est valeur propre de f et $E_1(f) = F$.

• Si u et v ne sont pas orthogonaux, alors $1 + \langle u, v\rangle$ et $1 - \langle u, v\rangle$ sont distincts et différents de 0, et :

$$E_0(f) = F^\perp,\ E_{1-\langle u,v\rangle}(f) = \text{Vect}(u-v),\ E_{1+\langle u,v\rangle}(f) = \text{Vect}(u+v)$$

Corrigé 3.26

1°) On sait que $M = M_e(f) = \big(f(e_i, e_j)\big)_{i,j}$, donc par simple lecture des coefficients : $M = \begin{pmatrix} a+1 & 1 & 1 \\ 1 & a+1 & 1 \\ 1 & 1 & a+1 \end{pmatrix} = aI_3 + A$.

2°) Les valeurs propres et vecteurs propres de l'endomorphisme p canoniquement associé sont évidents :

0 est valeur propre de p et $E_0(p) = \text{Vect}((1,-1,0),(1,0,-1))$ ou mieux $E_0(p) = \text{Vect}((1,-1,0),(1,1,-2))$ pour avoir une base orthogonale.

3 est valeur propre de p et $E_3(p) = \text{Vect}(1,1,1)$.

On peut donc prendre $e'_1 = \frac{1}{\sqrt{2}}(1,-1,0)$, $e'_2 = \frac{1}{\sqrt{6}}(1,1,-2)$ et $e'_3 = \frac{1}{\sqrt{3}}(1,1,1)$ qui forment une base orthonormée de $\mathbb{R}^3$ avec $f(e'_1) = ae'_1$, $f(e'_2) = ae'_2$ et $f(e'_3) = (a+3)e'_3)$.

3°) La forme bilinéaire symétrique f est un produit scalaire si et seulement si elle est également définie positive, donc si et seulement si son spectre est inclus dans $\mathbb{R}_+^*$.

On a donc la condition nécessaire et suffisante recherchée : $a > 0$ et $a + 3 > 0$. Donc :

$$f \text{ produit scalaire} \iff a > 0.$$

Corrigé 3.27

1°) On trouve $\chi_A(\lambda) = \begin{vmatrix} 1-\lambda & 2 \\ 2 & 4-\lambda \end{vmatrix} = -\lambda(5-\lambda)$ puis facilement :
$E_0 = \text{Vect}(a_1)$ et $E_5 = \text{Vect}(a_2)$, avec $a_1 = \frac{1}{\sqrt{5}}(2e_1 - e_2)$ et $a_2 = \frac{1}{\sqrt{5}}(e_1 + 2e_2)$.
La famille (a_1, a_2) est alors une base orthonormée de vecteurs colonnes propres de la matrice A.

2°) Si on note (x', y') les coordonnées dans le nouveau repère orthonormé $\mathcal{R}' = (O, a_1, a_2)$, alors on a les formules de changement de base :

$$\begin{aligned} X = xe_1 + ye_2 = x'a_1 + y'a_2 &= \frac{x'}{\sqrt{5}}(2e_1 - e_2) + \frac{y'}{\sqrt{5}}(e_1 + 2e_2) \\ &= e_1\Big(\frac{2x' + y'}{\sqrt{5}}\Big) + e_2\Big(\frac{-x' + 2y'}{\sqrt{5}}\Big) \end{aligned}$$

donc par identification : $x = \dfrac{2x' + y'}{\sqrt{5}}$ et $y = \dfrac{-x' + 2y'}{\sqrt{5}}$

On a alors :

$$\begin{aligned} M(x,y,z) \in C &\iff x^2 + 4xy + 4y^2 - 5y = 0 \\ &\iff \frac{4x'^2 + 4x'y' + y'^2}{5} + 4\frac{(2x' + y')(-x' + 2y')}{5} \\ &\qquad\qquad + 4\frac{x'^2 - 4x'y' + 4y'^2}{5} - 5\frac{-x' + 2y'}{\sqrt{5}} = 0 \\ &\iff 5y'^2 - 5\frac{-x' + 2y'}{\sqrt{5}} = 0 \iff \sqrt{5}y'^2 - 2y' = -x' \\ &\iff \sqrt{5}\Big(y' - \frac{1}{\sqrt{5}}\Big)^2 = -\Big(x' - \frac{1}{\sqrt{5}}\Big) \end{aligned}$$

Donc C est la parabole d'équation $\sqrt{5}y''^2 = -x''$ dans le repère (O', a_1, a_2) où O' est le point de coordonnées $\Big(\frac{1}{\sqrt{5}}, \frac{1}{\sqrt{5}}\Big)$ dans le repère $\mathcal{R}'$.

Espaces vectoriels normés
(de dimension finie)

04

RÉPARTITION DES EXERCICES

I. ÉNONCÉS DES EXERCICES

4.01 On considère le $\mathbb{R}$−espace vectoriel $E = \mathbb{R}^2$ muni des normes N_1, N_2 et N_∞ définies sur E par : $\forall\, X = (x, y) \in E$:

$$N_1(X) = |x| + |y|, N_2(X) = \sqrt{x^2 + y^2} \text{ et } N_\infty(X) = \max\{|x|, |y|\}.$$

1°) Tracer, sur un même graphique, les sphères de centre $O = (0, 0)$ et de rayon 1 obtenues pour chacune des normes N_1, N_2 et N_∞.

2°) Justifier l'existence de nombres réels strictement positifs a, b, c, d, e et f tels que :

$$\forall X \in E, \begin{cases} aN_\infty(X) \leqslant N_2(X) \leqslant bN_\infty(X) \\ cN_2(X) \leqslant N_1(X) \leqslant dN_2(X) \\ eN_\infty(X) \leqslant N_2(X) \leqslant fN_\infty(X) \end{cases}$$

puis déterminer des valeurs qui conviennent.

◇

4.02 Soit l'espace vectoriel $E = \mathbb{R}^n$ muni de sa structure euclidienne canonique, de norme notée $\|.\|$, associée au produit scalaire $\langle ., . \rangle$. On considère trois vecteurs $(x, a, b) \in E^3$ tels que $a \neq b$ et $\|x - a\| = \|x - b\|$. Montrer que $\left\|x - \dfrac{a+b}{2}\right\| < \|x - a\|$.

◇

4.03 Soit N l'application définie sur $\mathbb{R}^2$ par : $N(x, y) = \sup\limits_{t \in \mathbb{R}} \dfrac{|x + ty|}{\sqrt{1 + t^2}}$.

1°) Montrer que N est une norme sur $\mathbb{R}^2$.

2°) Montrer que N est égale à la norme euclidienne canonique.

◇

4.04 On considère l'espace vectoriel $E = \mathbb{R}^2$ muni de sa norme euclidienne canonique.

1°) Soient :
$A = \{(x, y) \in E \ / \ x^2 + 3y^2 \leqslant 1\}$, $B = \{(x, y) \in E \ / \ x^3 + 3y^3 \leqslant 1\}$.
Les parties A et B sont-elles bornées dans E ?

2°) Soient $C = \{(x, y) \in E \ / \ y > 0\}$ et $D = \{(x, y) \in E \ / \ y = x\}$. Les parties C et D sont-elles ouvertes dans E ?

◇

4.05 Soit l'espace vectoriel $E = \mathbb{R}^2$ muni d'une des normes usuelles. On considère les sous-ensembles A et B de E définis par :

$$A = \{(x, y) \in E \ / \ xy = 1\} \text{ et } B = \{0\} \times \mathbb{R}.$$

1°) Montrer que A et B sont des fermés de E.

2°) La partie $A + B$ est-elle fermée dans E ?

◇

4.06 Soit E un $\mathbb{K}-$espace vectoriel normé de dimension finie. Montrer que, pour tout $a \in E$ et pour tout $r \in \mathbb{R}_+^*$, l'adhérence de la boule ouverte $B_o(a, r)$ est égale à la boule fermée $B_f(a, r)$.

◇

4.07 On considère l'espace vectoriel $E = \mathbb{R}^2$ muni de la norme euclidienne usuelle : $\|(x, y)\| = \sqrt{x^2 + y^2}$.
On définit les deux sous-ensembles A et B de E par :
$A = \{(x, y) \in E \ / \ 0 \leqslant x \leqslant 1 \text{ et } y = 0\}$;
$B = \{(x, y) \in E \ / \ \|(x, y)\| < 1 \text{ et } (x, y) \notin A\}$.

1°) Les ensembles A et B sont-ils ouverts ? Sont-ils fermés ?

2°) On note $\overline{X}$ l'adhérence d'une partie X et $\overset{\circ}{X}$ son intérieur.

A-t-on toujours $\overline{M} = \overline{\overset{\circ}{M}}$? A-t-on toujours $\overset{\circ}{M} = \overset{\circ}{\overline{M}}$?

◇

4.08 Soit E un espace vectoriel normé de dimension finie. Montrer que toute boule ouverte de E est homéomorphe à E (c'est-à-dire qu'il existe une fonction continue et bijective, dont la réciproque est également continue, entre E et une boule ouverte quelconque de E).

◇

4.09 Soient n un entier naturel non nul et $E = \mathbb{R}_n[X]$ le $\mathbb{R}$-espace vectoriel des polynômes de degré inférieur ou égal à n. Soit A le sous-ensemble de E constitué des polynômes de E dont le coefficient dominant vaut 1.

1°) Montrer que l'application $P \mapsto \|P\| = \sup_{x \in [0,1]} |P(x)|$ est une norme sur l'espace E.

2°) Montrer qu'il existe $a \in \mathbb{R}_+^*$ tel que : $\forall P \in A, \|P\| \geqslant a$.

3°) Soit E_n l'ensemble des polynômes de E unitaires et de degré n. Montrer que : $\inf_{P \in E_n} \int_0^1 |P(t)| \, dt > 0$.

◊

4.10 Soit E un espace vectoriel normé de dimension finie.
Montrer que toute partie fermée de E peut s'écrire comme intersection d'une suite décroissante, au sens de l'inclusion, d'ouverts de E.

◊

4.11 Soient n un entier non nul et E un espace vectoriel normé de dimension finie n. Montrer que tout sous-espace vectoriel F de E est fermé.

◊

4.12 Soit E un espace vectoriel normé. On considère une partie A ouverte dans E et B une partie quelconque de E.
1°) Montrer que $A \cap \overline{B} \subset \overline{A \cap B}$.
2°) Montrer que $A \cap B = \emptyset \implies A \cap \overline{B} = \emptyset$.

◊

4.13 Soient E un espace vectoriel normé de dimension finie, A une partie de E.
On note $\overset{\circ}{X}$ l'intérieur d'une partie X.
1°) a) Montrer que : $\overline{E \setminus A} = E \setminus \overset{\circ}{A}$.
b) Montrer que : $\overset{\circ}{\overbrace{(E \setminus A)}} = E \setminus \overset{\circ}{A}$.
2°) Montrer que la frontière de A, notée $\mathrm{fr}(A)$, est une partie fermée de E.

◊

4.14 Soient E un espace vectoriel normé et A une partie de E.
1°) Montrer que : A fermé $\Longleftrightarrow \mathrm{fr}(A) \subset A$.
2°) Montrer que : A ouvert $\Longleftrightarrow A \cap \mathrm{fr}(A) = \emptyset$.

◊

4.15 On considère un espace vectoriel normé E de dimension finie.
1°) Soient A et B deux parties non vides de E telles que :

$$d(A, B) = \inf_{(a,b) \in A \times B} d(a, b) > 0.$$

Montrer qu'il existe, dans E, deux ouverts disjoints U et V tels que $A \subset U$ et $B \subset V$.
2°) Soient $x \in E$ et F un fermé non vide de E. Montrer que :

$$d(x, F) = 0 \Longleftrightarrow x \in F.$$

3°) Soient F et G deux fermés non vides et disjoints de E. Montrer qu'il existe, dans E, deux ouverts disjoints U et V tels que $F \subset U$ et $G \subset V$.

◊

4.16 On note $\ell^\infty(\mathbb{R})$ l'ensemble des suites réelles bornées. Pour $u \in \ell^\infty(\mathbb{R})$, on pose $\|(u_n)_n\|_\infty = \sup\limits_{n\in\mathbb{N}} |u_n|$.

On note $\mathbb{R}^{(\mathbb{N})}$ l'ensemble des suites réelles nulles à partir d'un certain rang.

1°) Justifier que $\mathbb{R}^{(\mathbb{N})}$ est un sous-espace vectoriel de $\ell^\infty(\mathbb{R})$.

2°) $\mathbb{R}^{(\mathbb{N})}$ est-il ouvert dans $\ell^\infty(\mathbb{R})$ pour la norme $\|.\|_\infty$?

3°) $\mathbb{R}^{(\mathbb{N})}$ est-il fermé dans $\ell^\infty(\mathbb{R})$ pour la norme $\|.\|_\infty$?

◇

4.17 Soient E un espace vectoriel normé et V un sous-espace vectoriel de E.

1°) Montrer que $\overline{V}$ est un sous-espace vectoriel de E.

2°) Montrer que si $\overset{\circ}{V} \neq \emptyset$, alors $V = E$.

◇

4.18 Soit E un espace vectoriel normé. Montrer que les boules ouvertes de E sont convexes.

◇

4.19 Soit C une partie convexe d'un espace vectoriel normé E.

1°) Montrer que l'adhérence de C est convexe.

2°) Montrer que l'intérieur de C est convexe.

◇

4.20 On considère une partie A non vide de $\mathbb{R}$ telle que :

$\forall x \in \mathbb{R}, \exists!\, a \in A$, tel que $|x - a| = d(x, A) = \inf\{d(x, b), b \in A\}$.

Montrer que A est un intervalle fermé.

◇

4.21 Soit E un espace vectoriel normé. On considère deux sous-ensembles A et B de E puis :

$d(A, B) = \inf\{d(a, b), (a, b) \in A \times B\} = \inf\{\|a - b\|, (a, b) \in A \times B\}$.

Montrer que $d(\overline{A}, \overline{B}) = d(A, B)$.

◇

4.22 Soient E un espace vectoriel normé et A une partie bornée de E contenant au moins deux points distincts. On définit le diamètre de A par :

$\delta(A) = \sup\{\|y - x\|, (x, y) \in A^2\}$.

1°) Montrer que si A est bornée, alors $\overline{A}$ et $\mathrm{fr}(A)$ sont bornés.

2°) Comparer $\delta(A)$, $\delta(\overset{\circ}{A})$ et $\delta(\overline{A})$.

3°) a) Montrer que $\delta(\mathrm{fr}(A)) \leqslant \delta(A)$.

b) Soient a un élément de A et u un vecteur non nul de E. Montrer que $\sup\{t \geq 0 \;/\; a + tu \in A\}$ existe.

c) En déduire que toute demi-droite issue d'un point a de A coupe $\mathrm{fr}(A)$.

d) En déduire que $\delta(\mathrm{fr}(A)) = \delta(A)$.

◇

4.23 Soient E l'ensemble des suites complexes $(u_n)_{n\in\mathbb{N}}$ telles que la série associée soit absolument convergentes et $F = \{u \in E \;/\; \sum_{n=0}^{\infty} u_n = 1\}$.

1°) Montrer que l'application $\|.\|$ définie sur E par :

$\forall\, u = (u_n)_n \in E, \|u\| = \sum_{n=0}^{\infty} |u_n|$, est une norme sur E.

2°) L'ensemble F est-il ouvert ? fermé ? borné ?

◇

4.24 On considère un espace vectoriel normé E, de dimension finie, et $(u_n)_n$ une suite convergente d'éléments de E. Montrer que l'ensemble des points de la suite est borné.

◇

4.25 On considère un espace vectoriel normé E, de dimension finie, et $(u_n)_n$ une suite d'éléments de E. On définit la suite $(v_n)_n$, appelée moyenne de Cesàro de $(u_n)_n$, par : $\forall\, n \in \mathbb{N}, v_n = \dfrac{u_0 + u_1 + \cdots + u_n}{n+1}$.

1°) Montrer que la convergence de la suite $(u_n)_n$ vers une limite L implique la convergence de la suite $(v_n)_n$ vers la même limite.

2°) La réciproque est-elle exacte ?

◇

4.26 On considère l'espace vectoriel normé $E = \mathbb{R}$.

Soit A une partie non vide de E. Montrer l'équivalence entre les deux propositions suivantes :

(i) Entre deux éléments distincts de E, il existe au moins un élément de A.

(ii) Tout élément de E est limite d'une suite d'éléments de A.

Si l'une de ces propositions est vérifiée, alors on dit que A est **dense dans** E. Citer une partie dense dans $\mathbb{R}$.

◇

4.27 Soit a un nombre réel. On définit la suite de matrices $(A_n)_{n\in\mathbb{N}^*}$ par :
$\forall\, n \in \mathbb{N}^*, A_n = \begin{pmatrix} 1 & -a/n \\ a/n & 1 \end{pmatrix}$

Etudier la limite éventuelle de la suite $(A_n^n)_{n\in\mathbb{N}^*}$.

◇

4.28 Etudier la convergence et la somme de la série de terme général A^n, où A est définie par : $A = \frac{1}{6}\begin{pmatrix} 8 & -5 \\ 10 & -7 \end{pmatrix}$.

◇

4.29 Soit p un entier naturel non nul. On considère l'espace vectoriel $E = \mathcal{M}_p(\mathbb{R})$ des matrices carrées réelles d'ordre p, muni de la norme $\|.\|$ définie par :
$\forall\, A = (a_{i,j})_{i,j} \in E, \|A\| = p\times \max\{|a_{i,j}|, (i,j) \in [\![1,p]\!]^2\}$.

1°) Montrer que : $\forall (M,N) \in E^2, \|MN\| \leqslant \|M\|.\|N\|$.

2°) Soit une matrice $A \in E$ telle que $\|A\| < 1$. Montrer que $(I_n - A)$ est inversible et que la série de terme général A^n converge de somme $(I_n - A)^{-1}$.

◇

4.30 On considère l'espace vectoriel normé $E = \mathbb{R}^2$. Etudier le domaine de définition D, les limites éventuelles aux points de l'adhérence de D et les prolongements par continuité, des fonctions définies sur E par :

1°) $f(x,y) = (x^2+y^2)\cos\dfrac{1}{xy}$; **2°)** $g(x,y) = \dfrac{x^5}{y^2(x^2-y^3)}$.

◇

4.31 On considère l'espace vectoriel normé $E = \mathbb{R}^3$. Etudier le domaine de définition D, les limites éventuelles aux points de l'adhérence de D et les prolongements par continuité des fonctions définies sur E par :

1°) $f(x,y,z) = (x^2+y^2+z^2)\sin\dfrac{1}{(x^2+y^2+z^2)^n}$, pour $n \in \mathbb{N}^*$.

2°) $g(x,y,z) = \dfrac{x^3+y^3+z^3}{\sqrt{x^2+y^2+z^2}}$.

3°) $h(x,y,z) = \dfrac{xy}{x^2+y^2+z^2}$.

◇

4.32 On considère l'espace vectoriel normé $E = \mathbb{R}^2$. Etudier la continuité des fonctions f et g définies sur E par :

1°) $f(x,y) = \begin{cases} 0 & \text{si } (x,y) = (0,0) \\ \dfrac{|xy|^\alpha}{x^2 - xy + y^2} & \text{si } (x,y) \neq (0,0) \end{cases}$, pour $\alpha \in \mathbb{R}$.

2°) $g(x,y) = \begin{cases} 0 & \text{si } (x,y) = (0,0) \\ \dfrac{xy^2}{x^4+y^2} & \text{si } (x,y) \neq (0,0) \end{cases}$.

◇

4.33 Déterminer si les endomorphismes u définis sur les espaces vectoriels normés $(E, \|.\|)$ par : $\forall P \in E, u(P) = P'$, sont continus dans les cas suivants :

1°) $E = \mathbb{R}[X]$ muni de la norme définie par : $\|\sum_{k\geq 0} a_k X^k\| = \sum_{k\geq 0} |a_k|$.

2°) $E = \mathbb{R}_n[X]$ muni de la norme définie par : $\|\sum_{k=0}^{n} a_k X^k\|| = \sum_{k=0}^{n} |a_k|$.

3°) $E = \mathbb{R}[X]$ muni de la norme définie par : $\|\sum_{k\geq 0} a_k X^k\| = \sum_{k\geq 0} k!|a_k|$.

◇

4.34 On considère l'espace vectoriel $E = \mathcal{C}([0,1],\mathbb{R})$ et une fonction $g \in E$. On définit deux normes sur E par :

$$\forall f \in E, \|f\|_1 = \int_0^1 |f(t)|\, dt \text{ et } \|f\|_2 = \sqrt{\int_0^1 (f(t))^2\, dt}.$$

Montrer la continuité de l'application linéaire $u : (E, N) \to (E, N')$ définie par : $\forall f \in E, u(f) = fg$, dans les cas suivants :

1°) $N = N' = \|.\|_1$;

2°) $N = \|.\|_2$ et $N' = \|.\|_1$.

◇

4.35 **1°)** Montrer que, pour $n \in \mathbb{N}^*$, $GL_n(\mathbb{R})$ est une partie ouverte de $\mathcal{M}_n(\mathbb{R})$.

2°) Montrer que, pour tout espace vectoriel euclidien E, l'ensemble :

$L = \{(x, y) \in E^2 \,/ (x, y) \text{ libre}\}$ est une partie ouverte de E^2.

◇

4.36 Soient E un espace vectoriel normé de dimension quelconque et u un endomorphisme de E. Montrer que l'endomorphisme u est continu si et seulement si $A = \{x \in E \,/\, \|u(x)\| = 1\}$ est fermé dans E.

◇

4.37 On considère deux espaces vectoriels normés de dimensions finies E et F et A une partie de E. Soit f une application de E vers F.

1°) Justifier que la continuité de f sur E implique la continuité des restrictions de f à A et à $E \setminus A$.

2°) Montrer que la réciproque est fausse dans le cas général.

◇

4.38 On se place dans $E = \mathbb{R}^n$ muni de sa structure euclidienne canonique. On considère un convexe fermé non vide A de E.

Soit $x \in E$. On admet qu'il existe au moins un point a dans A tel que $\|x - a\| = \inf_{y \in A} \|x - y\| = d(x, A)$.

1°) Montrer qu'il existe un unique point a dans A tel que $\|x - a\| = d(x, A)$. On le note alors $a = p(x)$.

2°) Soit $b \in A$ tel que : $\forall z \in A, \langle x - b, z - b\rangle \leqslant 0$. Montrer que $b = p(x)$.

3°) Montrer que $\forall z \in A, \langle x - p(x), z - p(x)\rangle \leqslant 0$.

4°) Soit alors $(x, y) \in E^2$, montrer que :

$\langle x - y, p(x) - p(y)\rangle \geqslant \|p(x) - p(y)\|^2$.

En déduire que la projection p est une application lipschitzienne.

II. INDICATIONS

4.01. Penser à l'équivalence des normes en dimension finie.

4.02. Faire un petit dessin pour deviner comment appliquer le théorème de Pythagore.

4.03. Pour montrer que $N = N_2$, on pourra soit raisonner géométriquement, soit raisonner sur la boule unité.

4.04. Pour **2)**, on regardera si une boule ouverte centrée en un point de C ou D peut être incluse dans ces parties.

4.05. 2) Vous vous doutez bien que la question est posée parce que la réponse est non.

4.06. On pourra utiliser la caractérisation séquentielle de l'adhérence.

4.07. On pourra montrer que A et B sont là parce que ce sont des contre-exemples pour la question **2)**.

4.08. On pourra envisager $f : x \mapsto \dfrac{rx}{1+\|x\|}$ de E dans $B_o(0,r)$ puis une translation.

4.09. En dimension finie, toutes les normes sont équivalentes ...

4.10. On pourra considérer les ensembles $O_n = \cup_{a\in F} B_o(a, 1/n)$.

4.11. On pourra compléter une base de F en une base de E et considérer une norme sur E adaptée à cette base, puis utiliser l'équivalence des normes en dimension finie.

4.12. Pour la question **1)**, on pourra utiliser la caractérisation séquentielle de $\overline{B}$.

4.13. On pourra montrer que $\mathrm{fr}(A)$ est l'intersection de deux fermés.

4.14. On pourra déduire la deuxième réponse de la première en passant au complémentaire.

4.15. Pour la question **1)**, on pourra considérer les ouverts $U = \cup_{a\in A} B_o(a, d(A,B)/2)$ et $V = \cup_{b\in B} B_o(b, d(A,B)/2)$. Pour la question **3)** réutiliser l'idée précédente.

4.16. On montrera que $\mathbb{R}^{(\mathbb{N})}$ n'est ni ouvert ni fermé.

4.17. 1) Revenir à la caractérisation séquentielle de l'adhérence. **2)** Se ramener au fait que, par translation, V contient une boule centrée en 0, puis raisonner par homogénéité.

4.18. Il suffit de revenir à la définition ...

4.19. Pour la question **1)** on pourra utiliser la caractérisation séquentielle de l'adhérence et pour la question **2)** un petit dessin avec x, y, le segment $[x,y]$ et des boules centrées en x et en y (haltères !) éclaire la situation ...

4.20. Utiliser le critère séquenciel pour montrer que A est fermé.

4.21. On pourra utiliser la caractérisation séquentielle des adhérences pour montrer que $d(\overline{A}, \overline{B}) \geqslant d(A,B)$.

4.22. Pour **2)**, on montrera que $\delta(\mathring{A}) \leqslant \delta(A) = \delta(\overline{A})$.

4.23. On montrera que F est fermé mais ni ouvert ni borné.

4.24. Utiliser la définition de la convergence d'une suite dans un EVN.

4.25. Scinder la somme définissant v_n en deux morceaux judicieusement choisis après avoir écrit la définition de la convergence de la suite $(u_n)_n$.

4.27. On pourra écrire A_n sous la forme $\lambda_n \begin{pmatrix} \cos(\theta_n) & -\sin(\theta_n) \\ \sin(\theta_n) & \cos(\theta_n) \end{pmatrix}$.

4.28. On pourra diagonaliser la matrice A.

4.29. Calculer $(I_p - A)\sum\limits_{k=0}^{n} A^k$.

4.30. à **4.32.** Majorer $|f(x,y)|$ en fonction d'une norme bien choisie de (x,y) pour déterminer la limite en $(0,0)$. Pour la fonction g on cherchera un chemin vers $(0,0)$ qui donnera une limite infinie.

4.33. Pour la question **1)**, on pourra calculer $\|X^k\|$, $\|u(X^k)\|$ et en déduire que u n'est pas continue.

4.34. La fonction g est bornée sur $[0,1]$ et penser à l'inégalité de Cauchy-Schwarz.

4.35. On pourra écrire les ensembles considérés comme des images réciproques d'ouverts par des fonctions continues.

4.36. On pourra utiliser le fait que si u n'est pas continue, alors elle n'est pas bornée sur A.

4.38. Pour la question **3)** on pourra considérer les vecteurs $ty + (1-t)p(x)$, avec $t \in [0,1]$. Pour la question **4)** on pourra utiliser l'inégalité de Cauchy-Schwarz.

III. CORRIGÉS DÉTAILLÉS DES EXERCICES

Corrigé 4.01

1°) $\star$ $X = (x,y) \in S_1(O,1) \iff |x| + |y| = 1$, ce qui donne, dans le quart de plan $(x \geqslant 0, y \geqslant 0)$, une portion de la droite d'équation $x + y = 1$, le reste se déduisant par symétries par rapport aux axes de coordonnées. La sphère est un carré (vu comme un losange, ce qui n'est pas incompatible).

$\star$ $X = (x,y) \in S_2(O,1) \iff x^2 + y^2 = 1$, ce qui correspond au cercle de centre O et de rayon 1.

$\star$ $X = (x,y) \in S_\infty(O,1) \iff \max(|x|,|y|) = 1$, ce qui nous donne les parties des droites d'équations $x = \pm 1$ et $y = \pm 1$ pour $-1 \leqslant x \leqslant 1$ et $-1 \leqslant y \leqslant 1$. Donc la sphère est encore un carré !

On obtient :

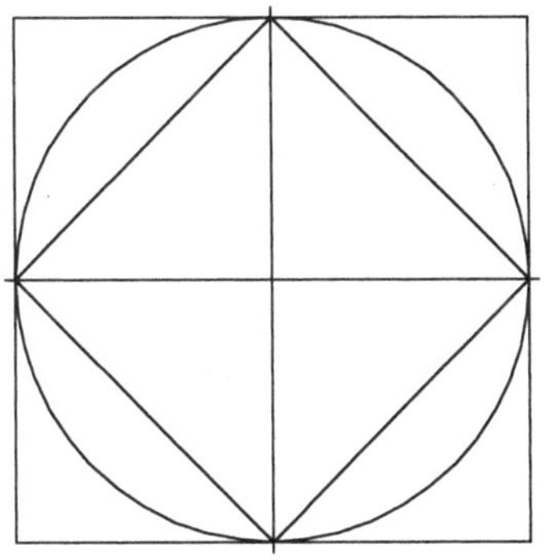

2°) La dimension de E étant finie, les trois normes sont équivalentes, d'où l'existence de constantes strictement positives convenant.

$\star$ $\max(|x|,|y|) = \max\{\sqrt{x^2}, \sqrt{y^2}\} \leqslant \sqrt{x^2+y^2} \implies N_\infty \leqslant N_2$ et $a = 1$ convient.

$\star$ $x^2 + y^2 \leqslant 2\max\{\sqrt{x^2}, \sqrt{y^2}\} \implies N_2^2 \leqslant 2N_\infty^2$ et $b = \sqrt{2}$ convient.

$\star$ $(|x| + |y|)^2 = x^2 + y^2 + 2|xy| \implies N_1^2 \geqslant N_2^2 \implies N_1 \geqslant N_2$ et $c = 1$ convient.

$\star$ On remarque que : $x^2 + y^2 - 2|x||y| = (|x| - |y|)^2 \geqslant 0$, donc $2|x||y| \leqslant x^2 + y^2$ et $(|x| + |y|)^2 = x^2 + y^2 + 2|x||y| \leqslant 2(x^2 + y^2)$, soit $N_1^2 \leqslant 2N_2^2$ et $N_1 \leqslant \sqrt{2}N_2$ et $d = \sqrt{2}$ convient.

$\star$ En utilisant ce qui a été montré précédemment, on trouve immédiatement :

$N_\infty \leqslant N_2 \leqslant N_1$ et $e = 1$ convient ; $N_1 \leqslant \sqrt{2}N_2 \leqslant \sqrt{2}(\sqrt{2}N_\infty)$ et $f = 2$ convient.

Corrigé 4.02

Faites donc un petit dessin pour « voir » un triangle isocèle en x et la hauteur issue de $x\dots$

Rappelons que $\|u\| = \|v\| \implies \langle u+v, u-v\rangle = \|u\|^2 - \|v\|^2 = 0$, donc u et v sont alors orthogonaux.

Par hypothèse $\|x-a\| = \|x-b\|$, donc les vecteurs $(x-a)+(x-b) = 2x-a-b$ et $(x-a)-(x-b) = b-a$ sont orthogonaux. Il en est donc de même des vecteurs $x - \dfrac{a+b}{2}$ et $\dfrac{b-a}{2}$ et comme $x - a = x - \dfrac{a+b}{2} + \dfrac{b-a}{2}$, le théorème de pythagore donne, puisque $b \neq a$:

$$\|x-a\|^2 = \|x - \frac{a+b}{2}\|^2 + \|\frac{b-a}{2}\|^2 > \|x - \frac{a+b}{2}\|^2$$

D'où le résultat.

Corrigé 4.03

1°) $\star$ D'après l'inégalité de Cauchy-Schwarz pour le produit scalaire canonique sur $\mathbb{R}^2$, on a :

$$\forall\,(x,y) \in \mathbb{R}^2, \forall\, t \in \mathbb{R}, |x+ty| = |\langle (1,t),(x,y)\rangle| \leqslant \sqrt{1+t^2}\sqrt{x^2+y^2}$$

Ce qui donne alors : $\dfrac{|x+ty|}{\sqrt{1+t^2}} \leqslant N_2(x,y)$

On a ainsi montré que l'application $t \mapsto \dfrac{|x+ty|}{\sqrt{1+t^2}}$ est bornée sur $\mathbb{R}$, et comme elle est de plus positive : $\forall\,(x,y) \in \mathbb{R}^2$, $N(x,y)$ existe et $0 \leqslant N(x,y) \leqslant N_2(x,y)$.

$\star$ $N(x,y) = 0 \implies \forall\, t \in \mathbb{R}, x+ty = 0$. Pour $t = 0$ on obtient $x = 0$, puis pour $t = 1$, on obtient $y = 0$. Donc $N(x,y) = 0 \implies (x,y) = (0,0)$.

$\star$ $\forall (x,y) \in \mathbb{R}^2$ et $\forall\,\lambda \in \mathbb{R}$:

$$N(\lambda(x,y)) = N(\lambda x, \lambda y) = \sup_{t\in\mathbb{R}} \frac{|\lambda x + t\lambda y|}{\sqrt{1+t^2}} = |\lambda| \sup_{t\in\mathbb{R}} \frac{|x+ty|}{\sqrt{1+t^2}} = |\lambda| N(x,y).$$

$\star$ Enfin, $\forall (x,y) \in \mathbb{R}^2$ et $\forall\,(x',y') \in \mathbb{R}^2$, on a, d'après l'inégalité triangulaire de la valeur absolue : $\forall\, t \in \mathbb{R}, |(x+x') + t(y+y')| \leqslant |x+ty| + |x'+ty'|$, dont on déduit :

$$\forall\, t \in \mathbb{R}, \frac{|(x+x')+t(y+y')|}{\sqrt{1+t^2}} \leqslant \frac{|x+ty|}{\sqrt{1+t^2}} + \frac{|x'+ty'|}{1+t^2}$$

Donc, en passant au sup à droite :

$$\forall\, t \in \mathbb{R}, \frac{|(x+x')+t(y+y')|}{\sqrt{1+t^2}} \leqslant N(x,y) + N(x',y')$$

et en passant **maintenant** au sup à gauche, on obtient :

$$N((x,y) + (x',y')) \leqslant N(x,y) + N(x',y')$$

On a bien vérifié les propriétés qui font de N une norme sur $\mathbb{R}^2$ et on a prouvé en cours de route que $N \leqslant N_2$.

2°) Nous allons montrer que $N = N_2$ de deux façons.

On raisonne sur la boule unité.

Soit B la boule fermée unité de $\mathbb{R}^2$ pour la norme N. On a :

$$(x,y) \in B \iff \sup_{t\in\mathbb{R}} \frac{|x+ty|}{\sqrt{1+t^2}} \leqslant 1 \iff \forall t \in \mathbb{R}, \frac{(x+yt)^2}{1+t^2} \leqslant 1$$
$$\iff \forall t \in \mathbb{R}, (1-y^2)t^2 - 2xyt + 1 - x^2 \geqslant 0$$

et ceci a lieu si et seulement si $1 - y^2 \geqslant 0$ et $(-2xy)^2 - 4(1-x^2)(1-y^2) \leqslant 0$ (signe d'un trinôme ...), soit $1 - y^2 \geqslant 0$ et $x^2 + y^2 - 1 \leqslant 0$.
Or si $x^2 + y^2 \leqslant 1$, on a $1 - y^2 \geqslant 0$ et donc :

$$(x,y) \in B \iff (x,y) \in B_{f,N_2}(0,1)$$

N et N_2 définissent la même boule unité, donc, par homothéties, les mêmes boules de centre O et les mêmes sphères de centre O, elles sont donc égales.
Méthode « géométrique » :
La distance euclidienne (*i.e.* définie par N_2) du point M de coordonnées (x,y) à la droite D_t d'équation $X + tY = 0$ est : $d(M, D_t) = \dfrac{|x+ty|}{\sqrt{1+t^2}}$ (formule donnant la distance d'un point à une droite !)
Or, comme $O \in D_t$, cette distance est toujours inférieure à la distance de M à l'origine, qui vaut $N_2(x,y)$, on retrouve donc $N(x,y) \leqslant N_2(x,y)$.
La distance $d(M, D_t)$ vaut exactement la distance à l'origine lorsque la droite D_t est perpendiculaire à (OM). Il existe toujours une valeur de t réalisant cette égalité, et comme $N(x,y)$ est le sup pour t décrivant $\mathbb{R}$, c'est ainsi que l'on obtient $N(x,y) \geqslant N_2(x,y)$ et donc $N(x,y) = N_2(x,y)$.
Voici une explication géométrique au fait que $N = N_2$.

Corrigé 4.04

Notons $\|.\|$ la norme euclidienne canonique.
1°) $\star$ $X = (x,y) \in A \implies x^2 + 3y^2 \leqslant 1 \implies x^2 + y^2 \leqslant 1 \implies \|X\| \leqslant 1$, donc A est une partie bornée de E.

$\star$ Pour tout x de $\mathbb{R}$, $X = (x\sqrt[3]{3}, -x) \in B$ (car $0 \leqslant 1$!) et $\|X\| \geqslant |x|$, donc B est une partie non bornée de E.

2°) $\star$ Soit $X = (x,y) \in C$, la boule $B_o(X, y/2)$ ne contient que des points à ordonnée strictement positive et est donc contenue dans C : C est ouvert.

$\star$ Soit $X = (x,x) \in D$, $\forall r > 0$, le point $(x, x + r/2)$ est dans la boule $B_o(X,r)$ mais pas dans D : $B_o(X, r/2) \not\subset D$ et D n'est pas une partie ouverte.

Corrigé 4.05

1°) $\star$ Soit $(u_n)_n$ une suite convergente d'éléments de A. On note $u_\ell = (x_\ell, y_\ell)$ sa limite.
$u_n \in A \implies u_n = (x_n, y_n)$, avec, pour tout n, $x_n y_n = 1$. Alors, en passant à la limite, on obtient $x_\ell y_\ell = 1$, et donc $u_\ell \in A$.
Conclusion : par la caractérisation séquentielle, A est fermé.

$\star$ B est fermé en tant que produit cartésien de deux fermés.

2°) On définit, pour tout $n \in \mathbb{N}$, $u_n = \left(\dfrac{1}{n+1}, 0\right)$.

Alors, on peut écrire : $u_n = \left(\frac{1}{n+1}, n+1\right) + (0, -n-1)$ et u_n appartient à $A+B$.
Or $\lim_{n\to\infty} u_n = (0,0) \notin A+B$, puisque : $\forall (x_a, y_a) \in A$ et $\forall (x_b, y_b) \in B$, $x_a + x_b = x_a \neq 0$ (car $x_b = 0$ et $x_a y_a = 1 \implies x_a \neq 0$), donc $A+B$ ne contient aucun élément de la forme $(0, y)$.

Conclusion : $A+B$ est somme de deux fermés mais n'est pas fermée.

Corrigé 4.06

Procédons par double inclusion :

$\star$ $B_o(a,r) \subset B_f(a,r)$ qui est fermée et $\overline{B_o(a,r)}$ étant le plus petit fermé, au sens de l'inclusion, qui contient $B_o(a,r)$, on a : $\overline{B_o(a,r)} \subset B_f(a,r)$.

$\star$ Soit $m \in B_f(a,r)$. On a donc $\|m-a\| \leqslant r$.
Pour tout n de $\mathbb{N}$, on pose $m_n = a + \frac{n}{n+1}(m-a)$, on a :

$$\|m_n - a\| = \frac{n}{n+1}\|m-a\| < r \text{ et } \lim_{n\to\infty} m_n = a + (m-a) = m.$$

Ainsi m est limite d'une suite de points de $B_o(a,r)$ et $m \in \overline{B_o(a,r)}$, ce qui prouve que $B_f(a,r) \subset \overline{B_o(a,r)}$.

Conclusion : on a bien montré, par double inclusion, que $B_f(a,r) = \overline{B_o(a,r)}$.

Corrigé 4.07

1°) $\star$ Soit (x,y) un point de $E \setminus A$.
Comme $y \neq 0$, on peut considérer la boule $B_o((x,y), |y|/2)$. Cette boule ne contient aucun point d'ordonnée nulle et donc ne rencontre pas A.

La partie $E \setminus A$ est ouverte et A est fermée.

$\star$ Soit $(x,0) \in A$, toute boule centrée en $(x,0)$ contient des points d'ordonnée non nulle, donc n'est pas incluse dans A et A n'est pas ouverte.

$\star$ B est le disque ouvert unité auquel on a enlevé le rayon $A = [0,1[\times\{0\}$. Donc B estl'intersection des deux ouverts $B_o((0,0),1)$ et $E \setminus A$, donc B est ouvert.

$\star$ La suite de points $((\frac{1}{2}, \frac{1}{n}))_{n\geq 2}$ est une suite de points de B qui converge. Sa limite est le point $(\frac{1}{2}, 0)$ qui est dans A, donc pas dans B : B n'est pas fermé.

2°) $\star$ La partie A précédente est fermée, donc $\overline{A} = A$.
Mais on a vu dans le deuxième point de la première question qu'il n'existe aucune boule ouverte contenue dans A, donc $\overset{\circ}{A} = \emptyset$ et l'adhérence de $\overset{\circ}{A}$ est l'ensemble vide qui est différent de $\overline{A}$: l'adhérence peut contenir strictement l'adhérence de l'intérieur.

$\star$ La partie B précédente est ouverte, donc $\overset{\circ}{B} = B$. Mais le raisonnement fait au quatrième point de la question précédente permet de montrer que tous les points $(x,0)$ avec $0 \leqslant x < 1$ sont dans l'adhérence $\overline{B}$ de B (et aussi d'ailleurs les points du disque $D((0,0),1)$). Ainsi l'intérieur de $\overline{B}$ contient au moins $B_o((0,0),1)$ et est différent de B. L'intérieur de l'adhérence peut donc contenir strictement l'intérieur.

Corrigé 4.08

Soient $r > 0$ et la fonction f définie sur E par $f(x) = \dfrac{rx}{1+\|x\|}$, où $\|.\|$ est la norme sur E.

$\star$ f est continue sur E comme composée d'applications continues sur E.

$\star\ \forall x \in E, \|f(x)\| = \left\|\dfrac{rx}{1+\|x\|}\right\| = \dfrac{r\|x\|}{1+\|x\|} < r \implies f(x) \in B_o(0,r)$. Donc f est définie de E dans $B_o(0,r)$.

$\star\ y = f(x) \implies y = \dfrac{rx}{1+\|x\|} \implies \|y\| = \dfrac{r\|x\|}{1+\|x\|} = r\big(1 - \dfrac{1}{1+\|x\|}\big)$

d'où : $\|y\| - r = \dfrac{-r}{1+\|x\|}$ et $1 + \|x\| = \dfrac{r}{r-\|y\|}$,

ce qui donne alors $x = y\big(\dfrac{1+\|x\|}{r}\big) = \dfrac{y}{r-\|y\|}$,

(on a bien $r - \|y\| \neq 0$ puisque $y = f(x) \in B_o(0,r)$)

Réciproquement on vérifie aisément que $f\big(\dfrac{y}{r-\|y\|}\big) = y$, donc f admet bien une fonction réciproque définie par :

$$f^{-1} : B_o(0,r) \to E, x \mapsto \frac{x}{r-\|x\|}$$

et f^{-1} est continue pour les mêmes raisons que pour f.

Donc f est un homéomorphisme de E sur $Bo(0,r)$.

Or, $\forall a \in E$, la translation t_a définie de $B_o(0,r)$ dans $B_o(a,r)$ par $t_a(x) = a+x$ est bien évidemment un homéomorphisme (de bijection réciproque t_{-a}). Ainsi $t_a \circ f$ est un homéomorphisme de E sur $B_o(a,r)$ qui sont donc bien homéomorphes.

Corrigé 4.09

1°) C'est une question de cours ...

$\star$ Les fonctions polynômes étant continues, l'application $P \mapsto \sup\limits_{x\in[0,1]} |P(x)|$ est bien définie sur E (et le sup est un max) et admet pour ensemble d'arrivée $\mathbb{R}_+$.

$\star\ \forall \lambda \in \mathbb{R}, \forall P \in E, \|\lambda P\| = \sup\limits_{x\in[0,1]} |\lambda P(x)| = |\lambda| \sup\limits_{x\in[0,1]} |P(x)| = |\lambda|.\|P\|$.

$\star\ \|P\| = 0 \implies \sup\limits_{x\in[0,1]} |P(x)| = 0 \implies \forall x \in [0,1], |P(x)| = 0 \implies P$ admet une infinité de racines $\implies P = 0$.

$\star\ \forall (P,Q) \in E^2, \forall x \in [\![0,1]\!], |(P+Q)(x)| \leqslant |P(x)| + |Q(x)| \leqslant \|P\| + \|Q\|$, et par passage au sup à gauche $\|P+Q\| \leqslant \|P\| + \|Q\|$.

Donc $\|.\|$ est bien une norme sur E.

2°) L'application $P = \sum\limits_{i=0}^{n} a_i X^i \mapsto \|P\|_\infty = \sup\limits_{1\leq i\leq n} |a_i|$ est une norme sur E (c'est encore une norme de référence).

Or en dimension finie toutes les normes sont équivalentes, donc $\|.\|$ et $\|.\|_\infty$ sont équivalentes, ce qui donne alors :

$\exists\, (a,b) \in (\mathbb{R}_+^*)^2$ tel que $\forall\, P \in E, a.\|P\|_\infty \leqslant \|P\| \leqslant b.\|P\|_\infty$

Or, par définition de A et de $\|.\|_\infty$, on a : $P \in A \implies \|P\|_\infty \geqslant 1$, donc on obtient finalement :
$\forall\, P \in A, \|P\| \geqslant a.\|P\|_\infty \geqslant a$, ce qui donne le résultat demandé.

3°) $P \mapsto N(P) = \displaystyle\int_0^1 |P(t)|\, dt$ est encore une norme classique sur E, donc il existe $c \in \mathbb{R}_+^*$ tel que $\forall\, P \in E, N(P) \geqslant c.\|P\|_\infty$.
On a encore $P \in E_n \implies \|P\|_\infty \geqslant 1$, donc on obtient finalement :

$$\forall\, P \in E_n, N(P) \geqslant c.\|P\|_\infty \geqslant c \text{ et le résultat.}$$

Corrigé 4.10

Soit F un fermé de E. On définit, pour tout $n \in \mathbb{N}^*$, l'ensemble :

$$O_n = \cup_{a \in F}\, B_o(a, 1/n)$$

La suite $(O_n)_n$ est une suite d'ouverts (réunions de boules ouvertes) décroissante, au sens de l'inclusion.
On va montrer que $F = \cap_{n \in \mathbb{N}^*} O_n$.
$\rightarrow$ Chaque O_n est un ouvert qui contient F, donc F est inclus dans $\cap_{n \in \mathbb{N}^*} O_n$.
$\rightarrow$ Réciproquement, si $x \in \cap_{n \in \mathbb{N}^*} O_n$, alors, pour tout $p \in \mathbb{N}^*$, x est dans O_p, donc dans au moins une des boules constituant O_p : il existe $x_p \in F$ tel que $x \in B_o(x_p, 1/p)$.
Comme $\|x_p - x\| \leqslant \dfrac{1}{p}$, la suite $(x_p)_p$ converge vers x, et $x \in F$ puisque F est fermé.
Donc, par double inclusion : $F = \displaystyle\bigcap_{n \in \mathbb{N}^*} O_n$.

Corrigé 4.11

Soient F un sous-espace de E et $(e_1, \ldots, e_p)$ une base de F. On complète $(e_1, \ldots, e_p)$ en une base $e = (e_1, \ldots, e_n)$ de E. On notera, pour tout $i \in [\![1, n]\!]$, e_i^* l'application qui à un vecteur de E associe sa coordonnée sur le vecteur e_i dans sa décomposition selon e. On obtient ainsi :

$$\forall\, x \in E, x = \sum_{i=1}^{n} e_i^*(x) e_i$$

On considère alors la norme $\|.\|_\infty$ relative à la base e définie sur E par :

$$\|x\|_\infty = \max_{1 \leq i \leq n} |e_i^*(x)|$$

Comme E est de dimension finie, toutes les normes sur E sont équivalentes, donc il suffit de prouver que F est fermé relativement à cette norme.
Soit $(x_i)_{i \in \mathbb{N}}$ une suite d'éléments de F, qui converge vers $x \in E$ pour cette norme.
Cela signifie que $\|x_i - x\|_\infty$ a pour limite 0 lorsque i tend vers l'infini.
Par définition de la norme infinie, chaque coordonnée de x_i a donc pour limite la coordonnée correspondante de x lorsque i tend vers l'infini :

$$\forall\, j \in [\![1, n]\!],\ \lim_{i \to \infty} e_j^*(x_i) = e_j^*(x)$$

Comme, pour tout entier $j \geqslant p + 1$, on a $\forall\, i \in \mathbb{N}, e_j^*(x_i) = 0$ car $x_i \in F$, alors on obtient, par passage à la limite sur i : $j \geqslant p + 1 \implies e_j^*(x) = 0$, ce qui implique que $x \in F$.

Conclusion : F est fermé, d'après la caractérisation séquentielle des fermés.

Corrigé 4.12

1°) Soit $x \in A \cap \overline{B}$.
$\star$ Comme $x \in \overline{B}$, il existe une suite $(b_n)_n$ d'éléments de B telle que $\lim\limits_{n\to\infty} b_n = x$.
$\star$ Comme $x \in A$, qui est ouvert, il existe $r > 0$ tel que $B_o(x, r) \subset A$.
Donc, à partir d'un certain rang, $b_n \in B_o(x, r)$, et alors $b_n \in A \cap B$. Conclusion : x est limite d'une suite de points qui appartiennent à $A \cap B$, à partir d'un certain rang. Donc $\lim\limits_{n\to\infty} b_n \in \overline{A \cap B}$, et :

$$A \cap \overline{B} \subset \overline{A \cap B}$$

2°) Si $A \cap B = \emptyset$, alors, par le résultat de la question **1°)** :
$A \cap \overline{B} \subset \overline{A \cap B} \implies A \cap \overline{B} \subset \overline{\emptyset} = \emptyset$ (car $\emptyset$ est une partie fermée) ce qui donne donc $A \cap \overline{B} = \emptyset$.

Corrigé 4.13

Il est parfois plus lisible de noter $\mathrm{int}(X)$ l'intérieur d'une partie X ...

1°) a) $\star$ On a $\mathrm{int}(A) \subset A$, donc $E \setminus A \subset E \setminus \mathrm{int}(A)$, et comme $E \setminus \mathrm{int}(A)$ est un fermé (complémentaire d'un ouvert) il contient l'adhérence de $E \setminus A$:

$$\overline{E \setminus A} \subset E \setminus \mathrm{int}(A)$$

$\star$ Soit $x \in E \setminus \mathrm{int}(A)$, ainsi $x \notin \mathrm{int}(A)$, ce qui implique que :

$$\forall r > 0, B_o(x, r) \not\subset A$$

Ainsi : $\forall n \in \mathbb{N}^*, \exists x_n \in B_o(x, 1/n) \cap (E \setminus A)$, ce qui définit une suite $(x_n)_n$ d'éléments de $E \setminus A$ convergeant vers x. Ceci montre que $x \in \overline{E \setminus A}$ et donc que $E \setminus \mathrm{int}(A) \subset \overline{E \setminus A}$. Ainsi, par double inclusion :

$$\overline{E \setminus A} = E \setminus \mathrm{int}(A)$$

b) $\star$ On a $A \subset \overline{A}$, donc $E \setminus \overline{A} \subset E \setminus A$ et comme $E \setminus \overline{A}$ est un ouvert, il est inclus dans l'intérieur de $E \setminus A$.

$\star$ Réciproquement, soit x dans l'intérieur de $E \setminus A$. Il existe $r > 0$ tel que $B_o(x, r) \subset E \setminus A$. Alors on a $x \notin \overline{A}$. En effet, sinon il existerait une suite de points de A convergeant vers x, et à partir d'un certain rang tous les points de cette suite seraient dans $B_o(x, r)$ et $B_0(x, r)$ rencontrerait A, ce qui est contraire à l'hypothèse. Donc $x \in E \setminus \overline{A}$, et $\mathrm{int}(E \setminus A) \subset E \setminus \overline{A}$
Par double inclusion :

$$\mathrm{int}(E \setminus A) = E \setminus \overline{A}$$

Corrigé 4.14

1°) $\star$ Si A est une partie fermée, on a alors $\mathrm{fr}(A) \subset \overline{A} = A$.
$\star$ Si $\mathrm{fr}(A) \subset A$, comme $\overline{A} = \overset{\circ}{A} \cup \mathrm{fr}(A)$ et $\overset{\circ}{A} \subset A$, il vient $\overline{A} \subset A$ et ainsi $\overline{A} = A$: A est une partie fermée.
D'où l'équivalence demandée.

2°) A ouvert $\iff E \setminus A$ fermé $\iff \mathrm{fr}(E \setminus A) \subset E \setminus A$, d'après la question précédente.
Or $\mathrm{fr}(E \setminus A) = \mathrm{fr}(A)$, donc A ouvert $\iff \mathrm{fr}(A) \subset E \setminus A \iff A \cap \mathrm{fr}(A) = \emptyset$.

Corrigé 4.15

1°) Nous allons montrer que $U = \bigcup_{a \in A} B_o(a, d(A,B)/2)$ et
$V = \bigcup_{b \in B} B_o(b, d(A,B)/2)$ conviennent :

⋆ U et V sont des ouverts contenant respectivement A et B.

⋆ Supposons U et V non disjoints et soit x dans $U \cap V$. Alors, il existe un couple $(a,b) \in A \times B$ tel que $x \in B_o(a, d(A,B)/2)$ et $x \in B_o(b, d(A,B)/2)$, donc on obtient :
$d(A,B) \leqslant d(a,b) \leqslant d(a,x) + d(x,b) < \dfrac{d(A,B)}{2} + \dfrac{d(A,B)}{2}$ ce qui est absurde.
Donc U et V sont bien disjoints.

2°) ⋆ Si $x \in F$, alors banalement $d(x,F) = 0$.
⋆ Réciproquement, supposons que $d(x,F) = 0$. Alors $\inf\{d(x,y), y \in F\} = 0$, donc $\forall\, \varepsilon > 0, \exists\, y \in F$ tel que $d(x,y) < \varepsilon$.
En prenant, pour tout $n \in \mathbb{N}^*$, $\varepsilon = \dfrac{1}{n}$, on construit ainsi une suite $(y_n)_n$ d'éléments de F tels que $d(x, y_n) < \dfrac{1}{n}$, donc une suite de points de F qui converge vers x. Or F est un fermé, donc $x \in F$.

Conclusion : on a bien montré l'équivalence, par double implication.

3°) F et G sont fermés et disjoints, mais rien ne dit que $d(F,G) > 0$ (pensez par exemple, dans le plan usuel, à une branche d'hyperbole et à une de ses asymptotes).
L'idée est néanmoins un peu la même que dans la question **1°)** :
nous allons montrer que $U = \bigcup_{x \in F} B_o(x, d(x,G)/2)$ et
$V = \bigcup_{y \in G} B_o(y, d(y,F)/2)$ conviennent :

⋆ U et V sont des ouverts contenant respectivement F et G, puisque d'après le résultat de la question **2°)**, on a $d(x,G) > 0$ et $d(y,F) > 0$ pour tous choix de $x \in F$ et $y \in G$, donc toutes les boules considérées sont non vides.

⋆ Supposons U et V non disjoints. Alors $\exists y \in U \cap V$, et donc $\exists (a,b) \in F \times G$ tels que : $d(a,y) < \dfrac{d(a,G)}{2}$ et $d(b,y) < \dfrac{d(b,F)}{2}$.
Or $d(a,G) \leqslant d(a,b)$ et $d(b,F) \leqslant d(a,b)$, donc :

$$d(a,b) \leqslant d(a,y) + d(y,b) < d(a,b),$$

ce qui est absurde. Donc U et V sont bien disjoints.

Corrigé 4.16

1°) Les suites de $\mathbb{R}^{(\mathbb{N})}$ sont nulles à partir d'un certain rang, donc bornées. D'autre part, la suite nulle est bien dans $\mathbb{R}^{(\mathbb{N})}$ et la stabilité par combinaison linéaire est évidente. Donc $\mathbb{R}^{(\mathbb{N})}$ est bien un sous-espace vectoriel de $\ell^\infty(\mathbb{R})$.
(D'ailleurs en tant qu'espace vectoriel il n'y a pas de différence entre $\mathbb{R}^{(\mathbb{N})}$ et $\mathbb{R}[X]$.)

2°) Si $\mathbb{R}^{(\mathbb{N})}$ était ouvert dans $\ell^\infty(\mathbb{R})$, alors comme il contient la suite nulle $0 = (0)_n$, il existerait $r > 0$ tel que la boule ouverte $B_0^\infty(0, r)$ de $\ell^\infty(\mathbb{R})$ serait incluse dans $\mathbb{R}^{(\mathbb{N})}$.
Or la suite constante égale à $r/2$ appartient à $B_0^\infty(0, r)$ et n'est pas nulle à partir d'un certain rang, donc n'appartient pas à $\mathbb{R}^{(\mathbb{N})}$, ainsi $B_0^\infty(0, r) \not\subset \mathbb{R}^{(\mathbb{N})}$ et $\mathbb{R}^{(\mathbb{N})}$ n'est pas un ouvert de $\ell^\infty(\mathbb{R})$.

3°) Soient $N \in \mathbb{N}$ et la suite $u^{(N)}$ définie par :

$$\forall k \in [\![0, N]\!], u_k^{(N)} = \frac{1}{k+1} \text{ et } \forall k > N, u_k^{(N)} = 0$$

(cela commence comme la suite $1, \frac{1}{2}, \frac{1}{3}, \ldots$ et on s'arrête à $\frac{1}{N+1}$, pour continuer avec des termes nuls)

Pour tout N, la suite $u^{(N)}$ est bien élément de $\mathbb{R}^{(N)}$ et si on note v la suite définie par $\forall n \in \mathbb{N}, v_n = \frac{1}{n+1}$, on a :

$$\forall k \in [\![0, N]\!], |u_k^{(N)} - v_k| = 0 \text{ et } \forall k > N, |u_k^{(N)} - v_k| = \frac{1}{k+1}$$

Ainsi $\|u^{N)} - v\|_\infty = \frac{1}{N+2} \underset{n\to\infty}{\longrightarrow} 0$

Ceci veut dire que la suite $(u^{(N)})_{N\in\mathbb{N}}$ est une suite d'éléments de $\mathbb{R}^{(\mathbb{N})}$ qui converge dans $\ell^\infty(\mathbb{R})$ mais vers une suite qui n'appartient pas à $\mathbb{R}^{(\mathbb{N})}$, donc $\mathbb{R}^{(\mathbb{N})}$ n'est pas fermé dans $\ell^\infty(\mathbb{R})$.

Corrigé 4.17

1°) Soient $(x, y) \in \left(\overline{V}\right)^2$ et $(\lambda, \mu) \in \mathbb{R}^2$. Alors x (resp. y) est limite d'une suite $(x_n)_n$ (resp. $(y_n)_n$) d'éléments de V.
Or V est un sous-espace vectoriel, donc $z_n = \lambda x_n + \mu y_n \in V$. En passant à la limite, on obtient : $(z_n)_n$ est une suite de points de V qui converge vers $z = \lambda x + \mu y$, donc z est élément de $\overline{V}$.
Conclusion : $\overline{V}$ est un sous-espace vectoriel de E.

2°) Si $\overset{\circ}{V} \neq \emptyset$, alors il existe $a \in \overset{\circ}{V}$ et donc il existe $\varepsilon > 0$ tel que $B_o(a, \varepsilon) \subset V$.
Pour tout $x \in B_o(0, \varepsilon)$, puisque $a \in V$ et $x + a \in B_o(a, \varepsilon) \subset V$ et puisque V est un espace vectoriel, on a $x = x + a - a \in V$ et donc $B_o(0, \varepsilon) \subset V$.
Or si $x \neq 0$ est dans E, alors $z = \frac{\varepsilon}{2\|x\|} x \in B_o(0, \varepsilon) \subset V$, et puisque V est un sous-espace vectoriel, alors x qui est colinéaire à z est dans V.
Conclusion : V contient $E \setminus \{0\}$, et comme il contient 0 : $V = E$.

Corrigé 4.18

Soient $a \in E$ et $r > 0$.
On considère $(x, y) \in (B_o(a, r))^2$, $t \in [0, 1]$ quelconques et $m = tx + (1-t)y$.
Alors, on écrit :

$$\begin{aligned}
\|m - a\| &= \|tx + (1-t)y - a\| = \|tx + (1-t)y - ta - (1-t)a\| \\
&= \|t(x-a) + (1-t)(y-a)\| \leqslant \|t(x-a)\| + \|(1-t)(y-a)\| \\
&\leqslant t\|x-a\| + (1-t)\|y-a\| \underset{(*)}{<} t{\times}r + (1-t){\times}r = r
\end{aligned}$$

l'inégalite $(*)$ est stricte car t ou $(1-t)$ est srictement inférieur à 1 et les normes $\|x-a\|$ et $\|y-a\|$ sont strictement inférieures à r, donc on additionne des inégalités dont l'une au moins est stricte.
Donc $\|m-a\|<r$ et $m \in B_o(a,r)$: $B_o(a,r)$ est convexe.

Corrigé 4.19

1°) Soit $(x,y) \in (\overline{C})^2$, alors il existe deux suites $(x_n)_{n\in\mathbb{N}}$ et $(y_n)_{n\in\mathbb{N}}$ d'éléments de C telles que : $\lim\limits_{n\to\infty} x_n = x$ et $\lim\limits_{n\to\infty} y_n = y$.
Alors, $\forall\, t \in [0,1]$, on a $\lim\limits_{n\to\infty}(tx_n+(1-t)y_n) = tx+(1-t)y$
Or, $\forall\, n \in \mathbb{N}, tx_n+(1-t)y_n \in C$, car C est convexe, donc $tx+(1-t)y \in \overline{C}$.
Conclusion : $\overline{C}$ est bien convexe.

2°) Si $(x,y) \in (\overset{\circ}{C})^2$, alors il existe deux rayons r_x et r_y dans $\mathbb{R}_+^*$ tels que : $B_o(x,r_x) \subset C$ et $B_o(y,r_y) \subset C$. Pour la beauté de la figure que vous allez faire, on peut prendre $r=\min(r_x,r_y)>0$ et alors $B_o(x,r) \subset C$ et $B_o(y,r) \subset C$.
Pour tout $t \in [0,1]$, notons $p = tx+(1-t)y$ (point du segment $[x,y]$).
On a : $z \in B_o(p,r) \iff z = p+ru = tx+(1-t)y+ru$, avec $u \in B_o(0,1)$.
Mais, comme $u = tu+(1-t)u$, on a alors $z = t(x+ru)+(1-t)(y+ru)$ et $x' = x+ru \in B_o(x,r) \subset C$ et $y' = y+ru \in B_o(y,r) \subset C$, ce qui implique que $z = tx'+(1-t)y' \in C$, puisque C est convexe.
Ainsi, pour tout point p du segment $[x,y]$, il existe $r>0$ (qui ne dépend même pas de p) tel que $B_o(p,r) \subset C$, donc $p \in \overset{\circ}{C}$, ce qui prouve que $\overset{\circ}{C}$ est convexe.

Corrigé 4.20

$\star$ Soit $x \in \overline{A}$ et $(x_n)_n$ une suite d'éléments de A qui converge vers x.
On a, par hypothèse : $\exists\, a \in A$ tel que $|x-a| = d(x,A)$ et comme $\lim\limits_{n\to\infty} x_n = x$, $0 \leqslant d(x,A) \leqslant d(x,x_n)$ donne par encadrement $d(x,A) = |x-a| = 0$ et $x=a$, donc $x \in A$ et A est fermé.

$\star$ Supposons que A ne soit pas un intervalle. Alors : $\exists (a,b,c) \in A \times A \times \mathbb{R}$ tels que $a<c<b$ et $c \notin A$.
Si on pose $\alpha = \sup\{x \in A \,/\, x<c\}$ et $\beta = \inf\{x \in A \,/\, x>c\}$, alors, comme A est fermé, α et β sont dans A et donc $\alpha<c<\beta$ (en clair, l'intervalle ouvert $]\alpha,\beta[$ est un trou : il ne contient aucun point de A).

Pour $\gamma = \dfrac{\alpha+\beta}{2}$, milieu de $[\alpha,\beta]$, on a : $d(\gamma,A) = |\gamma-\alpha| = |\gamma-\beta|$, ce qui contredit l'hypothèse d'unicité.
Donc A est bien un intervalle.

Corrigé 4.21

$\star$ Par définition de la distance entre deux ensembles, on a :
$$A \subset \overline{A} \text{ et } B \subset \overline{B} \implies d(\overline{A},\overline{B}) \leqslant d(A,B).$$
$\star$ $\forall\,(a,b) \in \overline{A} \times \overline{B}$, il existe deux suites $(a_n)_{n\in\mathbb{N}} \in A^{\mathbb{N}}$ et $(b_n)_{n\in\mathbb{N}} \in B^{\mathbb{N}}$ telles que $a = \lim\limits_{n\to\infty} a_n$ et $b = \lim\limits_{n\to\infty} b_n$.

L'application d étant continue sur $A \times B$, on a alors : $d(a,b) = \lim_{n \to \infty} d(a_n, b_n)$.
Or, par définition, $d(a_n, b_n) \geqslant d(A, B)$, donc en passant à la limite, on obtient : $d(a,b) \geqslant d(A, B)$.
Comme nous avons ceci pour tout couple $(a,b) \in \overline{A} \times \overline{B}$, on en déduit que $d(\overline{A}, \overline{B}) \geqslant d(A, B)$.
Conclusion : on a bien montré que $d(\overline{A}, \overline{B}) = d(A, B)$.

Corrigé 4.22

1°) Comme A est une partie bornée de E, alors : $\exists\, M \in \mathbb{R}_+$ tel que $A \subset B_f(0, M)$.
Comme $\overline{A}$ est le plus petit fermé contenant A, on a $\overline{A} \subset B_f(0, M)$ et $\overline{A}$ est borné.
De même fr $A \subset \overline{A} \subset B_f(0, M)$ et fr A est bornée.
[Notons que si P est bornée, $P \subset B_f(0, M) \implies \forall\,(x, y) \in P^2, \|y - x\| \leqslant 2M$ et donc $\delta(P)$ existe, avec $\delta(P) \leqslant 2M$.]

2°) Des inclusions : $\overset{\circ}{A} \subset A \subset \overline{A}$ entre parties bornées on déduit immédiatement :

$$\delta(\overset{\circ}{A}) \leqslant \delta(A) \leqslant \delta(\overline{A})$$

(avec la convention $\delta(\emptyset) = 0$)
$\star$ La première inégalité peut être stricte car, si on prend $E = \mathbb{R}$ et $A = [0, 1] \cup \{2\}$, alors $\overset{\circ}{A} =]0, 1[$, donc $\delta(\overset{\circ}{A}) = 1$ et $\delta(A) = 2$.
$\star$ On va maintenant montrer que l'on a toujours $\delta(A) = \delta(\overline{A})$:
Soit x, y deux points quelconques de $\overline{A}$ et $(x_n)_n, (y_n)_n$ deux suites de points de A qui convergent respectivement vers x etr y. On a :

$$\forall\, n \in \mathbb{N}, \|y_n - x_n\| \leqslant \delta(A)$$

et, par prolongement des inégalités à la limite (c'est-à-dire par continuité de la fonction norme) : $\|y - x\| \leqslant \delta(A)$.
Par définition de la borne supérieure, on a donc $\delta(\overline{A}) \leqslant \delta(A)$ et l'égalité annoncée :

$$\delta(\overset{\circ}{A}) \leqslant \delta(A) = \delta(\overline{A})$$

3°) a) Comme $\delta(A) = \delta(\overline{A})$, alors : fr $A \subset \overline{A} \implies \delta(\text{fr } A) \leqslant \delta(\overline{A}) = \delta(A)$.

b) Soient $a \in A$, u un vecteur non nul de E et $J_a = \{t \in \mathbb{R}^+, a + tu \in A\}$.

$$\|tu\| = \|a + tu - a\| \implies t\|u\| \leqslant \|a + tu\| + \|a\|$$

Or A est bornée, donc $\exists\, M \in \mathbb{R}_+$ tel que $a + tu \in A \implies \|a + tu\| \leqslant M$.
On obtient alors, puisque $u \neq 0$: $t \leqslant \dfrac{M + \|a\|}{\|u\|}$.
On a ainsi montré que l'ensemble $\{t \geq 0 \,/\, a + tu \in A\}$ est majoré. Comme $0 \in J_a$, J_a est non vide et sa borne supérieure existe.

c) Faites un petit dessin : une demi-droite issue d'un point a de A est un ensemble de la forme $\{a + tu \,/\, t \geqslant 0\}$, avec $u \in E \setminus \{0\}$, que l'on peut choisir de norme 1. Notons t^* la borne supérieure de l'ensemble J_a associé et $p = a + t^* u$. Nous allons montrer que $p \in \text{fr}(A)$.
Par définition d'une borne supérieure, pour tout $\varepsilon > 0$, $t^* + \frac{\varepsilon}{2}$ n'appartient pas à J_a et il existe t_1 dans J_a tel que $t^* - \varepsilon < t_1 \leqslant t^*$. Par conséquent

$a' = a + (t^* + \varepsilon)u \notin A$ et $a'' = a + t_1 u \in A$. Or $\|a' - p\| = \|\frac{\varepsilon}{2}u\| < \varepsilon$ et $\|a'' - p\| = \|(t_1 - t^*)u\| = t^* - t_1 < \varepsilon$.
Ainsi $\forall\, \varepsilon > 0$, la boule $B_o(p, \varepsilon)$ contient au moins un point de A (le point a'') et un point de $E \setminus A$ (le point a').
Ainsi le point p appartient à la fois à $\overline{A}$ et à $\overline{E \setminus A}$, c'est bien un point de fr A.

d) Comme A contient au moins deux points, on a $\delta(A) > 0$.
Soit alors $\varepsilon > 0$, il existe deux points distincts a et b tels que $d(a, b) > \delta(A) - \varepsilon$.
Par le résultat **c)** la demi-droite d'origine a et dirigée par $(b - a)$ contient un point p_1 sur la frontière de A et qui est de la forme $p_1 = a + t_1(b - a)$, avec $t_1 \geqslant 1$, puisque $a + 1(b - a) = b \in A$.
De la même façon, et pour les mêmes raisons, la demi-droite d'origine b et dirigée par $(a - b)$ contient un point de $\text{fr}(A)$ de la forme $p_2 = b + t_2(a - b)$ avec $t_2 \geqslant 1$. (faites un nouveau petit dessin !)
Alors :
$\|p_2 - p_1\| = \|b + t_2(a - b) - a - t_1(b - a)\| = |t_1 + t_2 - 1|\|a - b\|$
et comme $t_1 + t_2 - 1 \geqslant 1$: $\|p_2 - p_1\| \geqslant \|a - b\| > \delta(A) - \varepsilon$
Par conséquent $\delta(\text{fr}(A)) > \delta - \varepsilon$, et comme ceci est valide pour tout $\varepsilon > 0$, $\delta(\text{fr}(A)) \geqslant \delta(A)$.
Comme l'inégalité contraire a été vue en **a)**, on a bien :

$$\delta(\text{fr}\, A) = \delta(A)$$

Corrigé 4.23

1°) Déjà E est un $\mathbb{R}$-espace vectoriel, car toute combinaison linéaire de séries absolument convergentes est une série absolument convergente !
$\star$ L'application $\|.\|$ est bien définie sur E et à valeurs dans $\mathbb{R}_+$, par définition de E.
$\star$ Pour tout couple $(u, v) = ((u_n)_n, (v_n)_n) \in E^2$, on a : $\|u+v\| = \sum\limits_{n=0}^{\infty} |u_n+v_n| \leqslant \sum\limits_{n=0}^{\infty} |u_n| + \sum\limits_{n=0}^{\infty} |v_n| = \|u\| + \|v\|$ (si on veut, on écrit d'abord ceci pour des sommes finies, puis on passe à la limite car toutes les séries convergent).
$\star$ Pour toute suite $u = (u_n)_n \in E$ et tout $\lambda \in \mathbb{R}$, on a : $\|\lambda u\| = \sum\limits_{n=0}^{\infty} |\lambda u_n| = |\lambda| \sum\limits_{n=0}^{\infty} |u_n| = |\lambda|\|u\|$.
$\star$ $\|u\| \geqslant 0$ et $\|u\| = 0 \implies \sum\limits_{n=0}^{\infty} |u_n| = 0 \implies \forall n \in \mathbb{N}, u_n = 0 \implies u = 0$.
Donc l'application $\|.\|$ est bien une norme sur E.

2°) $\star$ La suite $u = (u_n)_{n\in\mathbb{N}}$ définie par : $u_0 = 1$ et $\forall n \geqslant 1, u_n = 0$ appartient à F.
Soit $\varepsilon > 0$ et $v = \frac{\varepsilon}{2}u$. On a $\|v\| = \varepsilon$, donc la suite $u + v$ appartient à la boule $B_o(u, \varepsilon)$, mais $\sum\limits_{n=0}^{\infty} (u + v)_n = 1 + \frac{\varepsilon}{2} \neq 1$, donc $B_o(u, \varepsilon) \not\subset F$ et F n'est pas ouvert.

$\star$ Soit la forme linéaire f définie sur E par : $\forall\, u = (u_n)_n \in E, f(u) = \sum\limits_{n=0}^{\infty} u_n$.
f est bien définie, puisque la convergence absolue entraîne la convergence. E n'étant pas de dimension finie, la linéarité n'est pas suffisante pour montrer la continuité de f.
Cependant, $\forall\, u = (u_n)_n \in E, |f(u)| = \left| \sum\limits_{n=0}^{\infty} u_n \right| \leqslant \sum\limits_{n=0}^{\infty} |u_n| = \|u\|$ montre que f est continue (et même 1-lipschitzienne pour ceux qui connaissent). Donc F est un fermé de E en tant qu'image réciproque du fermé $\{1\}$ par une application continue.
$\star$ Soient $p \in \mathbb{R}_+$ et la suite $u = (u_n)_{n\in\mathbb{N}}$ définie par : $u_0 = 1 + p$, $u_1 = -p$ et $\forall n \geqslant 2, u_n = 0$. La suite u est bien entendu dans E et $\sum\limits_{n=0}^{\infty} u_n = 1$, donc $u \in F$ mais $\|u\| = 1 + p$, donc F contient des éléments de norme aussi grande que l'on veut et n'est pas borné.

Corrigé 4.24

La suite $(u_n)_n$ étant convergente, nous avons :

$$\exists\, L \in E, \forall\, \varepsilon > 0, \exists\, n_0 \in \mathbb{N} \text{ tels que } n > n_0 \implies \|u_n - L\| < \varepsilon$$

Donc, en prenant $\varepsilon = 1$, on obtient pour une valeur n_0 correspondante :

$$\forall\, n > n_0, \|u_n\| = \|(u_n - L) + L\| \leqslant \|u_n - L\| + \|L\|,$$

donc $n > n_0 \implies \|u_n\| < 1 + \|L\|$.
Donc en posant $M = \max(\|u_0\|, \|u_1\|, \dots, \|u_{n_0}\|, 1 + \|L\|)$, on a :

$$\forall\, n \in \mathbb{N}, \|u_n\| \leqslant M,$$

donc la suite $(u_n)_n$ est bien bornée.

Corrigé 4.25

1°) La suite $(u_n)_n$ étant convergente de limite L, nous avons :
Soit $\varepsilon_0 > 0$ quelconque, $\exists\, n_0 \in \mathbb{N}^*$ tel que $n \geqslant n_0 \implies \|u_n - L\| < \varepsilon_0$.
On a $v_n - L = \dfrac{1}{n+1}\left(\sum\limits_{k=0}^{n} u_k\right) - L = \dfrac{1}{n+1}\sum\limits_{k=0}^{n}(u_k - L)$
Or, en posant $S_{n_0} = \sum\limits_{k=0}^{n_0-1}(u_k - L)$, on a, pour tout $n \geqslant n_0$:

$$v_n - L = \frac{1}{n+1}\sum_{k=0}^{n}(u_k - L) = \frac{1}{n+1}S_{n_0} + \frac{1}{n+1}\sum_{k=n_0}^{n}(u_k - L),$$

ce qui nous donne alors :

$$\begin{aligned}
\|v_n - L\| &= \left\|\frac{1}{n+1}S_{n_0} + \frac{1}{n+1}\sum_{k=n_0}^{n}(u_k - L)\right\| \\
&\leqslant \frac{1}{n+1}\|S_{n_0}\| + \frac{1}{n+1}\sum_{k=n_0}^{n}\|u_k - L\| \leqslant \frac{1}{n+1}\|S_{n_0}\| + \frac{1}{n+1}\sum_{k=n_0}^{n}\varepsilon \\
&\leqslant \frac{1}{n+1}\|S_{n_0}\| + \frac{1}{n+1}\sum_{k=n_0}^{n}\varepsilon = \frac{1}{n+1}\|S_{n_0}\| + \frac{1}{n+1}(n - n_0 + 1)\varepsilon \\
&\leqslant \frac{1}{n+1}\|S_{n_0}\| + \varepsilon
\end{aligned}$$

On a $\lim_{n\to\infty}\left(\frac{1}{n+1}\|S_{n_0}\|+\varepsilon\right)=\varepsilon$, donc :

$$\exists n_1\in\mathbb{N} \text{ tel que } n>n_1 \implies \left(\frac{1}{n+1}\|S_{n_0}\|+\varepsilon\right)\leqslant 2\varepsilon$$

Donc, pour $n>\max(n_0,n_1)$, on a $\|v_n-L\|\leqslant 2\varepsilon$.
Comme $\varepsilon>0$ est quelconque, on a bien prouvé que :

$$\lim_{n\to\infty}u_n=L \implies \lim_{n\to\infty}v_n=L$$

2°) Soit la suite réelle $(u_n)_n$ définie par : $\forall n\in\mathbb{N}, u_n=(-1)^n$

$\star$ La suite $(u_n)_n$ est divergente puisqu'elle admet deux sous-suites qui ont des limites différentes : $\lim_{n\to\infty}u_{2n}=1$ et $\lim_{n\to\infty}u_{2n+1}=-1$.

$$\star\ v_n=\frac{1}{n+1}\sum_{k=0}^{n}(-1)^k=\begin{cases}0 & \text{si } n \text{ est impair}\\ -\dfrac{1}{2p+1} & \text{si } n=2p\end{cases}$$

Donc les suites $(v_{2p})_p$ et $(v_{2p+1})_p$ convergent vers 0 et, par exhaustion, la suite $(v_n)_n$ est convergente de limite nulle et la réciproque de l'implication précédente est donc fausse.

Corrigé 4.26

« $(i)\implies(ii)$ ». Soit $x\in\mathbb{R}$. Alors, d'après (i), on a : $\forall n\in\mathbb{N},\exists x_n\in A$ tel que $x_n\in[x-\frac{1}{n},x]$. Alors $\lim_{n\to\infty}x_n=x$ et x est limite d'une suite d'éléments de A.

« $(ii)\implies(i)$ ». Soit x et y deux éléments distincts de $\mathbb{R}$ et supposons par exemple $x<y$. Soit $z=\frac{x+y}{2}$ alors, d'après (ii), nous avons : $\exists\,(a_n)_n\in A^{\mathbb{N}}$ telle que $\lim_{n\to\infty}a_n=z$. Donc

$$\forall\varepsilon>0,\exists n_0\in\mathbb{N} \text{ tel que } n\geqslant n_0 \implies |a_n-z|<\varepsilon.$$

Choisissons alors $\varepsilon=\frac{y-x}{3}\in\mathbb{R}_+^*$. Cela nous donne ainsi : $\exists n_0\in\mathbb{N}$ tel que $|a_{n_0}-z|<\frac{y-x}{3}$, et donc $x<a_{n_0}<y$, avec $a_{n_0}\in A$, d'où (i).

Par exemple, les ensembles $\mathbb{Q}$ et $\mathbb{R}\setminus\mathbb{Q}$ sont des parties denses dans $\mathbb{R}$.

Corrigé 4.27

Pour $n\in\mathbb{N}^*$, posons $\rho_n=\sqrt{1+\frac{a^2}{n^2}}>0$, on a :

$A_n=\rho_n\begin{pmatrix}c_n & -s_n\\ s_n & c_n\end{pmatrix}$, avec $c_n=\frac{1}{\rho_n}$ et $s_n=\frac{a}{n}\times\frac{1}{\rho_n}$.

On remarque alors que $c_n^2+s_n^2=\frac{1}{\rho_n^2}(1+\frac{a^2}{n^2})=1$ et donc il existe un angle θ_n tel que $c_n=\cos(\theta_n)$ et $s_n=\sin(\theta_n)$. Ainsi : $A_n=\rho_n\begin{pmatrix}\cos(\theta_n) & -\sin(\theta_n)\\ \sin(\theta_n) & \cos(\theta_n)\end{pmatrix}$.

Puis en reconnaissant une matrice de rotation :

$$A_n^n=\rho_n^n\begin{pmatrix}\cos(n\theta_n) & -\sin(n\theta_n)\\ \sin(n\theta_n) & \cos(n\theta_n)\end{pmatrix}$$

N'oublions pas que $c_n = \cos(\theta_n) = \dfrac{1}{\rho_n}$ est strictement positif, on peut donc choisir l'angle θ_n dans l'intervalle ouvert $]-\pi/2, \pi/2[$ et ainsi $\tan(\theta_n) = \frac{s_n}{c_n} = \frac{a}{n}$, donne : $\theta_n = \arctan \frac{a}{n}$.

$\star$ Si $a = 0$, $\theta_n = 0$ et $\lim\limits_{n\to\infty} n\theta_n = 0$;

$\star$ Si $a \neq 0$, $\theta_n = \arctan \frac{a}{n} \underset{(\infty)}{\sim} \frac{a}{n}$ et $\lim\limits_{n\to\infty} n\theta_n = a$.

On a donc toujours $\lim\limits_{n\to\infty} n\theta_n = a$.

D'autre part : $\ln(\rho_n^n) = \frac{n}{2} \ln\left(1 + \frac{a^2}{n^2}\right) \underset{(\infty)}{\sim} \frac{n}{2} \times \frac{a^2}{n^2} \underset{n\to\infty}{\longrightarrow} 0$ (même pour $a = 0$), donc $\lim\limits_{n\to\infty} \rho_n^n = 1$. Ainsi :

$$\lim_{n\to\infty} A_n^n = \begin{pmatrix} \cos a & -\sin a \\ \sin a & \cos a \end{pmatrix}$$

Corrigé 4.28

On a : $\chi_A(\lambda) = \det(A - \lambda I) = \dfrac{1}{36} \begin{vmatrix} 8 - 6\lambda & -5 \\ 10 & -7 - 6\lambda \end{vmatrix} = \frac{1}{6}(6\lambda^2 - \lambda - 1)$

$$\chi_A(\lambda) = \frac{1}{6}(2\lambda - 1)(3\lambda + 1)$$

On trouve ensuite : $E_{1/2} = \text{Vect}\begin{pmatrix} 1 \\ 1 \end{pmatrix}$ et $E_{-1/3} = \text{Vect}\begin{pmatrix} 1 \\ 2 \end{pmatrix}$, ce qui nous donne : $A = PDP^{-1}$, avec $P = \begin{pmatrix} 1 & 1 \\ 1 & 2 \end{pmatrix}$, et $D = \text{diag}(1/2, -1/3)$.

On trouve ensuite $P^{-1} = \begin{pmatrix} 2 & -1 \\ -1 & 1 \end{pmatrix}$.

Donc, pour tout $n \in \mathbb{N}$, on a :

$$\sum_{k=0}^{n} A^k = \sum_{k=0}^{n} (PDP^{-1})^k = P\Big(\sum_{k=1}^{n} D^k\Big)P^{-1}$$
$$= P\,\text{diag}\Big(\sum_{k=0}^{n} \left(\tfrac{1}{2}\right)^k, \sum_{k=0}^{n} \left(-\tfrac{1}{3}\right)^k\Big)P^{-1}.$$

Or $\lim\limits_{n\to\infty} \sum\limits_{k=0}^{n} \left(\frac{1}{2}\right)^k = \lim\limits_{n\to\infty} \dfrac{1 - (\frac{1}{2})^{n+1}}{1 - \frac{1}{2}} = 2$

et $\lim\limits_{n\to\infty} \sum\limits_{k=0}^{n} \left(-\frac{1}{3}\right)^k = \lim\limits_{n\to\infty} \dfrac{1 - (-\frac{1}{3})^{n+1}}{1 - \frac{-1}{3}} = \dfrac{3}{4}$,

donc la série de terme général D^n est convergente vers $\sum\limits_{n=0}^{\infty} D^n = \text{diag}(2, 3/4)$ et par continuité du produit matriciel, on a également la convergence de la série de terme général A^n et :

$$\sum_{n=0}^{\infty} A^n = \lim_{n\to\infty} \sum_{k=0}^{n} A^k = P \sum_{n=0}^{\infty} D^n P^{-1} = \begin{pmatrix} 1 & 1 \\ 1 & 2 \end{pmatrix} \begin{pmatrix} 2 & 0 \\ 0 & 3/4 \end{pmatrix} \begin{pmatrix} 2 & -1 \\ -1 & 1 \end{pmatrix}$$

Soit :

$$\sum_{n=0}^{\infty} A^n = \begin{pmatrix} 13/4 & -5/4 \\ 5/2 & -1/2 \end{pmatrix}$$

Corrigé 4.29

1°) La vérification du fait que $\|.\|$ est une norme est facile …
Soient alors $M = (m_{i,j})_{i,j}$, $N = (n_{i,j})_{i,j}$ dans E et $Q = (q_{i,j})_{i,j} = MN$.
Pour $(i,j) \in [\![1,p]\!]^2$, on a :

$$p.|q_{i,j}| = p.\Big|\sum_{k=1}^{p} a_{i,k}b_{k,j}\Big| \leqslant p\sum_{k=1}^{p} |a_{i,k}||b_{k,j}| \leqslant p\sum_{k=1}^{p} \frac{\|M\|}{p}\times\frac{\|N\|}{p} = \|M\|\|N\|$$

et en passant maintenant au sup à gauche :

$$\|Q\| = \|MN\| \leqslant \|M\|\|N\|$$

2°) $\star$ On déduit de la question **1°**), par une récurrence simple, que pour tout $n \in \mathbb{N}^*$, on a : $\|A^n\| \leqslant \|A\|^n$. Ainsi $\lim\limits_{n\to\infty} \|A^n\| = 0$ et la suite (A^n) converge de limite la matrice nulle de $\mathcal{M}_p(\mathbb{R})$.

$\star$ D'autre part, on a : $(I_p - A)\sum\limits_{k=0}^{n} A^k = \sum\limits_{k=0}^{n} A^k - \sum\limits_{k=0}^{n} A^{k+1} = I_p - A^{n+1} \underset{n\to\infty}{\longrightarrow} I_p$.
Par continuité de l'application déterminant, on a donc :

$$\lim_{n\to\infty} \det(I_p - A)\det\Big(\sum_{k=0}^{n} A^k\Big) = \lim_{n\to\infty} \det(I_p - A^{n+1}) = \det I_p = 1.$$

Ceci impose d'avoir $\det(I_p - A) \neq 0$, donc $I_p - A$ est inversible et la relation précédente peut se réécrire :

$$\sum_{k=0}^{n} A^k = (I_p - A)^{-1}(I_p - A^{n+1})$$

Par continuité du produit matriciel, on peut passer à la limite à droite, donc aussi à gauche et : $\lim\limits_{n\to\infty} \sum\limits_{k=0}^{n} A^k = (I_p - A)^{-1}$, ce qui prouve la convergence de la série, avec

$$\sum_{k=0}^{\infty} A^k = (I_p - A)^{-1}$$

Corrigé 4.30

1°) $\star$ $D_f = \{(x,y) \in \mathbb{R}^2 \ / \ x \neq 0 \text{ et } y \neq 0\} = (\mathbb{R}^*)^2$.
$\star$ $|f(x,y)| = \Big|(x^2+y^2)\cos\dfrac{1}{xy}\Big| \leqslant x^2 + y^2$, soit $|f(x,y)| \leqslant \|(x,y)\|_2^2$, donc $\forall\, \varepsilon > 0, \exists\, \eta = \sqrt{\varepsilon} > 0$ tel que $\|(x,y) - (0,0)\|_2 \leqslant \eta \implies |f(x,y)| \leqslant \eta^2 = \varepsilon$.
Ainsi $\lim\limits_{(x,y)\to(0,0)} f(x,y) = 0$ et f peut être prolongée par continuité en $(0,0)$ en posant $f(0,0) = 0$.
$\star$ Soit $x_0 \neq 0$: $\lim\limits_{(x,y)\to(x_0,0)} f(x,y)$ n'existe pas car $\lim\limits_{(x,y)\to(x_0,0)} x^2 + y^2 = x_0^2 \neq 0$ et $\lim\limits_{(x,y)\to(x_0,0)} \cos\dfrac{1}{xy}$ n'existe pas. Donc f ne peut pas être prolongée par continuité en $(x_0, 0)$.
$\star$ On a exactement la même chose en $(0, y_0)$ avec $y_0 \neq 0$.

2°) $\star$ $g(x,y)$ est défini pour $y \neq 0$ et $x^2 \neq y^3$: $D_g = \{(x,y) \in \mathbb{R}\times\mathbb{R}^* \ / \ x \neq y^{2/3}\}$.
$\star$ Soit un couple $(x_0, y_0) \in \mathbb{R}^2$ tel que $y_0 \neq 0$ et $x_0 = y_0^{2/3}$:

$\lim\limits_{(x,y)\to(x_0,y_0)} |g(x,y)| = \lim\limits_{(x,y)\to(x_0,y_0)} \left|\dfrac{x^5}{y^2(x^2-y^3)}\right| = +\infty$, car $x_0 = y_0^{2/3} \neq 0$, donc g ne peut pas être prolongée par continuité en (x_0, y_0).

$\star$ En $(0,0)$ on ne peut pas non plus prolonger par continuité car :

$$|g(x,x^2)| = \left|\frac{x^5}{x^4(x^2-x^6)}\right| = \frac{1}{|x(1-x^5)|} \underset{x\to 0}{\longrightarrow} +\infty,$$

alors que $\lim\limits_{x\to 0}(x,x^2) = (0,0)$. Donc g n'est prolongeable en aucun point de l'adhérence de son domaine de définition.

Corrigé 4.31

1°) $\star$ $f(x,y,z)$ est défini pour $x^2+y^2+z^2 \neq 0$: $D_f = \mathbb{R}^2 \setminus \{(0,0,0)\}$.

$\star$ Pour tout $(x,y,z) \in D_f$, on a :

$|f(x,y,z)| = \left|(x^2+y^2+z^2)\sin\dfrac{1}{(x^2+y^2+z^2)^n}\right| \leqslant x^2+y^2+z^2$, soit $|f(x,y,z)| \leqslant (\|(x,y,z)\|_2)^2$,

on conclut, comme dans le premier point de l'exercice précédent que ceci implique $\lim\limits_{(x,y,z)\to(0,0,0)} f(x,y,z) = 0$ et f peut être prolongée par continuité en $(0,0,0)$ en posant $f(0,0,0) = 0$.

2°) $\star$ $g(x,y,z)$ est défini pour $x^2+y^2+z^2 \neq 0$: $D_g = \mathbb{R}^2 \setminus \{(0,0,0)\}$.

$\star$ Notons que $|x| \leqslant \sqrt{x^2+y^2+z^2}$, *idem* pour y et z.

Donc, pour tout $(x,y,z) \in D_f$, on a :

$$|g(x,y,z)| = \left|\frac{x^3+y^3+z^3}{\sqrt{x^2+y^2+z^2}}\right| \leqslant \frac{|x|^3+|y|^3+|z|^3}{\sqrt{x^2+y^2+z^2}} \leqslant \frac{3(\sqrt{x^2+y^2+z^2})^3}{\sqrt{x^2+y^2+z^2}}$$
$$\leqslant 3(x^2+y^2+z^2) = 3(\|(x,y,z)\|)_2^2,$$

donc, toujours par le même argument « epsilonesque » $\lim\limits_{(x,y,z)\to(0,0,0)} g(x,y,z) = 0$ et g peut être prolongée par continuité en $(0,0,0)$ en posant $g(0,0,0) = 0$.

3°) $\star$ $h(x,y,z)$ est défini pour $x^2+y^2+z^2 \neq 0$: $D_h = \mathbb{R}^2 \setminus \{(0,0,0)\}$.

$\star$ On a : $\begin{cases} x \neq 0 \implies |h(x,x,x)| = \dfrac{x^2}{3x^2} = \dfrac{1}{3} \\ y \neq 0 \implies |h(0,y,0)| = 0 \end{cases}$

Donc $\lim\limits_{x\to 0} h(x,x,x) \neq \lim\limits_{y\to 0} h(0,y,0)$, ce qui prouve que h n'admet pas de limite en $(0,0,0)$ et ne peut donc pas être prolongée par continuité en $(0,0,0)$.

Corrigé 4.32

1°) Soit $P(x,y) = x^2 - xy + y^2$. Comme $\Delta_x = y^2 - 4y^2 = -3y^2 < 0$ pour $y \neq 0$, alors P ne s'annule qu'en $(0,0)$ (et reste positif ailleurs). Donc f est définie et continue sur $\mathbb{R}^2 \setminus \{(0,0)\}$.

Pour changer, notons $x = \rho\cos\theta$ et $y = \rho\sin\theta$, avec $\rho = \sqrt{x^2+y^2}$. On a pour $(x,y) \neq (0,0)$:

$$f(x,y) = \frac{\rho^{2\alpha}[\cos\alpha\sin\alpha||^\alpha}{\rho^2(1-\cos\theta\sin\theta)}$$

Comme $1 - \cos\theta \sin\theta = 1 - \frac{1}{2}\sin(2\theta) \geqslant \frac{1}{2}$, il vient :

$$0 \leqslant f(x,y) \leqslant 2\rho^{2(\alpha-1)} = 2(\|(x,y)\|_2)^{\alpha-1}$$

⋆ Si $\alpha > 1$, on a donc $\lim\limits_{(x,y)\to(0,0)} f(x,y) = 0 = f(0,0)$ et f est continue en $(0,0)$, donc sur $\mathbb{R}^2$.

⋆ Si $\alpha \leqslant 1$, comme, pour $x \neq 0$, $f(x,x) = \dfrac{|x^2|^\alpha}{x^2} = x^{2(\alpha-1)}$, $f(x,x)$ n'est pas de limite nulle quend x tend vers 0 et f n'est pas continue en $(0,0)$.

2°) La fonction g est continue sur $D = \mathbb{R}^2 \setminus \{(0,0)\}$ comme quotient de fonctions continues dont le dénominateur ne s'annule pas sur D.

Si $y \neq 0$, comme $x^4 + y^2 \geqslant y^2$, on a : $|g(x,y)| \leqslant \dfrac{|x|y^2}{y^2} = |x| \leqslant \|(x,y)\|_2$ et cette majoration reste vraie si $y = 0$. Ainsi $\lim\limits_{(x,y)\to(0,0)} g(x,y) = 0 = g(0,0)$ et g est continue en $(0,0)$, donc sur $\mathbb{R}^2$ tout entier.

Corrigé 4.33

⋆ Notons déjà que les sommes écrites dans l'énoncé sont en fait des sommes finies, il n'y a donc pas de problème de convergence, c'est juste une commodité d'écriture !

⋆ L'endomorphisme u est continu pour une norme $\|.\|$, si et seulement si :

$$\exists C \geqslant 0 \text{ tel que : } \forall P \in E, \|u(P)\| \leqslant C.\|P\|$$

1°) Soient $k \in \mathbb{N}^*$ et $P = X^k$. On a : $u(P) = kX^{k-1}$, et donc : $\|P\| = 1$ et $\|u(P)\| = k$

Comme k est aussi grand que l'on veut ($\mathbb{N}$ n'est pas majoré), il ne peut donc exister de constante C convenant et u n'est pas continu.

2°) Comme E est ici un espace vectoriel de dimension finie et que toute application linéaire entre espaces de dimensions finies est continue, on a directement la continuité de u.

3°) Soit $P = \sum\limits_{k\geq 0} a_k X^k \in E$, alors on a :

$$\|u(P)\| = \|P'\| = \|\sum_{k\geq 0}(k+1)a_{k+1}X^k\| = \sum_{k\geq 0} k!|(k+1)a_{k+1}|$$

$$= \sum_{k\geq 0}(k+1)!|a_{k+1}| = \sum_{k\geq 1} k!|a_k| = \|P\| - 0!|a_0| \leqslant \|P\|.$$

Ainsi $C = 1$ convient, d'où la continuité de u.

Corrigé 4.34

1°) Puisque l'application g est continue sur le segment $[0,1]$, elle y est bornée et atteint ses bornes. On peut donc poser $M = \max\limits_{t\in[0,1]} |g(t)|$ et on obtient alors :

$$\|u(f)\|_1 = \int_0^1 |f(t)g(t)|\,dt \leqslant M \int_0^1 |f(t)|\,dt \leqslant M\|f\|_1$$

ce qui prouve la continuité de u, qui est même lipschitzienne.

2°) L'inégalité de Cauchy-Schwarz nous donne :

$$\|u(f)\|_1 = \int_0^1 |f(t)||g(t)|dt \leqslant \sqrt{\int_0^1 (f(t))^2\,dt}\sqrt{\int_0^1 (g(t))^2\,dt} = C\|f\|_2,$$

avec $C = \sqrt{\int_0^1 (g(t))^2\,dt} \in \mathbb{R}$. Ceci prouve la continuité de u.

Corrigé 4.35

1°) Comme $GL_n(\mathbb{R}) = \det^{-1}(\mathbb{R}^*)$ et que det est une application continue de $\mathcal{M}_n(\mathbb{R})$ dans $\mathbb{R}$, alors $GL_n(\mathbb{R})$ est ouvert en tant qu'image réciproque de l'ouvert $\mathbb{R}^*$ par det.

2°) Le cas d'égalité dans l'inégalité de Cauchy-Schwarz nous donne :

$$(x, y) \text{ libre} \iff |\langle x, y\rangle| < \|x\|\|y\|$$

Or l'application f définie de E^2 dans $\mathbb{R}$ par :

$$\forall (x, y) \in E^2, f(x, y) = \|x\|\|y\| - |\langle x, y\rangle|$$

est continue sur E^2, donc $L = f^{-1}(\mathbb{R}_+^*)$ est ouvert en tant qu'image réciproque de l'ouvert $\mathbb{R}_+^*$.

Corrigé 4.36

$\star$ Si u est continue, alors $f = \|.\| \circ u$ est continue et donc $A = f^{-1}(\{1\})$ est fermé en tant qu'image réciproque d'un fermé par une application continue.

$\star$ Si u n'est pas continue, alors elle n'est pas bornée sur la boule unité $B_f(0, 1)$. Il existe donc une suite $(b_n)_{n\in\mathbb{N}}$ d'éléments de E telle que : $\forall n \in \mathbb{N}, \|b_n\| \leqslant 1$ et $\|u(b_n)\| > n$.

On définit alors la suite $(a_n)_n$ par : $\forall n \in \mathbb{N}, a_n = \dfrac{1}{\|u(b_n)\|} b_n$.

$\to \|u(a_n)\| = \dfrac{1}{\|u(b_n)\|}\|u(b_n)\| = 1$ et $a_n \in A$.

$\to \|a_n\| = \dfrac{1}{\|u(b_n)\|}\|b_n\| \leqslant \dfrac{1}{n}$ et $\lim\limits_{n\to\infty} a_n = 0 \notin A$

Ceci prouve que A n'est pas fermé et par contraposée on a donc A fermé $\implies u$ continue.

On a ainsi bien montré l'équivalence demandée, par double implication.

Corrigé 4.37

1°) Notons g la restriction de f à A. Soit $a \in A$ et $(x_n)_{n\in\mathbb{N}}$ une suite quelconque de points de A qui converge vers a. La suite $(x_n)_n$ est une suite de points de E qui converge vers a et donc la suite $(f(x_n))_n$ converge vers $f(a)$, ce qui veut dire que la suite $(g(x_n))_n$ converge vers $g(a)$ et g est continue en a. Ainsi g est continue. En remplaçant A par $E \setminus A$, la restriction de f à $E \setminus A$ est également continue.

2°) Soient $E = \mathbb{R}$, $A = \mathbb{R}_+$ et f définie par $f(x) = \begin{cases} 0 & \text{si } x \in \mathbb{R}_+ \\ 1 & \text{si } x \in \mathbb{R}_-^* \end{cases}$. Alors les restrictions de f à A et à $\mathbb{R} \setminus A$ sont constantes et donc continues alors que f est discontinue en 0.

Corrigé 4.38

1°) L'énoncé admet l'existence, il s'agit donc de montrer qu'il ne peut exister deux points distincts a_1 et a_2 dans A tels que $\|x-a_1\| = \|x-a_2\| = d(x, A)$.
Or l'exercice **4.02.** nous dit que si il existait deux points a_1 et a_2 tels que $a_1 \neq a_2$, avec $\|x-a_1\| = \|x-a_2\| = d(x, A)$, alors en posant $a_3 = \frac{1}{2}(a_1 + a_2)$, on aurait $\|x-a_3\| < d(x, A)$.
Or A est convexe, donc $a_3 \in A$, et $\|x-a_3\| \geqslant d(x, A)$. D'où la contradiction.

2°) Soit $b \in A$ vérifiant la condition imposée. Alors $\forall\, z \in A$:

$$\begin{aligned}\|x-z\|^2 &= \|(x-b)-(z-b)\|^2 = \|x-b\|^2 + \|z-b\|^2 - 2\langle x-b, z-b\rangle \\ &\geqslant \|x-b\|^2 + \|z-b\|^2 \geqslant \|x-b\|^2\end{aligned}$$

En particulier, pour $z = p(x)$: $\|x-b\| \leqslant \|x-p(x)\| = d(x, A)$.
Donc, par l'unicité vue en **1°)**, $b = p(x)$.

3°) Raisonnons par contraposée et supposons qu'il existe $y \in A$ tel que :

$$\langle x-p(x), y-p(x)\rangle > 0$$

Pour tout $t \in [0, 1]$, le point $u_t = ty + (1-t)p(x)$ appartient à A (car A est convexe et y et $p(x)$ sont dans A). On a :

$$\begin{aligned}\|x-u_t\|^2 &= \|(x-p(x)) - t(y-p(x))\|^2 \\ &= \|x-p(x)\|^2 - 2t\langle x-p(x), y-p(x)\rangle + t^2\|y-p(x)\|^2 \\ &= \|x-p(x)\|^2 - 2t\big(\langle x-p(x), y-p(x)\rangle - \tfrac{t}{2}\|y-p(x)\|^2\big)\end{aligned}$$

Or, nous avons fait l'hypothèse que $\langle x-p(x), y-p(x)\rangle > 0$, donc pour $t \in \,]0, 1]$ assez petit $\langle x-p(x), y-p(x)\rangle - \frac{t}{2}\|y-p(x)\|^2 > 0$, ce qui donne $\|x-u_t\|^2 < \|x-p(x)\|^2$ et donne $\|x-u_t\| < d(x, A)$, ce qui est impossible. On a donc démontré :

$$\forall\, y \in A, \langle x-p(x), y-p(x)\rangle \leqslant 0$$

4°) Soit alors $(x, y) \in E^2$, on a :

$$\langle x-y, p(x)-p(y)\rangle = \langle (x-p(x)) + (p(x)-p(y)) + (p(y)-y), p(x)-p(y)\rangle$$

$$\begin{aligned}\langle x-y, p(x)-p(y)\rangle = \langle x-p(x), p(x)-p(y)\rangle &+ \|p(x)-p(y)\|^2 \\ &+ \langle p(y)-y, p(x)-p(y)\rangle\end{aligned}$$

Or deux applications du résultat de la question **3°)** donnent :

$$\langle x-p(x), p(y)-p(x)\rangle \leqslant 0 \text{ et } \langle y-p(y), p(x)-p(y)\rangle \leqslant 0$$

Donc :

$$\langle x-y, p(x)-p(y)\rangle \geqslant \|p(x)-p(y)\|^2$$

Cette inégalité, plus celle de Cauchy-Schwarz, nous donnent alors :

$$\|p(x)-p(y)\|^2 \leqslant \langle x-y, p(x)-p(y)\rangle \leqslant \|x-y\|\|p(x)-p(y)\|$$

Donc, en divisant par $\|p(x)-p(y)\|$ quand $p(x) \neq p(y)$ et de manière évidente si $p(x) = p(y)$, il vient :

$$\|p(x)-p(y)\| \leqslant \|x-y\|$$

et p est lipschitzienne.

Séries numériques 05

RÉPARTITION DES EXERCICES

I. ÉNONCÉS DES EXERCICES

5.01 Etudier la convergence des séries $\sum u_n$ définies par :

1°) $u_n = n\sin\left(\frac{1}{n}\right)$; **2°)** $u_n = \frac{n^n}{2^n}$ **3°)** $u_n = \left(\frac{1}{2}\right)^{\sqrt{n}}$

4°) $u_n = \frac{1}{\sqrt{n}}\ln\left(1+\frac{1}{\sqrt{n}}\right)$ **5°)** $u_n = 1-\cos\left(\frac{\pi}{n}\right)$ **6°)** $u_n = \frac{(-1)^n + n}{n^2+1}$

7°) $u_n = \mathrm{e}-\left(1+\frac{1}{n}\right)^n$ **8°)** $u_n = n\,\mathrm{e}^{-\sqrt{n}}$ **9°)** $u_n = \ln\left(\frac{n^2+n+1}{n^2+n-1}\right)$

10°) $u_n = \frac{\ln(n^2+3)\sqrt{2^n+1}}{4^n}$ **11°)** $u_n = \frac{\ln n}{\ln(\mathrm{e}^n - 1)}$

12°) $u_n = \left(\cos\frac{1}{n}\right)^{n^3}$

◇

5.02 Etudier, en fonction des paramètres donnés, la convergence des séries $\sum u_n$ définies par :

1°) $u_n = \mathrm{e}^{an^2+bn}$, où $(a,b)\in\mathbb{R}^2$ **2°)** $u_n = \left(\mathrm{ch}\,\frac{a}{n}\right)^{-n^3}$, où $a\in\mathbb{R}$

3°) $u_n = a^n n!$, où $a\in\mathbb{R}$ **4°)** $u_n = \left(\frac{3n-1}{n+2}\right)^n x^n$, où $x\in\mathbb{R}_+^*$

5°) $u_n = \frac{n!}{n^{an}}$, où $a\in\mathbb{R}$ **6°)** $u_n = \frac{n^a(\ln n)^n}{n!}$, où $a\in\mathbb{R}$.

◇

5.03 Soient $(\alpha,\beta)\in\mathbb{R}^2$ et la suite $(u_n)_{n\geq 1}$ définie par : $u_1 = \beta$ et $u_{n+1} = \frac{\mathrm{e}^{-u_n}}{n^\alpha}$, pour tout $n \geqslant 1$.
Etudier la convergence de la série de terme général u_n.

◇

5.04 Soit $\sum u_n$ une série numérique à termes positifs telle que $\lim\limits_{n\to\infty}\sqrt[n]{u_n}$ existe et soit finie. On note ℓ cette limite.

1°) Montrer que : $\ell < 1 \implies \sum u_n$ converge et $\ell > 1 \implies \sum u_n$ diverge.
Ce résultat est appelé « règle de Cauchy ».

2°) Application :
déterminer la nature de la série de terme général $u_n = \left(\frac{n-1}{2n+1}\right)^n$.

◇

5.05 **1°)** Soit, pour tout entier $n \geqslant 1$, $u_n = \dfrac{1\times3\times5\times\ldots\times(2n-1)}{2\times4\times6\times\ldots\times(2n)}$.

a) Quelle est la limite de $\dfrac{u_{n+1}}{u_n}$, quand n tend vers l'infini ?

b) Montrer que la suite $(nu_n)_n$ est croissante.

c) En déduire la nature de la série de terme général u_n.

2°) Soit, pour tout entier $n \geqslant 2$, $v_n = \dfrac{1\times3\times5\times\ldots\times(2n-3)}{2\times4\times6\times\ldots\times(2n)}$.

a) Quelle est la limite de $\dfrac{v_{n+1}}{v_n}$ quand n tend vers l'infini ?

b) Montrer que, si $\alpha < \dfrac{3}{2}$, alors la suite $(n^\alpha v_n)_n$ est décroissante à partir d'un certain rang.

c) En déduire la nature de la série de terme général v_n.

◇

5.06 On considère la suite $(u_n)_{n\geq1}$ définie par : $u_n = \left(\sum\limits_{k=1}^{n} \frac{1}{k}\right) - \ln n$.

1°) Montrer que la série de terme général $v_n = u_{n-1} - u_n$ est convergente.

2°) En déduire la nature de la suite $(u_n)_{n\geq1}$.

◇

5.07 Soient α et β deux nombres réels. On considère une suite $(u_n)_{n\geq1}$ de nombres réels strictement positifs vérifiant :

$$\frac{u_{n+1}}{u_n} \underset{(\infty)}{=} 1 + \frac{\alpha}{n} + O\left(\frac{1}{n^2}\right) \ (O = \text{grand O})$$

et la suite $(v_n)_{n\geq1}$ telle que : $\forall\, n \geqslant 1, v_n = \ln\left((n+1)^\beta u_{n+1}\right) - \ln\left(n^\beta u_n\right)$.

1°) Déterminer une relation entre α et β, nécessaire et suffisante, pour que la série de terme général v_n converge.

2°) En déduire qu'il existe $K \in \mathbb{R}_+^*$ tel que : $u_n \underset{(\infty)}{\sim} Kn^\alpha$. Que peut-on en conclure pour la série $\sum u_n$?

◇

5.08 Etudier la nature des séries $\sum u_n$ définies par leur terme général de la façon suivante :

1°) $u_n = \dfrac{1}{n}$ si n est le carré d'un entier non nul, et 0 sinon.

2°) $u_n = \arctan(n+a) - \arctan(n)$, avec $a \in \mathbb{R}_+^*$.

◇

5.09 Soient un nombre réel $a > 0$ et la suite $(u_n)_{n\geq 1}$ définie par : $u_n = \dfrac{a^n n!}{n^n}$.

1°) Étudier la convergence de la série $\sum u_n$ lorsque $a \neq \mathrm{e}$.

2°) On suppose maintenant que $a = \mathrm{e}$.

a) Prouver que, pour n assez grand, $\dfrac{u_{n+1}}{u_n} \geqslant 1$.

b) Que peut-on en déduire sur la nature de la série $\sum u_n$?

◇

5.10 Etudier la convergence des séries $\sum\limits_{n\geq 2} u_n$ dans les cas suivants :

1°) $u_n = \displaystyle\int_0^{\frac{\pi}{n}} \frac{\sin^3 x}{1+x}\,dx$; **2°)** $u_n = \dfrac{1}{\ln(n!)} \displaystyle\sum_{k=1}^{n} \frac{1}{k}$; **3°)** $u_n = \dfrac{1}{n \ln n}$.

◇

5.11 On considère la suite $(u_n)_{n\geq 1}$, définie par : $u_n = \displaystyle\sum_{k=1}^{n} \ln^2(k)$.

1°) Donner un équivalent simple de u_n quand n tend vers l'infini.

2°) La série de terme général $\dfrac{1}{u_n}$ est-elle convergente ?

◇

5.12 On considère une suite $(x_n)_n$ de nombres réels définie par : $x_0 > 0$ et $\forall n \in \mathbb{N}, x_{n+1} = x_n + x_n^2$.

1°) Montrer que : $\lim\limits_{n\to+\infty} x_n = +\infty$.

2°) On pose, pour tout $n \in \mathbb{N}$: $u_n = \dfrac{\ln(x_n)}{2^n}$ et $v_n = u_{n+1} - u_n$.

a) Montrer que la série de terme général v_n converge.

b) En déduire la convergence de la suite $(u_n)_n$.

◇

5.13 Soit $(u_n)_n$ une suite telle que $u_0 \in \,]0, \pi[$ et $u_{n+1} = \sin u_n$, pour tout $n \geqslant 0$.

1°) Etudier la convergence de la suite $(u_n)_n$.

2°) Calculer la limite de $\dfrac{u_n + u_{n+1}}{u_n}$ lorsque n tend vers l'infini.

3°) Montrer que $\lim\limits_{n\to\infty} \dfrac{u_n - u_{n+1}}{u_n^3} = \dfrac{1}{6}$.

4°) En déduire que $v_n = \dfrac{1}{u_{n+1}^2} - \dfrac{1}{u_n^2}$ tend vers $\frac{1}{3}$ lorsque n tend vers l'infini.

5°) Montrer que $\lim\limits_{n\to\infty} (u_n\sqrt{n}) = \sqrt{3}$.

◇

5.14 Etudier la convergence des séries $\sum u_n$ définies par :

1°) $u_n = (-1)^n \mathrm{e}^{\cos n}$ **2°)** $u_n = (-1)^n \sin\left(\dfrac{1}{n^2}\right)$

3°) $u_n = \dfrac{(-1)^n}{\sqrt{n}}$ **4°)** $u_n = \dfrac{\cos(\pi n^2)}{n \ln n}$

◇

5.15 Etudier la convergence des séries $\sum_{n\geq 1} u_n$ définies par :

1°) $u_n = \dfrac{1+(-1)^n}{\sqrt{n}}$.

2°) $u_n = \dfrac{1}{n}\displaystyle\int_0^1 t^n f(t)\,dt$, où f est une fonction continue de $[0,1]$ dans $\mathbb{R}$.

◇

5.16 Soient $(a,b) \in \mathbb{R}^2$ et la suite $(u_n)_n$ définie, à partir d'un certain rang, par : $u_n = \dfrac{a^n}{b^n + n}$. Etudier la nature de la série de terme général u_n en fonction des paramètres a et b.

◇

5.17 Soient $(a,b) \in \mathbb{C}^2$ et la suite $(u_n)_n$ définie par : $u_n = \dfrac{a^n \mathrm{e}^{\sqrt{n}}}{\mathrm{e}^{\sqrt{n}} + b^n}$.
Etudier la nature de la série de terme général u_n en fonction des valeurs des paramètres a et b.

◇

5.18 Soit $\alpha \in \mathbb{R}_+^*$. Pour $n \geqslant 1$, on pose $u_n = \sum_{p=n}^{\infty} \dfrac{(-1)^p}{p^\alpha}$. Le but de l'exercice est de démontrer que la série de terme général u_n converge.

1°) Montrer que u_n est bien défini pour tout $n \geqslant 1$ et que $\lim_{n\to\infty} u_n = 0$.

2°) Montrer que u_n est du signe de $(-1)^n$.

3°) Déterminer le signe de $|u_n| - |u_{n+1}|$ et conclure.

◇

5.19 Etudier la nature de la série dont le terme général u_n est défini par :

$$\forall n \geqslant 2, u_n = \prod_{k=2}^{n} \left(1 + \frac{(-1)^k}{\sqrt{k}}\right)$$

◇

5.20 Etudier les séries dont le terme général u_n est défini par :

1°) $u_n = \sin(\pi \mathrm{e} n!)$; **2°)** $v_n = \sin\left(\frac{\pi}{\mathrm{e}} n!\right)$

◇

5.21 Le but de cet exercice est de montrer que $\cos(1) = \sum_{k=0}^{+\infty} \dfrac{(-1)^k}{(2k)!}$ est un nombre irrationnel.

1°) Montrer que, pour tout entier $n \geqslant 1$, $(4n-2)!\cos(1)$ est strictement compris entre deux entiers consécutifs.

2°) Montrer que $\cos(1) \in \mathbb{Q} \implies \exists n \in \mathbb{N}^*$ tel que $(4n-2)!\cos(1) \in \mathbb{Z}$. Conclure.

◇

5.22 Montrer que les séries définies par les termes généraux suivants sont convergentes et calculer leur somme :

1°) $\forall n \in \mathbb{N}^*, u_n = \dfrac{1}{n(n+1)}$; **2°)** $\forall n \geqslant 2, u_n = \dfrac{2}{(n-1)n(n+1)}$.

◇

5.23 Pour $n \in \mathbb{N}$, soit $u_n = \arctan\left(\dfrac{1}{n^2+n+1}\right)$.

1°) Calculer $\tan\left(\arctan\left(\frac{1}{k}\right) - \arctan\left(\frac{1}{k+1}\right)\right)$, pour $k \in \mathbb{N}^*$.

2°) En déduire la convergence et la somme de la série de terme général u_n.

◇

5.24 Le but de cet exercice est de de montrer que la série $\sum\limits_{n\geq 1} \dfrac{(-1)^{n-1}}{n}$ est convergente et de somme $\ln 2$, en utilisant deux méthodes distinctes.

1°) Première méthode : en utilisant l'inégalité de Taylor-Lagrange pour la fonction $t \mapsto \ln(1+t)$.

2°) Deuxième méthode : en utilisant le fait que $\frac{1}{k} = \displaystyle\int_0^1 t^{k-1}dt$.

◇

5.25 On considère la suite $(u_n)_{n\geq 1}$ définie par : $\forall n \geqslant 1, u_n = \dfrac{1}{(2n-1)5^{2n-1}}$.

1°) Montrer que la série de terme général u_n est convergente.

2°) On définit alors $(R_n)_{n\geq 1}$, la suite des restes d'ordre n de la série de terme général u_n, par : $R_n = \sum\limits_{k=n+1}^{+\infty} u_k$. Montrer que $R_n \leqslant \frac{25}{24}u_{n+1}$.

3°) En déduire une valeur de $\sum\limits_{n=1}^{\infty} u_n$ à 10^{-3} près.

◇

5.26 On considère un couple $(a, b) \in \mathbb{C}^2$ tel que $|a| < 1$ et $|b| < 1$. Montrer que l'on a :

$$\frac{1}{(1-a)(1-b)} = \begin{cases} \sum\limits_{n=0}^{\infty} (n+1)a^n & \text{si } a = b \\ \sum\limits_{n=0}^{\infty} \dfrac{a^{n+1} - b^{n+1}}{a-b} & \text{si } a \neq b \end{cases}.$$

◇

5.27 **1°)** On définit la suite $(u_n)_{n\geq 1}$ par : $\forall n \in \mathbb{N}^*, u_n = \dfrac{n^n \mathrm{e}^{-n}\sqrt{n}}{n!}$.

Donner la nature de la série de terme général $v_n = \ln\left(\dfrac{u_{n+1}}{u_n}\right)$.

2°) En déduire l'existence d'une constante $K > 0$ telle que :

$$n! \underset{(\infty)}{\sim} K\left(\frac{n}{\mathrm{e}}\right)^n \sqrt{n}.$$

◇

5.28 On considère la série harmonique dont les sommes partielles seront notées : $H_n = \sum\limits_{k=1}^{n} \frac{1}{k}$, pour tout $n \in \mathbb{N}^*$.

1°) Montrer que : $H_n \underset{(\infty)}{\sim} \ln n$.

2°) On pose, pour tout $n \in \mathbb{N}^*$: $u_n = H_n - \ln n$ et $v_n = u_{n+1} - u_n$.

a) Étudier la nature de la série $\sum v_n$.

b) En déduire que la suite $(u_n)_n$ converge (on notera γ sa limite).

3°) Soit $n \in \mathbb{N}^*$. Donner un équivalent de $R_n = \sum\limits_{k=n}^{+\infty} \frac{1}{k^2}$.

4°) On définit, pour tout $n \in \mathbb{N}^*$: $w_n = H_n - \ln n - \gamma$ et $t_n = w_{n+1} - w_n$.

a) Donner un équivalent du reste $\sum\limits_{k=n}^{+\infty} t_k$.

b) En déduire que : $H_n = \ln n + \gamma + \frac{1}{2n} + o\left(\frac{1}{n}\right)$.

◇

5.29 Le but de l'exercice est de calculer $\sum\limits_{n \geq 1} \frac{1}{n^2}$ et, plus précisément, de donner un développement asymptotique des sommes partielles $S_n = \sum\limits_{k=1}^{n} \frac{1}{k^2}$.

1°) a) Soient $\alpha > 1$ et $k \geqslant 2$. Démontrer que :

$$\int_k^{k+1} \frac{dt}{t^\alpha} \leqslant \frac{1}{k^\alpha} \leqslant \int_{k-1}^{k} \frac{dt}{t^\alpha}$$

b) En déduire que : $\sum\limits_{k=n}^{\infty} \frac{1}{k^\alpha} \underset{(\infty)}{\sim} \frac{1}{(\alpha-1)n^{\alpha-1}}$.

2°) Soit f une fonction de classe $\mathcal{C}^1$ sur $[0, \pi]$. Démontrer que :

$$\lim_{n \to \infty} \int_0^\pi f(t) \sin\left(\frac{2n+1}{2} t\right) dt = 0$$

3°) Montrer que pour $n \in \mathbb{N}^*$ et $t \in \left]0, \pi\right]$, on a :

$$A_n(t) = \frac{1}{2} + \sum_{k=1}^{n} \cos(kt) = \frac{\sin\left(\frac{2n+1}{2} t\right)}{2 \sin\left(\frac{t}{2}\right)}$$

4°) Déterminer deux réels a et b tels que, pour tout $k \geqslant 1$, on ait :

$$\int_0^\pi (at^2 + bt) \cos(kt) dt = \frac{1}{k^2}$$

Vérifier alors que l'on a : $\displaystyle\int_0^\pi (at^2 + bt) A_n(t)\, dt = S_n - \frac{\pi^2}{6}$.

5°) Déduire des questions précédentes que : $S_n = \frac{\pi^2}{6} - \frac{1}{n} + o\left(\frac{1}{n}\right)$.

◇

5.30 On considère $f : [0, +\infty[\to]0, +\infty[$, une fonction de classe $\mathcal{C}^1$ telle que $\lim\limits_{t \to +\infty} \frac{f'(t)}{f(t)} = -\infty$.

1°) Montrer que la série de terme général $f(n)$ converge.

2°) Donner un équivalent, lorsque n tend vers l'infini, de $R_n = \sum\limits_{k \geq n} f(k)$.

◇

5.31 Pour tout $n \in \mathbb{N}$, on pose $u_n = \dfrac{1}{2^n} \sum\limits_{k=0}^{n} \dfrac{4^k}{k!}$.

1°) Montrer que la série de terme général u_n converge.

2°) Calculer sa somme en utilisant le produit le produit de Cauchy de $\sum\limits_{k \geq 0} \dfrac{b^k}{k!}$ par $\sum\limits_{k \geq 0} a^k$ pour a et b réels judicieusement choisis.

II. INDICATIONS

5.01. Pour les questions **3)** et **8)**, on pourra comparer u_n à $1/n^2$ en écrivant $n^2 = \mathrm{e}^{2\ln n}$.

5.02. Il s'agit ici de séries à termes positifs : on peut alors utiliser les équivalents, les comparaisons et la règle de d'Alembert.

5.03. Il faudra discuter suivant la position de α par rapport à 0.

5.04. On comparera la série $\sum u_n$ à une série géométrique.

5.05. On montrera que la série $\sum u_n$ diverge et que la série $\sum v_n$ converge.

5.06. On remarquera que $u_n = u_1 - \sum\limits_{k=2}^{n} v_k$.

5.07. On pourra écrire v_n comme le logarithme d'un quotient et faire un développement limité.

5.08. Pour **1)** se ramener à la somme des $\dfrac{1}{k^2}$, pour des bornes bien choisies. Pour **2)** on pourra utiliser l'inégalité des accroissements finis.

5.09. Pour **1)** appliquer le théorème de d'Alembert. Pour **2)** il faut plus de précision ...

5.10. **1)** On pourra majorer judicieusement le terme sous l'intégrale. **2)** et **3)** Utiliser des comparaisons avec des intégrales.

5.11. Encadrer u_n à l'aide de la monotonie de la fonction $t \mapsto \ln^2 t$

5.12. On pourra montrer que $v_n = o(1/2^n)$ en mettant en facteur x_n^2 dans $\ln(x_n + x_n^2)$.

5.13. Pour conclure, on utilisera le théorème de Cesàro (exercice **26** du chapitre **4**).

5.14. Pour le cas **4)**, on pourra montrer qu'il s'agit d'une série alternée et utiliser le critère spécial des séries alternées.

5.16. et **5.17.** On pourra distinguer les cas $|b| \leqslant 1$ et $|b| > 1$.

5.18. La clé est dans la règle spécifique aux séries alternées.

5.19. On pourra évaluer assez finement $\ln(u_n)$.

5.20. Utiliser les égalités $\mathrm{e} = \sum\limits_{k=0}^{+\infty} \dfrac{1}{k!}$; $\dfrac{1}{\mathrm{e}} = \sum\limits_{k=0}^{+\infty} \dfrac{(-1)^k}{k!}$, puis se souvenir que pour tout x et tout $p \in \mathbb{Z}$, $\sin(x + p\pi) = (-1)^p \sin x$

5.21. Utiliser le critère spécifique aux séries alternées pour encadrer $\cos(1)$.

5.22. Provoquer des télescopages !

5.23. On utilisera le principe des séries télescopiques.

5.24. Pour $n \geqslant 1$, la dérivée $n^{\text{ème}}$ de $t \mapsto f(t) = \ln(1+t)$ est : $f^{(n)} : t \mapsto \dfrac{(-1)^{n-1}(n-1)!}{(1+t)^n}$.

5.26. Écrire $\frac{1}{1-a}$ et $\frac{1}{1-b}$ comme somme de deux séries, puis en faire le produit de Cauchy.

5.28. Pour **1)** et **3)** comparer sommation et intégration.

5.29. On pensera à écrire $\cos(nt) = \frac{1}{2}(\mathrm{e}^{int} + \mathrm{e}^{-int})$ et pour intégrer une fonction produit d'une fonction polynôme et d'une fonction trigonométrique on pensera à des intégrations par parties.

5.30. On pourra intégrer f'/f pour obtenir des estimations de f.

5.31. On pourra utiliser l'égalité suivante : $\forall x \in \mathbb{R}, \mathrm{e}^x = \sum_{n=0}^{\infty} \frac{x^n}{n!}$.

III. CORRIGÉS DÉTAILLÉS DES EXERCICES

Corrigé 5.01

1°) $\lim_{n\to\infty} u_n = \lim_{n\to\infty} n\sin\left(\frac{1}{n}\right) = \lim_{n\to\infty} \frac{\sin(\frac{1}{n})}{\frac{1}{n}} = 1$, donc $\sum u_n$ est grossièrement divergente.

2°) Pour $n \geqslant 2$, on a $u_n \geqslant \frac{2^n}{2^n} = 1$, donc $\sum u_n$ est grossièrement divergente.

3°) Pour tout $n \in \mathbb{N}^*$:

$n^2 u_n = \mathrm{e}^{(2\ln n - \sqrt{n}\ln 2)} = \mathrm{e}^{-\sqrt{n}(\ln 2 - 2\frac{\ln n}{\sqrt{n}})}$, et comme $\lim_{n\to\infty} \frac{\ln n}{\sqrt{n}} = 0$, il vient $\lim_{n\to\infty} n^2 u_n = 0$, donc $u_n \underset{(\infty)}{=} o(\frac{1}{n^2})$.

Conclusion : par comparaison à une série de Riemann, $\sum u_n$ est une série (à termes positifs) convergente.

4°) $\ln(1+x) \underset{(0)}{\sim} x \implies u_n \underset{(\infty)}{\sim} \frac{1}{\sqrt{n}} \times \frac{1}{\sqrt{n}} \times = \frac{1}{n} \implies \sum u_n$ est une série à termes positifs divergente.

5°) $1 - \cos x \underset{(0)}{\sim} \frac{x^2}{2} \implies u_n \underset{(\infty)}{\sim} \frac{\pi^2}{2n^2} \implies \sum u_n$ est une série à termes positifs convergente.

6°) Comme $(-1)^n + n \underset{(\infty)}{\sim} n$ et $n^2 + 1 \underset{(\infty)}{\sim} n^2$, on a $u_n \underset{(\infty)}{\sim} \frac{1}{n}$. Donc, par comparaison à une série de Riemann, la série $\sum u_n$ est une série à termes positifs divergente.

7°) Pour tout $n \in \mathbb{N}^*$, on a :

$$(1+\frac{1}{n})^n = \exp(n\ln(1+\frac{1}{n})) = \exp(n(\frac{1}{n} - \frac{1}{2n^2} + o(\frac{1}{n^2}))) = \exp(1 - \frac{1}{2n} + o(\frac{1}{n}))$$

$$(1+\frac{1}{n})^n = \mathrm{e} \times \exp(-\frac{1}{2n} + o(\frac{1}{n})) = \mathrm{e} \times (1 - \frac{1}{2n} + o(\frac{1}{n}))$$

Donc $u_n = \mathrm{e} - \left(1 + \frac{1}{n}\right)^n = \frac{\mathrm{e}}{2n} + o(\frac{1}{n}) \underset{(\infty)}{\sim} \frac{\mathrm{e}}{2n}$

Donc, au moins à partir d'un certain rang u_n est du signe de $\frac{\mathrm{e}}{2n}$ donc positif et, par la règle de Riemann, $\sum u_n$ est une série divergente.

8°) Pour tout $n \in \mathbb{N}^*$, $u_n = n\mathrm{e}^{-\sqrt{n}} = \mathrm{e}^{\ln n - \sqrt{n}}$, et :

$$n^2 u_n = \mathrm{e}^{2\ln n}\mathrm{e}^{\ln n - \sqrt{n}} = \mathrm{e}^{3\ln n - \sqrt{n}}$$

Or : $3\ln n - \sqrt{n} = -\sqrt{n}(1 - \dfrac{3\ln n}{\sqrt{n}}) \underset{(\infty)}{\sim} -\sqrt{n} \underset{n\to\infty}{\longrightarrow} -\infty$ et $\lim\limits_{n\to\infty} n^2 u_n = 0$.

Donc, par comparaison à une série de Riemann, la série $\sum u_n$ est une série à termes positifs convergente.

9°) Pour tout $n \in \mathbb{N}^*$, $\ln\left(\dfrac{n^2+n+1}{n^2+n-1}\right) = \ln\left(1 + \dfrac{2}{n^2+n-1}\right) \underset{(\infty)}{\sim} \dfrac{2}{n^2+n-1}$

Ainsi $u_n \underset{(\infty)}{\sim} \dfrac{2}{n^2}$. Donc, par la règle de Riemann $\sum u_n$ est une série (à termes positifs) convergente.

10°) On a : $u_n = \dfrac{\ln(n^2+3)\sqrt{2^n+1}}{4^n} \underset{(\infty)}{\sim} \dfrac{(2\ln n)2^{n/2}}{4^n} = \dfrac{2\ln n}{2^{n+\frac{n}{2}}}$.

Comme $\lim\limits_{n\to\infty} 2^n \times \dfrac{2\ln n}{2^{n+\frac{n}{2}}} = 0$, on a *a fortiori* $\lim\limits_{n\to\infty} 2^n u_n = 0$, soit $u_n \underset{(\infty)}{=} o\left(\dfrac{1}{2^n}\right)$.

Donc, par comparaison à une série géométrique, la série $\sum u_n$ est une série (à termes positifs) convergente.

11°) On a : $0 < \ln(\mathrm{e}^n - 1) \leqslant \ln(\mathrm{e}^n) = n$, donc, pour $n \geqslant 3$, $u_n \geqslant \dfrac{\ln n}{n} \geqslant \dfrac{1}{n}$.

Ainsi $\sum\limits_{n\geq 1} u_n$ est une série à termes positifs divergente.

12°) Pour tout $n \in \mathbb{N}^*$, $u_n > 0$ et :

$$\ln(u_n) = n^3\ln(\cos\frac{1}{n}) = n^3\ln(1 - \frac{1}{2n^2} + O(\frac{1}{n^3})) = n^3(-\frac{1}{2n^2} + O(\frac{1}{n^3}))$$
$$= -\frac{n}{2} + O(1)$$

Ainsi $\ln(n^2 u_n) = 2\ln n - \frac{n}{2} + O(1) \underset{n\to\infty}{\longrightarrow} -\infty$ (rappelons qu'au voisinage de l'infini $\ln n$ est négligeable devant n et $O(1)$ est une quantité bornée au voisinage de l'infini)

Ainsi $\lim\limits_{n\to\infty} n^2 u_n = 0$ et la règle de Riemann montre que $\sum u_n$ est une série (à termes positifs) convergente.

Corrigé 5.02

1°) Remarquons tout d'abord que $\sum u_n$ converge $\Longrightarrow \lim\limits_{n\to\infty} u_n = 0$. Ce qui conduit à la discussion suivante :

⋆ Si $a = 0$, alors $u_n = \mathrm{e}^{bn} = \left(\mathrm{e}^b\right)^n$, donc la série $\sum u_n$ est alors une série géométrique qui converge si et seulement si $|\mathrm{e}^b| < 1$, donc pour $b < 0$.

⋆ Si $a > 0$, à partir d'un certain rang, $an^2 + bn \geqslant 0$ et alors $u_n \geqslant 1$ et la série $\sum u_n$ diverge grossièrement

⋆ Si $a < 0$, comme $u_n > 0$, on peut écrire :

$$\ln(n^2 u_n) = 2\ln n + an^2 + bn \underset{(\infty)}{\sim} an^2 \underset{n\to\infty}{\longrightarrow} -\infty$$

Ainsi $\lim\limits_{n\to\infty} n^2 u_n = 0$ et, par la règle de Riemann $\sum u_n$ converge.

Conclusion : $\sum u_n$ converge $\Longleftrightarrow [a < 0]$ ou $(a = 0$ et $b < 0)]$.

2°) ⋆ Si $a = 0$, alors $u_n = 1$ et $\sum u_n$ diverge.

$\star$ Si $a \neq 0$. Comme $\lim_{n\to\infty} \operatorname{ch}(\frac{a}{n}) = 1$, des relations classiques : $\ln u \underset{(1)}{\sim} u - 1$ et $\operatorname{ch} x - 1 \underset{(0)}{\sim} \frac{x^2}{2}$, on déduit dans cet ordre :

$\ln u_n = -n^3 \ln(\operatorname{ch}(\frac{a}{n})) \underset{(\infty)}{\sim} -n^3(\operatorname{ch}(\frac{a}{n}) - 1) \underset{(\infty)}{\sim} -n^3 \times \frac{a^2}{2n^2} = -\frac{a^2}{2}n$

Comme $\ln n$ est négligeable devant n donc devant $\ln u_n$, on en déduit, par exemple :

$ln(n^2 u_n) = 2\ln n + \ln u_n \underset{(\infty)}{\sim} \ln u_n \underset{(\infty)}{\sim} -\frac{a^2}{2}n \underset{n\to\infty}{\longrightarrow} -\infty$ et $\lim_{n\to\infty} n^2 u_n = 0$.

Ainsi la règle de Riemann montre que $\sum u_n$ est alors convergente.

Conclusion : $\sum u_n$ converge $\iff a \neq 0$.

3°) Par croissance comparée des suites géométriques et de la suite factorielle, le terme général ne tend pas vers 0, sauf si $a = 0$. Or $a = 0 \implies u_n = 0$, donc la série $\sum u_n$ est convergente si et seulement si $a = 0$.

4°) La série est à termes strictement positifs et on écrit : $u_n = \left(\frac{3n-1}{n+2} \times x\right)^n$.

Comme $\lim_{n\to\infty} \frac{3n-1}{n+2} \times x = 3x$, la discussion est claire :

$\star$ Si $x > \frac{1}{3}$, alors à partir d'un certain rang $\frac{3n-1}{n+2} \times x \geqslant 1$, donc $u_n \geqslant 1$ et la série $\sum u_n$ diverge grossièrement.

$\star$ Si $0 < x < \frac{1}{3}$, soit ρ tel que $3x < \rho < 1$, à partir d'un certain rang, on a $\frac{3n-1}{n+2} \times x \leqslant \rho$, donc $0 < u_n \leqslant \rho^n$ et la convergence de la série géométrique $\sum \rho^n$ donne la convergence de la série $\sum u_n$.

$\star$ seul résiste le cas $x = \frac{1}{3}$. On écrit alors : $u_n = \left(\frac{3n-1}{3n+6}\right)^n$ et :

$\ln u_n = n \ln\left(\frac{3n-1}{3n+6}\right) = n\ln(1 - \frac{7}{3n+6}) \underset{(\infty)}{\sim} n \times \left(-\frac{7}{3n+6}\right) \underset{n\to\infty}{\longrightarrow} -\frac{7}{3}$.

Ainsi $\lim_{n\to\infty} u_n = e^{-7/3} \neq 0$ et dans ce cas $\sum u_n$ est grossièrement divergente.

Conclusion : $\sum u_n$ convergente $\iff x < \frac{1}{3}$.

5°) Comme $u_n > 0$, on peut utiliser la règle de d'Alembert.

$$\frac{u_{n+1}}{u_n} = \frac{(n+1)!}{(n+1)^{a(n+1)}} \times \frac{n^{an}}{n!} = (n+1)\left(\frac{n}{n+1}\right)^{an} \times \frac{1}{(n+1)^a}$$
$$= \left(\frac{n}{n+1}\right)^{an} \times \frac{1}{(n+1)^{a-1}}$$

Or, on peut écrire, pour le terme posant problème :

$\left(\frac{n}{n+1}\right)^{an} = \exp(an\ln(\frac{n}{n+1})) = \exp(-an\ln(1+\frac{1}{n}))$

et puisque $n\ln(1+\frac{1}{n}) \underset{(\infty)}{\sim} n \times \frac{1}{n} = 1$, on a $\lim_{n\to\infty} \left(\frac{n}{n+1}\right)^{an} = e^{-a}$.

Ainsi : $\frac{u_{n+1}}{u_n} \underset{(\infty)}{\sim} \frac{e^{-a}}{(n+1)^{a-1}}$, et la discussion commence :

$\to$ Si $a > 1$, alors $\frac{u_{n+1}}{u_n}$ tend vers 0 et donc la série $\sum u_n$ converge.

$\to$ Si $a = 1$, alors $\frac{u_{n+1}}{u_n}$ tend vers $e^{-1} \in [0, 1[$ et donc la série $\sum u_n$ converge.

$\rightarrow$ Si $a < 1$, alors $\frac{u_{n+1}}{u_n}$ tend vers $+\infty$, et donc la série $\sum u_n$ diverge.

6°) Comme $u_n > 0$, on va encore utiliser la règle de d'Alembert :

$$\frac{u_{n+1}}{u_n} = \frac{(n+1)^a(\ln(n+1))^{n+1}}{(n+1)!} \times \frac{n!}{n^a(\ln n)^n}$$
$$= \frac{\ln(n+1)}{n+1}\left(\frac{n+1}{n}\right)^a \times \left(\frac{\ln(n+1)}{\ln n}\right)^n$$

Les deux premiers facteurs sont sans angoisse :

On a : $\lim\limits_{n\to\infty} \frac{\ln(n+1)}{n+1} = 0$ et $\lim\limits_{n\to\infty} \left(\frac{n+1}{n}\right)^a = 1$

et pour le troisième, on écrit :

$$\alpha_n = \ln\left(\left(\frac{\ln(n+1)}{\ln n}\right)^n\right) = n\ln\left(\frac{\ln n + \ln(1+\frac{1}{n})}{\ln n}\right) = n\ln(1 + \frac{1}{\ln n}\ln(1+\frac{1}{n}))$$

Avec $\ln(1+x) \underset{(0)}{\sim} x$, il vient en deux temps :

$$\alpha_n \underset{(\infty)}{\sim} n \times \frac{1}{\ln n}\ln(1+\frac{1}{n}) \underset{(\infty)}{\sim} n \times \frac{1}{\ln n} \times \frac{1}{n} = \frac{1}{\ln n} \underset{n\to\infty}{\longrightarrow} 0$$

Ainsi $\lim\limits_{n\to\infty} \alpha_n = 0$, donc $\lim\limits_{n\to\infty} \left(\frac{\ln(n+1)}{\ln n}\right)^n = \lim\limits_{n\to\infty} e^{\alpha_n} = 1$

ce qui permet de conclure que : $\lim\limits_{n\to\infty} \frac{u_{n+1}}{u_n} = 0$.

La règle de d'Alembert nous donne alors la convergence de la série de terme général u_n, pour tout $a \in \mathbb{R}$.

Corrigé 5.03

Remarquons tout d'abord que $u_n > 0$ pour tout entier $n \geqslant 1$.

$\star$ Supposons $\alpha > 0$. Alors, puisque $n \geqslant 1 \implies u_n > 0 \implies e^{-u_n} \leqslant 1$, la suite (u_n) converge vers 0, et $\lim\limits_{n\to\infty} e^{-u_n} = 1$.

On obtient alors $u_n \underset{(\infty)}{\sim} \frac{1}{n^\alpha}$, et donc la série converge si et seulement si $\alpha > 1$.

$\star$ Supposons maintenant $\alpha \leqslant 0$. Alors on obtient :

$\forall n \geqslant 1, u_{n+1} = e^{-u_n}n^{-\alpha} \geqslant e^{-u_n}$, la suite (u_n) ne peut donc pas tendre vers 0 car, si c'était le cas, $u_{n+1} \geqslant e^{-u_n}$ donnerait par prolongement des inégalités à la limite : $0 \geqslant 1$, ce qui n'est pas raisonnable. Donc la série diverge grossièrement.

Conclusion : la série converge si et seulement si $\alpha > 1$.

Corrigé 5.04

1°) $\star$ Supposons $\ell < 1$ et soit ρ tel que $\ell < \rho < 1$. Alors pour n assez grand, on a $\sqrt[n]{u_n} \leqslant \rho$, soit pour être précis :

$\exists n_0 \in \mathbb{N}, \forall n \geqslant n_0, \sqrt[n]{u_n} \leqslant \rho$, *i.e.* $u_n \leqslant \rho^n$. On peut ainsi conclure que u_n est majoré, à partir d'un certain rang, par le terme général d'une série géométrique convergente et donc que $\sum u_n$ est convergente.

$\star$ Supposons $\ell > 1$, alors pour n assez grand, on a $\sqrt[n]{u_n} \geqslant 1$, donc $u_n \geqslant 1$ et $(u_n)_n$ ne converge pas vers 0, donc $\sum u_n$ est grossièrement divergente.

$\star$ Notons que si $\ell = 1$ ... Cauchy reste muet, sauf si la limite est obtenue par valeurs supérieures, car on a alors encore $u_n \geqslant 1$ à partir d'un certain rang !

2°) $\sqrt[n]{u_n} = \dfrac{n-1}{2n+1} \underset{n\to\infty}{\longrightarrow} \dfrac{1}{2}$, donc $\sum u_n$ est une série convergente. Mais on pouvait dire directement que $u_n \leqslant \left(\frac{1}{2}\right)^n$.

[La règle de Cauchy n'est donc pas une règle très «fine». On doit être capable de voir soit-même une majoration ou une minoration géométrique ...]

Corrigé 5.05

1°) a) On obtient, après simplifications : $\dfrac{u_{n+1}}{u_n} = \dfrac{2n+1}{2n+2} = 1 - \dfrac{3}{2n+2} \underset{n\to\infty}{\longrightarrow} 1$.

b) De plus, on a, pour tout $n \geqslant 1$:
$\dfrac{(n+1)u_{n+1}}{nu_n} = \dfrac{n+1}{n} \times \dfrac{2n+1}{2n+2} = \dfrac{2n+1}{2n} > 1$.
Par conséquent, la suite $(nu_n)_n$ est bien (strictement) croissante.

c) On en déduit alors, pour $n \geqslant 1$, que : $nu_n \geqslant 1 \times u_1 = \dfrac{1}{2}$, donc $u_n \geqslant \dfrac{1}{2n}$.

[On peut aussi regardrer la construction de u_n et noter que $3 > 2$; $5 > 4$;... ; $2n-1 > 2n-2$ et il vient directement $u_n \geqslant \frac{1}{2n}$.]

La règle de Riemann montre donc que $\sum u_n$ diverge.

2°) a) On obtient de même : $\dfrac{v_{n+1}}{v_n} = \dfrac{2n-1}{2n+2} \underset{n\to\infty}{\longrightarrow} 1$.

b) D'autre part, on a :

$$\frac{(n+1)^\alpha v_{n+1}}{n^\alpha v_n} = \left(1+\frac{1}{n}\right)^\alpha\left(1 - \frac{3}{2n+2}\right) = \left(1+\frac{1}{n}\right)^\alpha\left(1 - \frac{3}{2n} \times \frac{1}{1+\frac{1}{n}}\right)$$
$$= \left(1 + \frac{\alpha}{n} + o\left(\frac{1}{n}\right)\right)\left(1 - \frac{3}{2n} + o\left(\frac{1}{n}\right)\right) = 1 + \frac{2\alpha - 3}{2n} + o\left(\frac{1}{n}\right)$$

Si $\alpha < \dfrac{3}{2}$, alors $2\alpha - 3 < 0$ et pour n assez grand on a $1 + \dfrac{2\alpha-3}{2n} + o\left(\dfrac{1}{n}\right) < 1$, donc pour n assez grand $\dfrac{(n+1)^\alpha v_{n+1}}{n^\alpha v_n} < 1$.

Comme $v_n > 0$, alors on alors peut en déduire que $(n+1)^\alpha v_{n+1} < n^\alpha v_n$, d'où la décroissance de la suite $(n^\alpha v_n)_n$, à partir d'un certain rang n_0 (qui dépend de α).

c) On obtient ainsi, à partir d'un tel rang n_0 : $n^\alpha v_n \leqslant n_0^\alpha v_{n_0} = K$ et $v_n \leqslant \dfrac{K}{n^\alpha}$.

Prenons alors $\alpha = \dfrac{5}{4}$ (on a bien alors $\alpha < \dfrac{3}{2}$), à partir d'un certain rang on a donc $0 \leqslant v_n \leqslant \dfrac{K}{n^{5/4}}$ et la règle de Riemann montre que la série $\sum v_n$ est convergente.

Corrigé 5.06

1°) Pour tout $n \geqslant 2$, on a :

$$v_n = u_{n-1} - u_n = \left(\sum_{k=1}^{n-1} \frac{1}{k}\right) - \ln(n-1) - \left(\sum_{k=1}^{n} \frac{1}{k}\right) + \ln n$$
$$= \ln \frac{n}{n-1} - \frac{1}{n} = -\frac{1}{n} - \ln\left(1 - \frac{1}{n}\right)$$

Avec $\ln(1-x) \underset{(0)}{=} -x - \dfrac{x^2}{2} + o(x^2)$, il vient : $v_n = \dfrac{1}{2n^2} + o\left(\dfrac{1}{n^2}\right) \underset{(\infty)}{\sim} \dfrac{1}{2n^2}$

Ceci prouve que pour n assez grand on a $v_n \geqslant 0$ (en fait toujours, car on sait que $\ln(1+u) \leqslant u$) et la règle de Riemann montre que $\sum v_n$ est une série convergente.

2°) En remarquant que, pour tout $n \geqslant 2$, on a :
$\sum\limits_{k=2}^{n} v_k = \sum\limits_{k=2}^{n}(u_{k-1} - u_k) = \sum\limits_{k=2}^{n} u_{k-1} - \sum\limits_{k=2}^{n} u_k = \sum\limits_{k=1}^{n-1} u_k - \sum\limits_{k=2}^{n} u_k = u_1 - u_n,$
on obtient $u_n = u_1 - \sum\limits_{k=2}^{n} v_k$, et comme on a montré que $\sum v_n$ est une série convergente, on en déduit immédiatement que la suite $(u_n)_{n\geq 1}$ est convergente.
[la limite de la suite $(u_n)_{n\geq 1}$ est notée γ et est appelée constante d'Euler (on a calculé : $\gamma \simeq 0,5772156649...$). On connaît beucoup de décimales de ce nombre, mais pas grand chose de plus ... Voir l'exercice 5. 28. pour d'autres remarques]

Corrigé 5.07

1°) On va faire un développement limité de v_n au voisinage de $+\infty$:

$$\begin{aligned} v_n &= \ln\Big(\frac{(n+1)^\beta u_{n+1}}{n^\beta u_n}\Big) = \ln\Big(\frac{(n+1)^\beta}{n^\beta}\Big) + \ln\Big(\frac{u_{n+1}}{u_n}\Big) \\ &= \beta \ln\Big(1+\frac{1}{n}\Big) + \ln\Big(1+\frac{\alpha}{n} + O(\frac{1}{n^2})\Big) = \frac{\beta+\alpha}{n} + O(\frac{1}{n^2}). \end{aligned}$$

⋆ Si $\beta \neq -\alpha$, on a $v_n \underset{(\infty)}{\sim} \dfrac{\alpha+\beta}{n}$ et la règle de Riemann montre que $\sum v_n$ est divergente.
⋆ Si $\beta = -\alpha$, alors v_n est dominé par $\dfrac{1}{n^2}$ au voisinage de l'infini et la règle de Riemann montre cette fois que $\sum v_n$ est convergente.

2°) On choisit donc $\beta = -\alpha$ et on remarque que, par télescopage, on obtient alors :

$$\sum_{k=1}^{n-1} v_k = \ln(n^{-\alpha} u_n) - \ln(u_1)$$

Or la série de terme général v_n converge, donc la suite $\big(\ln(n^{-\alpha}u_n)\big)_n$ converge vers un réel $\ell \in \mathbb{R}$.
Par continuité de l'exponentielle, on obtient alors que $(n^{-\alpha}u_n)_n$ converge vers $K = \mathrm{e}^\ell \in \mathbb{R}_+^*$.
Conclusion : $\lim\limits_{n\to\infty} n^{-\alpha}u_n = K \neq 0 \implies u_n \underset{(\infty)}{\sim} Kn^\alpha = \dfrac{K}{n^{-\alpha}}$ et, par la règle de Riemann, la série $\sum u_n$ converge si et seulement si $-\alpha > 1$, *i.e.* $\alpha < -1$.

Corrigé 5.08

1°) Remarquons tout d'abord que $\sum u_n$ est une série à termes positifs : on va pouvoir utiliser des comparaisons ...
En notant $\lfloor . \rfloor$ la fonction partie-entière, on obtient, pour tout entier naturel n :

$$S_n = \sum_{k=1}^{n} u_k = \sum_{p=1}^{\lfloor \sqrt{n} \rfloor} \frac{1}{p^2}$$

La suite $(S_n)_n$, qui est croissante, est majorée par la somme de la série convergente $\sum\limits_{1}^{\infty} \dfrac{1}{p^2}$. On en déduit que la série $\sum u_n$ est convergente (et a de plus la même somme).

2°) Nous avons ici encore une série dont le terme général est positif puisque la fonction arctan est croissante et que $a > 0 \implies n + a > n$.
Comme la fonction arctan est dérivable sur tout $\mathbb{R}$, on peut utiliser l'inégalité des accroissements finis sur l'intervalle $[n, n+a]$ et on obtient :

$$0 \leqslant u_n \leqslant a \max_{[n,n+a]}(\arctan') = \frac{a}{1+n^2}$$

Par comparaison à une série de Riemann, on obtient la convergence de la série $\sum u_n$.

Corrigé 5.09

1°) Cette série est bien à termes positifs : on peut utiliser la règle de d'Alembert. On calcule donc :

$$\frac{u_{n+1}}{u_n} = \frac{a^{n+1}(n+1)!}{(n+1)^{n+1}} \times \frac{n^n}{a^n n!} = a\left(1+\frac{1}{n}\right)^{-n} = a\exp(-n\ln(1+\frac{1}{n}))$$

Or : $-n\ln(1+\frac{1}{n}) \underset{(\infty)}{=} -n(\frac{1}{n} + o(\frac{1}{n})) = -1 + o(1) \underset{n\to\infty}{\longrightarrow} -1$

Ainsi $\lim\limits_{n\to\infty} \frac{u_{n+1}}{u_n} = a\mathrm{e}^{-1} = \frac{a}{\mathrm{e}}$.
Par application de la règle de d'Alembert, on a alors :
si $a > \mathrm{e}$, la série est divergente et si $a < \mathrm{e}$, la série est convergente.

Remarque : le cas $a = \mathrm{e}$ est un cas limite où le théorème de d'Alembert ne permet pas de conclure.

2°) a) Si on pousse un peu plus loin le développement précédent, on obtient :

$$-n\ln(1+\frac{1}{n}) \underset{(\infty)}{=} -n(\frac{1}{n} - \frac{1}{2n^2} + o(\frac{1}{n^2})) = -1 + \frac{1}{2n} + o(\frac{1}{n})$$

D'où : $\frac{u_{n+1}}{u_n} = \mathrm{e}.\exp(-1 + \frac{1}{2n} + o(\frac{1}{n})) = \exp(\frac{1}{2n} + o(\frac{1}{n})) = 1 + \frac{1}{2n} + o(\frac{1}{n})$

Donc, pour n assez grand, on obtient bien $\frac{u_{n+1}}{u_n} \geqslant 1$.

b) On a donc montré que la suite $(u_n)_n$, qui est à termes strictement positifs, est croissante à partir d'un certain rang. Elle ne converge donc pas vers zéro, et la série $\sum u_n$ est grossièrement divergente.

Corrigé 5.10

1°) On va majorer l'expression sous l'intégrale en utilisant $\sin x \leqslant x$, pour $0 \leqslant x \leqslant \frac{\pi}{n}$. On obtient alors, pour $n \geqslant 2$:

$$0 \leqslant u_n \leqslant \int_0^{\frac{\pi}{n}} \frac{x^3}{1+x}\,dx \leqslant \int_0^{\frac{\pi}{n}} x^3\,dx = \frac{\pi^4}{4n^4}.$$

Conclusion : la règle de Riemann montre que la série $\sum\limits_{n\geq 2} u_n$ est convergente.

2°) ⋆ Occupons-nous tout d'abord du terme sommatoire. La fonction $x \mapsto \frac{1}{x}$ étant décroissante sur $\mathbb{R}_+$, nous obtenons immédiatement :

$$\sum_{k=1}^{n} \frac{1}{k} \geqslant \sum_{k=1}^{n} \int_k^{k+1} \frac{dx}{x} = \int_1^{n+1} \frac{dx}{x} = \ln(n+1) > \ln n$$

⋆ On écrit alors : $\ln(n!) = \ln(1) + \cdots + \ln(n) \leqslant n \ln n$

Il en résulte donc que $u_n \geqslant \dfrac{\ln n}{n \ln n} = \dfrac{1}{n}$, ce qui implique que la série $\sum\limits_{n\geq 2} u_n$ est divergente.

3°) Soit la fonction f définie sur $[3, +\infty[$ par $f(x) = \dfrac{1}{x \ln x}$.

Alors $x \geqslant 3 \implies f'(x) = \dfrac{-(1+\ln x)}{(x\ln x)^2} < 0$ et la fonction f est décroissante sur $[3, +\infty[$. Or, pour tout $n \geqslant 3$, on a $u_n = f(n)$, donc :

$$\sum_{k=3}^{n} u_k \geqslant \sum_{k=3}^{n} \int_k^{k+1} f(x)\, dx = \int_3^{n+1} f(x)\, dx$$

En remarquant que $f(x) = \dfrac{\ln' x}{\ln x}$, on trouve :

$$\int_3^{n+1} f(x)\, dx = \big[\ln(\ln x)\big]_3^{n+1} = \ln(\ln(n+1)) - \ln(\ln 3)$$

et comme $\lim\limits_{n\to\infty} \ln(\ln(n+1)) = +\infty$, on en déduit que la série $\sum\limits_{n\geq 2} u_n$ est divergente.

[Remarque : il s'agit ici d'un cas particulier de série de Bertrand.]

Corrigé 5.11

1°) Pour $k \geqslant 1$, puisque la fonction $t \mapsto \ln^2 t$ est croissante sur $[1, +\infty[$, on a :

$$\ln^2(k) \leqslant \int_k^{k+1} \ln^2(t)\, dt \leqslant \ln^2(k+1)$$

Pour tout $n \geqslant 1$, en sommant ces inégalités de $k = 1$ jusqu'à $k = n$, on trouve :

$$u_n \leqslant \int_1^{n+1} \ln^2(t)\, dt \leqslant u_{n+1} - \ln^2(1) = u_{n+1}$$

Ainsi : $u_n \leqslant \displaystyle\int_1^{n+1} \ln^2(t)\, dt$ pour $n \geqslant 1$; et $u_n \geqslant \displaystyle\int_1^{n} \ln^2(t)\, dt$ pour $n \geqslant 2$. La minoration est encore valable pour $n = 1$, et donc :

$$\forall n \in \mathbb{N}^*, \int_1^n \ln^2(t)\, dt \leqslant u_n \leqslant \int_1^{n+1} \ln^2(t) dt$$

On calcule ensuite $\displaystyle\int_1^x \ln^2(t)\, dt$ par une intégration par parties :

$$I(x) = \int_1^x \ln^2(t)\, dt = \big[t \times \ln^2(t)\big]_1^x - \int_1^x 2t \times \frac{\ln(t)}{t}\, dt = x\ln^2(x) - 2\big[t\ln t - t\big]_1^x$$
$$= x\ln^2(x) - 2x\ln x + 2x - 2$$

Or :

$$x\ln^2(x) - 2x\ln x + 2x - 2 = x\ln^2 x\Big(1 - \frac{2}{\ln x} + \frac{2}{\ln^2 x} - \frac{2}{x\ln^2 x}\Big) \underset{(+\infty)}{\sim} x\ln^2 x$$

Ainsi $I(n) \underset{(\infty)}{\sim} n\ln^2 n$ et

$$I(n+1) \underset{(\infty)}{\sim} (n+1)\ln^2(n+1) = (n+1)[\ln n + \ln(1+\tfrac{1}{n})]^2 \underset{(\infty)}{\sim} n\ln^2 n$$

L'encadrement $I(n) \leqslant u_n \leqslant I(n+1)$ donne $\dfrac{I(n)}{n\ln^2 n} \leqslant \dfrac{u_n}{n\ln^2 n} \leqslant \dfrac{I(n+1)}{n\ln^2 n}$ et par les équivalents précédents et par encadrement :

$\lim\limits_{n\to\infty} \dfrac{u_n}{n\ln^2 n} = 1$, *i.e.* :

$$u_n \underset{(\infty)}{\sim} n\ln^2(n)$$

2°) On a obtenu $\dfrac{1}{u_n} \underset{(\infty)}{\sim} \dfrac{1}{n\ln^2(n)}$. La fonction $t \mapsto \dfrac{1}{t\ln^2 t}$ est continue décroissante sur $[2, +\infty[$, donc en posant $v_n = \dfrac{1}{n\ln^2 n}$:

$$\forall n \geqslant 3, v_n \leqslant \int_{n-1}^{n} \frac{1}{t\ln^2 t}\,dt$$

Donc $v_3 + \cdots + v_n \leqslant \displaystyle\int_2^n \frac{1}{t\ln^2 t}\,dt = \Big[-\frac{1}{\ln t}\Big]_2^n = \frac{1}{\ln 2} - \frac{1}{\ln n} < \frac{1}{\ln 2}$

Ainsi la série de terme général positif v_n a ses sommes partielles majorées et est donc convergente (il s'agit ici encore d'une série de Bertrand). Par la règle d'équivalence on en déduit que la série de terme général $\dfrac{1}{u_n}$ est également convergente.

Corrigé 5.12

1°) Soit la fonction f définie sur $\mathbb{R}_+^*$ par $f(x) = x^2 + x$. Cette fonction est continue sur $\mathbb{R}_+^*$ et elle est à valeurs dans $\mathbb{R}_+^*$. Or $x_{n+1} = f(x_n)$, avec $x_0 > 0$, donc la suite $(x_n)_n$ est à valeurs strictement positives.
De plus, $x_{n+1} - x_n = x_n^2 > 0$ donc $(x_n)_n$ est strictement croissante.
Si cette suite était convergente, elle convergerait vers une valeur ℓ telle que $\ell = f(\ell)$ puisque la fonction f est continue.
Or, l'équation $f(x) = x$ admet pour unique solution $x = 0$, et on sait que, pour tout $n \in \mathbb{N}$, $x_n \geqslant x_0 > 0$, donc la suite $(x_n)_n$ ne peut converger vers 0.
La suite (x_n) ne peut donc pas converger. Comme les suites croissantes non convergentes tendent vers $+\infty$, on conclut :

$$\lim_{n\to\infty} x_n = +\infty$$

2°) a) On a, $\forall n \in \mathbb{N}$:

$$v_n = \frac{\ln(x_n^2 + x_n)}{2^{n+1}} - \frac{\ln(x_n)}{2^n} = \frac{\ln(x_n^2(1+\frac{1}{x_n}))}{2^{n+1}} - \frac{\ln(x_n)}{2^n}$$
$$= \frac{2\ln(x_n)}{2^{n+1}} + \frac{\ln(1+\frac{1}{x_n})}{2^{n+1}} - \frac{\ln(x_n)}{2^n} = \frac{\ln(1+\frac{1}{x_n})}{2^{n+1}}$$

Or $\lim\limits_{n\to\infty} x_n = +\infty \implies \lim\limits_{n\to\infty} \ln(1 + \dfrac{1}{x_n}) = 0$ et donc $v_n = o\big(\dfrac{1}{2^n}\big)$.
On en conclut alors, par comparaison à une série géométrique convergente, que la série $\sum v_n$ converge de somme notée $\ell \geqslant 0$.

b) En remarquant que $S_n = \sum\limits_{k=1}^{n} v_k = u_{n+1} - u_1$, on en déduit immédiatement que la suite $(u_n)_n$ converge vers le réel $\beta = \ell + u_1$.

Corrigé 5.13

1°) La fonction $x \mapsto \sin x$ envoie $]0,\pi[$ dans $]0,1] \subset]0,\pi[$. On en déduit que $u_n \in]0,1]$ pour tout $n \geqslant 1$.

De plus, on sait que pour $x \in]0,1]$ on a $0 < \sin x < x$. Donc pour tout $n \geqslant 1$, $0 < u_{n+1} < u_n$. La suite est $(u_n)_{n\in\mathbb{N}^*}$ est donc décroissante et minorée par 0 : elle est convergente et sa limite $\ell \in [0,1]$vérifie $\ell = \sin \ell$, donc $\ell = 0$.

$$\lim_{n\to\infty} u_n = 0$$

2°) Remarquons tout d'abord que, comme on a montré que $u_n > 0$, on peut bien diviser par u_n.

Comme $\lim\limits_{n\to\infty} u_n = 0$, on a $u_{n+1} = \sin u_n \underset{(\infty)}{\sim} u_n$ et

$$\frac{u_n + u_{n+1}}{u_n} = 1 + \frac{u_{n+1}}{u_n} \underset{n\to\infty}{\longrightarrow} 1 + 1 = 2.$$

3°) Puisque $\lim\limits_{n\to\infty} u_n = 0$, on a :

$u_{n+1} = \sin u_n \underset{(\infty)}{=} u_n - \dfrac{u_n^3}{6} + o(u_n^3)$ et $\dfrac{u_n - u_{n+1}}{u_n^3} = \dfrac{1}{6} + o(1)$, c'est-à-dire :

$$\lim_{n\to\infty} \frac{u_n - u_{n+1}}{u_n^3} = \frac{1}{6}$$

4°) Soit $n \in \mathbb{N}$. On déduit des deux questions précédentes :

$$v_n = \frac{1}{u_{n+1}^2} - \frac{1}{u_n^2} = \frac{(u_n)^2 - (u_{n+1})^2}{(u_n)^2(u_{n+1})^2} = \frac{(u_n - u_{n+1})}{u_n^3} \times \frac{(u_n + u_{n+1})}{u_n} \times \left(\frac{u_n}{u_{n+1}}\right)^2$$

D'où :

$$\lim_{n\to\infty} v_n = \frac{1}{6}\times 2 = \frac{1}{3}$$

5°) Comme $\lim\limits_{n\to\infty} v_n = \dfrac{1}{3}$ le théorème de Cesàro (voir l'exercice **26** du chapitre **4**) nous apprend que :

$$\lim_{n\to\infty} \frac{v_0 + v_1 + \cdots + v_{n-1}}{n} = \frac{1}{3}$$

Soit, par télescopage : $\lim\limits_{n\to\infty} \dfrac{1}{n}\left(\dfrac{1}{u_n^2} - \dfrac{1}{u_0^2}\right) = \dfrac{1}{3}$ ou encore $\lim\limits_{n\to\infty} \dfrac{1}{nu_n^2} = \dfrac{1}{3}$ ou aussi $\lim\limits_{n\to\infty} nu_n^2 = 3$ et comme $u_n > 0$:

$$\lim_{n\to\infty} (u_n \times \sqrt{n}) = \sqrt{3}$$

Corrigé 5.14

1°) $e^{-1} \leqslant e^{\cos n} \leqslant e$, donc La suite $(u_n)_n$ ne converge pas vers 0 et $\sum u_n$ est divergente.

2°) $|u_n| = \sin\left(\dfrac{1}{n^2}\right) \underset{(\infty)}{\sim} \dfrac{1}{n^2} \implies \sum u_n$ est absolument convergente, donc convergente.

3°) $|u_n| = \dfrac{1}{\sqrt{n}} \underset{n\to+\infty}{\longrightarrow} 0$ en décroissant, donc, d'après le critère spécial des séries alternées, $\sum u_n$ est une série alternée convergente.

4°) $\forall n \geqslant 1, u_n = \dfrac{\cos(\pi n^2)}{n \ln n} = \dfrac{(-1)^{n^2}}{n \ln n} = \dfrac{(-1)^n}{n \ln n}$, car n^2 a la même parité que n.

Donc $\sum u_n$ est une série alternée. Comme $|u_n| = \dfrac{1}{n \ln} \underset{n\to\infty}{\longrightarrow} 0$ en décroissant, la série $\sum u_n$ converge par application du critère spécial des séries alternées.

Corrigé 5.15

1°) On a : $u_n = \dfrac{1+(-1)^n}{\sqrt{n}} = \dfrac{1}{\sqrt{n}} + \dfrac{(-1)^n}{\sqrt{n}}$.

$\rightarrow \sum \dfrac{1}{\sqrt{n}}$ est une série de Riemann divergente.

$\rightarrow \sum \dfrac{(-1)^n}{\sqrt{n}}$ est une série alternée convergente par une application immédiate du critère spécial des séries alternées (on l'a vu dans l'exercice précédent).

Conclusion : $\sum u_n$ est une série divergente.

[Nous avons mis cet exercice juste pour faire remarquer que la somme d'une série divergente et d'une série convergente est toujours une série divergente, mais faites attention : on ne peut rien dire de la somme de deux séries divergentes !

Dans le cas présent on aurait pu écrire directement :

$$S_{2n} = \sum_{k=1}^{2n} u_k = u_2 + u_4 + \cdots + u_{2k} = \sqrt{2}\left(\frac{1}{\sqrt{1}} + \frac{1}{\sqrt{2}} + \cdots + \frac{1}{\sqrt{n}}\right) \underset{n\to\infty}{\longrightarrow} +\infty$$

puisque la série de terme général positif $\dfrac{1}{\sqrt{k}}$ *est divergente. Ceci suffit à prouver que la série* $\sum u_n$ *est divergente.]*

2°) f est continue sur le segment $[0,1]$, donc $|f|$ est bornée par un réel M.

On obtient alors : $|u_n| \leqslant \dfrac{M}{n}\displaystyle\int_0^1 t^n\,dt = \dfrac{M}{n(n+1)} \leqslant \dfrac{M}{n^2}$

La règle de Riemann montre que la série $\sum u_n$ est absolument convergente, donc convergente.

Corrigé 5.16

$\star$ Si $|b| > 1$, alors n est négligeable devant b^n au voisinage de l'infini, donc $b^n + n$ est non nul pour n assez garnd et $u_n \underset{(\infty)}{\sim} \dfrac{a^n}{b^n}$.

$\rightarrow$ Si $|a| \geqslant |b|$, le terme général ne tend pas vers 0, et la série diverge grossièrement.

$\rightarrow$ Si $|a| < |b|$, la série converge absolument par comparaison à une série géométrique convergente.

$\star$ Si $|b| \leqslant 1$, alors pour $n \geqslant 2$, $b^n + n > 0$ et u_n est bien défini à partir du rang 2, avec de plus $\lim\limits_{n\to\infty} b^n = 0$ et donc $u_n \underset{(\infty)}{\sim} \dfrac{a^n}{n}$.

$\rightarrow$ Lorsque $|a| < 1$, en majorant $\left|\dfrac{a^n}{n}\right|$ par $|a|^n$, on a immédiatement la convergence absolue et donc la convergence de la série de terme général u_n.

$\rightarrow$ Lorsque $|a| > 1$, le terme général ne tend pas vers 0, et la série diverge grossièrement.

$\rightarrow$ Si $a = 1$, alors $u_n > 0$ et $u_n \underset{(\infty)}{\sim} \dfrac{1}{n}$ ce qui prouve la divergence de $\sum u_n$.

$\rightarrow$ Si $a = -1$, alors on peut écrire : $u_n = \underbrace{\dfrac{(-1)^n}{n}}_{v_n} + \underbrace{(-1)^n\left(\dfrac{1}{b^n+n} - \dfrac{1}{n}\right)}_{w_n}$

- la série $\sum v_n$ converge par le critère spécial des séries alternées,
- $w_n = \dfrac{(-b)^n}{n(b^n+n)} \Longrightarrow |w_n| \leqslant \dfrac{1}{n^2}$ et la série $\sum w_n$ converge absolument.

Donc la série $\sum u_n$ converge en tant que somme de deux séries convergentes.

Le tour des possibles a été fait.

Corrigé 5.17

$\star$ Si $a = 0$, alors $u_n = 0$ et la série converge !

Nous supposerons dans la suite que $a \neq 0$.

$\star$ Si $|b| > 1$, alors la suite $(\mathrm{e}^{\sqrt{n}})_n$ est négligeable devant $(b^n)_n$ car :

$$\left|\frac{\mathrm{e}^{\sqrt{n}}}{b^n}\right| = \frac{\mathrm{e}^{\sqrt{n}}}{|b|^n} = \mathrm{e}^{\sqrt{n}-n\ln|b|} \underset{n\to\infty}{\longrightarrow} 0$$

On en déduit alors que $u_n \underset{(\infty)}{\sim} \dfrac{\mathrm{e}^{\sqrt{n}}a^n}{b^n}$.

Etudions la série de terme général $v_n = \dfrac{\mathrm{e}^{\sqrt{n}}|a|^n}{|b|^n}$ en appliquant le critère de d'Alembert.

On a : $\dfrac{v_{n+1}}{v_n} = \dfrac{|a|}{|b|}\,\mathrm{e}^{(\sqrt{n+1}-\sqrt{n})}$

Or $\sqrt{n+1} - \sqrt{n} = \dfrac{(n+1)-n}{\sqrt{n+1}+\sqrt{n}} = \dfrac{1}{\sqrt{n+1}+\sqrt{n}} \underset{n\to\infty}{\longrightarrow} 0$, et donc $\lim\limits_{n\to\infty} \dfrac{v_{n+1}}{v_n} = \dfrac{|a|}{|b|}$.

Par conséquent :

$\star\star$ Si $|a| < |b|$, alors la série $\sum v_n$ converge, et la série $\sum u_n$ est absolument convergente, donc convergente.

$\star\star$ Si $|a| \geqslant |b|$, alors v_n ne tend pas vers 0 quand n tend vers l'infini, u_n non plus et la série $\sum u_n$ diverge grossièrement.

$\star$ Si $|b| \leqslant 1$, alors nous remarquerons tout d'abord que la suite $(b^n)_n$, qui est bornée, est négligeable devant suite $(\mathrm{e}^{\sqrt{n}})_n$. Par conséquent $\mathrm{e}^{\sqrt{n}} + b^n$ est équivalent à $\mathrm{e}^{\sqrt{n}}$, donc est sûrement non nul à partir d'un certain rang et donc u_n existe et est tel que $u_n \underset{(\infty)}{\sim} a^n$. Donc :

$\star\star$ Lorsque $|a| < 1$, on a immédiatement la convergence absolue et donc la convergence de la série de terme général u_n.

$\star\star$ Lorsque $|a| \geqslant 1$, le terme général u_n ne tend pas vers 0, et la série diverge grossièrement.

Corrigé 5.18

1°) Pour $k \geqslant 1$, notons $t_k = \dfrac{1}{k^\alpha}$. Comme $\alpha > 0$ il est clair que la suite $(t_k)_{k\in\mathbb{N}^*}$ est décroissante de limite nulle. Donc par la règle spécifique aux séries alternées la série $\sum\limits_{k\geq 1} (-1)^k t_k$ est convergente.

Or $u_n = \sum\limits_{p=n}^{\infty} (-1)^p t_p$ n'est autre que le reste d'indice $n-1$ de cette série, ce qui prouve à la fois que u_n est bien défini et que $\lim\limits_{n\to\infty} u_n = 0$.

2°) On sait de plus que tout reste partiel d'une série vérifiant le critère spécifique aux séries alternées est du signe de son premier terme. Ainsi, dans ce cas u_n est du signe de $(-1)^n t_n$, donc du signe de $(-1)^n$.

Bilan provisoire : la suite (u_n) est convergente de limite nulle et $(-1)^n u_n$ est positif.
Il reste à espérer que la suite $(|u_n|)$ est décroissante ...

3°) Comme le signe de u_n est celui de $(-1)^n$, on a, les convergences étant acquises :

$$\begin{aligned}
|u_n| - |u_{n+1}| &= (-1)^n u_n - (-1)^{n+1} u_{n+1} \\
&= (-1)^n \sum_{p=n}^{\infty} (-1)^p t_p + (-1)^n \sum_{p=n+1}^{\infty} (-1)^p t_p \\
&= (t_n - t_{n+1} + t_{n+2} + \cdots) + (-t_{n+1} + t_{n+2} - t_{n+3} + \cdots) \\
&= t_n - 2t_{n+1} + 2t_{n+2} - 2t_{n+3} + \cdots \\
&= (t_n - t_{n+1}) - (t_{n+1} - t_{n+2}) + (t_{n+2} - t_{n+3}) + \cdots
\end{aligned}$$

Soit alors f définie sur $\mathbb{R}_+^*$ par $f(t) = \frac{1}{t^\alpha} - \frac{1}{(t+1)^\alpha}$. la fonction f est dérivable, avec $f'(t) = -\alpha\left(\frac{1}{t^{\alpha+1}} - \frac{1}{(t+1)^{\alpha+1}}\right) < 0$.

Ainsi la fonction f est strictement décroissante sur $\mathbb{R}_+^*$ (et de limite nulle en $+\infty$).
En particulier, pour n fixé, on a pour tout $k \in \mathbb{N}$, $f(n+k+1) < f(n+k)$ et, toujours par les enseignements de la régle spécifique aux séries alternées :
$|u_n| - |u_{n+1}| = f(n) - f(n+1) + f(n+2) - \cdots$ est du signe de son premier terme, c'est-à-dire du signe de $\frac{1}{n^\alpha} - \frac{1}{(n+1)^\alpha}$, donc positif.

Ceci montre que la suite $(|u_n|)_n$ est décroissante et une dernière application de la règle spécifique aux séries alternées montre que $\sum u_n$ converge.

Corrigé 5.19

Remarquons tout d'abord que tous les termes de la suite $(u_n)_{n\geq 2}$ sont dans $\mathbb{R}_+^*$, en tant que produit fini de facteurs positifs. On va alors pouvoir évaluer $\ln(u_n)$, afin d'estimer u_n.

On obtient, en effectuant un développement limité du logarithme :

$$\begin{aligned}
\ln(u_n) &= \sum_{k=2}^{n} \ln\left(1 + \frac{(-1)^k}{\sqrt{k}}\right) = \sum_{k=2}^{n} \left(\frac{(-1)^k}{\sqrt{k}} - \frac{1}{k} + O\left(\frac{1}{k^{3/2}}\right)\right) \\
&= t_n - \sum_{k=2}^{n} \frac{(-1)^k}{\sqrt{k}}
\end{aligned}$$

→ La série $\sum \frac{(-1)^k}{\sqrt{k}}$ converge, d'après le critère spécifique aux séries alternées.

→ La série $\sum O\left(\frac{1}{k^{3/2}}\right)$ converge absolument par comparaison à une série de Riemann, donc converge.

Ces deux points montrent que la suite (t_n) converge.

$\rightarrow$ La série de terme général $\frac{1}{k}$ diverge, et pour être plus précis, comme la fonction $x \mapsto \frac{1}{x}$ est décroissante sur $\mathbb{R}_+^*$, nous avons classiquement (on procède sur chaque intervalle $[k, k+1]$ et on applique la relation de Chasles) ... :

$$\int_2^{n+1} \frac{dx}{x} \leqslant \sum_{k=2}^{n} \frac{1}{k} \leqslant \int_1^n \frac{dx}{x}$$

Soit : $\ln\left(\frac{n+1}{2}\right) \leqslant \sum_{k=2}^{n} \frac{1}{k} \leqslant \ln n.$

La suite $(t_n)_n$ est convergente, donc bornée et en notant m un minorant et M un majorant de cette suite :

$$m - \ln n \leqslant \ln(u_n) \leqslant M - \ln\left(\frac{n+1}{2}\right)$$

La minoration nous suffit et on peut écrire, par croissance de la fonction exponentielle :

$$\forall n \geqslant 2, \frac{\mathrm{e}^m}{n} \leqslant u_n$$

On peut alors conclure, par la règle de Riemann, que la série de terme général u_n est divergente.
(mais la majoration montre que $\lim_{n\to\infty} u_n = 0$).

Corrigé 5.20

1°) On sait que $\mathrm{e} = \sum_{k=0}^{\infty} \frac{1}{k!}$, ce qui nous permet d'écrire $n!\mathrm{e} = a_n + b_n$, où :

$a_n = \sum_{k=0}^{n} \frac{n!}{k!} = n! + n(n-1)\dots 2 + n(n-1)\dots 3 + \cdots + n(n-1) + n + 1$ et

$b_n = \sum_{k=n+1}^{\infty} \frac{n!}{k!} = \frac{1}{n+1} + \frac{1}{(n+1)(n+2)} + \dots = \sum_{i=1}^{\infty} \frac{1}{(n+1)\dots(n+i)}.$

$\star$ Observons que a_n est une somme d'entiers naturels, donc un entier naturel, ce qui implique que $\sin(\pi a_n) = 0$.

En outre, pour $n \geqslant 2$, tous les termes de a_n sauf les deux derniers sont pairs, (car divisibles par $n(n-1)$ qui est pair) on en déduit que $a_n = 2p + n + 1$ avec $p \in \mathbb{N}$, donc a_n est de parité opposée à celle de n, ce qui nous donne alors : $\cos(\pi a_n) = (-1)^{n+1}$. On constate que le résultat reste valable pour $n = 0$ et $n = 1$.

On obtient ainsi :

$$\begin{aligned}\sin(\mathrm{e}\pi n!) &= \sin(\pi(a_n + b_n)) = \sin(\pi a_n)\cos(\pi b_n) + \cos(\pi a_n)\sin(\pi b_n)\\ &= (-1)^{n+1}\sin(\pi b_n).\end{aligned}$$

$\star$ Remarquons ensuite que :

$\frac{1}{n+2} < \frac{1}{n+1}$; $\frac{1}{(n+2)(n+3)} < \frac{1}{(n+1)(n+2)}$; ... donc par sommation (les séries en question convergent) : pour tout n, $b_{n+1} \leqslant b_n$.

$\star$ Remarquons enfin que pour $n \geqslant 1$:

$$0 < b_n < \frac{1}{n+1} + \frac{1}{(n+1)^2} + \cdots = \sum_{i=1}^{\infty} \left(\frac{1}{n+1}\right)^i = \frac{\frac{1}{n+1}}{1 - \frac{1}{n+1}} = \frac{1}{n} \xrightarrow[n\to\infty]{} 0.$$

La fonction sinus étant croissante et positive sur $[0, \pi/2]$, et vérifiant $\sin 0 = 0$, la suite $(\sin(\pi b_n))_{n \geq 2}$ est également positive, décroissante et de limite nulle.
Conclusion : la série de terme général $\sin(n!e\pi)$ converge par application de la règle spécifique aux séries alternées.

2°) On écrit $\frac{1}{\mathrm{e}} = \sum\limits_{k=0}^{\infty} \frac{(-1)^k}{k!}$, ce qui nous permet encore de décomposer $\frac{n!}{\mathrm{e}}$ en $c_n + d_n$, où :

$$c_n = \sum_{k=0}^{n} \frac{n!(-1)^k}{k!} = n! - n(n-1)\dots 2 + \dots + (-1)^{n-1}n + (-1)^n \text{ et}$$

$$\begin{aligned} d_n &= \sum_{k=n+1}^{\infty} \frac{n!(-1)^k}{k!} = \frac{(-1)^{(n+1}}{n+1} + \frac{(-1)^{n+2}}{(n+1)(n+2)} + \dots \\ &= (-1)^{n+1}\left(\frac{1}{n+1} - \frac{1}{(n+1)(n+2)} + \dots\right) \\ &= (-1)^{n+1} \sum_{i=1}^{\infty} \frac{(-1)^{i-1}}{(n+1)\dots(n+i)}. \end{aligned}$$

Cette fois-ci c_n est une somme d'entiers relatifs, donc un entier relatif, et avec les mêmes arguments que précédemment c_n est de la forme

$$c_n = 2p + (-1)^{n-1}n + (-1)^n = 2p + (-1)^{n-1}(n-1) \text{ avec } p \in \mathbb{Z},$$

donc c_n est de parité opposée à celle de n, ce qui nous donne, $\cos(\pi c_n) = (-1)^{n+1}$.
On obtient ainsi :

$$\begin{aligned} v_n &= \sin\left(\frac{\pi}{\mathrm{e}}n!\right) = \sin(\pi(c_n + d_n)) = \sin(\pi c_n)\cos(\pi d_n) + \cos(\pi c_n)\sin(\pi d_n) \\ &= (-1)^{n+1}\sin(\pi d_n). \end{aligned}$$

Remarquons ensuite que $(-1)^{n+1}d_n$ est, par application du critère des séries alternées, compris entre les deux premières sommes partielles de la série le définissant, donc compris entre $\frac{1}{n+1}$ et $\frac{1}{n+1} - \frac{1}{(n+1)(n+2)}$, soit :

$$0 < 1 - \frac{1}{n+2} \leqslant (-1)^{n+1}d_n \times (n+1) < 1$$

Ainsi $(-1)^{n+1}d_n \underset{(\infty)}{\sim} \frac{1}{n+1} \underset{(\infty)}{\sim} \frac{1}{n}$

et finalement :

$$v_n = (-1)^{n+1}sin(\pi d_n) = \sin(\pi(-1)^{n+1}d_n) \underset{(\infty}{\sim} \pi(-1)^{n+1}d_n \underset{(\infty)}{\sim} \frac{\pi}{n}.$$

Conclusion : la série de terme général $v_n = \sin\left(\frac{\pi}{\mathrm{e}}n!\right)$ est une série à termes positifs (au moins à partir d'un certain rang) divergente.

Corrigé 5.21

1°) Pour $n \in \mathbb{N}$, notons $S_n = \sum\limits_{k=0}^{n} \frac{(-1)^k}{(2k)!}$. Alors, comme la suite $k \mapsto \frac{1}{(2k)!}$ est décroissante de limite nulle, par le critère des séries alternées, on obtient, pour tout n de $\mathbb{N}^*$: $S_{2n-1} < \cos(1) < S_{2n} = S_{2n-1} + \frac{1}{(4n)!}$

Donc :

$$(4n-2)!S_{2n-1} < (4n-2)!\cos(1) < (4n-2)!S_{2n-1} + \frac{1}{4n(4n-1)}$$

et *a fortiori* :

$$(4n-2)!S_{2n-1} < (4n-2)!\cos(1) < (4n-2)!S_{2n-1} + 1$$

Or $(4n-2)!S_{2n-1} = \sum\limits_{k=0}^{2n-1} (-1)^k \frac{(4n-2)!}{(2k)!}$ est une somme d'entiers relatifs ($2k$ est inférieur ou égal à $4n-2$), donc est un entier relatif N (et même en fait un entier naturel ...). Ainsi :

$$N < (4n-2)!\cos(1) < N+1$$

d'où le résultat demandé.

2°) Supposons $\cos(1)$ rationnel. Alors, $\exists\,(p,q) \in \mathbb{Z} \times \mathbb{N}^*$ tel que $\cos(1) = \frac{p}{q}$.

Alors, pour $n \geqslant \frac{q+2}{4}$, on a $4n-2 \geqslant q$, donc $(4n-2)!$ est un multiple de q et $(4n-2)!\frac{p}{q} \in \mathbb{Z}$, *i.e.* $(4n-2)!\cos(1)$ nombre entier.

Finalement, si $\cos(1)$ était rationnel, alors on pourrait trouver un entier n pour lequel $(4n-2)!\cos(1)$ serait un entier strictement compris entre deux entiers consécutifs, ce qui est impossible. Donc $\cos(1)$ est bien irrationnel.

Corrigé 5.22

Utilisons des décompositions en éléments simples :

1°) On a $u_k = \frac{1}{k(k+1)} = \frac{1}{k} - \frac{1}{k+1}$, donc :

$$S_n = \sum_{k=1}^{n} u_k = \sum_{k=1}^{n} \left(\frac{1}{k} - \frac{1}{k+1}\right) = \sum_{k=1}^{n} \frac{1}{k} - \sum_{k=1}^{n} \frac{1}{k+1} = \sum_{k=1}^{n} \frac{1}{k} - \sum_{k=2}^{n+1} \frac{1}{k}$$
$$= 1 - \frac{1}{n+1}.$$

Le passage à la limite lorsque n tend vers l'infini donne alors la convergence de la série et également sa somme. Conclusion : $\sum\limits_{n=1}^{\infty} \frac{1}{n(n+1)} = \lim\limits_{n\to\infty} S_n = 1.$

2°) On peut faire comme précédemment en décomposant totalement la fraction rationnelle en question en éléments simples, mais rusons un peu :

$$u_k = \frac{1}{(k-1)k(k+1)} = \frac{(k+1)-(k-1)}{(k-1)k(k+1)} = \frac{1}{(k-1)k} - \frac{1}{k(k+1)}$$

Le télescopage est ainsi mis en place et :

$$S_n = \sum_{k=2}^{n} u_k = \sum_{k=2}^{n} \frac{1}{(k-1)k} - \sum_{k=2}^{n} \frac{1}{k(k+1)} = \sum_{k=1}^{n-1} \frac{1}{k(k+1)} - \sum_{k=2}^{n} \frac{1}{k(k+1)}$$
$$= \frac{1}{1\times 2} - \frac{1}{n(n+1)}$$

Le passage à la limite lorsque n tend vers l'infini donne encore la convergence de la série et également sa somme. Conclusion : $\sum\limits_{n=2}^{\infty} \frac{1}{(n-1)n(n+1)} = \lim\limits_{n\to\infty} S_n = \frac{1}{2}.$

[Maintenant vous devriez savoir calculer $\sum\limits_{n=1}^{\infty} \frac{4}{n(n+1)(n+2)(n+3)(n+4)}$ ...*]*

Corrigé 5.23

1°) Soit $k \in \mathbb{N}^*$, posons $\alpha = \arctan(\frac{1}{k})$ et $\beta = \arctan(\frac{1}{k+1})$.

On a $\tan\alpha = \frac{1}{k}$, $\tan\beta = \dfrac{1}{k+1}$ et donc :

$$\tan(\alpha-\beta) = \frac{\tan\alpha - \tan\beta}{1+\tan\alpha\tan\beta} = \frac{\frac{1}{k}-\frac{1}{k+1}}{1+\frac{1}{k}\times\frac{1}{k+1}} = \frac{k+1-k}{k(k+1)+1} = \frac{1}{k^2+k+1}.$$

2°) Pour tout $k\in\mathbb{N}^*$, on a $\frac{1}{k}\in\,]0,1[$ et donc $\alpha\in\,]0,\pi/4[$. On a de même $\beta\in\,]0,\pi/4[$, ce qui nous donne alors $\alpha-\beta\in\,]-\pi/4,\pi/4[$, et donc, d'après la question précédente :

$$\begin{aligned}\arctan\left(\tfrac{1}{k}\right) - \arctan\left(\frac{1}{k+1}\right) &= \alpha-\beta = \arctan(\tan(\alpha-\beta))\\ &= \arctan\left(\frac{1}{k^2+k+1}\right)\end{aligned}$$

On obtient ainsi, pour $n\geqslant 1$:

$$\begin{aligned}S_n &= \sum_{k=0}^{n}\arctan\left(\frac{1}{k^2+k+1}\right) = \arctan 1 + \sum_{k=1}^{n}\left(\arctan\left(\tfrac{1}{k}\right) - \arctan\left(\frac{1}{k+1}\right)\right)\\ &= \frac{\pi}{4} + \sum_{k=1}^{n}\arctan\left(\tfrac{1}{k}\right) - \sum_{k=1}^{n}\arctan\left(\frac{1}{k+1}\right)\\ &= \frac{\pi}{4} + \arctan 1 - \arctan\left(\frac{1}{n+1}\right) = \frac{\pi}{2} - \arctan\left(\frac{1}{n+1}\right) \underset{n\to\infty}{\longrightarrow} \frac{\pi}{2}.\end{aligned}$$

Conclusion : la série de terme général u_n est convergente de somme $\sum\limits_{n=0}^{\infty} u_n = \frac{\pi}{2}$.

Corrigé 5.24

1°) Remarquons tout d'abord, par récurrence sur $n\in\mathbb{N}^*$, que la dérivée $n^{\text{ème}}$ de la fonction f définie sur $]-1,+\infty[$ par $f(t)=\ln(1+t)$ est :

$$f^{(n)}(t) = \frac{(-1)^{n-1}(n-1)!}{(1+t)^n}$$

Nous obtenons alors, pour $t\in[0,1]$, la majoration : $|f^{(n)}(t)|\leqslant (n-1)!$.

Cela nous permet, en appliquant l'inégalité de Taylor-Lagrange à cette fonction entre 0 et 1, d'obtenir, pour tout $n\geqslant 2$:

$$\left|f(1)-f(0)-\sum_{k=1}^{n-1}\frac{f^{(k)}(0)}{k!}\right| \leqslant \frac{(n-1)!}{n!} = \frac{1}{n}.$$

Il ne reste plus alors qu'à remplacer les dérivées successives en zéro par leurs valeurs pour avoir :

$$\forall n\geqslant 2, \left|\ln(2) - \sum_{k=1}^{n-1}\frac{(-1)^{k-1}}{k}\right| \leqslant \frac{1}{n}$$

Il suffit ensuite de faire tendre n vers $+\infty$ pour obtenir le résultat demandé.

2°) Soit $(S_n)_n$ la suite des sommes partielles. Nous avons alors, pour tout $n\in\mathbb{N}^*$:

$$S_n = \sum_{k=1}^{n}\frac{(-1)^{k-1}}{k} = \sum_{k=1}^{n}(-1)^{k-1}\int_0^1 t^{k-1}\,dt = \int_0^1\left(\sum_{k=1}^{n}(-t)^{k-1}\right)dt$$

$$S_n = \int_0^1 \frac{1-(-t)^n}{1-(-t)}dt = \int_0^1\frac{dt}{1+t} + (-1)^{n+1}\int_0^1\frac{t^n}{1+t}\,dt$$

Il ne reste plus qu'à remarquer que nous avons l'encadrement :

$0\leqslant \displaystyle\int_0^1 \frac{t^n}{1+t}\,dt \leqslant \int_0^1 t^n\,dt = \frac{1}{n+1}$, qui donne $\displaystyle\lim_{n\to\infty}\int_0^1\frac{t^n}{1+t}\,dt = 0$ et donc :

$$\sum_{k=1}^{\infty} \frac{(-1)^{k-1}}{k} = \lim_{n\to\infty} S_n = \int_0^1 \frac{dt}{1+t} = \ln 2$$

Ce qu'il fallait.

Corrigé 5.25

1°) Remarquons tout d'abord qu'il s'agit d'une série à termes positifs.
De plus nous avons, pour tout $n \geqslant 1$:

$$\frac{u_{n+1}}{u_n} = \frac{(2n-1)5^{2n-1}}{(2n+1)5^{2n+1}} = \frac{1}{25} \times \frac{2n-1}{2n+1} < \frac{1}{25}$$

Par application de la règle de d'Alembert, on en conclut que la série de terme général u_n est convergente.

2°) On vient de voir que pour tout $n \in \mathbb{N}^*$, $\frac{u_{n+1}}{u_n} < \frac{1}{25}$, donc par une récurrence élémentaire : $\forall n \in \mathbb{N}^*, \forall k \in \mathbb{N}, u_{n+k} \leqslant \frac{1}{25^k} \times u_n$.
On obtient ainsi, pour tout n :

$$R_n = u_{n+1} + u_{n+2} + \cdots = \sum_{k=0}^{\infty} u_{n+1+k} \leqslant u_{n+1} \times \sum_{k=0}^{+\infty} \left(\frac{1}{25}\right)^k = \frac{1}{1-\frac{1}{25}} u_{n+1}$$

C'est-à-dire : $R_n \leqslant \frac{25}{24} u_{n+1}$.

3°) On remarque alors que, comme nous avons :

$$R_2 \leqslant \frac{25}{24} u_3 = \frac{25}{24} \times \frac{1}{5 \times 5^5} = \frac{1}{24 \times 5^4} < 10^{-3}$$

une valeur approchée à moins de 10^{-3} près de $\sum_{n=1}^{+\infty} u_n$ est donnée par

$$u_1 + u_2 = \frac{1}{5} + \frac{1}{3 \times 5^3} \simeq 0{,}202$$

Corrigé 5.26

Pour $|a| < 1$ et $|b| < 1$, on a :

$$\frac{1}{1-a} = \sum_{n=0}^{\infty} a^n \text{ et } \frac{1}{1-b} = \sum_{n=0}^{\infty} b^n$$

Ces deux séries étant absolument convergentes, on peut en faire le produit de Cauchy. On obtient alors :

$$\frac{1}{(1-a)(1-b)} = \frac{1}{1-a} \times \frac{1}{1-b} = \sum_{n=0}^{\infty} u_n, \text{ avec } u_n = \sum_{k=0}^{n} a^k b^{n-k}$$

⋆ Si $a = b$, alors on trouve $u_n = \sum_{k=0}^{n} a^n = (n+1)a^n$, d'où le résultat demandé.

⋆ Si $a \neq b$, alors en remarquant que l'on a :

$$\begin{aligned}(a-b) \times \sum_{k=0}^{n} a^k b^{n-k} &= \sum_{k=0}^{n} a^{k+1} b^{n-k} - \sum_{k=0}^{n} a^k b^{n-k+1} \\ &= \sum_{k=1}^{n+1} a^k b^{n-k+1} - \sum_{k=0}^{n} a^k b^{n-k+1} = a^{n+1} - b^{n+1}\end{aligned}$$

on obtient : $\sum_{k=0}^{n} a^k b^{n-k} = \frac{a^{n+1} - b^{n+1}}{a-b}$, ce qui nous donne alors immédiatement le résultat attendu.

Corrigé 5.27

1°) Remarquons tout d'abord que la suite $(u_n)_{n\geq 1}$ est à termes strictement positifs et donc que la suite $(v_n)_{n\geq 1}$ est bien définie.
Pour tout $n \in \mathbb{N}^*$, on a alors :

$$\begin{aligned} v_n &= \ln\big(\frac{u_{n+1}}{u_n}\big) = \ln\big(\frac{(n+1)^{n+1}\mathrm{e}^{-n-1}\sqrt{n+1}}{(n+1)!}\times\frac{n!}{n^n\mathrm{e}^{-n}\sqrt{n}}\big) \\ &= \ln\big(\frac{(n+1)^n}{n^n}\times\frac{\sqrt{n+1}}{\mathrm{e}\sqrt{n}}\big) = \ln\big[\big(\frac{n+1}{n}\big)^{n+\frac{1}{2}}\big] - \ln(\mathrm{e}) \\ &= \big(n+\frac{1}{2}\big)\ln\big(1+\frac{1}{n}\big) - 1 \end{aligned}$$

Soit $v_n = \big(n+\frac{1}{2}\big)\big(\frac{1}{n} - \frac{1}{2n^2} + \frac{1}{3n^3} + o\big(\frac{1}{n^3}\big)\big) - 1$, et enfin :

$$v_n = \frac{1}{12n^2} + o\big(\frac{1}{n^2}\big)$$

La règle de Riemann montre que la série de terme général v_n est convergente.

2°) En remarquant que $v_n = \ln(u_{n+1}) - \ln(u_n)$, on a donc par télescopage $\ln(u_n) - \ln(u_1) = v_1 + v_2 + \cdots + v_{n-1}$.
La convergence de la série de terme général v_n donne alors la convergence de la suite $(\ln u_n)_n$. Si on note ℓ sa limite, on a donc : $\lim\limits_{n\to\infty} u_n = \mathrm{e}^{\ell} \in \mathbb{R}_+^*$.

Ainsi $\lim\limits_{n\to\infty} \dfrac{n^n\mathrm{e}^{-n}\sqrt{n}}{n!} = \mathrm{e}^{\ell}$, soit :

$$n! \underset{(\infty)}{\sim} K\big(\frac{n}{\mathrm{e}}\big)^n\sqrt{n}, \text{ avec } K = \mathrm{e}^{-\ell} \in \mathbb{R}_+^*$$

[Une étude classique des intégrales dites de John Wallis permet de montrer que l'on a $K = \sqrt{2\pi}$, ce résultat ayant alors le nom de «formule de James Stirling».]

Corrigé 5.28

1°) Puisque la fonction $t \mapsto \dfrac{1}{t}$ est décroissante sur $\mathbb{R}_+^*$, on a, pour tout $k \geqslant 2$:

$$\int_k^{k+1}\frac{dt}{t} \leqslant \frac{1}{k} \leqslant \int_{k-1}^{k}\frac{dt}{t}$$

En sommant pour k allant de 2 à n, avec $n \geqslant 2$, on obtient :

$$\ln(n+1) - \ln 2 = \int_2^{n+1}\frac{dt}{t} \leqslant \sum_{k=2}^{n}\frac{1}{k} \leqslant \int_1^n\frac{dt}{t} = \ln n$$

Soit :

$$1 + \ln(n+1) - \ln 2 \leqslant H_n \leqslant 1 + \ln n$$

ou encore :

$$\frac{1+\ln n + \ln(1+\frac{1}{n}) - \ln 2}{\ln n} \leqslant \frac{H_n}{\ln n} \leqslant \frac{1+\ln n}{\ln n}$$

Par encadrement, on en déduit que $\lim\limits_{n\to\infty}\dfrac{H_n}{\ln n} = 1$, *i.e.* $H_n \underset{(\infty)}{\sim} \ln n$.

2°) a) Pour tout $n \in \mathbb{N}^*$, nous avons :

$$\begin{aligned} v_n &= H_{n+1} - \ln(n+1) - H_n + \ln(n) = \frac{1}{n+1} - \ln(n+1) + \ln(n) \\ &= \frac{1}{n+1} + \ln\big(1 - \frac{1}{n+1}\big) = \frac{1}{n+1} - \frac{1}{n+1} - \frac{1}{2(n+1)^2} + o\big(\frac{1}{(n+1)^2}\big) \end{aligned}$$

$v_n = -\dfrac{1}{2(n+1)^2} + o\big(\dfrac{1}{(n+1)^2}\big) \underset{(\infty)}{\sim} -\dfrac{1}{2(n+1)^2}$

Ainsi $v_n \underset{(\infty)}{\sim} -\dfrac{1}{2n^2}$ et on en déduit que la série $\sum v_n$ est convergente.

b) De plus, comme $v_n = u_{n+1} - u_n$, on voit que les sommes partielles se télescopent et que : $\sum\limits_{k=1}^{n} v_k = u_n - u_1$, d'où la convergence de la suite $(u_n)_n$.

3°) Puisque la fonction $t \mapsto \dfrac{1}{t^2}$ est décroissante, on a, pour tout $k \geqslant 2$:

$$\int_k^{k+1} \frac{dt}{t^2} \leqslant \frac{1}{k^2} \leqslant \int_{k-1}^{k} \frac{dt}{t^2}$$

En sommant, pour k allant de n à $N > n$ et en faisant tendre N vers l'infini, on trouve :

$$\frac{1}{n} = \int_n^{+\infty} \frac{dt}{t^2} \leqslant R_n \leqslant \int_{n-1}^{+\infty} \frac{dt}{t^2} = \frac{1}{n-1}$$

ce qui donne finalement : $R_n = \sum\limits_{k=n}^{\infty} \dfrac{1}{k^2} \underset{(\infty)}{\sim} \dfrac{1}{n}$.

4°) a) On a en fait : $t_n = w_{n+1} - w_n = u_{n+1} - u_n = v_n \underset{(\infty)}{\sim} \dfrac{-1}{2n^2}$, soit :

$$-2t_n \underset{(\infty)}{\sim} \frac{1}{n^2}$$

Revenons alors aux définitions :
Soit $\varepsilon > 0$, il existe $n_0 \in \mathbb{N}^*$ tel que $k \geqslant n_0 \implies \dfrac{1}{k^2}(1-\varepsilon) \leqslant -2t_k \leqslant \dfrac{1}{k^2}(1+\varepsilon)$
Soit alors $n \geqslant n_0$. En sommant du rang n à un rang $N \geqslant n$ et en passant à la limite lorsque N tend vers l'infini (toutes les convergences sont acquises) :

$$(1-\varepsilon)\sum_{k=n}^{\infty} \frac{1}{k^2} \leqslant -2\sum_{k=n}^{\infty} t_k \leqslant (1+\varepsilon)\sum_{k=n}^{\infty} \frac{1}{k^2}$$

Ce qui signifie exactement que $-2\sum\limits_{k=n}^{\infty} t_k \underset{(\infty)}{\sim} \sum\limits_{k=n}^{\infty} \dfrac{1}{k^2} = R_n \underset{(\infty)}{\sim} \dfrac{1}{n}$

Ainsi :

$$\sum_{k=n}^{\infty} t_k \underset{(\infty)}{\sim} -\frac{1}{2n}$$

b) Or par définition même, on a : $\lim\limits_{n\to\infty} w_n = 0$, donc par télescopage : $\sum\limits_{k=n}^{\infty} t_k = \sum\limits_{k=n}^{\infty} (w_{k+1} - w_k) = -w_n$

Ainsi, en utilisant le résultat de la question précédente, on trouve : $w_n \underset{(\infty)}{\sim} \dfrac{1}{2n}$, ce qui s'écrit aussi $w_n = H_n - \ln n - \gamma = \dfrac{1}{2n} + o\big(\dfrac{1}{n}\big)$, ce qui nous donne le résultat demandé.

Corrigé 5.29

1°) a) Pour $\alpha > 1$, on a $\dfrac{1}{k^\alpha} \leqslant \dfrac{1}{t^\alpha}$ pour tout $t \in [k, k+1]$. On intègre alors cette inégalité entre k et $k+1$ et on trouve la partie gauche de l'encadrement demandé.

De même, on sait que $\frac{1}{t^\alpha} \leqslant \frac{1}{k^\alpha}$ pour $t \in [k-1,k]$, et on intègre cette inégalité pour obtenir l'autre côté de l'encadrement.

$$\int_k^{k+1} \frac{dt}{t^\alpha} \leqslant \frac{1}{k^\alpha} \leqslant \int_{k-1}^{k} \frac{dt}{t^\alpha}$$

b) On somme ces encadrements pour k allant de n à $+\infty$, et on trouve (toutes les convergences étant acquises) :

$$\int_n^{+\infty} \frac{dt}{t^\alpha} \leqslant S_n \leqslant \int_{n-1}^{+\infty} \frac{dt}{t^\alpha}, \text{ i.e. } \frac{1}{(\alpha-1)n^{\alpha-1}} \leqslant S_n \leqslant \frac{1}{(\alpha-1)(n-1)^{\alpha-1}},$$

ou encore : $1 \leqslant (\alpha-1)n^{\alpha-1}S_n \leqslant \frac{n^{\alpha-1}}{(n-1)^{\alpha-1}}$.

Par encadrement, il vient donc $\lim\limits_{n\to\infty} (\alpha-1)n^{\alpha-1}S_n = 1$, soit finalement :

$$S_n \underset{(\infty)}{\sim} \frac{1}{(\alpha-1)n^{\alpha-1}}$$

2°) Une intégration par parties nous donne, puisque $\cos(\frac{\pi}{2}+n\pi)=0$:

$$\int_0^\pi f(t)\sin\left(\frac{2n+1}{2}t\right)dt = \frac{2}{2n+1}f(0) + \frac{2}{2n+1}\int_0^\pi f'(t)\cos\left(\frac{2n+1}{2}t\right)dt$$

Or : $\left|\int_0^\pi f'(t)\cos\left(\frac{2n+1}{2}t\right)dt\right| \leqslant \int_0^\pi \left|f'(t)\cos\left(\frac{2n+1}{2}t\right)\right|dt \leqslant \int_0^\pi |f'(t)|\,dt$

Donc : $\left|\int_0^\pi f(t)\sin\left(\frac{2n+1}{2}t\right)dt\right| \leqslant \frac{2}{2n+1}\left(|f(0)| + \int_0^\pi |f'(t)|\,dt\right)$, et donc :

$$\lim_{n\to\infty} \int_0^\pi f(t)\sin\left(\frac{2n+1}{2}t\right)dt = 0$$

3°) C'est un calcul classique. On écrit $\cos(kt) = \frac{1}{2}(\mathrm{e}^{ikt} + \mathrm{e}^{-ikt})$ et on utilise l'identité géométrique de raison e^{it} différente de 1 (puisque $t \in]0,\pi]$). On obtient ainsi, grâce à l'astuce de l'angle moitié :

$$A_n(t) = \frac{1}{2} + \sum_{k=1}^n \cos(kt) = \frac{1}{2} + \frac{1}{2}\sum_{k=1}^n (\mathrm{e}^{ikt} + \mathrm{e}^{-ikt}) = \frac{1}{2}\sum_{k=-n}^n \mathrm{e}^{ikt}$$

$$= \frac{1}{2}\times\frac{\mathrm{e}^{-int} - \mathrm{e}^{i(n+1)t}}{1-\mathrm{e}^{it}} = \frac{1}{2}\times\frac{\mathrm{e}^{i\frac{t}{2}}(\mathrm{e}^{-i(2n+1)\frac{t}{2}} - \mathrm{e}^{i(2n+1)\frac{t}{2}})}{\mathrm{e}^{i\frac{t}{2}}(\mathrm{e}^{-i\frac{t}{2}} - \mathrm{e}^{i\frac{t}{2}})}$$

et en simplifiant, puis en divisant haut et bas par $-2i$ pour reconnaître des sinus :

$$A_n(t) = \frac{\sin(\frac{2n+1}{2}t)}{2\sin(\frac{t}{2})}$$

4°) On calcule l'intégrale en faisant deux intégrations par parties, en dérivant la partie polynomiale :

$$\int_0^\pi (at^2+bt)\cos(kt)\,dt = \left[(at^2+bt)\frac{\sin(kt)}{k}\right]_0^\pi - \int_0^\pi (2at+b)\frac{\sin(kt)}{k}\,dt$$

$$= 0 + \left[(2at+b)\frac{\cos(kt)}{k^2}\right]_0^\pi - \int_0^\pi 2a\frac{\cos(kt)}{k^2}\,dt$$

$$= 0 + \frac{(2a\pi+b)(-1)^k - b}{k^2} - 0$$

Ceci vaut $\frac{1}{k^2}$ pour tout k lorsque $b = -1$ et $2a\pi + b = 0$, soit $a = \frac{1}{2\pi}$.
On en déduit alors, pour ces valeurs de a et b :

$$\int_0^\pi (at^2 + bt)A_n(t)\,dt = \int_0^\pi (at^2 + bt)\big(\tfrac{1}{2} + \sum_{k=1}^n \cos(kt)\big)\,dt$$
$$= \frac{1}{2}\int_0^\pi \big(\frac{t^2}{2\pi} - t\big)\,dt + \sum_{k=1}^n \frac{1}{k^2}$$
$$\int_0^\pi (at^2 + bt)A_n(t)\,dt = \frac{1}{2}\big(\frac{\pi^3}{6\pi} - \frac{\pi^2}{2}\big) + \sum_{k=1}^n \frac{1}{k^2} = -\frac{\pi^2}{6} + S_n$$

5°) On a donc prouvé que : $S_n - \frac{\pi^2}{6} = \int_0^\pi f(t)\sin\big(\frac{2n+1}{2}t\big)\,dt$, avec :

avec, pour $t \in\,]0, \pi]$: $f(t) = \dfrac{\frac{t^2}{2\pi} - t}{2\sin(\frac{t}{2})}$.

Pour conclure, il nous faut prouver que f est prolongeable en une fonction de classe $\mathcal{C}^1$ sur $[0, \pi]$.

$\rightarrow$ f est clairement de classe C^1 sur $]0, \pi]$.

$\rightarrow$ $f(t) \underset{(0)}{\sim} \frac{-t}{t} = -1$, donc on peut prolonger f par continuité en 0 en posant $f(0) = -1$.

$\rightarrow$ Pour $t \in\,]0, \pi]$, $f'(t) = \dfrac{(\frac{t}{\pi} - 1)\sin(\frac{t}{2}) - \frac{1}{2}(\frac{t^2}{2\pi} - t)\cos(\frac{t}{2})}{2\sin^2(\frac{t}{2})}$

D'où : $f'(t) = \dfrac{(\frac{t}{\pi} - 1)(\frac{t}{2} + o(t^2)) - \frac{1}{2}(\frac{t^2}{2\pi} - t)(1 + o(t))}{2(\frac{t^2}{4} + o(t^2))} \underset{(0)}{\sim} \dfrac{\frac{t^2}{4\pi}}{\frac{t^2}{2}} = \dfrac{1}{2\pi}$

Ceci prouve, par le théorème des fonctions de classe $\mathcal{C}^1$, que f, prolongée en 0 comme dit avant, est dérivable en 0 et que $f'(0) = \lim\limits_{t\to 0} f'(t)$.

Ainsi f, convenablement prolongée en 0, est de classe $\mathcal{C}^1$ sur $[0, \pi]$

On peut donc appliquer le résultat des questions précédentes et on obtient alors :

$$\lim_{n\to\infty} \big(S_n - \frac{\pi^2}{6}\big) = 0, \text{ soit } \sum_{k=1}^\infty \frac{1}{k^2} = \frac{\pi^2}{6}$$

Ainsi : $S_n - \frac{\pi^2}{6} = S_n - \sum_{k=1}^\infty \frac{1}{k^2} = -\sum_{k=n+1}^\infty \frac{1}{k^2} \underset{(\infty)}{\sim} -\frac{1}{n}$, d'après le résultat **1°) b)** avec $\alpha = 2$.

On obtient donc finalement : $S_n = \frac{\pi^2}{6} - \frac{1}{n} + o(\frac{1}{n})$.

Corrigé 5.30

1°) Le fait que $\lim\limits_{t\to+\infty} \dfrac{f'(t)}{f(t)} = -\infty$ se traduit par :

$$\forall M > 0, \exists\, A > 0 \text{ tel que } \forall\, t \geqslant A,\ \frac{f'(t)}{f(t)} \leqslant -M$$

(l'intérêt de se restreindre au cas $M > 0$ apparaîtra un peu plus tard)

Soient alors x et y tels que $A \leqslant x \leqslant y$, on obtient, en intégrant cette inégalité sur $[x, y]$, puis en passant à l'exponentielle :

$$\ln(f(y)) - \ln(f(x)) \leqslant -M(y-x), \text{ soit } \frac{f(y)}{f(x)} \leqslant \mathrm{e}^{-M(y-x)}$$

ce qui nous donne, (n'oublions pas que $f(x) \in \mathbb{R}_+^*$) :

$$f(y) \leqslant f(x)\mathrm{e}^{-M(y-x)} \quad (*)$$

$\star$ Avec $x = A$ et $y = n \in \mathbb{N}$ tel que $n > A$, on obtient alors :

$$0 < f(n) \leqslant f(A)\mathrm{e}^{MA}\mathrm{e}^{-Mn} = f(A)\mathrm{e}^{MA}(\mathrm{e}^{-M})^n = C(\mathrm{e}^{-M})^n$$

où $C = f(A)e^{MA}$ est une constante. Ceci prouve bien, par majoration par une série géométrique convergente (car $M > 0$), que la série à termes positifs $\sum f(n)$ est convergente.

2°) Soit $n \geqslant A$ et $p \geqslant 0$, avec $x = n$ et $y = n + p$, la relation $(*)$ nous donne :

$$f(n+p) \leqslant f(n)\mathrm{e}^{-Mp}$$

Si on somme ceci pour p allant de 0 à $+\infty$, on trouve alors :

$$R_n = \sum_{k=n}^{\infty} f(k) = \sum_{p=0}^{\infty} f(n+p) \leqslant f(n) \sum_{p=0}^{\infty} (\mathrm{e}^{-M})^p = \frac{f(n)}{1-\mathrm{e}^{-M}}$$

tandis qu'il est clair que $R_n \geqslant f(n)$.

Venons-en à la question posée : on se donne $\varepsilon > 0$ quelconque. Comme $\lim\limits_{M \to +\infty} \dfrac{1}{1-\mathrm{e}^{-M}} = 1$, on peut trouver $M > 0$ tel que $\dfrac{1}{1-\mathrm{e}^{-M}} < 1 + \varepsilon$.

Cette valeur de M étant ainsi fixée, soit $A > 0$ donné par la question **1°**). Pour tout n tel que $n \geqslant A$, on a donc $f(n) \leqslant R_n \leqslant f(n)(1+\varepsilon)$, comme $\varepsilon > 0$ est quelconque, on en déduit : $\lim\limits_{n \to \infty} \dfrac{R_n}{f(n)} = 1$, soit : $R_n \underset{(\infty)}{\sim} f(n)$.

Corrigé 5.31

1°) Rappelons tout d'abord que, pour tout $x \in \mathbb{R}$, on a : $\mathrm{e}^x = \sum\limits_{n=0}^{\infty} \dfrac{x^n}{n!}$, et donc que :

$$\forall n \in \mathbb{N}, 0 \leqslant u_n \leqslant \frac{1}{2^n} \sum_{k=0}^{\infty} \frac{4^k}{k!} = \mathrm{e}^4 \times \frac{1}{2^n}$$

Or la série de terme général $\dfrac{1}{2^n}$ est convergente, donc il en est de même de la série de terme général positif u_n.

2°) Écrivons le produit de Cauchy de $\sum\limits_{k \geq 0} \dfrac{b^k}{k!}$ par $\sum\limits_{k \geq 0} a^k$, où $a \in]0, 1[$ et b est un réel quelconque. Ces deux séries sont absolument convergentes et on a :

$$\mathrm{e}^b \times \frac{1}{1-a} = \Big(\sum_{k=0}^{\infty} \frac{b^k}{k!}\Big) \times \Big(\sum_{k=0}^{\infty} a^k\Big) = \sum_{n=0}^{\infty} v_n$$

avec $v_n = \sum\limits_{k=0}^{n} \dfrac{b^k}{k!} a^{n-k} = a^n \sum\limits_{k=0}^{n} \dfrac{1}{k!} \Big(\dfrac{b}{a}\Big)^k$.

On choisit alors $a = \frac{1}{2}$ et $b = 2$, pour avoir $v_n = u_n$. On obtient ainsi :

$$\sum_{n=0}^{\infty} u_n = \mathrm{e}^2 \frac{1}{1-\frac{1}{2}} = 2\mathrm{e}^2$$

Suites et séries de fonctions — 06

RÉPARTITION DES EXERCICES

I. ÉNONCÉS DES EXERCICES

6.01 Soit $(f_n)_{n\geq 1}$ la suite de fonctions définies sur $\mathbb{R}$ par :

$$\forall n \in \mathbb{N}^*, \forall x \in \mathbb{R}, f_n(x) = \left(\cos \frac{x}{\sqrt{n}}\right)^n.$$

Déterminer la limite simple f de la suite $(f_n)_{n\geq 1}$.

◇

6.02 Soit $(f_n)_{n\geq 1}$ la suite de fonctions définies sur $\mathbb{R}_+$ par :

$$f_n(x) = \begin{cases} nx^2 & \text{si } 0 \leqslant x < \frac{1}{n} \\ \frac{1}{n} & \text{si } \frac{1}{n} \leqslant x < n \\ \frac{1}{x} & \text{si } n \leqslant x \end{cases}$$

1°) Déterminer la limite de la suite $(f_n)_{n\geq 1}$.

2°) La convergence est-elle uniforme sur $\mathbb{R}_+$?

◇

6.03 Soit $(f_n)_{n\geq 0}$ la suite de fonctions définies sur $[0, 1]$ par :

$$f_n(x) = \begin{cases} nx^n \ln x & \text{si } 0 < x \leqslant 1 \\ 0 & \text{si } x = 0 \end{cases}$$

1°) Déterminer la limite de la suite $(f_n)_{n\geq 0}$.

2°) La convergence est-elle uniforme sur $[0, 1]$?

◇

6.04 Soit $(f_n)_{n\geq 0}$ la suite de fonctions définies sur $[0, 1]$ par :

$$f_n(x) = \frac{2^n x}{1 + n2^n x^2}$$

1°) Étudier la convergence simple de cette suite de fonctions.

2°) Montrer, à l'aide de chacun des calculs de limite suivants, que la suite $(f_n)_n$ n'est pas uniformément convergente sur le segment $[0,1]$:

a) $\lim_{n\to\infty} \int_0^1 f_n(t)\,dt.$ **b)** $\lim_{n\to\infty} f_n\left(\frac{1}{2^n}\right).$

◇

6.05 Soit $(f_n)_{n\geq 0}$ la suite de fonctions définies sur $\mathbb{R}$ par : $f_n(x) = \sin^n x \, \cos x.$

1°) Déterminer la limite de la suite $(f_n)_{n\geq 0}$.

2°) La convergence est-elle uniforme sur $\mathbb{R}$?

◇

6.06 Soit $(f_n)_{n\geq 1}$ la suite de fonctions définies sur $\mathbb{R}_+$ par :

$$f_n(x) = \begin{cases} 0 & \text{si } x = 0 \\ \dfrac{\sin(nx)}{n\sqrt{x}} & \text{si } x > 0 \end{cases}$$

Etudier la convergence de la suite $(f_n)_{n\geq 1}$.

La convergence est-elle uniforme sur $\mathbb{R}_+$?

◇

6.07 On définit la suite de fonctions $(f_n)_n$ définies sur $\mathbb{R}^+$ par :

$$\forall n \in \mathbb{N}, f_n(x) = \mathrm{e}^{-nx}\sin(2nx).$$

1°) Etudier la convergence simple de la suite de fonctions $(f_n)_n$ sur $\mathbb{R}_+$.

2°) Montrer que la convergence n'est pas uniforme sur $\mathbb{R}_+$.

3°) Etudier la convergence uniforme sur $[a,+\infty[$ pour $a > 0$.

◇

6.08 Soit la suite de fonctions $(f_n)_{n\geq 0}$ définies sur $\mathbb{R}$ par :

$$f_n(x) = n\mathrm{e}^{-n^2x^2}.$$

1°) Étudier la convergence simple de $(f_n)_n$ sur $\mathbb{R}$.

2°) Montrer que la convergence est uniforme sur $[a,+\infty[$, pour tout $a > 0$.

3°) Étudier la convergence uniforme sur $]0,+\infty[$.

◇

6.09 Soit la suite de fonctions $(f_n)_{n\geq 0}$ définies sur $\mathbb{R}$ par : $f_n(x) = \dfrac{nx}{1+n^2x^2}$.

1°) Étudier la convergence simple de $(f_n)_n$ sur $\mathbb{R}$.

2°) Montrer que la convergence n'est pas uniforme sur $]0,+\infty[$.

3°) Étudier la convergence uniforme sur $[a,+\infty[$, pour tout $a > 0$.

◇

6.10 Soit la suite de fonctions $(f_n)_{n\geq 1}$ définies sur $\mathbb{R}$ par : $f_n(x) = \mathrm{e}^{\frac{n-1}{n}x}$.

1°) Montrer que la suite $(f_n)_{n\geq 1}$ converge simplement sur $\mathbb{R}$ vers une fonction f que l'on déterminera.

2°) Montrer que la convergence est uniforme sur $]-\infty,a]$, pour tout $a > 0$.

3°) Étudier la convergence uniforme sur $\mathbb{R}$.

◇

6.11 Soit $(f_n)_{n\in\mathbb{N}}$ la suite de fonctions définies sur $I = [0,1]$ par :

$$\forall\, x \in I, f_0(x) = 1\,;\forall\, n \in \mathbb{N}, \forall\, x \in I, f_{n+1}(x) = 1 + \int_0^x f_n(t-t^2)\,dt$$

1°) Montrer que les fonctions f_n sont polynomiales et déterminer le degré de f_n.

2°) Soient $x \in I$ et $n \in \mathbb{N}$.

a) Montrer que : $0 \leqslant f_{n+1}(x) - f_n(x) \leqslant \dfrac{x^{n+1}}{(n+1)!}$.

b) En déduire que $m > n \implies 0 \leqslant f_m(x) - f_n(x) < \mathrm{e} - \sum\limits_{k=0}^{n} \dfrac{1}{k!}$.

3°) Montrer que la suite de fonctions $(f_n)_{n\geq 0}$ converge uniformément sur I vers une fonction f dérivable sur I qui vérifie :

$$\forall\, x \in I, f'(x) = f(x - x^2).$$

◇

6.12 On considère un réel $a \geqslant 0$ et la suite de fonctions $(f_n)_{n\geq 0}$ définie sur $[0,1]$ par : $\forall\, n \in \mathbb{N}, f_n(x) = n^a x^n (1-x)$.

1°) Montrer que la suite $(f_n)_{n\geq 0}$ converge simplement vers une fonction f que l'on déterminera.

2°) Etudier la convergence uniforme sur $[0,1]$ en fonction du paramètre a.

◇

6.13 On définit sur $\mathbb{R}$ une suite de fonctions $(f_n)_n$ par :

$$\forall\, n \in \mathbb{N}, f_n(x) = \frac{(x+1)^{2n+1} + (x-1)^{2n+1}}{(x+1)^{2n+1} - (x-1)^{2n+1}}.$$

1°) Montrer que la suite $(f_n)_n$ converge simplement sur $\mathbb{R}$ vers une fonction f que l'on déterminera.

2°) Déterminer les intervalles de $\mathbb{R}$ sur lesquels la convergence est uniforme.

◇

6.14 Soit $(f_n)_n$ la suite de fonctions définies sur $I = \left]-\pi, \pi\right[$ par :

$$f_n(x) = \begin{cases} \dfrac{\sin^2(nx)}{n \sin x} & \text{si } x \neq 0 \\ 0 & \text{si } x = 0 \end{cases}$$

Etudier la convergence simple et la convergence uniforme de la suite $(f_n)_n$ sur I ou sur des parties de I.

◇

6.15 On considère une fonction $u \in \mathcal{C}^0(\mathbb{R}, \mathbb{R})$.

Etudier la convergence simple et la convergence uniforme sur les segments de la suite de fonctions $(f_n)_n$ définie par :

$$\forall n \in \mathbb{N}, \forall x \in \mathbb{R}, f_n(x) = \frac{(u(x))^{2n} - 1}{(u(x))^{2n} + 1}.$$

◇

6.16 Soit $(f_n)_{n\in\mathbb{N}}$ la suite de fonctions définies sur $I = [0,1]$ par :

$$\forall x \in [0,1], f_0(x) = 0, \forall n \in \mathbb{N}, f_{n+1}(x) = f_n(x) + \frac{x - (f_n(x))^2}{2}$$

1°) Montrer que la suite $(f_n)_{n\in\mathbb{N}}$ converge simplement sur I vers une fonction f que l'on déterminera.

2°) Montrer que, pour tout $x \in I$, on a : $\forall n \geqslant 1$:

$$0 \leqslant f(x) - f_n(x) = f(x)\left(1 - \frac{x}{2}\right)^n.$$

En déduire que la convergence est uniforme sur I.

◇

6.17 Soit $(f_n)_{n\geq 0}$ la suite de fonctions définies sur $\mathbb{R}$ par :

$$\forall n \in \mathbb{N}, \forall x \in \mathbb{R}, f_n(x) = \mathrm{e}^{-x} \sum_{k=0}^{n} \frac{x^k}{k!}.$$

1°) Etudier la convergence simple de la suite $(f_n)_{n\geq 0}$.

2°) Montrer que la convergence n'est pas uniforme sur les intervalles $]-\infty, 0]$ et $[0, +\infty[$.

3°) Etudier la convergence uniforme sur les segments de $\mathbb{R}$.

◇

6.18 Soit $(f_n)_{n\geq 1}$ la suite de fonctions définies sur $\mathbb{R}$ par :

$$\forall n \in \mathbb{N}^*, \forall x \in \mathbb{R}, f_n(x) = \sum_{k=1}^{n} \frac{1}{\sqrt{n^2 + k^x}}.$$

1°) a) Montrer que pour $x \leqslant 0$, on a $\lim\limits_{n\to\infty} f_n(x) = 1$.

b) Montrer que pour $x \in]0,2[$, $\lim\limits_{n\to\infty} f_n(x) = 0$

c) Montrer que $\lim\limits_{n\to\infty} f_n(2) = \ln(1+\sqrt{2})$

2°) On suppose dans cette question que l'on a $x > 2$.

a) Montrer que pour tout $n \in \mathbb{N}^*$, il existe un rang k_n tel que :

$$k \leqslant k_n \implies k^x \leqslant n^2 \text{ et } k > k_n \implies k^x > n^2$$

Montrer que $k_n < n$.

b) Montrer que pour tout $n \in \mathbb{N}^*$, $f_n(x) \leqslant k_n \times \frac{1}{n} + \sum\limits_{k=k_n+1}^{n} \frac{1}{k^{x/2}}$

c) En déduire que $\lim\limits_{n\to\infty} f_n(x) = 0$.

3°) Montrer que la convergence de la suite $(f_n)_n$ est uniforme sur tout intervalle ne contenant pas 2.

◇

6.19 Soit $(f_n)_{n\geq 0}$ la suite de fonctions définies ur $\mathbb{R}$ par $f_n(x) = (-1)^n \frac{\mathrm{e}^{-nx^2}}{n^2+1}$

Etudier la convergence simple et la convergence uniforme de la série de fonctions de terme général f_n.

◇

6.20 Soit $(f_n)_{n\geq 0}$ la suite de fonctions définies sur $\mathbb{R}_+$ par :

$$\forall n \in \mathbb{N}, \forall x \in \mathbb{R}_+, f_n(x) = \frac{x}{(1+nx)(1+(n+1)x)}$$

1°) Montrer que la série de fonctions de terme général f_n converge simplement de somme une fonction f que l'on déterminera.

2°) La convergence est-elle uniforme sur $\mathbb{R}_+$?

◇

6.21 On définit la série de fonctions $\sum\limits_{n\geq 1} f_n$ par :

$$\forall n \geqslant 1, \forall x \in \mathbb{R}_+, f_n(x) = \frac{1}{n+n^3x^2}.$$

1°) Déterminer le plus grand intervalle I inclus dans $\mathbb{R}_+$ sur lequel la série de fonctions $\sum\limits_{n\geq 1} f_n$ converge simplement.

2°) Montrer qu'il n'y a pas convergence normale sur I.

3°) Etudier la convergence normale sur les intervalles de la forme $[a, +\infty[$, avec $a \in I$.

◇

6.22 Soit la série de fonctions $\sum\limits_{n\geq 2} f_n$ définie sur $[0, +\infty[$ par : $f_n(x) = \dfrac{x\mathrm{e}^{-nx}}{\ln n}$.
Etudier les convergences simple, normale, puis uniforme de cette série sur $[0, +\infty[$.

◇

6.23 On définit la série de fonctions $\sum\limits_{n\geq 1} f_n$ par :

$$\forall x \in \mathbb{R}_+, f_n(x) = (-1)^n \ln\left(1 + \frac{x}{n(1+x)}\right).$$

1°) Montrer que la série $\sum\limits_{n\geq 1} f_n$ converge simplement sur $\mathbb{R}_+$.

2°) Etudier la convergence uniforme sur $\mathbb{R}_+$ de la série $\sum\limits_{n\geq 1} f_n$.

3°) La convergence est-elle normale sur $\mathbb{R}_+$?

◇

6.24 On définit la série de fonctions $\sum\limits_{n\geq 0} f_n$ par : $\forall x \in \mathbb{R}, f_n(x) = nx^2\mathrm{e}^{-x\sqrt{n}}$.

1°) Déterminer le plus grand intervalle I inclus dans $\mathbb{R}$ sur lequel la série de fonctions $\sum\limits_{n\geq 0} f_n$ converge simplement.

2°) Montrer qu'il n'y a pas convergence uniforme sur I.

3°) Etudier la convergence normale sur les intervalles de la forme $[a, +\infty[$, avec $a \in \mathbb{R}_+^*$.

◇

6.25 Soit $(f_n)_{n\geq 1}$ la suite de fonctions définies sur $\mathbb{R}$ par : $f_n(x) = \dfrac{(-1)^n}{n^x}$.

1°) Déterminer le domaine D de convergence simple de la série de terme général f_n.

2°) Donner le plus grand sous-ensemble D' de $\mathbb{R}$ sur lequel la série de terme général f_n converge absolument.

3°) Montrer que la convergence de la série de fonctions de terme général f_n est uniforme sur tout segment inclus dans D.
(La suite dans l'exercice **6.35***.)*

◇

6.26 On considère f la fonction de la variable réelle x, définie par :

$$f(x) = \sum_{n=0}^{+\infty} \frac{(-1)^n e^{-nx}}{n+1}.$$

1°) Déterminer le domaine de définition D_f de la fonction f.

2°) Montrer que la fonction f est continue sur D_f.

◇

6.27 Soit $(f_n)_{n\geq 1}$ la suite de fonctions définies sur $\mathbb{R}$ par :

$$\forall n \in \mathbb{N}^*, \forall x \in \mathbb{R}, f_n(x) = \frac{\sin nx}{x^2 + n^2}.$$

1°) Etudier la convergence simple et la convergence uniforme sur $\mathbb{R}$ de la série de fonctions de terme général f_n.

2°) Même question pour la série de fonctions de terme général g_n définie sur $\mathbb{R}$ par : $\forall n \in \mathbb{N}^*, \forall x \in \mathbb{R}, g_n(x) = x^2 f_n(x)$.

◇

6.28 Soit $(f_n)_{n\geq 1}$ la suite de fonctions définies sur $\mathbb{R}$ par : $f_n(x) = \dfrac{x}{n^2 + x^2}$.

1°) Montrer que la série de fonctions de terme général f_n converge simplement sur $\mathbb{R}$, vers une fonction f continue sur $\mathbb{R}$.

2°) Montrer que, pour tout $x > 0$ et tout $n \geqslant 1$, on a :

$$\int_n^{n+1} \frac{x\,dt}{x^2 + t^2} \leqslant \frac{x}{x^2 + n^2} \leqslant \int_{n-1}^{n} \frac{x\,dt}{x^2 + t^2}.$$

3°) En déduire que la fonction f admet une limite en $+\infty$ que l'on déterminera.

◇

6.29 Soit $(f_n)_{n\geq 0}$ la suite de fonctions définies sur $\mathbb{R}$ par : $f_n(x) = e^{-x\sqrt{n}}$.

1°) Déterminer le plus grand intervalle I inclus dans $\mathbb{R}$ sur lequel la série de fonctions de terme général f_n converge simplement.

2°) Trouver un équivalent simple de $f(x) = \sum\limits_{n\geq 0} e^{-x\sqrt{n}}$ au voisinage de 0.

◇

6.30 Soit $(f_n)_{n\geq 1}$ la suite de fonctions définies sur $\mathbb{R}_+$ par : $f_n(x) = \dfrac{1}{n + n^2 x}$.

1°) Déterminer le plus grand intervalle I inclus dans $\mathbb{R}_+$ sur lequel la série de fonctions de terme général f_n converge simplement.

2°) Montrer que $f = \sum\limits_{n=1}^{\infty} f_n$ est continue sur I.

3°) Etudier les variations de la fonction f sur I.

4°) Déterminer les limites de f aux bornes de I.

◇

6.31 On considère la fonction $f : x \mapsto \sqrt{-\ln x}\left(\sum\limits_{n=1}^{\infty} \mathrm{e}^{n^2 \ln x}\right)$

1°) Justifier que $f(x)$ est bien défini pour tout $x \in D =]0, 1[$.

2°) Calculer $I = \displaystyle\int_0^{+\infty} \mathrm{e}^{t^2 \ln x}\, dt$, en sachant que $\displaystyle\int_0^{+\infty} \mathrm{e}^{-u^2}\, du = \frac{\sqrt{\pi}}{2}$.

3°) Déterminer $\lim\limits_{x \to 1^-} f(x)$.

◇

6.32 Soient $I =]-1, +\infty]$ et $(f_n)_{n \geq 1}$ la suite de fonctions définies sur I par : $f_n(x) = \dfrac{(-1)^n}{x + n}$.

1°) Montrer que la série de fonctions $\sum\limits_{n \geq 1} f_n$ converge simplement sur I.

2°) Montrer que la fonction $f : x \mapsto \sum\limits_{n=1}^{\infty} f_n(x)$ est continue sur I.

3°) Montrer que la fonction f est de classe $\mathcal{C}^1$ sur I et en déduire ses variations sur I.

4°) Déterminer les limites de f aux bornes de I.

◇

6.33 Soient $I =]1, +\infty]$ et $(f_n)_{n \geq 1}$ la suite de fonctions définies sur I par : $f_n(x) = \dfrac{(-1)^{n-1}}{\ln(nx)}$.

1°) Montrer que la série de fonctions $\sum\limits_{n \geq 1} f_n$ converge simplement sur I.

2°) Montrer que la fonction $f : x \mapsto \sum\limits_{n=1}^{\infty} f_n(x)$ est continue sur I.

3°) Déterminer les limites de f aux bornes de I.

4°) Montrer que la fonction f est de classe $\mathcal{C}^1$ sur I puis dresser son tableau de variations.

◇

6.34 On appelle fonction ζ de Riemann la fonction de la variable $x \in \mathbb{R}$ définie par : $\zeta(x) = \sum\limits_{n=1}^{\infty} \dfrac{1}{n^x}$.

1°) Déterminer le domaine D de définition de la fonction ζ puis justifier que cette fonction est strictement décroissante sur D.

2°) Montrer que la fonction ζ est continue sur D.

3°) Déterminer $\lim\limits_{x\to+\infty} \zeta(x)$ et montrer que $\zeta(x) \underset{(1^+)}{\sim} \dfrac{1}{x-1}$.

4°) Montrer que la fonction ζ est convexe sur D.

◇

6.35 On définit la fonction μ de la variable réelle x par : $\mu(x) = \sum\limits_{n=1}^{\infty} \dfrac{(-1)^{n+1}}{n^x}$.

1°) Déterminer le domaine D de définition de la fonction μ.

2°) Montrer que μ est de classe $\mathcal{C}^\infty$ sur D.

3°) Déterminer la limite de μ en $+\infty$.

4°) a) Montrer que : $\forall\, x \in D, 2\mu(x) - 1 = \sum\limits_{n=1}^{\infty} (-1)^{n+1}\left(\dfrac{1}{n^x} - \dfrac{1}{(n+1)^x}\right)$.

b) En déduire la limite de μ en 0.

◇

6.36 Soit $(f_n)_{n\geq 1}$ la suite de fonctions définies sur $\mathbb{R}_+$ par : $f_n(x) = \dfrac{x}{\sqrt{n}(x+n)}$.

1°) Montrer que la série de fonctions de terme général f_n converge simplement sur $\mathbb{R}_+$. On notera f sa somme.

2°) Montrer que la série de fonctions de terme général f_n est normalement convergente sur tout segment de la forme $[0, a]$ avec $a > 0$, mais pas sur $\mathbb{R}_+$.

3°) Justifier que f est continue sur $\mathbb{R}_+$, puis montrer qu'elle est dérivable et croissante sur $[0, +\infty[$.

4°) Etude au voisinage de l'infini :

a) Soient $n \geqslant 1$ et $x_0 \geqslant n$. Montrer que $f(x_0) \geqslant \sum\limits_{k=1}^{n} \dfrac{1}{2\sqrt{k}}$.

b) En déduire que $\lim\limits_{x\to+\infty} f(x) = +\infty$.

c) Montrer que $\lim\limits_{x\to+\infty} \dfrac{f(x)}{x} = 0$.

II. INDICATIONS

6.01. On montrera que $f(x) = \mathrm{e}^{-x^2/2}$.

6.02. 6.03. Etudier les variations de f_n.

6.04. Pour la question **2) a)**, on va nier le théorème de permutation limite/intégrale. Pour la question **2) b)**, on va montrer que $\|f_n\|_\infty$ ne tend pas vers 0.

6.05. Pour déterminer s'il y a convergence uniforme, on pourra faire une étude des variations des fonctions f_n ou mieux, chercher où f_n est extrémale.

6.06. On pourra écrire $f_n(x) = \dfrac{g(nx)}{\sqrt{n}}$ et montrer que la fonction g est bornée sur $\mathbb{R}_+$.

6.07. On pourra écrire $f_n(x) = g(nx)$ avec g une fonction qui ne dépend pas de n.

6.08. Pour étudier la CVU sur $[a, +\infty[$, on pourra remarquer que f_n est décroissante sur $[a, +\infty[$. Pour étudier la CVU sur $]0, +\infty[$, on pourra calculer $f_n(1/n)$.

6.09. Aucune astuce, revenir aux définitions ...

6.10. Pour étudier la CVU sur $]-\infty, a]$, on pourra utiliser l'inégalité des accroissements finis pour la fonction $\exp$ sur un intervalle judicieusement choisi. Pour étudier la CVU sur $\mathbb{R}$, on pourra calculer $|f(n) - f_n(n)|$.

6.11. On pourra utiliser le théorème d'interversion limite/intégrale pour conclure.

6.12. On pourra étudier les variations de f_n pour déterminer $\|f_n\|_\infty$.

6.13. On montrera que la convergence est uniforme sur les intervalles $[-A, -a]$ et $[a, A]$ pour $0 < a < A$.

6.14. On montrera qu'il n'y a convergence uniforme que sur des segments inclus dans $]0, \pi[$ ou dans $]-\pi, 0[$.

6.15. Ce qui importe le plus, c'est la position de $|u(x)|$ par rapport à 1...

6.16. Pour **2)** une récurrence semble s'imposer.

6.17. Il faudra penser à la série exponentielle !

6.18. C'est le dernier exercice de la série (sic), il faut s'accrocher, mais la difficulté est découpée en petits morceaux ...

6.19. On pourra montrer la convergence normale sur $\mathbb{R}$.

6.20. On pourra constater la non continuité de f pour conclure.

6.21. Il faut bien entendu calculer à chaque fois la norme infinie de f_n sur le domaine considéré.

6.22. Il y a convergence uniforme, mais pas convergence normale.

6.23. Pour les questions **1)** et **2)**, on pourra utiliser le critère spécial des séries alternées et la majoration du reste.

6.24. Pour les questions **2)** et **3)**, on pourra faire une étude des fonctions f_n.

6.25. Utiliser les résultats sur les séries numériques alternées.

6.26. On montrera que $D_f = \mathbb{R}_+$, puis on montrera la convergence uniforme de la série de fonctions qui définit f.

6.27. On pourra montrer que $\sum\limits_{k=n}^{\infty} g_k(x)$ ne tend pas uniformément vers 0 sur $\mathbb{R}$.

6.28. Pour la question **1)**, on pourra montrer que la série $\sum\limits_{n\geq 1} f_n$ est uniformément convergente sur $[-a, a]$, pour tout $a > 0$.

6.29. On pourra montrer que $\displaystyle\int_k^{k+1} \mathrm{e}^{-x\sqrt{t}}\,dt \leqslant \mathrm{e}^{-x\sqrt{k}} \leqslant \int_{k+1}^{k} \mathrm{e}^{-x\sqrt{t}}\,dt$, puis sommer ces encadrements.

6.30. On pourra montrer la convergence normale de $\sum\limits_{n\geq 1} f_n$ sur $[a, +\infty[$ pour tout $a > 0$.

6.31. Pour la question **3)**, on pourra montrer que

$$\int_1^{+\infty} \mathrm{e}^{t^2 \ln x}\,dt \leqslant \sum_{n>1} \mathrm{e}^{n^2 \ln x} \leqslant \int_0^{+\infty} \mathrm{e}^{t^2 \ln x}\,dt.$$

6.32. On pourra utiliser le critère spécial des séries alternées pour les problèmes de convergence mais aussi pour majorer des restes.

6.33. On montrera la convergence uniforme des séries $\sum_{n\geq 1} f_n$ et $\sum_{n\geq 1} f'_n$ sur I.

6.34. Pour montrer que $\zeta(x) \underset{(1^+)}{\sim} \frac{1}{x-1}$, on pourra utiliser la relation :

$$\frac{1}{(k+1)^x} \leqslant \int_k^{k+1} \frac{dt}{t^x} \leqslant \frac{1}{k^x}.$$

6.35. Pour montrer que $\mu \in \mathcal{C}^\infty(D)$, on pourra utiliser la convergence uniforme des séries dérivées sur chaque intervalle du type $[a, b] \subset D$.

6.36. Pour montrer que la convergence n'est pas normale sur $\mathbb{R}$, on pourra considérer $f_n(n)$.

III. CORRIGÉS DÉTAILLÉS DES EXERCICES

Corrigé 6.01

Soit $x \in \mathbb{R}$, alors pour n assez grand, on a $\left|\frac{x}{\sqrt{n}}\right| < \frac{\pi}{2}$ et alors $\cos\frac{x}{\sqrt{n}} > 0$, ce qui permet d'écrire à partir de ce rang :

$$\ln(f_n(x)) = n\ln(\cos\frac{x}{\sqrt{n}}) = n\ln(1 - \frac{x^2}{2n} + o(\frac{1}{n})) = n(-\frac{x^2}{2n} + o(\frac{1}{n}))$$
$$= -\frac{x^2}{2} + o(1) \underset{n\to\infty}{\longrightarrow} -\frac{x^2}{2}$$

Donc, par continuité de la fonction exponentielle, la suite $(f_n)_{n\geq 1}$ converge simplement vers la fonction f définie sur $\mathbb{R}$ par $f(x) = \mathrm{e}^{-\frac{x^2}{2}}$.

Corrigé 6.02

L'étude des variations de f_n est élémentaire. On peut d'ailleurs remarquer que les différentes facettes de cette fonction font que f_n est continue même en $\frac{1}{n}$ et n. On obtient le tableau des variations :

x	0		$1/n$		n		$+\infty$
$f'_n(x)$		$+$	$\Vert$	0	$\Vert$	$-$	
f_n	0	$\nearrow$	$1/n$	$\longrightarrow$	$1/n$	$\searrow$	0

1°) $\forall n \in \mathbb{N}^*, \forall x \in \mathbb{R}_+, 0 \leqslant f_n(x) \leqslant \frac{1}{n}$, donc par encadrement :

$$\forall x \in \mathbb{R}^+,\ \lim_{n\to\infty} f_n(x) = 0$$

Ce qui signifie que la suite $(f_n)_n$ converge simplement sur $\mathbb{R}_+$ vers la fonction nulle.

2°) On a même : $\forall x \in \mathbb{R}_+, 0 \leqslant f_n(x) \leqslant \frac{1}{n} \implies \|f_n\|_{\infty,\mathbb{R}_+} \leqslant \frac{1}{n}$.
Par conséquent $\lim\limits_{n\to\infty} \|f_n\|_{\infty,\mathbb{R}_+} = 0$ et la suite $(f_n)_n$ converge uniformément sur $\mathbb{R}_+$ vers la fonction nulle.

Corrigé 6.03

1°) $\star$ Pour tout n de $\mathbb{N}$, on a $f_n(0) = f_n(1) = 0 \underset{n\to\infty}{\longrightarrow} 0$.

$\star$ Pour $x \in]0,1[$, on a, par négligeabilité classique $\lim\limits_{n\to\infty} nx^n = 0$, donc $\lim\limits_{n\to\infty} f_n(x) = 0$.

Conclusion :

la suite $(f_n)_n$ converge simplement vers la fonction nulle sur $[0,1]$, notée 0.

2°) Pour tout $n \in \mathbb{N}^*$, on a pour $0 < x \leqslant 1$:

$$f_n'(x) = n^2x^{n-1}\ln x + nx^n\frac{1}{x} = nx^{n-1}(n\ln x + 1)$$

Comme $0 < \mathrm{e}^{-1/n} < 1$, f_n est décroissante sur $]0, \mathrm{e}^{-1/n}]$ et croissante sur $[\mathrm{e}^{-1/n}, 1]$ (on peut d'ailleurs remarquer que f_n, qui est négative, est aussi continue en 0). Donc :

$$\|f_n\|_\infty = -f_n(\mathrm{e}^{-1/n}) = -n(\mathrm{e}^{-1/n})^n\ln(\mathrm{e}^{-1/n}) = \mathrm{e}^{-1}$$

Ainsi $\|f_n\|_\infty = \|f_n - 0\|_\infty$ ne tend pas vers 0 lorsque n tend vers l'infini et la convergence n'est pas uniforme sur $[0,1]$.

Corrigé 6.04

1°) On a $f_n(0) = 0 \underset{n\to\infty}{\longrightarrow} 0$.

$\star$ Pour $x \neq 0$, on a $f_n(x) \underset{(\infty)}{\sim} \dfrac{2^nx}{n2^nx^2} \underset{n\to\infty}{\longrightarrow} 0$.

Conclusion : la suite $(f_n)_n$ converge simplement vers la fonction nulle sur $[0,1]$, cette fonction est notée 0.

2°) a) Pour $n \in \mathbb{N}^*$, on a :

$$I_n = \int_0^1 \frac{2^nx}{1+2^nnx^2}\,dx = \left[\frac{1}{2n}\ln\left(1+2^nnx^2\right)\right]_0^1 = \frac{1}{2n}\ln(1+2^nn).$$

Ainsi, on trouve que : $I_n \underset{(\infty)}{\sim} \dfrac{1}{2n}\ln(2^nn) = \dfrac{1}{2n}(n\ln 2 + \ln n) \underset{n\to\infty}{\longrightarrow} \dfrac{\ln 2}{2}$.

Or, si la suite $(f_n)_n$ convergeait uniformément sur $[0,1]$, on aurait, d'après le théorème d'interversion limite/intégrale :

$$\frac{\ln 2}{2} = \lim_{n\to\infty}\int_0^1 f_n(t)\,dt = \int_0^1 \lim_{n\to\infty} f_n(t)\,dt = \int_0^1 0\,dt = 0$$

ce qui est faux, donc on n'a pas convergence uniforme de $(f_n)_n$ sur $[0,1]$.

b) Pour tout $n \in \mathbb{N}$ on a : $f_n\left(\dfrac{1}{2^n}\right) = \dfrac{1}{1+\frac{n}{2^n}} \underset{n\to\infty}{\longrightarrow} 1$.

Or $\|f_n - 0\|_\infty \geqslant f_n(x_n)$, donc on en déduit que la norme infinie de $f_n - 0$ ne tend pas vers 0 quand n tend vers l'infini. Ceci prouve également que la suite $(f_n)_n$ ne converge pas uniformément sur $[0,1]$ vers la fonction nulle.

Corrigé 6.05

1°) Remarquons tout d'abord que les fonctions f_n sont 2π-périodiques et que l'on peut donc se restreindre à l'intervalle $[-\pi,\pi]$ (voire même à $[0,\pi]$).

On considère alors un réel quelconque $x \in [-\pi,\pi]$.

$\star$ Si $|\sin(x)| < 1$, alors $\sin^n x \underset{n\to\infty}{\longrightarrow} 0$, et donc $\lim\limits_{n\to\infty} f_n(x) = 0$.

$\star$ Si $|\sin x| = 1$, alors $\cos x = 0$ et donc $f_n(x) = 0$.

Conclusion : la suite $(f_n)_{n>0}$ converge simplement vers la fonction nulle sur $\mathbb{R}$.

2°) On peut bien entendu étudier les variations de f_n sur $[-\pi, \pi]$, mais on peut aller un peu plus vite ...

Pour tout $n \in \mathbb{N}$, la fonction f_n est continue, bornée et 2π-périodique, elle admet donc un maximum et un minimum sur $\mathbb{R}$ et, en ce maximum et en ce minimum, on a nécessairement $f_n'(x) = 0$.

Or $f_n'(x) = (n\cos^2 x - \sin^2 x)\sin^{n-1}(x) = \big[(n+1)\cos^2 x - 1\big]\sin^{n-1}(x)$, donc :

$$f_n'(x) = 0 \implies \left(\sin x = 0 \text{ ou bien } \cos^2 x = \frac{1}{n+1}\right). \text{ Or :}$$

$\rightarrow \sin x = 0 \implies f_n(x) = 0$;

$\rightarrow \cos^2 x = \dfrac{1}{n+1} \implies |f_n(x)| \leqslant 1 \times \dfrac{1}{\sqrt{n+1}}$.

On a donc finalement : $\|f_n - 0\|_\infty = \sup\limits_{x\in\mathbb{R}} |f_n(x)| \leqslant \dfrac{1}{\sqrt{n+1}} \underset{n\to\infty}{\longrightarrow} 0$, ce qui nous donne la convergence uniforme de $(f_n)_n$ vers 0 sur $\mathbb{R}$.

Corrigé 6.06

1°) Soit $x \in \mathbb{R}$:

$\rightarrow f_n(0) = 0 \underset{n\to\infty}{\longrightarrow} 0$

$\rightarrow x > 0 \implies |f_n(x)| \leqslant \dfrac{1}{n\sqrt{x}} \underset{n\to\infty}{\longrightarrow} 0.$

Donc la suite $(f_n)_n$ converge simplement vers la fonction nulle 0 sur $\mathbb{R}_+$.

2°) Soient $n \in \mathbb{N}^*$ et g définie sur $\mathbb{R}_+$ par : $g(x) = \begin{cases} 0 & \text{si} x = 0 \\ \dfrac{\sin x}{\sqrt{x}} & \text{si } x > 0 \end{cases}$

On a alors : $\forall\, x \in \mathbb{R}_+, f_n(x) = \dfrac{g(nx)}{\sqrt{n}}$

$\star$ On a $g(x) \underset{(0)}{\sim} \dfrac{x}{\sqrt{x}} = \sqrt{x} \underset{x\to 0}{\longrightarrow} 0$, donc g est continue (à droite) en 0, et g est clairement continue sur $\mathbb{R}_+^*$.

$\star$ $|g(x)| \leqslant \dfrac{1}{\sqrt{x}} \implies \lim\limits_{x\to+\infty} g(x) = 0.$

Ainsi la fonction g est continue sur $\mathbb{R}^+$, ayant une limite en $+\infty$. Par conséquent g est bornée sur $\mathbb{R}^+$.

On a donc : $\|f_n\|_\infty = \dfrac{1}{\sqrt{n}}\|g\|_\infty \underset{n\to\infty}{\longrightarrow} 0$, ce qui prouve que la convergence vers 0 est uniforme sur $\mathbb{R}_+$.

Corrigé 6.07

1°) Posons $g(t) = \mathrm{e}^{-t}\sin(2t)$. On a $f_n(x) = g(nx)$. Ainsi :

$\rightarrow f_n(0) = g(0) = 0 \underset{n\to\infty}{\longrightarrow} 0$

$\rightarrow \forall x > 0, \lim\limits_{n\to\infty} nx = +\infty$ et comme $0 \leqslant |g(t)| \leqslant \mathrm{e}^{-t} \underset{t\to+\infty}{\longrightarrow} 0$, on a : $\lim\limits_{n\to\infty} f_n(x) = \lim\limits_{t\to+\infty} g(t) = 0$.

La suite $(f_n)_n$ converge simplement sur $\mathbb{R}_+$ vers la fonction nulle.

2°) Soit t n'importe quel nombre réel tel que $\sin(2t) \neq 0$, on a alors $g(t) \neq 0$.

Par exemple $g(\pi/4) = \mathrm{e}^{-\pi/4}$ et donc, pour $n \geqslant 1$, $\|f_n\|_\infty = \|g\|_\infty \geqslant \mathrm{e}^{-\pi/4}$.

Ceci prouve que $\|f_n - 0\|_\infty$ n'est pas de limite nulle quand n tend vers l'infini et la convergence n'est pas uniforme sur $\mathbb{R}^+$.

3°) Soient $a > 0$. Alors on a : $\forall x \geqslant a, |f_n(x)| \leqslant e^{-na}$, donc

$$\|f_n - 0\|_{\infty,[a,+\infty[} \leqslant \mathrm{e}^{-na} \underset{n\to\infty}{\longrightarrow} 0$$

et la convergence est uniforme sur $[a, +\infty[$.

Corrigé 6.08

1°) Les fonctions f_n étant paires, on peut restreindre l'étude à $[0, +\infty[$.

$\rightarrow$ Comme $f_n(0) = n$, la suite $(f_n(0))_n$ diverge.

$\rightarrow$ Pour $x \neq 0$, la comparaison des fonctions puissance et exponentielle fait que $(ne^{-n^2x^2})_n$ tend vers 0.

Conclusion : la suite $(f_n)_n$ converge simplement sur $\mathbb{R}^+$ vers la fonction nulle.

2°) Pour tout $a > 0$, les fonctions f_n sont positives et clairement décroissantes sur $[a, +\infty[$, donc :

$\sup\limits_{x\in[a,+\infty[} |f_n(x) - 0| = f_n(a) \underset{n\to\infty}{\longrightarrow} 0$. On obtient donc la convergence uniforme sur $[a, +\infty[$ et aussi, par symétrie sur $]-\infty, -a]$.

3°) Sur $]0, +\infty[$, on a : $\sup\limits_{x\in\,]0,+\infty[} |f_n(x) - 0| \geqslant f_n\left(\frac{1}{n}\right) = \frac{n}{\mathrm{e}} \underset{n\to\infty}{\longrightarrow} +\infty$. La convergence n'est donc pas uniforme sur $]0, +\infty[$.

Corrigé 6.09

1°) $\star$ Les fonctions f_n étant impaires, on peut restreindre l'étude à $[0, +\infty[$.

$\star\ \forall n \in \mathbb{N}, f_n(0) = 0$, donc la suite $(f_n(0))_n$ converge vers 0.

$\star$ Pour $x > 0$ et $n \in \mathbb{N}^*$, on a $f_n(x) = \dfrac{nx}{1 + n^2x^2} \underset{(n\to\infty)}{\sim} \dfrac{1}{nx} \underset{n\to\infty}{\longrightarrow} 0$.

Conclusion : la suite $(f_n)_n$ converge simplement sur $\mathbb{R}$ vers la fonction nulle.

2°) Les fonctions f_n sont dérivables sur $[0, +\infty[$ avec $f_n'(x) = n \times \dfrac{1 - n^2x^2}{(1 + n^2x^2)^2}$.

Pour $n \geqslant 1$, elles sont donc croissantes sur $[0, 1/n]$ et décroissantes sur $[1/n, +\infty[$.

On obtient alors :

$\|f_n - 0\|_{\infty,\mathbb{R}_+^*} = \sup\limits_{x\in\,]0,+\infty[} |f_n(x) - 0| = f_n\left(\frac{1}{n}\right) = \frac{1}{2}$.

La convergence n'est donc pas uniforme sur $]0, +\infty[$.

3°) Soit $a > 0$ quelconque. Pour n assez grand (pour $n \geqslant n_0 = \lfloor 1/a \rfloor + 1$), on a : $0 < \frac{1}{n} < a$ et alors f_n qui est décroissante sur $[1/n, +\infty[$ est décroissante sur $[a, +\infty[$.
Alors : $\|f_n - 0\|_{\infty,[a,+\infty[} = \sup\limits_{x\in[a,+\infty[} |f_n(x) - 0| = f_n(a) = \frac{na}{1+n^2a^2} \underset{n\to\infty}{\longrightarrow} 0.$
On obtient donc la convergence uniforme sur $[a, +\infty[$.

Corrigé 6.10

1°) Comme $\lim\limits_{n\to\infty} \frac{n-1}{n} = 1$, on a : $\forall x \in \mathbb{R}, \lim\limits_{n\to\infty} f_n(x) = \mathrm{e}^x$. Donc la suite $(f_n)_{n>1}$ converge simplement sur $\mathbb{R}$ vers la fonction exp.

2°) Soient $n \geqslant 1$, $a > 0$ et $x \in [0, a]$.

⋆ Si $x > 0$, on écrit :

$$\exp(x) - f_n(x) = \mathrm{e}^x - \mathrm{e}^{\frac{n-1}{n}x} = \mathrm{e}^x(1 - \mathrm{e}^{-x/n})$$

L'inégalité des accroissements finis appliquée à la fonction exp sur $[-x/n, 0]$ donne :

$$1 - \mathrm{e}^{-x/n} \leqslant (0 - \frac{-x}{n})\times \sup_{t\in[-x/n,0]} \mathrm{e}^t = \frac{x}{n}$$

(on a aussi le droit de dire que c'est une inégalité de référence)

donc : $0 \leqslant \exp(x) - f_n(x) \leqslant \mathrm{e}^x \times \frac{x}{n} \leqslant a\mathrm{e}^a \times \frac{1}{n}$.

⋆ Si $x < 0$, on écrit alors :

$$f_n(x) - \exp(x) = \mathrm{e}^{\frac{n-1}{n}x} - \mathrm{e}^x = \mathrm{e}^{\frac{n-1}{n}x}(1 - \mathrm{e}^{x/n})$$

et la même inégalité des accroissements finis (ou la même inégalité de référence) donne ici, appliquée au segment $[x/n, 0]$: $1 - \mathrm{e}^{x/n} \leqslant -\frac{x}{n}$

donc : $0 \leqslant f_n(x) - \exp(x) \leqslant \mathrm{e}^{\frac{n-1}{n}x} \times \frac{-x}{n}$

Pour $n \geqslant 2$, on a $\frac{n-1}{n} = 1 - \frac{1}{n} \geqslant \frac{1}{2}$ et comme x est négatif $\mathrm{e}^{\frac{n-1}{n}x} \leqslant e^{x/2}$,

d'où : $n \geqslant 2$ et $x < 0 \implies 0 < f_n(x) - \exp(x) \leqslant -x\mathrm{e}^{x/2} \times \frac{1}{n}$.

Une étude de la fonction $\varphi : x \mapsto -x\mathrm{e}^{x/2}$ sur $\mathbb{R}_-$ donne : $\varphi'(x) = -(1 + \frac{x}{2})\mathrm{e}^{x/2}$ et le tableau de variations :

x	$-\infty$		-2		0
$\varphi'(x)$		$+$	0	$-$	
φ	0	$\nearrow$	$2\mathrm{e}^{-1}$	$\searrow$	0

Il est temps de regrouper :

$$\forall n \geqslant 2, \forall x \leqslant a, |f_n(x) - \exp(x)| \leqslant \max(2\mathrm{e}^{-1}, a\mathrm{e}^a) \times \frac{1}{n}$$

Soit $\|f_n - \exp\|_{\infty,]-\infty,a]} \leqslant \max(2\mathrm{e}^{-1}, a\mathrm{e}^a) \times \frac{1}{n} \underset{n\to\infty}{\longrightarrow} 0$, ce qui prouve la convergence uniforme annoncée.

3°) En remarquant que l'on a :

$$|\exp(n) - f_n(n)| = \mathrm{e}^n - \mathrm{e}^{n-1} = \mathrm{e}^{n-1}(e-1) \underset{n\to\infty}{\longrightarrow} +\infty,$$

on obtient directement la preuve que la convergence n'est pas uniforme sur $\mathbb{R}$ tout entier.

Corrigé 6.11

1°) $\star$ La fonction f_0 est polynomiale de degré $d_0 = 0$.

$\star$ Supposons f_n polynomiale de degré d_n. Comme $t \mapsto t - t^2$ est polynomiale de degré 2, on a $t \mapsto f_n(t - t^2)$ polynomiale de degré $2d_n$ et donc, par primitivation, f_{n+1} est polynomiale de degré $d_{n+1} = 2d_n + 1$.

$\star$ Ainsi, par le principe de récurrence, pour tout $n \in \mathbb{N}$, f_n est polynomiale et comme $d_{n+1} + 1 = 2(d_n + 1)$, il vient, toujours par le principe de récurrence : pour tout n, $d_n + 1 = 2^n(d_0 + 1) = 2^n$.

Conclusion : pour tout n, f_n est polynomiale de degré $d_n = 2^n - 1$.

2°) Soient $x \in [0,1]$ et $n \in \mathbb{N}$.

a) Vérifions, par récurrence, que $0 \leqslant f_{n+1}(x) - f_n(x) \leqslant \dfrac{x^{n+1}}{(n+1)!}$ est vrai.

$\star$ Pour $n = 0$, on a : $f_1(x) - f_0(x) = 1 + \displaystyle\int_0^x dt - 1 = x = \frac{x^{0+1}}{(0+1)!}$, donc la relation est vraie et est même à droite une égalité.

$\star$ Supposons la relation vraie à un certain rang $n-1$. Par définition de la suite $(f_n)_n$, on a : $f_{n+1}(x) - f_n(x) = \displaystyle\int_0^x \left[f_n(t-t^2) - f_{n-1}(t-t^2)\right] dt$

donc, d'après l'hypothèse de récurrence, on obtient :

$$0 \leqslant f_{n+1}(x) - f_n(x) \leqslant \int_0^x \frac{(t-t^2)^n}{n!}\, dt,$$

et donc, puisque $x \in [0,1]$, on a $t \in [0,x] \implies 0 \leqslant t - t^2 \leqslant t$:

$$0 \leqslant f_{n+1}(x) - f_n(x) \leqslant \int_0^x \frac{t^n}{n!}\, dt = \frac{x^{n+1}}{(n+1)!}$$

Le résultat est donc bien vrai au rang n et on conclut par le principe de récurrence :

$$\forall x \in [0,1], \forall n \in \mathbb{N}, 0 \leqslant f_{n+1}(x) - f_n(x) \leqslant \frac{x^{n+1}}{(n+1)!}$$

$\star$ Pour $m > n$ et $x \in [0,1]$, on obtient alors :

$$0 \leqslant f_m(x) - f_n(x) = \sum_{k=n+1}^{m} (f_k(x) - f_{k-1}(x)) \leqslant \sum_{k=n+1}^{m} \frac{x^k}{k!} \leqslant \sum_{k=n+1}^{m} \frac{1}{k!}$$

donc $0 \leqslant f_m(x) - f_n(x) < \displaystyle\sum_{k=n+1}^{+\infty} \frac{1}{k!}$

Or on sait que $\mathrm{e} = \displaystyle\sum_{k=0}^{\infty} \frac{1}{k!}$, donc on trouve finalement :

$$0 \leqslant f_m(x) - f_n(x) < \mathrm{e} - \sum_{k=0}^{n} \frac{1}{k!}$$

3°) $\star$ On fait tendre m vers l'infini dans la relation précédente et on obtient, par prolongement des inégalités larges :

$$0 \leqslant f(x) - f_n(x) \leqslant \mathrm{e} - \sum_{k=0}^{n} \frac{1}{k!}$$

ce qui nous donne alors :

$$\|f - f_n\|_\infty = \sup_{x \in I} |f(x) - f_n(x)| \leqslant \mathrm{e} - \sum_{k=0}^{n} \frac{1}{k!} \underset{n \to \infty}{\longrightarrow} 0$$

On en conclut que la suite de fonctions $(f_n)_{n \geq 0}$ converge uniformément sur I vers la fonction f.

Or les fonctions f_n sont continues car polynomiales, donc f est continue sur I.

Comme la fonction $t \mapsto t - t^2$ est continue sur I et à valeurs dans I, la suite de fonctions $(g_n)_{n \geq 0}$ définies par $g_n : t \mapsto f_n(t - t^2)$, converge aussi uniformément sur I. On peut donc utiliser le théorème d'interversion limite/intégrale et on obtient :

$$\forall x \in I, f(x) = 1 + \int_0^x f(t - t^2)\, dt$$

Or la fonction f est continue, donc en primitivant on obtient une fonction de classe $\mathcal{C}^1$ et f est de classe $\mathcal{C}^1$ (et même de classe $\mathcal{C}^\infty$ par itération du raisonnement). En dérivant on obtient :

$$\forall\, x \in I, f'(x) = f(x - x^2)$$

Corrigé 6.12

1°) $\star$ On a : $\forall\, n \in \mathbb{N}, f_n(1) = 0$.

Pour $x \in [0, 1[$, par comparaison des fonctions puissances et exponentielles, on a : $f_n(x) \underset{n \to \infty}{\longrightarrow} 0$.

Conclusion : la suite (f_n) converge simplement sur $[0, 1]$ vers la fonction nulle.

2°) Pour étudier la convergence uniforme, étudions les variations de $f_n = f_n - 0$.

Pour $n \geqslant 2$, f_n est dérivable sur $[0, 1]$ et :

$$\begin{aligned} f_n'(x) &= n^{a+1} x^{n-1}(1 - x) - n^a x^n = n^a x^{n-1}\big(n(1 - x) - x\big) \\ &= n^a x^{n-1}\big(n - x(n + 1)\big) \end{aligned}$$

d'où le tableau de variations :

x	0		α_n		1
$f_n'(x)$		$+$	0	$-$	
f_n	0	$\nearrow$	$f_n(\alpha_n)$	$\searrow$	0

avec $\alpha_n = \dfrac{n}{n+1} = 1 - \dfrac{1}{n+1}$

Ainsi :

$$\|f_n - 0\|_\infty = f_n(\alpha_n) = n^a \big(1 - \frac{1}{n+1}\big)^n \times \frac{1}{n+1}$$

Or : $\ln\Big[\big(1 - \dfrac{1}{n+1}\big)^n\Big] = n \ln\big(1 - \dfrac{1}{n+1}\big) \underset{(\infty)}{\sim} -\dfrac{n}{n+1} \underset{n \to \infty}{\longrightarrow} -1$, donc :

$\lim\limits_{n \to \infty} \big(1 - \dfrac{1}{n+1}\big)^n = \mathrm{e}^{-1}$ et

$$\|f_n - 0\|_\infty \underset{\infty)}{\sim} n^a \mathrm{e}^{-1} \times \frac{1}{n} = \mathrm{e}^{-1} n^{a-1}$$

Donc $\|f_n - 0\|_\infty$ a pour limite 0 losque n tend vers l'infini si et seulement si $a < 1$.

Conclusion :

$(f_n)_{n\geq 0}$ converge uniformément (vers la fonction nulle) si et seulement si $a < 1$.

Corrigé 6.13

Nous allons commencer par faire quelques remarques :

$\star$ $(x+1)^{2n+1} - (x-1)^{2n+1} = 0 \iff x+1 = x-1 \iff 2 = 0$. Donc le dénominateur n'est jamais nul et les fonctions sont bien définies (et aussi continues) sur $\mathbb{R}$.

$$\star\ f_n(-x) = \frac{(-x+1)^{2n+1} + (-x-1)^{2n+1}}{(-x+1)^{2n+1} - (-x-1)^{2n+1}} = \frac{-(x-1)^{2n+1} - (x+1)^{2n+1}}{-(x-1)^{2n+1} + (x+1)^{2n+1}}$$
$$= -f_n(x).$$

Donc les fonctions f_n sont impaires et il suffit d'étudier la suite $(f_n)_n$ sur $\mathbb{R}_+$.

Déterminons maintenant la limite f de la suite $(f_n)_n$:

$\star$ $\forall n \in \mathbb{N}, f_n(0) = 0 \underset{n\to\infty}{\longrightarrow} 0$.

$\star$ La fonction $\varphi : x \mapsto \dfrac{x-1}{x+1}$ est strictement croissante sur $\mathbb{R}_+$ telle que $\varphi(0) = -1$ et $\lim\limits_{x\to+\infty} \varphi(x) = 1$. Ainsi $x > 0 \implies |\varphi(x)| < 1$ et donc pour $x > 0$:

$$f_n(x) = \frac{(x+1)^{2n+1} + (x-1)^{2n+1}}{(x+1)^{2n+1} - (x-1)^{2n+1}} = \frac{1 + (\frac{x-1}{x+1})^{2n+1}}{1 - (\frac{x-1}{x+1})^{2n+1}} \underset{n\to\infty}{\longrightarrow} \frac{1+0}{1-0} = 1$$

En complétant par imparité, on a donc :

$$f(x) = \lim_{n\to\infty} f_n(x) = \begin{cases} 1 & \text{si } x > 0 \\ 0 & \text{si } x = 0 \\ -1 & \text{si } x < 0 \end{cases}$$

2°) La fonction f n'est pas continue en 0, alors que les fonctions f_n le sont : la convergence ne peut pas être uniforme sur un intervalle qui contient 0.

De plus, n étant fixé et en regardant les termes de plus haut degré du numérateur et du dénominateur :

$$f_n(x) \underset{(x\to+\infty)}{\sim} \frac{2x^{2n+1}}{(4n+2)x^{2n}} = \frac{x}{2n+1}, \text{ donc } \lim_{x\to+\infty} f_n(x) = +\infty.$$

Ainsi $f_n - f$ est de limite infinie en $+\infty$ et la convergence ne peut être uniforme sur un intervalle de la forme $[\alpha, +\infty[$ (même chose en $-\infty$).

Ainsi il ne peut y avoir convergence uniforme que sur un intervalle borné qui ne contient pas 0.

Soit alors $[a, b]$ un segment inclus dans $\mathbb{R}_+^*$. La fonction φ ayant été définie dans la question précédente, on a :

$$f_n(x) - f(x) = f_n(x) - 1 = \frac{1 + [\varphi(x)]^{2n+1}}{1 - [\varphi(x)]^{2n+1}} - 1 = \frac{2[\varphi(x)]^{2n+1}}{1 - [\varphi(x)]^{2n+1}}$$

Donc (on sait que $x > 0 \implies -1 < \varphi(x) < 1$) :

$$|f_n(x) - f(x)| = \frac{2|\varphi(x)|^{2n+1}}{1 - [\varphi(x)]^{2n+1}}$$

Pour $a \leqslant x \leqslant b$, on a $|\varphi(x)| \leqslant M = \max(|\varphi(a)|, \varphi(b)]) < 1$ et par croissance de la fonction $t \mapsto t^{2n+1}$ sur $\mathbb{R}$, $1 - [\varphi(x)]^{2n+1} \geqslant 1 - [\varphi(a)]^{2n+1}$, donc :

$$\forall x \in [a, b], |f_n(x) - f(x)| \leqslant \frac{M^{2n+1}}{1 - [\varphi(a)]^{2n+1}} \underset{n\to\infty}{\longrightarrow} 0$$

Ceci prouve la convergence uniforme sur $[a, b]$ de la suite $(f_n)_n$ vers f.

Par symétrie, on a donc aussi convergence uniforme de la suite $(f_n)_n$ sur tout segment inclus dans $\mathbb{R}_-^*$.

Corrigé 6.14

$\star$ Pour tout $x \in I \setminus \{0\}$, on a $\sin x \neq 0$ et $|f_n(x)| \leqslant \dfrac{1}{n|\sin x|} \underset{n\to\infty}{\longrightarrow} 0$, comme $f_n(0) = 0$, on conclut :

la suite $(f_n)_n$ converge simplement sur I vers la fonction nulle.

$\star$ Pour $x \in [\alpha, \beta] \subset]0, \pi[$, on a : $|f_n(x)| \leqslant \dfrac{1}{nk}$, où $k = \min(\sin\alpha, \sin\beta)$, on a donc convergence uniforme sur $[\alpha, \beta]$.

$\star$ Les fonctions f_n sont impaires, donc on obtient, par symétrie, la convergence uniforme sur les segments $[\alpha, \beta] \subset]-\pi, 0[$.

$\star$ Posons $J =]0, \beta]$ avec $0 < \beta < \pi$, alors on a, pour n assez grand :

$\sup\limits_{x\in J} |f_n(x)| \geqslant f_n\left(\frac{\pi}{2n}\right) = \dfrac{1}{n \sin \frac{\pi}{2n}} \geqslant \dfrac{2}{\pi}$, car on sait que pour $0 < u < \pi$ on a $0 < \sin u \leqslant u$.

Donc $\|f_n - 0\|_{\infty, J}$ ne tend pas vers 0 quand n tend vers l'infini et il n'y a pas convergence uniforme sur J ni, par symétrie, sur $[-\beta, 0[$.

$\star$ Enfin, Soit $K = [\alpha, \pi[$ avec $0 < \alpha < \pi$. On obtient ici :

$$\sup_{x\in K} |f_n(x)| \geqslant f_n\left(\pi - \frac{\pi}{2n}\right) = \frac{1}{n \sin(\pi - \frac{\pi}{2n})} = \frac{1}{n \sin \frac{\pi}{2n}} \geqslant \frac{2}{\pi}.$$

Donc il n'y a pas non plus convergence uniforme sur K ni, par symétrie, sur $]-\pi, -\alpha]$.

En conclusion, il n'y a convergence uniforme que sur les segments inclus dans $]0, \pi[$ ou dans $]-\pi, 0[$.

Corrigé 6.15

Notons que le dénominateur n'est jamais nul et f_n est bien définie sur $\mathbb{R}$. Soit alors $x \in \mathbb{R}$.

$\star$ Si $|u(x)| > 1$, $f_n(x) \underset{(n\to\infty)}{\sim} \dfrac{(u(x))^{2n}}{(u(x))^{2n}} = 1$ et $\lim\limits_{n\to\infty} f_n(x) = 1$.

$\star$ Si $|u(x)| = 1$, alors $f_n(x) = 0$ et $\lim\limits_{n\to\infty} f_n(x) = 0$

$\star$ Si $|u(x)| < 1$, on a $\lim\limits_{n\to\infty} f_n(x) = \dfrac{0-1}{0+1} = -1$

Donc la suite $(f_n)_n$ converge simplement vers la fonction f ainsi définie : elle prend ses valeurs dans $\{-1, 0, 1\}$ et réalise une sorte d'écrétage de la fonction u :

$$\begin{cases} u(x) > 1 \text{ ou } u(x) < -1 & \Longrightarrow \quad f(x) = 1 \\ -1 < u(x) < 1 & \Longrightarrow \quad f(x) = -1 \\ u(x) = 1 \text{ ou } u(x) = -1 & \Longrightarrow \quad f(x) = 0 \end{cases}$$

La convergence ne peut être uniforme que sur des segments ne contenant pas de discontinuité de f, donc des segments sur lesquels la fonction u est constante égale à 1 ou constante égale à -1, ou reste strictement supérieure à 1 ou strictement inférieure à -1 ou reste dans l'intervalle ouvert $]-1, 1[$.

$\star$ Soit I un segment sur lequel u est constante égale à 1 ou à -1, alors sur ce segment f_n est toujours nulle, donc la convergence vers la fonction f (qui est aussi nulle sur I) est banalement uniforme.

$\star$ Soit I un segment sur lequel u ne prend que des valeurs strictement supérieures à 1 ou strictement inférieures à -1.

Alors comme u est continue sur le **segment** I, on a : $\inf\limits_{x \in I} |u(x)| = m > 1$ et pour tout x de I :

$$f(x) - f_n(x) = 1 - \frac{(u(x))^{2n} - 1}{(u(x))^{2n} + 1} = \frac{2}{(u(x))^{2n} + 1} \geqslant 0$$

et $\|f - f_n\|_{\infty,I} \leqslant \dfrac{2}{m^{2n} + 1}$, donc $\lim\limits_{n \to \infty} \|f - f_n\|_{\infty,I} = 0$, ce qui prouve qu'il y a convergence uniforme sur I.

$\star$ Soit I un segment sur lequel $-1 < u(x) < 1$. Alors $\sup\limits_{x \in I} |u(x)| = M < 1$.

Dans ce cas, pour tout x de I :

$$f_n(x) - f(x) = \frac{(u(x))^{2n} - 1}{(u(x))^{2n} + 1} + 1 = \frac{2(u(x))^{2n}}{(u(x))^{2n} + 1} \in [0, 2M^{2n}]$$

et $\|f_n - f\|_{\infty,I} \leqslant 2M^{2n} \underset{n \to \infty}{\longrightarrow} 0$, il y a donc encore convergence uniforme sur I.

Corrigé 6.16

1°) Soit x fixé dans I. On définit la fonction g sur I par $g(t) = t + \frac{1}{2}(x - t^2)$, ce qui nous donne alors $f_{n+1}(x) = g(f_n(x))$.

Pour alléger les notations, on considère x fixé dans $I = [0, 1]$ et on pose alors $u_n = f_n(x)$.

La suite $(u_n)_n$ est donc définie par : $u_0 = 0$ et $\forall n \in \mathbb{N}, u_{n+1} = g(u_n)$.

Comme $g'(t) = 1 - t$, on a :

t	0		1
$g'(t)$		$+$	
g	$x/2$	$\nearrow$	$(1+x)/2$

Comme $0 \leqslant \frac{x}{2} \leqslant \frac{x+1}{2} \leqslant 1$, on a $g(I) \subset I$ et la suite $(u_n)_n$ est à valeurs dans I. La fonction g est croissante, donc $(u_n)_n$ est monotone, et puisque $u_1 = \frac{x}{2} \geqslant u_0$, la suite $(u_n)_n$ est croissante.

Croissante et majorée, la suite $(u_n)_n$ converge et par continuité de g sa limite ℓ vérifie $\ell = g(\ell) = \ell + \frac{1}{2}(x - \ell^2)$, et comme $\ell \in I$, il vient $\ell = \sqrt{x}$.

Ainsi la suite de fonctions $(f_n)_n$ converge simplement vers la fonction f définie sur I par $f(x) = \sqrt{x}$.

2°) Puisque la suite $(u_n)_n$ est croissante, on a $u_n \leqslant \sqrt{x}$, c'est-à-dire :

$$\forall x \in I, \forall n \in \mathbb{N}, f_n(x) \leqslant \sqrt{x}$$

On en déduit alors que :

$$0 \leqslant f(x) - f_{n+1}(x) = \sqrt{x} - f_{n+1}(x) = \sqrt{x} - f_n(x) - \frac{x - (f_n(x))^2}{2}$$
$$= (\sqrt{x} - f_n(x))\big(1 - \frac{\sqrt{x} + f_n(x)}{2}\big)$$

Mais $f_n(x) \leqslant \sqrt{x}$, donc $\dfrac{\sqrt{x} + f_n(x)}{2} \geqslant f_n(x)$ et $n \geqslant 1 \implies \frac{x}{2} \leqslant f_n(x) \leqslant 1$, d'où pour $n \geqslant 1$:

$$0 \leqslant \sqrt{x} - f_{n+1}(x) \leqslant (\sqrt{x} - f_n(x)(1 - f_n(x)) \leqslant (\sqrt{x} - f_n(x))(1 - \frac{x}{2})$$

Comme $0 \leqslant \sqrt{x} - \frac{x}{2} \leqslant \sqrt{x}(1 - \frac{x}{2})$ le résultat reste valable pour $n = 0$:

$$\forall n \in \mathbb{N}, 0 \leqslant \sqrt{x} - f_{n+1}(x) \leqslant (\sqrt{x} - f_n(x))(1 - \frac{x}{2})$$

Et, par l'argument de récurrence habituel :

$$\forall n \in \mathbb{N}, 0 \leqslant \sqrt{x} - f_n(x) \leqslant (\sqrt{x} - f_0(x))(1 - \frac{x}{2})^n = \sqrt{x}(1 - \frac{x}{2})^n$$

3°) Considérons la fonction $h_n : [0,1] \to \mathbb{R}, t \mapsto t\big(1 - \frac{t^2}{2}\big)^n$.

La fonction h_n est dérivable sur I, avec :

$$h_n'(t) = (1 - \frac{t^2}{2})^n - nt^2(1 - \frac{t^2}{2})^{n-1} = (1 - \frac{t^2}{2})^{n-1}(1 - (n + \frac{1}{2})t^2)$$

Donc h_n, qui est positive sur $[0,1]$, atteint son maximum en $t = \sqrt{\dfrac{2}{1+2n}}$, ce maximum valant : $M_n = \sqrt{\dfrac{2}{1+2n}}\Big(1 - \dfrac{1}{1+2n}\Big)^n$

Comme $n\ln(1 - \dfrac{1}{1+2n}) \underset{(\infty)}{\sim} -\dfrac{n}{1+2n} \underset{n\to\infty}{\longrightarrow} -\dfrac{1}{2}$, on a $M_n \underset{(\infty}{\sim} \mathrm{e}^{-1/2}\dfrac{1}{\sqrt{n}}$

On a donc obtenu : $\forall x \in [0,1], \forall n \in \mathbb{N}, 0 \leqslant \sqrt{x} - f_n(x) \leqslant h_n(\sqrt{x}) \leqslant M_n$

soit : $\|f - f_n\|_\infty \leqslant M_n$, et comme $\lim\limits_{n\to\infty} M_n = 0$, cela prouve que la suite $(f_n)_n$ converge uniformément sur I vers $f = \sqrt{\ }$.

Corrigé 6.17

1°) Soit $x \in \mathbb{R}$. Comme on sait que $\mathrm{e}^x = \sum\limits_{k=0}^{\infty} \dfrac{x^k}{k!} = \lim\limits_{n\to\infty} \sum\limits_{k=0}^{n} \dfrac{x^k}{k!}$, on a $\lim\limits_{n\to\infty} f_n(x) = \mathrm{e}^{-x}\mathrm{e}^x = 1$. Donc la suite $(f_n)_{n\geq 0}$ converge simplement sur $\mathbb{R}$ vers la fonction $f : x \mapsto 1$.

2°) Soit un entier n fixé. Par comparaison des fonctions polynômes et de l'exponentielle, on a :

$$\lim_{x\to-\infty} f_n(x) = \lim_{x\to-\infty} |\mathrm{e}^{-x} \sum_{k=0}^{n} \frac{x^k}{k!}| = +\infty$$

$$\lim_{x\to+\infty} f_n(x) = \lim_{x\to+\infty} \mathrm{e}^{-x} \sum_{k=0}^{n} \frac{x^k}{k!} = 0$$

Ainsi $\lim_{x\to+\infty} |f_n(x)-f(x)| = 1$ et $\lim_{x\to-\infty} |f_n(x)-f(x)| = +\infty$ et par conséquent, pour tout réel a : $\|f_n - f\|_{\infty,[a,+\infty[} \geqslant 1$ et $\|f_n - f\|_{\infty,]-\infty,a]}$ n'existe même pas. Il ne peut donc pas y avoir convergence uniforme sur un intervalle de la forme $]-\infty, a]$ ou $[a, +\infty[$.

2°) Soient $(a, b) \in \mathbb{R}^2$ avec $a < 0 < b$, $I = [a, b]$, $n \in \mathbb{N}$ et $g_n = f - f_n$.
La fonction g_n est dérivable sur I avec pour tout x :

$$g_n'(x) = 0 - \Big(-\sum_{k=0}^{n} \frac{x^k}{k!} + \sum_{k=1}^{n} \frac{kx^{k-1}}{k!}\Big)\mathrm{e}^{-x} = \Big(\sum_{k=0}^{n} \frac{x^k}{k!} - \sum_{k=0}^{n-1} \frac{x^k}{k!}\Big)\mathrm{e}^{-x} = \frac{x^n}{n!}\mathrm{e}^{-x}$$

On obtient alors, pour tout entier non nul n :

→ si n est pair, alors la fonction g_n est croissante sur I et vérifie $g_n(0) = 0$,

→ si n est impair, alors la fonction g_n est décroissante sur $[a, 0]$, croissante sur $[0, b]$ et vérifie $g_n(0) = 0$.

Donc, dans les deux cas, on a :

$$\sup_{x\in I} |f(x) - f_n(x)| = \sup_{x\in I} |g_n(x)| = \max\{|g_n(a)|, |g_n(b)|\}$$

Les deux suites $(g_n(a))_n$ et $(g_n(b))_n$ convergent vesr 0 (par convergence simple de f_n vers f), donc la suite $(\max\{|g_n(a)|, |g_n(b)|\})_n$ converge aussi vers 0 ce qui prouve que la convergence est bien uniforme sur $[a, b]$.

La restriction $a < 0 < b$ n'est pas vraiment une restriction, puisque tout segment de $\mathbb{R}$ est inclus dans un segment de cette forme, il y a donc convergence uniforme sur tout segment.

[Variante : lorsque vous aurez vu les séries entières, vous saurez que la série exponentielle est de rayon de convergence infini, donc cette série converge uniformément (car normalement) sur tout segment, et en multipliant par la fonction $x \mapsto \mathrm{e}^{-x}$ qui est bornée sur tout segment, on obtient une série qui est encore normalement, donc uniformément, convergente, on évite ainsi tout calcul.]

Corrigé 6.18

1°) a) Pour $x \leqslant 0$, on a $\forall k \in [\![1, n]\!], k^x = \mathrm{e}^{x \ln k} \leqslant 1$, donc $n^2 + k^x \leqslant n^2 + 1$ et $f_n(x) \geqslant \sum_{k=1}^{n} \frac{1}{\sqrt{n^2+1}} = \frac{n}{\sqrt{n^2+1}}$. Comme $f_n(x) \leqslant \sum_{k=1}^{n} \frac{1}{\sqrt{n^2}} = 1$, finalement :

$$x \leqslant 0 \implies \forall n \in \mathbb{N}^*, \frac{n}{\sqrt{n^2+1}} \leqslant f_n(x) \leqslant 1$$

donc, par le théorème d'encadrement : $\lim_{n\to\infty} f_n(x) = 1$.

b) Pour $0 < x < 2$, on a $\forall k \in [\![1, n]\!], k^x \leqslant n^x$, donc $n^2 + k^x \leqslant n^2 + n^x$ et $f_n(x) \geqslant \sum_{k=1}^{n} \frac{1}{\sqrt{n^2+n^x}} = \frac{n}{\sqrt{n^2+n^x}}$. Comme on a toujours $f_n(x) \leqslant 1$, il vient : $\frac{n}{\sqrt{n^2+n^x}} \leqslant f_n(x) \leqslant 1$. C'est-à-dire : $\frac{1}{\sqrt{1+n^{x-2}}} \leqslant f_n(x) \leqslant 1$ et toujours par le théorème d'encadrement : $\lim_{n\to\infty} f_n(x) = 1$.

c) $f_n(2) = \sum\limits_{k=1}^{n} \dfrac{1}{\sqrt{n^2+k^2}} = \dfrac{1}{n}\sum\limits_{k=1}^{n} \dfrac{1}{\sqrt{1+(\frac{k}{n})^2}}$ Donc $f_n(2)$ est une somme de Riemann associée à la fonction $t \mapsto \dfrac{1}{\sqrt{1+t^2}}$, sur le segment $[0,1]$. On sait que l'on a alors :

$$\lim_{n\to\infty} f_n(2) = \int_0^1 \frac{dt}{\sqrt{1+t^2}} = \left[\ln(t+\sqrt{1+t^2})\right]_0^1 = \ln(1+\sqrt{2})$$

[Ceux qui ne connaissent pas cette primitivation peuvent effectuer le changement de variable $t = \operatorname{sh} u$ qui arrange tout, mais pour le calcul des nouvelles bornes, il faut alors connaître tout de même la fonction sh^{-1}, qui n'est autre que la fonction $t \mapsto \ln(t+\sqrt{1+t^2})$!]

2°) Pour $x > 2$ les encadrements du type précédent sont trop larges pour fournir une conclusion, il faut donc affiner ...

a) On a pour $k \in \mathbb{N}^*$: $k^x \leqslant n^2 \iff k \leqslant n^{2/x}$ et donc puisque l'on travaille dans $\mathbb{N}$:

$$k_n = \lfloor n^{2/x} \rfloor$$

De plus, comme $\dfrac{2}{x} < 1$, on a $n^{2/x} < n$ et $\lfloor n^{2/x} \rfloor < n$

b) Comme $k_n \in [\![1, n-1]\!]$, on peut partager la somme définissant $f_n(x)$ en deux :

$$f_n(x) = \sum_{k=1}^{k_n} \frac{1}{\sqrt{n^2+k^x}} + \sum_{k=k_n+1}^{n} \frac{1}{\sqrt{n^2+k^x}}$$

→ La première somme comporte k_n termes tous majorés par 1,

→ d'autre part $\dfrac{1}{\sqrt{n^2+k^x}} \leqslant \dfrac{1}{\sqrt{k^x}} = \dfrac{1}{k^{x/2}}$,

on obtient donc : $f_n(x) \leqslant k_n \times \dfrac{1}{n} + \sum\limits_{k=k_n+1}^{n} \dfrac{1}{k^{x/2}}$

c) Il nous reste à majorer la dernière somme ...

La fonction $t \mapsto \dfrac{1}{t^{x/2}}$ est décroissante sur $\mathbb{R}_+^*$ et donc :

$$\forall k \geqslant 2, \frac{1}{k^{x/2}} \leqslant \int_{k-1}^{k} \frac{dt}{t^{x/2}}$$

Par sommation : $\sum\limits_{k=k_n+1}^{n} \dfrac{1}{k^{x/2}} \leqslant \sum\limits_{k=k_n+1}^{n} \displaystyle\int_{k-1}^{k} \dfrac{dt}{t^{x/2}} = \int_{k_n}^{n} \dfrac{dt}{t^{x/2}}$

et comme $\frac{x}{2} > 1$, on peut majorer encore en intégrant jusqu'à l'infini :

$$\sum_{k=k_n+1}^{n} \frac{1}{k^{x/2}} \leqslant \int_{k_n}^{+\infty} t^{-\frac{x}{2}}\, dt = \left[\frac{1}{-\frac{x}{2}+1} \times t^{-\frac{x}{2}+1}\right]_{k_n}^{\to+\infty} = \frac{2}{2-x} \times (k_n)^{-\frac{x}{2}+1}$$

Ainsi :

$$0 \leqslant f_n(x) \leqslant \frac{k_n}{n} + \frac{2}{2-x} \times (k_n)^{-\frac{x}{2}+1}$$

→ $k_n = \lfloor n^{2/x} \rfloor \underset{(\infty)}{\sim} n^{2/x}$, et comme $\dfrac{2}{x} < 1$, $\lim\limits_{n\to\infty} \dfrac{k_n}{n} = 0$.

→ $\lim\limits_{n\to\infty} k_n = +\infty$ et comme $1 - \dfrac{x}{2} < 0$, $\lim\limits_{n\to\infty} (k_n)^{-\frac{x}{2}+1} = 0$.

On conclut alors par encadrement :

$$\lim_{n\to\infty} f_n(x) = 0$$

En conclusion $(f_n)_n$ converge simplement sur $\mathbb{R}$ vers la fonction f définie par :

$$f(x) = \begin{cases} 1 & \text{si } x < 2 \\ \ln(1+\sqrt{2}) & \text{si } x = 2 \\ 0 & \text{si } x > 2 \end{cases}$$

3°) Remarquons tout d'abord que la fonction f étant discontinue en 2, la suite de fonctions continues $(f_n)_{n\geq 1}$ ne peut pas converger uniformément sur un intervalle contenant 2.

On considère alors un couple $(a,b) \in \mathbb{R}^2$ tel que $a < 2 < b$ et les intervalles $I_a =]-\infty, a[$ et $I_b =]b + \infty[$.

Remarquons ensuite que, $\forall\, n \in \mathbb{N}^*$, la fonction $x \mapsto \dfrac{1}{\sqrt{n^2 + k^x}}$ est décroissante pour tout entier k tel que $1 \leqslant k \leqslant n$, donc il en est de même pour f_n.

La décroissance de f_n nous donne alors :

a) $\forall\, x \in I_a, 0 \leqslant 1 - f_n(x) \leqslant 1 - f_n(a) \underset{n\to\infty}{\longrightarrow} 0$, d'où la convergence uniforme de la suite $(f_n)_{n\geq 1}$ sur I_a.

b) De même, : $\forall\, x \in I_b, 0 \leqslant f_n(x) \leqslant f_n(b) \underset{n\to\infty}{\longrightarrow} 0$, d'où la convergence uniforme de la suite $(f_n)_{n\geq 1}$ sur I_b et la conclusion finale.

Corrigé 6.19

Comme on a, pour tout $n \in \mathbb{N}$:

$$\forall\, x \in \mathbb{R}, \left|(-1)^n \frac{\mathrm{e}^{-nx^2}}{n^2+1}\right| \leqslant \frac{1}{n^2+1}$$

on a $\|f_n\|_\infty \leqslant \dfrac{1}{n^2+1}$ qui est le terme général d'une série numérique convergente.

On en déduit immédiatement la convergence normale sur $\mathbb{R}$, donc simple et uniforme de la série de fonctions de terme général f_n.

Corrigé 6.20

1°) On remarque que $\forall\, k \in \mathbb{N}$ et $\forall\, x \in \mathbb{R}_+$:

$$f_k(x) = \frac{x}{(1+kx)(1+(k+1)x)} = \frac{1}{1+kx} - \frac{1}{(1+(k+1)x}$$

ce qui nous donne alors, par télescopage :

$$S_n(x) = \sum_{k=0}^{n} f_k(x) = \sum_{k=0}^{n} \left(\frac{1}{1+kx} - \frac{1}{(1+(k+1)x}\right) = 1 - \frac{1}{1+(n+1)x}$$

Donc la suite $(S_n(x))_n$ converge, ce qui signifie que la série de fonctions de terme général f_n converge simplement vers f définie par :

$$f(x) = \lim_{n\to\infty} S_n(x) = \begin{cases} 0 & \text{si } x = 0 \\ 1 & \text{si } x \neq 0 \end{cases}$$

2°) Les fonctions f_n sont toutes continues sur $\mathbb{R}_+$, alors que f est discontinue en 0, donc la convergence n'est pas uniforme sur $\mathbb{R}_+$.

Corrigé 6.21

1°) Soit $x \in \mathbb{R}_+$.

$\star$ $\forall n \in \mathbb{N}^*, f_n(0) = \dfrac{1}{n}$, qui est le terme général d'une série numérique divergente.

$\star$ Si $x > 0$, alors $\forall n \in \mathbb{N}^*, f_n(x) = \dfrac{1}{n + n^3 x^2} \underset{(n\to\infty)}{\sim} \dfrac{1}{n^3 x^2}$: terme général d'une série numérique convergente.

Conclusion : $I =]0, +\infty[$.

2°) Pour tout $n \in \mathbb{N}^*$, la fonction f_n est positive et décroissante sur I, donc $\|f_n\|_{\infty,\mathbb{R}_+^*} = \sup\limits_{x>0} |f_n(x)| = f_n(0) = \dfrac{1}{n}$. La divergence de $\sum\limits_{n\geq 1} \dfrac{1}{n}$ montre que la série de fonctions $\sum\limits_{n\geq 1} f_n$ ne converge pas normalement sur I.

3°) Pour tout $a > 0$ et tout $n \in \mathbb{N}^*$, la fonction f_n étant positive et décroissante sur $[a, +\infty[$, on a :

$\|f_n\|_{\infty,[a,+\infty[} = \sup\limits_{x\geq a} |f_n(x)| = f_n(a) = \dfrac{1}{n + n^3 a^2} \underset{(\infty)}{\sim} \dfrac{1}{n^3 a^2}$, qui est le terme général d'une série numérique convergente, donc la série de fonctions $\sum\limits_{n\geq 1} f_n$ converge normalement sur $[a, +\infty[$.

Corrigé 6.22

Notons que la série est à termes positifs ou nuls.

$\star$ $f_n(0) = 0$ et $\sum f_n(0)$ converge !

$\star$ Pour $x > 0$, par négligeabilité classique :

$$\lim_{n\to\infty} n^2 f_n(x) = \lim_{n\to\infty} \frac{x}{\ln n} \times n^2 \mathrm{e}^{-nx} = 0,$$

donc la règle de Riemann donne la convergence de la série $\sum f_n(x)$.

$\sum\limits_{n\geq 2} f_n(x)$ converge simplement sur $\mathbb{R}_+$.

$\star$ La fonction $g : x \mapsto x\mathrm{e}^{-nx}$ est dérivable sur $[0, +\infty[$ avec $g'(x) = (1 - nx)\mathrm{e}^{-nx}$, donc son maximum est atteint pour la valeur $x = \dfrac{1}{n}$ et il vaut $g(\dfrac{1}{n}) = \dfrac{1}{n} \times \mathrm{e}^{-1}$.

On a donc $\|f_n\|_{\infty,\mathbb{R}_+} = \mathrm{e}^{-1} \times \dfrac{1}{n \ln n}$: terme général d'une série de Bertrand divergente (par la règle de comparaison série/intégrale), donc la série $\sum\limits_{n\geq 2} f_n$ ne converge pas normalement sur $[0, +\infty[$.

$\star$ Posons $R_n(x) = \sum\limits_{k=n+1}^{\infty} \dfrac{x\mathrm{e}^{-kx}}{\ln k}$, pour tout $x \in [0, +\infty[$ et pour tout $n \geqslant 2$.

On obtient alors, pour tout $x > 0$ donc tel que $0 < \mathrm{e}^{-x} < 1$:

$$0 \leqslant R_n(x) = \sum_{k=n+1}^{+\infty} \frac{x\mathrm{e}^{-kx}}{\ln k} \leqslant \frac{x}{\ln(n+1)} \sum_{k=n+1}^{+\infty} (\mathrm{e}^{-x})^k = \frac{x}{\ln(n+1)} \times \frac{\mathrm{e}^{-(n+1)x}}{1 - \mathrm{e}^{-x}}$$

Soit :

$$0 \leqslant R_n(x) \leqslant \frac{x\mathrm{e}^{-nx}}{\ln(n+1)(\mathrm{e}^x - 1)} \leqslant \frac{1}{\ln(n+1)}$$

car $e^x - 1 > x > 0$ et $e^{-nx} \leqslant 1$.
Comme $R_n(0) = 0$, le résultat reste vrai en 0 et donc

$$\|R_n\|_{\infty,\mathbb{R}_+} \leqslant \frac{1}{\ln(n+1)} \underset{n\to\infty}{\longrightarrow} 0$$

On a ainsi montré la convergence uniforme sur $[0, +\infty[$.

Corrigé 6.23

1°) Soit $x \in \mathbb{R}_+$.

$\star$ La quantité située « dans » le logarithme est positive, donc $\sum f_n(x)$ est une série numérique alternée et il est clair que $\lim\limits_{n\to\infty} f_n(x) = 0$.

$\star$ Pour tout $n \in \mathbb{N}^*$, $\frac{1}{n+1} < \frac{1}{n}$, donc

$$\ln\left(1 + \frac{x}{(n+1)(1+x)}\right) \leqslant \ln\left(1 + \frac{x}{n(1+x)}\right)$$

et la suite $(|f_n(x)|)_{n\geq 1}$ est décroissante.
Le critère spécial des séries alternées nous permet donc de conclure que la série $\sum\limits_{n\geq 1} f_n$ converge simplement sur $\mathbb{R}_+$.

2°) Le critère spécifique des séries alternées nous donne de plus une majoration du reste de la série :

$$\forall x \in \mathbb{R}_+, |R_n(x)| = \Big|\sum_{k=n+1}^{\infty} f_k(x)\Big| \leqslant |f_{n+1}(x)| = \ln\left(1 + \frac{x}{(n+1)(1+x)}\right)$$

Or, pour tout $u > -1$, on a $\ln(1+u) \leqslant u$, donc on obtient :

$$\forall x \in \mathbb{R}_+, |R_n(x)| \leqslant \frac{x}{(n+1)(1+x)} \leqslant \frac{1}{n+1} \underset{n\to\infty}{\longrightarrow} 0$$

On a ainsi montré la convergence uniforme sur $\mathbb{R}_+$ de la série $\sum\limits_{n\geq 1} f_n$.

3°) En remarquant que : $\|f_n\|_\infty \geqslant |f_n(1)| = \ln\left(1 + \frac{1}{2n}\right) \underset{(\infty)}{\sim} \frac{1}{2n}$, on montre que la série $\sum\limits_{n\geq 1} |f_n(1)|$ diverge et donc que la série $\sum\limits_{n\geq 1} \|f_n\|_\infty$ diverge également.
Conclusion : on n'a pas convergence normale sur $\mathbb{R}_+$ (on peut d'ailleurs voir qu'il n'y a convergence absolue qu'en 0).

Corrigé 6.24

1°) Soit $x \in \mathbb{R}$. Remarquons tout d'abord que $\forall\, n \in \mathbb{N}, f_n(x) \geqslant 0$.

$\star$ Si $x = 0$, alors $\forall n \in \mathbb{N}, f_n(x) = f_n(0) = 0$, qui est le terme général d'une série numérique convergente.

$\star$ Si $x > 0$, alors, par croissances comparées : $n^2 f_n(x) = n^3 x^2 e^{-x\sqrt{n}} \underset{n\to\infty}{\longrightarrow} 0$, donc $f_n(x) \underset{(\infty)}{=} o\left(\frac{1}{n^2}\right)$ et la règle de Riemann montre que $\sum\limits_{n>} f_n(x)$ converge.

$\star$ Si $x < 0$, alors $f_n(x) = nx^2 e^{-x\sqrt{n}} \underset{n\to\infty}{\longrightarrow} +\infty$, donc $\sum\limits_{n\geq 0} f_n(x)$ diverge grossièrement.

Ainsi : $I = [0, +\infty[$.

2°) Soit R_n le reste d'indice n de cette série de fonctions.

On a : $R_n(x) = \sum\limits_{k=n+1}^{+\infty} f_k(x) \geqslant f_{n+1}(x) = (n+1)x^2 \mathrm{e}^{-x\sqrt{n+1}}$

On a $R_n(\frac{1}{\sqrt{n+1}}) \geqslant f_{n+1}(\frac{1}{\sqrt{n+1}}) = \mathrm{e}^{-1}$

Ainsi $\|R_n\|_{\infty,I} \geqslant \mathrm{e}^{-1}$, donc la norme uniforme de R_n ne tend pas vers 0 et la convergence de la série n'est pas uniforme sur I.

3°) Soit $a \in \mathbb{R}_+^*$.

Chaque fonction f_n est dérivable sur $\mathbb{R}_+$, avec $f_n'(x) = nx(2 - x\sqrt{n})\mathrm{e}^{-x\sqrt{n}}$.

D'où le tableau des variations :

x	0		$2/\sqrt{n}$		$+\infty$
$f_n'(x)$		$+$	0	$-$	
f_n	0	$\nearrow$	$4\mathrm{e}^{-2}$	$\searrow$	0

Pour $n \geqslant \frac{4}{a^2}$, on a $a \geqslant \frac{2}{\sqrt{n}}$, et donc, d'après l'étude de fonction précédente, on trouve : $x \in [a, +\infty[\implies 0 \leqslant f_n(x) \leqslant f_n(a)$, donc :

$$\|f_n\|_{\infty,[a,+\infty[} = \sup_{x\in[a,+\infty[} f_n(x) = f_n(a)$$

Or, pour tout $a > 0$, on a convergence de la série numérique de terme général $f_n(a)$, donc la suite $(f_n(a))_n$ est convergente de limite nulle : il y a convergence normale sur $[a, +\infty[$.

Corrigé 6.25

1°) Remarquons tout d'abord que, pour tout $x \in \mathbb{R}$, $f_n(x)$ est le terme général d'une série numérique alternée.

→ Si $x \leqslant 0$, alors $(f_n(x))_n$ ne converge pas vers 0 et la série diverge grossièrement.

→ Si $x > 0$, alors la suite $(|f_n(x)|)_{n\geq 1}$ est décroissante et de limite nulle, donc le critère spécial des séries alternées permet de conclure à la convergence de la série $\sum\limits_{n\geq 1} f_n(x)$. Ainsi : $D =]0 + \infty[$.

2°) Le critère de Riemann nous dit exactement que la série de terme général $|f_n(x)| = \frac{1}{n^x}$ est convergente si et seulement si $x > 1$. On obtient donc $D' =]1, +\infty[$.

3°) Soit un segment $I = [a, b] \subset D$, c'est-à-dire tel que $0 < a < b$.

D'après les propriétés des séries alternées vérifiant les conditions du critère spécial de convergence, si on note $R_n(x) = \sum\limits_{k=n+1}^{\infty} f_n(x)$, alors on a :

$$|R_n(x)| \leqslant |f_{n+1}(x)| = \frac{1}{(n+1)^x}$$

Or la fonction $x \mapsto \frac{1}{(n+1)^x}$ est décroissante sur I, donc on obtient :

$$\forall x \in I, |R_n(x)| \leqslant \frac{1}{(n+1)^a} \underset{n\to\infty}{\longrightarrow} 0,$$

ce qui prouve la convergence uniforme de la série sur tout segment $I = [a, b]$ inclus dans $D =]0, +\infty[$ et même sur tout intervalle de la forme $[a, +\infty[$, avec $a > 0$.

Corrigé 6.26

1°) On pose $\forall\, n \in \mathbb{N}, f_n(x) = \dfrac{(-1)^n \mathrm{e}^{-nx}}{n+1}$.

$\star$ Pour $x < 0$, par prépondérance, (pour $x < 0$ uniquement !) de e^{-nx} devant $n+1$, on a $\lim\limits_{n\to\infty} |f_n(x)| = +\infty$, donc la série $\sum\limits_{n\geq 0} f_n(x)$ diverge grossièrement.

Donc f n'est définie en aucun point de $]-\infty, 0[$.

$\star$ Pour $x \geq 0$, $f_n(x)$ est le terme général d'une série alternée.

Or la suite $(|f_n(x)|)_n$ est alors clairement décroissante de limite nulle, donc la série $\sum\limits_{n\geq 0} f_n(x)$ converge, d'après le critère spécial des séries alternées.

Conclusion : $D_f = \mathbb{R}_+$.

2°) On définit, pour tout $x \in D_f$ et tout $n \in \mathbb{N}$,

$S_n(x) = \sum\limits_{k=0}^{n} f_k(x)$ et $R_n(x) = \sum\limits_{k=n+1}^{+\infty} f_k(x)$. Ainsi $f(x) - S_n(x) = R_n(x)$.

Puisque $R_n(x)$ est le reste d'une série alternée vérifiant la règle spécifique à ces séries, on sait que :

$$\forall\, x \in D_f, |f(x) - S_n(x)| = |R_n(x)| \leqslant |f_{n+1}(x)| = \frac{\mathrm{e}^{-(n+1)x}}{n+2} \leqslant \frac{1}{n+2} \underset{n\to\infty}{\longrightarrow} 0.$$

Donc $(S_n)_n$ converge uniformément vers f sur $D_f = \mathbb{R}_+$. Or les fonctions f_n et donc les fonctions S_n sont toutes continues sur $\mathbb{R}_+$, donc f est continue sur $D_f = \mathbb{R}_+$.

Corrigé 6.27

1°) En remarquant que l'on a, pour tout $x \in \mathbb{R}, |f_n(x)| \leqslant \dfrac{1}{n^2}$, donc $\|f_n\| \leqslant \dfrac{1}{n^2}$, qui est le terme général d'une série numérique convergente, on conclut que la série de fonctions de terme général f_n est normalement convergente sur $\mathbb{R}$. On a alors convergence simple et convergence uniforme sur $\mathbb{R}$ de $\sum\limits_{n\geq 1} f_n$.

2°) On a donc : $g_n(x) = x^2 f_n(x) = x^2 \dfrac{\sin nx}{x^2 + n^2}$.

$\star$ Pour tout $x \in \mathbb{R}$, on a $\sum\limits_{k=1}^{n} g_k(x) = x^2 \sum\limits_{k=1}^{n} f_k(x)$, donc la convergence simple de $\sum\limits_{n\geq 1} g_n$ se déduit immédiatement de celle de la série $\sum\limits_{n\geq 1} f_n$.

Malheureusement pour $x_k = \dfrac{\pi}{2n} + \dfrac{k\pi}{n}$, on a $|g_n(x_k)| = \dfrac{x_k^2}{x_k^2 + n^2} \underset{k\to\infty}{\longrightarrow} 1$, donc $\|g_n\|_{\infty,\mathbb{R}} \geqslant 1$ (en fait même $=$) et la convergence normale a disparu !

$\star$ Si la suite de fonctions $n \mapsto S_n = \sum\limits_{k=1}^{n} g_k$ convergeait uniformément sur $\mathbb{R}$, alors $n \mapsto g_n = S_n - S_{n-1}$ convergerait uniformément vers la fonction nulle, c'est-à-dire que la norme de g_n tendrait vers 0. On vient de voir que ceci est faux !

Donc on ne peut pas avoir convergence uniforme sur $\mathbb{R}$.

Corrigé 6.28

1°) $\star$ Soit $x \in \mathbb{R}$.

$\rightarrow \forall n \in \mathbb{N}^*, f_n(0) = 0$, donc $\sum\limits_{n\geq 1} f_n(0)$ converge (de somme nulle !).

$\rightarrow$ Si $x \neq 0$, alors $|f_n(x)| \underset{(\infty)}{\sim} \dfrac{|x|}{n^2}$, donc $\sum\limits_{n\geq 1} f_n(x)$ est absolument convergente et donc convergente.

La série de fonctions de terme général f_n est bien simplement convergente sur $\mathbb{R}$.
$\star$ Soit $a > 0$. Pour tout $x \in [-a, a]$, on a $|f_n(x)| \leqslant \frac{a}{n^2}$, donc $\|f_n\|_{\infty,[-a,a]} \leqslant \frac{a}{n^2}$: terme général d'une série numérique convergente.

On a donc montré que la série $\sum\limits_{n\geq 1} f_n$ est normalement et donc uniformément convergente sur $[-a, a]$.

Chaque fonction f_n étant continue, on en déduit que f est continue sur $[-a, a]$.

Comme a est une valeur strictement positive quelconque, on en déduit bien que f est continue sur $\mathbb{R}$.

2°) Pour $x > 0$ fixé, la fonction $t \mapsto \dfrac{x}{x^2+t^2}$ est décroissante sur $\mathbb{R}_+$, donc pour tout $n \in \mathbb{N}^*$:

$t \in [n, n+1] \implies \dfrac{x}{x^2+t^2} \leqslant \dfrac{x}{x^2+n^2}$, $t \in [n-1, n] \implies \dfrac{x}{x^2+n^2} \leqslant \dfrac{x}{x^2+t^2}$

et par conservation des inégalités par intégration (avec des bornes dans l'ordre croissant) :

$$\int_n^{n+1} \frac{x\,dt}{x^2+t^2} \leqslant \frac{x}{x^2+n^2} \leqslant \int_{n-1}^{n} \frac{x\,dt}{x^2+t^2}$$

3°) Il ne reste plus qu'à sommer les encadrements précédents pour n allant de 1 à N, pour obtenir, pour tout $x > 0$:

$$\int_1^{N+1} \frac{x\,dt}{x^2+t^2} \leqslant \sum_{n=1}^{N} \frac{x}{x^2+n^2} \leqslant \int_0^{N} \frac{x\,dt}{x^2+t^2}$$

Soit : $\arctan\left(\dfrac{N-1}{x}\right) - \arctan\left(\dfrac{1}{x}\right) \leqslant \sum\limits_{n=1}^{N} \dfrac{x}{x^2+n^2} \leqslant \arctan\left(\dfrac{N}{x}\right)$

et par passage à la limite lorsque N tend vers l'infini :

$$\frac{\pi}{2} - \arctan\left(\frac{1}{x}\right) \leqslant f(x) \leqslant \frac{\pi}{2}$$

D'où, par encadrement :

$$\lim_{x\to+\infty} f(x) = \frac{\pi}{2}$$

Corrigé 6.29

On remarque tout d'abord que pour tout n et tout x : $0 \leqslant f_n(x)$.

1°) Soit $x \in \mathbb{R}$.

→ Si $x \leqslant 0$, alors $f_n(x) \geqslant 1$ et la série est grossièrement divergente.

→ Si $x > 0$, alors $\lim\limits_{n\to\infty} n^2 f_n(x) = \lim\limits_{n\to\infty} n^2 \mathrm{e}^{-x\sqrt{n}} = 0$, donc la règle de Riemann montre que la série converge.

Conclusion : $I = \mathbb{R}_+^*$.

2°) Soit $x > 0$ fixé. La fonction $t \mapsto \mathrm{e}^{-x\sqrt{t}}$ est décroissante sur $\mathbb{R}_+$, donc :

$$\text{pour tout } n \text{ de } \mathbb{N} : \int_n^{n+1} \mathrm{e}^{-x\sqrt{t}}\,dt \leqslant \mathrm{e}^{-x\sqrt{n}}\,;$$

$$\text{pour tout } n \text{ de } \mathbb{N}^* : \mathrm{e}^{-x\sqrt{n}} \leqslant \int_{n-1}^{n} \mathrm{e}^{-x\sqrt{t}}\,dt$$

par sommation et relation de Chasles, on a donc, pour $N \geqslant 1$:

$$\int_0^{N+1} \mathrm{e}^{-x\sqrt{t}}\,dt \leqslant \sum_{n=0}^{N} f_n(x) \leqslant f_0(x) + \int_0^{N} \mathrm{e}^{-x\sqrt{t}}\,dt$$

Le changement de variable $u = x\sqrt{t}$, *i.e.* $t = \left(\frac{u}{x}\right)^2$ donne $dt = \frac{2u}{x^2}\,du$ et :

$$\int_0^{T} \mathrm{e}^{-x\sqrt{t}}\,dt = \frac{2}{x^2}\int_0^{x\sqrt{T}} \mathrm{e}^{-u}\,u\,du = \frac{2}{x^2}\Big[-(u+1)\mathrm{e}^{-u}\Big]_0^{x\sqrt{T}}$$

(on a évidemment fait une intégration par parties)

Ainsi $\lim\limits_{T\to+\infty} \int_0^{T} \mathrm{e}^{-x\sqrt{t}}\,dt = \frac{2}{x^2}$ et, par prolongement des inégalités à la limite :

$\frac{2}{x^2} \leqslant f(x) \leqslant 1 + \frac{2}{x^2}$, soit $2 \leqslant x^2 f(x) \leqslant x^2 + 2$ et $\lim\limits_{x\to 0} x^2 f(x) = 2$:

$$f(x) = \sum_{n=0}^{\infty} \mathrm{e}^{-x\sqrt{n}} \underset{(0^+)}{\sim} \frac{2}{x^2}$$

Corrigé 6.30

Remarquons tout d'abord que pour tout $n \in \mathbb{N}^*$ et tout $x \in \mathbb{R}_+$, $f_n(x) \geqslant 0$.

1°) On a $f_n(0) = \frac{1}{n}$: terme général d'une série numérique divergente et si $x > 0$, alors $f_n(x) \underset{(\infty)}{\sim} \frac{1}{n^2 x}$: terme général d'une série numérique convergente.

Conclusion : $I = \mathbb{R}_+^*$.

2°) Soit $a > 0$. Pour tout n, f_n est positive décroissante sur $[0, +\infty[$, donc $\|f_n\|_{\infty,[a,+\infty[} = f_n(a) = \dfrac{1}{n + n^2 a}$: terme général d'une série numérique convergente. Donc la série $\sum\limits_{n\geq 1} f_n$ converge normalement et donc uniformément sur $[a, +\infty[$.

Or les fonctions f_n sont continues sur $[a, +\infty[$, donc f est continue sur $[a, +\infty[$ en tant que limite uniforme d'une série de fonctions continues. La valeur de a étant quelconque dans $\mathbb{R}_+^*$, on a bien la continuité de f sur $\mathbb{R}_+^*$ tout entier.

3°) On a dit que chaque f_n est décroissante, il en est donc de même des sommes partielles de la série et, par prolongement des inégalités f est décroissante sur $\mathbb{R}_+^*$.

4°) *Limite de f en $+\infty$* : par convergence normale, et donc uniforme, sur $[1, \infty[$, on a immédiatement :

$$\lim_{x\to+\infty} f(x) = \lim_{x\to+\infty} \Big(\sum_{n=1}^{\infty} f_n(x)\Big) = \sum_{n=1}^{\infty} \Big(\lim_{x\to+\infty} f_n(x)\Big)$$
$$= \sum_{n=11}^{\infty} \Big(\lim_{x\to+\infty} \frac{1}{n+n^2x}\Big) = \sum_{n=1}^{\infty} 0 = 0.$$

Limite de f en 0 : pour tout $x > 0$ et tout $n \in \mathbb{N}^*$, on a : $f(x) \geqslant \sum_{k=1}^{n} \frac{1}{k+k^2x}$.

De plus, pour n fixé, $\lim_{x\to 0} \sum_{k=1}^{n} \frac{1}{k+k^2x} = \sum_{k=1}^{n} \frac{1}{k}$ et $\sum_{k=1}^{n} \frac{1}{k} \underset{n\to\infty}{\longrightarrow} +\infty$.

On remet alors les images du film dans le bon ordre :

Soit $A > 0$ quelconque, $\exists\, n_0 \in \mathbb{N}^*$, $\sum_{k=1}^{n_0} \frac{1}{k} > 2A$, pour cette valeur de n_0 on a :

$\exists\, \eta > 0, 0 < x < \eta \implies \sum_{k=1}^{n_0} \frac{1}{k+k^2x} > A$, ainsi :

$$\forall\, A > 0, \exists\, \eta > 0, \text{ tel que } 0 < x < \eta \implies f(x) > A$$

Ce qui est bien la définition de :

$$\lim_{x\to 0} f(x) = +\infty$$

Corrigé 6.31

1°) Déjà $0 < x < 1 \implies \ln x < 0 \implies \sqrt{-\ln x}$ existe.

Puis, par négligeabilité classique $\lim_{n\to\infty} n^2 \mathrm{e}^{n^2 \ln x} = 0$ et la règle de Riemann montre que la série proposée converge.

$$f \text{ est définie sur } D =]0, 1[$$

2°) On fait le changement de variable affine $u = t\sqrt{-\ln x}$, d'où $du = \sqrt{-\ln x}\, dt$, ce changement de variable peut donc se faire directement avec la borne infinie et :

$$I = \int_0^{+\infty} \mathrm{e}^{t^2 \ln x}\, dt = \frac{1}{\sqrt{-\ln x}} \int_0^{+\infty} \mathrm{e}^{-u^2}\, du = \frac{\sqrt{\pi}}{2\sqrt{-\ln x}}$$

3°) Soient $x \in D$ et $n \in \mathbb{N}^*$. Comme $\ln x < 0$, alors $t \mapsto \mathrm{e}^{t^2 \ln x}$ est décroissante, et nous allons pouvoir comparer série et intégrale :

$$\int_n^{n+1} \mathrm{e}^{t^2 \ln x}\, dt \leqslant \int_n^{n+1} \mathrm{e}^{n^2 \ln x}\, dt \quad ; \int_{n-1}^{n} \mathrm{e}^{n^2 \ln x}\, dt \leqslant \int_{n-1}^{n} \mathrm{e}^{t^2 \ln x}\, dt$$

ce qui nous donne alors :

$$\int_n^{n+1} \mathrm{e}^{t^2 \ln x}\, dt \leqslant \mathrm{e}^{n^2 \ln x} \leqslant \int_{n-1}^{n} \mathrm{e}^{t^2 \ln x}\, dt$$

On somme ensuite ces relations jusqu'à un rang N, puis on fait tendre N vers l'infini (les convergences sont acquises) on trouve :

$$\sum_{n=1}^{\infty}\int_{n}^{n+1} e^{t^2\ln x}\,dt \leqslant \sum_{n=1}^{\infty} e^{n^2\ln x} \leqslant \sum_{n=1}^{\infty}\int_{n-1}^{n} e^{t^2\ln x}\,dt$$

Soit :

$$\int_{1}^{+\infty} e^{t^2\ln x}\,dt \leqslant \sum_{n=1}^{\infty} e^{n^2\ln x} \leqslant \int_{0}^{+\infty} e^{t^2\ln x}\,dt$$

ou encore :

$$\frac{\sqrt{\pi}}{2\sqrt{-\ln x}} - \int_{0}^{1} e^{t^2\ln x}\,dt \leqslant \sum_{n=1}^{\infty} e^{n^2\ln x} \leqslant \frac{\sqrt{\pi}}{2\sqrt{-\ln x}}$$

donc :

$$\frac{\sqrt{\pi}}{2} - \sqrt{-\ln x}\int_{0}^{1} e^{t^2\ln x}\,dt \leqslant f(x) \leqslant \frac{\sqrt{\pi}}{2}$$

Or $x \in D \implies t^2\ln x \leqslant 0 \implies 0 < e^{t^2\ln x} \leqslant 1 \implies 0 \leqslant \displaystyle\int_{0}^{1} e^{t^2\ln x}\,dt \leqslant 1$ et comme d'autre part : $\displaystyle\lim_{x\to 1^-}\sqrt{-\ln x} = 0$, on obtient :

$\displaystyle\lim_{x\to 1^-}\sqrt{-\ln x}\int_{0}^{1} e^{t^2\ln x}\,dt = 0$, et par encadrement :

$$\lim_{x\to 1^-} f(x) = \lim_{x\to 1^-}\sqrt{-\ln x}\sum_{n=1}^{\infty} e^{n^2\ln x} = \frac{\sqrt{\pi}}{2}$$

Corrigé 6.32

1°) Soit $x > -1$, $|f_n(x)| = \dfrac{1}{x+n}$ est le terme général d'une suite décroissante qui tend vers 0, donc le critère spécial des séries alternées nous donne la convergence de la série $\sum\limits_{n\geq 1} f_n(x)$.

On a donc convergence simple sur I de la série $\sum\limits_{n\geq 1} f_n$.

2°) Comme nous avons vu que la série $\sum\limits_{n\geq 1} f_n(x)$ vérifie les conditions d'application du critère spécial des séries alternées pour $x > -1$ fixé, alors on a également :

$\forall n \in \mathbb{N}, \forall x > -1, |R_n(x)| = \Big|\displaystyle\sum_{k=n+1}^{\infty} f_k(x)\Big| \leqslant |f_{n+1}(x)| = \frac{1}{x+n+1} \leqslant \frac{1}{n}$

Ainsi $\|R_n\|_\infty \leqslant \dfrac{1}{n} \underset{n\to\infty}{\longrightarrow} 0$, et on a montré la convergence uniforme de la série $\sum\limits_{n\geq 1} f_n$ sur I.

Comme les fonctions f_n sont continues sur I, la fonction f est également continue sur I en tant que limite uniforme d'une suite de fonctions continues.

3°) $\star$ Les fonctions f_n sont de classe $\mathcal{C}^1$ sur I avec $f_n'(x) = \dfrac{(-1)^{n+1}}{(x+n)^2}$.

Ainsi, pour $n \geqslant 2$, $\|f_n'\|_\infty = \dfrac{1}{(n-1)^2}$, qui est le terme général d'une série convergente. Par conséquent $\sum\limits_{n\geq 1} f_n'$ converge normalement, donc uniformément, sur I et par théorème f est de classe $\mathcal{C}^1$ sur I, avec

$$f'(x) = \sum_{n=1}^{\infty} f_n'(x) = \sum_{n=1}^{\infty}\frac{(-1)^{n+1}}{(x+n)^2}$$

$\star$ La série $\sum_{n\geq 1} f'_n$ vérifie encore les conditions du critère spécial des séries alternées, donc $f'(x)$ est du signe de son premier terme $\dfrac{1}{(x+1)^2}$ donc positif.

Ainsi la fonction f est croissante sur I.

$\star$ Toujours par propriétés des séries alternées vérifiant le critère spécial, la somme $f(x)$ est encadrée par ses deux premières sommes partielles :

$$\forall\, x > -1, \frac{-1}{x+1} \leqslant f(x) \leqslant \frac{-1}{x+1} + \frac{1}{x+2}$$

On en déduit immédiatement :

$$\lim_{x\to -1^+} f(x) = -\infty \text{ et } \lim_{x\to+\infty} f(x) = 0$$

Corrigé 6.33

1°) Pour tout $x > 1$, la série numérique $\sum_{n\geq 1} f_n(x)$ est une série alternée convergente d'après le critère spécial de convergence car la suite $(|f_n(x)|)_n = \left(\frac{1}{\ln(nx)}\right)_n$ est décroissante et de limite nulle. On a donc bien convergence simple sur I de la série de fonctions $\sum_{n>1} f_n$.

2°) On a vu que pour tout $x \in I$, la série numérique $\sum_{n\geq 1} f_n(x)$ vérifie les conditions d'application du critère spécial des séries alternées, donc on sait qu'alors pour tout $n \in \mathbb{N}$: $|R_n(x)| = \left|\sum_{k=n+1}^{\infty} f_k(x)\right| \leqslant |f_{n+1}(x)| = \dfrac{1}{\ln((n+1)x)}$

ce qui nous donne alors :

$$\|R_n\|_\infty = \sup_{x\in I} |R_n(x)| \leqslant \frac{1}{\ln(n+1)} \underset{n\to\infty}{\longrightarrow} 0$$

On a donc bien la convergence uniforme de $\sum_{n\geq 1} f_n$ sur I. Chaque fonction f_n étant continue sur I, on obtient alors directement que f est également continue sur I en tant que limite uniforme d'une série de fonctions continues.

3°) *Limite en* $+\infty$: comme pour tout $x \in I$, la série numérique $\sum_{n\geq 1} f_n(x)$ vérifie les conditions d'application du critère spécial des séries alternées, on a :

$$|f(x)| = \left|\sum_{n=1}^{+\infty} f_n(x)\right| \leqslant |f_1(x)| = \frac{1}{\ln x} \underset{x\to+\infty}{\longrightarrow} 0$$

Ainsi, $\lim_{x\to+\infty} f(x) = 0$.

Limite en 1^+ : On écrit : $\forall\, x > 1, f(x) = \sum_{n=1}^{\infty} \dfrac{(-1)^{n-1}}{\ln(nx)} = \dfrac{1}{\ln x} + \sum_{n=2}^{\infty} \dfrac{(-1)^{n-1}}{\ln(nx)}$.

Par convergence uniforme de $\sum_{n\geq 1} f_n$ sur I (et donc de $\sum_{n\geq 2} f_n$), on a :

$$\lim_{x\to 1^+} \left(\sum_{n=2}^{\infty} \frac{(-1)^{n-1}}{\ln(nx)}\right) = \sum_{n=2}^{\infty} \left(\lim_{x\to 1^+} \frac{(-1)^{n-1}}{\ln(nx)}\right) = \sum_{n=2}^{\infty} \frac{(-1)^{n-1}}{\ln n} = \alpha \in \mathbb{R}$$

Comme $\lim_{x\to 0^+} \dfrac{1}{\ln x} = +\infty$, il vient donc $\lim_{x\to 0^+} f(x) = +\infty$.

4°) Chaque fonction f_n est de classe $\mathcal{C}^1$ sur I avec $f'_n(x) = \dfrac{(-1)^n}{x\ln^2(nx)}$.

Pour tout $x > 1$, la série numérique $\sum\limits_{n>1} f'_n(x)$ est donc une série alternée convergente, d'après le critère spécial aux séries alternées, car la suite de terme général $|f'_n(x)| = \dfrac{1}{x\ln^2(nx)}$ est décroissante et de limite nulle.

On a donc bien convergence simple sur I de la série des fonctions dérivées $\sum\limits_{n\geq 1} f'_n$.

De plus, le critère spécial nous donne en prime :

$$\forall\, x > 1, |R'_n(x)| = \Big|\sum_{k=n+1}^{+\infty} f'_k(x)\Big| \leqslant |f'_{n+1}(x)| = \frac{1}{x\ln^2((n+1)x)}$$

Soit $\|R'_n\|_\infty \leqslant \dfrac{1}{\ln^2(n+1)} \underset{n\to\infty}{\longrightarrow} 0$

On a donc bien convergence uniforme de $\sum\limits_{n\geq 1} f'_n$ sur I. Chaque fonction f'_n étant continue sur I, on obtient directement que f' est également continue sur I en tant que limite uniforme d'une série de fonctions continues, donc que f est de classe $\mathcal{C}^1$ sur I avec, par application du théorème de dérivation terme à terme des séries de fonctions uniformément convergentes :

$$\forall\, x \in I, f'(x) = \sum_{n=1}^{+\infty} f'_n(x) = \sum_{n=1}^{+\infty} \frac{(-1)^n}{x\ln^2(nx)}$$

Il reste à remarquer que, toujours grâce au critère spécial des séries alternées, pour tout $x \in I$, $f'(x)$ est du signe du premier terme de sa somme, c'est à dire du signe de $\dfrac{-1}{x\ln^2(x)}$.

Donc $f'(x) < 0$ et f est strictement décroissante sur $]1, +\infty[$.

Corrigé 6.34

1°) C'est **la** référence du cours : Riemann nous apprend que la série donnée converge si et seulement si $x > 1$, donc $D =]1, +\infty[$.

Soient deux réels u et v tels que $1 < u < v$. On a alors $\forall \geqslant 2, n^u < n^v$, donc :

$$1 + \frac{1}{2^u} > 1 + \frac{1}{2^v} \text{ et } \sum_{n=3}^{\infty} \frac{1}{n^u} \geqslant \sum_{n=3}^{\infty} \frac{1}{n^v}$$

ce qui nous donne alors $\zeta(u) > \zeta(v)$.

[On a coupé la somme en deux car le passage à la limite ne donne qu'une inégalité large. Mais en fait une somme infinie d'inégalités larges dont l'une au moins est stricte donne à la fin une inégalité stricte.]

On en déduit que la fonction ζ est strictement décroissante sur D.

2°) Soit $a > 1$. Pour tout $x \in [a, +\infty[$, on a $\left|\dfrac{1}{n^x}\right| \leqslant \dfrac{1}{n^a}$, qui est le terme général d'une série numérique convergente.

On a ainsi montré la convergence normale, et donc uniforme, de ζ sur $[a, +\infty[$.

Or les fonctions $x \mapsto n^{-x}$ sont continues sur D, donc la fonction ζ est continue sur tout intervalle du type $[a, +\infty[$, avec $a > 1$, donc sur $D =]1, +\infty[$.

3°) $\star$ Comme la série qui définit ζ converge uniformément par exemple sur $[2, +\infty[$, on peut appliquer le théorème d'interversion somme/limite, et on obtient :

$$\lim_{x\to+\infty} \zeta(x) = 1 + \lim_{x\to+\infty} \Big(\sum_{n=2}^{\infty} \frac{1}{n^x}\Big) = 1 + \sum_{n=2}^{\infty} \Big(\lim_{x\to+\infty} \frac{1}{n^x}\Big) = 1 + \sum_{n=2}^{\infty} 0 = 1$$

$\star$ Pour $x > 1$, $k \in \mathbb{N}^*$ et $t \in [k, k+1]$, on a : $\dfrac{1}{(k+1)^x} \leqslant \dfrac{1}{t^x} \leqslant \dfrac{1}{k^x}$.

En intégrant ceci entre k et $k+1$, on obtient :

$$\frac{1}{(k+1)^x} \leqslant \int_k^{k+1} \frac{dt}{t^x} \leqslant \frac{1}{k^x}$$

En sommant ces inégalités pour k allant de 1 à N, puis en faisant tendre N vers l'infini, on trouve alors : $\zeta(x) - 1 \leqslant \displaystyle\int_1^{+\infty} \frac{dt}{t^x} \leqslant \zeta(x)$, soit :

$\zeta(x) - 1 \leqslant \dfrac{1}{x-1} \leqslant \zeta(x)$ ou encore $\dfrac{1}{x-1} \leqslant \zeta(x) \leqslant \dfrac{1}{x-1} + 1$ et donc :

$$1 \leqslant (x-1)\zeta(x) \leqslant x$$

par encadrement, il vient : $\lim\limits_{x\to1^+} (x-1)\zeta(x) = 1$, c'est-à-dire que

$$\zeta(x) \underset{1^+}{\sim} \frac{1}{x-1}$$

4°) Pour $n \in \mathbb{N}^*$, notons $f_n : x \mapsto \dfrac{1}{n^x} = \mathrm{e}^{-x\ln n}$.

Chaque f_n est de classe $\mathcal{C}^2$ sur $]1, +\infty[$, avec :

$$f_n'(x) = (-\ln n)\times\frac{1}{n^x} \text{ et } f_n''(x) = (\ln n)^2\times\frac{1}{n^x}$$

Pour $a > 1$ fixé, on a $\forall\, x \geqslant a, \forall\, n \geqslant 1, |f_n'(x)| \leqslant \dfrac{\ln n}{n^a}$ et $|f_n''(x)| \leqslant \dfrac{\ln^2 n}{n^a}$.

Soit alors b tel que $1 < b < a$, comme $a - b > 0$, on a par négligeabilité classique : $\lim\limits_{n\to\infty} n^b\times\dfrac{\ln^2 n}{n^a} = 0$ et *a fortiori* $\lim\limits_{n\to\infty} n^b\times\dfrac{\ln n}{n^a} = 0$.

Ceci prouve que les séries $\sum\limits_{n\geq1} \dfrac{\ln^2 n}{n^a}$ et $\sum\limits_{n\geq1} \dfrac{\ln n}{n^a}$ convergent, donc que les séries $\sum\limits_{n\geq1} f_n'$ et $\sum\limits_{n\geq1} f_n''$ sont normalement, donc uniformément, convergentes sur $[a, +\infty[$.

On en déduit que ζ est de classe $\mathcal{C}^2$ sur $[a, +\infty[$ et que, en appliquant deux fois théorème de dérivation des séries :

$$\forall\, x \geqslant a, \zeta''(x) = \sum_{n=1}^{\infty} (\ln n)^2\times\frac{1}{n^x} \geqslant 0$$

Ceci étant vrai pour tout $a > 1$, on a donc $\forall\, x > 1, \zeta''(x) \geqslant 0$ et ζ est convexe sur $]1, +\infty[$.

Corrigé 6.35

On posera $f_n(x) = \dfrac{(-1)^{n+1}}{n^x}$, pour tout $n \in \mathbb{N}^*$.

1°) Soit $x \in \mathbb{R}$.

$\star$ Si $x \leqslant 0$, alors $f_n(x)$ ne tend pas vers 0, donc la série diverge grossièrement.

$\star$ Si $x > 0$, alors la suite de terme général $|f_n(x)| = \dfrac{1}{n^x}$ tend vers 0 en décroissant, donc le critère spécial des séries alternées nous donne la convergence de la série (notons que pour $x > 1$ on a même convergence absolue).

Conclusion : $D =]0, +\infty[$.

2°) Soit $a > 0$ fixé. Les fonctions f_n sont de classe $\mathcal{C}^\infty$ sur $[a, +\infty[$, donc il suffit de montrer que, pour chaque entier $p \geqslant 0$, la série $\sum\limits_{n\geq 1} f_n^{(p)}(x)$, converge uniformément sur $[a, +\infty[$.

Or, une récurrence immédiate nous donne :

$$\forall n \in \mathbb{N}^*, \forall p \in \mathbb{N}, \forall x \in [a, +\infty[, f_n^{(p)}(x) = (-1)^{n+1}\frac{(-1)^p(\ln n)^p}{n^x}$$

La série de terme général $f_n^{(p)}(x)$ est donc bien une série alternée, et pour pouvoir appliquer le critère spécial des séries alternées à cette série il faut vérifier que la suite $\left(\dfrac{(\ln n)^p}{n^x}\right)_n$ tend vers 0 en décroissant, au moins à partir d'un certain rang.

On fixe alors x dans $[a, +\infty[$ et p dans $\mathbb{N}$, puis on définit, sur $[1, +\infty[$, la fonction $h : t \mapsto \dfrac{(\ln t)^p}{t^x}$, qui est dérivable avec $h'(t) = \dfrac{(\ln t)^{p-1}(p - x\ln t)}{t^{x+1}}$.

On obtient alors que, pour tout $t \in [1, +\infty[$, $h'(t)$ est du signe de $(p - x\ln t)$, ce qui nous donne alors :

$$h'(t) \geqslant 0 \iff 0 \leqslant t \leqslant e^{\frac{p}{x}} \text{ et } h \text{ décroît sur } [e^{p/x}, +\infty[.$$

Ainsi, pour chaque $x \in [a, +\infty[$, on a $\lim\limits_{n\to\infty} \dfrac{(\ln n)^p}{n^x} = 0$, et pour $n \geqslant e^{p/a}$, on a $n \geqslant e^{p/x}$ et $h(n+1) \leqslant h(n)$, donc la série vérifie bien, à partir d'un certain rang, le critère spécial de convergence des séries alternées.

On a également, pour tout $x \in [a, +\infty[$ et pour tout $n \geqslant e^{p/a}$, toujours par le critère des séries alternées :

$$|R_n(x)| = \Big|\sum_{k=n+1}^{\infty} \frac{(-1)^p(\ln k)^p}{k^x}\Big| \leqslant \frac{\ln^p(n+1)}{(n+1)^x} \leqslant \frac{\ln^p(n+1)}{(n+1)^a} \underset{n\to\infty}{\longrightarrow} 0.$$

La série $\sum\limits_{n\geq 1} f_n^{(p)}(x)$ est donc uniformément convergente sur $[a, +\infty[$, pour tout $p \geqslant 0$, ce qui prouve que μ est de classe $\mathcal{C}^\infty$ sur $[a, +\infty[$, donc sur $]0, +\infty[$ puisque $a > 0$ est quelconque, et que :

$$\forall p \in \mathbb{N}, \forall x > 0, \mu^{(p)}(x) = \sum_{n=1}^{\infty} f_n^{(p)}(x) = \sum_{n=1}^{\infty} \frac{(-1)^{n+p+1}(\ln n)^p}{n^x}$$

3°) Comme la série de fonctions qui définit μ converge uniformément, par exemple, sur $[1, +\infty[$, on peut appliquer le théorème d'interversion des limites :

$$\lim_{x\to+\infty} \mu(x) = \lim_{x\to+\infty} \Big(\sum_{n=1}^{\infty} \frac{(-1)^{n+1}}{n^x}\Big) = 1 + \lim_{x\to+\infty} \Big(\sum_{n=2}^{\infty} \frac{(-1)^{n+1}}{n^x}\Big)$$

$$= 1 + \sum_{n=2}^{\infty} \Big(\lim_{x\to+\infty} \frac{(-1)^{n+1}}{n^x}\Big) = 1 + \sum_{n=2}^{\infty} 0 = 1$$

$$\lim_{x\to+\infty} \mu(x) = 1$$

4°) a) Par décalage des indices, on écrit, pour tout $x > 0$:

$$\mu(x) = \sum_{n=1}^{\infty} \frac{(-1)^{n+1}}{n^x} = 1 + \sum_{n=2}^{\infty} \frac{(-1)^{n+1}}{n^x} = 1 + \sum_{n=1}^{\infty} \frac{(-1)^n}{(n+1)^x},$$

donc : $2\mu(x) - 1 = \sum\limits_{n=1}^{\infty} \frac{(-1)^{n+1}}{n^x} + \left(1 + \sum\limits_{n=1}^{\infty} \frac{(-1)^n}{(n+1)^x}\right) - 1$

soit :

$$2\mu(x) - 1 = \sum_{n=1}^{\infty} (-1)^{n+1} \left(\frac{1}{n^x} - \frac{1}{(n+1)^x}\right)$$

b) Soit $x > 0$ fixé et soit φ la fonction définie sur $\mathbb{R}_+^*$ par : $\varphi(t) = \frac{1}{t^x} - \frac{1}{(t+1)^x}$.

φ est dérivable, et $\varphi'(t) = -\frac{x}{t^{x+1}} + \frac{x}{(t+1)^{x+1}} = x\left(\frac{1}{(t+1)^{x+1}} - \frac{1}{t^{x+1}}\right) < 0.$

la fonction φ est donc décroissante sur $\mathbb{R}_+^*$ et, en particulier :

$$\forall n \in \mathbb{N}^*, \varphi(n+1) \leqslant \varphi(n)$$

Ainsi, en posant $u_n = \frac{1}{n^x} - \frac{1}{(n+1)^x}$, comme $(u_n)_{n \in \mathbb{N}^*}$ est décroissante de limite nulle, la série de terme général $(-1)^{n+1} u_n$ vérifie le critère spécial aux séries alternées, donc cette série converge (ce que l'on savait déjà) mais surtout sa somme est du signe de son premier terme et majorée en valeur absolue par la valeur absolue de ce premier terme.

Comme $u_1 = \frac{1}{1^x} - \frac{1}{2^x} > 0$, on a donc : $\forall x > 0, \quad 0 \leqslant 2\mu(x) - 1 \leqslant 1 - \frac{1}{2^x}$

Par encadrement, il vient $\lim\limits_{x \to 0} 2\mu(x) - 1 = 0$, soit :

$$\lim_{x \to 0} \mu(x) = \frac{1}{2}$$

Corrigé 6.36

1°) $f_n(0) = 0$, donc la série $\sum\limits_{n \geq 1} f_n(x)$ converge et $f(0) = 0$.

Si $x > 0$, alors $0 \leqslant f_n(x) \leqslant \frac{x}{n^{3/2}}$, donc la série $\sum\limits_{n \geq 1} f_n(x)$ converge encore.

La série de fonctions de terme général f_n converge simplement sur $\mathbb{R}_+$.

2°) $\star$ Pour $a > 0$ et $x \in [0, a]$, on a : $0 \leqslant f_n(x) = \frac{x}{\sqrt{n}(x+n)} \leqslant \frac{a}{n^{3/2}}$: terme général d'une série numérique convergente. Ainsi $\|f_n\|_{\infty,[0,a]} \leqslant \frac{a}{n^{3/2}}$ et on a donc bien la convergence normale de $\sum\limits_{n \geq 1} f_n$ sur $[0, a]$.

$\star$ On a $f_n(x) = \frac{1}{\sqrt{n}} - \frac{\sqrt{n}}{x+n}$ et $\|f_n\|_{\infty,\mathbb{R}_+} = \frac{1}{\sqrt{n}}$, qui est le terme général d'une série divergente et $\sum\limits_{n \geq 1} f_n$ ne converge pas normalement sur $\mathbb{R}_+$.

3°) $\star$ Toutes les fonctions f_n sont continues sur $\mathbb{R}_+$ et la série de fonctions $\sum\limits_{n \geq 1} f_n$ converge normalement, donc uniformément, sur tout segment $[0, a]$, donc sa somme f est continue sur tout segment $[0, a]$, donc sur $\mathbb{R}_+$.

Chaque fonction f_n est de classe $\mathcal{C}^1$ sur $\mathbb{R}_+$ avec $f_n'(x) = \dfrac{\sqrt{n}}{(x+n)^2}$, donc :

$\sup\limits_{x\in\mathbb{R}_+} |f_n'(x)| = \|f_n'\|_\infty = \dfrac{\sqrt{n}}{n^2} = \dfrac{1}{n^{3/2}}$, qui est le terme général d'une série convergente. Ainsi $\sum\limits_{n\geq 1} f_n'$ converge normalement sur $\mathbb{R}_+$ et donc f est bien de classe $\mathcal{C}^1$ sur $\mathbb{R}_+$, et de plus :

$\forall\, x \in \mathbb{R}_+, f'(x) = \sum\limits_{n=1}^{\infty} f_n'(x) = \sum\limits_{n=1}^{\infty} \dfrac{\sqrt{n}}{(x+n)^2} \geqslant 0$, ce qui montre bien que f est croissante sur $\mathbb{R}_+$.

4°) a) Si $x_0 \geqslant n \geqslant 1$, alors on a :

$f(x_0) = \sum\limits_{k=1}^{\infty} \dfrac{x_0}{\sqrt{k}(x_0+k)} \geqslant \sum\limits_{k=1}^{n} \dfrac{x_0}{\sqrt{k}(x_0+k)} = \sum\limits_{k=1}^{n} \dfrac{1}{\sqrt{k}}(1 - \dfrac{k}{x_0+k})$

(série convergente à termes positifs)

Or, on a $k \leqslant n \leqslant x_0$, donc $2k \leqslant x_0 + k$ et $1 - \dfrac{k}{x_0+k} \geqslant 1 - \dfrac{1}{2} = \dfrac{1}{2}$

On a donc bien :

$$f(x_0) \geqslant \sum_{k=1}^{n} \frac{1}{2\sqrt{k}}$$

b) La série de terme général positif $\dfrac{1}{\sqrt{k}}$ est divergente, donc :

$$\forall\, A > 0, \exists\, n \in \mathbb{N}^*, \sum_{k=1}^{n} \frac{1}{2\sqrt{k}} > A, \text{ et alors } \forall\, x \geqslant n, f(x) \geqslant A$$

Ce qui est exactement la définition de $\lim\limits_{x\to+\infty} f(x) = +\infty$.

c) Soit $x > 0$. Alors : $\dfrac{f(x)}{x} = \sum\limits_{n=1}^{+\infty} \dfrac{1}{\sqrt{n}(x+n)}$, avec $\left|\dfrac{1}{\sqrt{n}(x+n)}\right| \leqslant \dfrac{1}{n^{3/2}}$, terme général d'une série numérique convergente, donc la série de fonctions $\sum\limits_{n\geq 1} \dfrac{1}{\sqrt{n}(x+n)}$ converge normalement sur $\mathbb{R}_+$.

On peut alors appliquer le théorème d'interversion des limites et on obtient :

$$\lim_{x\to+\infty} \frac{f(x)}{x} = \lim_{x\to+\infty} \left(\sum_{n=1}^{\infty} \frac{1}{\sqrt{n}(n+x)}\right) = \sum_{n=1}^{\infty}\left(\lim_{x\to+\infty} \frac{1}{\sqrt{n}(n+x)}\right) = 0.$$

Séries entières 07

RÉPARTITION DES EXERCICES

I. ÉNONCÉS DES EXERCICES

7.01 On considère la série entière $\sum\limits_{n\geq 1} a_n z^n$ avec $a_n = \left(\frac{1}{2}\left(\operatorname{ch}\frac{1}{n} + \cos\frac{1}{n}\right)\right)^{n^4}$.

1°) Déterminer $\lim\limits_{n\to+\infty} a_n$.

2°) En déduire le rayon de convergence de la série entière $\sum\limits_{n\geq 1} a_n z^n$.

◇

7.02 On considère la série entière $\sum\limits_{n\geq 1} a_n z^n$ avec $a_n = \ln\left(1 + \sin\frac{1}{n}\right)$.

1°) Déterminer un équivalent simple de a_n lorsque n tend vers l'infini.

2°) En déduire le rayon de convergence R de la série entière $\sum\limits_{n\geq 1} a_n z^n$.

◇

7.03 On considère la série entière $\sum\limits_{n\geq 1} a_n z^n$, où a_n est égal au nombre de diviseurs de n. Déterminer le rayon de convergence R de cette série entière.

◇

7.04 Déterminer le rayon de convergence de la série entière $\sum\limits_{n\geq 0} \tan\left(\frac{n\pi}{5}\right) z^n$.

◇

7.05 Déterminer le rayon de convergence R des séries entières suivantes :

1°) $\sum\limits_{n\geq 0} \frac{n^n}{n!} z^n$; **2°)** $\sum\limits_{n\geq 1} \ln(n) z^n$; **3°)** $\sum\limits_{n\geq 0} \frac{(2n)!}{n! n^n} z^n$;

4°) $\sum\limits_{n\geq 1} n^{\ln n} z^n$; **5°)** $\sum\limits_{n\geq 0} \frac{z^{2n}}{2 - \sin n}$; **6°)** $\sum\limits_{n\geq 0} \frac{(-1)^n}{n^n} z^n$;

7°) $\sum_{n\geq 0} \frac{(-2)^n}{n+1} z^{3n+1}$; **8°)** $\sum_{n\geq 1} \frac{\mathrm{ch}(n)}{\mathrm{sh}^2(n)} z^n$; **9°)** $\sum_{n\geq 0} \frac{n!}{3^n} z^n$;

10°) $\sum_{n\geq 1} \left(\cos\frac{1}{n}\right)^{\frac{n^2+2}{n+2}} z^n$; **11°)** $\sum_{n\geq 1} (\ln n)^n z^n$; **12°)** $\sum_{n\geq 1} (\ln(n!))^2 z^n$.

◇

7.06 Déterminer le rayon de convergence des séries entières suivantes, en fonction du (ou des) paramètre(s) donné(s) :

1°) $\sum_{n\geq 0} a^n z^{2n+1}, a \in \mathbb{C}$; **2°)** $\sum_{n\geq 0} \frac{a^n}{\ln(n+2)} z^n \; a \in \mathbb{C}$;

3°) $\sum_{n\geq 0} \frac{n^p - 1}{n^q + 2} z^n, (p,q) \in \mathbb{N}^2$; **4°)** $\sum_{n\geq 0} \frac{z^n}{a^n + b^n}, (a,b) \in (\mathbb{R}_+^*)^2$;

5°) $\sum_{n\geq 0} \frac{a^n}{1+b^n} z^n, (a,b) \in (\mathbb{R}_+)^2$; **6°)** $\sum_{n\geq 0} a^{\sqrt{n}} z^n, a \in \mathbb{R}_+^*$;

7°) $\sum_{n\geq 1} \frac{(-1)^n a^{2n}}{1\times 3\times \cdots \times (2n-1)} z^n, a \in \mathbb{R}_+$; **8°)** $\sum_{n\geq 1} \frac{n!}{a^{2n}\sqrt{(2n)!}} z^n, a \in \mathbb{R}^*$.

◇

7.07 Déterminer le rayon de convergence R de la série entière $\sum u_n z^n$, avec :

$$u_{2n} = \frac{(-2)^n}{n^2+1} \text{ et } u_{2n+1} = \frac{1}{n^4+1}$$

◇

7.08 Déterminer le rayon de convergence R de la série entière $\sum_{n\geq 1} \frac{1+c^n}{n} z^n$, où c est une constante complexe. (*la suite en* **7.12.**)

◇

7.09 On considère une série entière $\sum_{n\geq 0} a_n z^n$ de rayon de convergence $R > 0$. Montrer que la série entière $\sum_{n\geq 0} \frac{a_n}{n!} z^n$ a un rayon de convergence $R' = +\infty$.

◇

7.10 Soient $\sum_n a_n z^n$ et $\sum_n b_n z^n$ deux séries entières de rayons de convergence respectifs R_1 et R_2 strictement positifs. On appelle produit de *Hadamard* de $\sum_n a_n z^n$ et $\sum_n b_n z^n$ la série entière $\sum_n c_n z^n$, avec $\forall n \in \mathbb{N}, c_n = a_n b_n$.

1°) Montrer que le rayon de convergence R de la série de Hadamard $\sum_n c_n z^n$ vérifie $R \geqslant R_1 R_2$.

2°) Donner un exemple où $R_1 R_2 \neq R$.

◇

7.11 Soit $\sum_{n\geq 0} a_n z^n$ une série entière de rayon de convergence $R > 0$. On définit alors la suite $(S_n)_{n\geq 0}$ des sommes partielles de la suite $(a_n)_{n\geq 0}$ par $S_n = \sum_{k=0}^{n} a_k$ et R_S le rayon de convergence de la série $\sum_{n\geq 0} S_n z^n$.

1°) Montrer que l'on a : $R_S \leqslant R$.

2°) Montrer ensuite que : $R_S \geqslant \min(1, R)$.

◇

7.12 On considère un réel c tel que $|c| \neq 1$ et la série entière de la variable réelle x suivante : $\sum\limits_{n\geq 1} \dfrac{1+c^n}{n} x^n$.

Déterminer la somme S de cette série, sur l'intervalle ouvert de convergence.

◇

7.13 Soit θ un nombre réel quelconque.

1°) Déterminer le rayon de convergence R et la somme f de la série entière de la variable réelle x définie par : $f(x) = \sum\limits_{n\geq 1} \sin(n\theta) x^n$.

2°) En déduire le rayon de convergence et la somme g de la série entière $\sum\limits_{n\geq 1} \dfrac{\sin(n\theta)}{n} x^n$.

◇

7.14 Déterminer le développement en série entière autour de 0 des fonctions f définies par :

1°) $x \mapsto \ln\left(\dfrac{1+x}{1-x}\right)$; **2°)** $x \mapsto \dfrac{\ln(1-x)}{x-1}$; **3°)** $x \mapsto \displaystyle\int_0^x \frac{\sin t}{t}\, dt$

4°) $x \mapsto \displaystyle\int_0^x \mathrm{e}^{-t^2}\, dt$; **5°)** $x \mapsto \dfrac{1}{(x-1)(x-2)}$; **6°)** $x \mapsto \displaystyle\int_0^x \cos(t^2)\, dt$

◇

7.15 On considère la fonction de la variable réelle : $f : x \mapsto \sum\limits_{n=2}^{\infty} \dfrac{x^n}{n(n-1)}$.

1°) Déterminer le rayon de convergence R de la série entière définissant f.

2°) Déterminer a et b tels que pour tout n, $\dfrac{1}{n(n-1)} = \dfrac{a}{n} + \dfrac{b}{n-1}$ et en déduire une expression simple de $f(x)$ pour $x \in]-R; R[$.

3°) Retrouver le résultat précédent en déterminant d'abord une expression de $f'(x)$ pour $x \in]-R; R[$.

◇

7.16 Montrer que les fonctions suivantes sont de classe $\mathcal{C}^\infty$ sur un intervalle ouvert centré en 0 :

1°) $f : x \mapsto \begin{cases} 1 & \text{si } x = 0 \\ \dfrac{\sin x}{x} & \text{si } x \neq 0 \end{cases}$

2°) $g : x \mapsto \begin{cases} 0 & \text{si } x = 0 \\ \dfrac{1}{\sin x} - \dfrac{1}{x} & \text{si } x \in]-\pi, 0[\cup]0, \pi[\end{cases}$

◇

7.17 Déterminer, pour chacune des séries entières suivantes, le rayon de convergence R puis la somme f sur l'intervalle ouvert de convergence :

1°) $\sum\limits_{n\geq 0} \dfrac{3n}{n+2}x^n$; **2°)** $\sum\limits_{n\geq 0} \dfrac{n}{(2n+1)!}x^n$; **3°)** $\sum\limits_{n\geq 1} \operatorname{ch}(n)x^n$;

4°) $\sum\limits_{n\geq 1} n^{(-1)^n}x^n$; **5°)** $\sum\limits_{n\geq 1} \dfrac{(-1)^{n-1}}{n}x^{4n-1}$; **6°)** $\sum\limits_{n\geq 0} (-1)^{n+1}nx^{2n+1}$.

◇

7.18 Soit la fonction f définie sur $]-1,1[$ par : $f(x) = \dfrac{\arcsin x}{\sqrt{1-x^2}}$.

1°) Former une équation différentielle linéaire d'ordre 1 vérifiée par f.

2°) En déduire le développement en série entière de f.

3°) Déterminer le développement en série entière de $g : x \mapsto (\arcsin x)^2$.

◇

7.19 On considère deux suites $(a_n)_n$ et $(b_n)_n$ définies par :

$$a_0 = 1, b_0 = 0 \text{ et } \forall n \in \mathbb{N}, \begin{cases} a_{n+1} = -a_n - 2b_n \\ b_{n+1} = 3a_n + 4b_n \end{cases}.$$

Déterminer les rayons de convergence et les sommes des séries entières suivantes : $f(x) = \sum\limits_{n=0}^{\infty} \dfrac{a_n}{n!}x^n$ et $g(x) = \sum\limits_{n=0}^{\infty} \dfrac{b_n}{n!}x^n$.

◇

7.20 Montrer que : $\forall x \in \mathbb{R}, \operatorname{ch} x \leqslant e^{x^2/2}$.

◇

7.21 Etablir l'égalité suivante : $\displaystyle\int_0^1 \ln(x)\ln(1-x)\,dx = \sum_{n=1}^{\infty} \frac{1}{n(n+1)^2}$.

◇

7.22 On considère la fonction f de la variable réelle x définie sur $]-1,+\infty[$ par :

$$f : x \mapsto \sum_{n=1}^{\infty} \frac{(-1)^n}{x+n}.$$

Montrer que $f(x) = -\displaystyle\int_0^1 \frac{t^x}{1+t}\,dt$, en déduire que la fonction f est développable en série entière autour de 0.

◇

7.23 On considère la fonction de la variable réelle suivante :

$$f : x \mapsto \sum_{n=1}^{\infty} \frac{(-1)^{n+1}x^{4n-1}}{n!(4n-1)}.$$

1°) Déterminer le rayon de convergence R de la série entière définissant f.

2°) Montrer que la fonction $g : t \mapsto \dfrac{1-e^{-t^4}}{t^2}$ est intégrable sur $]0,+\infty[$.

3°) En déduire que f admet une limite finie en $+\infty$.

◇

7.24 On considère la fonction de la variable réelle x définie par :

$$f(x) = \sum_{n=1}^{\infty} \frac{(-1)^{n+1}}{n(2n+1)} x^{2n+1}.$$

1°) Déterminer le rayon de convergence R de cette série entière.

2°) Montrer que la fonction f est définie et continue sur $[-R, R]$.

3°) Déterminer la somme de la série dérivée sur $]-R, R[$.

4°) En déduire une expression simple de f sur $]-R, R[$.

5°) Calculer $\sum_{n=1}^{+\infty} \frac{(-1)^{n+1}}{n(2n+1)}$.

◇

7.25 On considère la fonction de la variable réelle suivante :

$$f : x \mapsto \sum_{n=0}^{\infty} \frac{x^n}{4n^2 - 1}.$$

1°) Calculer le rayon de convergence R de la série entière définissant f.

2°) Déterminer une expression simple de $f(x)$, pour $x \in]-R, 0[$.

3°) Montrer que f est définie et continue sur $[-R; , R]$.

4°) En déduire la valeur de : $s_1 = \sum_{n=0}^{\infty} \frac{(-1)^n}{4n^2 - 1}$.

◇

7.26 On considère la fonction f de la variable réelle x définie par :

$$f : x \mapsto \sum_{n=2}^{\infty} \frac{(-1)^n}{n(n-1)} x^n.$$

1°) Déterminer le rayon de convergence R de la série définissant f.

2°) Montrer que la fonction f est définie et continue sur $[-R; R]$.

3°) Exprimer f', puis f, à l'aide de fonctions usuelles sur l'intervalle $]-R; R[$.

4°) Déduire des questions précédentes la valeur de $\sum_{n > 1} \frac{(-1)^n}{n(n-1)}$.

◇

7.27 On considère la fonction f de la variable réelle x définie par :

$$f : x \mapsto \sum_{n=1}^{\infty} \sin\left(\frac{1}{\sqrt{n}}\right) x^n.$$

1°) Déterminer le rayon de convergence R de la série entière définissant f.

2°) Etudier la convergence en $-R$ et en R.

3°) **a)** Soit $M > 0$. Montrer qu'il existe un entier $n_0 \geqslant 1$ et un réel $\eta > 0$ tel que, pour tout $x \in]1 - \eta, 1[$, on ait : $\sum_{n=1}^{n_0} \sin\left(\frac{1}{\sqrt{n}}\right)) x^n \geqslant M$.

b) En déduire la limite de $f(x)$ quand x tend vers 1^-.

4°) **a)** On considère la série entière suivante :

$$g : x \mapsto \sum_{n=2}^{\infty} \left[\sin\left(\frac{1}{\sqrt{n}}\right) - \sin\left(\frac{1}{\sqrt{n-1}}\right)\right] x^n.$$

Démontrer que cette série converge normalement sur $[0,1]$.

b) En déduire que $\lim\limits_{x\to 1^-}(1-x)f(x)=0$.

◇

7.28 On considère un entier naturel n non nul, un intervalle ouvert I contenant 0 et une fonction f de classe $\mathcal{C}^\infty$ sur I telle que f et toutes ses dérivées soient positives sur I.

1°) Montrer que, pour tout nombre $\alpha>0$ tel que $[-2\alpha,2\alpha]\subset I$ et tout $x\in[-\alpha,\alpha]$, on a :

$$f(x+\alpha)=f(x)+\cdots+\frac{\alpha^n}{n!}f^{(n)}(x)+\alpha^{n+1}\int_0^1\frac{(1-u)^n}{n!}f^{(n+1)}(x+\alpha u)\,du$$

2°) Justifier alors que l'on a : $\forall x\in[-\alpha,\alpha], 0\leqslant\frac{\alpha^n}{n!}f^{(n)}(x)\leqslant f(2\alpha)$.

3°) En déduire que $f(x+\alpha)=\sum\limits_{n=0}^{\infty}\frac{\alpha^n}{n!}f^{(n)}(x)$

◇

7.29 Déterminer le développement en série entière autour de 0 de la fonction f définie sur $\mathbb{R}$ par : $f(x)=\mathrm{e}^x\cos x$.

◇

7.30 Soit la fonction f définie sur $\mathbb{R}$ par : $f(x)=\cos x\,\mathrm{ch}\,x$.

1°) Déterminer le développement en série entière autour de 0 de la fonction ch définie sur $\mathbb{C}$ par $\mathrm{ch}\,z=\frac{\mathrm{e}^z+\mathrm{e}^{-z}}{2}$.

2°) En déduire le développement en série entière autour de 0 de f.

◇

7.31 Déterminer le rayon de convergence R et la somme f de la série entière de la variable complexe z suivante : $\sum\limits_{n\geq 0}\frac{n^3}{n!}z^n$.

◇

7.32 On considère la fonction f, de variable complexe, définie par :

$$f(z)=\frac{1}{1-z+z^2}.$$

1°) Ecrire $f(z)$ sous la forme $\frac{a}{z-z_1}+\frac{b}{z-z_2}$ et en déduire le développement en série entière de f ainsi que son rayon de convergence R.

2°) Ecrire $f(z)$ sous la forme $\frac{\alpha z+\beta}{1+z^3}$ et retrouver les résultats de la question précédente.

◇

7.33 On considère la série entière $\sum\limits_{p=0}^{\infty}\frac{x^{3p}}{(3p)!}$.

1°) Déterminer la somme de cette série entière en fonction de $j=\mathrm{e}^{2i\frac{\pi}{3}}$ et préciser son rayon de convergence.

2°) En déduire que $\sum\limits_{p=0}^{\infty} \dfrac{1}{(3p)!} = \frac{1}{3}\left(\mathrm{e} + \dfrac{2}{\sqrt{\mathrm{e}}} \cos \frac{\sqrt{3}}{2}\right)$.

◇

7.34 On considère la fonction f de la variable réelle x définie par :

$$f : x \mapsto \sum_{n=0}^{\infty} \mathrm{e}^{-n} \mathrm{e}^{n^2 i x}$$

1°) Justifier que f est une fonction de classe $\mathcal{C}^\infty$ sur $\mathbb{R}$.

2°) Montrer que $\forall\, k \in \mathbb{N}, \dfrac{|f^{(k)}(0)|}{k!} \geqslant \left(\frac{k}{\mathrm{e}}\right)^k$.

2°) En déduire que la fonction f n'est pas développable en série entière autour de 0.

◇

7.35 On considère les polynômes $P_n = \sum\limits_{k=0}^{n} \dfrac{X^k}{k!}$, un réel $R > 0$ et $D(O, R)$ le disque fermé de centre O et de rayon R du plan complexe.

Montrer qu'il existe un entier n_0 tel que, pour tout entier $n \geqslant n_0$, le polynôme P_n n'admette aucune racine dans $D(O, R)$.

◇

7.36 **Théorème de Liouville**

Soit $f(z) = \sum\limits_{n \geq 0} a_n z^n$ une série entière de rayon de convergence $R > 0$.

1°) On considère un réel r tel que $0 < r < R$.

a) Montrer que, pour tout entier k, la série de fonctions de terme général $g_n : \theta \mapsto a_n r^n \mathrm{e}^{i(n-k)\theta}$ converge normalement sur le segment $[0, 2\pi]$.

b) En déduire que, pour tout $k \in \mathbb{N}$: $2\pi r^k a_k = \displaystyle\int_0^{2\pi} f(r\mathrm{e}^{i\theta})\mathrm{e}^{-ik\theta}\, d\theta$.

2°) Montrer que si $R = +\infty$ et si f est bornée sur $\mathbb{C}$, alors f est une fonction constante sur $\mathbb{C}$.

◇

7.37 On considère une matrice carrée $A \in \mathcal{M}_p(\mathbb{C})$ avec $p \in \mathbb{N}^*$. On suppose que le rayon spectral ρ de A est non nul, c'est-à-dire que $\rho = \max\limits_{\lambda \in \mathrm{Spec}(A)} |\lambda| > 0$.

1°) Déterminer, en fonction de ρ, le rayon de convergence de la série entière $\sum\limits_{n \geq 0} \mathrm{tr}(A^n) z^n$, où tr désigne l'application trace.

2°) Déterminer, en fonction du polynôme caractéristique χ_A, la somme de la série entière $\sum\limits_{n \geq 0} \mathrm{tr}(A^n) z^n$, pour z dans le disque ouvert de convergence.

◇

7.38 On considère une série entière $f(z) = \sum\limits_{n \geq 0} a_n z^n$ de rayon de convergence $R > 0$ telle que $a_0 \neq 0$. Le but de cet exercice est de prouver que la fonction $1/f$ est également développable en série entière au voisinage de zéro.

1°) Supposons qu'il existe $R' > 0$ tel que $\dfrac{1}{f(z)} = \sum\limits_{n \geq 0} b_n z^n$ pour $|z| < R'$.

Déterminer les relations liant la suite $(b_n)_{n \geq 0}$ à la suite $(a_n)_{n \geq 0}$.

2°) Soit $(b_n)_{n \geq 0}$ la suite définie par les conditions précédentes. Montrer qu'il existe deux constantes α et C telle que, pour tout $n \in \mathbb{N}^*$, on ait : $|b_n| \leqslant \alpha . C^{n-1}$.

3°) En déduire que la fonction $1/f$ est bien développable en série entière au voisinage de zéro.

II. INDICATIONS

7.01. Il faudra faire des D.L. d'ordre 4 des fonctions ch et cos. On utilisera aussi le fait que deux séries entières $\sum\limits_n a_n z^n$ et $\sum\limits_n a_n z^n$ telles que $|a_n| \underset{(\infty)}{\sim} |b_n|$ ont le même rayon de convergence.

7.02. L'indication précédente reste valable pour les exercices qui suivent !

7.03. On pourra donner un encadrement de a_n pour utiliser le lemme d'Abel.

7.04. On pourra remarquer que la suite des coefficients ne prend qu'un nombre fini de valeurs.

7.05. On pourra utiliser la règle de d'Alembert ou des comparaisons à des séries connues. Il faudra éventuellement poser $Z = z^2$ ou $Z = z^3$ dans certains cas.

7.06. On pourra appliquer le critère de d'Alembert ou utiliser des équivalents à des séries entières simples.

7.07. Penser à Abel.

7.08. On sait que $\sum a_n z^n$ et $\sum n a_n z^n$ ont même rayon de convergence.

7.09. Si $0 < r < R$, la suite $(a_n r^n)_n$ est bornée ...

7.10. Pour $r < R_1 R_2$, écrire $r = r_1 r_2$, où r_1 et r_2 sont judicieusement choisis.

7.11. Pour la question **1)**, écrire $a_n = S_n - S_{n-1}$ puis, pour la question **2)**, on exprimera $\sum S_n z^n$ comme le produit de Cauchy de deux séries.

7.13. On pourra utiliser la formule d'Euler pour le sinus puis reconnaitre des séries géométriques.

7.14. On pourra décomposer les applications données en fonction de séries entières connues. On rappelle que l'on peut intégrer terme à terme sur les intervalles ouverts de convergence.

7.15. Pour **3)** dériver terme à terme sur l'intervalle ouvert de convergence.

7.16. On montrera que f est développable en série entière et on pourra faire apparaitre g comme le quotient de deux fonctions $\mathcal{C}^\infty$, en utilisant évidement des séries entières.

7.17. Faire flèche de tout bois : décomposition en éléments simples, réécriture de $\operatorname{ch} n$, $x^{4n-1} = \frac{1}{x}\,(x^4)^n$ pour $x \neq 0, \ldots$

7.18. Pour la question **3)**, on remarquera que $g' = 2f$.

7.19. On pourra expliciter les valeurs des coefficients a_n et b_n en calculant $a_n + b_n$ et $3a_n + 2b_n$.

7.20. On pourra comparer les développements en séries entières des deux fonctions.

7.21. On pourra développer en série entière $\ln(1-x)$ et utiliser le théorème d'intégration terme à terme.

7.22. On pourra écrire $\frac{1}{x+n}$ sous la forme $\int_0^1 t^{x+n-1}dx$ dans l'expression de $f(x)$, puis permuter sommation et intégration.

7.23. Pour la question **3)**, on pourra développer la fonction g en série entière puis intégrer.

7.24. On pourra dériver terme à terme la série entière sur son intervalle ouvert de convergence.

7.25. On pourra montrer que la série entière qui définit f converge uniformément sur $[-R, R]$.

7.26. On pourra montrer la convergence normale de la série sur $[-R; R]$.

7.27. Pour les questions **2)** et **3) a)**, on pourra remarquer que l'on a une série à termes positifs quand x est au voisinage de 1. Pour la question **4) b)**, on pourra évaluer $\sin(1) + g(x)$.

7.28. On utilisera la formule de Taylor avec reste intégral

7.29. On pourra mettre $f(x)$ sous la forme $\text{Ré}(e^z)$.

7.30. On pourra écrire $\cos(x) = \text{ch}(ix)$.

7.31. On pourra écrire n^3 sous la forme $n(n-1)(n-2) + bn(n-1) + cn$.

7.32. Utiliser les séries géométriques.

7.33. On pourra calculer $e^z + e^{jz} + e^{j^2z}$.

7.34. Pour **1)**, on montrera la convergence normale de toutes les séries dérivées. Pour **3)**, on montrera que la série $\sum_{k\geq 0} \frac{f^{(k)}(0)}{k!}x^k$ est divergente, dès que x est non nul.

7.35. On pourra écrire $|P_n(z)| = |e^z - (e^z - P_n(z))|$ et utiliser le fait que la suite des fonctions polynômiales $(P_n)_n$ converge uniformément sur tout segment vers la fonction exponentielle.

7.36. Noter que la série de terme général $|a_n|r^n$ est convergente.

7.37. On pourra utiliser l'expression de $\frac{P'}{P}$ en fonction des racines dans $\mathbb{C}$ du polynôme P.

7.38. Pour la question **1)**, on utilisera un produit de Cauchy. Pour la question **2)**, on utilisera le fait que si $|z| < R$, alors la suite $(|a_n z^n|)_n$ est bornée.

III. CORRIGÉS DÉTAILLÉS DES EXERCICES

Corrigé 7.01

1°) Soit $n \geqslant 1$. On a :

$\text{ch}\,\frac{1}{n} = 1 + \frac{1}{2n^2} + \frac{1}{24n^4} + o(\frac{1}{n^4})$ et $\cos\frac{1}{n} = 1 - \frac{1}{2n^2} + \frac{1}{24n^4} + o(\frac{1}{n^4})$, donc :

$\frac{1}{2}\big(\text{ch}\,\frac{1}{n} + \cos\frac{1}{n}\big) = 1 + \frac{1}{24n^4} + o(\frac{1}{n^4})$ et

$\ln(a_n) = n^4 \ln\big(\frac{1}{2}\big(\text{ch}\,\frac{1}{n} + \cos\frac{1}{n}\big)\big) = n^4\ln\big(1 + \frac{1}{24n^4} + o(\frac{1}{n^4})\big) \underset{(\infty)}{\sim} n^4 \times \frac{1}{24n^4}$

Par conséquent $\lim_{n\to\infty} \ln(a_n) = \frac{1}{24}$ et $\lim_{n\to\infty} a_n = e^{1/24}$.

2°) On obtient donc $|a_n z^n| \underset{(\infty)}{\sim} e^{\frac{1}{24}}|z|^n$, ce qui donne immédiatement $R = 1$.

Corrigé 7.02

1°) Comme $\lim\limits_{n\to\infty} \sin\dfrac{1}{n} = 0$ et $\ln(1+u) \underset{(0)}{\sim} u$, on a :

$$a_n \underset{(\infty)}{\sim} \sin\frac{1}{n} \underset{(\infty)}{\sim} \frac{1}{n}$$

2°) Ainsi $\sum a_n z^n$ et $\sum \dfrac{1}{n} z^n$ ont le même rayon de convergence. De plus on sait également que $\sum \dfrac{1}{n} z^n$ et $\sum n\times\dfrac{1}{n} z^n$ ont le même rayon de convergence.
La dernière série est une série de référence dont le rayon de convergence vaut 1 et donc $R = 1$.

Corrigé 7.03

Soit $n \geqslant 1$. On a $1 \leqslant a_n \leqslant n$ (la majoration faite est très très grossière, mais nous suffit), et donc :
$\star$ $\forall n \geqslant 1, a_n 1^n \geqslant 1$: la suite $(a_n 1^n)_n$ ne converge pas vers 0 et la série proposée diverge grossièrement en 1, donc $R \leqslant 1$.
$\star$ Pour z tel que $|z| < 1$, on a $0 \leqslant |a_n z^n| \leqslant n|z|^n$ et, par croissances comparées $\lim\limits_{n\to\infty} n|z|^n = 0$, donc $\lim\limits_{n\to\infty} a_n z^n = 0$ et $|z| \leqslant R$, donc $R \geqslant 1$ et finalement $R = 1$.

Corrigé 7.04

Soit $a_n = \tan\left(\frac{n\pi}{5}\right)$. Alors a_n est périodique (de période 5) et n'est pas la suite nulle. Utilisons à nouveau le lemme d'Abel :
$\to$ avec $M = \max\{|\tan(\frac{k\pi}{5})|, 0 \leqslant k \leqslant 4\}$, alors $|a_n 1^n| \leqslant M$, donc la suite $(a_n 1^n)_n$ est bornée et $R \geqslant 1$.
$\to$ La suite $(a_n 1^n)_n$ ne converge pas vers 0, donc $\sum a_n 1^n$ diverge grossièrement et $R \leqslant 1$.
Conclusion : $R = 1$.

Corrigé 7.05

Notons à chaque fois a_n le coefficient devant la puissance de z (qui n'est pas toujours z^n, mais peut être z^{2n}, z^{3n+1}, ... et penser alors à adapter la règle de d'Alembert, ou, par précaution, garder la variable z pour conclure, (voir **7°**)).

1°) On a : $\dfrac{a_{n+1}}{a_n} = \dfrac{(n+1)^{n+1}}{(n+1)!}\times\dfrac{n!}{n^n} = \left(\dfrac{n+1}{n}\right)^n = \exp\left(n\ln(1+\frac{1}{n})\right)$

$$= \exp(n(\frac{1}{n} + o(\frac{1}{n}))) = \exp(1 + o(1)) \underset{n\to\infty}{\longrightarrow} \mathrm{e}$$

donc $R = \dfrac{1}{\mathrm{e}}$.

2°) $\dfrac{a_{n+1}}{a_n} = \dfrac{\ln(n+1)}{\ln n} = \dfrac{\ln n + \ln(1+\frac{1}{n})}{\ln n} = 1 + \dfrac{1}{\ln n}\ln\left(1+\frac{1}{n}\right) \underset{n\to\infty}{\longrightarrow} 1$
donc $R = 1$.

3°) $\dfrac{a_{n+1}}{a_n} = \dfrac{(2n+2)!n!n^n}{(n+1)!(n+1)^{n+1}(2n)!} = \dfrac{(2n+2)(2n+1)}{(n+1)^2}\times\left(\dfrac{n}{n+1}\right)^n$

On vient de voir que $\lim\limits_{n\to\infty}\left(\frac{n+1}{n}\right)^n = \mathrm{e}$, donc $\lim\limits_{n\to\infty}\left(\frac{n}{n+1}\right)^n = \mathrm{e}^{-1}$ et $\lim\limits_{n\to\infty}\frac{a_{n+1}}{a_n} = 4\times\mathrm{e}^{-1}$, donc $R = \frac{\mathrm{e}}{4}$.

4°) On a $a_n = n^{\ln n} > 0$, donc :

$$\begin{aligned}\ln\left(\frac{a_{n+1}}{a_n}\right) &= \ln^2(n+1) - \ln^2 n\\ &= (\ln(n+1)+\ln n)(\ln(n+1)-\ln n))\\ &= (\ln(n+1)+\ln n)\ln\left(\frac{n+1}{n}\right) = (\ln(n+1)+\ln n)\ln\left(1+\frac{1}{n}\right)\\ &\underset{(\infty)}{\sim} (\ln(n+1)+\ln n)\times\frac{1}{n}\end{aligned}$$

Ainsi, par négligeabilités classiques, $\lim\limits_{n\to\infty}\ln\left(\frac{a_{n+1}}{a_n}\right) = 0$, donc $\lim\limits_{n\to\infty}\frac{a_{n+1}}{a_n} = 1$ et $R = 1$.

5°) On a : $\frac{1}{3} \leqslant a_n \leqslant 1$. Or les rayons de convergence des séries entières $\sum\limits_{n\geq 0}\frac{1}{3}Z^n$ et $\sum\limits_{n\geq 0} Z^n$ valent 1, donc le rayon de convergence de $\sum\limits_{n\geq 0} a_n Z^n$ vaut 1. On a alors $R = \sqrt{1} = 1$.

6°) $\left|\frac{a_{n+1}}{a_n}\right| = \frac{n^n}{(n+1)^{n+1}} = \frac{1}{n+1}\left(\frac{n}{n+1}\right)^n < \frac{1}{n+1}\underset{n\to\infty}{\longrightarrow} 0$ et $R = +\infty$.

7°) Pour une fois, gardons la variable z et posons $u_n = \frac{(-2)^n}{n+1}z^{3n+1}$. On a alors :

$\left|\frac{u_{n+1}}{u_n}\right| = \frac{2^{n+1}|z|^{3n+4}}{n+2}\times\frac{n+1}{2^n|z|^{3n+1}} = 2|z|^3\times\frac{n+1}{n+2}\underset{n\to\infty}{\longrightarrow} 2|z|^3$, donc par la règle de d'Alembert :

$2|z|^3 < 1 \Longrightarrow \sum u_n$ converge et $2|z|^3 > 1 \Longrightarrow \sum u_n$ diverge grossièrement.

Donc $R = \frac{1}{\sqrt[3]{2}}$.

8°) Comme $\operatorname{sh} x \underset{(+\infty)}{\sim} \frac{\mathrm{e}^x}{2}$ et $\operatorname{ch} x \underset{(+\infty)}{\sim} \frac{\mathrm{e}^x}{2}$, il vient :

$$\left|\frac{a_{n+1}}{a_n}\right| = \frac{\operatorname{ch}(n+1)}{\operatorname{sh}^2(n+1)}\times\frac{\operatorname{sh}^2(n)}{\operatorname{ch}(n)} \underset{(\infty)}{\sim} \frac{\mathrm{e}^{n+1}}{(\mathrm{e}^{n+1})^2}\times\frac{(\mathrm{e}^n)^2}{\mathrm{e}^n} = \frac{1}{\mathrm{e}}$$

Donc $R = \mathrm{e}$.

9°) $\left|\frac{a_{n+1}}{a_n}\right| = \frac{(n+1)!}{3^{n+1}}\times\frac{3^n}{n!} = \frac{n+1}{3}\underset{n\to\infty}{\longrightarrow} +\infty$, donc $R = 0$.

10°) Les écritures sont moins engageantes, mais on peut noter que $a_n > 0\ldots$

On a : $\ln(a_n) = \frac{n^2+2}{n+2}\ln\left(\cos\left(\frac{1}{n}\right)\right)$

Or $\cos u \underset{(0)}{=} 1 - \frac{u^2}{2} + o(u^2)$; $\ln(1+u) = u + o(u)$ donnent :

$$\cos\left(\frac{1}{n}\right) = 1 - \frac{1}{2n^2} + o\left(\frac{1}{n^2}\right) ; \ln\left(\cos\frac{1}{n}\right) = -\frac{1}{2n^2} + o\left(\frac{1}{n^2}\right) \underset{(\infty)}{\sim} -\frac{1}{2n^2}$$

Ainsi $\ln(a_n) \underset{(\infty)}{\sim} \frac{n^2}{n}\times\left(-\frac{1}{2n^2}\right) = -\frac{1}{2n}\underset{n\to\infty}{\longrightarrow} 0$.

Donc $\lim\limits_{n\to\infty} a_n = \mathrm{e}^0 = 1$ et comme le rayon de convergence de $\sum z^n$ vaut 1, on a $R = 1$.

11°) Pour $z \neq 0$, on a $|(\ln n)^n z^n| = (|z| \ln n)^n \underset{n\to\infty}{\longrightarrow} +\infty$ (l'expression $(+\infty)^{+\infty}$ ne pose aucun problème !) donc la série diverge grossièrement. Ainsi $R = 0$.

12°) $\dfrac{a_{n+1}}{a_n} = \left(\dfrac{\ln((n+1)!)}{\ln(n!)}\right)^2 = \left(1 + \dfrac{\ln(n+1)}{\ln(n!)}\right)^2$.

On se doute que $\ln(n+1)$ est négligeable devant $\ln(n!)$, mais il faut le démontrer. Par croissance de la fonction $t \mapsto \ln t$ sur $\mathbb{R}_+^*$, on a pour tout $k \geqslant 2$: $\ln k \geqslant \displaystyle\int_{k-1}^{k} \ln t\, dt$, donc par sommation et relation de Chasles :

$$\forall n \geqslant 2, \ln(n!) = \sum_{k=2}^{n} \ln k \geqslant \int_1^n \ln t\, dt = n \ln n - n + 1$$

Ainsi, $\displaystyle\lim_{n\to\infty} \frac{\ln(n!)}{\ln n} = +\infty$ et $\ln n$ est négligeable devant $\ln(n!)$. Il en est de même de $\ln(n+1)$ et $\displaystyle\lim_{n\to\infty} \frac{a_{n+1}}{a_n} = 1$, donc $R = 1$.

[En fait, on peut aussi minorer de la même façon $\ln(n!)$*, ce qui prouve que l'on a en fait* $\ln(n!) \underset{(\infty)}{\sim} n \ln n$*, ce qui constitue le tout début de l'étude faite par Stirling...]*

Corrigé 7.06

1°) Soit u_n le terme général de cette série. On a $u_n = z(az^2)^n$ et donc la série converge si et seulement si $|az^2| < 1$, soit $|z| < 1/\sqrt{|a|}$ si $a \neq 0$

Dans ce cas $R = \dfrac{1}{\sqrt{|a|}}$ et comme $a = 0 \implies R = +\infty$, on peut convenir que le résultat reste valable pour $a = 0$.

2°) Si $|az| \leqslant 1$, la suite de terme général $\left|\dfrac{a^n}{\ln(n+2)} z^n\right|$ est majorée (par $\dfrac{1}{\ln 2}$), et si $|az| > 1$, par prépondérance classique, elle est de limite infinie, donc, par le lemme d'Abel, $R = \dfrac{1}{|a|}$, avec la même convention que précédemment si $a = 0$.

3°) Soit $a_n = \dfrac{n^p - 1}{n^q + 2}$. On a alors, pour tout $n \geqslant 1$:

→ Si $p = 0$, alors $a_n = 0$, et $R = +\infty$,

→ si $p \geqslant 1$, alors : $\left|\dfrac{a_{n+1}}{a_n}\right| = \dfrac{(n+1)^p - 1}{(n+1)^q + 2} \times \dfrac{n^q + 2}{n^p - 1}$

- Si $q = 0$, $\left|\dfrac{a_{n+1}}{a_n}\right| = \dfrac{(n+1)^p - 1}{n^p - 1} \underset{(\infty)}{\sim} \dfrac{n^p}{n^p} = 1$
- Si $q \geqslant 1$, $\left|\dfrac{a_{n+1}}{a_n}\right| \underset{(\infty)}{\sim} \dfrac{n^p n^q}{n^p n^q} = 1$

Dans les deux cas, par le règle de d'Alembert le rayon de convergence vaut alors 1.

4°) Soit $a_n = \dfrac{1}{a^n + b^n} > 0$. On a alors :

$$\frac{a_{n+1}}{a_n} = \frac{a^n + b^n}{a^{n+1} + b^{n+1}} \underset{(\infty)}{\sim} \begin{cases} \dfrac{b^n}{b^{n+1}} = \dfrac{1}{b} & \text{si } a < b \\ \dfrac{2a^n}{2a^{n+1}} = \dfrac{1}{a} & \text{si } a = b \\ \dfrac{a^n}{a^{n+1}} = \dfrac{1}{a} & \text{si } a > b \end{cases}$$

On obtient donc : $\lim_{n\to\infty} \frac{a_{n+1}}{a_n} = \frac{1}{\max\{a,b\}}$, donc $R = \max\{a,b\}$.

5°) Soit $a_n = \frac{a^n}{1+b^n}$. On a alors :

→ Si $a = 0$, $a_n = 0$ et $R = +\infty$.

→ Si $a \neq 0$, alors :

- Si $0 \leqslant b < 1$, alors $|a_n| \underset{(\infty)}{\sim} a^n$, et donc $R = \frac{1}{a}$.
- Si $b = 1$, alors $a_n = \frac{a^n}{2}$, et donc $R = \frac{1}{a}$.
- Si $b > 1$, alors $|a_n| \underset{(\infty)}{\sim} \left(\frac{a}{b}\right)^n$, et $R = \frac{b}{a}$.

Ainsi dans tous les cas, avec la convention $\frac{1}{0} = +\infty$, on a $R = \frac{\max\{1,b\}}{a}$.

6°) Soit $a_n = a^{\sqrt{n}}$. Alors : $\frac{a_{n+1}}{a_n} = \frac{a^{\sqrt{n+1}}}{a^{\sqrt{n}}} = a^{\sqrt{n+1}-\sqrt{n}}$

et : $\sqrt{n+1}-\sqrt{n} = \frac{(n+1)-n}{\sqrt{n+1}+\sqrt{n}} = \frac{1}{\sqrt{n+1}+\sqrt{n}} \underset{n\to\infty}{\longrightarrow} 0$, donc $\lim_{n\to\infty} \frac{a_{n+1}}{a_n} = 1$ et $R = 1$.

7°) Soit $a_n = \frac{(-1)^n a^{2n}}{1\times 3\times\cdots\times(2n-1)}$. Alors pour $a > 0$:

$\frac{a_{n+1}}{a_n} = \frac{a^{2n+2}\times 1\times 3\times\cdots\times(2n-1)}{a^{2n}\times 1\times 3\times\cdots\times(2n-1)(2n+1)} = \frac{a^2}{2n+1} \underset{n\to\infty}{\longrightarrow} 0$, donc le critère de d'Alembert nous donne $R = +\infty$, valable aussi pour $a = 0$.

8°) Soit $a_n = \frac{n!}{a^{2n}\sqrt{(2n)!}} > 0$. Alors :

$\frac{a_{n+1}}{a_n} = \frac{(n+1)!a^{2n}\sqrt{(2n)!}}{n!a^{2n+2}\sqrt{(2n+2)!}} = \frac{n+1}{a^2\sqrt{(2n+2)(2n+1)}} \underset{n\to\infty}{\longrightarrow} \frac{1}{2a^2}$, donc le critère de d'Alembert nous donne $R = 2a^2$.

Corrigé 7.07

Dans le cas présent tenter de chercher $\lim_{n\to\infty} \frac{u_{n+1}}{u_n}$ est voué à l'échec ... Mais

→ Si $|z| \leqslant \frac{1}{\sqrt{2}}$, la suite $\left(\left(\frac{(-2)^n}{n^2+1}z^{2n}\right)\right)_n$ est bornée (majorée en valeur absolue par 1) et la suite $\left(\frac{1}{n^4+1}z^{2n+1}\right)_n$ aussi (également majorée en valeur absolue par 1 et cette suite est même convergente de limite nulle). Par conséquent $(u_n z^n)_n$ est bornée et, par le lemme d'Abel : $R \geqslant \frac{1}{\sqrt{2}}$.

→ Si $|z| > \frac{1}{\sqrt{2}}$, on a $\lim_{n\to\infty} |u_{2n}z^{2n}| = +\infty$ et le terme général de la série $\sum u_n z^n$ ne tend pas vers 0, donc la divergence est grossière, et $R \leqslant \frac{1}{\sqrt{2}}$.

Bilan : $R = \frac{1}{\sqrt{2}}$.

Corrigé 7.08

On sait que $\sum a_n z^n$ et $\sum na_n z^n$ ont même rayon de convergence. Donc le rayon R cherché est le même que celui de la série $\sum(1+c^n)z^n$.

⋆ Si $|c| \leqslant 1$, alors pour $|z| \leqslant 1$, la suite $((1+c^n)z^n)_n$ est bornée, donc $R \geqslant 1$ et la suite $((1+c^n)1^n)_n = (1+c^n)_n$ ne converge pas vers 0, donc $R \leqslant 1$. Ainsi $R = 1$.

⋆ Si $|c| > 1$, alors si $|z| \leqslant \frac{1}{|c|} < 1$, on a $|(1+c^n)z^n| \leqslant |z|^n + |c^n z^n| \leqslant 2$ donc la suite $((1+c^n)z^n)_n$ est bornée et et $R \geqslant \frac{1}{|c|}$. D'aute part la suite $((1+c^n)(\frac{1}{c})^n)_n$ ne converge pas vers 0, donc la série $\sum(1+c^n)z^n$ diverge grossièrement en $\frac{1}{c}$ et $R \leqslant \frac{1}{|c|}$. Ainsi $R = \frac{1}{|c|}$.

Avec la convention $\frac{1}{0} = +\infty$, on a donc dans tous les cas : $R = \inf(1, \frac{1}{|c|})$.

Corrigé 7.09

Soit r tel que $0 < r < R$. On sait alors que la suite $(a_n r^n)_n$ est bornée (elle est même de limite nulle car la série associée converge !) :

$$\exists M \in \mathbb{R}^+, \forall n \in \mathbb{N}, |a_n| \leqslant \frac{M}{r^n}$$

Alors $\left|\frac{a_n}{n!} z^n\right| \leqslant M \times \frac{|\frac{z}{r}|^n}{n!}$ et comme $\lim\limits_{n\to\infty} \frac{|\frac{z}{r}|^n}{n!} = 0$ (il s'agit même du terme général d'une série convergente), on en déduit que, pour tout $z \in \mathbb{C}$, la suite $\left(\frac{a_n}{n!} z^n\right)_n$ est de limite nulle, donc bornée et, par application du lemme d'Abel $R' = +\infty$.

Corrigé 7.10

1°) On a $R_1 > 0$ et $R_2 > 0$. Soit alors r réel vérifiant $0 \leqslant r < R_1 R_2$.

On peut choisir r_1 et r_2 tels que $0 \leqslant r_1 < R_1$ et $0 \leqslant r_2 < R_2$ avec $r = r_1 r_2$. En effet :

comme $\lim\limits_{\varepsilon \to 0^+} \frac{r}{R_1 - \varepsilon} = \frac{r}{R_1} < R_2$, on peut choisir ε, tel que $0 < \varepsilon < R_1$, assez petit pour avoir $\frac{r}{R_1 - \varepsilon} < R_2$.

On prend alors $r_1 = R_1 - \varepsilon$ et $r_2 = \frac{r}{R_1 - \varepsilon}$ et on a bien $r = r_1 r_2$ avec $0 < r_1 < R_1$ et $0 < r_2 < R_2$.

Les suites $(a_n r_1^n)$ et $(b_n r_2^n)$ sont ainsi bornées, il en est donc de même de la suite $(a_n b_n r_1^n r_2^n)$, c'est-à-dire de la suite $(a_n b_n r^n)$ et $R \geqslant r$..

Comme ceci est vrai pour tout $r < R_1 R_2$, le rayon de convergence R est au moins égal à $R_1 R_2$.

2°) Soient les séries $\sum\limits_n z^{2n}$ et $\sum\limits_n z^{2n+1}$. Alors leur produit de Hadamard est la série nulle, qui est de rayon de convergence $R = +\infty$, alors que nous avons banalement $R_1 = R_2 = 1$ et donc ici $R_1 R_2 < R$.

Corrigé 7.11

1°) Soit x tel que $|x| < R_S$, alors la série $\sum S_n x^n$ converge. La série $\sum S_{n-1}x^{n-1}$ est donc aussi convergente et la série $\sum S_{n-1}x^n$ converge également.

Ainsi la série $\sum (S_n - S_{n-1})x^n$ converge et cette série n'est autre que la série $\sum a_n x^n$, donc le fait qu'elle converge montre que $|x| \leqslant R$.

On a donc montré que $|x| < R_S \implies |x| \leqslant R$ et $R_S \leqslant R$.

2°) Soit x tel que $|x| < \min(1, R)$. Alors $|x| < 1$ et $|x| < R$, donc les séries $\sum\limits_{n \geq 0} x^n$ et $\sum\limits_{n \geq 0} a_n x^n$ convergent absolument.

Leur produit de Cauchy est donc aussi (absolument) convergent. celui-ci n'est autre que la série de terme général $b_n x^n$, avec $b_n = \sum\limits_{k=0}^{n} a_k \times 1$, donc $b_n = S_n$ et la série $\sum S_n x^n$ converge, ce qui prouve que $|x| \leqslant R_S$.

On a donc montré que $|x| < \min(1, R) \implies |x| \leqslant R_S$ et $\min(1, R) \leqslant R_S$.

[On a donc montré que si $R < 1$, alors $R_S = R$.]

Corrigé 7.12

On a vu en **7.08.** que $R = \min(1, 1/|c|)$.

Soit alors $x \in]-R, R[$, on peut scinder la sommation et on reconnaît des séries de référence :

$$S = \sum_{n=1}^{\infty} \frac{1 + c^n}{n} x^n = \sum_{n=1}^{\infty} \frac{x^n}{n} + \sum_{n=1}^{\infty} \frac{(cx)^n}{n} = -\ln(1-x) - \ln(1-cx)$$

$$S = -\ln\big((1-x)(1-cx)\big)$$

Corrigé 7.13

Notons que si $\theta \equiv 0 \pmod{\pi}$, alors $\sin(n\theta)x^n = 0$ et le rayon de convergence de la série proposée est $+\infty$, sa somme étant la fonction nulle.

Nous écarterons donc ce cas pour la suite.

1°) $\star$ La suite $(\sin(n\theta)1^n)_n$ est bornée, donc $R \geqslant 1$.

$\star$ La suite $(\sin(n\theta))_n$ ne converge pas vers 0, car sinon la relation

$$\sin(n+1)\theta = \sin(n\theta)\cos\theta + \sin\theta\cos(n\theta)$$

montrerait, puisque $\sin\theta \neq 0$, que la suite $(\cos(n\theta))_n$ convergerait aussi vers 0, ce qui est impossible puisque $\sin^2 + \cos^2 = 1$. Donc la série proposée diverge grossièrement en 1.

Bilan : $R = 1$ et la série converge seulement sur l'ouvert $]-1, 1[$.

$\star$ Calculons alors $f(x)$ pour $x \in]-1; 1[$.

La formule d'Euler nous donne $\sin(n\theta)x^n = \dfrac{e^{in\theta}x^n - e^{-in\theta}x^n}{2i}$.

Or : $e^{in\theta}x^n = z^n$, avec $z = e^{i\theta}x$ et donc avec $|z| < 1$, de même pour $e^{-in\theta}x^n = (e^{-i\theta}x)^n$. On peut donc appliquer deux fois l'identité géométrique, ce qui donne :

$$\sum_{k=0}^{n} \mathrm{e}^{i\theta k} x^k = \frac{1-(x\mathrm{e}^{i\theta})^{n+1}}{1-x\mathrm{e}^{i\theta}} \underset{n\to\infty}{\longrightarrow} \frac{1}{1-x\mathrm{e}^{i\theta}}$$

$$\sum_{k=0}^{n} \mathrm{e}^{-i\theta k} x^k = \frac{1-(x\mathrm{e}^{-i\theta})^{n+1}}{1-x\mathrm{e}^{-i\theta}} \underset{n\to\infty}{\longrightarrow} \frac{1}{1-x\mathrm{e}^{-i\theta}}$$

et donc :

$$f(x) = \sum_{n=1}^{\infty} \frac{\mathrm{e}^{in\theta}x^n - e^{-in\theta}x^n}{2i} = \sum_{n=0}^{\infty} \frac{\mathrm{e}^{in\theta}x^n - e^{-in\theta}x^n}{2i}$$

$= \frac{1}{2i}\big(\frac{1}{1-x\mathrm{e}^{i\theta}} - \frac{1}{1-x\mathrm{e}^{-i\theta}}\big)$; soit, après réduction au même dénominateur :

$$f(x) = \frac{x\sin\theta}{1-2x\cos\theta + x^2}$$

2°) Soit $b_n(x) = \dfrac{\sin(n\theta)}{n}x^n = \dfrac{1}{n}\sin(n\theta)x^n$. Comme on sait que les séries entières $\sum a_n x^n$ et $\sum n a_n x^n$ ont même rayon de convergence, on en déduit que le rayon de convergence de la série $\sum\limits_{n\geq 1} \dfrac{\sin(n\theta)}{n}x^n$ vaut aussi 1.

On sait enfin, que pour $x \in \left]-1,1\right[$, on a :

$$g'(x) = \sum_{n=1}^{\infty} \frac{\sin(n\theta)}{n} \times n x^{n-1} = \sum_{n=1}^{\infty} \sin(n\theta)x^{n-1}$$

et donc

$$\forall x \in \left]-1,1\right[, xg'(x) = \sum_{n=1}^{\infty} \sin(n\theta)x^n = f(x)$$

Ainsi, pour $x \in \left]-1,1\right[\setminus\{0\}$,

$$g'(x) = \frac{\sin\theta}{1-2x\cos\theta+x^2} = \frac{\sin\theta}{\sin^2\theta + (x-\cos\theta)^2} = \frac{\frac{1}{\sin\theta}}{1+(\frac{x-\cos\theta}{\sin\theta})^2}$$

La « primitivation » se fait alors à vue et :

$$\exists K \in \mathbb{R}, \forall x \in \left]-1,1\right[\setminus\{0\}, g(x) = \arctan\big(\frac{x-\cos\theta}{\sin\theta}\big) + K$$

La fonction g étant continue sur $]-1,1[$ et telle que $g(0) = 0$, la formule précédente est valable pour $x = 0$ et donne :

$\arctan\big(\frac{-\cos\theta}{\sin\theta}\big) + K = 0$, soit $K = \arctan(\operatorname{cotan}\theta) = \arctan(\tan(\frac{\pi}{2}-\theta))$.

Donc :

$$\forall x \in \left]-1,1\right[, g(x) = \arctan\big(\frac{x-\cos\theta}{\sin\theta}\big) + \arctan(\tan(\frac{\pi}{2}-\theta))$$

[On ne peut pas simplifier ce résultat sans précaution : il faut savoir dans quel domaine est la variable avant de pouvoir simplifier la fonction $\arctan\circ\tan$.*]*

Corrigé 7.14

1°) Remarquons tout d'abord que, $\forall x \in \left]-1;1\right[$, on a :

$$\ln\big(\frac{1+x}{1-x}\big) = \ln(1+x) - \ln(1-x)$$

Or on sait que pour $x \in \left]-1,1\right[$, on a :

$$\ln(1+x) = \sum_{n=1}^{\infty} \frac{(-1)^{n+1}x^n}{n} \text{ et } -\ln(1-x) = \sum_{n=1}^{\infty} \frac{x^n}{n}$$

On obtient donc : $\forall x \in \left]-1,1\right[, f(x) = \sum\limits_{n=1}^{\infty} \dfrac{((-1)^{n+1}+1)}{n}x^n = \sum\limits_{p=1}^{\infty} \dfrac{2x^{2p-1}}{2p-1}$.

Le rayon de convergence de cette dernière série entière valant d'ailleurs 1.

2°) On a, pour tout $x \in]-1,1[$, $f(x) = -\ln(1-x) \times \dfrac{1}{1-x}$.

Or, pour $x \in]-1,1[$, on a : $-\ln(1-x) = \sum\limits_{n=1}^{\infty} \dfrac{x^n}{n}$, et $\dfrac{1}{1-x} = \sum\limits_{n=0}^{\infty} x^n$, et ces deux séries sont absolument convergentes. On peut donc effectuer leur produit de Cauchy, et :

$$f(x) = \Big(\sum_{n=1}^{\infty} \frac{x^n}{n}\Big) \times \Big(\sum_{n=0}^{\infty} x^n\Big) = \sum_{n=0}^{\infty} c_n x^n$$

avec $c_n = \sum\limits_{k=0}^{n} a_k b_{n-k} = \sum\limits_{k=1}^{n} \dfrac{1}{k} \times 1$ pour $n \geqslant 1$ et $c_0 = 0$ (car pour pouvoir appliquer directement la formule du cours on a ajouté à la première série le terme $a_0 x^0$ avec $a_0 = 0$)

Donc on obtient : $\forall x \in]-1,1[$, $f(x) = \sum\limits_{n=0}^{\infty} \Big(\sum\limits_{k=1}^{n} \dfrac{1}{k}\Big) x^n$.

Comme cette dernière série est grossièrement divergente au point 1, donc son rayon de convergence vaut 1.

3°) On sait que $\forall x \in \mathbb{R}, \sin t = \sum\limits_{n=0}^{\infty} \dfrac{(-1)^n}{(2n+1)!} t^{2n+1}$, donc, si on définit la fonction g sur $\mathbb{R}$ par $g(t) = \frac{\sin t}{t}$ si $t \neq 0$ et $g(0) = 1$, alors on obtient :

$$\forall t \in \mathbb{R}, g(t) = \sum_{n=0}^{\infty} \frac{(-1)^n}{(2n+1)!} t^{2n}$$

On sait que l'on peut intégrer terme à terme une série entière sur tout segment inclus dans l'intervalle ouvert de convergence, donc ici sur tout segment puisque le rayon de convergence est infini, et on en déduit que pour tout $x \in \mathbb{R}$:

$$f(x) = \int_0^x \frac{\sin t}{t}\, dt = \int_0^x \sum_{n0}^{\infty} \frac{(-1)^n}{(2n+1)!} t^{2n}\, dt = \sum_{n=0}^{\infty} \int_0^x \frac{(-1)^n}{(2n+1)!} t^{2n}\, dt$$

Soit :

$$f(x) = \sum_{n=0}^{\infty} \frac{(-1)^n}{(2n+1)!} \times \frac{x^{2n+1}}{2n+1}$$

4°) Comme $\mathrm{e}^X = \sum\limits_{n=0}^{\infty} \dfrac{X^n}{n!}$, avec un rayon de convergence $R = +\infty$, on obtient :

$$\forall t \in \mathbb{R}, \mathrm{e}^{-t^2} = \sum_{n=0}^{\infty} \frac{(-t^2)^n}{n!} = \sum_{n0}^{\infty} \frac{(-1)^n}{n!} t^{2n}$$

Par convergence uniforme sur tout segment inclus dans l'intervalle ouvert de convergence, on obtient alors :

$$\forall x \in \mathbb{R}, f(x) = \int_0^x \mathrm{e}^{-t^2}\, dt = \int_0^x \sum_{n=0}^{\infty} \frac{(-1)^n}{n!} t^{2n}\, dt = \sum_{n=0}^{\infty} \frac{(-1)^n}{n!} \int_0^x t^{2n}\, dt$$

Soit :

$$\forall x \in \mathbb{R}, f(x) = \sum_{n=0}^{\infty} \frac{(-1)^n}{n!} \times \frac{x^{2n+1}}{2n+1}$$

[Ce résultat est très important car on ne sait pas primitiver $t \mapsto \mathrm{e}^{-t^2}$ alors que ces intégrales sont souvent utilisées, notamment en probabilités pour la loi normale.]

5°) Soit $x \in \mathbb{R} \setminus \{1, 2\}$. On a alors :

$$f(x) = \frac{1}{(x-1)(x-2)} = \frac{1}{1-x} - \frac{1}{2-x} = \frac{1}{1-x} - \frac{1}{2} \times \frac{1}{1-\frac{x}{2}}$$

Or $\forall\, u \in\,]-1, 1[, \frac{1}{1-u} = \sum\limits_{n=0}^{\infty} u^n$, donc :

$$|x| < 2 \implies \frac{1}{1-\frac{x}{2}} = \sum_{n=0}^{\infty} \left(\frac{x}{2}\right)^n$$

Ainsi, pour tout réel x tel que $|x| < 1$:

$$f(x) = \sum_{n=0}^{\infty} x^n - \frac{1}{2} \sum_{n=0}^{\infty} \left(\frac{x}{2}\right)^n = \sum_{n=0}^{\infty} \left(1 - \frac{1}{2^{n+1}}\right) x^n$$

6°) Comme $\forall\, u \in \mathbb{R}, \cos u = \sum\limits_{n=0}^{\infty} \frac{(-1)^n}{(2n)!} u^{2n}$, on a :

$$\forall\, x \in \mathbb{R}, \cos(x^2) = \sum_{n=0}^{\infty} \frac{(-1)^n}{(2n)!} x^{4n}$$

Par convergence uniforme sur tout segment inclus dans l'intervalle ouvert de convergence (égal à $\mathbb{R}$ tout entier ici) on peut intégrer terme à terme et on obtient donc, pour tout $x \in \mathbb{R}$:

$$f(x) = \int_0^x \cos(t^2)\, dt = \sum_{n=0}^{\infty} \int_0^x \frac{(-1)^n}{(2n)!} t^{4n}\, dt = \sum_{n=0}^{\infty} \frac{(-1)^n x^{4n+1}}{(4n+1)(2n)!}$$

Corrigé 7.15

1°) Pour $a_n = \frac{1}{n(n-1)} > 0$, on a $\frac{a_{n+1}}{a_n} = \frac{n(n-1)}{n(n+1)} = \frac{n-1}{n+1} \underset{n\to\infty}{\longrightarrow} 1$, d'où :

$$R = 1$$

2°) Pour tout $x \in\,]-1; 1[$ et tout $n \geqslant 2$, on a :

$$\frac{1}{n(n-1)} = \frac{1-n+n}{n(n-1)} = \frac{1}{n-1} - \frac{1}{n}$$

On en déduit alors : $f(x) = \sum\limits_{n=2}^{\infty} \frac{x^n}{n(n-1)} = \sum\limits_{n=2}^{\infty} \left(\frac{x^n}{n-1} - \frac{x^n}{n}\right)$

Comme $|x| < 1$, les séries $\sum \frac{x^n}{n-1}$ et $\sum \frac{x^n}{n}$ convergent, on peut donc séparer les termes de la sommation précédente, et :

$$f(x) = x \sum_{n2}^{\infty} \frac{x^{n-1}}{n-1} - \sum_{n=2}^{\infty} \frac{x^n}{n} = x \sum_{n=1}^{\infty} \frac{x^n}{n} - \sum_{n=1}^{\infty} \frac{x^n}{n} + x$$

$$\forall\, x \in\,]-1, 1[, f(x) = (x-1) \sum_{n=1}^{\infty} \frac{x^n}{n} + x = (1-x)\ln(1-x) + x$$

3°) Sur l'intervalle ouvert de convergence $]-1; 1[$, on peut dériver terme à terme notre série entière et on obtient :

$$f'(x) = \sum_{n=2}^{\infty} \frac{x^{n-1}}{n-1} = \sum_{n=1}^{\infty} \frac{x^n}{n} = -\ln(1-x)$$

En intégrant on trouve alors, toujours pour $x \in\,]-1, 1[$ et en primitivant $t \mapsto 1$ en $t \mapsto t-1$:

$$f(x) = f(0) - \int_0^x \ln(1-t)\, dt = -\big[(t-1)\ln(1-t)\big]_0^x + \int_0^x (t-1)\frac{1}{t-1}\, dt$$

$f(x) = (1-x)\ln(1-x) + x$

On retrouve bien le même résultat.

Corrigé 7.16

1°) Pour tout $x \neq 0$, on a, d'après le développement en série entière de la fonction sinus : $f(x) = \sum\limits_{n=0}^{+\infty} \dfrac{(-1)^n}{(2n+1)!} x^{2n} = 1 + \sum\limits_{n=1}^{+\infty} \dfrac{(-1)^n}{(2n+1)!} x^{2n}$.

la somme de cette série vaut donc 1 pour $x = 0$ et la formule précédente est valide sur $\mathbb{R}$. Ainsi la fonction f est somme sur $\mathbb{R}$ d'une série entière de rayon de convergence infini.

Elle est donc de classe $\mathcal{C}^\infty$ sur $\mathbb{R}$.

2°) Pour tout $x \in]-\pi, 0[\cup]0, \pi[$, on a : $g(x) = \dfrac{x - \sin x}{x \sin x}$.

On développe en série entière le numérateur et le dénominateur. En mettant en facteur le premier terme on trouve alors :

$$d(x) = x \sin x = x \sum_{p=0}^{+\infty} \frac{(-1)^p}{(2p+1)!} x^{2p+1} = x^2 \sum_{p=0}^{+\infty} \frac{(-1)^p}{(2p+1)!} x^{2p}$$

$$n(x) = x - \sin x = \sum_{p=1}^{+\infty} \frac{(-1)^{p+1}}{(2p+1)!} x^{2p+1} = x^2 \sum_{p=1}^{+\infty} \frac{(-1)^{p+1}}{(2p+1)!} x^{2p-1}.$$

ce qui nous donne donc, après simplification : $g(x) = \dfrac{n(x)}{d(x)} = \dfrac{n_1(x)}{d_1(x)}$, avec :

$$n_1(x) = \sum_{p=1}^{+\infty} \frac{(-1)^{p+1}}{(2p+1)!} x^{2p-1} \text{ et } d_1(x) = \sum_{p=0}^{+\infty} \frac{(-1)^p}{(2p+1)!} x^{2p}$$

Comme $g(0) = 0$, et $n_1(0) = 0$, $d_1(0) \neq 0$, cette relation est valide sur $]-\pi, \pi[$.

Comme $x \neq 0 \implies d_1(x) = \dfrac{\sin x}{x} \neq 0$, les fonctions n_1 et d_1 sont de classe $\mathcal{C}^\infty$ sur $]-\pi, \pi[$ (sommes de séries entières de rayon de convergence infini) à dénominateur d_1 jamais nul. Donc la fonction g est bien une fonction de classe $\mathcal{C}^\infty$ sur $]-\pi, \pi[$.

Corrigé 7.17

1°) Pour $a_n = \dfrac{3n}{n+2} > 0$, on a $\dfrac{a_{n+1}}{a_n} = \dfrac{(3n+3)(n+2)}{3n(n+3)} \underset{n\to\infty}{\longrightarrow} 1$ et $R = 1$.

Pour $x \in]-1; 1[$, $f(x) = \sum\limits_{n=0}^{\infty} \dfrac{3n}{n+2} x^n = 3 \sum\limits_{n=0}^{\infty} x^n - 6 \sum\limits_{n=0}^{\infty} \dfrac{x^n}{n+2}$

(on peut scinder la sommation car les séries écrites sont toutes convergentes) et, en supposant de plus $x \neq 0$:

$$f(x) = 3 \sum_{n=0}^{\infty} x^n - \frac{6}{x^2} \sum_{n=0}^{\infty} \frac{x^{n+2}}{n+2} = 3 \sum_{n=0}^{\infty} x^n - \frac{6}{x^2} \sum_{n=2}^{\infty} \frac{x^n}{n}$$

$$= 3 \sum_{n=0}^{\infty} x^n - \frac{6}{x^2} \left(\sum_{n=1}^{\infty} \frac{x^n}{n} - x \right)$$

$$f(x) = \frac{3}{1-x} + \frac{6}{x^2}(x + \ln(1-x))$$

et pour finir $f(0) = a_0 = 0$

2°) Pour $a_n = \dfrac{n}{(2n+1)!}$, on a :

$\dfrac{a_{n+1}}{a_n} = \dfrac{(n+1)(2n+1)!}{n(2n+3)!} = \dfrac{(n+1)}{n(2n+3)(2n+2)} \underset{n\to\infty}{\longrightarrow} 0$ et $R = +\infty$.

$\star\ a_0 = 0 \implies f(0) = 0$.

$\star$ Pour $x > 0$, on a :

$$f(x) = \sum_{n=0}^{\infty} \frac{n}{(2n+1)!} x^n = \frac{1}{2} \sum_{n=0}^{\infty} \frac{2n+1-1}{(2n+1)!} x^n$$
$$= \frac{1}{2}\Big(\sum_{n=0}^{\infty} \frac{1}{(2n)!} x^n - \sum_{n=0}^{\infty} \frac{1}{(2n+1)!} x^n \Big) \text{ (toutes les séries convergent)}$$
$$= \frac{1}{2}\Big(\sum_{n=0}^{\infty} \frac{1}{(2n)!} (\sqrt{x})^{2n} - \frac{1}{\sqrt{x}} \sum_{n=0}^{\infty} \frac{1}{(2n+1)!} (\sqrt{x})^{2n+1} \Big)$$

Soit :

$$f(x) = \frac{1}{2}\Big(\operatorname{ch}\sqrt{x} - \frac{1}{\sqrt{x}} \operatorname{sh}\sqrt{x} \Big)$$

$\star$ Pour $x < 0$, les choses commencent de la même façon, mais le passage à la racine carrée demande un peu d'attention :

$$f(x) = \frac{1}{2}\Big(\sum_{n=0}^{\infty} \frac{1}{(2n)!} x^n - \sum_{n=0}^{\infty} \frac{1}{(2n+1)!} x^n \Big) \text{ (toutes les séries convergent)}$$
$$= \frac{1}{2}\Big(\sum_{n=0}^{\infty} \frac{(-1)^n}{(2n)!} \sqrt{-x}^{2n} - \frac{1}{\sqrt{-x}} \sum_{n=0}^{\infty} \frac{(-1)^n}{(2n+1)!} \sqrt{-x}^{2n+1} \Big)$$

Soit

$$f(x) = \frac{1}{2}\Big(\cos\sqrt{-x} - \frac{1}{\sqrt{-x}} \sin\sqrt{-x} \Big)$$

3°) Pour $a_n = \operatorname{ch} n > 0$, on a $\dfrac{a_{n+1}}{a_n} = \dfrac{\operatorname{ch}(n+1)}{\operatorname{ch} n} \underset{(\infty)}{\sim} \dfrac{\mathrm{e}^{n+1}/2}{\mathrm{e}^n/2} = \mathrm{e}$, donc $\dfrac{a_{n+1}}{a_n}$ tend vers e et $R = 1/\mathrm{e}$. Puis, pour $|x| < 1/\mathrm{e}$, on a :

$$f(x) = \sum_{n=0}^{\infty} \operatorname{ch} n x^n = \frac{1}{2} \sum_{n=0}^{\infty} (\mathrm{e}^n - \mathrm{e}^{-n}) x^n = \frac{1}{2} \sum_{n=0}^{\infty} ((\mathrm{e}x)^n - (x/\mathrm{e})^n)$$

Les séries composantes sont toutes convergentes, on peut donc scinder, et :

$$2f(x) = \sum_{n=0}^{\infty} (\mathrm{e}x)^n + \sum_{n=0}^{\infty} (x/\mathrm{e})^n = \frac{1}{1-\mathrm{e}x} + \frac{1}{1-\frac{x}{\mathrm{e}}} = \frac{2-(\mathrm{e}+\frac{1}{\mathrm{e}})x}{x^2-(\mathrm{e}+\frac{1}{\mathrm{e}})x+1}$$

Soit :

$$f(x) = \frac{1 - x\operatorname{ch}1}{x^2 - 2x\operatorname{ch}1 + 1}$$

4°) Pour $a_n = n^{(-1)^n}$, on a $\dfrac{1}{n} \leqslant a_n \leqslant n$ et comme $\sum \dfrac{1}{n} x^n$ et $\sum n x^n$ ont 1 pour rayon de convergence, $R = 1$, puis pour $|x| < 1$:

$$f(x) = \sum_{n=1}^{\infty} n^{(-1)^n} x^n = \sum_{k=0}^{\infty} \frac{x^{2k+1}}{2k+1} + \sum_{k=1}^{\infty} 2k x^{2k} \text{ (car toutes les séries convergent)}$$
$$= \sum_{k=0}^{\infty} \frac{x^{2k+1}}{2k+1} + 2\sum_{k=1}^{\infty} k(x^2)^k = \sum_{n=1}^{\infty} \frac{x^n}{n} - \frac{1}{2}\sum_{n=1}^{\infty} \frac{(x^2)^n}{n} + 2x^2 \sum_{k=1}^{\infty} k(x^2)^{k-1}$$
$$= -\ln(1-x) + \frac{1}{2}\ln(1-x^2) + 2x^2 \times \frac{1}{(1-x^2)^2}$$

Soit :

$$f(x) = \frac{1}{2}\ln\Big(\frac{1+x}{1-x}\Big) + \frac{x^2}{(1-x^2)^2}$$

5°) La suite $\Big(\dfrac{(-1)^{n-1}}{n} x^{4n-1}\Big)_n$ est bornée si et seulement si $|x| \leqslant 1$, donc $R = 1$.

Pour $x \in]-1, 1[\setminus \{0\}$, on écrit alors :

$$f(x) = \frac{1}{x} \sum_{n=1}^{\infty} \frac{(-1)^{n-1}}{n} x^{4n} = \frac{1}{x} \sum_{n=1}^{\infty} \frac{(-1)^{n-1}}{n} (x^4)^n = \frac{1}{x} \ln(1 + x^4)$$

et on achève en disant que $f(0) = 0$.

6°) Le terme général de cette série est majoré si et seulement si on a $|x| \leqslant 1$, donc $R = 1$.

Puis, pour $x \in]-1, 1[$, $f(x) = \sum_{n=0}^{\infty} (-1)^{n+1} n x^{2n+1} = x^3 \sum_{n=1}^{\infty} n(-x^2)^{n-1}$

Soit :

$$f(x) = x^3 \times \frac{1}{(1 - (-x^2))^2} = \frac{x^3}{(1 + x^2)^2}$$

Corrigé 7.18

1°) La fonction f est dérivable sur $]-1; 1[$, comme quotient de fonctions dérivables à dénominateur jamais nul et en écrivant $\sqrt{1 - x^2} f(x) = \arcsin x$, il vient :

$$\frac{-x}{\sqrt{1 - x^2}} f(x) + \sqrt{1 - x^2} f'(x) = \frac{1}{\sqrt{1 - x^2}}$$

et en multipliant par $\sqrt{1 - x^2}$:

$$(1 - x^2) f'(x) - x f(x) = 1 \quad (E)$$

2°) *[On sait que f est développable en série entière, sur $]-1, 1[$, comme produit des deux fonctions $x \mapsto \arcsin x$ et $x \mapsto (1 - x^2)^{-1/2}$, mais faire le produit de Cauchy explicite des développements de ces deux fonctions ne semble pas accessible. On va donc utiliser l'équation différentielle précédente...]*

On sait déjà que le rayon de convergence du développement en série entière de f est au moins égal à 1, et comme f est impaire,on écrit :

$$\forall x \in]-1, 1[, f(x) = \sum_{k=0}^{\infty} a_k x^{2k+1}$$

Par dérivation légitime dans l'intervalle ouvert $]-1, 1[$, il vient :

$$f'(x) = \sum_{k=0}^{\infty} (2k + 1) a_k x^{2k}$$

et, en remplaçant dans l'équation différentielle :

$$(1 - x^2) \sum_{k=0}^{\infty} (2k + 1) a_k x^{2k} - x \sum_{k=0}^{\infty} a_k x^{2k+1} = 1$$

Soit :

$$\sum_{k=0}^{\infty} (2k + 1) a_k x^{2k} - \sum_{k=0}^{\infty} (2k + 1) a_k x^{2k+2} - \sum_{k=0}^{\infty} a_k x^{2k+2} = 1$$

et en mettant le premier terme de la première somme à part :

$$a_0 + \sum_{k=1}^{\infty} (2k + 1) a_k x^{2k} - \sum_{k=0}^{\infty} (2k + 2) a_k x^{2k+2} = 1$$

c'est-à-dire :

$$a_0 + \sum_{k=1}^{\infty} (2k + 1) a_k x^{2k} - \sum_{k=1}^{\infty} 2k a_{k-1} x^{2k} = 1$$

ou encore :

$$a_0 + \sum_{k=1}^{\infty} ((2k + 1) a_k - 2k a_{k-1}) x^{2k} = 1$$

Par unicité du développement en série entière de la fonction nulle, on obtient donc :

$$a_0 = 1 \text{ et } \forall\, k \in \mathbb{N}^*, a_k = \frac{2k}{2k+1}\, a_{k-1}$$

Donc $a_1 = \frac{2}{3}$, $a_2 = \frac{4}{5}\, a_1 = \frac{2\times 4}{3\times 5}$, puis par l'argument de récurrence habituel :

$$a_k = \frac{(2k)\times(2k-2)\times\ldots\times 2}{(2k+1)\times(2k-1)\times\ldots\times 3}$$

Pour avoir une écriture plus compacte, on mulmtiplie haut et bas par la quantité $(2k)\times(2k-2)\times\ldots\times 2 = 2^k k!$, et : $a_k = \dfrac{[2^k k!]^2}{(2k+1)!}$

Ainsi :

$$\forall\, x \in]-1,1[, f(x) = \sum_{k=0}^{\infty} \frac{[2^k k!]^2}{(2k+1)!} x^{2k+1}$$

[D'ailleurs, comme $\dfrac{a_k}{a_{k-1}} = \dfrac{2k}{2k+1} \underset{k\to\infty}{\longrightarrow} 1$*, la règle de d'Alembert nous redit bien que le rayon de convergence vaut* $1/\sqrt{1} = 1$*]*

3°) En remarquant que $g' = 2f$, on obtient immédiatement, en intégrant terme à terme sur $]-1,1[$:

$$\forall\, x \in]-1,1[, g(x) = 2\sum_{k=0}^{\infty} \frac{[2^k k!]^2}{(2k+2)!} x^{2k+2} = \sum_{k=0}^{\infty} \frac{2^{2k+1}(k!)^2}{(2k+2)!} x^{2k+2}$$

Corrigé 7.19

On remarque que $a_{n+1} + b_{n+1} = 2(a_n + b_n)$, ce qui nous donne immédiatement :

$$\forall\, n \in \mathbb{N}, a_n + b_n = 2^n(a_0 + b_0) = 2^n$$

On trouve de même que $3a_{n+1} + 2b_{n+1} = 3a_n + 2b_n$, ce qui implique :

$$\forall\, n \in \mathbb{N}, 3a_n + 2b_n = 3a_0 + 2b_0 = 3$$

On résout alors le système et : $\forall\, n \in \mathbb{N}, a_n = 3 - 2^{n+1}, b_n = 3(2^n - 1)$

[Si vous ne voyez jamais ce genre de chose, il y a toujours deux méthodes universelles pour cette situation : on calcule b_n *par la première relation, on écrit le résultat au rang d'avant et en remplaçant dans la deuxième relation, on obtient une relation de récurrence linéaire d'ordre* 2 *pour la suite* (a_n)*. On peut aussi procéder matriciellement et réduire ...]*

Soit $\alpha_n = \frac{a_n}{n!}$, comme $\lim\limits_{n\to\infty} \left|\frac{a_{n+1}}{a_n}\right| = 2$, on a $\lim\limits_{n\to\infty} \left|\frac{\alpha_{n+1}}{\alpha_n}\right| = 0$ et la série définissant f est de rayon de convergence infini. Même raisonnement pour g.

On obtient ensuite, pour tout $x \in \mathbb{R}$, les séries composantes étant toutes connues et convergentes, ce qui permet de scinder les sommes :

$$f(x) = \sum_{n=0}^{\infty} \frac{3 - 2^{n+1}}{n!} x^n = 3\sum_{n=0}^{\infty} \frac{x^n}{n!} - 2\sum_{n=0}^{\infty} \frac{(2x)^n}{n!} = 3\mathrm{e}^x - 2\mathrm{e}^{2x}$$

On trouve de la même manière :

$$g(x) = 3\sum_{n=0}^{\infty} \frac{2^n - 1}{n!} x^n = 3(\mathrm{e}^{2x} - \mathrm{e}^x)$$

Corrigé 7.20

Les deux fonctions considérées sont (paires) et développables en séries entières sur $\mathbb{R}$ avec :

$$\operatorname{ch} x = \sum_{k=0}^{\infty} \frac{x^{2k}}{(2k)!} \quad ; \quad e^{x^2/2} = \sum_{k=0}^{\infty} \frac{(x^2/2)^k}{k!} = \sum_{k=0}^{\infty} \frac{x^{2k}}{2^k k!}.$$

Comme $x^2 \geqslant 0$, l'inégalité sera démontrée si on prouve que, pour tout $k \geqslant 0$, on a : $(2k)! \geqslant 2^k k!$.

Or :

⋆ Le résultat est banalement vrai pour $k = 0$.

⋆ Pour $k \geqslant 1$, on : $\dfrac{(2k)!}{k!} = 2k \times (2k-1) \times \ldots \times (k+1)$ et cette expression est formée de k facteurs tous supérieurs ou égaux à 2. D'où le résultat et la conclusion :

$$\forall\, x \in \mathbb{R}, \operatorname{ch}(x) \leqslant e^{x^2/2}$$

Corrigé 7.21

⋆ *Convergence de l'intégrale* : la fonction $f : x \mapsto \ln(x)\ln(1-x)$ est continue, donc localement intégrable sur $]0,1[$. On peut de plus la prolonger par continuité en 0 et en 1 en posant $f(0) = f(1) = 0$ car :

$$\begin{cases} \ln(x)\ln(1-x) \underset{(0^+)}{\sim} -x\ln(x) \underset{x\to 0^+}{\longrightarrow} 0 \\ \ln(x)\ln(1-x) \underset{(1^-)}{\sim} (x-1)\ln(1-x) \underset{x\to 1^-}{\longrightarrow} 0 \end{cases}$$

Donc l'intégale $\displaystyle\int_0^1 \ln(x)\ln(1-x)\,dx$ est bien convergente (car deux fois « faussement » impropre).

⋆ En utilisant le développement en série entière de $\ln(1-x)$, valide sur $[0,1[$, on trouve :

$$\int_0^1 \ln(x)\ln(1-x)dx = \int_0^1 \ln(x)\Big(-\sum_{n=1}^{\infty} \frac{x^n}{n}\Big)\,dx$$

Soit alors f_n définie sur $]0,1[$ par $f_n(x) = -\dfrac{x^n}{n}\ln x$, chaque fonction f_n est continue et positive, avec :

$$\int_0^1 |f_n(x)|\,dx = \int_0^1 f_n(x)\,dx = -\frac{1}{n}\int_0^1 x^n \ln x\,dx$$

Une intégration par parties, sur un segment $[a,1]$ inclus dans $]0,1]$, suivie d'un passage à la limite donne aisément : $\displaystyle\int_0^1 x^n \ln x\,dx = -\frac{1}{(n+1)^2}$.

Donc $\displaystyle\int_0^1 |f_n(x)|\,dx = \frac{1}{n(n+1)^2} \underset{(\infty)}{\sim} \frac{1}{n^3}$, qui est le terme général d'une série convergente.

Ainsi, par le théorème d'intégration terme à terme, on peut écrire :

$$\int_0^1 \ln(x)\ln(1-x)\,dx = \int_0^1 \Big(\sum_{n=1}^{\infty} f_n(x)\Big)\,dx = \sum_{n=1}^{\infty} \int_0^1 f_n(x)\,dx$$

Soit :

$$\int_0^1 \ln(x)\ln(1-x)\,dx = \sum_{n=1}^{\infty} \frac{1}{n(n+1)^2}$$

Corrigé 7.22

$\star$ Notons tout d'abord que la série définissant $f(x)$ est bien convergente en tout point de $[0,1]$, car alternée et telle que $\left(\frac{1}{x+n}\right)_n$ est décroissante de limite nulle.

En remarquant que $\frac{1}{x+n} = \int_0^1 t^{x+n-1}\, dx$, on obtient alors :

$$f(x) = \sum_{n=1}^{\infty}\left(\int_0^1 (-1)^n t^{x+n-1}\, dx\right)$$

On va alors justifier que l'on peut permuter la sommation et l'intégration. Pour cela, on définit sur $]0,1[$, pour tout $N \in \mathbb{N}^*$, les fonctions g_N suivantes :

$$g_N : t \mapsto \sum_{n=1}^{N} (-1)^n t^{x+n-1}$$

On a alors :

$\rightarrow$ Pour t fixé dans $]0,1[$, la série $\sum\limits_{n\geq 1} (-1)^n t^{x+n-1}$ est convergente, car alternée dont le terme général est décroissant en valeur absolue et de limite nulle.

Donc la suite $(g_N)_N$ converge simplement sur l'intervalle $]0,1[$ vers la fonction $g : t \mapsto t^x \sum\limits_{n=1}^{\infty} (-1)^n t^{n-1} = \frac{-t^x}{1+t}$.

$\rightarrow$ De plus $|g_N(t)| \leqslant t^x$, car la somme partielle d'une série alternée vérifiant la règle spécifique est majorée, en valeur absolue, par la valeur absolue de son premier terme. Enfin la fonction $t \mapsto t^x$ est intégrable sur $]0,1[$ pour tout x tel que $|x| < 1$.

En appliquant le théorème de convergence dominée, on obtient donc pour $|x| < 1$:

$$f(x) = \lim_{N\to\infty} \int_0^1 g_N(t)\, dt = \int_0^1 \lim_{N\to\infty} g_N(t)\, dt = -\int_0^1 \frac{t^x}{1+t}\, dt$$

$\star$ Ceci étant fait, il faut maintenant faire apparaître les puissance de x ...

Pour tout $t > 0$, $t^x = \mathrm{e}^{x\ln t} = \sum\limits_{n=0}^{\infty} \frac{(\ln t)^n}{n!} \times x^n$, donc :

$$f(x) = -\int_0^1 \sum_{n=0}^{\infty} \frac{(\ln t)^n}{n!(1+t)} x^n\, dt$$

Il faut à nouveau permuter l'intégrale et la série.

On pose alors, pour tout $N \in \mathbb{N}$ et tout $t \in]0,1]$: $h_N(t) = \sum\limits_{n=0}^{N} \frac{(\ln t)^n}{n!(1+t)} x^n$.

$\rightarrow$ Par construction la suite $(h_N)_N$ converge simplement vers $t \mapsto \frac{t^x}{1+t}$ sur $]0,1]$.

$\rightarrow$ Pour tout $t \in]0;1[$:

$$|h_N(t)| = \Big|\sum_{n=0}^{N} \frac{(\ln t)^n}{n!(1+t)} x^n\Big| \leqslant \sum_{n=0}^{N} \frac{|\ln t|^n |x|^n}{n!(1+t)} \leqslant \sum_{n=0}^{\infty} \frac{|\ln t|^n |x|^n}{n!(1+t)}$$

Donc :

$$|h_N(t)| \leqslant \frac{1}{1+t}\mathrm{e}^{|x||\ln t|} = \frac{1}{1+t}\mathrm{e}^{-|x|\ln t} = \frac{1}{(1+t)t^{|x|}}$$

et, par la règle de Riemann, la fonction $t \mapsto \frac{1}{(1+t)t^{|x|}}$ est intégrable sur $]0,1[$ pour $|x| < 1$.

On peut donc appliquer une nouvelle fois le théorème de convergence dominée et permuter la série et l'intégrale, ce qui nous donne :

$$\forall x \in]-1, 1[, f(x) = \sum_{n=0}^{\infty} \Big(- \int_0^1 \frac{(\ln t)^n}{n!(1+t)}\,dt \Big) x^n$$

La fonction f est donc développable en série entière autour de 0, avec un rayon de convergence $R \geqslant 1$.

Corrigé 7.23

1°) Soit $a_n = \dfrac{(-1)^{n+1}}{n!(4n-1)}$. On a alors : $\left|\dfrac{a_{n+1}}{a_n}\right| = \dfrac{(4n-1)}{(n+1)(4n+3)} \underset{n\to\infty}{\longrightarrow} 0$ et $R = +\infty$.

2°) La fonction g est continue, et donc localement intégrable, sur $]0, +\infty[$. De plus, on a :

$g(t) = \dfrac{1 - \mathrm{e}^{-t^4}}{t^2} \underset{(0)}{\sim} \dfrac{-t^4}{t^2} = -t^2 \underset{t\to 0}{\longrightarrow} 0$, donc la fonction g se prolonge par continuité en 0 en posant $g(0) = 0$.

Au voisinage de $+\infty$, la fonction g est positive et équivalente à $t \mapsto \dfrac{1}{t^2}$, qui est intégrable sur $[1, +\infty[$.

Conclusion : la fonction g est bien intégrable sur $]0, +\infty[$.

3°) Du développement en série entière de la fonction exponentielle, on déduit que la fonction $g : t \mapsto \dfrac{1 - \mathrm{e}^{-t^4}}{t^2}$ est également développable en série entière autour de 0, de rayon de convergence $+\infty$, avec par simplification par t^2 :

$$\forall t > 0, \frac{1 - e^{-t^4}}{t^2} = \sum_{n=1}^{\infty} \frac{(-1)^{n+1} t^{4n-2}}{n!}$$

Or, par dérivation légitime dans l'intervalle ouvert de convergence, ici $\mathbb{R}$:

$$f'(x) = \sum_{n=1}^{\infty} \frac{(-1)^{n+1} x^{4n-2}}{n!} = g(x)$$

Par conséquent, et par continuité de g :

$$f(x) = f(0) + \int_0^x f'(t)\,dt = \int_0^x g(t)\,dt \underset{x\to+\infty}{\longrightarrow} \int_0^{+\infty} g(t)\,dt$$

Donc f a bien une limite (finie) en $+\infty$.

Corrigé 7.24

1°) Soit $u_n(x) = \dfrac{(-1)^{n+1}}{n(2n+1)} x^{2n+1}$. Si $x| > 1$, $\lim\limits_{n\to\infty} |u_n(x)| = +\infty$ (prépondérance classique) et si $|x| \leqslant 1$, $|u_n(x)| \leqslant \dfrac{1}{n(2n+1)} \leqslant \dfrac{1}{2n^2}$, donc, par le lemme d'Abel :

$$R = 1$$

2°) On vient de voir que l'on a en fait $\|u_n\|_{\infty,[-1,1]} \leqslant \dfrac{1}{2n^2}$, qui est le terme général d'une série convergente. La série proposée est donc normalement convergente sur $[-1, 1]$ et comme chaque u_n est polynomiale donc continue, on conclut :

$$f \text{ est définie et continue sur } [-1,1]$$

3°) par dérivation légitime sur l'intervalle ouvert de convergence et comme en dérivant on reconnaît une série de référennce :

$$\forall x \in]-1,1[, f'(x) = \sum_{n=1}^{\infty} \frac{(-1)^{n+1}}{n} x^{2n} = \ln(1+x^2)$$

4°) Puisque $f(0) = 0$, on en déduit que :

$$\forall x \in]-1,1[, f(x) = f(x) - f(0) = \int_0^x \ln(1+t^2)\,dt$$

On calcule alors cette intégrale, en effectuant une intégration par parties :

$$f(x) = \int_0^x 1 \times \ln(1+t^2)dt = big[t\ln(1+t^2)]_0^x - \int_0^x \frac{2t^2}{1+t^2}dt$$

$$= x\ln(1+x^2) - 2\int_0^x \frac{t^2+1-1}{t^2+1}\,dt = x\ln(1+x^2) - 2\int_0^x \left(1 - \frac{1}{t^2+1}\right)dt$$

$$= x\ln(1+x^2) - 2\big[t - \arctan(t)\big]_0^x$$

Soit : $f(x) = x\ln(1+x^2) - 2x + 2\arctan x$.

5°) L'égalité $f(x) = x\ln(1+x^2) - 2x + 2\arctan x$ n'est *a priori* valable que pour $x \in]-1,1[$, or le membre de droite comme celui de gauche sont continus en 1, donc, par continuité, l'égalité reste vraie sur $]-1,1]$. On en conclut alors que :

$$\sum_{n=1}^{\infty} \frac{(-1)^{n+1}}{n(2n+1)} = f(1) = \ln(2) - 2 + \frac{\pi}{2}.$$

<u>Corrigé 7.25</u>

1°) Pour$n \geqslant 1$, $a_n = \dfrac{1}{4n^2-1} > 0$, et $\dfrac{a_{n+1}}{a_n} = \dfrac{4n^2-1}{4(n+1)^2-1} \underset{n\to\infty}{\longrightarrow} 1$ et $R = 1$.

2°) Soit $x \in]-1,1[$. On obtient alors :

$$f(x) = \sum_{n=0}^{\infty} \frac{x^n}{4n^2-1} = \sum_{n=0}^{\infty} \left(\frac{1/2}{2n-1} - \frac{1/2}{2n+1}\right)x^n$$

Comme $|x| < 1$, les séries constituantes sont toutes deux convergentes et on peut scinder la sommation :

$$f(x) = \frac{1}{2}\left(\sum_{n=0}^{\infty} \frac{x^n}{2n-1} - \sum_{n=0}^{\infty} \frac{x^n}{2n+1}\right) = \frac{1}{2}\left(-1 + \sum_{n=1}^{\infty} \frac{x^n}{2n-1} - \sum_{n=0}^{\infty} \frac{x^n}{2n+1}\right)$$

$$= \frac{1}{2}\left(-1 + \sum_{n=0}^{\infty} \frac{x^{n+1}}{2n+1} - \sum_{n=0}^{\infty} \frac{x^n}{2n+1}\right) = \frac{1}{2}\left(-1 + (x-1)\sum_{n=0}^{\infty} \frac{x^n}{2n+1}\right)$$

Pour$x \in]-1,0[$, on écrit: $\displaystyle\sum_{n=0}^{\infty} \frac{x^n}{2n+1} = \sum_{n=0}^{\infty} \frac{(\sqrt{-x})^{2n}}{2n+1} = \frac{1}{\sqrt{-x}} \sum_{n=0}^{\infty} \frac{(\sqrt{-x})^{2n+1}}{2n+1}$

On sait que pour $u \in [-1,1[$, $\arctan u = \displaystyle\sum_{n=0}^{\infty} \frac{u^{2n+1}}{2n+1}$

On en déduit :

$$\forall x \in]-1,0[, f(x) = \frac{1}{2}\left(-1 + \frac{x-1}{\sqrt{-x}} \arctan(\sqrt{-x}\,)\right)$$

3°) Pour $|x| \leqslant 1$, et $n \geqslant 1$, on a : $\left|\dfrac{x^n}{4n^2-1}\right| \leqslant \dfrac{1}{4n^2-1}$

Ainsi $f_n : x \mapsto \dfrac{x^n}{4n^2-1}$ est continue sur $[-1,1]$ et $\|f_n\|_{\infty,[-1,1]} = \dfrac{1}{4n^2-1}$, qui est le terme général d'une série convergente, donc la série proposée est normalement, donc uniformément, convergente sur $[-1,1]$ et sa somme est continue sur $[-1,1]$.

4°) Donc $\sum\limits_{n=0}^{\infty} \dfrac{(-1)^n}{4n^2-1} = f(1) = \lim\limits_{x\to -1^+} f(x) = \frac{1}{2}(-1+(-2)\frac{\pi}{4})$

Soit :

$$\sum_{n=0}^{\infty} \frac{(-1)^n}{4n^2-1} = -\frac{1}{2} - \frac{\pi}{4} = -\frac{2+\pi}{4}$$

Corrigé 7.26

1°) Posons $u_n(x) = \dfrac{(-1)^n}{n(n-1)}x^n$. Comme pour l'exercice **7. 24.** la suite $(u_n(x))_n$ est bornée si et seulement si $|x| \leqslant 1$ et $R = 1$.

2°) Puis $\|u_n\|_{\infty,[-1,1]} = \dfrac{1}{n(n-1)}$ qui est le terme général d'une série convergente, donc la série converge normalement sur $[-1,1]$ et f est continue sur ce segment.

3°) Par dérivation légitime :

$$\forall x \in \left]-1,1\right[, f'(x) = \sum_{n=2}^{\infty} \frac{(-1)^n}{n-1}x^n = \sum_{n=1}^{\infty} \frac{(-1)^{n+1}}{n}x^n = \ln(1+x)$$

En intégrant on trouve alors :
$\forall x \in \left]-1,1\right[, f(x) = (1+x)\ln(1+x) - (1+x) + C$ et comme $f(0) = 0$:

$$\forall x \in \left]-1,1\right[, f(x) = (1+x)\ln(1+x) - x$$

4°) L'égalité précédente à été établie sur $]-1,1[$, mais puisque les fonctions f et $x \mapsto (1+x)\ln(1+x) - x$ sont continues en 1, cette égalité est également vraie en 1. On en déduit ainsi que :

$$\sum_{n=1}^{\infty} \frac{(-1)^n}{n(n-1)} = f(1) = 2\ln(2) - 1$$

Corrigé 7.27

1°) Pour $n \in \mathbb{N}^*$ et $a_n = \sin\left(\dfrac{1}{\sqrt{n}}\right)$, on a, par exemple :

$$\left|\frac{a_{n+1}}{a_n}\right| \underset{(\infty)}{\sim} \frac{1/\sqrt{n+1}}{1/\sqrt{n}} = \frac{\sqrt{n}}{\sqrt{n+1}} \underset{n\to\infty}{\longrightarrow} 1$$

Le critère de d'Alembert nous donne alors $R = 1$.

2°) $\star$ La suite $\left(\sin\left(1/\sqrt{n}\right)\right)_{n\geq 1}$ est décroissante, et positive puisque la fonction sinus est croissante sur $[0,1] \subset [0,\pi/2]$. Le critère spécial des séries alternées nous donne alors la convergence de la série en $x = -1$.

$\star$ La série $\sum\limits_{n\geq 1} \sin\left(1/\sqrt{n}\right)$ est divergente car de terme général positif et équivalent à $1/\sqrt{n}$, donc la série diverge en $x = 1$.

3°) a) Comme la série $\sum\limits_{n\geq 1} \sin\left(1/\sqrt{n}\right)$ est à termes positifs et divergente, ses sommes partielles tendent vers $+\infty$, donc quel que soit $M > 0$ il existe un entier $n_0 \geqslant 1$ tel que : $\sum\limits_{n=1}^{n_0} \sin\left(1/\sqrt{n}\right) \geqslant M + 1$.

Or la fonction $h : x \mapsto \sum\limits_{n=1}^{n_0} \sin\left(1/\sqrt{n}\right)x^n$ est polynômiale , donc continue en 1.
On a alors : $\forall\, \varepsilon > 0, \exists\, \eta > 0$ tel que

$$|x-1| < \eta \implies |h(x) - h(1)| < \varepsilon \text{ et en particulier } h(x) > h(1) - \varepsilon$$

Avec $h(1) \geqslant M+1$, il suffit alors de prendre $\varepsilon = 1$ pour avoir l'existence de $\eta > 0$ tel que :

pour tout $x \in]1-\eta, 1]$: $h(x) \geqslant h(1) - 1 \geqslant M$, soit $\sum\limits_{n=1}^{n_0} \sin\left(1/\sqrt{n}\right)x^n \geqslant M$.

b) Comme au voisinage de $x = 1$ on a une série à termes positifs, les sommes partielles sont inférieures à la somme $f(x)$, et donc, pour tout $M > 0$, on peut trouver $\eta > 0$ tel que, pour tout $x \in]1-\eta, 1[$, on ait $f(x) \geqslant M$.
On a ainsi montré que :

$$\lim_{x \longrightarrow 1^-} f(x) = +\infty$$

4°) a) Remarquons tout d'abord que, pour tout $x \in [0, 1]$, on a :

$$\left|\left[\sin\left(\frac{1}{\sqrt{n}}\right) - \sin\left(\frac{1}{\sqrt{n-1}}\right)\right]x^n\right| \leqslant \left|\sin\left(\frac{1}{\sqrt{n}}\right) - \sin\left(\frac{1}{\sqrt{n-1}}\right)\right|$$

Or l'inégalité des accroissements finis appliquée à la fonction sinus nous donne :

$$\begin{aligned}\left|\sin\left(\frac{1}{\sqrt{n}}\right) - \sin\left(\frac{1}{\sqrt{n-1}}\right)\right| &\leqslant \left|\frac{1}{\sqrt{n}} - \frac{1}{\sqrt{n-1}}\right| = \frac{\sqrt{n}-\sqrt{n-1}}{\sqrt{n}\sqrt{n-1}} \\ &\leqslant \frac{1}{\sqrt{n}\sqrt{n-1}(\sqrt{n}+\sqrt{n-1})} \leqslant \frac{1}{2(n-1)^{3/2}}\end{aligned}$$

La série numérique de terme général $\dfrac{1}{n^{3/2}}$ étant convergente, nous avons bien la convergence normale de la série définissant g sur $[0, 1]$.

b) Soit $x \in [0, 1[$. On a alors :

$$\begin{aligned}\sin(1) + g(x) &= \sin(1) + \sum_{n=2}^{\infty} \left[\sin\left(\frac{1}{\sqrt{n}}\right) - \sin\left(\frac{1}{\sqrt{n-1}}\right)\right]x^n \\ &= \sin(1) + \sum_{n=2}^{\infty} \sin\left(\frac{1}{\sqrt{n}}\right)x^n - \sum_{n=2}^{\infty} \sin\left(\frac{1}{\sqrt{n-1}}\right)x^n \\ &= \sum_{n=1}^{\infty} \sin\left(\frac{1}{\sqrt{n}}\right)x^n - \sum_{n=1}^{+\infty} \sin\left(\frac{1}{\sqrt{n}}\right)x^{n+1}\end{aligned}$$

Soit : $\sin(1) + g(x) = f(x) - xf(x) = (1-x)f(x)$..
En utilisant alors la continuité de la fonction g en 1 (cette continuité résulte de la convergence normale sur $[0, 1]$), nous obtenons alors :
$\lim\limits_{x\to 1}(1-x)f(x) = \lim\limits_{x\to 1}(\sin(1) + g(x)) = \sin(1) + g(1)$

Or, par télescopage $g(1) = \sum\limits_{n=2}^{\infty} \left[\sin\left(\frac{1}{\sqrt{n}}\right) - \sin\left(\frac{1}{\sqrt{n-1}}\right)\right] = -\sin(1)$, et donc :

$$\lim_{x\to 1}(1-x)f(x) = 0$$

Corrigé 7.28

1°) On pose $a = x$ et $b = x + \alpha$ dans la formule de Taylor avec reste intégral suivante :

$$f(b) = f(a) + \sum_{k=1}^{n} \frac{f^{(k)}(a)}{k!}(b-a)^k + \frac{1}{n!}\int_a^b (b-t)^n f^{(n+1)}(t)\,dt$$

et on obtient :

$$f(x+\alpha) = f(x)+\alpha f'(x)+\ldots+\frac{\alpha^n}{n!}f^{(n)}(x)+\frac{1}{n!}\int_x^{(x+\alpha}(x+\alpha-t)^n f^{(n+1)}(t)\,dt$$

Le changement de variable $t = x + \alpha u$ donne $dt = \alpha du$ et conduit à :

$$f(x+\alpha) = f(x) + \ldots + \frac{\alpha^n}{n!}f^{(n)}(x) + \alpha^{n+1}\int_0^1 \frac{(1-u)^n}{n!} f^{(n+1)}(x+\alpha u)\,du.$$

2°) Comme les termes de la somme à droite de l'égalité précédente sont tous positifs ou nuls, nous obtenons $f(x+\alpha) \geqslant \frac{\alpha^n}{n!}f^{(n)}(x)$.

Or, par positivité de f', la fonction f est croissante, et donc $x \in [-\alpha, \alpha]$ entraîne $f(x+\alpha) \leqslant f(2\alpha)$,

ce qui nous donne alors :

$$\forall x \in [-\alpha, \alpha], 0 \leqslant \frac{\alpha^n}{n!}f^{(n)}(x) \leqslant f(2\alpha)$$

3°) Nous choisissons α suffisamment petit pour avoir $\alpha f^{(n+1)}(x+\alpha u) \leqslant f^{(n)}(x)$, avec $u \in [0,1]$, ce qui nous permet de déduire de la question précédente :

$$\forall (u,x) \in [0,1] \times [-\alpha, \alpha], \left|\alpha^{n+1}\frac{f^{(n+1)}(x+\alpha u)}{n!}\right| \leqslant f(2\alpha)$$

On obtient alors, avec la formule établie à la première question :

$$\left|f(x+\alpha) - \left(f(x) + \cdots + \frac{\alpha^n}{n!}f^{(n)}(x)\right)\right| \leqslant f(2\alpha)\int_0^1 (1-u)^n du \leqslant \frac{f(2\alpha)}{n+1}$$

Comme $\lim\limits_{n\to\infty} \frac{f(2\alpha)}{n+1} = 0$, il vient bien :

$$f(x+\alpha) = \lim_{n\to\infty}\left(f(x) + \cdots + \frac{\alpha^n}{n!}f^{(n)}(x)\right) = \sum_{n=0}^{\infty} \frac{\alpha^n}{n!}f^{(n)}(x)$$

Corrigé 7.29

Pour tout x réel, on a :

$f(x) = \mathrm{e}^x \cos x = \text{Ré}\left(\mathrm{e}^x(\cos x + i\sin x)\right) = \text{Ré}\left(\mathrm{e}^x\mathrm{e}^{ix}\right) = \text{Ré}\left(\mathrm{e}^{(i+1)x}\right)$

Or :

$\forall x \in \mathbb{R}, \mathrm{e}^{(1+i)x} = \sum\limits_{n=0}^{\infty} \frac{(1+i)^n x^n}{n!}$, et comme $1 + i = \sqrt{2}\,\mathrm{e}^{i\pi/4}$:

$$\forall x \in \mathbb{R}, \mathrm{e}^{(1+i)x} = \sum_{n=0}^{\infty} \frac{(\sqrt{2})^n}{n!} x^n \mathrm{e}^{i\frac{n\pi}{4}} = \sum_{n=0}^{\infty} \frac{2^{\frac{n}{2}}}{n!}(\cos(\frac{n\pi}{4}) + i\sin(\frac{n\pi}{4}))x^n$$

Et, en extrayant la partie réelle (d'abord avec une somme finie, puis en passant à la limite) :

$$\forall x \in \mathbb{R}, f(x) = \mathrm{e}^x \cos x = \sum_{n=0}^{\infty} \frac{2^{\frac{n}{2}}}{n!}\cos(\frac{n\pi}{4})x^n, \text{ donc } R = +\infty$$

Corrigé 7.30

1°) Comme $e^z = \sum\limits_{n=0}^{\infty} \frac{z^n}{n!}$ avec un rayon de convergence $R = +\infty$, on a immédiatement :

$$\forall z \in \mathbb{C}, \operatorname{ch} z = \frac{e^z + e^{-z}}{2} = \sum_{n=0}^{\infty} \frac{1+(-1)^n}{2} \times \frac{z^n}{n!} = \sum_{n=0}^{\infty} \frac{z^{2n}}{(2n)!}$$

2°) On remarque tout d'abord que :

$$f(x) = \cos x \operatorname{ch} x = \operatorname{ch}(ix) \operatorname{ch} x = \frac{\operatorname{ch}((1+i)x) + \operatorname{ch}((1-i)x)}{2}$$

puis on déduit de la question précédente :

$$\forall x \in \mathbb{R}, f(x) = \frac{1}{2} \sum_{n=0}^{\infty} \frac{x^{2n}}{(2n)!} \left[(1+i)^{2n} + (1-i)^{2n}\right]$$

Or $1+i = \sqrt{2} \times e^{i\frac{\pi}{4}}$ et $1-i = \sqrt{2} \times e^{-i\frac{\pi}{4}}$, donc :

$$\forall x \in \mathbb{R}, f(x) = \frac{1}{2} \sum_{n=0}^{\infty} \frac{x^{2n}}{(2n)!} \times 2^n \left[e^{in\frac{\pi}{2}} + e^{-in\frac{\pi}{2}}\right] = \sum_{n=0}^{\infty} \frac{x^{2n}}{(2n)!} 2^n \cos\left(n\frac{\pi}{2}\right)$$

ou encore :

$$\forall x \in \mathbb{R}, f(x) = \sum_{k=0}^{\infty} \frac{x^{4k}}{(4k)!} 4^k (-1)^k = \sum_{k=0}^{\infty} \frac{(-4)^k}{(4k)!} x^{4k}$$

Corrigé 7.31

Posons $u_n(z) = \frac{n^3}{n!} z^n = a_n z^n$.

On a : $\frac{a_{n+1}}{a_n} = \frac{(n+1)^3}{(n+1)!} \times \frac{n!}{n^3} = \frac{(n+1)^2}{n^3} \underset{n\to\infty}{\longrightarrow} 0$, donc le rayon est $R = +\infty$.

Par identification, on trouve que $n^3 = an(n-1)(n-2) + bn(n-1) + cn$ pour $a = 1, b = 3$ et $c = 1$, ce qui nous donne alors :

$$\begin{aligned} f(z) &= \sum_{n=0}^{\infty} \frac{n(n-1)(n-2) + 3n(n-1) + n}{n!} z^n \\ &= \sum_{n=0}^{\infty} \left(\frac{n(n-1)(n-2)}{n!} z^n + 3\frac{3n(n-1)}{n!} z^n + \frac{n}{n!} z^n \right) \end{aligned}$$

Toutes les séries écrites étant convergentes, on peut scinder la sommation et en même temps éliminer les premiers termes nuls :

$$f(z) = \sum_{n=3}^{\infty} \frac{n(n-1)(n-2)}{n!} z^n + \sum_{n=2}^{\infty} 3\frac{3n(n-1)}{n!} z^n + \sum_{n=1}^{\infty} \frac{n}{n!} z^n$$

On décale : $f(z) = z^3 \sum\limits_{n=3}^{\infty} \frac{z^{n-3}}{(n-3)!} + 3z^2 \sum\limits_{n=2}^{\infty} \frac{z^{n-2}}{(n-2)!} + z \sum\limits_{n=1}^{\infty} \frac{z^{n-1}}{(n-1)!}$

On reconnaît trois fois la série de somme e^z et donc :

$$f(z) = (z^3 + 3z^2 + z)e^z$$

Corrigé 7.32

1°) $1 - z + z^2 = 0 \iff (z - \frac{1}{2})^2 + \frac{3}{4} = 0 \iff z = -\frac{1}{2} \pm \frac{\sqrt{3}}{2} i$.

On peut donc prendre $z_1 = e^{i\frac{\pi}{3}}$ et $z_2 = e^{-i\frac{\pi}{3}}$, puis par identification, on trouve :

$$a = \frac{-i}{\sqrt{3}} \text{ et } b = \frac{i}{\sqrt{3}}$$

On a alors :

$$\begin{aligned}
f(z) &= \frac{-i}{\sqrt{3}(z-\mathrm{e}^{i\pi/3})} + \frac{i}{\sqrt{3}(z-\mathrm{e}^{-i\pi/3})} \\
&= \frac{i}{\sqrt{3}}\Big(\frac{1}{\mathrm{e}^{i\pi/3}(1-z\mathrm{e}^{-i\pi/3})} + \frac{-1}{\mathrm{e}^{-i\pi/3}(1-z\mathrm{e}^{i\pi/3})}\Big) \\
&= \frac{i}{\sqrt{3}}\Big(\frac{\mathrm{e}^{-i\pi/3}}{1-z\mathrm{e}^{-i\pi/3}} + \frac{-\mathrm{e}^{i\pi/3}}{1-z\mathrm{e}^{i\pi/3}}\Big)
\end{aligned}$$

Or $\dfrac{1}{1-t} = \sum\limits_{n=0}^{\infty} t^n$, pour tout $t \in \mathbb{C}$ avec $|t| < 1$, donc, pour tout z tel que $|z\mathrm{e}^{i\pi/3}| < 1$ et $|z\mathrm{e}^{-i\pi/3}| < 1$, c'est-à-dire tel que $|z| < 1$:

$$\frac{1}{1-z\mathrm{e}^{-i\pi/3}} = \sum_{n=0}^{\infty} \left(z\mathrm{e}^{-i\pi/3}\right)^n = \sum_{n=0}^{\infty} z^n \mathrm{e}^{-in\pi/3}$$

et de même :

$$\frac{1}{1-z\mathrm{e}^{i\pi/3}} = \sum_{n=0}^{\infty} z^n \mathrm{e}^{in\pi/3}$$

On a donc, pour $|z| < 1$:

$$\begin{aligned}
f(z) &= \frac{i}{\sqrt{3}}\Big(e^{-i\pi/3}\sum_{n=0}^{\infty} z^n\mathrm{e}^{-in\pi/3} - \mathrm{e}^{i\pi/3}\sum_{n=0}^{\infty} z^n \mathrm{e}^{in\pi/3}\Big) \\
&= \frac{i}{\sqrt{3}}\sum_{n=0}^{\infty} z^n\big(\mathrm{e}^{-i(n+1)\pi/3} - \mathrm{e}^{i(n+1)\pi/3}\big) = \frac{i}{\sqrt{3}}\sum_{n=0}^{\infty} z^n(-2i)\sin\big((n+1)\tfrac{\pi}{3}\big) \\
&= \frac{2}{\sqrt{3}}\sum_{n=0}^{\infty} \sin\big((n+1)\tfrac{\pi}{3}\big) z^n = \sum_{n=0} a_n z^n
\end{aligned}$$

avec : $a_n = \dfrac{2}{\sqrt{3}}\sin\big((n+1)\tfrac{\pi}{3}\big) = \begin{cases} (-1)^p & \text{si } n = 3p \text{ ou } n = 3p+1 \\ 0 & n = 3p+2 \end{cases}$

La série $\sum\limits_{n\geq 0} a_n$ diverge puisque a_n ne tend pas vers 0 quand n tend vers l'infini, donc le rayon de convergence R est inférieur ou égal à 1, et comme le calcul est valide pour $|z| < 1$, $R = 1$.

2°) On obtient, par un calcul immédiat et pour $z \neq -1$: $f(z) = \dfrac{1+z}{1+z^3}$.

Or en prenant $t = -z^3$ dans la formule de la première question :

$$|z| < 1 \implies f(z) = \frac{1+z}{1+z^3} = (1+z)\sum_{p=0}^{\infty}\big(-z^3\big)^p$$

Soit $f(z) = \sum\limits_{p=0}^{\infty}(-1)^p z^{3p} + \sum\limits_{p=0}^{\infty}(-1)^p z^{3p+1} = \sum\limits_{n=0}^{\infty} a_n z^n$,

où a_n a bien la valeur obtenue précédemment.

Corrigé 7.33

1°) Pour tout $z \in \mathbb{C}$, on a $\mathrm{e}^z = \sum\limits_{n=0}^{\infty}\dfrac{z^n}{n!}$, donc également avec $j = \mathrm{e}^{i\frac{2\pi}{3}}$:

$$\mathrm{e}^{jz} = \sum_{n=0}^{\infty} j^n\frac{z^n}{n!} \text{ et } \mathrm{e}^{j^2 z} = \sum_{n=0}^{\infty} j^{2n}\frac{z^n}{n!}$$

Ainsi : $\mathrm{e}^z + \mathrm{e}^{jz} + \mathrm{e}^{j^2 z} = \sum\limits_{n=0}^{\infty}(1+j^n+j^{2n})\dfrac{z^n}{n!}$.

Si $n = 3k$ avec $k \in \mathbb{N}$, $1 + j^n + j^{2n} = 1 + (j^3)^k + (j^3)^{2k} = 1+1+1 = 3$

Si $n = 3k+1$ avec $k \in \mathbb{N}, 1+j^n+j^{2n} = 1+j(j^3)^k+j^2(j^3)^{2k} = 1+j+j^2 = 0$
Si $n = 3k+2$ avec $k \in \mathbb{N}, 1+j^n+j^{2n} = 1+j^2(j^3)^k+j^4(j^3)^{2k} = 1+j^2+j = 0$
Il reste donc :

$$\forall z \in \mathbb{C}, \mathrm{e}^z + \mathrm{e}^{jz} + \mathrm{e}^{j^2 z} = 3 \sum_{k=0}^{\infty} \frac{z^{3k}}{(3k)!}$$

La série entière proposée est donc de rayon de convergence infini et de somme :

$$S(x) = \sum_{k=0}^{\infty} \frac{z^{3k}}{(3k)!} = \frac{1}{3}(\mathrm{e}^x + \mathrm{e}^{jx} + \mathrm{e}^{j^2 x})$$

2°) Pour tout $x \in \mathbb{R}$, on a :

$$\mathrm{e}^{jx} + \mathrm{e}^{j^2 x} = \mathrm{e}^{-\frac{x}{2}}\left(\mathrm{e}^{i\frac{\sqrt{3}}{2}x} + \mathrm{e}^{-i\frac{\sqrt{3}}{2}x}\right) = 2\mathrm{e}^{-\frac{x}{2}} \cos\left(\frac{\sqrt{3}}{2}x\right)$$

et donc $\forall x \in \mathbb{R}, S(x) = \frac{1}{3}\left(\mathrm{e}^x + 2\mathrm{e}^{-\frac{x}{2}} \cos\left(\frac{\sqrt{3}}{2}x\right)\right)$.
On prend alors $x = 1$ et on obtient :

$$\sum_{p=0}^{\infty} \frac{1}{(3p)!} = \frac{1}{3}\left(\mathrm{e} + \frac{2}{\sqrt{\mathrm{e}}} \cos \frac{\sqrt{3}}{2}\right)$$

Corrigé 7.34

1°) Les fonctions $f_n : x \mapsto \mathrm{e}^{-n}\mathrm{e}^{n^2 ix}$ sont de classe $\mathcal{C}^\infty$ sur $\mathbb{R}$ avec, pour tout $k \geqslant 0$, pour tout $x \in \mathbb{R}$ et tout $n \geqslant 0$:

$$f_n^{(k)}(x) = (in^2)^k \mathrm{e}^{-n}\mathrm{e}^{n^2 ix}$$

Ainsi $\|f_n^{(k)}\|_\infty = \sup_{x\in\mathbb{R}} |f_n^{(k)}(x)| = n^{2k}\mathrm{e}^{-n}$ et donc $\lim_{n\to\infty} n^2 \times \|f_n^{(k)}\|_\infty = 0$.
la règle de Riemann assure la convergence de la série $\sum_{n\geq 0} \|f_n^{(k)}\|_\infty$, donc la convergence normale de la série $\sum_{n\geq 0} f_n^{(k)}$. L'itération du théorème de dérivation des séries montre donc que f est de classe $\mathcal{C}^\infty$ sur $\mathbb{R}$, avec :

$$\forall k \in \mathbb{N}, \forall x \in \mathbb{R}, f^{(k)}(x) = \sum_{n=0}^{\infty} (in^2)^k \mathrm{e}^{-n}\mathrm{e}^{n^2 ix} = i^k \sum_{n=0}^{\infty} n^{2k}\mathrm{e}^{-n}\mathrm{e}^{n^2 ix}$$

2°) On obtient alors, pour tout $k \in \mathbb{N}$:

$$|f^{(k)}(0)| = \Big| \sum_{n=0}^{\infty} (in^2)^k \mathrm{e}^{-n}\Big| = \Big|i^k \sum_{n=0}^{\infty} n^{2k}\mathrm{e}^{-n}\Big| = \sum_{n=0}^{\infty} n^{2k}\mathrm{e}^{-n}$$

et comme tous les termes de cette série sont positifs, la somme est plus grande que le terme de rang k :

$$|f^{(k)}(0)| \geqslant k^{2k}\mathrm{e}^{-k}$$

Comme de plus $k^k \geqslant k!$, on obtient : $\dfrac{|f^{(k)}(0)|}{k!} \geqslant \dfrac{k^k}{k!} k^k \mathrm{e}^{-k} \geqslant \left(\dfrac{k}{\mathrm{e}}\right)^k$

3°) Si la fonction f était développable en série entière autour de 0, alors il existerait un réel $\rho > 0$ tel que f corresponde à sa série de Taylor en 0 sur $I =]-\rho, \rho[$.

Il existerait donc $x \neq 0$ tel que le terme général $\dfrac{f^{(k)}(0)}{k!}x^k$ soit de limite nulle lorsque k tend vers l'infini.

Or, pour $x \neq 0$, $\left|\dfrac{f^{(k)}(0)}{k!}x^k\right| \geqslant \left(\dfrac{k|x|}{\mathrm{e}}\right)^k \underset{k\to\infty}{\longrightarrow} +\infty$, d'où la contradiction.

Bien que de classe $\mathcal{C}^\infty$, f n'est pas développable en série entière autour de 0 car sa série de Taylor a un rayon de convergence nul.

Corrigé 7.35

Soient $n \in \mathbb{N}$ et $z \in D(O, R)$. On a alors, par la seconde inégalité triangulaire :
$$|P_n(z)| = |\mathrm{e}^z - (\mathrm{e}^z - P_n(z))| \geqslant |\mathrm{e}^z| - |\mathrm{e}^z - P_n(z)|$$
Or, pour $z = x + iy$: $|\mathrm{e}^z| = |\mathrm{e}^x \mathrm{e}^{iy}| = \mathrm{e}^x$, et comme on a $|z| \leqslant R \implies x \geqslant -R$, il vient : $z \in D(O, R) \implies |\mathrm{e}^z| \geqslant \mathrm{e}^{-R}$

Donc : $z \in D(O, R) \implies |P_n(z)| \geqslant \mathrm{e}^{-R} - |\mathrm{e}^z - P_n(z)|$

On sait de plus que la suite des fonctions polynômiales $(P_n)_n$ converge uniformément vers la fonction exponentielle sur $D(O, R)$ (car le développement en série entière de la fonction exp est de rayon de convergence infini). On en déduit l'existence d'un entier n_0 tel que, pour tout z dans $D(O, R)$ et tout entier $n \geqslant n_0$, on ait :
$$|\mathrm{e}^z - P_n(z)| \leqslant \frac{\mathrm{e}^{-R}}{2}$$
On obtient donc :
$$\forall\, z \in D(O, R), \forall\, n \geqslant n_0, |P_n(z)| \geqslant \mathrm{e}^{-R} - \frac{\mathrm{e}^{-R}}{2} > 0$$
ce qui induit bien que P_n n'admet pas de racines dans $D(O, R)$.

Corrigé 7.36

1°) a) Pour $r < R$, la série $\sum\limits_{n\geq 0} |a_n| r^n$ est convergente, et comme :
$$\forall\, \theta \in [0, 2\pi], |g_n(\theta)| = |a_n r^n \mathrm{e}^{i(n-k)\theta}| = |a_n| r^n,$$
on a $\|g_n\|_\infty = |a_n| r^n$. On en déduit immédiatement la convergence normale de la série de fonctions $\sum\limits_{n\geq 0} g_n$ sur $[0, 2\pi]$.

b) On remarque que :
$$f(r\mathrm{e}^{i\theta})\mathrm{e}^{-ik\theta} = \sum_{n=0}^{\infty} a_n r^n \mathrm{e}^{i(n-k)\theta} = \sum_{n=0}^{\infty} g_n(\theta)$$
et comme la série $\sum\limits_{n\geq 0} g_n$ converge normalement, donc uniformément, sur $[0, 2\pi]$, on peut intégrer terme à terme et on obtient :
$$\int_0^{2\pi} f(r\mathrm{e}^{i\theta})\mathrm{e}^{-ik\theta}\, d\theta = \sum_{n=0}^{\infty} a_n r^n \int_0^{2\pi} \mathrm{e}^{i(n-k)\theta}\, d\theta$$
Or n et k étant des entiers :
$$\int_0^{2\pi} \mathrm{e}^{i(n-k)\theta}\, d\theta = \begin{cases} \left[\frac{1}{i(n-k)}\mathrm{e}^{i(n-k)\theta)}\right]_0^{2\pi} = 0 & \text{si } k \neq n \\ \displaystyle\int_0^{2\pi} d\theta = 2\pi & \text{si } k = n \end{cases}$$
et on a bien : $\displaystyle\int_0^{2\pi} f\big(r\mathrm{e}^{i\theta}\big)\mathrm{e}^{-ik\theta}\, d\theta = 2\pi r^k a_k$

3°) Remarquons tout d'abord que ayant $R = +\infty$, r est quelconque dans $\mathbb{R}_+^*$. D'autre part, f étant bornée sur $\mathbb{C}$, il existe $M > 0$ tel que $\forall\, z \in \mathbb{C}, |f(z)| \leqslant M$. Alors pour tout $k \geqslant 1$, on a :

$$|a_k| = \frac{1}{2\pi r^k}\left|\int_0^{2\pi} f\left(re^{i\theta}\right)e^{-ik\theta}\,d\theta\right| \leqslant \frac{1}{2\pi r^k}\int_0^{2\pi} \left|f\left(re^{i\theta}\right)e^{-ik\theta}\right|d\theta$$

$$\leqslant \frac{1}{2\pi r^k}\int_0^{2\pi} M\,d\theta = \frac{M}{r^k} \underset{r\to+\infty}{\longrightarrow} 0.$$

On a donc $a_k = 0$ pour tout $k \geqslant 1$, ce qui implique bien que la fonction f est constante sur $\mathbb{C}$.

[Attention, ce qui vient d'être dit ne s'applique pas à la fonction sin *ou à la fonction* cos *: ces fonctions sont bornées sur* $\mathbb{R}$, *mais pas sur* $\mathbb{C}$.

En revanche ce résultat est utile pour une des nombreuses démonstrations du fait que tout polynôme à coefficients dans $\mathbb{C}$ *non constant admet au moins une racine dans* $\mathbb{C}$*.]*

Corrigé 7.37

Dire que $\rho(A) > 0$ revient simplement à dire que A admet au moins une valeur propre non nulle, donc que A n'est pas nilpotente.

$\star$ Nous allons noter $\lambda_1, \dots, \lambda_p$ les p valeurs propres complexes de A (non forcément toutes distinctes et donc répétées selon leurs ordres de multiplicité respectifs).

Il existe une matrice P inversible et une matrice T trigonale supérieure telles que $A = PTP^{-1}$, les coefficienrs diagonaux de T étant $\lambda_1, \dots, \lambda_p$.

Alors $A^n = PT^nP^{-1}$ et les coefficientrs diagonaux de T^n sont $\lambda_1^n, \dots, \lambda_p^n$.

Ainsi : $Tr(A^n) = \operatorname{tr}(T^n) = \lambda_1^n + \cdots + \lambda_p^n$.

Le terme général de la série entière proposée est donc $\sum\limits_{k=1}^{p} (\lambda_k z)^n$.

Si $|z| < \min\{|\lambda_k|^{-1}, 1 \leqslant k \leqslant p\}$, notre série est la somme de p séries géométriques convergentes car toutes de raison strictement inférieure à 1 en module. De plus, on a alors :

$$\sum_{n=0}^{\infty} \operatorname{tr}(A^n)z^n = \sum_{n=0}^{\infty}\sum_{k=1}^{p} (\lambda_k z)^n = \sum_{k=1}^{p}\sum_{n=0}^{\infty} (\lambda_k z)^n = \sum_{k=1}^{p} \frac{1}{1-\lambda_k z}$$

Si on préfère et si on note $\mu_1, \dots, \mu_m$ les valeurs propres distinctes d'ordres de multiplicités respectifs $\alpha_1, \dots, \alpha_m$, on a en regroupant :

$$\sum_{n=0}^{\infty} \operatorname{tr}(A^n)z^n = \sum_{k=1}^{m} \frac{\alpha_k}{1-\mu_k z}$$

Lorsque z tend vers l'inverse d'une valeur propre μ_k, alors $\mu_k z$ tend vers 1 et le module de $\sum\limits_{n=0}^{\infty} \operatorname{tr}(A^n)z^n$ tend vers l'infini.

Comme toute série entière est bornée dans les disques fermés inclus dans le disque ouvert de convergence, le rayon de convergence ne peut être supérieur à $1/|\mu_k|$.

Ainsi le rayon de convergence R est exactement :

$$R : \min\{|\lambda_k|^{-1}, 1 \leqslant k \leqslant p\} = \min\{|\mu_k|^{-1}, 1 \leqslant k \leqslant m\} = \frac{1}{\rho}$$

$\star$ Rappelons que si $P = C\prod\limits_{k=1}^{p}(X - \lambda_k)$, avec $C \neq 0$, alors par la formule de dérivation d'un produit, on a : $\dfrac{P'}{P} = \sum\limits_{k=1}^{p} \dfrac{1}{X - \lambda_k}$

Comme $\chi_A(\lambda) = (-1)^p \prod\limits_{k=1}^{p} (\lambda - \lambda_k)$, on peut écrire, pour $z \neq 0$ tel que $|z| < \dfrac{1}{\rho}$:

$\sum\limits_{n=0}^{\infty} \mathrm{tr}(A^n) z^n = \sum\limits_{k=1}^{p} \dfrac{1}{1 - \lambda_k z} = \dfrac{1}{z} \sum\limits_{k=1}^{p} \dfrac{1}{\frac{1}{z} - \lambda_k} = \dfrac{1}{z} \times \dfrac{\chi'_A}{\chi_A}\left(\frac{1}{z}\right)$ Soit :

$$\sum_{n=0}^{\infty} \mathrm{tr}(A^n) z^n = \begin{cases} \dfrac{\chi'_A(1/z)}{z\chi_A(1/z)} & \text{si } z \neq 0 \text{ et } |z| < 1/\rho \\ p & \text{pour } z = 0 \end{cases}$$

Corrigé 7.38

Comme $f(0) = a_0 \neq 0$, quitte à remplacer f par $\dfrac{1}{f(0)} f$, on peut supposer $a_0 = f(0) = 1$. Cela nous évitera de nombreuses divisions par a_0 !

1°) On suppose que pour $x \in]-R', R'[$, on a $\dfrac{1}{f(x)} = \sum\limits_{n=0}^{\infty} b_n x^n$.

Soit $R'' = \min(R, R')$. Pour $x \in]-R'', R''[$ les deux séries $\sum\limits_{n \geq 0} a_n x^n$ et $\sum\limits_{n \geq 0} b_n x^n$ sont absolument convergentes et de sommes respectives $f(x)$ et $\dfrac{1}{f(x)}$. On peut alors effectuer leur produit de Cauchy, et :

$\forall x \in]-R'', R''[, 1 = f(x) \times \dfrac{1}{f(x)} = \left(\sum\limits_{n=0}^{\infty} a_n x^n\right)\left(\sum\limits_{n=0}^{\infty} b_n x^n\right) = \sum\limits_{n=0}^{\infty} c_n x^n$, avec :

$$\forall n \in \mathbb{N}, c_n = \sum_{k=0}^{n} a_k b_{n-k}$$

Par unicité du développement en série entière de la fonction constante $x \mapsto 1$, on a donc :

$$c_0 = a_0 b_0 = 1 \text{ et } \forall n \in \mathbb{N}^*, c_n = \sum_{k=0}^{n} a_k b_{n-k} = 0$$

soit, avec notre choix $a_0 = 1$:

$$b_0 = \frac{1}{a_0} = 1, \forall n \in \mathbb{N}^*, b_n = b_n a_0 = -\sum_{k=1}^{n} a_k b_{n-k}$$

Par exemple : $b_1 = -a_1 b_0 = -a_1, b_2 = -a_2 b_0 - a_1 b_1 = -a_2 - a_1 b_1$, $b_3 = -a_3 b_0 - a_2 b_1 - a_1 b_2 = -a_3 - a_2 b_1 - a_1 b_2$, *etc.*

2°) Soit ρ tel que $0 < \rho < R$, la série $\sum\limits_{n \geq 0} a_n \rho^n$ est convergente, en particulier elle converge de limite nulle et son terme général est borné :

$$\exists M > 0, \forall n \in \mathbb{N}, |a_n \rho^n| \leqslant M, \textit{ i.e. } |a_n| \leqslant \frac{M}{\rho^n}$$

On majore alors les premiers termes de la suite $(|b_n|)_n$, jusqu'à deviner quelque chose d'intéressant ...

$\star$ $|b_1| = |a_1| \leqslant \dfrac{M}{\rho}$;

$\star$ $|b_2| \leqslant |a_2| + |a_1||b_1| \leqslant \dfrac{M}{\rho^2} + \dfrac{M}{\rho} \times \dfrac{M}{\rho} = \dfrac{M(M+1)}{\rho^2}$

$\star\ |b_3| \leqslant |a_3| + |a_2||b_1| + |a_1||b_2| \leqslant \dfrac{M}{\rho^3} + \dfrac{M}{\rho^2}\times\dfrac{M}{\rho} + \dfrac{M}{\rho}\times\dfrac{M(M+1)}{\rho^2}$

$\leqslant \dfrac{M(M+1)^2}{\rho^3}$

Au vu de ces trois premiers termes on est conduit à faire l'hypothèse de récurrence : « pour un certain $n \geqslant 2$, on suppose que du rang 1 jusqu'à un rang $n-1$, on a : $|b_k| \leqslant \dfrac{M(M+1)^{k-1}}{\rho^k}$ ».

Alors :

$$|b_n| = \Big|-\sum_{k=1}^{n} a_k b_{n-k}\Big| \leqslant |a_n| + \sum_{k=1}^{n-1} |a_k||b_{n-k}|$$

$$\leqslant \frac{M}{\rho^n} + \sum_{k=1}^{n-1} \frac{M}{\rho^k}\times\frac{M(M+1)^{n-k-1}}{\rho^{n-k}} = \frac{M}{\rho^n} + \frac{M^2}{\rho^n}\sum_{k=1}^{n-1}(M+1)^{n-k-1}$$

$$\leqslant \frac{M}{\rho^n} + \frac{M^2}{\rho^n}\times\frac{(M+1)^{n-1}-1}{(M+1)-1} = \frac{M(M+1)^{n-1}}{\rho^n}$$

Ainsi, la propriété est vraie jusqu'au rang suivant. On conclut par le principe de récurrence :

$$\forall n \in \mathbb{N}^*, |b_n| \leqslant \frac{M(M+1)^{n-1}}{\rho^n} = \frac{M}{\rho}\Big(\frac{M+1}{\rho}\Big)^{n-1}$$

On peut donc prendre $\alpha = \dfrac{M}{\rho}$ et $C = \dfrac{M+1}{\rho}$.

3°) De la question précédente on déduit que pour $|z_0| < \dfrac{1}{C}$, on a :

$$\forall n \geqslant 1, |b_n z_0^n| \leqslant \alpha . C^{n-1}\Big(\frac{1}{C}\Big)^n = \frac{\alpha}{C}$$

Donc la suite $(b_n z_0^n)$ est bornée et le rayon de convergence R' de $\sum b_n z^n$ est au moins égal à $\dfrac{\alpha}{C}$. On peut définir la fonction $g : z \mapsto g(z) = \sum\limits_{n=0}^{\infty} b_n z^n$ sur $D_o(O, R') = \{z \in \mathbb{C} \ / \ |z| < R'\}$.

Alors, par la formule du produit de Cauchy de deux séries entières et par définition de la suite $(b_n)_{n\geq 0}$, on a $f(z)g(z) = 1$, dans $D_o(O,R') \cap D_o(O,R)$ (en particulier on a $f(z) \neq 0$).

On a donc $g = 1/f$ dans un voisinage de 0, ce qui implique alors que la fonction $1/f$ est développable en série entière au voisinage de 0.

Fonctions vectorielles
Arcs paramétrés

08

RÉPARTITION DES EXERCICES

I. ÉNONCÉS DES EXERCICES

8.01 On considère un repère orthonormé $\left(O, \overrightarrow{i}, \overrightarrow{j}, \overrightarrow{k}\right)$ de l'espace et les deux vecteurs $\overrightarrow{a}(t) = \alpha \overrightarrow{i} - \sin(\omega t)\overrightarrow{j}$ et $\overrightarrow{b}(t) = -\beta t \overrightarrow{i} + \overrightarrow{j} + \overrightarrow{k}$, où α, β et ω sont trois constantes réelles.
Calculer de deux manières différentes $\frac{d}{dt}\left(\overrightarrow{a}.\overrightarrow{b}\right)$ et $\frac{d}{dt}\left(\overrightarrow{a} \wedge \overrightarrow{b}\right)$.

◇

8.02 Soient n un entier naturel non nul et f une application de $\mathbb{R}$ vers $\mathbb{R}^n$ dérivable en 0. On suppose que : $\forall x \in \mathbb{R}, f(2x) = 2f(x)$.
Montrer que f est linéaire.

◇

8.03 Soient n et m deux entiers naturels non nuls et f une application de $\mathbb{R}$ vers $\mathbb{R}^m$ de classe $\mathcal{C}^\infty$ sur $\mathbb{R}$. Montrer que :

$$\forall t \neq 0, \frac{d^n}{dt^n}\left[t^{n-1} f\left(\tfrac{1}{t}\right)\right] = \frac{(-1)^n}{t^{n+1}} f^{(n)}\left(\frac{1}{t}\right)$$

◇

8.04 On considère un entier naturel m non nul et une application $f : [0,1] \to \mathbb{R}^m$, dérivable à droite en 0 et vérifiant $f(0) = 0$. Déterminer la limite, quand n tend vers l'infini, de $S_n = \sum\limits_{k=1}^{n} f\left(\frac{k}{n^2}\right)$.

◇

8.05 On considère la trajectoire d'un point mobile $M(t)$ dans un repère orthonormé $(O, \overrightarrow{i}, \overrightarrow{j}, \overrightarrow{k})$ de l'espace, la loi horaire étant de classe $\mathcal{C}^2$.

1°) Montrer que $\overrightarrow{OM(t)} \cdot \dfrac{d\overrightarrow{OM(t)}}{dt} = OM(t) \times \dfrac{dOM(t)}{dt}$.

2°) En déduire que, si la trajectoire est circulaire de centre O, alors, en tout point, la vitesse est orthogonale au vecteur $\overrightarrow{OM(t)}$.

3°) Montrer que l'accélération est, en tout point, colinéaire au vecteur-position si et seulement si $\overrightarrow{OM(t)} \wedge \dfrac{d\overrightarrow{OM(t)}}{dt}$ ne dépend pas de t.

◇

8.06 On considère un intervalle réel I et une fonction $f : I \to \mathbb{R}^3$ de classe $\mathcal{C}^2$ sur I telle que : $\forall t \in I, f''(t) \in \text{Vect}(f(t))$.

1°) Montrer que l'application $n : t \mapsto f(t) \wedge f'(t)$ est constante sur I.

2°) Montrer que, s'il existe $t_0 \in I$ tel que les vecteurs $f(t_0)$ et $f'(t_0)$ soient non colinéaires, alors il existe un plan P de $\mathbb{R}^3$ contenant tous les vecteurs $f(t)$.

3°) On suppose que $f(t)$ ne s'annule pas sur I et qu'il existe $t_0 \in I$ tel que les vecteurs $f(t_0)$ et $f'(t_0)$ soient colinéaires. Montrer qu'il existe alors une droite D de $\mathbb{R}^3$ contenant tous les vecteurs $f(t)$.

◇

8.07 On considère un entier naturel non nul n et une application dérivable $P : x \in \mathbb{R} \mapsto P(x) \in O_n(\mathbb{R})$.

1°) Montrer que, pour tout $x \in \mathbb{R}$, la matrice $P'(x)^t P(x)$ est antisymétrique.

2°) En déduire que, si de plus n est impair, alors $\det(P'(x)) = 0$.

◇

8.08 Un enfant marche au bord d'un bassin rectiligne en tirant un bateau (supposé ponctuel) au bout d'une corde de longueur 1. Au départ, la corde est perpendiculaire au bord du bassin. L'enfant se déplace à vitesse constante (quitte à changer l'unité de temps, on supposera que sa vitesse vaut 1) et la vitesse $\overrightarrow{v}(t)$ du bateau est toujours dirigée dans le sens de la corde, qui reste tendue. On se place dans un repère orthonormal, l'origine étant la position initiale de l'enfant et l'axe des abscisses parallèle au bord du bassin.
Nous allons étudier le mouvement du bateau $(x(t), y(t))$ en fonction du temps t, avec pour origine le moment du départ.

1°) Montrer que :
$(t - x(t))^2 + (y(t))^2 = 1$ et que $x'(t)y(t) - y'(t)(x(t) - t) = 0$.

2°) En déduire que $x'(t) = (x(t) - t)^2$.

3°) Résoudre l'équation différentielle vérifiée par x à l'aide du changement de fonction inconnue suivant : $u : t \mapsto \dfrac{1}{x(t) - t + 1}$.

(On montrera que l'on peut écrire : $x(t) = t - \text{th}\, t$.)

4°) En déduire la loi du mouvement du bateau.

◇

8.09 Déterminer l'ensemble des points réguliers, ainsi qu'une équation cartésienne de la tangente en ces points, pour les arcs paramétrés définis par :

1°) $\begin{cases} x(t) = \text{sh}\, t \\ y(t) = \sin t \end{cases}, t \in \mathbb{R}$ **2°)** $\begin{cases} x(t) = 2t^2 \\ y(t) = t^3 \end{cases}, t \in \mathbb{R}$.

◇

8.10 On considère la courbe C admettant pour représentation paramétrique :

$$\begin{cases} x(t) = t + \dfrac{1}{2t^2} \\ y(t) = \dfrac{t^2}{2} + \dfrac{1}{t} \end{cases}, t \in \mathbb{R}^*$$

Montrer que la courbe C admet la droite $D : x = y$ pour axe de symétrie et en déduire une réduction du domaine d'étude.

◇

8.11 Construire la courbe Γ dont une représentation paramétrique est :

$$\begin{cases} x(t) = \arccos(\cos t) + \arccos(\cos 2t) \\ y(t) = \arcsin(\sin t) + \arcsin(\sin 2t) \end{cases}, t \in \mathbb{R}.$$

◇

8.12 On considère la courbe C admettant pour représentation paramétrique :

$$\begin{cases} x(t) = \cos(3t) \\ y(t) = \sin(2t) \end{cases}, t \in \mathbb{R}.$$

1°) Réduire le domaine d'étude au maximum.

2°) Dresser le tableau des variations de x et y , puis tracer la courbe C.

◇

8.13 On considère la courbe C admettant pour représentation paramétrique :

$$\begin{cases} x(t) = \cos t + \cos 3t \\ y(t) = \sin t + \sin 3t \end{cases}, t \in \mathbb{R}$$

1°) Réduire le plus possible le domaine d'étude.

2°) Dresser le tableau des variations de x et y, puis tracer la courbe C.

◇

8.14 On considère la courbe C admettant pour représentation paramétrique :

$$\begin{cases} x(t) = \dfrac{t}{1+t^3} \\ y(t) = \dfrac{t^2}{1+t^3} \end{cases}, t \in \mathbb{R}_+$$

1°) Montrer que l'on peut réduire le domaine d'étude à $t \in [0, 1]$.

2°) Dresser le tableau des variations de x et y, puis tracer la courbe C.

◇

8.15 On considère la courbe C admettant pour représentation paramétrique :

$$\begin{cases} x(t) = \dfrac{t}{t^2-1} \\ y(t) = \dfrac{t^2}{t-1} \end{cases}, t \in \mathbb{R} \setminus \{-1, 1\}$$

1°) Montrer que la courbe C admet un point double I dont on déterminera les coordonnées.

2°) Montrer que les tangentes à C en I sont orthogonales.

◇

8.16 On considère la courbe C admettant pour représentation paramétrique :

$$\begin{cases} x(t) = \dfrac{t^2}{2} - t \\ y(t) = \dfrac{t^3}{3} - \dfrac{t^2}{2} \end{cases}, t \in \mathbb{R}$$

1°) Déterminer les valeurs de t pour lesquelles les points $M(t)$ de coordonnées $(x(t), y(t))$ sont réguliers.

2°) Soient $M(t_1)$ et $M(t_2)$ deux points réguliers de C en lesquels les tangentes sont orthogonales. Déterminer les coordonnées du point P d'intersection de ces deux tangentes en fonction de $u = t_1 + t_2$.

3°) Reconnaitre l'ensemble Γ de ces points P.

◇

8.17 On considère la courbe C admettant pour représentation paramétrique :

$$\begin{cases} x(t) = \cos t(1 + 2\sin^2 t) \\ y(t) = \sin t(1 + 2\cos^2 t) \end{cases}, t \in \mathbb{R}$$

1°) Montrer que l'on peut réduire le domaine d'étude à $[0, \pi/4]$.

2°) Calculer $\displaystyle\lim_{t\to\pi/4} \frac{y(t) - \sqrt{2}}{x(t) - \sqrt{2}}$.

3°) Dresser le tableau des variations de x et y, puis tracer la courbe C, en précisant les tangentes aux bords du domaine d'étude.

◇

8.18 Déterminer une droite qui soit à la fois tangente et normale à l'arc Γ défini par $\Gamma : \begin{cases} x(t) = 3t^2 \\ y(t) = 2t^3 \end{cases}, t \in \mathbb{R}$.

◇

8.19 On considère la courbe C admettant pour représentation paramétrique :

$$\begin{cases} x(t) = \dfrac{t}{1+t^3} \\ y(t) = \dfrac{t^2}{1+t^3} \end{cases} t \in \mathbb{R} \setminus \{-1\}$$

1°) A quelle condition sur leurs paramètres trois points de C sont-ils alignés ?

2°) Déterminer θ en fonction de t pour que la tangente à C en $M(t)$ recoupe la courbe C en $M(\theta)$.

3°) Montrer que si $M(t_1)$, $M(t_2)$ et $M(t_3)$ sont trois points alignés de C, alors les points $M(\theta_1)$, $M(\theta_2)$ et $M(\theta_3)$ correspondants sont également alignés.

◇

8.20 Une roue de rayon R et de centre C se déplace sur une route horizontale et dans un plan vertical. La roue tourne à la vitesse angulaire constante $\omega \in \mathbb{R}_+^*$. On suppose de plus que le point C se déplace horizontalement à la vitesse constante v_0. On choisit un repère orthonormal $(O; \overrightarrow{i}, \overrightarrow{j})$ tel que O soit la position de départ du point C, $\overrightarrow{i}$ soit horizontal et $\overrightarrow{j}$ vertical.

1°) Montrer que la position d'un point M de la roue, situé à la distance r_M de C et dont les coordonnées à l'instant $t = 0$ sont $(r_M, 0)$, est définie par la loi horaire suivante : $\begin{cases} x_M(t) = v_0 t + r_M \cos(\omega t) \\ y_M(t) = -r_M \sin(\omega t) \end{cases}, t \in \mathbb{R}_+$.

2°) Déterminer v_0 en fonction de R et de ω pour qu'il n'y ait pas de glissement, c'est-à-dire pour que le vecteur vitesse d'un point M tel que $r_M = R$ soit nul quand M est en contact avec la route.

3°) Tracer la trajectoire d'un point M tel que $r_M = R$ et d'un point M tel que $r_M = \dfrac{R}{2}$ sur un même graphique, avec la condition d'absence de glissement.

II. INDICATIONS

8.01. On pourra, soit faire le produit en premier, puis dériver, soit faire le contraire.

8.02. On montrera que $\forall\, x, f(x) = f'(0) \times x$.

8.03. On pourra procéder par récurrence.

8.04. On pourra utiliser le D.L. en 0^+ à l'ordre 1 de la fonction f.

8.05. Pour la question **1)**, on pourra dériver $(OM(t))^2 = \overrightarrow{OM(t)}.\overrightarrow{OM(t)}$, pour la question **2)**, on pourra utiliser le fait que la distance $OM(t)$ est constante et, pour la question **3)**, on pourra dériver l'expression donnée.

8.06. On montrera que $D = \text{Vect}(T(t_0))$, où $T(t_0) = \dfrac{f(t_0)}{\|f(t_0)\|}$.

8.07. Le déterminant d'une matrice antisymétrique d'ordre impair est ...

8.08. On commencera par utiliser le théorème de Pythagore et la colinéarité de la vitesse du bateau avec la direction de la corde. On pourra évidement s'aider d'un dessin.

8.09. Un point P est sur la tangente en $M(t)$ si le déterminant de $\overrightarrow{M'(t)}$ et $\overrightarrow{M(t)P}$ est nul.

8.11. On pourra montrer que Γ est une ligne polygonale.

8.13. On développera $\cos 3t$ et $\sin 3t$ pour obtenir les variations des fonctions x et y.

8.14. On pourra déterminer $M(1/t)$, pour $t > 0$.

8.15. Pour justifier l'orthogonalité des tangentes, on pourra montrer que le produit de leurs coefficients directeurs est égal à -1.

8.16. On montrera que Γ est une parabole.

8.17. On déduira de **2)**, le coefficient directeur de la tangente au point de paramètre $\pi/4$.

8.18. On pourra remarquer que $2X^3 + 3X^2 - 1$ admet -1 pour racine évidente.

8.19. On pourra déterminer l'intersection d'une droite quelconque avec la courbe C. disparu

8.20. On utilisera le fait que M est en contact avec la route pour $\theta = \pi/2$.

III. CORRIGÉS DÉTAILLÉS DES EXERCICES

Corrigé 8.01

$\star$ On trouve :
$\to \overrightarrow{a}.\overrightarrow{b} = -\alpha\beta t - \sin(\omega t)$, $\dfrac{d}{dt}(\overrightarrow{a}.\overrightarrow{b}) = -\alpha\beta - \omega\cos(\omega t)$
$\to \overrightarrow{a} \wedge \overrightarrow{b} = -\sin(\omega t)\overrightarrow{i} - \alpha\overrightarrow{j} + [\alpha + \beta t\sin(\omega t)]\overrightarrow{k}$,
$\dfrac{d}{dt}(\overrightarrow{a} \wedge \overrightarrow{b}) = -\omega\cos(\omega t)\overrightarrow{i} - \beta[\omega t\cos(\omega t) + \sin(\omega t)]\overrightarrow{k}$.

$\star$ $\dfrac{d}{dt}(\overrightarrow{a}.\overrightarrow{b}) = \dfrac{d\overrightarrow{a}}{dt}.\overrightarrow{b} + \overrightarrow{a}.\dfrac{d\overrightarrow{b}}{dt}$, $\dfrac{d}{dt}(\overrightarrow{a} \wedge \overrightarrow{b}) = \dfrac{d\overrightarrow{a}}{dt} \wedge \overrightarrow{b} + \overrightarrow{a} \wedge \dfrac{d\overrightarrow{b}}{dt}$ donnent :
$\to \dfrac{d}{dt}(\overrightarrow{a}.\overrightarrow{b}) = (-\omega\cos(\omega t)\overrightarrow{j}).\overrightarrow{b} + \overrightarrow{a}.(-\beta\overrightarrow{i}) = -\omega\cos(\omega t) - \alpha\beta$
et
$\to \dfrac{d}{dt}(\overrightarrow{a} \wedge \overrightarrow{b}) = (-\omega\cos(\omega t)\overrightarrow{j}) \wedge \overrightarrow{b} + \overrightarrow{a} \wedge (-\beta\overrightarrow{i})$
$= -\omega\cos(\omega t)\overrightarrow{i} - \beta[\omega t\cos(\omega t) + \sin(\omega t)]\overrightarrow{k}$,
ce qui correspond bien aux mêmes résultats.

Corrigé 8.02

Remarquons tout d'abord que $f(2\times 0) = 2f(0)$ s'écrit $f(0) = 2f(0)$ et donne $f(0) = 0$.
On a pour tout x : $f(x) = f\left(2\times\frac{x}{2}\right) = 2f\left(\frac{x}{2}\right)$, donc, par récurrence, on montre que pour tout $n \in \mathbb{N}$ et tout $x \in \mathbb{R}$:

$$f(x) = 2^n f\left(\frac{x}{2^n}\right)$$

On obtient alors, pour tout $x \neq 0$: $\dfrac{f(x)}{x} = \dfrac{f(\frac{x}{2^n}) - f(0)}{\frac{x}{2^n} - 0} \underset{n\to\infty}{\longrightarrow} f'(0)$,
ce qui nous donne donc : $\forall x \neq 0, f(x) = f'(0)x$.
Cette égalité étant banalement vraie pour $x = 0$, on en déduit la linéarité de f.

Corrigé 8.03

Nous allons montrer le résultat demandé par récurrence sur n.
$\star$ On a, par dérivation d'une composée : $\dfrac{d}{dt}[f(\frac{1}{t})] = f'(\frac{1}{t})\times\dfrac{-1}{t^2}$, ce qui est exactement la formule annoncé au rang 1.
$\star$ Supposons maintenant le résultat vrai à un certain rang $n-1$. On a pour $t \neq 0$:

$$\frac{d^n}{dt^n}[t^n f(\tfrac{1}{t})] = \frac{d^n}{dt^n}[\underbrace{t}_{\varphi(t)} \times \underbrace{t^{n-1}f(\tfrac{1}{t})}_{\psi(t)}]$$

et par la formule de Leibniz :

$$\frac{d^n}{dt^n}[t^n f(\tfrac{1}{t})] = \sum_{k=0}^{n}\binom{n}{k}\varphi^{(k)}(t)\psi^{(n-k)}(t) = \varphi(t)\psi^{(n)}(t) + n\varphi'(t)\psi^{(n-1)}(t)$$

(tous les autres termes disparaissent car $k \geqslant 2 \implies \varphi^{(k)} = 0$)
Mais : $\varphi(t) = t, \varphi'(t) = 1$,

Par hypothèse de récurrence : $\psi^{(n-1)}(t) = \dfrac{(-1)^{n-1}}{t^n} f^{(n-1)}\left(\frac{1}{t}\right)$
d'où, par dérivation d'un produit et d'une composée :

$$\psi^{(n)}(t) = \frac{(-1)^{n-1}(-n)}{t^{n+1}} f^{(n-1)}\left(\frac{1}{t}\right) + \frac{(-1)^{n-1}}{t^n} f^{(n)}\left(\frac{1}{t}\right)\left(\frac{-1}{t^2}\right)$$

Ainsi :

$$\begin{aligned}\frac{d^n}{dt^n}\left[t^n f\left(\frac{1}{t}\right)\right] &= t\psi^{(n)}(t) + n\psi^{(n-1)}(t)\\ &= \frac{n(-1)^n}{t^n} f^{(n-1)}\left(\frac{1}{t}\right) + \frac{(-1)^n}{t^{n+1}} f^{(n)}\left(\frac{1}{t}\right) + n\frac{(-1)^{n-1}}{t^n} f^{(n-1)}\left(\frac{1}{t}\right)\\ &= \frac{(-1)^n}{t^{n+1}} f^{(n)}\left(\frac{1}{t}\right)\end{aligned}$$

Ce qui prouve le résultat au rang n et on conclut par le principe de récurrence.

Corrigé 8.04

Par dérivabilité (à droite) de f en 0, on peut écrire :

$$f(x) = f(0) + xf'(0) + x\varepsilon(x), \text{ avec } \lim_{x\to 0^+} \varepsilon(x) = 0$$

Donc, puisque $f(0) = 0$, on obtient : $f(x) = xf'(0) + x\varepsilon(x)$.
Ainsi :

$$S_n = \sum_{k=1}^{n} \frac{k}{n^2} f'(0) + \sum_{k=1}^{n} \frac{k}{n^2}\varepsilon\left(\frac{k}{n^2}\right) = \frac{n(n+1)}{2n^2} f'(0) + \sum_{k=1}^{n} \frac{k}{n^2}\varepsilon\left(\frac{k}{n^2}\right)$$

Soit alors $\alpha > 0$, il existe $\eta > 0$ tel que $0 < u \leqslant \eta \implies |\varepsilon(u)| \leqslant \alpha$.
Par conséquent, si $n \geqslant \dfrac{1}{\eta}$, on a $k \in [\![0, n]\!] \implies \dfrac{k}{n^2} \leqslant \dfrac{1}{n} \leqslant \eta$ et donc $\left|\varepsilon\left(\frac{k}{n^2}\right)\right| \leqslant \alpha$,
donc :

$$n \geqslant \frac{1}{\eta} \implies \left|\sum_{k=1}^{n} \frac{k}{n^2}\varepsilon\left(\frac{k}{n^2}\right)\right| \leqslant \sum_{k=1}^{n} \frac{k}{n^2}\left|\varepsilon\left(\frac{k}{n^2}\right)\right| \leqslant \alpha\,\frac{n(n+1)}{2n^2} \leqslant \alpha$$

Ceci signifie que $\lim\limits_{n\to\infty} \sum\limits_{k=1}^{n} \frac{k}{n^2}\varepsilon\left(\frac{k}{n^2}\right) = 0$ et donc :

$$\lim_{n\to\infty} S_n = \frac{1}{2} f'(0)$$

Corrigé 8.05

1°) Par définition, on a : $(OM(t))^2 = \overrightarrow{OM(t)}.\overrightarrow{OM(t)}$, donc, en dérivant cette relation, on trouve :

$$\begin{aligned}2\,OM(t)\times\frac{dOM(t)}{dt} &= \overrightarrow{OM(t)}\cdot\frac{d\overrightarrow{OM(t)}}{dt} + \frac{d\overrightarrow{OM(t)}}{dt}\cdot\overrightarrow{OM(t)}\\ &= 2\overrightarrow{OM(t)}\cdot\frac{d\overrightarrow{OM(t)}}{dt} \text{ d'où le résultat.}\end{aligned}$$

2°) Si la trajectoire est circulaire de centre O, alors l'application $t \mapsto OM^2(t)$ est constante, donc sa dérivée est nulle. On obtient ainsi : $\overrightarrow{OM(t)}\cdot\dfrac{d\overrightarrow{OM(t)}}{dt} = 0$, ce qui implique que le vecteur vitesse est bien orthogonal au rayon (ce n'est pas une découverte : le vecteur vitesse est porté par la tangente à la trajectoire !).

3°) Par dérivation d'un produit (même vectoriel ! !) :

$$\frac{d}{dt}(\overrightarrow{OM(t)} \wedge \frac{d\overrightarrow{OM(t)}}{dt}) = \frac{d\overrightarrow{OM(t)}}{dt} \wedge \frac{d\overrightarrow{OM(t)}}{dt} + \overrightarrow{OM(t)} \wedge \frac{d^2\overrightarrow{OM(t)}}{dt^2}$$
$$= \overrightarrow{OM(t)} \wedge \frac{d^2\overrightarrow{OM(t)}}{dt^2} \text{ (car } \overrightarrow{u} \wedge \overrightarrow{u} = \overrightarrow{0}\text{)}$$

Ainsi $\overrightarrow{OM(t)} \wedge \frac{d\overrightarrow{OM(t)}}{dt}$ est constant si et seulement si $\overrightarrow{OM(t)} \wedge \frac{d^2\overrightarrow{OM(t)}}{dt^2}$ est toujours nul, ce qui équivaut au fait que $\overrightarrow{OM(t)}$ et le vecteur accélération $\overrightarrow{a(t)}$ sont colinéaires (on suppose bien entendu que $M \neq O$).

Corrigé 8.06

1°) L'application n est dérivable sur I avec, par dérivation d'un produit vectoriel :

$$\forall t \in I, n'(t) = f'(t) \wedge f'(t) + f(t) \wedge f''(t) = 0$$

car $f'(t)$ est colinéaire à lui-même et $f''(t)$ est colinéaire à $f(t)$ par hypothèse. On en déduit que l'application n est constante sur I.

2°) Le vecteur $n(t_0)$ n'est pas nul par hypothèse et on a montré à la question précédente que $n(t) = n(t_0)$, pour tout t. Donc $f(t)$, qui est orthogonal à $n(t)$, est toujours orthogonal à $n(t_0)$. On en déduit que tous les vecteurs $f(t)$ appartiennent au plan P normal à $n(t_0)$.

3°) On suppose donc ici que le vecteur $n(t_0)$ est nul, ce qui implique, d'après la première question, que tous les vecteurs $n(t)$ sont nuls. Comme $f(t) \neq 0$, on en déduit alors que, pour tout t, $f'(t)$ est colinéaire à $f(t)$.

On peut définir le vecteur unitaire $u(t) = \dfrac{f(t)}{\|f(t)\|}$.

L'application $t \mapsto \|f(t)\| = \langle f(t), f(t)\rangle^{1/2}$ est dérivable, de dérivée :

$$t \mapsto \frac{1}{2}\langle f(t), f(t)\rangle^{-1/2}(\langle f'(t), f(t)\rangle + \langle f(t), f'(t)\rangle) = \frac{\langle f'(t), f(t)\rangle}{\|f(t)\|}$$

Donc l'application $t \mapsto u(t)$ est dérivable de dérivée :

$$t \mapsto u'(t) = \frac{f'(t)\|f(t)\| - f(t)\frac{\langle f'(t), f(t)\rangle}{\|f(t)\|}}{\|f(t)\|^2}$$

Avec $f'(t) = \alpha(t)f(t)$, il vient :

$$\langle f'(t), f(t)\rangle = \alpha(t)\|f(t)\|^2 \text{ et } f'(t)\|f(t)\| = \alpha(t)f(t)\|f(t)\|$$

Par conséquent $\forall t \in I, u'(t) = 0$ et u est constante, égale à u_0, sur l'intervalle I. La fonction f ne prend donc que des valeurs appartenant à la droite vectorielle $\text{Vect}(u_0)$.

Corrigé 8.07

1°) Comme pour tout $x \in \mathbb{R}$, la matrice $P(x)$ est orthogonale, on a :

$$\forall x \in \mathbb{R}, P(x).{}^tP(x) = I_n$$

L'application $x \mapsto P(x)$ est dérivable, donc l'application $x \mapsto {}^tP(x)$ est également dérivable et en regardant coefficient par coefficient :

$$({}^tP)'(x) = {}^t(P'(x))$$

Le produit $P(x)^tP(x)$ étant constant, la formule de dérivation d'un produit donne alors : $\forall x \in \mathbb{R}, P'(x)^tP(x) + P(x)(^tP)'(x) = 0$.

C'est-à-dire, pour tout x :

$$P'(x)^tP(x) = -P(x)(^tP)'(x) = -P(x)^t(P'(x)) = -^t(P'(x)^tP(x))$$

Donc, pour tout $x \in \mathbb{R}$, la matrice $P'(x)^tP(x)$ est bien antisymétrique.

2°) Soit A une matrice antisymétrique d'ordre $2p+1$. On a :

$$\det(A) = \det(-^tA) = (-1)^{2p+1}\det(^tA) = -\det(^tA) = -\det(A)$$

Ainsi $\det(A) = 0$.

On déduit alors de la question précédente que si n est impair :

$$\det(P'(x)^tP(x)) = \det(P'(x))\det(^tP(x)) = 0$$

La matrice $P(x)$ est orthogonale, donc inversible et $\det(^tP(x)) = \det(P(x)) \neq 0$.

Donc , pour tout $x \in \mathbb{R}$:

$$\det(P'(x)) = 0$$

Corrigé 8.08

1°) Notons M_t la position du bateau, E_t celle de l'enfant à l'instant t et H_t la projection orthogonale de M_t sur l'axe des abscisses. On a alors $M_t(x(t), y(t))$, $H_t(x(t), 0)$ et $E_t(t, 0)$.

De plus on a $x(0) = 0$ et $y(0) = 1$ (en décidant que le bassin est situé dans le demi-plan des ordonnées positives)

⋆ Le triangle $M_tH_tE_t$ est rectangle en H_t, donc le théorème de Pythagore nous donne :

$$(t - x(t))^2 + (y(t))^2 = 1 \quad (1), \quad \text{(on a } M_tE_t = 1 \text{ car la corde est tendue)}$$

⋆ La vitesse $\overrightarrow{v}(t)$ du bateau étant colinéaire à la direction de la corde à l'instant t, on a, det désignant l'application déterminant dans la base canonique :

$$0 = \det(\overrightarrow{v}(t), \overrightarrow{E_tM_t}) = \begin{vmatrix} x'(t) & t - x(t) \\ y'(t) & 0 - y(t) \end{vmatrix} = -x'(t)y(t) + y'(t)(x(t) - t)$$

Soit :

$$x'(t)y(t) - y'(t)(x(t) - t) = 0 \quad (2)$$

2°) En dérivant (1) et en divisant par 2, on obtient :

$$(1 - x'(t))(t - x(t)) + y'(t)y(t) = 0 \quad (3)$$

En multipliant (2) par $y(t)$, il vient :

$$x'(t)y^2(t) - y(t)y'(t)(x(t) - t) = 0$$

En multipliant (3) par $(t - x(t))$, il vient :

$$(1 - x'(t))(t - x(t))^2 + (t - x(t))y(t)y'(t) = 0$$

et, par différence :

$$x'(t)y^2(t) + (x'(t) - 1)(t - x(t))^2 = 0$$

et, en remplaçant $y^2(t)$ par son expression obtenue en (1) :

$$x'(t)(1 - (t - x(t))^2) + (x'(t) - 1)(t - x(t))^2 = 0$$

soit, après simplification :

$$x'(t) = (x(t) - t)^2 \quad (4)$$

ce qui est le résultat demandé.

3°) Les conditions de l'expérience font que l'on a clairement, pour tout $t \in \mathbb{R}_+$, $y(t) > 0$ (le bateau reste dans le bassin !), donc

$(t - x(t))^2 \neq 1$ et $x(t) - t + 1 \neq 0$.

Si on pose $u(t) = \dfrac{1}{x(t) - t + 1}$, alors u est dérivable et on a :

$$x(t) = \frac{1}{u(t)} + t - 1 \text{ et } x'(t) = \frac{-u'(t)}{u^2(t)} + 1$$

L'équation différentielle (4) devient alors : $u'(t) = 2u(t) - 1 \quad (5)$

L'équation différentielle (5) est linéaire du premier ordre et admet la solution particulière constante évidente $u_p : t \mapsto \dfrac{1}{2}$.

La solution générale de (5) est donc de la forme : $u : t \mapsto K\mathrm{e}^{2t} + \dfrac{1}{2}$, K constante réelle quelconque.

Or on a $x(0) = 0$, donc $u(0) = 1$, $K = \dfrac{1}{2}$, et finalement : $u(t) = \dfrac{1}{2}\left(\mathrm{e}^{2t} + 1\right)$.

On trouve ainsi :

$$x(t) = \frac{2}{\mathrm{e}^{2t} + 1} + t - 1 = t - \frac{\mathrm{e}^{2t} - 1}{\mathrm{e}^{2t} + 1} = t - \frac{\mathrm{e}^{t} - \mathrm{e}^{-t}}{\mathrm{e}^{t} + \mathrm{e}^{-t}}$$

Soit :

$$x(t) = t - \operatorname{th}(t)$$

4°) La relation (1) donne alors :

$$(y(t))^2 = 1 - (t - x(t))^2 = 1 - \operatorname{th}^2(t) = 1 - \frac{\operatorname{sh}^2 t}{\operatorname{ch}^2 t} = \frac{\operatorname{ch}^2 t - \operatorname{sh}^2 t}{\operatorname{ch}^2 t} = \frac{1}{\operatorname{ch}^2 t}$$

et comme y ne prend que des valeurs positives : $y(t) = \dfrac{1}{\operatorname{ch} t}$.

Ainsi la loi du mouvement du bateau est :

$$\text{pour } t \in \mathbb{R}_+, t \mapsto (t - \operatorname{th} t, \frac{1}{\operatorname{ch} t})$$

[Pour des raisons évidentes, cette courbe est connue sous le nom de « tractrice ».]

Corrigé 8.09

1°) L'application $f : t \mapsto (x(t), y(t))$ est dérivable sur $\mathbb{R}$ et :

$$\forall t \in \mathbb{R}, f'(t) = (\operatorname{ch} t, \cos t)$$

Comme la fonction ch ne s'annule jamais, tous les points sont réguliers.

La tangente T_t au point $M(t)$ de paramètre t est alors $T_t = M(t) + \mathrm{Vect}(\overrightarrow{M'}(t))$, c'est-à- dire est la droite formée des points $P(x, y)$ tels que $\overrightarrow{MP}$ soit colinéaire à $\overrightarrow{M'}(t)$.

Une équation de T_t est donc :

$$\begin{vmatrix} x - \operatorname{sh} t & \operatorname{ch} t \\ y - \sin t & \cos t \end{vmatrix} = 0, \text{ soit : } y \operatorname{ch} t - x \cos t + \cos t \operatorname{sh} t - \sin t \operatorname{ch} t = 0$$

2°) L'application $f : t \mapsto (x(t), y(t))$ est dérivable sur $\mathbb{R}$ et $f'(t) = (4t, 3t^2)$.

Seul le point de paramètre 0 n'est pas régulier, et pour $t \neq 0$, l'équation de la tangente T_t au point de paramètre $t \neq 0$ est :

$$\begin{vmatrix} x - 2t^2 & 4t \\ y - t^3 & 3t^2 \end{vmatrix} = 0, \text{ soit : } \begin{vmatrix} x - 2t^2 & 4 \\ y - t^3 & 3t \end{vmatrix} = 0$$

c'est-à-dire :

$$T_t : 3tx - 4y - 2t^3 = 0$$

Corrigé 8.10

Pour tout $t \neq 0$, on a : $x\left(\frac{1}{t}\right) = \frac{1}{t} + \frac{t^2}{2} = y(t)$ et $y\left(\frac{1}{t}\right) = \frac{1}{2t^2} + t = x(t)$.

Donc si $M(t) = (a, b)$, alors $M(1/t) = (b, a)$, qui est bien symétrique de $M(t)$ par rapport à la droite d'équation $y = x$.

De plus, si t parcourt $[-1, 1] \setminus \{0\}$, alors $\frac{1}{t}$ parcourt $]-\infty, 1[\, \cup \,]1, +\infty[$, on peut donc réduire le domaine d'étude à $[-1, 1] \setminus \{0\}$.

Corrigé 8.11

$\star$ Les fonctions x et y étant 2π-périodiques, on peut réduire le domaine d'étude à un intervalle de longueur 2π.

$\star$ Les fonctions x et y étant respectivement paires et impaires, on peut réduire le domaine d'étude à $[0, \pi]$ et compléter le tracé par une symétrie par rapport à Ox.

$\star$ Les applications arcsin et arccos sont dérivables sur $]-1, 1[$, il convient donc d'écarter les éléments t de $[0, \pi]$ pour lesquels l'un au moins des nombres $\cos t, \cos(2t), \sin t, \sin(2t)$ appartient à $\{-1, 1\}$.

Ainsi l'application $t \mapsto (x(t), y(t))$ est dérivable sur $[0, \pi] \setminus \{0, \pi/4, \pi/2, 3\pi/4, \pi\}$, avec :

$$\begin{aligned} x'(t) &= -\frac{1}{\sqrt{1 - \cos^2 t}} \times (-\sin t) - \frac{1}{\sqrt{1 - \cos^2(2t)}} \times (-2\sin(2t)) \\ &= -\frac{1}{|\sin t|} \times (-\sin t) - \frac{1}{|\sin(2t)|} \times (-2\sin(2t)) = \frac{\sin t}{|\sin t|} + 2\frac{\sin(2t)}{|\sin(2t)|} \end{aligned}$$

Ainsi $x'(t)$ prend la valeur $1 + 2 = 3$ pour $t \in \,]0, \pi/2[\, \setminus \{\pi/4\}$ et prend la valeur $1 - 2 = -1$ pour $t \in \,]\pi/2, \pi[\, \setminus \{3\pi/4\}$.

De même :

$$\begin{aligned} y'(t) &= \frac{1}{\sqrt{1 - \sin^2 t}} \times (\cos t) + \frac{1}{\sqrt{1 - \sin^2(2t)}} \times (2\cos(2t)) \\ &= \frac{1}{|\cos t|} \times (\cos t) + \frac{1}{|\cos(2t)|} \times (2\cos(2t)) = \frac{\cos t}{|\cos t|} + 2\frac{\cos(2t)}{|\cos(2t)|} \end{aligned}$$

et y' prend la valeur 3 sur $]0, \pi/4[$, puis la valeur -1 sur $]\pi/4, \pi/2[$, puis la valeur -3 sur $]\pi/2, 3\pi/4[$ et enfin la valeur 1 sur $]3\pi/4, \pi[$.

Ces relations montrent que les fonctions x et y sont affines par morceaux et donc, puisqu'elles sont de plus continues, que Γ est une ligne polygonale.

Il suffit alors de placer les points de paramètres $t \in \{0, \pi/4, \pi/2, 3\pi/4, \pi\}$, puis de les relier à la règle, puis de compléter par symétrie par rapport à l'axe Ox. On obtient alors :

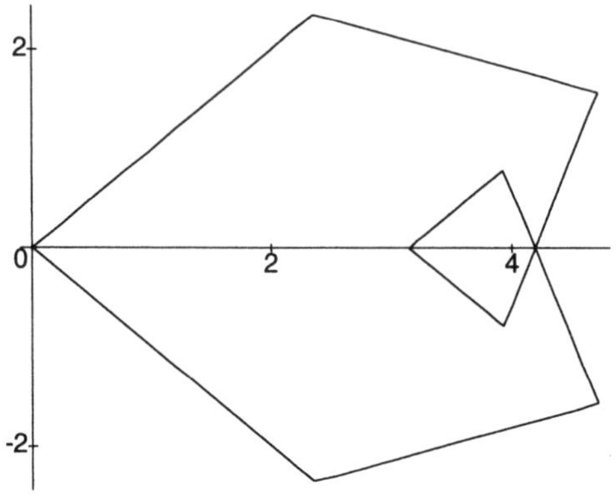

(on a un peu triché, en demandant le tracé directement avec Maple et les formules de l'énoncé, on peut ainsi avoir une idée de la précision de ce logiciel)

Corrigé 8.12

1°) $\star$ La fonction x est $2\pi/3$-périodique et la fonction y est π-périodique, donc $t \mapsto (x(t), y(t))$ est 2π-périodique (plus petit multiple commun à $2\pi/3$ et π).

On peut donc réduire le domaine d'étude à un intervalle de longueur 2π.

$\star$ Les fonctions x et y étant respectivement paires et impaires, on peut réduire le domaine d'étude à $[0, \pi]$ et compléter le tracé par une symétrie par rapport à Ox

(on a $x(-t) = x(t)$ et $y(-t) = -y(t)$).

$\star$ Comme $x(\pi - t) = -x(t)$ et $y(\pi - t) = -y(t)$, on peut réduire le domaine d'étude à $[0, \pi/2]$ et compléter le tracé par une symétrie par rapport au point O

(suivie de la symétrie par rapport à Ox).

Il semble que l'on ne puisse pas faire plus ...

2°) L'application $t \mapsto (x(t), y(t))$ est dérivable sur $[0, \pi/2]$, avec :

$$x'(t) = -3\sin(3t), y'(t) = 2\cos(2t)$$

On obtient alors le tableau de variations suivant :

t	0		$\pi/4$		$\pi/3$		$\pi/2$
$x'(t)$	0	$-$		$-$	0	$+$	3
x	1	$\searrow$	$-\sqrt{2}/2$	$\searrow$	-1	$\nearrow$	0
y	0	$\nearrow$	1	$\searrow$	$\sqrt{3}/2$	$\searrow$	0
$y'(t)$	2	$+$	0	$-$		$-$	-2

On en déduit le tracé de la courbe (ne pas oublier les symétries) :

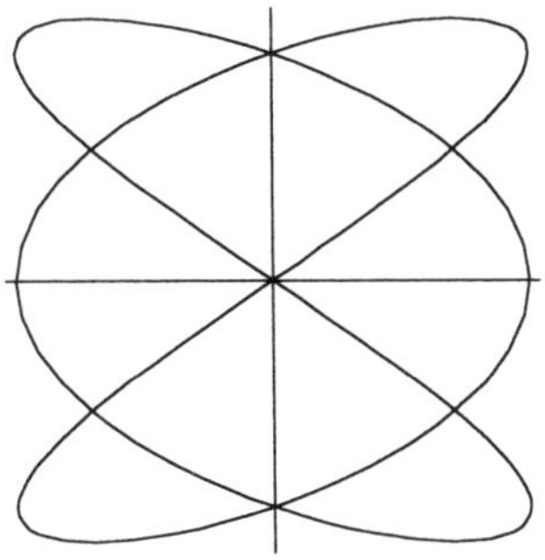

Corrigé 8.13

1°) $\star$ Les fonctions x et y étant 2π-périodiques, on peut réduire le domaine d'étude à un intervalle I de longueur 2π sans qu'il soit nécessaire de préciser sa position.

$\star$ Les fonctions x et y étant respectivement paires et impaires, on peut prendre $I = [-\pi, \pi]$, puis réduire le domaine d'étude à $[0, \pi]$ et compléter le tracé par symétrie par rapport à Ox.

$\star$ Comme $x(\pi - t) = -x(t)$ et $y(\pi - t) = y(t)$, les points de paramètres t et $\pi - t$ se déduisent l'un de l'autre par symétrie par rapport à Oy.

On peut réduire encore le domaine d'étude à $[0, \pi/2]$, puis compléter le tracé par une symétrie par rapport à Oy puis compléter encore le tracé par symétrie par rapport à Ox.

2°) L'application $t \mapsto (x(t), y(t))$ est dérivable sur $[0, \pi/2]$, avec :

$$x'(t) = -\sin t - 3\sin(3t), y'(t) = \cos t + 3\cos(3t)$$

Or :

$$\begin{aligned}\cos(3t) + i\sin(3t) &= (\cos t + i\sin t)^3 \\ &= \cos^3 t - 3\cos t\sin^2 t + i(3\cos^2 t\sin t - \sin^3 t)\end{aligned}$$

d'où : $\begin{cases} \cos(3t) = \cos^3 t - 3\cos t(1 - \cos^2 t) = 4\cos^3 t - 3\cos t \\ \sin(3t) = \sin t(3\cos^2 t - \sin^2 t) = \sin t(4\cos^2 t - 1) \end{cases}$

et ainsi : $\begin{cases} x'(t) = -\sin t - 3\sin t(4\cos^2 t - 1) = -2\sin t(6\cos^2 t - 1) \\ y'(t) = \cos t + 3\cos t(4\cos^2 t - 3) = 4\cos t(-2 + 3\cos^2 t) \end{cases}$

On pose alors $t_1 = \arccos \frac{1}{\sqrt{6}}$ et $t_2 = \arccos \sqrt{\frac{2}{3}}$. On a :

$x(t_1) = \frac{-2\sqrt{6}}{9} \simeq -0,54$; $x(t_2) = \frac{2\sqrt{6}}{9} \simeq 0,54$; $y(t_2) = \frac{8\sqrt{3}}{9} \simeq 1,54$ et $y(t_1) = \frac{\sqrt{30}}{9} \simeq 0,61$.

On obtient alors le tableau de variations suivant :

t	0		t_2		t_1		$\pi/2$
$x'(t)$	0	$-$		$-$	0	$+$	
x	2	$\searrow$	$x(t_2)$	$\searrow$	$x(t_1)$	$\nearrow$	0
y	0	$\nearrow$	$y(t_2)$	$\searrow$	$y(t_1)$	$\searrow$	0
$y'(t)$		$+$	0	$-$		$-$	

On en déduit le tracé de la courbe (ne pas oublier les symétries) :

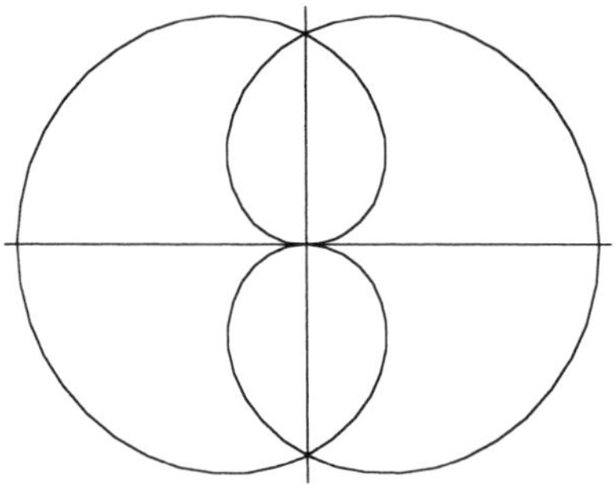

Corrigé 8.14

1°) Pour tout $t \in \mathbb{R}_+^*$, on a : $x\left(\frac{1}{t}\right) = \dfrac{\frac{1}{t}}{1+\frac{1}{t^3}} = \dfrac{t^2}{t^3+1} = y(t)$ et donc $y\left(\frac{1}{t}\right) = x\left(\frac{1}{1/t}\right) = x(t)$.

Ainsi la transformation $t \mapsto \frac{1}{t}$ définie sur $]0,1]$ et d'image $[1,+\infty[$ envoie le point $(x(t),y(t))$ vers le point $(x(1/t),y(1/t)) = (y(t),x(t))$ qui est symétrique du point initial dans la symétrie (orthogonale, car le repère est supposé orthonormé) par rapport à la droite d'équation $y = x$.

Il suffit donc de faire l'étude sur $[0,1]$, en complétant le tracé par la symétrie précédente.

2°) Les fonctions x et y sont dérivables sur $[0,1]$, avec :

$$x'(t) = \frac{1-2t^3}{(1+t^3)^2}\,;\, y'(t) = \frac{t(2-t^3)}{(1+t^3)^2}$$

On a donc $y'(t) > 0$, sur $]0,1]$ et, si on pose $t_0 = \dfrac{1}{\sqrt[3]{2}} = 2^{-1/3}$, on obtient le tableau des variations :

t	0		t_0		1
$x'(t)$		$+$	0	$-$	
x	0	$\nearrow$	x_0	$\searrow$	$1/2$
y	0	$\nearrow$	y_0	$\nearrow$	$1/2$

Avec : $x(t_0) = \dfrac{2^{2/3}}{3} \simeq 0,53$ et $y(t_0) = \dfrac{2^{1/3}}{3} \simeq 0,42$.
On en déduit alors le tracé de la courbe (ne pas oublier la symétrie !) :

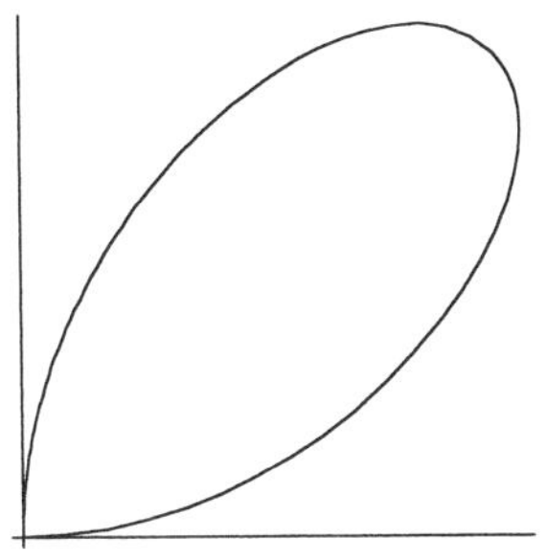

[Ceci est la boucle du folium de Descartes. Pour obtenir la courbe complète il faut faire varier t dans $\mathbb{R} \setminus \{-1\}$.]

Corrigé 8.15

1°) $I(x, y)$ est point double de la courbe, s'il existe deux réels t_1 et t_2 tels que $x = x(t_1) = x(t_2)$ et $y = y(t_1) = y(t_2)$.

On est donc amenés à résoudre le système : $(S) : \begin{cases} \dfrac{t_1}{t_1^2 - 1} = \dfrac{t_2}{t_2^2 - 1} \\ \dfrac{t_1^2}{t_1 - 1} = \dfrac{t_2^2}{t_2 - 1} \end{cases}$

avec bien entendu $t_1, t_2 \in \mathbb{R} \setminus \{-1, 1\}$ et $t_1 \neq t_2$.

On a : $S \iff \begin{cases} t_1 t_2^2 - t_1 - t_1^2 t_2 + t_2 = 0 \\ t_1^2 t_2 - t_1^2 - t_1 t_2^2 + t_2^2 = 0 \end{cases} \iff \begin{cases} (t_2 - t_1)(t_1 t_2 + 1) = 0 \\ (t_2 1 - t_1)(t_1 + t_2 - t_1 t_2) = 0 \end{cases}$

ce qui nous donne : $t_1 t_2 = -1$ et $t_1 t_2 = t_1 + t_2 = -1$

Donc t_1 et t_2 sont les deux solutions de l'équation du second degré $t^2 + t - 1 = 0$ (qui a bien deux racines réelles distinctes et différentes de -1 et 1).

Ainsi la courbe admet exactement un point double, et il n'est pas nécessaire d'expliciter t_1 et t_2 pour obtenir :

$x(t_1) = \dfrac{t_1}{t_1^2 - 1} = \dfrac{t_1}{-t_1} = -1 = x(t_2)$ et $y(t_1) = \dfrac{t_1^2}{t_1 - 1} = \dfrac{t_1^2}{-t_1^2} = -1 = y(t_2)$.

Le point double est donc $I(-1, -1)$.

2°) Pour tout point $M(t) \neq I$ de la courbe, la pente p de la corde (MI) est définie par :

$$p = \frac{y(t) - y_I}{x(t) - x_I} = \frac{\frac{t^2}{t-1} + 1}{\frac{t}{t^2-1} + 1} = \frac{\frac{t^2+t-1}{t-1}}{\frac{t^2+t-1}{(t-1)(t+1)}} = t + 1$$

Les pentes des tangentes en I sont donc $1 + t_1$ et $1 + t_2$ (cette ruse permet de ne pas passer par le calcul de x' et y', mais vous pouvez faire ces calculs pour vérifier).

Or on a : $(1 + t_1)(1 + t_2) = 1 + (t_1 + t_2) + t_1 t_2 = 1 - 1 - 1 = -1$, donc les tangentes à C en I sont bien orthogonales.

Corrigé 8.16

1°) Les fonctions x et y sont dérivables sur $\mathbb{R}$ avec :

$$x'(t) = t - 1, y'(t) = t^2 - t = t(t-1)$$

Le seul point non régulier est donc le point de paramètre 1.

2°) Pour tout $t \neq 1$, le vecteur $T(t) = (1, t)$, colinéaire au vecteur $(x'(t), y'(t))$, dirige la tangente à C en $M(t)$. Donc l'équation de la tangente à C en $M(t)$ est :

$$\begin{vmatrix} x - \frac{t^2}{2} + t & 1 \\ y - \frac{t^3}{3} + \frac{t^2}{2} & t \end{vmatrix} = 0, \text{ soit : } tx - y - \frac{t^3}{6} + \frac{t^2}{2} = 0.$$

Pour t_1 et t_2 différents de -1, les tangentes en $M(t_1)$ et $M(t_2)$ sont orthogonales lorsque $T(t_1)$ et $T(t_2)$ sont orthogonaux, donc lorsque $(1, t_1) \cdot (1, t_2) = 0$, soit si et seulement si $t_1 t_2 = -1$.

Les coordonnées du point d'intersection P des tangentes aux points de paramètres respectifs t_1 et t_2 (avec $t_1 \neq t_2$) sont solutions de système :

$$\begin{cases} t_1 x - y = \frac{t_1^3}{6} - \frac{t_1^2}{2} = \frac{t_1}{6}(t_1^2 - 3t_1) \\ t_2 x - y = \frac{t_2^3}{6} - \frac{t_2^2}{2} = \frac{t_2}{6}(t_2^2 - 3t_2) \end{cases}$$

Ce qui donne facilement :

$$y = \frac{t_1 t_2}{6(t_1 - t_2)}(t_1^2 - 3t_1 - t_2^2 + 3t_2) = \frac{t_1 t_2}{6}(t_1 + t_2 - 3)$$

$$x = \frac{1}{t_1 - t_2}\left(\frac{t_1^3}{6} - \frac{t_1^2}{2} - \frac{t_2^3}{6} + \frac{t_2^2}{2}\right) = \frac{t_1^2 + t_1 t_2 + t_2^2}{6} - \frac{t_1 + t_2}{2}$$

$$= \frac{1}{6}((t_1 + t_2)^2 - t_1 t_2) - \frac{1}{2}(t_1 + t_2)$$

La condition $t_1 t_2 = -1$ donne alors $t_2 = -\frac{1}{t_1}$ et en notant $u = t_1 - \frac{1}{t_1}$, il vient en remplaçant :

$$y = -\frac{1}{6}u + \frac{1}{2}, x = \frac{1}{6}(u^2 + 1) - \frac{1}{2}u$$

qui sont donc les coordonnées du point P d'intersection des tangentes aux points de paramètres t_1 et $-\frac{1}{t_1}$.

3°) On vient de déterminer un paramétrage du lieu Γ cherché. En éliminant u, les coordonnées (x, y) de P vérifient :

$$x = \frac{1}{6}(3 - 6y)^2 + \frac{1}{6} - \frac{1}{2}(3 - 6y), \text{ soit } x = 6y^2 - 3y + \frac{1}{6}$$

ou encore : $x = 6(y - \frac{1}{4})^2 - \frac{5}{24} \quad (*)$

Ainsi le lieu de P est inclus dans la parabole d'équation $(*)$.

[Notons que l'on a posé $u = t_1 - \frac{1}{t_1}$ et que, comme on ne veut que des points $M(t_1)$ et $M(t_2)$ réguliers, on doit avoir $t_1 \neq 1$ et $-\frac{1}{t_1} \neq 1$. Une étude rapide de la fonction $t \mapsto t - \frac{1}{t}$ montre alors que u peut prendre toute valeur réelle sauf 0. Pour obtenir le lieu de P il convient donc d'enlever à la parabole précédente le point de coordonnées $\left(\frac{1}{6}, \frac{1}{2}\right)$.]

Corrigé 8.17

1°) L'habitude est prise :

$\star$ Les fonctions x et y étant 2π-périodiques, on peut réduire le domaine d'étude à un intervalle de longueur 2π.

$\star$ On a $x(t+\pi) = -x(t)$ et $y(t+\pi) = -y(t)$, on peut donc réduire le domaine d'étude à un intervalle de longueur π, en complétant par symétrie par rapport à O.

On n'a pas encore eu besoin de placer l'intervalle d'étude ...

$\star$ On a $x(-t) = x(t)$ et $y(-t) = -y(t)$, on peut donc restreindre l'intervalle d'étude à $[0, \pi/2]$ et on complète le tracé par symétrie par rapport à Ox.

$\star$ Comme $x\left(\frac{\pi}{2} - t\right) = y(t)$ et $y\left(\frac{\pi}{2} - t\right) = x(t)$, on peut réduire le domaine d'étude à $[0, \pi/4]$ (quand t décrit $[0, \pi/4]$, $\frac{\pi}{2} - t$ décrit $[\pi/4, \pi/2]$) et compléter le tracé par symétrie par rapport à la droite Δ d'équation $y = x$ (ainsi on échange les coordonnées).

2°) Notons que l'on a : $\cos(2t) = 2\cos^2 t - 1 = 1 - 2\sin^2 t$. Ainsi :

$$\begin{cases} x(t) = \cos t(1 + 2\sin^2 t) = \cos t(2 - \cos(2t)) \\ y(t) = \sin t(1 + 2\cos^2 t) = \sin t(2 + \cos(2t)) \end{cases}$$

Posons $t = \frac{\pi}{4} - u$. On a :

$$\begin{aligned} x(t) &= x\left(\frac{\pi}{4} - u\right) = \cos\left(\frac{\pi}{4} - u\right)\left(2 - \cos\left(\frac{\pi}{2} - 2u\right)\right) \\ &= \frac{\sqrt{2}}{2}(\cos u + \sin u)(2 - \sin(2u)) \end{aligned}$$

et de même :

$$\begin{aligned} y(t) &= y\left(\frac{\pi}{4} - u\right) = \sin\left(\frac{\pi}{4} - u\right)\left(2 + \cos\left(\frac{\pi}{2} - 2u\right)\right) \\ &= \frac{\sqrt{2}}{2}(\cos u - \sin u)(2 + \sin(2u)) \end{aligned}$$

Effectuons un développement limité au voisinage de 0 (pour u) à l'ordre 2 des expressions en présence (on a essayé à l'ordre 1, mais les termes de degré 1 s'éliminent !) :

$$x(t) = \frac{\sqrt{2}}{2}\left(1 + u - \frac{1}{2}u^2 + o(u^2)\right)(2 - 2u + o(u^2)) = \frac{\sqrt{2}}{2}(2 - 3u^2 + o(u^2))$$

$$y(t) = \frac{\sqrt{2}}{2}\left(1 - u - \frac{1}{2}u^2 + o(u^2)\right)(2 + 2u + o(u^2)) = \frac{\sqrt{2}}{2}(2 - 3u^2 + o(u^2))$$

$$\text{Ainsi : } \begin{cases} x(t) - \sqrt{2} = x\left(\frac{\pi}{4} - u\right) - \sqrt{2} = -\dfrac{3}{\sqrt{2}}u^2 + o(u^2) \underset{(u \to 0)}{\sim} -\dfrac{3}{\sqrt{2}}u^2 \\ y(t) - \sqrt{2} = y\left(\frac{\pi}{4} - u\right) - \sqrt{2} = -\dfrac{3}{\sqrt{2}}u^2 + o(u^2) \underset{(u \to 0)}{\sim} -\dfrac{3}{\sqrt{2}}u^2 \end{cases}$$

Par conséquent :

$$\lim_{t \to \pi/4} \frac{y(t) - \sqrt{2}}{x(t) - \sqrt{2}} = 1$$

Ce qui signifie que la tangente à la courbe C au point $(\sqrt{2}, \sqrt{2})$ de paramètre $\pi/4$ est dirigée par la première bissectrice du repère.

3°) L'application $t \mapsto (x(t), y(t))$ est dérivable sur $[0, \pi/4]$ avec :

$$x'(t) = -\sin t(1+2\sin^2 t) + \cos t(4\sin t\cos t) = \sin t(4\cos^2 t - 1 - 2\sin^2 t)$$
$$= \sin t(6\cos^2 t - 3) = 3\sin t\cos(2t),$$

et de même $y'(t) = \cos t(3\cos^2 t - 3\sin^2 t)) = 3\cos t\cos(2t)$.

On obtient alors le tableau de variations et la courbe :

t	0 $\quad$ $\pi/4$
$x'(t)$	0 $+$ 0
x	1 $\nearrow$ $\sqrt{2}$
y	0 $\nearrow$ $\sqrt{2}$
$y'(t)$	3 $+$ 0

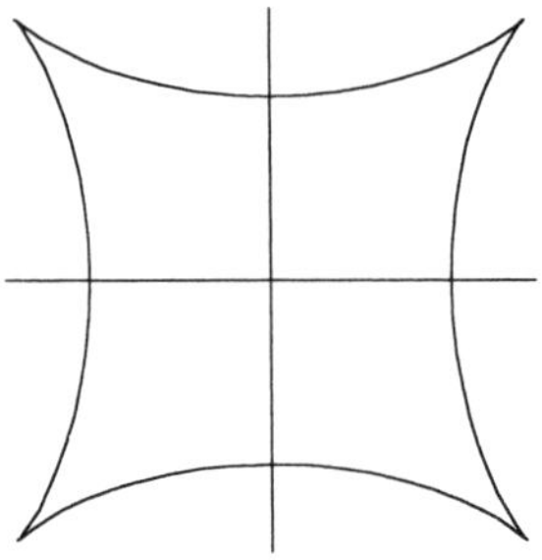

Cette courbe est connue sous le nom d'« astroïde » ou « hypocycloïde à quatre points de rebroussement ».

Corrigé 8.18

L'application $t \mapsto (x(t), y(t))$ est dérivable sur $\mathbb{R}$ avec : $x'(t) = 6t$ et $y'(t) = 6t^2$.

$\star$ Pour tout $t \neq 0$, le vecteur $(1, t)$ colinéaire à $(6t, 6t^2)$, dirige la tangente à Γ en $M(t)$.

On en déduit que l'équation de la tangente à Γ en $M(t)$ est :

$$T_t : \begin{vmatrix} 1 & x - 3t^2 \\ t & y - 2t^3 \end{vmatrix} = 0, \text{ soit } y - tx + t^3 = 0.$$

$\star$ On a $x(0) = 0, y(0) = 0$ et $\lim\limits_{t\to 0} \dfrac{y(t)-y(0)}{x(t)-x(0)} = \lim\limits_{t\to 0} \dfrac{2t}{3} = 0$. la tangente à l'origine est donc la droite d'équation $y = 0$ et la formule générale est valide pour $t = 0$.

La droite T_t est donc tangente et normale à Γ si cette droite recoupe Γ en un point $M(\theta)$ de Γ tel que T_θ soit orthogonale à T_t.

$\to$ Pour tout t, T_t a pour pente t, donc $T_\theta \perp T_t \iff t\theta = -1$.

$\to$ $M(\theta)$ de coordonnées $(3\theta^2, 2\theta^3)$ appartient à T_t si et seulement si :
$2\theta^3 - 3t\theta^2 + t^3 = 0$, soit $(\theta - t)(2\theta^2 - t\theta - t^2) = 0$

Comme $t\theta = -1$, on a $t \neq \theta$ et la deuxième relation s'écrit :
$2\theta^2 + 1 - t^2 = 0$, *i.e.* $\dfrac{2}{t^2} + 1 - t^2 = 0$ ou encore $t^4 - t^2 - 2 = 0$.

Les solutions de $x^2 - x - 2 = 0$ sont les nombres -1 et 2 et $t^2 = -1$ n'a pas de solution réelle, tandis que $t^2 = 2$ donne $t = \sqrt{2}$ ou $t = -\sqrt{2}$.

Les droites $T_{-\sqrt{2}} : y + \sqrt{2}x - 2\sqrt{2} = 0$ et $T_{\sqrt{2}} : y - \sqrt{2}x + 2\sqrt{2} = 0$ sont donc les deux droites à la fois tangentes et normales à Γ.

[Les deux droites trouvées sont symétriques par rapport à Ox, ce qui était prévisible du fait que les fonctions x et y sont respectivement paires et impaires, ce qui implique que Γ est symétrique par rapport à Ox.

Corrigé 8.19

1°) Soit $D : ax+by+c = 0$ une droite quelconque du plan (on a donc $a^2+b^2 \neq 0$).
Un point $M(t) : (x(t), y(t))$ de C est sur D si et seulement si :

$$ax(t) + by(t) + c = 0, \text{ soit : } at + bt^2 + c(1 + t^3) = 0$$

Si $c = 0$, alors l'équation est de degré strictement inférieur à 3 et ne peut admettre trois racines. Une droite convenant ne passe donc pas par l'origine et est donc telle que $c \neq 0$. Quitte à diviser par c on peut supposer $c = 1$: $D = ax + by + 1 = 0$.

$\star$ Si l'équation $t^3 + bt^2 + at + 1 = 0$ a trois racines distinctes t_1, t_2, t_3, alors on a :

$$\begin{aligned} t^3 + bt^2 + at + 1 &= (t - t_1)(t - t_2)(t - t_3) \\ &= t^3 - (t_1 + t_2 + t_3)t^2 + (t_1t_2 + t_2t_3 + t_3t_1)t - t_1t_2t_3 \end{aligned}$$

et par identification $t_1t_2t_3 = -1$.

$\star$ Réciproquement, soient t_1, t_2, t_3 trois réels distincts tels que $t_1t_2t_3 = -1$. En prenant $a = t_1t_2 + t_2t_3 + t_3t_1$ et $b = -(t_1 + t_2 + t_3)$, la droite D d'équation $ax + by + 1 = 0$ contient les trois points de C de paramètres t_1, t_2, t_3.

Conclusion : $M(t_1), M(t_2), M(t_3)$ alignés $\Longleftrightarrow t_1t_2t_3 = -1$.

2°) Soit $M(t)$ et $M(t_2)$ deux points distincts de C et distincts de l'origine. La corde $(M(t)M(t_2))$ recoupe C au point $M(t_3)$, avec $t_3 = -\dfrac{1}{tt_2}$.

Lorsque t_2 tend vers t, la position limite de la corde $(M(t)M(t_2))$ est la tangente à C au point de paramètre t et la position limite de $M(t_3)$ est le point $M(\theta)$, avec $\theta = -\dfrac{1}{t^2}$:

Si une droite D est tangente à C en $M(t)$, avec $t \neq 0$, alors elle recoupe la courbe en $M(-1/t^2)$.

3°) Si $M(t_1)$, $M(t_2)$ et $M(t_3)$ sont trois points alignés de C, alors $t_1t_2t_3 = -1$, donc on obtient :

$$\theta_1\theta_2\theta_3 = \frac{-1}{t_1^2} \times \frac{-1}{t_2^2} \times \frac{-1}{t_3^2} = \frac{-1}{(t_1t_2t_3)^2} = -1$$

et les points $M(\theta_1)$, $M(\theta_2)$ et $M(\theta_3)$ correspondants sont également alignés.

Corrigé 8.20

[Prendre garde aux notations : la route n'est pas la droite d'équation $y = 0$, mais la droite d'équation $y = -R$.]

1°) Comme la vitesse de C est horizontale et constante égale à v_0, alors sa position est définie par la loi horaire suivante :

$$\forall t \in \mathbb{R}_+, x_C(t) = v_0t, y_C(t) = 0$$

Or $\overrightarrow{OM} = \overrightarrow{OC} + \overrightarrow{CM}$ et $\overrightarrow{CM} = r_M \cos\theta \, \vec{i} - r_M \sin\theta \, \vec{j}$, avec $\theta = \omega t$ puisque la vitesse angulaire est constante égale à ω.

On en déduit alors bien que :

$$\forall t \in \mathbb{R}_+, x_M(t) = v_0t + r_M \cos\omega t, y_M(t) = -r_M \sin\omega t$$

(bien faire attention au sens de rotation de la roue !)

2°) Supposons que $r_M = R$.

Le vecteur vitesse au point M admet pour coordonnées :

$$x'_M(t) = v_0 - \omega R \sin \omega t, y'_M(t) = -\omega R \cos \omega t$$

Le point M est en contact avec la route quand $\theta = \frac{\pi}{2}$,soit $\omega t = \frac{\pi}{2}$, ce qui nous donne alors :

$$x'_M(t) = v_0 - \omega R, y'_M(t) = 0$$

Il n'y aura pas de glissement si le vecteur vitesse du point M, à cet instant, est nul, donc et seulement si $v_0 = \omega R$.

[Autrement dit : lorsque la roue a fait un tour complet, le point C a avancé de la distance $2\pi R$. Normal, non ?]

3°) Nous supposons donc que $v_0 = \omega R$, ce qui nous donne alors :

$$\begin{cases} x_M(t) = \omega R t + r_M \cos \omega t \\ y_M(t) = -r_M \sin \omega t \end{cases}, t \in \mathbb{R}_+$$

Comme $\overrightarrow{OM}(t + \frac{2\pi}{\omega}) = \overrightarrow{OM}(t) + 2\pi R \overrightarrow{i}$, une étude sur $[0, \frac{2\pi}{\omega}]$ est suffisante, le reste d'une trajectoire s'en déduisant ensuite par des translations de vecteurs $2\pi R \overrightarrow{i}$.

Pour construire une telle trajectoire, il est préférable d'utiliser le paramètre $\theta = \omega t$. Ce qui donne le paramétrage :

$$\begin{cases} x(\theta) = R\theta + r_M \cos \theta \\ y(t) = -r_M \sin \theta \end{cases}, \theta \in \mathbb{R}_+$$

Pour tout θ, on a : $x'(\theta) = R - r_M \sin \theta, y'(\theta) = -r_M \cos \theta$.

→ Pour $r_M = R$ (le point étudié est « au bord » du pneu), on obtient alors :

$$\begin{cases} x(\theta) = R(\theta + \cos \theta) \\ y(t) = -R \sin \theta \end{cases} \Longrightarrow \begin{cases} x'(\theta) = R(1 - \sin \theta) \\ y'(\theta) = -R \cos \theta \end{cases}, \theta \in \mathbb{R}_+$$

→ et pour $r_M = \frac{R}{2}$ (le point est un des boulons pour fixer la roue) :

$$\begin{cases} x(\theta) = R(\theta + \frac{1}{2} \cos \theta) \\ y(t) = -\frac{R}{2} \sin \theta \end{cases} \Longrightarrow \begin{cases} x'(\theta) = R(1 - \frac{1}{2} \sin \theta) \\ y'(\theta) = -\frac{R}{2} \cos \theta \end{cases}, \theta \in \mathbb{R}_+$$

On a dit que l'on prenait $0 \leqslant \theta \leqslant 2\pi$ (et on pourrait même se restreindre à faire l'étude sur $[0, \pi]$). On obtient alors les tableaux de variations suivants :

$r_M = R$:

θ	0		$\pi/2$		$3\pi/2$		2π
$x'(\theta)$		$+$	0	$+$		$+$	
x	R	↗	$\pi R/2$	↗	$3\pi R/2$	↗	$(2\pi + 1)R$
y	0	↘	$-R$	↗	R	↘	0
$y'(\theta)$		$-$	0	$+$	0	$-$	

$r_M = R/2$:

θ	0		$\pi/2$		$3\pi/2$		2π
$x'(\theta)$		$+$		$+$		$+$	
x	$R/2$	$\nearrow$	$\pi R/2$	$\nearrow$	$3\pi R/2$	$\nearrow$	$(4\pi+1)R/2$
y	0	$\searrow$	$-R/2$	$\nearrow$	$R/2$	$\searrow$	0
$y'(\theta)$		$-$	0	$+$	0	$-$	

Et les tracés correspondants (attention le repère n'est pas orthonormé) :

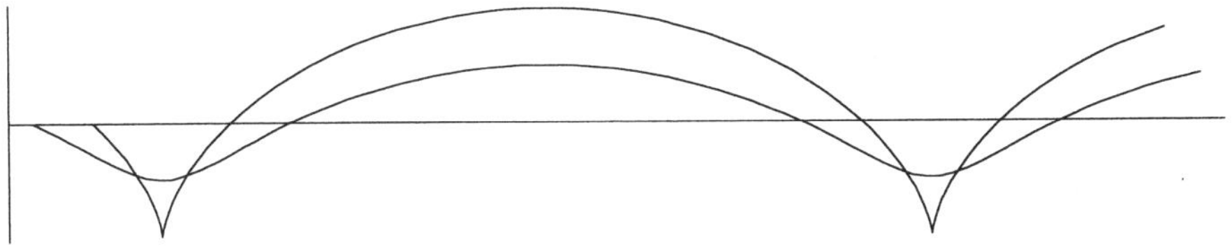

[La courbe obtenue dans le cas $r_M = R$ est appelée «cycloïde», pour $r_M < M$, on parle de«cycloïde raccourcie» et pour $r_M > R$ (c'est possible : regardez bien une roue de locomotive) on parle de«cycloïde allongée».]

Intégration 09

RÉPARTITION DES EXERCICES

I. ÉNONCÉS DES EXERCICES

9.01 Déterminer la nature des intégrales suivantes :

$$I = \int_0^{+\infty} \ln\left(1 + \tfrac{1}{t^2}\right) dt \quad ; J = \int_0^{+\infty} \frac{dt}{\sqrt{t^3 + t^2}} \quad ; K = \int_0^{\frac{\pi}{2}} \sqrt{\tan t}\, dt$$

$$L = \int_0^{\frac{\pi}{2}} \frac{dt}{\sqrt{1 - \sin t}} \quad ; M = \int_0^{+\infty} \frac{1 - \cos t}{t^2}\, dt \quad ; N = \int_0^{+\infty} \frac{dt}{e^t - 1}$$

$$O = \int_1^{+\infty} \sin(t) \sin\left(\tfrac{1}{t^2}\right) dt \quad ; P = \int_0^{+\infty} \frac{t}{1 - \cos t}\, dt$$

◇

9.02 Montrer que les intégrales suivantes convergent et calculer leur valeur :

$$I = \int_0^{+\infty} e^{-x}\, dx\,; \quad J = \int_0^1 \ln x\, dx\,; \quad K = \int_{-1}^1 \frac{dx}{\sqrt{1 - x^2}}$$

$$L = \int_0^{+\infty} \frac{dx}{x^2 + 4}\,; \quad M = \int_0^1 \frac{x^3}{\sqrt{1 - x^4}}\, dx\,; \quad N = \int_0^{\frac{\pi}{2}} \frac{\cos x}{\sqrt{1 - \sin x}}\, dx$$

◇

9.03 Donner la nature des intégrales suivantes, puis calculer la valeur de celles qui convergent.

$$I = \int_{-\infty}^{+\infty} \frac{t}{1 + t^2}\, dt\,; \quad J = \int_0^{+\infty} \frac{t^3 \ln t}{(1 + t^4)^3}\, dt\,;$$

$$K = \int_0^{+\infty} \left(t + 2 - \sqrt{t^2 + 4t + 1}\right) dt.$$

◇

9.04 Montrer que les intégrales suivantes convergent, puis calculer leur valeur :

$$I = \int_0^1 \frac{\ln(1 - t)}{(1 + t)^2}\, dt\,; \quad J = \int_0^{+\infty} \frac{\ln t}{1 + t^2}\, dt\,; \quad K = \int_0^1 \frac{dt}{\sqrt{t(1 - t)}}$$

◇

9.05 Déterminer la nature des intégrales suivantes en fonction des paramètres réels α et β :

$$I = \int_0^{+\infty} \frac{\sqrt{x}}{(1+x)^\alpha}\,dx\ ;\ J = \int_0^{\pi} \frac{dx}{(1-\cos x)^\alpha}\ ;\ K = \int_0^{+\infty} \frac{dx}{x^\alpha + x^\beta}$$

$$L = \int_0^{+\infty} \frac{x^\alpha}{1+x}\,dx\ ;\ M = \int_1^{+\infty} \frac{dx}{\sqrt{1+x^\alpha}}\ ;\ N = \int_0^{+\infty} (x^\alpha + x^\beta)\,dx$$

◇

9.06 Déterminer la nature des intégrales suivantes :

$$I = \int_0^1 \frac{\sqrt{1+t^2}}{2t^2}\,dt\ ;\quad J = \int_0^1 \frac{\sqrt{1-t^2}}{2t^2}\,dt$$

$$K = \int_0^1 \frac{\sqrt{1+t^2}-\sqrt{1-t^2}}{2t^2}\,dt\ ;\quad L = \int_{-\infty}^{+\infty} \frac{dt}{\sqrt{|1+t^3|}}.$$

◇

9.07 Soient $\alpha \in \mathbb{R}_+^*, I(\alpha) = \displaystyle\int_0^{\pi} \frac{\sin x}{x^\alpha}\,dx$ et $J(\alpha) = \displaystyle\int_{\pi}^{+\infty} \frac{\sin x}{x^\alpha}\,dx.$

1°) Déterminer, en fonction de α, la nature de l'intégrale $I(\alpha)$.

2°) Montrer que l'intégrale $J(\alpha)$ est convergente. En déduire, en fonction de α, la nature de l'intégrale $\displaystyle\int_0^{+\infty} \frac{\sin x}{x^\alpha}\,dx.$

◇

9.08 On considère une fonction f continue de $\mathbb{R}_+$ dans $\mathbb{R}$ telle que l'intégrale $\displaystyle\int_0^{+\infty} f(x)\,dx$ soit convergente.

On considère l'application continue g définie sur $\mathbb{R}_+$ par :

$$\begin{cases} \forall\, n \in \mathbb{N}, g(n) = n^2 \\ \forall\, n \in \mathbb{N}^*, g \text{ affine sur } \left[n - \frac{1}{2^n n^2}, n\right] \text{ et sur } \left[n, n + \frac{1}{2^n n^2}\right] \\ g(x) = 0 \text{ sur } \left[0, \frac{1}{2}\right] \\ g(x) = 0 \text{ sur } \left[n + \frac{1}{2^n n^2}, n + 1 - \frac{1}{2^{n+1}(n+1)^2}\right] \text{ pour tout } n \in \mathbb{N}^* \end{cases}$$

1°) Montrer que, si f admet une limite L en $+\infty$, alors $L = 0$.

2°) Calculer $I_n = \displaystyle\int_{n-\frac{1}{2}}^{n+\frac{1}{2}} g(x)\,dx$ pour $n \geqslant 1$.

3°) En déduire que $\displaystyle\int_0^{+\infty} g(x)\,dx$ converge alors que g ne tend pas vers 0 en $+\infty$.

◇

9.09 On considère un nombre réel k et la fonction f définie sur $I = [1, +\infty[$ par :

$$f(x) = \frac{x^{k-1}}{1+x^{2k}}.$$

1°) Montrer que f est décroissante sur I, quel que soit $k \in \mathbb{R}$.

2°) Montrer que la série $\sum\limits_{n\geq 1} \dfrac{n^{k-1}}{1+n^{2k}}$ est convergente, pour tout k non nul.

3°) Que peut-on en déduire pour $J = \displaystyle\int_1^{+\infty} f(x)\,dx$?

◇

9.10 Soit f la fonction définie sur $\mathbb{R}_+$ par $f(t) = \dfrac{1}{\sqrt{1+t^3|\sin t|}}$.

1°) Etudier la nature de la série de terme général $u_n = \displaystyle\int_{n\pi}^{(n+1)\pi} f(t)\,dt$.

2°) En déduire la nature de l'intégrale $I = \displaystyle\int_0^{+\infty} f(t)\,dt$.

◇

9.11 Pour tout $n \in \mathbb{N}$, soit $I_n = \displaystyle\int_0^{+\infty} \mathrm{e}^{-x} \sin^{2n}(x)\,dx$.

1°) Montrer que, pour tout $n \in \mathbb{N}$, l'intégrale I_n est convergente.

2°) Calculer I_n, pour tout $n \in \mathbb{N}$.

3°) Soit $A_n = \prod\limits_{k=1}^{n} \left(1 - \dfrac{1}{2k}\right)$. Montrer que pour tout $n \in \mathbb{N}^*$, on a $0 < I_n < A_n$.

4°) Etudier la limite de $(A_n)_n$ et en déduire celle de $(I_n)_n$.

◇

9.12 On considère l'intégrale $\displaystyle\int_0^1 \frac{\ln x}{1+x^2}\,dx$.

1°) Montrer que l'intégrale précédente est convergente. On note I sa valeur.

2°) Montrer que, pour tout entier naturel n, l'intégrale $I_n = \displaystyle\int_0^1 x^{2n} \ln x\,dx$ est convergente et la calculer.

3°) Justifier que l'on a :

$$\forall n \in \mathbb{N}^*, \forall x \in [0,1], \frac{1}{1+x^2} = \sum_{k=0}^{n} (-1)^k x^{2k} + \frac{(-1)^{n+1} x^{2n+2}}{1+x^2}.$$

4°) Déduire des questions précédentes que $I = \sum\limits_{k=0}^{\infty} \dfrac{(-1)^{k+1}}{(2k+1)^2}$.

◇

9.13 Déterminer la limite suivante : $\displaystyle\lim_{n\to\infty} \int_0^{+\infty} \frac{n \sin(\frac{x}{n})}{(1+x^2)^2}\,dx$.

◇

9.14 Soient la fonction f définie sur $]0,1[$ par $f(t) = \dfrac{\ln(t)\ln(1-t)}{t}$ et l'intégrale $I = \displaystyle\int_0^1 f(t)\,dt$.

1°) Montrer que, pour tout entier naturel n, les intégrales $J_n = \displaystyle\int_0^1 t^n \ln t \, dt$ sont convergentes et les calculer.

2°) Montrer que : $\forall x \in]0,1[, f(x) = \sum\limits_{n=1}^{\infty} \dfrac{-x^{n-1} \ln x}{n}$.

3°) En déduire que $I = \sum\limits_{n=1}^{+\infty} \dfrac{1}{n^3}$.

◇

9.15 On considère les intégrales $I_p = \displaystyle\int_0^1 \frac{x^p \ln x}{x-1} \, dx$, pour $p \in \mathbb{N}^*$.

1°) Montrer la convergence de l'intégrale définissant I_p.

2°) Montrer que l'on a : $\forall p \in \mathbb{N}^*, I_p = \sum\limits_{n=p+1}^{\infty} \dfrac{1}{n^2}$.

◇

9.16 On considère la fonction f définie sur $\mathbb{R}_+^*$ par : $f(x) = \dfrac{x^2}{\mathrm{e}^x - 1}$.

1°) Montrer que $\forall x \in \mathbb{R}_+^*, f(x) = \sum\limits_{n=1}^{\infty} x^2 \mathrm{e}^{-nx}$.

2°) En déduire que : $\displaystyle\int_0^{+\infty} \frac{x^2}{\mathrm{e}^x - 1} \, dx = 2 \sum_{n=1}^{+\infty} \frac{1}{n^3}$.

◇

9.17 On considère la fonction f définie sur $\mathbb{R}_+^*$ par : $f(x) = \dfrac{x}{\mathrm{e}^x - \mathrm{e}^{-x}}$.

1°) En procédant comme pour l'exercice précédent, déterminer une suite de fonctions $(f_n)_{n \geq 1}$ telle que : $\forall x \in \mathbb{R}_+^*, f(x) = \sum\limits_{n=1}^{\infty} f_n(x)$.

2°) En déduire la valeur de l'intégrale $I = \displaystyle\int_0^{+\infty} \frac{x}{\mathrm{e}^x - \mathrm{e}^{-x}} \, dx$.

◇

9.18 On considère les fonctions f et g définies sur $]0,1]$ par : $f(x) = x^{-x}$ et $g(x) = x^x$.

1°) Calculer $I_{n,p} = \displaystyle\int_0^1 x^n (\ln x)^p \, dx$, pour $(n,p) \in \mathbb{N}^2$.

2°) Montrer que : $\displaystyle\int_0^1 x^{-x} \, dx = \sum_{n=1}^{\infty} \frac{1}{n^n}$.

3°) Déterminer de même $\displaystyle\int_0^1 g(x) \, dx$ sous forme d'une série numérique.

◇

9.19 On considère, pour tout entier naturel n non nul, la fonction f_n définie sur $\mathbb{R}_+$ par : $f_n(x) = \begin{cases} \left(1 - \dfrac{x^2}{n}\right)^n & \text{si } 0 \leqslant x \leqslant \sqrt{n} \\ 0 & \text{si } x > \sqrt{n} \end{cases}$

1°) Soient les suites $(u_n)_{n\in\mathbb{N}}$ et $(v_n)_{n\in\mathbb{N}}$ définies par :

$$\forall n \in \mathbb{N}, u_n = \int_0^{\pi/2} \sin^n t\,dt \text{ et } v_n = (n+1)u_{n+1}u_n.$$

a) Déterminer une relation entre u_{n+2} et u_n.

b) Déterminer les variations des suites $(u_n)_{n\in\mathbb{N}}$ et $(v_n)_{n\in\mathbb{N}}$.

c) Donner un équivalent de u_n en l'infini.

2°) Calculer l'intégrale $I = \displaystyle\int_0^{+\infty} \mathrm{e}^{-x^2}\,dx$.

◇

9.20 Soit la fonction f définie sur $\mathbb{R}_+^*$ par : $f(t) = \dfrac{\sin t}{\mathrm{e}^t - 1}$.

1°) Montrer que l'intégrale $\displaystyle\int_0^{+\infty} f(t)\,dt$ est convergente.

2°) On considère les suites $(a_n)_{n\geq 0}$ et $(b_n)_{n\geq 0}$ définies par :

$$\forall\, n \in \mathbb{N}^*, a_n = \int_0^{+\pi} e^{-nt}\sin t\,dt \text{ et } b_n = \int_\pi^{+\infty} \mathrm{e}^{-nt}|\sin t|\,dt.$$

Montrer que les séries numériques $\sum\limits_{n\geq 1} a_n$ et $\sum\limits_{n\geq 1} b_n$ sont convergentes.

3°) En déduire que $\displaystyle\int_0^{+\infty} f(t)\,dt = \sum_{n=1}^{\infty} \frac{1}{n^2+1}$.

◇

9.21 On veut montrer que pour tout réel x, l'intégrale $I(x) = \displaystyle\int_0^{+\infty} \frac{\cos(xt)}{\mathrm{e}^t + \mathrm{e}^{-t}}\,dt$ et la somme de la série $S(x) = \displaystyle\sum_{n=0}^{\infty} \frac{(-1)^n(2n+1)}{(2n+1)^2 + x^2}$ sont égales.

1°) Montrer que l'intégrale $I(x)$ et la série $S(x)$ sont convergentes, pour tout $x \in \mathbb{R}$.

2°) Montrer que, pour tout entier naturel n et tout réel x, l'intégrale $I_n(x) = \displaystyle\int_0^{+\infty} \mathrm{e}^{-(2n+1)t}\cos(xt)\,dt$ est convergente et la calculer.

3°) Justifier que l'on a : $\forall\, n \in \mathbb{N}, \forall\, x \in \mathbb{R}$ et $\forall\, t > 0$,

$$\frac{1}{\mathrm{e}^t + \mathrm{e}^{-t}} = \sum_{k=0}^{n} (-1)^k \mathrm{e}^{-(2k+1)t} + \frac{(-1)^{n+1}\mathrm{e}^{-(2n+3)t}}{1 + \mathrm{e}^{-2t}}.$$

4°) Déduire des questions précédentes que l'on a bien :

$$\forall\, x \in \mathbb{R}, I(x) = S(x).$$

◇

9.22 On considère la fonction f définie par : $f(x) = \displaystyle\int_0^{2\pi} \frac{dt}{\sqrt{1 + x\cos t}}$.

1°) Déterminer le domaine de définition de f et ses éventuelles réductions.

2°) Montrer que f est continue et dérivable sur son domaine de définition.

◇

9.23 On considère la fonction f, de la variable réelle x, définie par :

$$f(x) = \int_0^1 t^{xt} dt.$$

1°) Montrer que f est définie, continue et dérivable sur $\mathbb{R}$.

2°) Montrer que $\lim_{x \to -\infty} f(x) = +\infty$.

◇

9.24 Soient a et b deux réels tels que $a < b$ et f une fonction définie et continue sur $[a, b]$ à valeurs dans $\mathbb{R}$. On considère la fonction g définie par : $g(x) = \displaystyle\int_a^b f(t) \cos(xt)\, dt$.

1°) Montrer que g est indéfiniment dérivable sur $\mathbb{R}$.

2°) On suppose f de classe $\mathcal{C}^1$. Déterminer $\lim_{x \to +\infty} g(x)$ et $\lim_{x \to -\infty} g(x)$.

◇

9.25 On considère la fonction f, de la variable réelle x, définie par :

$$f(x) = \int_0^{+\infty} \frac{1 - e^{-xt^2}}{t^2}\, dt.$$

1°) Montrer que f est continue sur $\mathbb{R}_+$ et dérivable sur $\mathbb{R}_+^*$.

2°) Expliciter $f'(x)$ pour $x \in \mathbb{R}_+^*$ et en déduire une expression simple de $f(x)$ pour tout $x \in \mathbb{R}_+$ (on rappelle que $\displaystyle\frac{1}{\sqrt{\pi}} \int_{-\infty}^{+\infty} e^{-t^2} dt = 1$).

◇

9.26 On considère la fonction f, de la variable réelle x, définie par :

$$f(x) = \int_0^{+\infty} \frac{\sin^2(xt)}{t^2}\, e^{-t}\, dt.$$

1°) Déterminer le domaine de définition D_f de la fonction f.

2°) Montrer que f est de classe $\mathcal{C}^2$ sur D_f.

3°) Calculer explicitement $f''(x)$ pour $x \in D_f$ et en déduire une expression simple de $f(x)$.

◇

9.27 On considère la fonction $g :]1, +\infty[\to \mathbb{R}$ définie par :

$$g(x) = \int_0^{+\infty} \frac{e^{-xt}}{t} \operatorname{sh}(t)\, dt.$$

1°) Montrer que g est ainsi bien définie sur $]1, +\infty[$.

2°) Montrer que $g(x) = \frac{1}{2} \ln\left(\frac{x+1}{x-1}\right)$.

◇

9.28 Soient $A =]-1, +\infty[$ et la fonction f définie par : $f(x) = \displaystyle\int_0^{\frac{\pi}{2}} \sin^x t\, dt$.

1°) **a)** Montrer que f est définie, continue et dérivable sur A.

b) Etudier les variations de f sur A.

2°) Soit la fonction φ définie sur $\mathbb{R}_+^*$ par : $\forall x \in \mathbb{R}_+^*, \varphi(x) = xf(x)f(x-1)$.

a) Montrer que, pour tout $x \in \mathbb{R}_+^*, \varphi(x+1) = \varphi(x)$ et en déduire $\varphi(n)$ pour $n \in \mathbb{N}^*$.

b) Déterminer les variations de $x \mapsto \dfrac{\varphi(x)}{x}$ et montrer que φ est une fonction constante.

3°) Déterminer $\lim\limits_{x \to -1^+} f(x)$ et $\lim\limits_{x \to +\infty} f(x)$.

◇

9.29 On considère la fonction f, de la variable réelle x, définie par :

$$f(x) = \int_{-\infty}^{+\infty} \mathrm{e}^{-t^2+itx} dt.$$

1°) Montrer que f est définie, continue et dérivable sur $\mathbb{R}$.

2°) Montrer que : $\forall x \in \mathbb{R}, 2f'(x) + xf(x) = 0$.

3°) En déduire une expression explicite de $f(x)$

(on rappelle que $\dfrac{1}{\sqrt{\pi}} \displaystyle\int_{-\infty}^{+\infty} \mathrm{e}^{-t^2} dt = 1$).

II. INDICATIONS

9.01. Attention à n'utiliser les critères sur les intégrales de fonctions positives qu'après avoir vérifié la positivité...

9.02. A chaque fois on peut trouver une primitive et passer à la limite pour obtenir la convergence et la valeur en même temps.

9.03. On pourra utiliser des équivalents des fonctions à intégrer au voisinage des points qui posent problème.

9.04. On pourra faire une « IPP » pour la première, poser $u = 1/t$ pour la deuxième et poser $t = \sin^2 u$ pour la troisième.

9.05. On pourra utiliser des équivalents des fonctions à intégrer au voisinage des points qui posent problème.

9.06. Pour la dernière il vaut mieux se débarasser des valeurs absolues.

9.07. Pour montrer la convergence de $J(\alpha)$ on pourra faire une intégration par parties judicieuse.

9.08. Surtout faites un petit dessin pour « voir » !

9.09. Pour conclure, on pourra utiliser le fait que si f est décroissante et à valeurs dans $\mathbb{R}_+$, alors la série $\sum\limits_{n \geq 1} f(n)$ et l'intégrale $\displaystyle\int_1^{+\infty} f(x)\, dx$ sont de même nature.

9.10. Pour la première question, on pourra poser $t = n\pi + x$.

9.11. Pour la question **2)**, on pourra chercher une relation de récurrence entre I_n et I_{n-1}, puis, à la question **4)**, on utilisera la fonction $\ln$ pour transformer le produit en somme.

9.12. Pour la question **4)**, montrer que $f(x) = \sum_{k=0}^{n}(-1)^k x^{2k}\ln x + \dfrac{(-1)^{n+1}x^{2n+2}\ln x}{1+x^2}$, puis que l'intégrale résiduelle est de limite nulle.

9.13. Utiliser le théorème de convergence dominée pour les suites de fonctions intégrables.

9.14. à **9.16.** On utilisera un théorème d'intégration terme à terme.

9.17. On montrera que, pour tout $x \in \mathbb{R}_+^*$, on a $f(x) = \sum_{n=0}^{+\infty} x\mathrm{e}^{-(2n+1)x}$.

On rappelle également que $\sum_{n=1}^{\infty}\dfrac{1}{n^2} = \dfrac{\pi^2}{6}$.

9.18. On rappelle que pour tout $z \in \mathbb{R}$, $\mathrm{e}^z = \sum_{n=0}^{\infty}\dfrac{z^n}{n!}$.

9.19. On montrera que $(f_n)_n$ converge (comment ?) vers $f : x \mapsto \mathrm{e}^{-x^2}$. On déduira I des intégrales $I_n = \displaystyle\int_0^{+\infty} f_n(x)\,dx$.

9.20. Pour la question **3)**, on utilisera le théorème d'intégation terme à terme pour les séries de fonctions intégrables.

9.21. Pour la question **4)**, on pourra montrer que $\displaystyle\int_0^{+\infty}\frac{(-1)^{n+1}\cos(xt)\mathrm{e}^{-(2n+3)t}}{1+\mathrm{e}^{-2t}}\,dt \underset{n\to\infty}{\longrightarrow} 0$.

9.22. Pour **1)** Montrer que f est paire. Ne pas oublier que si une fonction f est périodique de période 2π, alors $\int_a^{a+2\pi} f$ ne dépend pas de a.

9.23. On intègre une fonction positive, donc $f(x) = \displaystyle\int_0^1 \ldots \geqslant \int_{1/4}^{3/4} \ldots$.

9.24. Pour la question **2)** intégrer par parties.

9.25. On pourra prolonger par continuité $t \mapsto g(x,t) = \dfrac{1-\mathrm{e}^{-xt^2}}{t^2}$ en $t = 0$ puis majorer indépendament de x l'expression de $g(x,t)$ pour $t > 1$.

9.26. Procéder comme pour l'exercice précédent.

9.27. Se ramener à l'intégration sur un segment de façon à pouvoir séparer l'intégrale en deux et faire un changement de variable sur chacune...

9.28. Pour montrer que φ est constante, on montrera que c'est une fonction périodique qui admet une limite en $+\infty$.

III. CORRIGÉS DÉTAILLÉS DES EXERCICES

Toutes *les fonctions dont nous allons parler dans ce chapitre sont des fonctions continues par morceaux donc localement intégrables, nous ne le redirons donc pas à chaque fois, pour concentrer notre attention seulement aux points posant problème ...*

Corrigé 9.01

A chaque fois on détermine un équivalent ou un ordre de grandeur de la fonction à intégrer là où il y a problème, afin d'appliquer la règle de Riemann.

1°) Pour la première fois, disons-le : la fonction $f : t \mapsto \ln\left(1 + \frac{1}{t^2}\right)$ est continue et donc localement intégrable sur $\mathbb{R}_+^*$.

$0 \leqslant f(t) \underset{(+\infty)}{\sim} \frac{1}{t^2} \Longrightarrow \int_1^{+\infty} f(t)\,dt$ converge.

$0 \leqslant f(t) \underset{(0)}{\sim} -\ln t^2$ et $\lim\limits_{t\to 0}\left(-\sqrt{t}\ln t^2\right) = 0 \Longrightarrow f(t) \underset{(0)}{=} o(1/\sqrt{t})$ et $\int_0^1 f(t)\,dt$ converge.

Conclusion : l'intégrale I est convergente.

2°) $0 \leqslant f(t) \underset{(0)}{\sim} \frac{1}{t} \Longrightarrow \int_0^1 f(t)\,dt$ diverge.

Conclusion : l'intégrale J est *a fortiori* divergente.

3°) La fonction $t \mapsto \sqrt{\tan t}$ est continue sur $[0, \pi/2[$ et le probloème est en $\pi/2$.

On pose $u = \frac{\pi}{2} - t$: $f(t) = \sqrt{\tan t} = \sqrt{\operatorname{cotan} u} = \dfrac{\sqrt{\cos u}}{\sqrt{\sin u}} \underset{(u\to 0)}{\sim} \dfrac{1}{\sqrt{u}}$

Ainsi $f(t) \underset{(\pi/2^-)}{\sim} \dfrac{1}{\sqrt{\pi/2 - t}}$ et l'intégrale K converge.

4°) Le seul problème est en $\pi/2$, et :

$$f(t) = \frac{1}{\sqrt{1-\sin t}} = \frac{1}{\sqrt{1-\cos(\pi/2 - t)}} \underset{(\pi/2^-)}{\sim} \frac{1}{\sqrt{\frac{(\pi/2-t)^2}{2}}} = \frac{\sqrt{2}}{\pi/2 - t}$$

Conclusion : l'intégrale L est divergente.

5°) $0 \leqslant f(t) \leqslant \frac{2}{t^2} \Longrightarrow \int_1^{+\infty} f(t)\,dt$ converge, puis $f(t) \underset{(0)}{\sim} \dfrac{t^2/2}{t^2} = \frac{1}{2}$, donc f est prolongeable par continuité en 0, et $\int_0^1 f(t)\,dt$ converge.

Conclusion : l'intégrale M est convergente.

6°) $f(t) \underset{(0)}{\sim} \frac{1}{t}$, donc $\int_0^1 f(t)\,dt$ diverge et *a fortiori* l'intégrale N est divergente.

7°) $|f(t)| \leqslant \left|\sin\left(\frac{1}{t^2}\right)\right| \underset{(+\infty)}{\sim} \frac{1}{t^2}$ et $\int_1^{+\infty} \frac{dt}{t^2}$ converge.

Conclusion : l'intégrale O est absolument convergente, donc convergente.

8°) $f(t) \underset{(0)}{\sim} \dfrac{t}{t^2/2} = \frac{2}{t}$, donc $\int_0^1 f(t)\,dt$ diverge et *a fortiori* l'intégrale P est divergente.

Corrigé 9.02

1°) Pour tout $X \in \mathbb{R}_+$, $\int_0^X \mathrm{e}^{-x}\,dx = \left[-\mathrm{e}^{-x}\right]_0^X = -\mathrm{e}^{-X} + 1 \underset{X\to+\infty}{\longrightarrow} 1$.

Conclusion : I est convergente et vaut 1.

2°) Pour tout $\varepsilon \in]0,1[$, $\int_\varepsilon^1 \ln x\,dx = \left[x\ln x - x\right]_\varepsilon^1 = -1 - \varepsilon\ln\varepsilon + \varepsilon \underset{\varepsilon\to 0}{\longrightarrow} -1$.

Conclusion : J est convergente et vaut -1.

3°) Pour tous a et b tels que $-1 < a < b < 1$, on a :
$$\int_a^b \frac{dx}{\sqrt{1-x^2}} = \left[\arcsin x\right]_a^b = \arcsin(b) - \arcsin(a) \underset{(a,b)\to(-1,1)}{\longrightarrow} \frac{\pi}{2} - \frac{-\pi}{2} = \pi.$$
Conclusion : K est convergente et vaut π.

4°) Pour tout $X \in \mathbb{R}_+$, on a :
$$\int_0^X \frac{dx}{x^2+4} = \frac{1}{2}\int_0^X \frac{\frac{dx}{2}}{(\frac{x}{2})^2+1} = \frac{1}{2}\left[\arctan \frac{x}{2}\right]_0^X$$
$$= \frac{1}{2}(\arctan(X) - \arctan(0)) \underset{X\to+\infty}{\longrightarrow} \frac{\pi}{4}.$$
Conclusion : L est convergente et vaut $\frac{\pi}{4}$.

5°) Pour tout $X \in [0,1[$, on a :
$$\int_0^X \frac{x^3}{\sqrt{1-x^4}}\,dx = -\frac{1}{4}\int_0^X \frac{-4x^3}{\sqrt{1-x^4}}\,dx = -\frac{1}{4}\left[2\sqrt{1-x^4}\right]_0^X$$
$$= -\frac{1}{2}\left(\sqrt{1-X^4}-1\right) \underset{X\to 1}{\longrightarrow} \frac{1}{2}.$$
Conclusion : M est convergente et vaut $\frac{1}{2}$.

6°) Pour tout $X \in [0,\pi/2[$,
$$\int_0^X \frac{\cos x}{\sqrt{1-\sin x}}\,dx = \left[-2\sqrt{1-\sin x}\right]_0^X = -2\left(\sqrt{1-\sin X}-1\right) \underset{X\to\pi/2}{\longrightarrow} 2.$$
Conclusion : N est convergente et vaut 2.

Corrigé 9.03

1°) $\frac{t}{1+t^2} \underset{(+\infty)}{\sim} \frac{1}{t}$, donc, par la règle de Riemann, l'intégrale $\int_1^{+\infty} f(t)\,dt$ diverge et *a fortiori* I est divergente.

2°) La fonction f est continue sur $\mathbb{R}_+^*$, et :
$\lim_{t\to0^+} t\ln t = 0$, donc $\lim_{t\to0^+} f(t) = 0$, et on peut prolonger par continuité la fonction f en posant $f(0)=0$.
Le seul problème est donc en $+\infty$. Or, $t \geqslant 1 \implies \ln t \leqslant t$ et donc : $t \geqslant 1 \implies 0 \leqslant f(t) \leqslant \frac{t^4}{(1+t^4)^3} \leqslant \frac{1}{t^8}$.
Donc l'intégrale J est convergente. Nous allons alors la calculer :
Pour $0 < a < b$, le changement de variable $u = t^4$ donne :
$$\int_a^b \frac{t^3\ln t}{(1+t^4)^3}\,dt = \int_{a^4}^{b^4} \frac{\ln u}{4(1+u)^3}\frac{du}{4} = \frac{1}{16}\int_{a^4}^{b^4}\frac{\ln u}{(1+u)^3}\,du$$
Intégrons par parties, en dérivant la partie logarithmique :
$$\int_a^b \frac{t^3\ln t}{(1+t^4)^3}\,dt = \frac{1}{16}\left[\ln u \times \frac{-1}{2(1+u)^2}\right]_{a^4}^{b^4} + \frac{1}{32}\int_{a^4}^{b^4}\frac{1}{u}\times\frac{du}{(1+u)^2}$$
Or : $\frac{1}{u(1+u)^2} = \frac{1}{u} - \frac{1}{1+u} - \frac{1}{(1+u)^2}$, donc :

$$\int_a^b \frac{t^3 \ln t}{(1+t^4)^3}\,dt = \frac{1}{16}\Big[\ln u \times \frac{-1}{2(1+u)^2} + \frac{1}{2}(\ln u - \ln(1+u) + \frac{1}{1+u})\Big]_{a^4}^{b^4}$$

$$= \frac{1}{32}(\varphi(b^4) - \varphi(a^4)),\text{ avec}$$

$$\varphi(u) = \frac{-\ln u}{(1+u)^2} + \ln u - \ln(1+u) + \frac{1}{1+u}$$

$\rightarrow$ Pour chercher la limite en $+\infty$ de φ, les deux termes extrêmes sont sans problème (le premier par négligeabilité classique) et on regroupe les deux derniers termes logarithmiques :

$$\varphi(u) = \frac{-\ln u}{(1+u)^2} + \ln\big(\frac{u}{1+u}\big) + \frac{1}{1+u} \underset{u\to+\infty}{\longrightarrow} \ln 1 = 0$$

$\rightarrow$ Pour chercher la limite en 0, on regroupe au contraire les deux premiers termes :

$$\varphi(u) = \ln(1+u) + \frac{1}{1+u} + (1 - \frac{1}{(1+u)^2})\ln u \underset{u\to+\infty}{\longrightarrow} \ln 1 = 0$$

$$= \ln(1+u) + \frac{1}{1+u} + \frac{u+2}{(1+u)^2}\times u\ln u \underset{u\to 0}{\longrightarrow} 1$$

Ainsi $J = \lim\limits_{a\to 0}\lim\limits_{b\to+\infty} \frac{1}{32}(\varphi(b^4) - \varphi(a^4)) = \frac{1}{32}(0-1) = -\frac{1}{32}$

3°) $(t+2)^2 > t^2 + 4t + 1$, donc f est positive sur $\mathbb{R}^+$ et, par utilisation de la quantité conjuguée :

$$f(t) = \frac{(t+2)^2 - (t^2+4t+1)}{t+2+\sqrt{t^2+4t+1}} = \frac{3}{t(1+\frac{2}{t}+\sqrt{1+\frac{4}{t}+\frac{1}{t^2}})} \underset{(+\infty)}{\sim} \frac{3}{2t} \text{ et,}$$

par la règle de Riemann, l'intégrale K est divergente.

Corrigé 9.04

1°) La fonction $t \mapsto \dfrac{\ln(1-t)}{(1+t)^2}$ est continue sur $[0,1[$ et au voisinage de 1, $f(t) \underset{(1)}{\sim} \frac{1}{2}\ln(1-t)$. La convergence connue de $\displaystyle\int_0^1 \ln(1-t)\,dt$ (on sait « primitiver » sur $[0,a]$ et passer à la limte) donne, par la règle d'équivalence pour les fonctions de signe fixe, la convergence de I.

On procède à une intégration par parties sur un segment $[0,X]$, avec $0 < X < 1$:

$$u(t) = \ln(1-t) \implies u'(t) = \frac{-1}{1-t}\,;\, v'(t) = \frac{1}{(1+t)^2} \Longleftarrow v(t) = \frac{-1}{1+t}$$

D'où :

$$\int_0^X \frac{\ln(1-t)}{(1+t)^2}\,dt = \Big[-\frac{\ln(1-t)}{1+t}\Big]_0^X - \int_0^X \frac{dt}{(1-t)(1+t)}$$

$$= \Big[-\frac{\ln(1-t)}{1+t}\Big]_0^X - \frac{1}{2}\int_0^X \big(\frac{1}{1-t} + \frac{1}{1+t}\big)\,dt$$

$$= \Big[-\frac{\ln(1-t)}{1+t} + \frac{1}{2}\ln(1-t) - \frac{1}{2}\ln(1+t)\Big]_0^X$$

$$= \Big[\frac{t-1}{2(t+1)}\ln(1-t) - \frac{1}{2}\ln(1+t)\Big]_0^X$$

$$\int_0^X \frac{\ln(1-t)}{(1+t)^2}\,dt = \frac{X-1}{2(X+1)}\ln(1-X) - \frac{1}{2}\ln(1+X)$$

Ce regroupement des logarithmes permet de faire apparaître une limite classique et :

$$I = \lim_{X\to 1} \frac{X-1}{2(X+1)}\ln(1-X) - \frac{1}{2}\ln(1+X) = -\frac{1}{2}\ln 2$$

2°) La fonction $f : t \mapsto \dfrac{\ln t}{1+t^2}$ est continue sur $\mathbb{R}_+^*$, et :

$\to f(t) \underset{(0)}{\sim} \ln t$, ce qui montre que $\displaystyle\int_0^1 f(t)\,dt$ converge.

$\to t^{3/2}f(t) \underset{(+\infty)}{\sim} \dfrac{\ln t}{\sqrt{t}} \underset{t\to+\infty}{\longrightarrow} 0$, donc $f(t) \underset{(+\infty)}{=} o\,(\frac{1}{t^{3/2}})$ et la règle de Riemann montre que $\displaystyle\int_1^{+\infty} f(t)\,dt$ converge.

Donc J converge.

Effectuons alors le changement de variable $u = \dfrac{1}{t}$ (directement avec les bornes 0 et $+\infty$ pour ceux qui osent, sur un segment inclus dans $\mathbb{R}_+^*$ suivi d'un passge à la limite pour les autres) :

$$J = \int_0^{+\infty} \frac{\ln t}{1+t^2}\,dt = \int_{+\infty}^0 \frac{\ln\frac{1}{u}}{1+\frac{1}{u^2}} \times \frac{-du}{u^2} - \int_0^{+\infty} \frac{\ln u}{u^2+1}\,du = -J$$

Donc $J = 0$.

3°) La fonction $f : t \mapsto \dfrac{1}{\sqrt{t(1-t)}}$ est continue sur $]0,1[$. La fonction f est positive sur $]0;1[$, et les équivalences $f(t) \underset{(0^+)}{\sim} \dfrac{1}{\sqrt{t}}$ et $f(t) \underset{(1^-)}{\sim} \dfrac{1}{\sqrt{1-t}}$ impliquent que l'intégrale K est convergente.

Posons $t = \sin^2 u$. On obtient alors $dt = 2\cos u \sin u\,du$ et :

$$K = \int_0^1 \frac{dt}{\sqrt{t(1-t)}} = \int_0^{\pi/2} \frac{2\cos u \sin u}{\cos u \sin u}\,du = \int_0^{\pi/2} 2\,du = \pi$$

Corrigé 9.05

1°) La fonction f à intégrer est continue sur $\mathbb{R}_+$ et telle que $f(x) \underset{(+\infty)}{\sim} \dfrac{1}{x^{\alpha-\frac{1}{2}}}$.

Donc, l'intégrale I est convergente si et seulement si $\alpha > \dfrac{3}{2}$.

2°) $f : x \mapsto \dfrac{1}{(1-\cos x)^\alpha}$ est continue sur $]0,\pi]$ telle que $f(x) \underset{(0^+)}{\sim} \dfrac{2^\alpha}{x^{2\alpha}}$ et l'intégrale J est convergente si et seulement si $\alpha < \dfrac{1}{2}$.

3°) Supposons $\alpha \leqslant \beta$ (l'autre cas s'en déduira par échange des rôles) :

$$f(x) \underset{(+\infty)}{\sim} \begin{cases} \dfrac{1}{x^\beta} & \text{si } \beta > \alpha \\ \dfrac{2}{x^\beta} & \text{si } \beta = \alpha \end{cases} ;\ f(x) \underset{(0^+)}{\sim} \begin{cases} \dfrac{1}{x^\alpha} & \text{si } \beta > \alpha \\ \dfrac{2}{x^\alpha} & \text{si } \beta = \alpha \end{cases}$$

Donc $\displaystyle\int_0^1 f$ converge $\iff \alpha < 1$ et $\displaystyle\int_1^{+\infty} f$ converge $\iff \beta > 1$.

Ainsi, finalement K est convergente $\Longleftrightarrow [\alpha < 1 < \beta$ ou $\beta < 1 < \alpha]$

4°) $f : x \mapsto \dfrac{x^\alpha}{1+x}$ est continue sur $\mathbb{R}_+^*$ et $f(x) \underset{(0^+)}{\sim} \dfrac{1}{x^{-\alpha}}$; $f(x) \underset{(+\infty)}{\sim} \dfrac{1}{x^{1-\alpha}}$.

Donc $\displaystyle\int_0^1 f(t)\,dt$ converge $\Longleftrightarrow -\alpha < 1$ et $\displaystyle\int_1^{+\infty} f(t)\,dt$ converge $\Longleftrightarrow 1-\alpha > 1$.

Donc L converge $\Longleftrightarrow -1 < \alpha < 0$

5°) Le seul problème est en $+\infty$ et $\dfrac{1}{\sqrt{1+x^\alpha}} \underset{(+\infty)}{\sim} \dfrac{1}{x^{\alpha/2}}$, donc M converge si et seulement si $\alpha > 2$.

6°) Supposons $\alpha \leqslant \beta$ (l'autre cas s'en déduira par échange des rôles) :

$$f(x) \underset{(+\infty)}{\sim} \begin{cases} \dfrac{1}{x^{-\beta}} & \text{si } \beta > \alpha \\ \dfrac{2}{x^{-\beta}} & \text{si } \beta = \alpha \end{cases} ; \; f(x) \underset{(0^+)}{\sim} \begin{cases} \dfrac{1}{x^{-\alpha}} & \text{si } \beta > \alpha \\ \dfrac{2}{x^{-\alpha}} & \text{si } \beta = \alpha \end{cases}$$

Donc $\displaystyle\int_0^1 f$ converge $\Longleftrightarrow \alpha > -1$ et $\displaystyle\int_1^{+\infty} f$ converge $\Longleftrightarrow \beta < -1$.

Ces deux conditions ne sont pas compatibles avec l'hypothèse $\alpha \leqslant \beta$ et donc l'intégrale N est toujours divergente.

Corrigé 9.06

1°) On a $\dfrac{\sqrt{1+t^2}}{2t^2} \underset{(0^+)}{\sim} \dfrac{1}{2t^2} \underset{(0^+)}{\sim} \dfrac{\sqrt{1-t^2}}{2t^2}$, donc par la règle de Riemann les deux intégrales I et J sont divergentes.

2°) Pour $t > 0$, on a :

$$f(t) = \frac{\sqrt{1+t^2} - \sqrt{1-t^2}}{2t^2} = \frac{(1+t^2)-(1-t^2)}{2t^2\left(\sqrt{1+t^2}+\sqrt{1-t^2}\right)}$$
$$= \frac{1}{\sqrt{1+t^2}+\sqrt{1-t^2}}.$$

f est donc prolongeable en une fonction continue sur $[0, 1]$ et l'intégrale K est convergente.

3°) Soit $f(t) = \dfrac{1}{\sqrt{|1+t^3|}}$. La fonction f est continue sur $\mathbb{R} \setminus \{-1\}$. On dit alors que $\displaystyle\int_{-\infty}^{+\infty} f(t)\,dt$ converge si et seulement si les deux intégrales $\displaystyle\int_{-\infty}^{-1} f(t)\,dt$ et $\displaystyle\int_{-1}^{+\infty} f(t)\,dt$ convergent et chacune de ces intégrales est impropre en ses deux bornes . . .

$\rightarrow f(t) \underset{(-\infty)}{\sim} \dfrac{1}{(-t)^{3/2}}$: $\displaystyle\int_{-\infty}^{-2} f(t)\,dt$ converge

$\rightarrow f(t) = \dfrac{1}{\sqrt{|1+t|(1-t+t^2)}} \underset{(-1^-)}{\sim} \dfrac{1}{\sqrt{3}}\dfrac{1}{\sqrt{-1-t}}$: $\displaystyle\int_{-2}^{-1} f(t)\,dt$ converge

$\rightarrow f(t) = \dfrac{1}{\sqrt{|1+t|(1-t+t^2)}} \underset{(-1^+)}{\sim} \dfrac{1}{\sqrt{3}}\dfrac{1}{\sqrt{1+t}}$: $\displaystyle\int_{-1}^{1} f(t)\,dt$ converge

$\rightarrow f(t) \underset{(+\infty)}{\sim} \dfrac{1}{t^{3/2}} : \displaystyle\int_1^{+\infty} f(t)\,dt$ converge

Conclusion : l'intégrale L est convergente.

Corrigé 9.07

1°) la fonction à intégrer est continue sur $]0, \pi]$ et $\dfrac{\sin x}{x^\alpha} \underset{(0^+)}{\sim} \dfrac{x}{x^\alpha} = \dfrac{1}{x^{\alpha-1}}$, donc $I(\alpha)$ converge $\iff \alpha - 1 < 1 \iff \alpha < 2$.

2°) Soit $X > \pi$ et $F(X) = \displaystyle\int_\pi^X \frac{\sin x}{x^\alpha}\,dx$.

Faisons une intégration par parties :

$$v(x) = \frac{1}{x^\alpha} \implies v'(x) = -\frac{\alpha}{x^{\alpha+1}} \;;\; u'(x) = \sin x \impliedby u(x) = 1 - \cos x$$

On obtient : $F(X) = \left[\dfrac{1-\cos x}{x^\alpha}\right]_\pi^X + \alpha \displaystyle\int_\pi^X \frac{1-\cos x}{x^{\alpha+1}}\,dx$

Soit : $F(X) = \dfrac{1-\cos X}{X^\alpha} - \dfrac{2}{\pi^\alpha} + \alpha \displaystyle\int_\pi^X \frac{1-\cos x}{x^{\alpha+1}}\,dx$.

D'une part : $\displaystyle\lim_{X\to+\infty} \frac{1-\cos X}{X^\alpha} = 0$, car $\alpha > 0$.

D'autre part : $0 \leqslant \dfrac{1-\cos x}{x^{\alpha+1}} \leqslant \dfrac{2}{x^{\alpha+1}}$, avec $\alpha + 1 > 1$, donc $\displaystyle\int_\pi^{+\infty} \frac{1-\cos x}{x^{\alpha+1}}\,dx$ est une intégrale convergente.

On en déduit que $F(X)$ admet une limite finie en $+\infty$ et $J(\alpha)$ converge pour tout $\alpha > 0$.

A l'aide des questions précédentes, nous pouvons conclure que, pour $\alpha \in \mathbb{R}_+^*$, on a :

$$\int_0^{+\infty} \frac{\sin x}{x^\alpha}\,dx \text{ converge} \iff \alpha < 2$$

Corrigé 9.08

1°) Supposons que la fonction f admette une limite L en $+\infty$ avec $L \neq 0$. Quitte à changer f en $-f$, on peut supposer $L > 0$.

On a : $\forall \varepsilon > 0, \exists A > 0$ tel que $x \geqslant A \implies |f(x) - L| \leqslant \varepsilon \implies L - \varepsilon \leqslant f(x)$.

Alors, pour $\varepsilon = \frac{L}{2} > 0$, on obtient : $\exists A > 0$ tel que $X \geqslant A \implies f(x) \geqslant \frac{L}{2}$, puis $X \geqslant A \implies \displaystyle\int_A^X f(x)\,dx \geqslant \tfrac{L}{2}(X - A) \underset{X\to+\infty}{\longrightarrow} +\infty$. Ceci est en contradiction avec le fait que $\displaystyle\int_0^{+\infty} f(x)\,dx$ converge, donc l'hypothèse $L > 0$ est absurde.

Conclusion : $L = 0$.

2°) Un petit dessin s'impose :

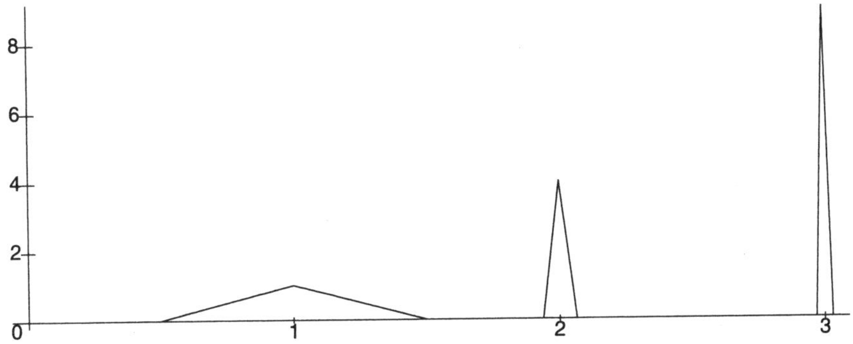

Pour $n \geqslant 1$, I_n est simplement l'aire d'un triangle de base $\dfrac{2}{2^n n^2}$ et de hauteur n^2.

Ainsi : $I_n = \dfrac{1}{2^n n^2} \times n^2 = \dfrac{1}{2^n}$

Soit $X > \frac{3}{2}$, il existe $n \in \mathbb{N}^*$ tel que $n + \frac{1}{2} \leqslant X < n + \frac{3}{2}$ et comme g est continue positive : $\displaystyle\int_0^{n+\frac{1}{2}} g(x)\,dx \leqslant \int_0^X g(x)\,dx \leqslant \int_0^{n+\frac{3}{2}} g(x)\,dx$

Comme g est nulle sur $[0, 1/2]$, la relation de Chasles donne :

$$\sum_{k=1}^{n} I_k \leqslant \int_0^X g(x)\,dx \leqslant \sum_{k=1}^{n+1} I_k$$

Soit : $\displaystyle\sum_{k=1}^{n} \left(\frac{1}{2}\right)^k \leqslant \int_0^X g(x)\,dx \leqslant \sum_{k=1}^{n+1} \left(\frac{1}{2}\right)^k$

ou encore :

$$\frac{\frac{1}{2} - (\frac{1}{2})^{n+1}}{1 - \frac{1}{2}} \leqslant \int_0^X g(x)\,dx \leqslant \frac{\frac{1}{2} - (\frac{1}{2})^{n+2}}{1 - \frac{1}{2}}$$

Comme $n = \lfloor X - \frac{1}{2} \rfloor$, on a $\displaystyle\lim_{X \to +\infty} n = +\infty$ et par encadrement :

$\displaystyle\lim_{X \to +\infty} \int_0^X g(x)\,dx = 1$, ce qui prouve la convergence de l'intégrale proposée et donne en prime sa valeur.

Donc l'intégrale $\displaystyle\int_0^{+\infty} g(x)\,dx$ converge, alors que g n'admet pas de limite en $+\infty$.

Conclusion : on n'a pas comme pour les séries numériques « convergence $\Longrightarrow$ limite = 0 » mais uniquement « si la limite existe et qu'il y a convergence, alors la limite est nulle ».

Corrigé 9.09

1°) La fonction f est dérivable sur I et, pour tout $x \in I$, on a :

$$\begin{aligned} f'(x) &= \frac{(k-1)x^{k-2}(1+x^{2k}) - 2kx^{2k-1}x^{k-1}}{(1+x^{2k})^2} \\ &= \frac{x^{k-2}}{(1+x^{2k})^2}(k-1-(1+k)x^{2k}) = \frac{x^{k-2}}{(1+x^{2k})^2}(k(1-x^{2k})-(1+x^{2k})) \end{aligned}$$

$\rightarrow$ Si $k \geqslant 0$, on a :
$x \geqslant 1 \Longrightarrow x^{2k} \geqslant 1 \Longrightarrow (1+k)x^{2k} \geqslant 1+k > k-1$ et $f'(x) \leqslant 0$.
$\rightarrow$ Si $k < 0$, on a :
$x \geqslant 1 \Longrightarrow x^{2k} \leqslant 1 \Longrightarrow k(1-x^{2k}) \leqslant 0 \Longrightarrow k(1-x^{2k}) - (1+x^{2k}) \leqslant 0$ et on a encore $f'(x) \leqslant 0$.
Dans tous les cas, f est décroissante sur I.

2°) $\star$ Si $k > 0$, on a :
$\dfrac{1}{1+n^{2k}} \underset{(n\to\infty)}{\sim} \dfrac{1}{n^{2k}} \Longrightarrow \dfrac{n^{k-1}}{1+n^{2k}} \underset{(\infty)}{\sim} \dfrac{1}{n^{k+1}} \Longrightarrow \sum\limits_{n\geq 1} \dfrac{n^{k-1}}{1+n^{2k}}$ converge puisque $k+1>1$.
$\star$ Si $k < 0$, on a :
$\dfrac{1}{1+n^{2k}} \underset{(n\to\infty)}{\sim} 1 \Longrightarrow \dfrac{n^{k-1}}{1+n^{2k}} \underset{(\infty)}{\sim} \dfrac{1}{n^{1-k}} \Longrightarrow \sum\limits_{n\geq 1} \dfrac{n^{k-1}}{1+n^{2k}}$ converge puisque $1-k>1$.

Donc la série $\sum\limits_{n\geq 1} \dfrac{n^{k-1}}{1+n^{2k}}$ est convergente, pour tout k non nul (mais pas pour $k=0$).

3°) $\star$ La fonction f est décroissante et à valeurs dans $\mathbb{R}_+$, donc le cours nous apprend que la série $\sum\limits_{n\geq 1} f(n)$ et l'intégrale $\displaystyle\int_1^{+\infty} f(x)\,dx$ sont de même nature.
Donc, pour $k \neq 0$, la question précédente nous donne directement la convergence de J.

$\star$ Si $k=0$, alors on ose écrire un court instant l'horreur : $J = \displaystyle\int_1^{+\infty} \frac{dx}{2x}$, donc J est une intégrale divergente.
Conclusion : J converge $\Longleftrightarrow k \neq 0$.

Corrigé 9.10

1°) Pour se débarasser de la valeur absolue, effectuons le changement de variable $t = n\pi + x$, ce qui nous donne :

$$u_n = \int_{n\pi}^{(n+1)\pi} \frac{dt}{\sqrt{1+t^3|\sin t|}} = \int_0^{\pi} \frac{dx}{\sqrt{1+(n\pi+x)^3\sin x}}$$

Or $\dfrac{1}{\sqrt{\sin x}} \underset{(0^+)}{\sim} \dfrac{1}{\sqrt{x}}$, donc la convergence de l'intégrale $\displaystyle\int_0^{\pi/2} \frac{dx}{\sqrt{x}}$ entraîne la convergence de $\displaystyle\int_0^{\pi/2} \frac{dx}{\sqrt{\sin x}}$, puis par symétrie par rapport à la verticale d'abscisse $\pi/2$ on obtient la convergence de l'intégrale $\displaystyle\int_0^{\pi} \frac{dx}{\sqrt{\sin x}}$.
On peut alors écrire :

$$0 \leqslant u_n = \int_0^{\pi} \frac{dx}{\sqrt{1+(n\pi+x)^3\sin x}} \leqslant \int_0^{\pi} \frac{dx}{\sqrt{(n\pi)^3\sin x}} = \frac{A}{n^{3/2}}$$

Avec $A = \dfrac{1}{\pi^{3/2}} \displaystyle\int_0^{\pi} \frac{dx}{\sqrt{\sin x}}$.

La règle de Riemann donne alors la convergence de $\sum\limits_{n \geq 0} u_n$.

2°) La fonction f étant à valeurs positives, par encadrement des sommes partielles et des intégrales parrtielles, l'intégrale $I = \displaystyle\int_0^{+\infty} f(t)\,dt$ est de même nature que la série $\sum\limits_{n \geq 0} u_n$ de terme général $u_n = \displaystyle\int_{n\pi}^{(n+1)\pi} f(t)\,dt$, donc elle converge et de plus la somme de la série est égale à la valeur de l'intégrale.

Corrigé 9.11

1°) Soient $n \in \mathbb{N}$, $f_n : t \mapsto \mathrm{e}^{-t} \sin^{2n}(t)$. La fonction f_n est continue à valeurs positives. De plus, on a : $\mathrm{e}^{-t} \sin^{2n}(t) \leqslant \mathrm{e}^{-t}$ et la convergence de l'intégrale $\displaystyle\int_0^{+\infty} \mathrm{e}^{-t}\,dt$ donne la convergence des intégrales proposées.

Pour calculer I_n, on intègre deux fois par parties, en dérivant à chaque fois la partie trigonométrique :

$$\begin{aligned}\int_0^x \mathrm{e}^{-t} \sin^{2n} t\,dt &= \big[-\mathrm{e}^{-t}\sin^{2n} t\big]_0^x + 2n\int_0^x \mathrm{e}^{-t}\sin^{2n-1} t \cos t\,dt \\ &= \big[-\mathrm{e}^{-t}\sin^{2n} t\big]_0^x + 2n\Big(\big[-\mathrm{e}^{-t}\sin^{2n-1} t\cos t\big]_0^x \\ &\quad + \int_0^x \mathrm{e}^{-t}((2n-1)\sin^{2n-2} t\cos^2 t - \sin^{2n-1} t \sin t)\,dt\Big)\end{aligned}$$

et comme $\cos^2 t = 1 - \sin^2 t$:

$$\begin{aligned}\int_0^x \mathrm{e}^{-t}\sin^{2n} t\,dt &= -\mathrm{e}^{-x}\sin^{2n} x - 2n\mathrm{e}^{-x}\sin^{2n-1} x\cos x \\ &\quad +2n(2n-1)\int_0^x \mathrm{e}^{-t}\sin^{2n-2} t\,dt + 2n\int_0^x \mathrm{e}^{-t}(-2n\sin^{2n} t)\,dt\end{aligned}$$

On peut passer maintenant à la limite lorsque x tend vers $+\infty$ et il vient :

$I_n = 2n(2n-1)I_{n-1} - 4n^2 I_n$, ou encore :

$$\forall n \in \mathbb{N}^*, I_n = \frac{2n(2n-1)}{4n^2+1} I_{n-1}$$

Il suffit de descendre jusqu'à I_0 pour obtenir : $I_n = \prod\limits_{k=1}^{n} \dfrac{2k(2k-1)}{4k^2+1})I_0$.

Or $\displaystyle\int_0^{+\infty} \mathrm{e}^{-x}\,dx = \big[-\mathrm{e}^{-x}\big]_0^{\to+\infty} = 1$, donc finalement :

$$I_0 = 1 \text{ et } \forall n \geqslant 1, I_n = \prod_{k=1}^{n} \frac{2k(2k-1)}{4k^2+1} = \frac{(2n)!}{\prod\limits_{k=1}^{n}(4k^2+1)}$$

3°) $\star$ $I_n > 0$ est clair.

$\star$ Pour $k \geqslant 1$, en divisant haut et bas par $4k^2$: $\dfrac{2k(2k-1)}{4k^2+1} = \dfrac{1-\frac{1}{2k}}{1+\frac{1}{4k^2}} < 1 - \dfrac{1}{2k}$
et donc ;

$$n \geqslant 1 \Longrightarrow I_n = \prod_{k=1}^{n} \frac{2k(2k-1)}{4k^2+1} < \prod_{k=1}^{n} (1 - \frac{1}{2k}) = A_n$$

4°) On a : $\ln(A_n) = \sum\limits_{k=1}^{n} u_k$, avec $u_k = \ln\left(1 - \frac{1}{2k}\right)$.

Comme $u_k \underset{(\infty)}{\sim} -\dfrac{1}{2k}$, la règle de Riemann montre que la série de terme général négatif u_k est divergente ce qui prouve que $\lim\limits_{n\to\infty} \ln(A_n) = \lim\limits_{n\to\infty} \sum\limits_{k=1}^{n} u_k = -\infty$ et donc $\lim\limits_{n\to\infty} A_n = 0$.

Par l'encadrement obtenu en **3°**), il vient donc $\lim\limits_{n\to\infty} I_n = 0$.

Corrigé 9.12

1°) La fonction $f : x \mapsto \dfrac{\ln x}{1+x^2}$ est continue négative sur $]0,1]$ et $f(x) \underset{(0)}{\sim} \ln x$, la convergence de l'intégrale $\displaystyle\int_0^1 \ln x\, dx$ donne la convergence de $\displaystyle\int_0^1 f(x)\, dx$.

2°) On a déjà dit que l'intégrale $\displaystyle\int_0^1 \ln x\, dx$ est convergente et pour $n \in \mathbb{N}^*$, $\varphi : x \mapsto x^{2n} \ln x$ est prolongeable par continuité en 0 par $\varphi(0) = 0$ et l'intégrale I_n est convergente.

On obtient alors, par une intégration par parties évidente, (sur un segment $[\varepsilon, 1]$, suivi d'un passage à la limite), pour tout $n \in \mathbb{N}$:

$$I_n = \int_0^1 x^{2n} \ln x\, dx = \Big[\frac{x^{2n+1}}{2n+1} \ln x\Big]_{\to 0}^{1} - \int_0^1 \frac{x^{2n}}{2n+1}\, dx = \frac{-1}{2n+1} \int_0^1 x^{2n}\, dx$$

Soit :

$$I_n = \frac{-1}{(2n+1)^2}$$

3°) Pour tout $n \in \mathbb{N}^*$ et tout $x \in [0,1]$, comme $-x^2 \neq 1$, on a :

$$\sum_{k=0}^{n} \frac{1}{1+x^2} = \frac{1-(-x^2)^{n+1}}{1-(-x)^2)} = \frac{1}{1+x^2} - \frac{(-1)^{n+1} x^{2n+2}}{1+x^2}$$

ce qui nous donne :

$$\sum_{k=0}^{n} (-x^2)^k = \frac{1-(-x^2)^{n+1}}{1-(-x)^2)} = \frac{1}{1+x^2} - \frac{(-1)^{n+1} x^{2n+2}}{1+x^2},$$

et on a bien :

$$\frac{1}{1+x^2} = \sum_{k=0}^{n} (-1)^k x^{2k} + \frac{(-1)^{n+1} x^{2n+2}}{1+x^2}$$

4°) Remarquons tout d'abord que la série $\sum\limits_{k=0}^{+\infty} \dfrac{(-1)^{k+1}}{(2k+1)^2}$ est une série convergente par application directe du critère spécial des séries alternées.

Soient $n \in \mathbb{N}^*$ et $x \in]0;1]$. On déduit de la question précédente que l'on a :

$$f(x) = \frac{\ln x}{1+x^2} = \sum_{k=0}^{n} (-1)^k x^{2k} \ln x + \frac{(-1)^{n+1} x^{2n+2} \ln x}{1+x^2} = \sum_{k=0}^{n} g_k(x) + r_n(x),$$

avec $g_k(x) = (-1)^k x^{2k} \ln x$.

La fonction f et toutes les fonctions g_k sont intégrables sur $]0,1]$, il en est donc de même de la fonction r_n et en intégrant sur $]0,1]$:

$$\begin{aligned} I = \int_0^1 f(x)\,dx &= \sum_{k=0}^{n} (-1)^k I_k + \int_0^1 r_n(x)\,dx \\ &= \sum_{k=0}^{n} (-1)^k \frac{1}{(2k+1)^2} + \int_0^1 r_n(x)\,dx \qquad (*) \end{aligned}$$

Or $\displaystyle\int_0^1 r_n(x)\,dx = (-1)^n \int_0^1 x^{2n+1} \times \frac{-x \ln x}{1+x^2}\,dx.$

La fonction $\psi : x \mapsto \dfrac{-x\ln x}{1+x^2}$ est continue sur $]0,1]$, positive et prolongeable par continuité en 0 par $\psi(0) = 0$. On en déduit alors qu'il existe $M \in \mathbb{R}_+$ tel que :

$$\forall x \in]0,1],\ 0 \leqslant \frac{-x \ln x}{1+x^2} \leqslant M$$

On obtient ainsi :

$$\left|\int_0^1 r_n(x)\,dx\right| = \left|\int_0^1 x^{2n+1} \times \frac{-x\ln x}{1+x^2}\,dx\right| \leqslant M \int_0^1 x^{2n+1}\,dx = \frac{M}{2n+2}$$

Par encadrement on a donc $\displaystyle\lim_{n\to\infty} \int_0^1 r_n(x)\,dx = 0$ et en passant à la limite lorsque n tend vers l'infini dans la relation $(*)$, on prouve que la série de terme général $(-1)^k \dfrac{1}{(2k+1)^2}$ converge (ce que l'on savait car $\left|(-1)^k \dfrac{1}{(2k+1)^2}\right| \sim \dfrac{1}{4k^2}$ et la règle de Riemann donne même la convergence absolue de cette série), avec :

$$I = \sum_{k=0}^{\infty} \frac{(-1)^{k+1}}{(2k+1)^2}$$

Corrigé 9.13

Pour tout $n \in \mathbb{N}^*$, soit f_n la fonction définie sur $\mathbb{R}_+$ par $f_n(x) = \dfrac{n \sin(\frac{x}{n})}{(1+x^2)^2}$.

→ Chaque f_n est continue sur $\mathbb{R}_+$.

→ Comme $\sin u \underset{(0)}{\sim} u$, on a : $\forall x \in \mathbb{R}_+, \lim\limits_{n\to\infty} f_n(x) = \dfrac{x}{(1+x^2)^2}$, donc $(f_n)_n$ converge simplement sur $\mathbb{R}_+$ vers f définie par $f(x) = \dfrac{x}{(1+x)^2}$.

→ Comme $|\sin u| \leqslant |u|$, on a :

$$\forall x \in \mathbb{R}_+, |f_n(x)| = \frac{n|\sin(\frac{x}{n})|}{(1+x^2)^2} \leqslant \frac{|x|}{(1+x^2)^2} = f(x).$$

Or f est une fonction positive continue sur $\mathbb{R}_+$ telle que $f(x) \underset{(+\infty)}{\sim} \dfrac{1}{x^3}$, donc f est intégrable sur $\mathbb{R}_+$.

Ainsi, d'après le théorème de convergence dominée, on a :

$$\lim_{n\to\infty}\int_0^{+\infty}\frac{n\sin(\frac{x}{n})}{(1+x^2)^2}\,dx=\int_0^{+\infty}\frac{x}{(1+x^2)^2}\,dx=\frac{1}{2}\Big[\frac{-1}{1+x^2}\Big]_0^{\to+\infty}=\frac{1}{2}$$

Corrigé 9.14

1°) On a fait ce calcul il y a peu (convergence de J_0 connnue et pour $n \geqslant 1$, la fonction à intégrer se prolonge par continuité en 0), et on a obtenu, par une intégration par parties :

$$J_n=\int_0^1 t^n\ln t\,dt=\Big[\frac{t^{n+1}}{n+1}\ln t\Big]_{\to 0}^1-\int_0^1\frac{t^{n+1}}{n+1}\times\frac{1}{t}\,dt=-\frac{1}{n+1}\int_0^1 t^n\,dt$$

Soit :

$$\forall n\in\mathbb{N}, J_n=-\frac{1}{(n+1)^2}$$

2°) En utilisant le développement en série entière de la fonction $t\mapsto\ln(1-t)$ dont le rayon de convergence vaut $R=1$, nous obtenons :

$$\forall t\in[0,1[, \ln(1-t)=-\sum_{n=1}^{\infty}\frac{t^n}{n}$$

On en déduit alors que :

$$\forall t\in]0,1[, f(t)=\Big(-\sum_{n=1}^{\infty}\frac{t^n}{n}\Big)\times\frac{\ln t}{t}=\sum_{n=1}^{\infty}\frac{-t^{n-1}\ln t}{n}=\sum_{n=1}^{\infty}f_n(t)$$

où f_n est définie, pour tout $n\in\mathbb{N}^*$, par :

$$\forall t\in]0,1[, f_n(t)=\frac{-t^{n-1}\ln t}{n}$$

3°) Pour pouvoir conclure, nous allons maintenant vérifier les hypothèses du théorème d'intégration terme à terme sur $]0,1]$:

$\rightarrow$ Chaque fonction f_n est continue par morceaux et intégrable sur $]0,1]$.

$\rightarrow$ La série de fonctions, de terme général f_n, converge simplement vers la fonction f.

$\rightarrow$ La fonction f est continue par morceaux sur $]0,1]$.

$\rightarrow$ Enfin, et surtout :

$$\forall n\in\mathbb{N}^*, \int_0^1|f_n(t)|\,dt=\int_0^1 f_n(t)\,dt=\frac{-1}{n}\int_0^1 t^{n-1}\ln t\,dt=\frac{1}{n^3}$$

qui est le terme général d'une série numérique convergente.

Toutes les conditions requises sont réunies pour appliquer le théorème d'intégration terme à terme, et f est intégrable sur $]0,1]$, avec :

$$I=\int_0^1 f(t)\,dt=\sum_{n=1}^{\infty}\int_0^1 f_n(t)\,dt=\sum_{n=1}^{\infty}\frac{1}{n^3}$$

[Mais on ne sait pas calculer la somme de cette série . . .]

Corrigé 9.15

1°) Pour $p\in\mathbb{N}^*$, soit $f_p:]0,1[\rightarrow\mathbb{R}, x\mapsto\dfrac{x^p\ln x}{x-1}$.

$\star$ f_p est une fonction continue sur $]0,1[$.

$\star$ $p\geqslant 1\implies\lim\limits_{x\to 0^+}x^p\ln x=0$ et la fonction f_p est prolongeable par continuité en 0, en posant $f_p(0)=0$.

$\star$ $\ln x \underset{(1)}{\sim} x-1 \implies \lim\limits_{x\to 1^-} f_p(x) = 1$ et la fonction f_p est prolongeable par continuité en 1, en posant $f_p(1) = 1$.

Les intégrales proposées sont donc bien convergentes, car « faussement » impropres.

2°) Pour $x \in]0,1[$ et $p \in \mathbb{N}^*$:.

$\star$ $f_p(x) = \dfrac{x^p \ln x}{x-1} = -\ln x \dfrac{x^p}{1-x} = -\ln x \sum\limits_{n=p}^{\infty} x^n = \sum\limits_{n=p}^{\infty} (-x^n \ln x)$

donc $f_p(x) = \sum\limits_{n=p}^{\infty} g_n(x)$ avec, pour tout $n \geqslant 1$, $g_n(x) = -x^n \ln x$.

$\star$ Chaque fonction g_n est continue (par morceaux suffirait), positive et intégrable sur $]0,1[$, avec $\displaystyle\int_0^1 g_n(x)\,dx = \frac{1}{(n+1)^2}$ (calcul déjà fait dans les exercices précédents), qui est le terme général d'une série numérique convergente.

De plus, pour tout $p \in \mathbb{N}^*$, la série $\sum\limits_{n=p}^{\infty} g_n$ converge simplement vers f_p, donc le théorème d'intégation terme à terme pour les séries de fonctions intégrables nous donne :

$$I_p = \int_0^1 \frac{x^p \ln x}{x-1}\,dx = \sum_{n=p}^{\infty} \int_0^1 g_n(x)\,dx$$

Conclusion :

$$\forall p \in \mathbb{N}^*, I_p = \sum_{n=p}^{\infty} \frac{1}{(n+1)^2} = \sum_{n=p+1}^{\infty} \frac{1}{n^2}$$

Corrigé 9.16

1°) On sait que pour $|u| < 1$, on a $\dfrac{1}{1-u} = \sum\limits_{n=0}^{\infty} u^n$. Or $x > 0 \implies \mathrm{e}^x > 1$, donc on va plutôt utiliser $u = \mathrm{e}^{-x} < 1$, en écrivant : :

$x > 0 \implies f(x) = \dfrac{x^2}{\mathrm{e}^x - 1} = \dfrac{x^2\mathrm{e}^{-x}}{1-\mathrm{e}^{-x}} = x^2\mathrm{e}^{-x} \sum\limits_{n=0}^{\infty} \mathrm{e}^{-nx} = \sum\limits_{n=0}^{\infty} x^2\mathrm{e}^{-(n+1)x}$

soit :

$$f(x) = \sum_{n=1}^{\infty} x^2\mathrm{e}^{-nx}$$

2°) $\star$ Pour tout $n \in \mathbb{N}^*$, la fonction $f_n : x \mapsto x^2\mathrm{e}^{-nx}$ est continue sur $\mathbb{R}_+$ et on vient de voir que la série de terme général f_n converge en tout point de $\mathbb{R}_+^*$ de somme f.

$\star$ $\lim\limits_{x\to+\infty} x^2 f_n(x) = \lim\limits_{x\to+\infty} x^4\mathrm{e}^{-nx} = 0$, donc on en déduit que f_n est intégrable sur $\mathbb{R}_+$.

$\star$ Pour tout $n \in \mathbb{N}^*$:

$$\int_0^{+\infty} |f_n(x)|\,dx = \int_0^{+\infty} x^2\mathrm{e}^{-nx}\,dx = \left[\frac{-x^2\mathrm{e}^{-nx}}{n}\right]_0^{\to+\infty} + \frac{2}{n}\int_0^{+\infty} x\mathrm{e}^{-nx}\,dx$$

$$= \frac{2}{n}\left(\left[\frac{-x\mathrm{e}^{-nx}}{n}\right]_0^{\to+\infty} + \frac{1}{n}\int_0^{+\infty} \mathrm{e}^{-nx}\,dx\right) = \frac{2}{n^2}\left[\frac{-\mathrm{e}^{-nx}}{n}\right]_0^{\to+\infty}$$

soit : $\int_0^{+\infty} |f_n(x)|\, dx = \frac{2}{n^3}$, qui est le terme général d'une série numérique convergente.

Notons que comme pour tout $x \in \mathbb{R}_+, 0 \leqslant f_n(x)$, nous avons également $\int_0^{+\infty} f_n(x)\, dx = \frac{2}{n^3}$.

Conclusion : nous avons vérifié toutes les hypothèses du théorème d'intégration terme à terme puisque les fonctions f_n sont continues et intégrables sur $\mathbb{R}_+^*$, la série de terme général f_n converge simplement sur $\mathbb{R}_+^*$ vers la fonction f qui est continue sur $\mathbb{R}_+^*$ et $\sum\limits_{n=1}^{\infty} \int_0^{\infty} |f_n(x)|\, dx$ converge.

Finalement, f est intégrable sur $\mathbb{R}_+$ et :

$$\int_0^{+\infty} f(x)\, dx = \int_0^{+\infty} \frac{x^2}{e^x - 1}\, dx = 2 \sum_{n=1}^{\infty} \frac{1}{n^3}$$

Corrigé 9.17

1°) L'idée est la même que celle mise en place pour l'exercice précédent :

Pour tout $x > 0$:

$$f(x) = \frac{x}{e^x - e^{-x}} = \frac{xe^{-x}}{1 - e^{-2x}} = xe^{-x} \sum_{n=0}^{\infty} (e^{-2x})^n = \sum_{n=0}^{\infty} xe^{-(2n+1)x}$$

On a donc trouvé : $f_n : \mathbb{R}_+^* \to \mathbb{R}, x \mapsto xe^{-(2n+1)x}$.

2°) $\star$ Pour tout $n \in \mathbb{N}^*$, la fonction f_n est continue sur $\mathbb{R}_+^*$.

$\star$ La série de terme général $f_n(x)$ est convergente en tout point de $\mathbb{R}_+^*$ de somme $f(x)$ (et ce résultat reste même valable pour $x = 0$ avec $f_n(0) = 0$).

$\star$ Comme $\lim\limits_{x \to +\infty} x^2 f_n(x) = \lim\limits_{x \to +\infty} x^3 e^{-(2n+1)x} = 0$, on en déduit que f_n est intégrable sur $\mathbb{R}_+$.

$\star$ Pour tout $n \in \mathbb{N}^*$:

$$\begin{aligned}\int_0^{+\infty} |f_n(x)|\, dx &= \int_0^{+\infty} xe^{-(2n+1)x}\, dx \\ &= \left[\frac{-xe^{-(2n+1)x}}{2n+1}\right]_0^{\to +\infty} + \frac{1}{2n+1}\int_0^{+\infty} e^{-(2n+1)x}\, dx \\ &= \frac{1}{2n+1}\left[\frac{-e^{-(2n+1)x}}{2n+1}\right]_0^{\to +\infty} = \frac{1}{(2n+1)^2}\end{aligned}$$

et $\frac{1}{(2n+1)^2}$ est le terme général d'une série numérique convergente.

Notons que comme $\forall x \in \mathbb{R}_+, 0 \leqslant f_n(x)$, nous avons aussi :

$$\int_0^{+\infty} f_n(x)\, dx = \frac{1}{(2n+1)^2}.$$

Conclusion : nous avons vérifié toutes les hypothèses du théorème d'intégration terme à terme puisque les fonctions f_n sont continues et intégrables sur $\mathbb{R}_+$, la série de terme général f_n converge simplement sur $\mathbb{R}_+^*$ vers f continue sur $\mathbb{R}_+^*$ et $\sum\limits_{n=1}^{\infty}\int_0^{+\infty}|f_n(x)|\,dx$ converge.

Donc f est intégrable sur $\mathbb{R}_+$ et :

$$I=\int_0^{+\infty}f(x)\,dx=\sum_{n=1}^{\infty}\int_0^{+\infty}f_n(x)\,dx=\sum_{n=1}^{\infty}\frac{1}{(2n+1)^2}$$

Ici, on peut aller un peu plus loin, car on sait que $\sum\limits_{n=1}^{\infty}\frac{1}{n^2}=\frac{\pi^2}{6}$, d'où :

$$\frac{\pi^2}{6}=\sum_{n=1}^{\infty}\frac{1}{n^2}=\sum_{p=0}^{\infty}\frac{1}{(2p)^2}+\sum_{p=0}^{\infty}\frac{1}{(2p+1)^2}=\frac{1}{4}\sum_{p=0}^{\infty}\frac{1}{p^2}+\sum_{p=0}^{\infty}\frac{1}{(2p+1)^2}$$

Soit : $\frac{\pi^2}{6}=\frac{\pi^2}{24}+\sum\limits_{p=0}^{\infty}\frac{1}{(2p+1)^2}$, d'où : $\sum\limits_{p=0}^{\infty}\frac{1}{(2p+1)^2}=\frac{\pi^2}{6}-\frac{\pi^2}{24}=\frac{\pi^2}{8}$, et donc :

$$I=\frac{\pi^2}{8}$$

Corrigé 9.18

1°) $\star$ $I(n,0)=\int_0^1 x^n\,dx=\frac{1}{n+1}$.

$\star$ Pour $p\in\mathbb{N}^*$, $h_{n,p}:x\mapsto x^n(\ln x)^p$ est continue sur $]0,1]$ et prolongeable par continuité en 0, l'intégrale proposée est donc convergente. En intégrant par parties (sur un segment $[\varepsilon,1]$, puis en faisant tendre ε vers 0), on obtient :

$$I_{n,p}=\int_0^1 x^n(lnx)^p\,dx=\left[\frac{x^{n+1}}{n+1}(\ln x)^p\right]_{\to 0}^{1}-\frac{p}{n+1}\int_0^1 x^{n+1}(\ln x)^{p-1}\frac{1}{x}\,dx$$

Soit :

$$I_{n,p}=-\frac{p}{n+1}I_{n,p-1}$$

Ainsi, en glissant :

$$I_{n,p}=\frac{-p}{n+1}\times\frac{-(p-1)}{n+1}\times\ldots\times\frac{-1}{n+1}I_{n,0}=\frac{(-1)^p p!}{(n+1)^p}I_{n,0}$$

$$I_{n,p}=\frac{(-1)^p p!}{(n+1)^{p+1}}$$

et la formule finale est valide pour $p=0$.

2°) $\star$ En remarquant que l'on a, pour tout $x\in\,]0,1]$, $f(x)=x^{-x}=\mathrm{e}^{-x\ln x}$, on obtient :

$\forall x\in\,]0,1], f(x)=\sum\limits_{n=0}^{\infty}\frac{(-x\ln x)^n}{n!}$, soit pour tout $x\in\,]01], f(x)=\sum\limits_{n=0}^{\infty}f_n(x)$,

avec : $f_n(x)=\frac{(-1)^n}{n!}x^n(\ln x)^n$.

$\star$ Nous allons maintenant vérifier les hypothèses du théorème d'intégration terme à terme pour la série de fonctions $\sum f_n$:

$\to$ Chaque fonction f_n est continue et positive sur $]0,1]$.

$\to$ La série de fonctions $\sum f_n$ converge simplement sur $]0,1]$ de somme f.

$\to$ Chaque f_n est intégrable sur $]0,1]$, et

$$\int_0^1 |f_n(x)|\,dx = \int_0^1 f_n(x)\,dx = \frac{(-1)^n I_{n,n}}{n!} = \frac{1}{(n+1)^{n+1}}$$

qui est le terme général d'une série convergente, car pour $n \geqslant 2$, $\dfrac{1}{(n+1)^{n+1}} \leqslant \dfrac{1}{n^2}$

On peut donc conclure : f est intégrable sur $]0,1]$ et :

$$\int_0^1 f(x)\,dx = \int_0^1 x^{-x}\,dx = \sum_{n=0}^{\infty} \int_0^1 f_n(x)\,dx = \sum_{n=0}^{\infty} \frac{1}{(n+1)^{n+1}} = \sum_{k=1}^{\infty} \frac{1}{k^k}$$

3°) La même démarche nous donne :

$$\int_0^1 x^x\,dx = \sum_{n=1}^{\infty} \frac{(-1)^{n+1}}{n^n}$$

Corrigé 9.19

1°) a) Soit $n \in \mathbb{N}$, on procède par intégration par parties, en écrivant :

$$\begin{aligned}
u_{n+2} &= \int_0^{\pi/2} \sin^{n+2} t\,dt = \int_0^{pi/2} \sin t \times \sin^{n+1} t\,dt \\
&= \big[-\cos t \times \sin^{n+1} t\big]_0^{\pi/2} + (n+1)\int_0^{\pi/2} \cos t \times \sin^n t \cos t\,dt \\
&= (n+1)\int_0^{\pi/2} (1-\sin^2 t) \times \sin^n t\,dt = (n+1)\int_0^{\pi/2} (\sin^n t - \sin^{n+2} t)\,dt \\
&= (n+1)(u_n - u_{n+2})
\end{aligned}$$

et donc :

$$\forall n \in \mathbb{N}, (n+2)u_{n+2} = (n+1)u_n$$

b) Pour $n \in \mathbb{N}$ et $t \in [0, \pi/2]$, on a : $0 \leqslant \sin t \leqslant 1$, donc $0 \leqslant \sin^{n+1} t \leqslant \sin^n t$ et :

$$0 \leqslant \int_0^{\pi/2} \sin^{n+1} t\,dt \leqslant \int_0^{\pi/2} \sin^n t\,dt, \text{ soit } 0 \leqslant u_{n+1} \leqslant u_n.$$

La suite $(u_n)_{n\in\mathbb{N}}$ est décroissante.

$\star$ On déduit du **a)**, en multipliant par u_{n+1}, que, $n \in \mathbb{N}$:

$$v_{n+1} = (n+2)u_{n+2}u_{n+1} = (n+1)u_{n+1}u_n = v_n$$

La suite $(v_n)_{n\in\mathbb{N}}$ est constante, égale à $v_0 = u_1 u_0 = \displaystyle\int_0^{\pi/2} \sin t\,dt \times \int_0^{\pi/2} dt = \frac{\pi}{2}$.

c) La décroissance de la suite $(u_n)_{n\in\mathbb{N}}$, et sa stricte positivité, impliquent :

$$\frac{n+1}{n+2} = \frac{u_{n+2}}{u_n} \leqslant \frac{u_{n+1}}{u_n} \leqslant \frac{u_n}{u_n} = 1$$

Ainsi, par encadrement $\displaystyle\lim_{n\to\infty} \frac{u_{n+1}}{u_n} = 1$, c'est-à-dire $u_{n+1} \underset{(\infty)}{\sim} u_n$.

Or, pour tout $n \in \mathbb{N}$, on a $\frac{\pi}{2} = v_n = (n+1)u_{n+1}u_n$, donc $\frac{\pi}{2} \underset{(\infty)}{\sim} n u_n^2$, et puisque $u_n > 0$:

$$u_n \underset{(\infty)}{\sim} \sqrt{\frac{\pi}{2n}}$$

2°) Il s'agit bien entendu d'utiliser ce qui précède ...

$\star$ Soit $x \geqslant 0$ fixé. Pour n entier assez grand (n plus grand que x^2), on a $0 \leqslant x \leqslant \sqrt{n}$ et alors : $f_n(x) = \left(1 - \frac{x^2}{n}\right)^n > 0$, d'où :

$$\ln(f_n(x)) = n\ln(1 - \frac{x^2}{n}) \underset{(n\to\infty)}{\sim} n\times\left(-\frac{x^2}{n}\right) = -x^2$$

Ce qui veut dire que $\lim\limits_{n\to\infty} \ln(f_n(x)) = -x^2$ et $\lim\limits_{n\to\infty} f_n(x) = \mathrm{e}^{-x^2}$.

La suite de fonctions f_n converge simplement sur $\mathbb{R}_+$ vers la fonction $x \mapsto \mathrm{e}^{-x^2}$.

$\star$ Chaque fonction f_n est continue par morceaux sur $\mathbb{R}_+$ et intégrable sur $\mathbb{R}_+$, puisque l'on a en fait : $\displaystyle\int_0^{+\infty} f_n(x)\,dx = \int_0^{\sqrt{n}} \left(1 - \frac{x^2}{n}\right)^n dx.$

$\star$ On sait que pour tout $u \in \mathbb{R}$, on a $1 + u \leqslant \mathrm{e}^u$, par conséquent :

$\to$ Si $x > \sqrt{n}$, $f_n(x) = 0 \leqslant \mathrm{e}^{-x^2}$

$\to$ Si $0 \leqslant x \leqslant \sqrt{n}$,

$$0 \leqslant 1 - \frac{x^2}{n} \leqslant \mathrm{e}^{-x^2/n} \implies f_n(x) = \left(1 - \frac{x^2}{n}\right)^n \leqslant (\mathrm{e}^{-x^2/n})^n = \mathrm{e}^{-x^2}$$

Ainsi : $\forall n \in \mathbb{N}^*, \forall x \in \mathbb{R}_+, 0 \leqslant f_n(x) \leqslant f(x) = \mathrm{e}^{-x^2}$

$\star$ Enfin, f est une fonction continue, positive, intégrable sur $\mathbb{R}_+$, car on a par exemple : $\lim\limits_{x\to+\infty} x^2\mathrm{e}^{-x^2} = 0$ et on conclut par la règle de Riemann.

Toutes les conditions requises pour appliquer le théorème de convergence dominée sont réunies et on obtient :

$$I = \int_0^{+\infty} \mathrm{e}^{-x^2}\,dx = \lim_{n\to\infty}\int_0^{+\infty} f_n(x)\,dx = \lim_{n\to\infty} I_n$$
$$= \lim_{n\to\infty}\int_0^{\sqrt{n}} \left(1 - \frac{x^2}{n}\right)^n dx$$

Effectuons alors le changement de variable $x = \sqrt{n}\cos t$, il vient :

$$I_n = \int_0^{\sqrt{n}} \left(1 - \frac{x^2}{n}\right)^n dx = \int_{\pi/2}^0 (1 - \cos^2 t)^n(-\sqrt{n}\sin t)\,dt$$
$$= \sqrt{n}\int_0^{\pi/2} \sin^{2n+1} t\,dt = \sqrt{n}u_{2n+1}.$$

Le dernier résultat de la première question donne alors :

$$I_n \underset{(\infty)}{\sim} \sqrt{n}\times\sqrt{\frac{\pi}{2(2n+1)}} \underset{(\infty)}{\sim} \sqrt{n}\times\sqrt{\frac{\pi}{4n}} = \frac{1}{2}\sqrt{\pi}$$

Ce qui signifie que $\lim\limits_{n\to\infty} I_n = \frac{1}{2}\sqrt{\pi}$, et donc :

$$I = \int_0^{+\infty} \mathrm{e}^{-x^2}\,dx = \frac{1}{2}\sqrt{\pi}$$

Corrigé 9.20

1°) f est une fonction continue sur $\mathbb{R}_+^*$, et :

$f(t) = \dfrac{\sin t}{\mathrm{e}^t - 1} \underset{(0)}{\sim} \dfrac{t}{t} = 1$, donc f est prologeable par continuité en 0 en posant

$f(0) = 1$, donc l'intégrale $\displaystyle\int_0^1 f(t)\,dt$ est convergente.

$|f(t)| = \dfrac{|\sin t|}{\mathrm{e}^t - 1} \leqslant \dfrac{1}{\mathrm{e}^t - 1} \underset{(+\infty)}{\sim} \mathrm{e}^{-t}$, et comme $\displaystyle\int_1^{+\infty} \mathrm{e}^{-t}\,dt$ est convergente, l'intégrale $\displaystyle\int_1^{+\infty} f(t)\,dt$ est absolument convergente donc convergente.

Bref : l'intégrale $\displaystyle\int_0^{+\infty} f(t)\,dt$ est bien convergente.

2°) $\star$ On écrit :

$$a_n = \int_0^\pi \mathrm{e}^{-nt}\sin t\,dt = \mathrm{Im}\Big(\int_0^\pi \mathrm{e}^{-nt}\mathrm{e}^{it}\,dt\Big) = \mathrm{Im}\Big(\int_0^\pi \mathrm{e}^{(i-n)t}\,dt\Big)$$
$$= \mathrm{Im}\big(\frac{\mathrm{e}^{(i-n)\pi} - 1}{i-n}\big) = \mathrm{Im}\big(\frac{\mathrm{e}^{-n\pi}+1}{n-i}\big) = \mathrm{Im}\big(\frac{(\mathrm{e}^{-n\pi}+1)(n+i)}{n^2+1}\big)$$

Donc :

$$a_n = \frac{\mathrm{e}^{-n\pi}+1}{n^2+1}$$

Ainsi : $0 \leqslant a_n \leqslant \dfrac{2}{n^2}$ et on en conclut que la série $\sum_{n\geq 1} a_n$ est bien convergente.

$\star$ Pour la série de terme général b_n, on remarque que l'on a, pour tout $n \geqslant 1$:

$$0 \leqslant b_n \leqslant \int_\pi^{+\infty} \mathrm{e}^{-nt}\,dt = \big[-\frac{1}{n}\mathrm{e}^{-nt}\big]_\pi^{\to+\infty} = \frac{\mathrm{e}^{-n\pi}}{n} \leqslant (\mathrm{e}^{-\pi})^n$$

Comme $0 < \mathrm{e}^{-\pi} < 1$, la série géométrique de raison $\mathrm{e}^{-\pi}$ est convergente et, par majoration $\sum\limits_{n\geq 1} b_n$ est convergente.

3°) $\star$ Selon la ruse devenue habituelle, on écrit puisque $t > 0 \implies 0 < \mathrm{e}^{-t} < 1$:
$\forall t \in \mathbb{R}_+^*, f(t) = \dfrac{\sin t}{\mathrm{e}^t - 1} = \sin t \times \dfrac{\mathrm{e}^{-t}}{1-\mathrm{e}^{-t}} = \sin t \times \sum\limits_{n=1}^{\infty} (\mathrm{e}^{-t})^n = \sum\limits_{n=1}^{\infty} f_n(t)$,
avec :

$$f_n(t) = \mathrm{e}^{-nt}\sin t$$

La série de terme général f_n converge donc simplement vers f sur $\mathbb{R}_+^*$.

$\star$ D'autre part, on a montré dans la question précédente que f_n est intégrable sur $\mathbb{R}_+^*$, avec :

$$\int_0^{+\infty} |f_n(t)|\,dt = \int_0^\pi \mathrm{e}^{-nt}\sin t\,dt + \int_\pi^{+\infty} \mathrm{e}^{-nt}|\sin t|\,dt = a_n + b_n$$

et donc la série de terme général $\displaystyle\int_0^{+\infty} |f_n(t)|\,dt$ converge.

On peut donc utiliser le théorème d'intégation terme à terme pour les séries de fonctions intégrables et on obtient :

$$\int_0^{+\infty} f(t)\,dt = \sum_{n=1}^{\infty} \int_0^{+\infty} f_n(t)\,dt = \sum_{n=1}^{\infty} \int_0^{+\infty} \mathrm{e}^{-nt}\sin t\,dt$$

On reprend alors le calcul fait au début de la question **2°**) pour le calcul de a_n :

$$\begin{aligned}
I_n &= \int_0^{+\infty} \mathrm{e}^{-nt}\sin t\,dt = \lim_{x\to+\infty}\left[\mathrm{Im}\Big(\int_0^x \mathrm{e}^{-nt}e^{it}\,dt\Big)\right]\\
&= \mathrm{Im}\left[\lim_{x\to+\infty}\Big(\int_0^x \mathrm{e}^{(i-n)t}\,dt\Big)\right] = \mathrm{Im}\Big(\lim_{x\to+\infty}\Big[\frac{\mathrm{e}^{(i-n)t}}{i-n}\Big]_0^x\Big)\\
&= \mathrm{Im}\Big(\lim_{x\to+\infty}\frac{\mathrm{e}^{ix}\mathrm{e}^{-nx}-1}{i-n}\Big) = \mathrm{Im}\big(\frac{-1}{i-n}\big), \text{car } n\geqslant 1 \Longrightarrow \lim_{x\to+\infty}\mathrm{e}^{-nx}=0
\end{aligned}$$

Ainsi : $I_n = \mathrm{Im}\big(\frac{n+i}{n^2+1}\big) = \frac{1}{n^2+1}$

On en déduit que l'on obtient finalement :

$$\int_0^{+\infty}\frac{\sin t}{\mathrm{e}^t-1}\,dt = \sum_{n=1}^{\infty}\frac{1}{n^2+1}$$

Corrigé 9.21

1°) Soit $x\in\mathbb{R}$.

$\star$ La fonction $f : t\mapsto \dfrac{\cos(xt)}{\mathrm{e}^t+\mathrm{e}^{-t}}$ est continue sur $\mathbb{R}$ et $\lim\limits_{t\to+\infty} t^2\dfrac{|\cos(xt)|}{\mathrm{e}^t+\mathrm{e}^{-t}} = 0$, donc f est intégrable sur $\mathbb{R}_+$ et *a fortiori* l'intégrale définissant $I(x)$ est convergente.

$\star$ Pour $n\in\mathbb{N}$, posons $u_n(x) = \dfrac{(2n+1)}{(2n+1)^2+x^2}N$.

$\to$ Comme $u_n(x) \underset{(n\to\infty)}{\sim} \dfrac{1}{2n}$, alors $\lim\limits_{n\to\infty} u_n(x) = 0$.

$\to$ Pour tout $n\in\mathbb{N}$, on a :

$$\begin{aligned}
u_n(x)-u_{n+1}(x) &= \frac{(2n+1)}{(2n+1)^2+x^2} - \frac{(2n+3)}{(2n+3)^2+x^2}\\
&= \frac{(2n+1)[(2n+3)^2+x^2]-(2n+3)[(2n+1)^2+x^2]}{[(2n+1)^2+x^2][(2n+3)^2+x^2]}\\
&= \frac{2(2n+1)(2n+3)-2x^2}{[(2n+1)^2+x^2][(2n+3)^2+x^2]} = \frac{N_n(x)}{D_n(x)}.
\end{aligned}$$

Le dénominateur $N(x)$ est toujours strictement positif et pour n assez grand on a aussi $N_n(x)>0$.

On en conclut que la suite $(u_n(x))_n$ est décroissante, à partir d'un certain rang (qui dépend de x).

Le critère spécial des séries alternées nous permet alors de conclure à la convergence de la série définissant $S(x)$.

2°) Soient $x\in\mathbb{R}$ et $n\in\mathbb{N}$.

$\to$ La fonction $f_n : t\mapsto \mathrm{e}^{-(2n+1)t}\cos(xt)$ est continue sur $\mathbb{R}$;

$\to$ $\lim\limits_{t\to+\infty} t^2|f_n(t)| = \lim\limits_{t\to+\infty} t^2|\cos(xt)|e^{-(2n+1)t} = 0$, et la règle de Riemann montre que f_n est intégrable sur $\mathbb{R}_+$ et *a fortiori* l'intégrale définissant $I_n(x)$ est convergente.

On obtient alors, en intégrant deux fois par parties (en dérivant la partie trigonométrique pour éviter le cas particulier $x=0$) :

$$I_n(x) = \Big[\frac{\mathrm{e}^{-(2n+1)t}\cos(xt)}{2n+1}\Big]_{t=0}^{t\to+\infty} + \frac{x}{2n+1}\int_0^{+\infty}\mathrm{e}^{-(2n+1)t}\sin(xt)\,dt$$

$$I_n(x) = \frac{1}{2n+1} + \frac{x}{2n+1}\Big(\Big[\frac{e^{-(2n+1)t}\sin(xt)}{2n+1}\Big]_{t=0}^{t\to+\infty} - \frac{x}{2n+1}\int_0^{+\infty} e^{-(2n+1)t}\cos(xt)\,dt\Big)$$

Soit : $I_n(x) = \dfrac{1}{2n+1} - \dfrac{x^2}{(2n+1)^2} I_n(x)$, et donc :

$$I_n(x)\big(1 + \frac{x^2}{(2n+1)^2}\big) = \frac{1}{2n+1} \text{ et } I_n(x) = \frac{2n+1}{(2n+1)^2 + x^2}$$

3°) Pour tout $n \in \mathbb{N}$ et tout $t > 0$, comme $-e^{-2t} \neq 1$, on a par l'identité géométrique :

$$\sum_{k=0}^{n} (-e^{-2t})^k = \frac{1-(-e^{-2t})^{n+1}}{1-(-e^{-2t})} = \frac{1}{1+e^{-2t}} - \frac{(-1)^{n+1}e^{-(2n+2)t}}{1+e^{-2t}}$$

donc $\dfrac{1}{1+e^{-2t}} = \sum\limits_{k=0}^{n} (-1)^k e^{-2kt} + \dfrac{(-1)^{n+1}e^{-(2n+2)t}}{1+e^{-2t}}$, puis :

$$\frac{1}{e^t + e^{-t}} = e^{-t} \times \frac{1}{1-e^{-2t}} = \sum_{k=0}^{n} (-1)^k e^{-(2k+1)t} + \frac{(-1)^{n+1}e^{-(2n+3)t}}{1+e^{-2t}}$$

4°) Soient $n \in \mathbb{N}, x \in \mathbb{R}$ et $t > 0$. On déduit de la question **3°)** que :

$$f(t) = \frac{\cos(xt)}{e^t + e^{-t}} = \sum_{k=0}^{n} \underbrace{(-1)^k e^{-(2k+1)t}\cos(xt)}_{g_k(t)} + \underbrace{\frac{(-1)^{n+1}e^{-(2n+3)t}\cos(xt)}{1+e^{-2t}}}_{h_n(t)}$$

Les fonctions g_k et la fonction h_n sont continues sur $\mathbb{R}$ et négligeables, en valeur absolue, devant la fonction $t \mapsto \dfrac{1}{t^2}$ au voisinage de l'infini. Toutes ces fonctions sont donc intégrables sur $\mathbb{R}_+$. On obtient alors, pour tout n de $\mathbb{N}$:

$$\int_0^{+\infty} \frac{\cos(xt)}{e^t + e^{-t}}\,dt = \sum_{k=0}^{n} \int_0^{+\infty} g_k(t)\,dt + \int_0^{+\infty} h_n(t)\,dt$$
$$= \sum_{k=0}^{n} (-1)^k I_k(x) + \int_0^{+\infty} h_n(t)\,dt$$

Or : $\displaystyle \Big|\int_0^{+\infty} h_n\,dt\Big| = \Big|\int_0^{+\infty} \frac{(-1)^{n+1}e^{-(2n+3)t}\cos(xt)}{1+e^{-2t}}\,dt\Big|$

$$\leqslant \int_0^{+\infty} \Big|\frac{(-1)^{n+1}e^{-(2n+3)t}\cos(xt)}{1+e^{-2t}}\Big|\,dt \leqslant \int_0^{+\infty} e^{-(2n+3)t}\,dt$$
$$\leqslant \frac{1}{2n+3}$$

Donc $\displaystyle \lim_{n\to\infty} \int_0^{+\infty} h_n(t)\,dt = 0$ et en passant à la limite dans la relation précédente :

$$\int_0^{+\infty} \frac{\cos(xt)}{e^t + e^{-t}}\,dt = \sum_{k=0}^{\infty} (-1)^k I_k(x) = \sum_{k=0}^{\infty} \frac{(-1)^k(2k+1)}{(2k+1)^2 + x^2}$$

Corrigé 9.22

1°) Lorsque t décrit $[0, 2\pi]$, $\cos t$ décrit $[-1, 1]$ et $1 + x\cos t$ décrit le segment d'extrémités $1 - x$ et $1 + x$, c'est-à-dire le segment $[1 - |x|, 1 + |x|]$ (ce qui permet de ne pas se préoccuper pour le moment du signe de x).

$\star$ Si $|x| > 1$, le segment $[1-|x|, 1+|x|]$ contient des nombres strictement négatifs et $t \mapsto \sqrt{1+x\cos t}$ n'est même pas définie sur $]0, 2\pi[$, ce qui fait que $f(x)$ n'est pas défini.

$\star$ Si $|x| < 1$, $t \mapsto 1 + x\cos t$ ne prend que des valeurs strictement positives et la fonction à intégrer est définie et continue sur $[0, 2\pi]$, donc $f(x)$ est bien défini.

$\star$ Si $x = -1$, on a $1 - \cos t \underset{(0)}{\sim} \dfrac{t^2}{2}$, donc $\dfrac{1}{\sqrt{1-\cos t}} \underset{(0^+)}{\sim} \dfrac{\sqrt{2}}{t}$ et la règle de Riemann montre que l'intégrale proposée diverge, donc f n'est pas définie en -1.

$\star$ Si $x = 1$, on a $1 + \cos t = 1 - \cos(t-\pi) \underset{(\pi)}{\sim} \dfrac{(t-\pi)^2}{2}$ et on obtient : $\dfrac{1}{\sqrt{1+\cos t}} \underset{(\pi)}{\sim} \dfrac{\sqrt{2}}{|t-\pi|}$ et l'intégrale proposée est encore divergente.

La fonction f est définie sur l'intervalle ouvert $]-1, 1[$.

Pour $x \in]-1, 1[$, on peut écrire, en effectuant le changement de variable $t = \pi + u$:

$$f(-x) = \int_0^{2\pi} \frac{dt}{\sqrt{1 - x\cos t}} = \int_{-\pi}^{\pi} \frac{du}{\sqrt{1 + x\cos u}}$$

Or si φ est une fonction continue et 2π-périodique, l'intégrale $\displaystyle\int_a^{a+2\pi} \varphi(t)\,dt$ ne dépend pas de la valeur de a (notez Φ une primitive de Φ et dérivez la fonction $a \mapsto \Phi(a+2\pi) - \Phi(a)$)

Ainsi :

$$f(-x) = \int_{-\pi}^{\pi} \frac{du}{\sqrt{1 + x\cos u}} = \int_0^{2\pi} \frac{du}{\sqrt{1 + x\cos u}} = f(x)$$

Donc f est paire et on peut se contenter de l'étudier sur $[0, 1[$.

2°) Soit $g : (x,t) \mapsto \dfrac{1}{\sqrt{1 + x\cos t}}$ et soit a tel que $0 < a < 1$.

Pour retrouver les notations du programme, notons $I = [0, a]$ et $J = [0, 2\pi]$.

$\rightarrow \forall x \in I, t \mapsto g(x,t)$ est continue par morceaux sur J.

$\rightarrow \forall t \in J, x \mapsto g(x,t)$ est continue sur I.

$\rightarrow \forall (x,t) \in I \times J, 0 \leqslant g(x,t) \leqslant \dfrac{1}{\sqrt{1-a}}$ et la fonction $t \mapsto \dfrac{1}{\sqrt{1-a}}$ est évidemment continue par morceaux et intégrable sur J.

Toutes les conditions sont réunies pour affirmer que f est continue sur $[0, a]$, donc, puisque a est quelconque dans $]0, 1[$, que f est continue sur $[0, 1[$, donc sur $]-1, 1[$ par symétrie.

Allons plus loin ...

$\rightarrow \forall x \in I, t \mapsto g(x,t)$ est continue par morceaux, donc clairement intégrable sur le segment J.

$\rightarrow \forall t \in J, x \mapsto g(x,t)$ est de classe $\mathcal{C}^1$ sur I.

On a, en tout point : $\dfrac{\partial g}{\partial x}(x,t) = -\dfrac{\cos t}{2(1 + x\cos t)^{3/2}}$, donc :

$\rightarrow \forall\, x \in I, t \mapsto \dfrac{\partial g}{\partial x}(x,t)$ est continue par morceaux sur J

$\rightarrow$ Enfin $\forall\,(x,t) \in I \times J, \left|\dfrac{\partial g}{\partial x}(x,t)\right| \leqslant \dfrac{1}{2(1-a)^{3/2}}$ et cette fonction majorante étant constante elle est continue par morceaux et intégrable sur le segment J.

Tout ceci prouve que, pour tout $a \in]0,1[$, f est de classe $\mathcal{C}^1$ sur $[0,a]$, donc sur $[0,1[$, puis sur $]-1,1[$, avec : $f'(x) = -\dfrac{1}{2}\displaystyle\int_0^{2\pi} \dfrac{\cos t}{(1+x\cos t)^{3/2}}\,dt$

Corrigé 9.23

1°) $\star$ Pour tout $x \in \mathbb{R}$, la fonction $t \mapsto g(x,t) = t^{xt} = \mathrm{e}^{xt\ln t}$ est définie et continue sur $]0,1]$ et prolongeable par continuité en 0, en posant $g(x,0) = \mathrm{e}^0 = 1$. Donc f est bien définie sur $\mathbb{R}$.

$\star$ Soit $a < b$ et notons $I = [a,b]$, $J =]0,1]$.

$\rightarrow \forall\, x \in I, t \mapsto g(x,t)$ est continue (par morceaux) et intégrable sur J.

$\rightarrow \forall\, t \in J, x \mapsto g(x,t)$ est de classe $\mathcal{C}^1$ sur I.

$\rightarrow$ On a, pour $t \in]0,1]$, $\dfrac{\partial g}{\partial x}(x,t) = (t\ln t)\mathrm{e}^{xt\ln t}$.

Or $x \geqslant a$ et $t\ln t \leqslant 0 \implies xt\ln t \leqslant at\ln t$, on a :

$$\forall\,(x,t) \in I \times J, \left|\frac{\partial g}{\partial x}(x,t)\right| \leqslant (-t\ln t)\mathrm{e}^{at\ln t}$$

et la fonction majorante est continue sur $]0,1]$, prolongeable par continuité en 0, donc intégrable sur J. Ceci prouve que f est de classe $\mathcal{C}^1$ sur $[a,b]$, donc sur $\mathbb{R}$ puisque a et b sont quelconques, avec :

$$f'(x) = \int_0^1 (t\ln t)\mathrm{e}^{xt\ln t}\,dt$$

2°) Lorsque x tend vers $-\infty$, $xt\ln t$ tend vers $+\infty$ pour tout $t \in]0,1[$, donc la fonction à intégrer aussi, ce qui donne l'idée de se restreindre à un segment inclus dans $]0,1[$.

On écrit donc, par exemple (vous pouvez prendre d'autres valeurs !) :

$$f(x) = \int_0^1 \mathrm{e}^{xt\ln t}\,dt \geqslant \int_{1/4}^{3/4} \mathrm{e}^{xt\ln t}\,dt$$

Notons m le minimum de la fonction $t \mapsto -t\ln t$ sur $[1/4, 3/4]$. On a $m > 0$ et pour $x < 0$:

$$t \in [1/4,3/4] \implies -t\ln t \geqslant m \implies t\ln t \leqslant -m \implies xt\ln t \geqslant -mx$$

Donc $x < 0 \implies f(x) \geqslant \displaystyle\int_{1/4}^{3/4} \mathrm{e}^{-mx}\,dt = \frac{1}{2}\mathrm{e}^{-mx} \underset{x\to-\infty}{\longrightarrow} +\infty$

Ainsi $\displaystyle\lim_{x\to-\infty} f(x) = +\infty$

Corrigé 9.24

1°) Soit $\varphi : (x,t) \mapsto f(t)cos(xt)$, définie sur $\mathbb{R} \times [a,b]$.

$\star$ Pour tout $x, t \mapsto \varphi(x,t)$ est continue (par morceaux) et clairement intégrable sur le segment $[a,b]$.

$\star$ $\dfrac{\partial\varphi}{\partial x}(x,t) = tf(t)\cos(xt + \frac{\pi}{2})$ et plus généralement :

$$\frac{\partial^n\varphi}{\partial x^n}(x,t) = t^n f(t)\cos(xt + \frac{n\pi}{2})$$

Pour tout x réel, $t \mapsto \dfrac{\partial^n\varphi}{\partial x^n}(x,t)$ est continue (par morceaux) sur $[a,b]$

$\star$ Enfin $\forall\,(x,t) \in \mathbb{R} \times [a,b], \left|\dfrac{\partial^n\varphi}{\partial x^n}(x,t)\right| \leqslant |t^n f(t)|$ et cette fonction majorante est positive continue (par morceaux) sur $[a,b]$, intégrable sur ce segment.

Toutres les hypothèses sont réunies pour appliquer le théorème de dérivation itérée des intégrales à paramètre et g est de classe $\mathcal{C}^\infty$ sur $\mathbb{R}$, avec :

$$\forall x \in \mathbb{R}, \forall n \in \mathbb{N}, g^{(n)}(x) = \int_a^b t^n f(t)\cos(xt + \frac{n\pi}{2})\,dt$$

2°) Comme f est supposée de classe $\mathcal{C}^1$, on effectue, pour $x \neq 0$, une intégration par parties en dérivant f en f' et en primitivant $t \mapsto \cos(xt)$ en $t \mapsto \dfrac{1}{x}\sin(xt)$. On obtient :

$$g(x) = \int_a^b f(t)\times\cos(xt)\,dt = \left[f(t)\times\frac{1}{x}\sin(xt)\right]_a^b - \int_a^b f'(t)\times\frac{1}{x}\sin(xt)\,dt$$

d'où : $|g(x)| \leqslant \dfrac{1}{|x|}(|f(a)| + |f(b)|) + \dfrac{1}{|x|}\displaystyle\int_a^b |f'(t)|\,dt$

Sous cette forme il est alors clair que $\displaystyle\lim_{x\to+\infty} g(x) = \lim_{x\to-\infty} g(x) = 0$.

Corrigé 9.25

1°) Soit g définie sur $\mathbb{R}_+ \times \mathbb{R}_+$ par : $g(x,t) = \begin{cases} \dfrac{1-e^{-xt^2}}{t^2} & \text{si } t > 0 \\ x & \text{si } t = 0 \end{cases}$,

Comme $1 - e^u \underset{(0)}{\sim} u$, g ainsi définie est continue par rapport à x et continue par morceaux par rapport à t sur les domaines utiles (comme dit le programme : ces hypothèses sont imposées par le programme, mais n'ont pas l'importance des hypothèses de domination : en clair elles sont toujours vérifiées dans tous les exercices, sinon on ne sait pas quoi faire au niveau du calcul intégral ... !)

$\star$ Soit $b > 0$ et supposons que x décrive $[0,b]$.

Comme $\forall\,\alpha \in \mathbb{R}, e^\alpha \geqslant 1 + \alpha$, on a $1 - e^{-u} \leqslant u$, donc $t > 0 \implies \dfrac{1-e^{-xt^2}}{t^2} \leqslant x$ et :

$$0 \leqslant g(x,t) \leqslant \begin{cases} \dfrac{1}{t^2} & \text{si } t \geqslant 1 \\ b & \text{si } t < 1 \end{cases}$$

Cette fonction majorante est continue par morceaux, intégrable sur $\mathbb{R}_+$ et indépendante de x. Par théorème, on conclut :

f est continue sur $[0,b]$, donc sur $\mathbb{R}_+$ puisque $b > 0$ est quelconque

$\star$ g vérifie aussi les hypothèses de dérivabilité nécessaires, avec $\dfrac{\partial g}{\partial x}(x,t) = e^{-xt^2}$

Soit alors $a > 0$, pour $x \in [a, +\infty[$, on a : $\left|\dfrac{\partial g}{\partial x}(x,t)\right| \leqslant \mathrm{e}^{-at^2}$ qui est continue et intégrable sur $\mathbb{R}_+$.
Ainsi, par théorème, f est de classe $\mathcal{C}^1$ sur $[a, +\infty[$, donc sur $\mathbb{R}_+^*$, puisque $a > 0$ est quelconque, et :

$$\forall\, x \in \mathbb{R}_+^*, f'(x) = \int_0^{+\infty} \mathrm{e}^{-xt^2}\, dt$$

2°) Soit $x > 0$. En posant $u = \sqrt{x}t$, on obtient :

$$f'(x) = \int_0^{+\infty} \mathrm{e}^{-xt^2}\, dt = \frac{1}{\sqrt{x}} \int_0^{+\infty} \mathrm{e}^{-u^2}\, du = \frac{1}{2\sqrt{x}} \int_{-\infty}^{+\infty} \mathrm{e}^{-u^2}\, du = \frac{\sqrt{\pi}}{2\sqrt{x}}$$

Donc en « primitivant » on trouve : $\exists\, c \in \mathbb{R}, \forall\, x > 0, f(x) = \sqrt{\pi x} + c$.
Or $f(0) = 0$ et on a montré que f est continue sur $\mathbb{R}_+$, donc on a $c = 0$ et :

$$\forall\, x \in \mathbb{R}_+, f(x) = \sqrt{\pi x}$$

Corrigé 9.26

1°) Pour $x \in \mathbb{R}$ et $t \in \mathbb{R}_+^*$, posons $g(x,t) = \dfrac{\sin^2(xt)}{t^2}\, \mathrm{e}^{-t}$.

$\star$ Comme $\sin u \underset{(0)}{\sim} u$, on a $\lim\limits_{t \to 0} g(x,t) = x^2$ et la fonction à intégrer est prolongeable par continuité en 0, donc $\displaystyle\int_0^1 g(x,t)\, dt$ est convergente.

$\star$ Pour $t \geqslant 1$, $0 \leqslant g(x,t) \leqslant \mathrm{e}^{-t}$, donc $\displaystyle\int_1^{+\infty} g(x,t)\, dt$ converge.

Ainsi f est définie sur $\mathbb{R}$.

2°) $\star$ Pour tout $x \in \mathbb{R}$, la fonction $t \mapsto g(x,t)$ est continue sur $\mathbb{R}_+^*$.
$\star$ pour tout $t > 0$, $x \mapsto g(x,t)$ est de classe $\mathcal{C}^1$ sur $\mathbb{R}$.
$\star$ $\dfrac{\partial g}{\partial x}(x,t) = \dfrac{2\sin(xt)\cos(xt)}{t}\, \mathrm{e}^{-t} = \dfrac{\sin(2xt)}{t}\, \mathrm{e}^{-t}$ et cette fonction est clairement continue (par morceaux) par rapport à t, pour tout réel x.
Soit alors $a > 0$. On suppose que x décrit $[-a, a]$. Comme on sait que $|\sin u| \leqslant |u|$, on a : $x \in [-a, a] \implies \left|\dfrac{\partial g}{\partial x}(x,t)\right| \leqslant 2a\mathrm{e}^{-t}$ et cette fonction majorante est positive, continue par morceaux, intégrable sur $\mathbb{R}_+^*$.
Toutes les conditions sont réunies pour conclure que f est de classe $\mathcal{C}^1$ sur $[-a, a]$, donc sur $\mathbb{R}$, avec :

$$\forall\, x \in \mathbb{R}, f'(x) = \int_0^{+\infty} \frac{\sin(2xt)}{t}\, \mathrm{e}^{-t}\, dt$$

Une deuxième application du même raisonnement montre que f est de classe $\mathcal{C}^2$ sur $\mathbb{R}$ (et on peut même majorer sans condition sur x), avec :

$$\forall\, x \in \mathbb{R}, f''(x) = \int_0^{+\infty} 2\cos(2xt)\mathrm{e}^{-t}\, dt$$

3°) Les primitives de la fonction $t \mapsto \cos(2xt)\mathrm{e}^{-t}$ sont les fonctions de la forme $t \mapsto \big(a\cos(2xt) + b\sin(2xt)\big)\mathrm{e}^{-t} + c$.
En dérivant on a alors :

$$\cos(2xt)e^{-t} = ((-a+2xb)\cos(2xt) + (-2ax-b)\sin(2xt))\,e^{-t},$$

ce qui nous donne en identifiant : $\begin{cases} -a+2xb=1 \\ -2xa-b=0 \end{cases}$, d'où : $a = \dfrac{-1}{1+4x^2}$ et $b = \dfrac{2x}{1+4x^2}$

On trouve ainsi :

$$\forall x \in \mathbb{R}, f''(x) = 2\Big[\big(\frac{-\cos(2xt)+2x\sin(2xt)}{1+4x^2}\big)e^{-t}\Big]_{t=0}^{t\to+\infty} = \frac{2}{1+4x^2}$$

En intégrant le résultat précédent, et compte tenu du fait que $f'(0) = 0$ (évident sur la définition intégrale de f' ou plus simplement parce que f est paire, donc f' impaire), on trouve :

$$\forall x \in \mathbb{R},\ f'(x) = \int_0^x f''(t)\,dt = \int_0^x \frac{2}{1+4t^2}\,dt = \arctan(2x)$$

En intégrant une nouvelle fois, et compte tenu du fait que $f(0) = 0$, on trouve en intégrant par parties :

$$\begin{aligned}\forall x \in \mathbb{R}, f(x) &= \int_0^x 1\times\arctan(2t)\,dt = \big[t\arctan(2t)\big]_0^x - \int_0^x \frac{2t}{1+4t^2}\,dt \\ &= \big[t\arctan(2t) - \tfrac{1}{4}\ln(1+4t^2)\big]_0^x\end{aligned}$$

Soit :

$$\forall x \in \mathbb{R}, f(x) = x\arctan(2x) - \frac{1}{4}\ln(1+4x^2)$$

Corrigé 9.27

1°) Soit $f_x : t \mapsto \dfrac{e^{-xt}}{t}\operatorname{sh} t$. La fonction f_x est continue sur $\mathbb{R}_+^*$, et comme $\operatorname{sh} t = \dfrac{e^t - e^{-t}}{2} = \dfrac{e^{-t}}{2}(e^{2t}-1)$, on a :

→ $\operatorname{sh} t \underset{(0)}{\sim} t$ et $\lim\limits_{t\to 0} f_x(t) = e^0 = 1$ et la fonction à intégrer est prolongeable par continuité en 0, donc $\displaystyle\int_0^1 f_x(t)\,dt$ converge.

→ $\operatorname{sh} t \underset{(+\infty)}{\sim} \dfrac{1}{2}e^t$ et $t^2 f_x(t) \underset{(+\infty)}{\sim} \dfrac{t}{2}\,e^{(1-x)t} \underset{t\to+\infty}{\longrightarrow} 0$, donc $\displaystyle\int_1^{+\infty} f_x(t)\,dt$ converge.

Donc $\displaystyle\int_0^{+\infty} f_x(t)\,dt$ converge et la fonction g est bien définie sur $]1,+\infty[$.

2°) Soient α, β réels tels que $0 < \alpha < \beta$. Posons $I(\alpha,\beta) = \displaystyle\int_\alpha^\beta f_x(t)\,dt$.

$$\begin{aligned}\text{On a : } 2I(\alpha,\beta) &= \int_\alpha^\beta \frac{e^{-(x-1)t} - e^{-(1+x)t}}{t}\,dt \\ &= \int_\alpha^\beta \frac{e^{-(x-1)t}}{t}\,dt - \int_\alpha^{+\beta} \frac{e^{-(1+x)t}}{t}\,dt\end{aligned}$$

Effectuons dans la première intégrale le changement de variable $u = (x-1)t$ et dans la seconde le changement de variable $u = (x+1)t$. Dans les deux cas on a $\dfrac{dt}{t} = \dfrac{du}{u}$, et :

$$2I(\alpha,\beta)=\int_{(x-1)\alpha}^{(x-1)\beta}\frac{\mathrm{e}^{-u}}{u}\,du-\int_{(x+1)\alpha}^{(x+1)\beta}\frac{\mathrm{e}^{-u}}{u}\,du$$

Par application de la relation de Chasles, il vient :

$$2I(\alpha,\beta)=\int_{(x-1)\alpha}^{(x+1)\alpha}\frac{\mathrm{e}^{-u}}{u}\,du+\int_{(x+1)\beta}^{(x-1)\beta}\frac{\mathrm{e}^{-u}}{u}\,du$$

$\star$ Comme $\displaystyle\int_1^{+\infty}\frac{\mathrm{e}^{-u}}{u}\,du$ converge, on a en notant L sa valeur :

$$\int_{(x+1)\beta}^{(x-1)\beta}\frac{\mathrm{e}^{-u}}{u}\,du=\int_1^{(x-1)\beta}\frac{\mathrm{e}^{-u}}{u}\,du-\int_1^{(x+1)\beta}\frac{\mathrm{e}^{-u}}{u}\,du\underset{\beta\to+\infty}{\longrightarrow}L-L=0.$$

$$\star\int_{(x-1)\alpha}^{(x+1)\alpha}\frac{\mathrm{e}^{-u}}{u}\,du=\int_{(x-1)\alpha}^{(x+1)\alpha}\frac{du}{u}-\int_{(x-1)\alpha}^{(x+1)\alpha}\frac{1-\mathrm{e}^{-u}}{u}\,du$$

$$=\ln\Big(\frac{x+1}{x-1}\Big)-\int_{(x-1)\alpha}^{(x+1)\alpha}\frac{1-\mathrm{e}^{-u}}{u}\,du$$

La fonction $\varphi\,:\,u\mapsto\dfrac{1-\mathrm{e}^{-u}}{u}$ est prolongeable par continuité en 0 et donc intégrable sur $]0,1]$, ainsi en notant $L'=\displaystyle\int_0^1\varphi(u)\,du$:

$$\int_{(x-1)\alpha}^{(x+1)\alpha}\frac{1-\mathrm{e}^{-u}}{u}\,du=\int_0^{(x+1)\alpha}\varphi(u)\,du-\int_0^{(x-1)\alpha}\varphi(u)\,du\underset{\alpha\to 0}{\longrightarrow}L'-L'=0.$$

Finalement $\displaystyle\lim_{\alpha\to0}\lim_{\beta\to+\infty}2I(\alpha,\beta)=\ln\Big(\frac{x+1}{x-1}\Big)$, c'est-à-dire :

$$\forall\,x>1,g(x)=\frac12\ln\Big(\frac{x+1}{x-1}\Big)$$

Corrigé 9.28

1°) a) Soit la fonction g définie sur $]-1,+\infty[\,\times\,]0,\pi/2]$ par :

$$g(x,t)=\sin^x t=\mathrm{e}^{x\ln(\sin t)}$$

la fonction g vérifie, comme d'habitude, toutes les conditions de continuité et de classe nécessaires ...

Soit alors $a>-1$ et $I=[a,+\infty[$. On a pour $x\geqslant A$ et $t\in\,]0,\pi/2]$:

$$\frac{\partial g}{\partial x}(x,t)=\ln(\sin t)\mathrm{e}^{x\ln(\sin t)}\leqslant 0$$

$$x\geqslant a \text{ et } t\in\,]0,\pi/2]\implies\Big|\frac{\partial g}{\partial x}(x,t)\Big|\leqslant-\ln(\sin t)\mathrm{e}^{a\ln(\sin t)}=\varphi(t)$$

La fonction φ est positive, continue sur $]0,\pi/2]$ et en considérant un nombre réel c tel que $-1<c<a$:

$$\varphi(t)=-\ln(\sin t)(\sin t)^a=-\ln(\sin t)(\sin t)^{a-c}\times(\sin t)^c$$

Mais, comme $a-c>0$, on a : $\displaystyle\lim_{t\to0^+}(\sin t)^{a-c}\ln(\sin t)=0$ (limite classique : poser $X=\sin t$ si nécessaire) et $(\sin t)^c\underset{(0^+)}{\sim}t^c=\dfrac{1}{t^{-c}}$, avec $-c<1$.

Ainsi, au voisinage de 0, $\varphi(t)=o\big(\dfrac{1}{t^{-c}}\big)$ et la règle de Riemann montre que φ est intégrable sur $]0,\pi/2]$.

Par théorème, on en conclut que f est de classe $\mathcal{C}^1$ sur $[a, +\infty[$, donc sur $]-1, +\infty[$, avec :

$$f'(x) = \int_0^{\pi/2} \ln(\sin t) \sin^x t \, dt$$

b) Ainsi $f'(x) \leqslant 0$ et f est décroissante sur A.

2°) a) On a déjà vu cela, dans le cas x entier. Pour $x > 0$, on procède à une intégration par parties :

$$\begin{aligned} f(x+1) &= \int_0^{\pi/2} \sin^{x+1} t \, dt = \int_0^{\pi/2} \sin^x t \sin t \, dt \\ &= \big[\sin^x t \cos t\big]_0^{\pi/2} + x \int_0^{\pi/2} \cos^2 t \sin^{x-1} t \, dt \end{aligned}$$

Comme $x > 0$, ceci est possible directement avec la borne inférieure 0 et le crochet de cette intégration par parties est nul. Il reste :

$$f(x+1) = x\Big(\int_0^{\pi/2} \sin^{x-1} t \, dt - \int_0^{\pi/2} \sin^{x+1} t \, dt\Big) = x(f(x-1) - f(x+1))$$

Donc : $xf(x-1) = (x+1)f(x+1)$ et $xf(x)f(x-1) = (x+1)f(x)f(x+1)$, c'est-à-dire :

$$\forall\, x > 0, \varphi(x) = \varphi(x+1)$$

Or $\varphi(1) = f(1)f(0) = \displaystyle\int_0^{\pi/2} \sin t \, dt \times \int_0^{\pi/2} dt = \big[-\cos t\big]_0^{\pi/2} \times \frac{\pi}{2} = \frac{\pi}{2}$, donc puisque φ est 1-périodique :

$$\forall\, n \in \mathbb{N}^*, \varphi(n) = \frac{\pi}{2}$$

b) Soit la fonction $h : x \mapsto \dfrac{\varphi(x)}{x} = f(x)f(x-1)$ définie sur $\mathbb{R}_+^*$.

Pour tout $x > 0$, on a : $h'(x) = f'(x)f(x-1) + f(x)f'(x-1) \leqslant 0$ puisque f est positive et f' négative. Donc h est décroissante sur $\mathbb{R}_+^*$.

Donc, pour tout $n \in \mathbb{N}^*$, on a :

$$\begin{aligned} n \leqslant x < n+1 &\Longrightarrow \frac{\varphi(n+1)}{n+1} \leqslant \frac{\varphi(x)}{x} \leqslant \frac{\varphi(n)}{n} \\ &\Longrightarrow x\frac{\varphi(n+1)}{n+1} \leqslant \varphi(x) \leqslant x\frac{\varphi(n)}{n} \text{ (car } x > 0) \\ &\Longrightarrow n\frac{\varphi(n+1)}{n+1} \leqslant \varphi(x) \leqslant (n+1)\frac{\varphi(n)}{n} \text{ (car } n < x < n+1) \\ &\Longrightarrow \frac{n\pi}{2(n+1)} \leqslant \varphi(x) \leqslant \frac{(n+1)\pi}{2n} \text{ (car } \varphi(n) = \varphi(n+1) = \tfrac{\pi}{2}) \end{aligned}$$

C'est-à-dire, pour tout $x \geqslant 1$: $\dfrac{\lfloor x \rfloor \pi}{2(\lfloor x \rfloor + 1)} \leqslant \varphi(x) \leqslant \dfrac{(\lfloor x \rfloor + 1)\pi}{2\lfloor x \rfloor}$

Or $\displaystyle\lim_{x \to +\infty} \lfloor x \rfloor = +\infty$ et par encadrement $\displaystyle\lim_{x \to +\infty} \varphi(x) = \frac{\pi}{2}$.

Ainsi φ est une fonction périodique qui admet une limite en l'infini, donc c'est une fonction constante :

$$\forall\, x > 0, \varphi(x) = \frac{\pi}{2}$$

3°) Pour tout $x > 0$, on a : $xf(x)f(x-1) = \frac{\pi}{2}$ et f est positive décroissante, donc a une limite finie ou infinie en -1 et finie en $+\infty$.

$\star$ $f(x-1) = \dfrac{\pi}{2xf(x)} \underset{(0^+)}{\sim} \dfrac{\pi}{2xf(0)} = \dfrac{1}{x}$, donc $\lim\limits_{x\to 0^+} f(x-1) = +\infty$, soit $\lim\limits_{x\to -1^+} f(x) = +\infty$.

$\star$ Soit $L = \lim\limits_{x\to+\infty} f(x)$. Si on avait $L > 0$, on aurait $\lim\limits_{x\to+\infty} xf(x)f(x-1) = +\infty$, ce qui est faux, donc $L = 0$.

Corrigé 9.29

1°) On définit la fonction g sur $\mathbb{R}^2$ par : $g(x,t) = \mathrm{e}^{-t^2+itx}$.

$\rightarrow$ Pour tout x, $t \mapsto g(x,t)$ est continue sur $\mathbb{R}$, et comme $|g(x,t)| = \mathrm{e}^{-t^2}$, l'intégrabilité de $t \mapsto \mathrm{e}^{-t^2}$ sur $\mathbb{R}$ donne l'intégrabilite de la fonction $t \mapsto g(x,t)$.

$\rightarrow$ On a, pour tout x et tout t : $\dfrac{\partial g}{\partial x}(x,t) = it\mathrm{e}^{-t^2+itx}$.

Donc $x \mapsto \dfrac{\partial g}{\partial x}(x,t)$ est de classe $\mathcal{C}^1$ pour tout t, et $t \mapsto \dfrac{\partial g}{\partial x}(x,t)$ est continue par morceaux pour tout x.

Enfin, et c'est la clef : $\left|\dfrac{\partial g}{\partial x}(x,t)\right| = |t|\mathrm{e}^{-t^2}$ et la fonction $t \mapsto |t|\mathrm{e}^{-t^2}$ est intégrable sur $\mathbb{R}$.

Donc toutes les hypothèses sont réunies pour pouvoit affirmer que f est de classe $\mathcal{C}^1$ sur $\mathbb{R}$, avec :

$$f'(x) = \int_{-\infty}^{+\infty} it\mathrm{e}^{-t^2+itx}\,dt$$

2°) Pour tout $x \in \mathbb{R}$, on a alors :

$$\begin{aligned} 2f'(x) + xf(x) &= 2\int_{-\infty}^{+\infty} it\mathrm{e}^{-t^2+itx}\,dt + x\int_{-\infty}^{+\infty} \mathrm{e}^{-t^2+itx}dt \\ &= -i\int_{-\infty}^{+\infty} (-2t+ix)\mathrm{e}^{-t^2+itx}\,dt \end{aligned}$$

L'intégration se fait alors « à vue », et en procédant directement sur $\mathbb{R}$:

$$2f'(x) + xf(x) = -i\big[\mathrm{e}^{-t^2+itx}\big]_{t\to-\infty}^{t\to+\infty} = -i\big[\mathrm{e}^{-t^2}\mathrm{e}^{itx}\big]_{t\to-\infty}^{t\to+\infty} = 0$$

3°) Soit $\psi : x \mapsto \mathrm{e}^{x^2/4}f(x)$. La fonction ψ est dérivable sur $\mathbb{R}$, et :

$$\psi'(x) = \tfrac{x}{2}\mathrm{e}^{x^2/4}f(x) + \mathrm{e}^{x^2/4}f'(x) = \tfrac{1}{2}\mathrm{e}^{x^2/4}(xf(x) + 2f'(x)) = 0$$

Donc ψ est constante sur $\mathbb{R}$. Comme $\psi(0) = f(0) = \sqrt{\pi}$, il vient $\mathrm{e}^{x^2/4}f(x) = \sqrt{\pi}$ et :

$$\forall\, x \in \mathbb{R}, f(x) = \sqrt{\pi}\mathrm{e}^{-x^2/4}$$

Probabilités

10

RÉPARTITION DES EXERCICES

I. ÉNONCÉS DES EXERCICES

10.01 On considère une entreprise produisant des objets sur deux chaînes de montage A et B. A produit 60% des objets, et donc B produit les 40% restants. La probabilité qu'un objet construit par la chaine A soit défectueux est de $0{,}1$ alors que la probabilité pour qu'un objet construit par la chaine B soit défectueux est de $0{,}2$. Les défauts sont indépendants d'une pièce à l'autre et également d'une chaîne à l'autre.

On choisit au hasard un objet à la sortie de l'entreprise. On constate que cet objet est défectueux. Calculer la probabilité de l'événement « l'objet provient de la chaîne A ».

◇

10.02 Deux joueurs de rugby décident de faire un concours de tentatives de drops. La probabilité que le joueur A réussisse un drop est constante et égale à $2/3$, alors que la probabilité que le joueur B réussisse le sien est également constante égale à $1/2$. Les deux joueurs vont tirer un drop à tour de rôle et le joueur B commence. Le premier qui marque a gagné.
Quel est le joueur qui a le plus de chance de gagner ?

◇

10.03 Soient $(\Omega, \mathcal{A}, P)$ un espace probabilisé et $(A_n)_{n\geq 0}$ une suite d'événements telle que $\sum\limits_{n\geq 0} P(A_n) < +\infty$.

Pour tout $n \geqslant 0$, on note $D_n = \bigcup\limits_{k=n}^{+\infty} A_k$, et $A = \bigcap\limits_{n\geq 0} D_n$.

Démontrer que $\lim\limits_{n\to+\infty} P(D_n) = 0$. En déduire que $P(A) = 0$.

◇

10.04 Un fabriquant de chaussures en produit n paires et les assemble au hasard dans des boîtes contenant deux chaussures sans prendre garde aux pieds droits et gauches.

1°) Calculer la probabilité p_n que toutes les boîtes possèdent une chaussure gauche et une chaussure droite.

2°) Calculer la probabilité q_n que toutes les boîtes soient constituées de deux chaussures du même pied.

3°) Montrer que, pour tout $n \geqslant 1$, on a $\dfrac{2^{2n-1}}{n} \leqslant \dbinom{2n}{n} \leqslant 2^{2n}$.

4°) En déduire $\lim\limits_{n\to+\infty} p_n$ et $\lim\limits_{n\to\infty} q_n$.

◇

10.05 Pour arriver au quai d'une petite gare, on passe devant deux bornes pour composter les billets. Chacune des personnes allant sur le quai choisit la première borne avec la probabilité p, ou la deuxième avec la probabilité $q = 1 - p$. Les personnes effectuent leur choix de façon indépendante. En une heure, le nombre X de personnes arrivées sur le quai suit une loi de Poisson $\mathcal{P}(m)$. On désigne par Y le nombre de personnes ayant choisi la première borne.

1°) Exprimer la probabilité conditionnelle de $(Y = k)$ sachant que $(X = n)$ est réalisé, pour $(n, k) \in \mathbb{N}^2$.

2°) En déduire la loi du couple (X, Y).

3°) Déterminer et reconnaitre la loi de Y.

◇

10.06 Soient X et Y deux variables aléatoires, définies sur le même espace probabilisé, à valeurs dans $\mathbb{N}^*$, telles que :

$$\exists\, a \in \mathbb{R}, \forall\,(i,j) \in (\mathbb{N}^*)^2, P\big((X = i) \cap (Y = j)\big) = \frac{a}{2^{i+j}}$$

1°) Déterminer la valeur de a.

2°) Déterminer les lois marginales de X et Y.

3°) X et Y sont-elles indépendantes ?

◇

10.07 On considère deux variables aléatoires X et Y définies sur un même espace probabilisé et à valeurs dans l'ensemble $[\![1, n+1]\!]$, où n est un entier naturel supérieur ou égal à 2.

On suppose que, pour tout couple $(i, j) \in [\![1, n+1]\!]^2$, on a :

$$a_{i,j} = P(X = i, Y = j) = \begin{cases} \dfrac{1}{2n} & \text{si } |i + j - (n+2)| = 1 \\ 0 & \text{sinon} \end{cases}$$

1°) Vérifier que la famille $(a_{i,j})_{i,j}$ ainsi définie est bien une loi de probabilité de couple.

2°) Ecrire la matrice $A \in \mathcal{M}_{n+1}(\mathbb{R})$ dont le terme général est $a_{i,j}$ et vérifier qu'elle est diagonalisable.

3°) Déterminer les lois marginales de X et de Y.

4°) Pour tout couple $(i,j) \in [\![1, n+1]\!]^2$, on pose : $b_{i,j} = P_{(Y=j)}(X=i)$.
Déterminer la matrice $B \in \mathcal{M}_{n+1}(\mathbb{R})$ dont le terme général est $b_{i,j}$ et montrer que le vecteur $v = \begin{pmatrix} P(X=1) \\ \vdots \\ P(X=n+1) \end{pmatrix}$ est vecteur propre de B.

◇

10.08 On considère une variable aléatoire réelle X et un ensemble M inclus dans $\mathbb{R}$ tel que, pour tout $x \in M$, on ait $P(X=x) > 0$. Démontrer que l'ensemble M est fini ou dénombrable.

◇

10.09 On considère une variable aléatoire X admettant un moment d'ordre 2. Démontrer que $E\big((X-a)^2\big)$ est minimale pour $a = E(X)$.

◇

10.10 Pour tout événement A d'un espace probabilisé $(\Omega, \mathcal{A}, P)$, on définit sa fonction indicatrice $\mathbf{1}_A$ par : $\forall \omega \in \Omega, \mathbf{1}_A(\omega) = \begin{cases} 1 & \text{si } \omega \in A \\ 0 & \text{si } \omega \notin A \end{cases}$

1°) Pour des événements A et B de Ω, exprimer $\mathbf{1}_{A^c}$ et $\mathbf{1}_{A \cap B}$ en fonction de $\mathbf{1}_A$ et $\mathbf{1}_B$ (A^c désignant l'événement contraire de l'événement A).

2°) Calculer $E(\mathbf{1}_A)$, pour $A \subset \mathcal{A}$.

◇

10.11 On possède une pièce de monnaie truquée telle que la probabilité d'obtenir pile soit $\frac{1}{3}$.

1°) On lance 10 fois la pièce. Quelle est la probabilité d'obtenir 3 fois pile ?

2°) On lance la pièce jusqu'à ce que l'on obtienne pile une première fois. Combien effectuera-t-on en moyenne de lancers ?

◇

10.12 Soient X et Y des variables aléatoires définies sur un même espace probabilisé, indépendantes suivant des lois géométriques de paramètres respectifs p_X et p_Y . On définit $Z = \inf(X, Y)$.

Déterminer la loi de Z.

◇

10.13 M. X et M. Y rentrent d'une soirée bien arrosée (hips !). Ils disposent chacun d'un trousseau de n clefs dont une seule ouvre la porte de leur domicile respectif, mais il ne savent plus laquelle...

1°) M. X essaie les clefs les unes après les autres en éliminant après chaque essai la clef qui n'a pas convenu.
Trouver le nombre moyen d'essais nécessaires pour trouver la bonne clef.

2°) M. Y quant à lui, dans un état plus avancé, remet la clef essayée dans le trousseau après chaque essai.
Trouver le nombre moyen d'essais nécessaires pour trouver la bonne clef.

◇

10.14 Soient X_1 et X_2 des variables aléatoires indépendantes qui suivent des lois de Poisson de paramètres λ_1 et λ_2 respectivement.

1°) Calculer la loi de $X_1 + X_2$.

2°) En déduire la loi conditionnelle de X_1 sachant que $X_1 + X_2 = n$ est réalisé, pour $n \in \mathbb{N}$, et reconnaitre cette loi.

◇

10.15 On souhaite évaluer la proportion de garçons dans une génération d'une population dont les couples ont des enfants jusqu'à obtenir un garçon. On suppose qu'à chaque naissance, la probabilité qu'un nouveau-né soit un garçon est égale à $p = 1/2$. On notera X le nombre d'enfants d'un couple et P la proportion de garçons.

1°) Exprimer P en fonction de X.

2°) Donner la loi de la variable aléatoire X.

3°) Déterminer $E(P)$.

◇

10.16 Soient a et b deux nombres entiers tels que $0 < a < b$ et $\lambda \in \mathbb{R}_+^*$. On considère un vecteur aléatoire (X, Y) dont la loi de probabilité est définie par : pour $(i, j) \in \mathbb{N}^2$,

$$P((X = i) \cap (Y = j)) = \begin{cases} \binom{j}{i} \dfrac{\lambda^j}{j!} a^i (b-a)^{j-i} \mathrm{e}^{-\lambda b} & \text{si } i \leqslant j \\ 0 & \text{si } i > j \end{cases}$$

1°) Déterminer la loi marginale de X et donner les valeurs de $E(X)$ et $V(X)$.

2°) Même question pour Y.

3°) Déterminer, pour $j \in \mathbb{N}$, la loi conditionnelle de X sachant que $(Y = j)$ est réalisé.

4°) Calculer $\mathrm{Cov}(X, Y)$ (on admet que dans le calcul de $E(XY)$ on peut effectuer les sommations dans n'importe quel ordre).

◇

10.17 On considère une suite de parties indépendantes de pile ou face, avec une pièce mal équilibrée. La probabilité d'obtenir « pile » à chaque lancer est supposée égale à $p \in]0, 1[$.
Pour tout $n \geqslant 1$, on note T_n le numéro du lancer amenant le $n^{\text{ème}}$ pile.

1°) Déterminer la loi de T_1 ainsi que son espérance.

2°) Soit $n \geqslant 2$. Déterminer la loi de T_n. Quelle est l'espérance de T_n ?

◇

10.18 On considère une suite de parties indépendantes de pile ou face, avec une pièce non équilibrée. La probabilité d'obtenir « pile » à chaque lancer est supposée égale à $p \in]0, 1[$. On pose $q = 1 - p$.

On lance cette pièce jusqu'à obtenir pour la deuxième fois « pile » et on note X le nombre de « face » obtenu au cours de cette expérience.

1°) Déterminer la loi de X.

2°) Montrer que X admet une espérance et la calculer.

3°) On procède alors à l'expérience supplémentaire suivante : si X prend la valeur n, on place $n+1$ boules numérotées de 0 à n dans une urne, et on tire ensuite une boule de cette urne et on note alors Y le numéro obtenu.

a) Déterminer la loi de Y et calculer son l'espérance.

b) On pose $Z = X - Y$. Donner la loi de Z et vérifier que Z et Y sont indépendantes.

◇

10.19 Soit n un entier naturel non nul. Une urne contient 2 boules noires et 6 boules blanches indiscernables au toucher. On effectue n tirages successifs, au hasard et avec remise à chaque fois de la boule obtenue, d'une boule de cette urne. Soit X_n la variable aléatoire associée au nombre de boules noires obtenues lors de ces n tirages. On pose $F_n = \dfrac{X_n}{n}$.

1°) Donner la loi de X_n, en déduire l'espérance et la variance de X_n puis de F_n.

2°) On suppose dans cette question que $n = 10^4$. Donner une borne inférieure pour la probabilité de l'événement $(0{,}22 < F_n < 0{,}26)$.

3°) Donner une estimation du nombre minimal n de tirages nécessaires pour que la probabilité de l'événement $(F_n \in]0{,}22; 0{,}26[)$ soit d'au moins $0{,}99$.

◇

10.20 **1°)** Soit X une variable aléatoire à valeurs dans $\mathbb{N}$.

a) Montrer que, pour tout $n \in \mathbb{N}^*$, on a :

$$\sum_{k=0}^{n} kP(X = k) = \sum_{k=0}^{n-1} P(X > k) - nP(X > n)$$

b) Prouver que, si la série $\sum_{k \geq 0} P(X > k)$ converge, alors X admet une espérance.

c) Réciproquement, montrer que si X admet une espérance, alors la série $\sum_{k \geq 0} P(X > k)$ converge de somme $E(X)$.

2°) *Application* : on dispose d'une urne contenant N boules indiscernables au toucher numérotées de 1 à N. On effectue, à partir de cette urne, n tirages successifs d'une boule, avec remise, et on note X le plus grand nombre obtenu.

a) Déterminer $P(X \leqslant k)$, pour $k \in \mathbb{N}$, puis en déduire la loi de X et son espérance.

b) Montrer que la suite $N \mapsto \frac{1}{N} \sum\limits_{k=0}^{N-1} \left(\frac{k}{N}\right)^n$ admet une limite quand N tend vers $+\infty$, puis la déterminer.

c) En déduire la limite de $\dfrac{E(X)}{N}$, quand N tend vers l'infini.

◇

10.21 Dans une chaîne de fabrication où 5% des pièces sont défectueuses, on prélève une pièce, on examine si elle est défectueuse et on la replace parmi les autres. On répète 120 fois cette expérience. On désigne par X la variable aléatoire qui à chaque tirage de 120 pièces associe le nombre des pièces défectueuses.

1°) Calculer $P(X = 5)$.

2°) Comparer ce résultat avec celui que l'on aurait obtenu avec une approximation par une loi de Poisson.

◇

10.22 Soit $(X_n)_{n \in \mathbb{N}^*}$ une suite de variables aléatoires telle que $X_n \hookrightarrow \mathcal{B}(n, p_n)$, avec $np_n \underset{n \to \infty}{\longrightarrow} \lambda > 0$. Pour tout $k \in \mathbb{N}$, déterminer $\lim\limits_{n \to \infty} P(X_n = k)$.

◇

10.23 Une boîte contient quatre boules numérotées $0, 1, 1$ et 2. On effectue n tirages au hasard d'une boule de cette boîte, avec remise à chaque fois de la boule obtenue avant le tirage suivant. Soit S_n la somme des numéros tirés.
A l'aide de la notion de fonction génératrice, déterminer la loi de probabilité de la variable aléatoire S_n.

◇

10.24 Soit G_X la fonction génératrice d'une variable aléatoire X à valeurs dans $\mathbb{N}$. Donner les fonctions génératrices de $X + 1$ et de $2X$.

◇

10.25 On considère une variable aléatoire réelle X, à valeurs dans $\mathbb{N}$, qui admet pour fonction génératrice la fonction G_X définie par :

$$G_X(u) = k(3 + 2u^2)^3$$

1°) Déterminer la valeur de la constante k.

2°) Déterminer la loi de probabilité de la variable aléatoire X.

3°) Calculer l'espérance et la variance de X.

◇

10.26 Soit X une variable aléatoire à valeurs dans $\mathbb{N}$, dont la fonction génératrice G_X est définie par : $\forall\, s \in [0, 1], G_X(s) = \dfrac{s}{2 - s^2}$.

Déterminer les lois de X et de $Y = \frac{X}{2}$.

◇

10.27 On considère un nombre réel a, puis une variable aléatoire réelle X qui admet pour fonction génératrice la fonction G_X définie sur $\mathbb{R}$ par : $G_X(u) = a\mathrm{e}^{1+u^2}$.

1°) Calculer la valeur de a.

2°) Quelle est la loi de probabilité de X ?

3°) Calculer l'espérance mathématique et la variance de X.

◇

10.28 On considére deux variables aléatoires indépendantes X et Y définies sur un même espace probabilisé (Ω, A, P) telles que :

$X(\Omega) = \{0, 1\}$, avec $P(X = 1) = p$ et $P(X = 0) = q = 1 - p$,

Y suit la loi de Poisson de paramètre $\lambda > 0$.

On pose $Z = XY$.

1°) Déterminer la loi de Z.

2°) Déterminer la fonction génératrice de Z.

3°) Calculer $E(Z)$ et $V(Z)$.

◇

10.29 On dispose de cinq dés ordinaires équilibrés : un bleu, un vert, un jaune, un rouge, un noir. On considère trois façons de jouer.

1°) Dans cette question, on utilise uniquement le dé noir. Soit N, la variable aléatoire qui représente le nombre de lancers pour que l'on enregistre un six pour la première fois.

a) Expliciter la loi de N.

b) Calculer $P(N \geqslant n + 1)$.

c) Calculer la fonction génératrice $G_N(u)$, puis l'espérance de N.

2°) On jette les cinq dés successivement dans l'ordre indiqué ; on commence avec le bleu et on joue jusqu'à ce qu'on obtienne un six, ensuite on passe au vert et on joue jusqu'à ce qu'on obtienne un 6, et ainsi de suite, jusqu'à ce qu'on obtienne un 6 avec le dernier dé, le noir. On s'arrête là. Soit M, la variable aléatoire qui représente le nombre de lancers avant que le jeu se termine. Calculer l'espérance de M.

3°) On jette les cinq dés ensemble, on écarte ceux qui ont amené un 6, et on recommence avec les autres, ... Le jeu se termine quand il ne reste plus de dés.

Soit K la variable aléatoire qui représente le nombre de fois où l'on a lancé des dés.

Calculer la probabilité $P(K \leqslant n)$ puis l'espérance de K.

◇

10.30 On considère un entier naturel non nul n, puis $X_1, \ldots, X_n$, n variables aléatoires indépendantes et identiquement distribuées, de loi de Bernoulli de paramètre $p \in]0,1[$.
Donner la loi de $S_n = X_1 + \cdots + X_n$ en utilisant les fonctions génératrices.

◇

10.31 Soit X une variable aléatoire discrète entière telle que : $\forall n \in \mathbb{N}^*$, on a $P(X = n) = \dfrac{k}{n!}$.
1°) Quelle est la valeur de k ?.
2°) Déterminer $E(X)$ et $E\left(\dfrac{1}{1+X}\right)$.

II. INDICATIONS

10.01. Utiliser la formule de Bayes.

10.02. On pourra déterminer la probabilité de l'événement «le joueur B gagne» et dire pourquoi on peut conclure.

10.03. On pourra utiliser la sous-additivité dénombrable, puis la continuité décroissante.

10.04. Pour la question **3)**, on pourra écrire que $(2n)! = 2^n n!(2n-1)(2n-3)\ldots 3\times 1$.

10.05. Il faut reconnaitre le schéma d'une loi binomiale. On montrera pour finir que Y suit une loi de Poisson de paramètre mp.

10.07. Pour la question **1)**, on vérifiera que les $a_{i,j}$ sont positifs ou nuls, et que leur somme fait 1. Pour la question **3)**, on utilisera la formule des probabilités totales.

10.08. On pourra considérer, pour $n \geqslant 1$, l'ensemble $M_n = \{x \in M \,/\, P(X = x) \geqslant 1/n\}$.

10.10. On montrera que $E(\mathbf{1}_A) = P(A)$.

10.11. On reconnaitra une loi binomiale puis une loi géométrique.

10.12. Pour déterminer la loi, il vaut mieux commencer par la fonction de répartition ...

10.13. On reconnaîtra une loi uniforme ou ue loi géométrique.

10.14. A la question **2)**, on reconnaitra une loi binomiale.

10.15. On reconnaitra dans la loi de X une loi géométrique, en admettant que...

10.16. On montrera que X et Y suivent des lois de Poisson et que la loi conditionnelle de X sachant que $(Y = j)$ est réalisé est une loi binomiale.

10.17. Pour le calcul de l'espérance de T_n, on pourra introduire la variable aléatoire $T_n - T_{n-1}$.

10.18. Pour la question **3) a)**, on utilisera la formule des probabilités totales avec un système complet adéquat. Pour la question **3) b)**, on écrira $(Z = i)$ comme union d'événements disjoints.

10.19. Les questions **2)** et **3)** s'appuient sur l'inégalité de Tchebycheff.

10.20. Pour **1) c)** majorer $nP(X > n)$. Pour **2) b)**, on pourra utiliser une somme de Riemann.

10.21. On remarquera que la variable aléatoire X suit une loi binomiale.

10.24. On utilisera la définition suivante de la fonction génératrice de Y : $G_Y(u) = E(u^Y)$.

10.25. Les moments d'une variable aléatoire peuvent se «lire» sur sa fonction génératrice.

10.26. Pour déterminer la loi de X, on explicitera le développement en série entière de $G_X(s)$.

10.27. On pourra développer e^{u^2} en série entière.

10.28. On pourra calculer la variance de Z directement ou par la formule issue des fonctions génératrices : $V(Z) = G''_Z(1) + G'_Z(1) - (G'_Z(1))^2$.

10.29. On remarquera que la variable aléatoire N suit une loi géométrique. Pour la question **3)** bien faire attention que l'on compte le nombre de fois où on lance quelque chose, pas le nombre de dés lancés ...

10.30. On rappelle que la fonction génératrice d'une somme finie de variables aléatoires indépendantes à valeurs dans $\mathbb{N}$ est le produit de leurs fonctions génératrices.

10.31. Penser au théorème de transfert pour le dernier calcul.

III. CORRIGÉS DÉTAILLÉS DES EXERCICES

Corrigé 10.01

Notons A = « l'objet vient de la chaîne A », B = « l'objet vient de la chaîne B » et D = « l'objet est défectueux ».

On cherche $P_D(A)$ et par la formule de Bayes :

$$P_D(A) = \frac{P(A \cap D)}{P(D)} = \frac{P(A)P_A(D)}{P(A)P_A(D) + P(B)P_B(D)} = \frac{\frac{60}{100}\times 0{,}1}{\frac{60}{100}\times 0{,}1 + \frac{40}{100}\times 0{,}2}$$

$$P_D(A) = \frac{6}{6+8} = \frac{3}{7}$$

Corrigé 10.02

Notons B_i l'événement « le joueur B gagne à l'issue de sa $i^{\text{ème}}$ tentative » et BG l'événement « le joueur B gagne ».

On a $BG = \bigcup\limits_{i=1}^{\infty} B_i$ et cette réunion étant formée d'événements deux à deux disjoints, on a, par le théorème de σ-additivité : $P(BG) = \sum\limits_{i=1}^{\infty} P(B_i)$.

→ B_1 est l'événement « B réussit son premier essai » et donc : $P(B_1) = \frac{1}{2}$.

→ Pour $i \geqslant 2$, réaliser B_i c'est réaliser l'événement : « $(i-1)$ fois de suite B rate son drop, A rate son drop, et enfin B réussit à son $i^{\text{ème}}$ essai ». Par indépendance des résultats des différents essais, on a donc :

$$P(B_i) = \underbrace{\frac{1}{2}\times\frac{1}{3}\times\cdots\frac{1}{2}\times\frac{1}{3}}_{(i-1)\text{ fois}}\times\frac{1}{2} = \left(\frac{1}{6}\right)^{i-1}\times\frac{1}{2}$$

Cette formule est donc valable aussi pour $i = 1$ et :

$$P(BG) = \frac{1}{2}\times\sum_{i=1}^{\infty}\left(\frac{1}{6}\right)^{i-1} = \frac{1}{2}\times\frac{1}{1-\frac{1}{6}} = \frac{3}{5}$$

A priori on ne sait pas que le jeu s'achève quasi-certainement, on peut donc simplement dire que la probabilité que A gagne est inférieure ou égale à $\frac{2}{5}$ (car les événements « A gagne » et « B gagne » sont incompatibles), et cela suffit pour conclure : B a plus de chance de gagner que A.

[Si vous le voulez vous pouvez calculer de la même façon la probabilité que A gagne et constater que cette probabilité vaut $\frac{2}{5}$, donc que le jeu s'achève quasi-certainement ...]

Corrigé 10.03

$\star$ Par la sous-additivité d'une probabilité (qui est banale pour deux événements, qui se démontre aisément par récurrence pour plusieurs et par passage à la limite pour une infinité dénombrable) on obtient : $0 \leqslant P(D_n) \leqslant \sum\limits_{k=n}^{+\infty} P(A_k)$.

La dernière somme tend vers 0 lorsque n tend vers l'infini car c'est le reste d'une série convergente. Par encadrement, on a donc :

$$\lim_{n\to\infty} P(D_n) = 0$$

$\star$ $A = \bigcap\limits_{n\geq 0} D_n$, donc, pour tout n, $A \subset D_n$ et $0 \leqslant P(A) \leqslant P(D_n)$.

Par le résultat précédent, on a donc $P(A) = 0$.

[Ainsi $P(\overline{A}) = 1$, soit (merci A. de Morgan) $P(\bigcup\limits_{n\geq 0} \overline{D_n}) = 1$. Or $\overline{D_n} = \bigcap\limits_{k=n}^{\infty} \overline{A_k}$ est l'événement : aucun des événements A_k ne se réalise à partir du rang n, donc $\bigcup\limits_{n\geq 0} \overline{D_n}$ est l'événement : «il existe un rang à partir duquel aucun des A_k ne se réalise» ce qui signifie exactement qu'il n'y a qu'un nombre fini des événements A_k qui se réalisent. Bref : on a ainsi montré que, presque sûrement, seuls un nombre fini des événements A_k peuvent se réaliser simultanément.

L'exercice était facile, son interprétation plus délicate !]

Corrigé 10.04

Dénombrons d'abord le nombre de façons de placer les chaussures : on numérote les boîtes de B_1 à B_n.

On choisit les deux chaussures qui vont dans la boîte B_1 de $\binom{2n}{2}$ façons, ceci étant fait il y a à chaque fois $\binom{2n-2}{2}$ façons de remplir B_2, puis à chaque fois $\binom{2n-4}{2}$ façons de remplr $B_3, \dots$

Ainsi le nombre de façons de procéder vaut :

$$\begin{aligned} N &= \binom{2n}{2} \times \binom{2n-2}{2} \times \dots \times \binom{4}{2} \times \binom{2}{2} \\ &= \frac{(2n)!}{(2n-2)!2!} \times \frac{(2n-2)!}{(2n-4)!2!} \times \frac{(2n-4)!}{(2n-6)!2!} \times \dots \times \frac{2!}{2!0!} = \frac{(2n)!}{(2!)^n} \end{aligned}$$

Donc :

$$\mathrm{card}(\Omega) = N = \frac{(2n)!}{2^n}$$

Dire qu'il remplit les boîtes au hasard, c'est dire que l'on munit Ω de l'équiprobabilité.

1°) Comptons les éléments de Ω pour lesquels chaque boîte a une chaussure gauche et une droite : il ya $n!$ façons de ranger les n chaussures gauche dans les n boîtes (nombre de bijections d'un ensemble de cardinal n vers un autre de même cardinal). A chaque fois, il y a de même $n!$ façons de compléter les boîtes avec des chaussures droite. Il y a donc $(n!)^2$ façons de faire et :

$$p_n = \frac{(n!)^2}{\frac{(2n)!}{2^n}} = \frac{2^n}{\binom{2n}{n}}$$

2°) Remarquons tout d'abord que, si n est impair, un tel résultat est impossible, ce qui implique donc $q_n = 0$.

On suppose alors maintenant que n est pair et on pose $n = 2k$.

On choisit d'abord les k boîtes parmi les $2k$ qui sont constituées uniquement de chaussures gauche : cela fait $\binom{2k}{k}$ possibilités. Une fois ce choix réalisé, il faut compter le nombre de façons de remplir ces k boîtes.

De la même façon que lorsqu'on a compté le nombre total de façons de remplir les n boîtes, on trouve $\frac{(2k)!}{2^k}$ façons de faire. Puis à chaque fois il y a donc $\frac{(2k)!}{2^k}$ façons de remplir les boîtes restantes avec des chaussures droite. Bref il y a $\binom{2k}{k}\left(\frac{(2k)!}{2^k}\right)^2$ façons de remplir les boîtes avec les conditions demandées, et :

$$q_{2k} = \frac{\frac{\binom{2k}{k}(2k)!^2}{2^{2k}}}{\frac{(4k)!}{2^{2k}}} = \frac{\binom{2k}{k}}{\binom{4k}{2k}}$$

3°) $\star$ On a $\sum_{k=0}^{2n}\binom{2n}{k} = 2^{2n}$, et tous les termes étant positifs : $\binom{2n}{n} \leqslant 2^{2n}$.

$\star$ En développant, pour $n \geqslant 1$, $(2n)!$ et en séparant les termes pairs des termes impairs :

$$\begin{aligned}\binom{2n}{n} &= \frac{(2n)!}{n!n!} = \frac{2n(2n-1)(2n-2)\dots 1}{(n!)^2} = \frac{2^n n!(2n-1)(2n-3)\dots 1}{(n!)^2}\\ &= \frac{2^n}{n!}(2n-1)(2n-3)\dots 1 \geqslant \frac{2^n}{n!}(2n-2)(2n-4)\dots 2\\ &\geqslant \frac{2^n}{n!}2^{n-1}(n-1)!\end{aligned}$$

Ainsi :
$$\frac{2^{2n-1}}{n} \leqslant \binom{2n}{n} \leqslant 2^{2n}.$$

4°) On obtient alors immédiatement :

$\star$ $0 \leqslant p_n \leqslant \frac{n}{2^{n-1}} \underset{n\to\infty}{\longrightarrow} 0$, ce qui implique $\lim_{n\to\infty} p_n = 0$.

$\star$ De même comme $\binom{2k}{k} \leqslant 2^{2k}$ et $\binom{4k}{2k} \geqslant \frac{2^{4k-1}}{2k}$, il vient :

$0 \leqslant q_{2k} = \frac{\binom{2k}{k}}{\binom{4k}{2k}} \leqslant \frac{2^{2k}}{\frac{2^{4k-1}}{2k}} = \frac{2k}{2^{2k-1}} \underset{k\to\infty}{\longrightarrow} 0$, ce qui implique $\lim_{k\to\infty} q_{2k} = 0$, ce qui implique également, puisque $q_{2k+1} = 0$, que $\lim_{n\to\infty} q_n = 0$.

$$\lim_{n\to\infty} p_n = \lim_{n\to\infty} q_n = 0$$

Corrigé 10.05

1°) Si on sait que $(X = n)$ est réalisé, on effectue donc n expériences indépendantes (choisir une borne) avec à chaque fois une probabilité de succès (choisir la première) valant p.
Il s'agit donc d'un schéma binomial et :

$$\forall k \in [\![0, n]\!], P_{(X=n)}(Y = k) = \binom{n}{k} p^k q^{n-k}$$

La convention $\binom{n}{k} = 0$ si $k > n$ fait que la formule précédente est aussi valable pour $k > n$.

2°) Pour k et n dans $\mathbb{N}$, on a :

$$P((Y = k) \cap (X = n) = P(X = n)P_{(X=n)}(Y = k) = \mathrm{e}^{-m}\,\frac{m^n}{n!}\times\binom{n}{k}p^k q^{n-k}$$

Si $k > n$, cette probabilité est nulle et si $0 < k < n$, on peut écrire en développant :

$$P((Y = k) \cap (X = n) = \mathrm{e}^{-m}\,\frac{m^n}{k!(n-k)!}\,p^k q^{n-k}$$

3°) Pour tout $k \in \mathbb{N}$, on a :

$$P(Y = k) = \sum_{n=0}^{\infty} P((Y = k) \cap (X = n)) = \sum_{n=k}^{\infty} P((Y = k) \cap (X = n))$$

$$= \mathrm{e}^{-m}\frac{p^k m^k}{k!}\sum_{n=k}^{\infty}\frac{(mq)^{n-k}}{(n-k)!} = \mathrm{e}^{-m}\frac{p^k m^k}{k!}\sum_{i=0}^{\infty}\frac{(mq)^i}{i!}$$

$$= \mathrm{e}^{-m}\frac{p^k m^k}{k!}\times \mathrm{e}^{mq} = \frac{p^k m^k}{k!}\times \mathrm{e}^{m(q-1)} = \frac{(mp)^k}{k!}\,\mathrm{e}^{-mp}$$

On a ainsi montré que Y suit la loi de Poisson de paramètre mp.

Corrigé 10.06

1°) Remarquons tout d'abord qu'il est nécessaire d'avoir $a \geqslant 0$.
On a ensuite :

$$\sum_{i,j\geq 1} P((X = i) \cap (Y = j)) = \sum_{i=1}^{+\infty}\sum_{j=1}^{+\infty}\frac{a}{2^{i+j}} = \sum_{i=1}^{+\infty}\Big(\frac{a}{2^i}\sum_{j=1}^{+\infty}\frac{1}{2^j}\Big)$$

$$= \sum_{i=1}^{+\infty}\frac{a}{2^i}\times\frac{\frac{1}{2}}{1-\frac{1}{2}} = a\sum_{i=1}^{+\infty}\frac{1}{2^i} = a\times\frac{\frac{1}{2}}{1-\frac{1}{2}}$$

Donc on a affaire à une distribution de probabilités si et seulement si $a = 1$.

2°) Pour tout $i \in \mathbb{N}^*$, on a :

$$P(X = i) = \sum_{j=1}^{+\infty} P\big((X = i) \cap (Y = j)\big) = \sum_{j=1}^{+\infty}\frac{1}{2^{i+j}} = \frac{1}{2^i}\times 1 = \frac{1}{2^i}$$

En écrivant alors : $\forall i \in \mathbb{N}^*, P(X = i) = \big(1 - \frac{1}{2}\big)^{i-1}\times\frac{1}{2}$, on met en évidence le fait que X suit la loi géométrique de paramètre $\frac{1}{2}$.
Par raison de symétrie, il en est de même pour Y.

3°) Ainsi :

$$\forall (i,j) \in (\mathbb{N}^*)^2, P(X=i)\times P(Y=j) = \frac{1}{2^i}\times\frac{1}{2^j} = P\big((X=i)\cap(Y=j)\big)$$

ce qui montre que les variables aléatoires X et Y sont indépendantes.

Corrigé 10.07

1°) Tous les scalaires $a_{i,j}$ sont positifs ou nuls. Comptons le nombre de coefficients $a_{i,j}$ non nuls. Ce sont les termes pour lesquels :

→ soit $i+j=n+3$, avec $1 \leqslant i$ et $j \leqslant n+1$, c'est-à-dire les couples de la forme $(i, n+3-i)$ avec $1 \leqslant i$ et $n+3-i \leqslant n+1$, ce qui équivaut à $2 \leqslant i \leqslant n+1$: il y a donc n tels termes.

→ Soit $i+j=n+1$, avec $1 \leqslant i$ et $j \leqslant n+1$, c'est-à-dire les couples de la forme $(i, n+1-i)$ avec $1 \leqslant i$ et $n+1-i \leqslant n+1$, ce qui équivaut à $1 \leqslant i \leqslant n$: il y a encore n tels termes.

Au total, il y a donc $2n$ termes non nuls, et comme chacun vaut $\frac{1}{2n}$, la somme fait bien 1.

2°) En suivant la définition des coefficients :

$$A = \frac{1}{2n}\begin{pmatrix} 0 & \dots & \dots & 0 & 1 & 0 \\ \vdots & & \iddots & 1 & 0 & 1 \\ \vdots & \iddots & \iddots & \iddots & 1 & 0 \\ 0 & 1 & \iddots & \iddots & \iddots & \vdots \\ 1 & 0 & 1 & \iddots & & \vdots \\ 0 & 1 & 0 & \dots & \dots & 0 \end{pmatrix} \in \mathcal{M}_{n+1}(\mathbb{R})$$

la « sur-diagonale » de 1 correspondant aux $a_{i,j}$ avec $i+j=n+1$, la « sous-diagonale » à ceux pour lesquels $i+j=n+3$. De plus, cette matrice A est symétrique réelle, donc diagonalisable.

3°) La loi marginale de X est donnée par :

$$\forall i \in [\![1, n+1]\!], P(X=i) = \sum_{j=1}^{n+1} P((X=i)(\cap(Y=j)) = \sum_{j=1}^{n+1} a_{i,j}$$

Il suffit de regarder les lignes de la matrice A pour obtenir :

$$P(X=1) = P(X=n+1) = \frac{1}{2n}, \forall i \in [\![2,n]\!], P(X=i) = \frac{1}{n}$$

Par symétrie, Y suit la même loi que X.

4°) Par définition, on a, pour tout couple $(i,j) \in [\![1,n+1]\!]^2$:

$$b_{i,j} = P_{(Y=j)}(X=i) = \frac{P((X=i)\cap(Y=j)}{P(Y=j)} = \frac{a_{i,j}}{P(Y=j)}$$

Comme $P(Y=j) = \begin{cases} \frac{1}{2n} & \text{si } j \in [\![2,n]\!] \\ \frac{1}{n} & \text{si } j \in \{1, n+1\} \end{cases}$, on a :

$$b_{i,j} = \begin{cases} 2na_{i,j} & \text{si } j \in [\![2,n]\!] \\ na_{i,j} & \text{si } j \in \{1, n+1\} \end{cases} \text{ et } B = \frac{1}{2} \begin{pmatrix} 0 & \dots & \dots & 0 & 1 & 0 \\ \vdots & & \iddots & 1 & 0 & 2 \\ \vdots & \iddots & \iddots & \iddots & 1 & 0 \\ 0 & 1 & \iddots & \iddots & \iddots & \vdots \\ 2 & 0 & 1 & \iddots & & \vdots \\ 0 & 1 & 0 & \dots & \dots & 0 \end{pmatrix}$$

Or, les calculs de la question précédente nous donnent :

$$2n.v = {}^t(1 \quad 2 \quad \cdots \quad 2 \quad 1)$$

et on vérifie alors aisément que $Bv = v$ et v est vecteur propre de B pour la valeur propre 1.

Corrigé 10.08

Pour tout $n \geqslant 1$, posons : $M_n = \{x \in M \ / \ P(X = x) \geqslant 1/n\}$.
Cet ensemble M_n est fini de cardinal inférieur ou égal à n puisque nous avons :

$$1 \geqslant P(M) \geqslant P(M_n) \geqslant \frac{1}{n}\,\text{card}(M_n)$$

On en déduit alors que l'ensemble $M = \bigcup_{n\in\mathbb{N}^*} M_n$ est fini ou dénombrable en tant que réunion dénombrable d'ensembles finis.

Corrigé 10.09

On a :
$E((X-a)^2) = E(X^2) - 2aE(X) + a^2 = (E(X)-a)^2 + E(X^2) - (E(X))^2$
et cette expression passe clairement par un minimum absolu strict pour $a = E(X)$.

Corrigé 10.10

1°) On obtient immédiatement, en appliquant la définition : $\mathbf{1}_{A^c} = 1 - \mathbf{1}_A$ et $\mathbf{1}_{A\cap B} = \mathbf{1}_A\mathbf{1}_B$.

2°) En revenant à la définition de l'espérance et comme $\mathbf{1}_A$ est une variable de Bernoulli :

$$E(\mathbf{1}_A) = 1\times P(\mathbf{1}_A = 1) + 0\times P(\mathbf{1}_A = 0) = P(A)$$

Corrigé 10.11

1°) Soit X le nombre de pile obtenus au cours de 10 lancers. Par indépendance des résultats des différents lancers, X suit la loi binomiale de paramètres $n = 10$ et $p = 1/3$.
On en déduit alors :

$$P(X=3) = \binom{10}{3}\frac{1}{3^3}\left(1-\frac{1}{3}\right)^{10-3} = \frac{5\times 2^{10}}{3^9} \simeq 0{,}26$$

2°) Soit Y le nombre de lancers effectués jusqu'à l'obtention pour la première fois de pile. Y est le temps d'attente de la première réalisation de l'événement « obtenir pile » de probabilité constante égale à $1/3$ lors d'une suite de lancers indépendants, donc Y suit la loi géométrique de paramètre $p = 1/3$.

On en déduit, en appliquant la formule du cours du calcul de l'espérance d'une loi géométrique :

$$E(Y) = \frac{1}{p} = 3$$

Corrigé 10.12

$\star$ X et Y prennent leurs valeurs dans $\mathbb{N}^*$, il en est donc de même de Z et pour tout $k \in \mathbb{N} : (Z > k) = (\inf(X,Y) > k) = (X > k) \cap (Y > k)$ et, par indépendance de X et Y :

$$P(Z > k) = P(X > k)P(Y > k)$$

$\star$ D'autre part $P(X > k) = (1 - p_X)^k$ (on effectue une succession d'épreuves indépendantes, la probabilité de succès à chaque essai valant p_X et on obtient k échecs consécuitifs) et de même $P(Y > k) = (1 - p_Y)^k$. Ainsi :

$$P(Z > k) = [(1 - p_X)(1 - p_Y)]^k = (1 - p_Z)^k, \text{ avec } p_Z = p_X + p_Y - p_X p_Y$$

$\star$ Enfin, $(Z > k - 1) = (Z = k) \cup (Z > k)$, cette réunion étant formée de deux événements disjoints, et donc :

$$\forall k \in \mathbb{N}^*, P(Z > k - 1) = P(Z = k) + P(Z > k), \text{ ou encore :}$$

$$\begin{aligned} P(Z = k) &= P(Z > k - 1) - P(Z > k) = (1 - p_Z)^{k-1} - (1 - p_Z)^k \\ &= p_Z(1 - p_Z)^{k-1} \end{aligned}$$

Ce qui prouve que Z suit la loi géométrique de paramètre $p_Z = p_X + p_Y - p_X p_Y$.

Corrigé 10.13

1°) M. X essaie les clefs au hasard les unes après les autres . . . Notons X_n le nombre aléatoire de clefs utilisées.

On peut modéliser ceci de la façon suivante : M. X aligne les n clefs au hasard et ensuite il les essaie dans l'ordre, de gauche à droite.

Il y a $n!$ façons de placer les clefs devant lui et pour tout $k \in [\![1, n]\!]$, il y a une façon de placer la bonne clef en $k^{\text{ème}}$ position et à chaque fois $(n - 1)!$ façons de finir de placer les clefs.

Bref : $\forall k \in [\![1, n]\!], P(X_n = k) = \dfrac{(n - 1)!}{n!} = \dfrac{1}{n}$ et $X \hookrightarrow \mathcal{U}([\![1, n]\!])$.

On a alors $E(X_n) = \sum\limits_{k=1}^{n} k \times \dfrac{1}{n} = \dfrac{n + 1}{2}$.

2°) M. Y ayant perdu toute vélléité de stratégie, il ouvre la porte à chaque essai avec la probabilité $1/n$ et bien entendu il attend le premier succès. Donc si on note Y_n le nombre d'essais effectués, on sait que $Y_n \hookrightarrow \mathcal{G}(1/n)$.

On a alors $E(Y_n) = \dfrac{1}{1/n} = n$.

Monsieur X entrera chez lui, en moyenne, à peu près deux fois plus vite . . .

Corrigé 10.14

1°) $X_1 + X_2$ prend ses valeurs dans $\mathbb{N}$ et pour tout $n \in \mathbb{N}$, on a :

$$(X_1 + X_2 = n) = \bigcup_{k=0}^{\infty} ((X_1 + X_2 = n) \cap (X_1 = k))$$
$$= \bigcup_{k=0}^{n} ((X_1 = k) \cap (X_2 = n - k))$$

et, par incompatibilité, puis par indépendance de X_1 et X_2 :

$$P(X_1 + X_2 = n) = \sum_{k=0}^{n} P(X_1 = k)P(X_2 = n - k)$$
$$= \sum_{k=0}^{n} \mathrm{e}^{-\lambda_1} \frac{\lambda_1^k}{k!} \times \mathrm{e}^{-\lambda_2} \frac{\lambda_2^{n-k}}{(n-k)!}$$
$$= \mathrm{e}^{-\lambda_1} \mathrm{e}^{-\lambda_2} \frac{1}{n!} \sum_{k=0}^{n} \frac{n!}{k!(n-k)!} \lambda_1^k \lambda_2^{n-k}$$
$$P(X_1 + X_2 = n) = \mathrm{e}^{-(\lambda_1+\lambda_2)} \frac{(\lambda_1 + \lambda_2)^n}{n!}$$

On vient donc de montrer que :

$$X_1 + X_2 \hookrightarrow \mathcal{P}(\lambda_1 + \lambda_2)$$

2°) Par définition, pour tout couple d'entiers (n, k), on a :

$$P_{(X_1+X_2=n)}(X_1 = k) = \frac{P((X_1 + X_2 = n) \cap (X_1 = k))}{P(X_1 + X_2 = n)}$$
$$= \frac{P((X_2 = n - k) \cap (X_1 = k))}{P(X_1 + X_2 = n)}$$
$$= \frac{P(X_2 = n - k)P(X_1 = k)}{P(X_1 + X_2 = n)}$$

(par indépendance de X_1 et X_2)

Cette probabilité est bien entendu nulle si on n'a pas $k \in [\![0, n]\!]$ et pour $k \in [\![0, n]\!]$, on obtient :

$$P_{(X_1+X_2=n)}(X_1 = k) = \frac{\mathrm{e}^{-\lambda_2} \frac{\lambda_2^{n-k}}{(n-k)!} \mathrm{e}^{-\lambda_1} \frac{\lambda_1^k}{k!}}{\mathrm{e}^{-(\lambda_1+\lambda_2)} \frac{(\lambda_1+\lambda_2)^n}{n!}} = \binom{n}{k} \frac{\lambda_1^k \lambda_2^{n-k}}{(\lambda_1 + \lambda_2)^n}$$

Ce qui s'écrit encore :

$$P_{(X_1+X_2=n)}(X_1 = k) = \binom{n}{k} \left(\frac{\lambda_1}{\lambda_1 + \lambda_2}\right)^k \left(\frac{\lambda_2}{\lambda_1 + \lambda_2}\right)^{n-k}$$

Posons $p = \dfrac{\lambda_1}{\lambda_1 + \lambda_2}$, on a $\dfrac{\lambda_2}{\lambda_1 + \lambda_2} = 1 - \dfrac{\lambda_1}{\lambda_1 + \lambda_2} = 1 - p$ et :

$$P_{(X_1+X_2=n)}(X_1 = k) = \binom{n}{k} p^k (1 - p)^{n-k}$$

la loi conditionnelle de X_1 sachant que $(X_1 + X_2 = n)$ est réalisé est donc la loi $\mathcal{B}(n, \dfrac{\lambda_1}{\lambda_1 + \lambda_2})$.

Corrigé 10.15

[Admettons que le nombre d'enfants possibles pour un couple donné n'ait pas de borne supérieure et qu'il n'y ait jamais de naissances multiples !]

1°) Puisqu'il n'y a qu'un seul garçon possible par couple, alors $P = \dfrac{1}{X}$ et si le couple a indéfiniment des filles, on peut convenir de poser $P = 0$ (ce qui revient à poser $X = +\infty$!).

2°) Comme X est le temps d'attente du premier « succès » (vous pouvez échanger les notions de succès et d'échec ! !), avec une probabilité de succès à chaque fois égale à $1/2$, on en déduit que X suit la loi géométrique de paramètre $1/2$. Soit :

$$\forall\, k \in \mathbb{N}^*, P(X = k) = 2^{-k}$$

[Comme $\sum\limits_{k=1}^{\infty} P(X = k) = 1$*, cela veut dire qu'il est quasi-impossible d'avoir indéfiniment des filles.]*

3°) Par le théorème du transfert (la convergence de la série est banale) :

$$E(P) = \sum_{k=1}^{\infty} \frac{1}{k} \times P(X = k) = \sum_{k=1}^{\infty} \frac{2^{-k}}{k}$$

Or pour $x \in]-1, 1[, \ln(1 - x) = -\sum\limits_{k=1}^{\infty} \dfrac{x^k}{k}$, donc en prenant $x = \dfrac{1}{2}$, on obtient :

$$E(P) = -\ln\left(1 - \tfrac{1}{2}\right) = \ln(2) \simeq 0,69$$

Corrigé 10.16

1°) La loi de probabilité de la variable aléatoire X est la loi marginale déterminée, par :

pour tout $i \in \mathbb{N}$, on a :

$$\begin{aligned}
P(X = i) &= \sum_{j=0}^{\infty} P((X = i) \cap (Y = j)) = \sum_{j=i}^{\infty} \binom{j}{i} \frac{\lambda^j}{j!} a^i (b - a)^{j-i} \mathrm{e}^{-\lambda b} \\
&= a^i \mathrm{e}^{-\lambda b} \sum_{j=i}^{\infty} \binom{j}{i} \frac{\lambda^j}{j!} (b - a)^{j-i} = \frac{(\lambda a)^i}{i!} \mathrm{e}^{-\lambda b} \sum_{j=i}^{\infty} \frac{\lambda^{j-i}}{(j - i)!} (b - a)^{j-i} \\
&= \frac{(\lambda a)^i}{i!} \mathrm{e}^{-\lambda b} \sum_{k=0}^{\infty} \frac{\lambda^k}{k!} (b - a)^k = \frac{(\lambda a)^i}{i!} \mathrm{e}^{-\lambda b} \mathrm{e}^{(b-a)\lambda} = \frac{(\lambda a)^i}{i!} \mathrm{e}^{-\lambda a}.
\end{aligned}$$

Donc X suit la loi de Poisson de paramètre λa. On sait alors que :

$$E(X) = V(X) = \lambda a$$

2°) De même la loi marginale de Y est définie par : pour tout $j \in \mathbb{N}$:

$$\begin{aligned}
P(Y = j) &= \sum_{i=0}^{\infty} P((X = i) \cap (Y = j)) = \sum_{i=0}^{j} \binom{j}{i} \frac{\lambda^j}{j!} a^i (b - a)^{j-i} \mathrm{e}^{-\lambda b} \\
&= \frac{\lambda^j}{j!} \mathrm{e}^{-\lambda b} \sum_{i=0}^{j} \binom{j}{i} a^i (b - a)^{j-i} = \frac{\lambda^j}{j!} \mathrm{e}^{-\lambda b} (a + (b - a))^j \\
&= \frac{(\lambda b)^j}{j!} \mathrm{e}^{-\lambda b}.
\end{aligned}$$

Donc Y suit la loi de Poisson de paramètre λb et $E(Y) = V(Y) = \lambda b$.

3°) Pour j fixé, la loi conditionnelle de X sachant que $(Y = j)$ est réalisé est alors donnée par :

$$\begin{aligned}
\forall\, i \in [\![0, j]\!], P_{(Y=j)}(X = i) &= \frac{P((X = i) \cap (Y = j))}{P(Y = j)} \\
&= \frac{\binom{j}{i} \frac{\lambda^j}{j!} a^i (b - a)^{j-i} \mathrm{e}^{-\lambda b}}{\frac{(\lambda b)^j}{j!} \mathrm{e}^{-\lambda b}} = \binom{j}{i} \frac{a^i (b - a)^{j-i}}{b^j},
\end{aligned}$$

que l'on peut mettre sous la forme suivante :

$$P_{(Y=j)}(X=i)=\binom{j}{i}\left(\frac{a}{b}\right)^i\left(1-\frac{a}{b}\right)^{j-i}$$

La loi conditionnelle de X sachant que $Y=j$ est donc la loi binomiale de paramètre $\left(j,\frac{a}{b}\right)$.

4°) La covariance, qui est, par définition, $E[(X-E(X))(Y-E(Y))]$ peut aussi être calculée par la formule :

$$\mathrm{Cov}(X,Y)=E(XY)-E(X)E(Y)$$

On a déjà $E(X)=\lambda a$ et $E(Y)=\lambda b$, donc il reste à calculer l'espérance du produit XY.

Par définition de l'espérance : $E(XY)=\sum\limits_{(i,j)\in\mathbb{N}^2} ij\times P((X=i)\cap(Y=j))$

$$E(XY)=\sum_{0\leq i\leq j} ij\binom{j}{i}\frac{\lambda^j}{j!}a^i(b-a)^{j-i}\mathrm{e}^{-\lambda b}$$

On décide alors d'un ordre pour la sommation :

$$E(XY)=\mathrm{e}^{-\lambda b}\sum_{j=0}^{\infty}\left(\frac{j\lambda^j}{j!}(b-a)^j\sum_{i=0}^{j} i\binom{j}{i}a^i(b-a)^{-i}\right)$$

Posons $\alpha_j=\sum\limits_{i=0}^{j} i\binom{j}{i}a^i(b-a)^{-i}$. On a :

$\alpha_0=0$ et pour $j\geqslant 1$:

$$\alpha_j=\sum_{i=0}^{j} i\binom{j}{i}a^i(b-a)^{-i}=\sum_{i=1}^{j} i\binom{j}{i}a^i(b-a)^{-i}=\sum_{i=1}^{j} j\binom{j-1}{i-1}a^i(b-a)^{-i}$$

(car pour $j\geqslant 1$ et $i\geqslant 1$, on a : $\binom{j}{i}=\frac{j}{i}\binom{j-1}{i-1}$)

Donc :

$$\alpha_j=\frac{ja}{b-a}\sum_{i=1}^{j}\binom{j-1}{i-1}\left(\frac{a}{b-a}\right)^{i-1}=\frac{ja}{b-a}\left(1+\frac{a}{b-a}\right)^{j-1}=\frac{jab^{j-1}}{(b-a)^j}$$

et la formule précédente reste valide pour $j=0$ et en remplaçant :

$$\begin{aligned}E(XY)&=\mathrm{e}^{-\lambda b}\sum_{j=0}^{\infty}\frac{j\lambda^j}{j!}jab^{j-1}=a\lambda\mathrm{e}^{-\lambda b}\sum_{j=0}^{\infty}\frac{j^2}{j!}(\lambda b)^{j-1}\\&=a\lambda\mathrm{e}^{-\lambda b}\sum_{j=0}^{\infty}\frac{j^2}{j!}(\lambda b)^{j-1}=a\lambda\mathrm{e}^{-\lambda b}\sum_{j=1}^{\infty}\frac{j-1+1}{(j-1)!}(\lambda b)^{j-1}\\&=a\lambda\mathrm{e}^{-\lambda b}\lambda b\sum_{j=2}^{\infty}\frac{1}{(j-2)!}(\lambda b)^{j-2}+a\lambda\mathrm{e}^{-\lambda b}\sum_{j=1}^{\infty}\frac{1}{(j-1)!}(\lambda b)^{j-1}\\&=a\lambda\mathrm{e}^{-\lambda b}\lambda b\times\mathrm{e}^{\lambda b}+a\lambda\mathrm{e}^{-\lambda b}\times\mathrm{e}^{\lambda b}=a\lambda(\lambda b+1)\end{aligned}$$

ce qui nous donne finalement :

$$\mathrm{Cov}(X,Y)=E(XY)-E(X)E(Y)=a\lambda(\lambda b+1)-(a\lambda)(b\lambda)=\lambda a$$

Corrigé 10.17

1°) La variable aléatoire T_1 est le temps d'attente du premier succès (Pile) dans une succession d'épreuves indépendantes de probabilité de succès p. On sait alors que :

$$T_1 \hookrightarrow \mathcal{G}(p) \text{ et } E(T_1) = 1/p.$$

2°) Soit $n \geqslant 2$ et $k \in \mathbb{N}^*$. Réaliser $(T_n = k)$, c'est obtenir exactement $n-1$ succès au cours des $k-1$ premiers lancers (événement A), puis obtenir un succès au $k^{\text{ème}}$ lancer (événement P_k).

Le résultat du $k^{\text{ème}}$ lancer étant indépendant de ce qui a pu se produire avant, on obtient donc :

$$P(T_n = k) = P(A \cap P_k) = P(A)P(P_k) = P(A) \times p$$

→ Si $k < n$, $P(A) = 0$ (on ne peut avoir plus de résultats pile que de lancers !)

→ Si $k \geqslant n$, $P(A) = \binom{k-1}{n-1} p^{n-1} q^{k-1-(n-1)}$ (schéma binomial : on a fait $k-1$ lancers et on a obtenu $n-1$ succès et on a posé $q = 1-p$).

Ainsi :

$$\forall\, k \geqslant n, P(T_n = k) = \binom{k-1}{n-1} p^n q^{k-n}$$

[Si vous avez déjà étudié les séries entières et en particulier les séries dérivées des séries géométriques, vous pouvez vérifier que $\sum\limits_{k=n}^{\infty} P(T_n = k) = 1$ *: on est quasi-certain d'obtenir* n *succès dans une succession indéfinie de lancers indépendants.]*

Calcul de l'espérance de T_n.

Première méthode.

Sous réserve de convergence, on a :

$$E(T_n) = \sum_{k=n}^{\infty} kP(T_n = k) = \sum_{k=n}^{\infty} k\binom{k-1}{n-1} p^n q^{k-n} = \sum_{k=n}^{\infty} n\binom{k}{n} p^n q^{k-n}$$

$$\left(\text{car } \binom{n}{k} = \frac{n}{k}\binom{n-1}{k-1}\right)$$

Donc : $E(T_n) = \dfrac{n}{p} \sum\limits_{k=n}^{\infty} \binom{n}{k} p^{n+1} q^{(k+1)-(n+1)} = \dfrac{n}{p} \sum\limits_{k=n}^{\infty} P(T_{n+1} = k+1)$

et compte-tenu de la remarque précédente $E(T_n) = \dfrac{n}{p} \times 1$:

$$E(T_n) \text{ existe et } E(T_n) = \frac{n}{p}$$

Deuxième méthode.

Soit $n \geqslant 2$ et notons $A_n = T_n - T_{n-1}$. La variable aléatoire A_n mesure donc le nombre de lancers effectués, à partir de celui amenant le $(n-1)^{\text{ème}}$ résultat pile, pour obtenir le $n^{\text{ème}}$ pile. Ainsi A_n n'est autre que le temps d'attente, à partir d'un certain moment, du premier pile. L'indépendance des résultats des lancers effectués montre que A_n a donc la même loi que T_1 et $E(A_n) = E(T_1) = \dfrac{1}{p}$.

La relation $T_n = T_{n-1} + A_n$ montre alors, par une récurrence élémentaire que T_n a bien une espérance, avec $E(T_n) = E(T_{n-1}) + \dfrac{1}{p}$. D'où aisément $E(T_n) = \dfrac{n}{p}$.

Corrigé 10.18

1°) Pour $n \in \mathbb{N}$, réaliser $(X = n)$ c'est : obtenir n fois face au cours des $n+1$ premiers lancers (événement noté A et on a donc obtenu en cours de route une fois pile), et obtenir pour la deuxième fois pile au $(n+2)^{\text{ème}}$ lancer (événement noté bien entendu P_{n+2}), et comme le résultat du $(n+2)^{\text{ème}}$ lancer est indépendant de ce qui s'est passé avant :

$$P(X=n)=P(A\cap P_{n+2})=P(A)P(P_{n+2})=p\times P(A)$$

D'autre part $P(A)=\binom{n+1}{1}pq^n=(n+1)pq^n$ (phénomène binomial)

Donc :

$$X(\Omega)=\mathbb{N}\text{ et }\forall n\in\mathbb{N}, P(X=n)=(n+1)p^2q^n$$

2°) La série définissant $E(X)$ est de terme général positif négligeable devant $\frac{1}{n^2}$ (négligeabilité classique, puisque $0<q<1$)), donc cette série converge, et :

$$E(X)=\sum_{n=0}^{\infty}nP(X=n)=p^2q\sum_{n=1}^{\infty}n(n+1)q^{n-1}$$

Le cours sur les séries géométriques nous apprend que :

$$\sum_{n=0}^{\infty}q^n=\frac{1}{1-q}\ ;\ \sum_{n=1}^{\infty}nq^{n-1}=\frac{1}{(1-q)^2}\ ;\ \sum_{n=2}^{\infty}n(n-1)q^{n-2}=\frac{2}{(1-q)^3}$$

Donc, par simple décalage de l'indice :

$$E(X)=p^2q\times\frac{2}{(1-q)^3}=\frac{2q}{p}$$

3°) a) Par hypothèse : $\forall n\in\mathbb{N},\forall k\in[\![0,n]\!], P_{(X=n)}(Y=k)=\frac{1}{n+1}$.

La formule des probabilités totales donne alors pour tout $k\in\mathbb{N}$:

$$P(Y=k)=\sum_{n=0}^{\infty}P((Y=k)\cap(X=n))=\sum_{n=0}^{\infty}P(X=n)P_{(X=n)}(Y=k)$$

$$=\sum_{n=k}^{\infty}(n+1)p^2q^n\times\frac{1}{n+1}=p^2q^k\sum_{n=k}^{\infty}q^{n-k}=p^2q^k\frac{1}{1-q},\text{ soit :}$$

$$\forall k\in\mathbb{N}, P(Y=k)=pq^k$$

Ainsi $Y+1\hookrightarrow\mathcal{G}(p)$ et $E(Y)=\frac{1}{p}-1=\frac{q}{p}$

b) Comme $Z=X-Y$, alors on obtient, pour $i\in\mathbb{N}$:

$$P(Z=i)=P\Big(\bigcup_{j=0}^{\infty}[(Y=j)\cap(X=i+j)]\Big)$$

Cette réunion étant disjointe, il vient :

$$P(Z=i)=\sum_{j=0}^{\infty}P((Y=j)\cap(X=i+j))=\sum_{j=0}^{\infty}P(X=i+j)P_{(X=i+j)}(Y=j)$$

$$=\sum_{j=0}^{\infty}(i+j+1)p^2q^{i+j}\times\frac{1}{i+j+1}=p^2q^i\sum_{j=0}^{\infty}q^j=pq^i$$

On obtient ainsi, pour tout couple $(i,j)\in\mathbb{N}^2$:

$\rightarrow P(Z=i)P(Y=j)=pq^i\times pq^j=p^2q^{i+j}$

$\rightarrow P((Z=i)\cap(Y=j))=P((X=i+j)\cap(Y=j))$

$$=P(X=i+j)P_{(X=i+j)}(Y=j)$$

$$=(i+j+1)p^2q^{i+j}\frac{1}{i+j+1}=p^2q^{i+j}$$

On remarque alors que l'on a toujours :

$$P((Z=i)\cap(Y=j))=P(Z=i)P(Y=j),$$

donc les variables aléatoires Z et Y sont bien indépendantes.

Corrigé 10.19

1°) La variable aléatoire X_n suit la loi binomiale de paramètres n et $p=\frac{2}{8}=\frac{1}{4}$.
On en déduit immédiatement :

$$E(X_n)=np=\frac{n}{4}\text{ et }V(X_n)=npq=\frac{n}{4}\times\frac{3}{4}=\frac{3n}{16}$$

On obtient ensuite :

$$E(F_n)=\frac{1}{n}E(X_n)=\frac{1}{4}\text{ et }V(F_n)=\frac{1}{n^2}V(X_n)=\frac{3}{16n}$$

2°) Puisque $E(F_n)=0{,}25$, on remarque que :

$$\begin{aligned}P(0{,}22<F_n<0{,}26)&=P\big([F_n-E(F_n)]\in\,]-0{,}03;0{,}01[\big)\\&\geqslant P\big(|F_n-E(F_n)|<0{,}01\big).\end{aligned}$$

On obtient ainsi :

$$P(0{,}22<F_n<0{,}26)\geqslant 1-P\big(|F_n-E(F_n)|\geqslant 0{,}01\big)$$

Or, l'inégalité de Tchebycheff nous donne :

$$P\big(|F_n-E(F_n)|\geqslant 0{,}01\big)\leqslant\frac{V(F_n)}{(0{,}01)^2},$$

donc on trouve finalement, pour $n=10^4$:

$$P(0{,}22<F_{10^4}<0{,}26)\geqslant 1-\frac{3}{16.10^4.(0,01)^2}=1-\frac{3}{16}=\frac{13}{16}$$

3°) On a vu à la question précédente que :

$$P(0{,}22<F_n<0{,}26)\geqslant P(|F_n-E(F_n)|<0,01),$$

par conséquent si on a $P(|F_n-E(F_n)|<0{,}01)\geqslant 0{,}99$, on aura *a fortiori* $P(0{,}22<F_n<0{,}26)\geqslant 0{,}99$.
Il suffit donc de chercher n tel que : $P(|F_n-E(F_n)|\geqslant 0{,}01)\leqslant 0{,}01$.
Or, encore grâce à l'inégalité de Tchebycheff, on a :

$$P(|F_n-E(F_n)|>0,01)\leqslant\frac{V(F_n)}{(0{,}01)^2}=\frac{3}{16\times n\times(0{,}01)^2}$$

donc il suffit de prendre n tel que : $0{,}01\geqslant\frac{3}{16\times n\times(0{,}01)^2}$, ce qui nous donne :

$$n\geqslant\frac{3}{16\times(0{,}01)^3}=187500$$

[L'inégalité de Bienaymé-Tchebycheff est universelle, en contrepartie elle donne en général des résultats médiocres.]

Corrigé 10.20

1°) a) Puisque X est à valeurs dans $\mathbb{N}$, on a pour tout entier k,

$$(X>k-1)=(X=k)\cup(X>k),$$

et cette réunion étant formée de deux événements iincompatibles :
$P(X>k-1)=P(X=k)+P(X>k)$, soit :

$$P(X=k)=P(X>k-1)-P(X>k)$$

On en déduit que, pour $n \geqslant 1$, on a :

$$\begin{aligned}\sum_{k=0}^{n} kP(X=k) &= \sum_{k=1}^{n} kP(X=k) = \sum_{k=1}^{n} k\big(P(X>k-1)-P(X>k)\big)\\ &= \sum_{k=1}^{n} kP(X>k-1) - \sum_{k=1}^{n} kP(X>k)\\ &= \sum_{k=0}^{n-1} (k+1)P(X>k) - \sum_{k=1}^{n} kP(X>k)\\ &= \sum_{k=1}^{n-1} (k+1-k)P(X>k) + P(X>0) - nP(X>n)\end{aligned}$$

Soit :

$$\sum_{k=0}^{n} kP(X=k) = \sum_{k=0}^{n-1} P(X>k) - nP(X>n)$$

b) La convergence supposée permet d'écrire, pour tout entier n :

$$\sum_{k=0}^{n} kP(X=k) \leqslant \sum_{k=0}^{n-1} P(X>k) \leqslant \sum_{k=0}^{\infty} P(X>k)$$

La suite des sommes partielles de la série à termes positifs définissant $E(X)$ est donc majorée, ce qui implique sa convergence.

c) Si X admet une espérance, alors la série $\sum_{k\geq 0} kP(X=k)$ converge, ce qui permet de définir les restes de cette série, et :

$$R_n = \sum_{k=n+1}^{\infty} kP(X=k) \geqslant \sum_{k=n+1}^{\infty} nP(X=k) = nP(X>n)$$

Ainsi $0 \leqslant nP(X>n) \leqslant R_n$ et $\lim_{n\to\infty} R_n = 0$, en tant que reste d'une série convergente. On obtient donc, par encadrement :

$$\lim_{n\to\infty} nP(X>n) = 0$$

On en déduit alors immédiatement, en faisant tendre n vers l'infini dans la relation établie à la première question :

$$E(X) = \sum_{k=0}^{\infty} P(X>k)$$

2°) a) Pour $k \in [\![0, N]\!]$, réaliser $(X \leqslant k)$, c'est obtenir n fois de suite un résultat inférieur ou égal à k. On obtient ainsi :

$$P(X \leqslant k) = \left(\frac{k}{N}\right)^n, \text{ soit } P(X>k) = 1 - \left(\frac{k}{N}\right)^n$$

On en déduit alors que la loi de X est définie par :

$$\forall k \in [\![1, N]\!], P(X=k) = P(X \leqslant k) - P(X \leqslant k-1) = \frac{k^n - (k-1)^n}{N^n}$$

Pour k assez grand $P(X > k) = 0$, donc on peut appliquer le résultat **1°) c)** :

$$E(X) = \sum_{k=0}^{\infty} P(X>k) = \sum_{k=0}^{N-1} P(X>k) = \sum_{k=0}^{N-1} \left[1 - \left(\frac{k}{N}\right)^n\right], \text{ soit :}$$

$$E(X) = N - \sum_{k=0}^{N-1} \left(\frac{k}{N}\right)^n$$

b) On reconnait ici une somme de Riemann associée à la fonction $x \mapsto x^n$ sur $[0,1]$. Cette fonction étant continue sur $[0,1]$, on sait que l'on obtient :

$$\lim_{N\to\infty} \frac{1}{N}\sum_{k=0}^{N-1}\left(\frac{k}{N}\right)^n = \int_0^1 x^n dx = \frac{1}{n+1}$$

c) On obtient ainsi finalement :

$$\frac{E(X)}{N} = 1 - \frac{1}{N}\sum_{k=0}^{N-1}\left(\frac{k}{N}\right)^n \underset{N\to\infty}{\longrightarrow} 1 - \frac{1}{n+1} = \frac{n}{n+1}$$

Corrigé 10.21

1°) La variable aléatoire X suit la loi binomiale de paramètres $p = 0{,}05$ et $n = 120$, donc on a (si on fait confiance à sa calculette) :

$$P(X=5) = \binom{120}{5}(0{,}05)^5(0{,}95)^{115} \simeq 0{,}16335689$$

2°) Approchons la loi de X par celle de Y qui suit une loi de Poisson de même espérance, donc de paramètre $\lambda = np = 6$. On a alors :

$$P(Y=5) = \frac{\lambda^5}{5!}\mathrm{e}^{-\lambda} = \frac{6^5}{5!}\mathrm{e}^{-6} \simeq 0{,}16062314$$

Nous constatons que ces probabilités sont très semblables : l'erreur commise en réalisant cette approximation est :

$$e \simeq 0{,}16335689 - 0{,}16062314 \simeq 0{,}00273375,$$

ce qui nous donne en pourcentage :

$$\frac{e}{P(X=5)} \simeq \frac{0{,}00273375}{0{,}16335689} \simeq 1{,}7\%$$

Corrigé 10.22

Soit $k \in \mathbb{N}$, pour n assez grand, on a $k \leqslant n$ et alors, à partir de ce rang :

$$P(X_n = k) = \binom{n}{k} p_n^k (1-p_n)^{n-k}$$

En posant $np_n = \lambda_n \underset{n\to\infty}{\longrightarrow} \lambda$, on peut écrire :

$$\begin{aligned} P(X_n = k) &= \frac{n!}{k!(n-k)!} \times \frac{\lambda_n^k}{n^k}\left(1 - \frac{\lambda_n}{n}\right)^{n-k} \\ &= \frac{n(n-1)\dots(n-k+1)}{k!} \times \frac{\lambda_n^k}{n^k}\left(1 - \frac{\lambda_n}{n}\right)^{n-k} \\ &\underset{(\infty)}{\sim} \frac{n^k}{k!} \times \frac{\lambda_n^k}{n^k}\left(1 - \frac{\lambda_n}{n}\right)^{n-k} = \frac{\lambda_n^k}{k!}\left(1 - \frac{\lambda_n}{n}\right)^{n-k} \end{aligned}$$

Pour conclure, on note alors que :

$\ln\left(\left(1 - \frac{\lambda_n}{n}\right)^{n-k}\right) = (n-k)\ln\left(1 - \frac{\lambda_n}{n}\right) \underset{(\infty)}{\sim} n \times \frac{-\lambda_n}{n} \underset{n\to\infty}{\longrightarrow} -\lambda$ et

$\lim_{n\to\infty}\left(\left(1 - \frac{\lambda_n}{n}\right)^{n-k}\right) = \mathrm{e}^{-\lambda}$, ce qui montre que :

$$\lim_{n\to\infty} P(X_n = k) = \frac{\lambda^k}{k!}\mathrm{e}^{-\lambda} = P(Y = k)$$

où Y est une variable qui suit la loi de Poisson de paramètre $\lambda > 0$.

Corrigé 10.23

$\star$ Soit G_1 la fonction génératrice de la variable aléatoire égale au nombre de points obtenus en un tirage. On a :
$G_1(t) = P(S_1 = 0) + P(S_1 = 1)t + P(S_1 = 2)t^2 = \frac{1}{4} + \frac{1}{2}t + \frac{1}{4}t^2 = \left(\frac{1+t}{2}\right)^2$
Or, les tirages étant avec remise, S_n est la somme de n variables aléatoires indépendantes et de même loi que S_1. On a donc :

$$G_{S_n}(t) = [G_{S_1}(t)]^n = \left(\frac{1+t}{2}\right)^{2n}$$

En développant avec la formule du binôme de Newton, on obtient :

$$\left(\frac{1+t}{2}\right)^{2n} = \frac{1}{2^{2n}} \sum_{k=0}^{2n} \binom{2n}{k} t^k$$

Comme $G_{S_n}(t) = \sum\limits_{k=0}^{\infty} P(S_n = k)t^k$, on trouve, par identification :

$$\forall\, k \in [\![0, 2n]\!], P(S_n = k) = \binom{2n}{k}\frac{1}{2^{2n}} \text{ ; sinon } P(S_n = k) = 0.$$

Corrigé 10.24

Par le théorème de transfert, on a pour toute variable aléatoire à valeurs dans $\mathbb{N}$ et tout $u \in]-1, 1[$: $G_Y(u) = \sum\limits_{k=0}^{\infty} P(Y = k)u^k = E(u^Y)$, donc :
$\star$ Fonction génératrice de $X + 1$:

$$G_{X+1}(u) = E(u^{X+1}) = uE(u^X) = uG_X(u)$$

$\star$ Fonction génératrice de $2X$:

$$G_{2X}(u) = E(u^{2X}) = E((u^2)^X) = G_X(u^2)$$

Corrigé 10.25

1°) Pour toute fonction génératrice G_X, on a $G_X(1) = \sum\limits_{i=0}^{\infty} P(X = i) = 1$, donc ici :

$$1 = G_X(1) = k(3+2)^3 = 125k \text{ et } k = \frac{1}{125} = 8\times 10^{-3}$$

2°) On a : $G_X(u) = \dfrac{(3+2u^2)^3}{125} = \dfrac{27 + 54u^2 + 36u^4 + 8u^6}{125} = \sum\limits_{i=0}^{\infty} P(X = i)u^i$

Soit, par unicité de l'écriture développée d'une série entière (qui est même ici une fonction polynomiale) :

k	0	2	4	6
$125P(X = k)$	27	54	36	8

3°) X ne prenant qu'un nombre fini de valeurs, il n'y a pas de problème de convergence et : $G_X(u) = \sum P(X = k)u^k$ donne :

$$G'_X(u) = \sum kP(X = k)u^{k-1} \text{ et } G''_X(u) = \sum k(k-1)P(X = k)u^{k-2}$$

Donc : $\begin{cases} E(X) = \sum kP(X = k) = G'_X(1) \\ E(X(X-1)) = \sum k(k-1)P(X = k) = G''_X(1) \end{cases}$

On a $G'_X(u) = \frac{12}{125}u(3+2u^2)^2 \implies G'_X(1) = \frac{12}{5}$

$G''_X(u) = \frac{12}{125}(3+2u^2)^2 + \frac{96}{125}u^2(3+2u^2) \implies G''_X(1) = \frac{12}{5} + \frac{96}{25}$

Ainsi : $E(X) = G'_X(1) = \frac{12}{5}$, puis :

$$\begin{aligned} V(X) &= E(X^2) - [E(X)]^2 = E(X(X-1)) + E(X) - [E(X)]^2 \\ &= \frac{12}{5} + \frac{96}{25} + \frac{12}{5} - \frac{144}{25} = \frac{72}{25} \end{aligned}$$

$$E(X) = \frac{12}{5} ; V(X) = \frac{72}{25}$$

Corrigé 10.26

$\star$ On pourrait décomposer la fonction rationnelle G_X en éléments simples pour en expliciter le développement en série entière. On peut aller un petit peu plus vite, en écrivant :

$$G_X(s) = \frac{s}{2} \times \frac{1}{1 - (\frac{s}{\sqrt{2}})^2}$$

Comme $u \in [0,1[\implies \sum_{k=0}^{\infty} u^k = \frac{1}{1-u}$, il vient :

$$\forall s \in [0,\sqrt{2}[, G_X(s) = \frac{s}{2}\sum_{k=0}^{\infty}\left(\frac{s}{\sqrt{2}}\right)^{2k} = \sum_{k=0}^{\infty}\frac{1}{2^{k+1}}s^{2k+1}$$

Or, par définition, on a sous réserve de convergence : $G_X(s) = \sum_{n=0}^{\infty} P(X=n)s^n$, donc, par identification, on trouve :

$$\forall k \in \mathbb{N}, \begin{cases} P(X=2k) = 0 \\ P(X=2k+1) = \frac{1}{2^{k+1}} \end{cases}$$

$\star$ On a : $X = 2k+1 \iff Y = k + \frac{1}{2}$.

On obtient ainsi : $\forall k \in \mathbb{N}, P(Y = k + \frac{1}{2}) = \frac{1}{2^{k+1}}$ et :

$$Y + \frac{1}{2} \hookrightarrow \mathcal{G}(1/2)$$

Corrigé 10.27

1°) La valeur de a est fournie par la « condition de normalisation » :
$G_X(1) = \sum_{n\in\mathbb{N}} P(X=n)1^n = 1$, d'où : $a\mathrm{e}^2 = 1$ et $a = \mathrm{e}^{-2}$.

2°) $G_X(u) = \mathrm{e}^{-1+u^2} = e^{-1}\sum_{k=0}^{\infty}\frac{u^{2k}}{k!} = \sum_{n=0}^{\infty} P(X=n)u^n$

Par unicité du développement en série entière, on en déduit, par identification :

$$\forall n \in \mathbb{N}, \begin{cases} P(X=2n) = \frac{\mathrm{e}^{-1}}{n!} \\ P(X=2n+1) = 0 \end{cases}$$

3°) On remarque que $Y = \frac{1}{2}X$ suit la loi de Poisson de paramètre 1, donc $E(Y) = V(Y) = 1$. Par conséquent :

$$E(X) = 2E(Y) = 2 ; V(X) = 4V(Y) = 4$$

Corrigé 10.28

1°) Comme X ne prend que les valeurs 0 et 1 et que Y prend toutes les valeurs entières de 0 à l'infini, le produit $Z = XY$ prend toutes les valeurs entières de 0 à l'infini et donc $Z(\Omega) = \mathbb{N}$.

$\star$ Pour $n \geqslant 1$, on a par indépendance :

$$P(Z = n) = P((X = 1) \cap (Y = n)) = P(X = 1) \times P(Y = n) = p\mathrm{e}^{-\lambda}\frac{\lambda^n}{n!}$$

$\star$ On a : $(Z = 0) = (X = 0) \cup [(X = 1) \cap (Y = 0)]$, soit par incompatibilité, puis indépendance :

$$P(Z = 0) = P(X = 0) + P(X = 1)P(Y = 0) = q + p \times \mathrm{e}^{-\lambda}$$

2°) On a, sous réserve de convergence :

$$G_Z(u) = \sum_{n=0}^{\infty} P(Z = n)u^n = P(Z = 0) + \sum_{n=1}^{\infty} P(X = 1)P(Y = n)u^n$$

$$= q + p\mathrm{e}^{-\lambda} + p\sum_{n=1}^{\infty} P(Y = n)u^n = q + p\mathrm{e}^{-\lambda} + p\mathrm{e}^{-\lambda}\sum_{n=1}^{\infty}\frac{(\lambda u)^n}{n!}$$

$$= q + p\mathrm{e}^{-\lambda}\sum_{n=0}^{\infty}\frac{(\lambda u)^n}{n!} = q + p\mathrm{e}^{-\lambda}\mathrm{e}^{\lambda u}$$

Ainsi : $\forall u \in \mathbb{R}, G_Z(u) = q + p\mathrm{e}^{\lambda(u-1)}$

3°) $\star$ Par indépendance de X et Y,

$$E(Z) = E(XY) = E(X)E(Y) = p\lambda$$

$\star$ On peut calculer la variance de Z directement, mais on peut utiliser le résultat précédent : on a : $G_Z''(u) = \lambda^2 p\mathrm{e}^{\lambda(u-1)}$, donc $G_Z''(1) = \lambda^2 p$, soit :

$$E(Z(Z-1)) = G_Z''(1) = \lambda^2 p$$

Puis $V(Z) = E(Z^2) - [E(Z)]^2 = E(Z(Z-1)) + E(Z) - [E(Z)]^2$, soit :

$$V(Z) = \lambda^2 p + \lambda p - \lambda^2 p^2 = \lambda p(1 + \lambda - \lambda p) = \lambda p(1 + \lambda q)$$

Corrigé 10.29

1°) a) La variable aléatoire N suit la loi géométrique de paramètre $p = 1/6$, donc $q = 1 - p = 5/6$, et :

$$\forall n \in \mathbb{N}^*, P(N = n) = pq^{n-1} = \frac{5^{n-1}}{6^n}$$

b) $P(N \geqslant n + 1) = (5/6)^n$ (on a eu n échecs consécutifs).

c) Sous réserve de convergence : $G_N(u) = \sum_{k=1}^{\infty} P(N = n)u^n = \sum_{k=1}^{\infty} pq^{n-1}u^n$

Cette série converge si et seulement si $|qu| < 1$ et alors :

$$G_N(u) = pu\sum_{k=1}^{\infty}(qu)^{n-1} = \frac{pu}{1 - qu}$$

On sait que $E(N) = 1/p = 6$, ce que l'on peut vérifier en calculant $G_N'(1)$.

2°) On remarque que la variable aléatoire $M = \sum_{k=1}^{5} N_k$ est la somme de 5 variables géométriques de même paramètre $p = 1/6$.

Son espérance est la somme des espérances des 5 variables. On obtient ainsi :

$$E(M) = 5E(N) = 30$$

3°) Pour $i \in [\![1,5]\!]$, soit N_i le nombre de fois où on lance le $i^{\text{ème}}$ dé pour obtenir un 6 avec ce dé. Pour tout $n \in \mathbb{N}^*$, on a :

$$(K \leqslant n) = \bigcap_{i=1}^{5} (N_i \leqslant n) = \bigcap_{i=1}^{5} \overline{(N_i > n)}$$

et, par indépendance des résultats des différents dés :

$$P(K \leqslant n) = P(\bigcap_{i=1}^{5} \overline{(N_i > n)}) = \prod_{i=1}^{5} P(\overline{(N_i > n)}\,) = \prod_{i=1}^{5} (1 - P(N_i > n))$$

Soit, par identité de loi :

$$P(K \leqslant n) = (1 - P(N_1 > n))^5 = (1 - q^n)^5$$

Comme $(K \leqslant n) = (K \leqslant n-1) \cup (K = n)$, cette réunion étant disjointe, il vient pour tout $n \geqslant 1$:

$$P(K = n) = P(K \leqslant n) - P(K \leqslant n-1) = (1 - q^n)^5 - (1 - q^{n-1})^5$$

Soit en développant par la formule du binome de Newton et en regroupant les termes semblables :

$$P(K = n) = 5(1-q)q^{n-1} - 10(1-q^2)(q^2)^{n-1} + 10(1-q^3)(q^3)^{n-1} - 5(1-q^4)(q^4)^{n-1} + (1-q^5)(q^5)^{n-1}$$

Or pour $0 < x < 1$, on sait que la série de terme général nx^{n-1} est convergente, telle que $\sum_{n=1}^{\infty} nx^{n-1} = \dfrac{1}{(1-x)^2}$.

Ainsi K admet une espérance et :

$$E(K) = \sum_{n=1}^{\infty} nP(K = n) = \frac{5}{1-q} - \frac{10}{1-q^2} + \frac{10}{1-q^3} - \frac{5}{1-q^4} + \frac{1}{1-q^5}$$

Numériquement, avec $q = 5/6$, on trouve, à peu de chose près, $E(K) \simeq 13{,}02$.

Autrement dit, il faut en moyenne 13 lancers de poignées de dés, pour obtenir les 5 six.

[Noter qu'il est tout à fait normal de trouver $E(K)$ très inférieur à 30, car on compte le nombre de fois où on lance des dés, pas le nombre total de dés lancés.]

Corrigé 10.30

La fonction génératrice d'une variable aléatoire X de Bernoulli de paramètre p est définie par :

$$G_X(u) = E(u^X) = \sum P(X = k)u^k = (1-p) \times u^0 + pu^1 = q + pu$$

avec $q = 1 - p$.

Comme la fonction génératrice d'une somme finie de variables aléatoires indépendantes à valeurs dans $\mathbb{N}$ est le produit de leurs fonctions génératrices, on a :

$$G_{S_n}(u) = G_{X_1+\cdots+X_n}(u) = G_{X_1}(u) \times \cdots \times G_{X_n}(u)$$

Comme les variables aléatoires $X_1, \ldots, X_n$, suivent toutes la même loi de Bernoulli, elles ont toutes la même fonction génératrice $u \mapsto q + pu$, donc la fonction génératrice de S_n est : $G_{S_n}(u) = (q+pu)^n = \sum\limits_{k=0}^{n} \binom{n}{k} q^{n-k}p^k u^k$.

Comme $G_{S_n}(u) = \sum\limits_{k=0}^{+\infty} P(S_n = k)u^k$, par unicité du développement en série entière, on obtient :

$$S_n(\Omega) = [\![0, n]\!], \forall\, k \in [\![0, n]\!], P(S_n = k) = \binom{n}{k} p^k (1-p)^{n-k}$$

Autrement dit, S_n suit la loi binomiale de paramètres n et p.

Corrigé 10.31

1°) Comme on doit avoir :

$1 = \sum\limits_{n=1}^{\infty} P(X = n) = \sum\limits_{n=1}^{\infty} \frac{k}{n!} = k(\sum\limits_{n=0}^{\infty} \frac{1}{n!} - 1) = k(\mathrm{e}-1)$, alors on a :

$$k = \frac{1}{\mathrm{e}-1}$$

2°) $\star$ $E(X) = \sum\limits_{n=0}^{\infty} nP(X = n) = \sum\limits_{n=1}^{\infty} \frac{nk}{n!} = k\sum\limits_{n=1}^{\infty} \frac{1}{(n-1)!} = k\sum\limits_{n=0}^{\infty} \frac{1}{n!} = k\mathrm{e}$, soit : $E(X) = \frac{\mathrm{e}}{\mathrm{e}-1}$.

$\star$ Il suffit d'introduire la fonction g définie sur $\mathbb{R}_+$ par : $g(x) = \frac{1}{1+x}$ et d'appliquer le théorème de transfert pour obtenir :

$$E(\frac{1}{1+X}) = \sum_{n=0}^{\infty} \frac{1}{n+1} \times \frac{k}{n!} = k\sum_{n=0}^{\infty} \frac{1}{(n+1)!} = k\sum_{n=1}^{\infty} \frac{1}{n!} = k(\mathrm{e}-1) = 1$$

Calcul différentiel

11

RÉPARTITION DES EXERCICES

I. ÉNONCÉS DES EXERCICES

11.01 On considère les applications f_1 et f_2 définies de $\mathbb{R}^3$ dans $\mathbb{R}$ par :

$$f_1(x,y,z) = \mathrm{e}^{x+y+z} \text{ et } f_2(x,y,z) = x^2+y^2+z^2.$$

1°) Montrer que les applications f_1 et f_2 sont différentiables sur $\mathbb{R}^3$ et exprimer leurs diférentielles.

2°) Déterminer, de deux façons, les dérivées partielles de l'application $h = f_1 \circ g$, où g est définie de $\mathbb{R}^2$ dans $\mathbb{R}^3$ par $g(u,v) = (u+v, u-v, uv)$.

◇

11.02 On considère l'ensemble $E = \{(x,y) \in \mathbb{R}^2 \ / \ y \neq 0\}$ et l'application f définie de E dans $\mathbb{R}$ par : $f(x,y) = \arctan\left(\frac{x}{y}\right)$.

1°) Montrer que l'application f est de classe $\mathcal{C}^2$ sur E.

2°) Calculer le laplacien de f en tout point de E.

◇

11.03 On considère une fonction $f : \mathbb{R}^2 \to \mathbb{R}$ de classe $\mathcal{C}^2$ sur $\mathbb{R}^2$ puis la fonction $F = f \circ g$, où :

$g : \mathbb{R}_+^* \times [0, 2\pi[\to \mathbb{R}^2; (r,\theta) \mapsto (r\cos\theta, r\sin\theta)$

1°) Calculer $\dfrac{\partial F}{\partial r}(r,\theta)$, $\dfrac{\partial F}{\partial \theta}(r,\theta)$ en fonction de r, θ, $\dfrac{\partial f}{\partial x}(x,y)$ et $\dfrac{\partial f}{\partial y}(x,y)$.

2°) En déduire $\dfrac{\partial f}{\partial x}(x,y)$ et $\dfrac{\partial f}{\partial y}(x,y)$ en fonction de $\dfrac{\partial F}{\partial r}(r,\theta)$ et $\dfrac{\partial F}{\partial \theta}(r,\theta)$.

◇

11.04 Déterminer le plus grand ensemble $D \subset \mathbb{R}^2$ sur lequel les applications f définies de $\mathbb{R}^2$ dans $\mathbb{R}$ sont de classe $\mathcal{C}^1$ dans les cas suivants :

1°) $f(x,y) = \begin{cases} \dfrac{xy}{x+y} & \text{si } x \neq -y \\ 0 & \text{si } x = -y \end{cases}$

2°) $f(x,y) = \begin{cases} \dfrac{\sin(x^2)+\sin(y^2)}{\sqrt{x^2+y^2}} & \text{si } (x,y) \neq (0,0) \\ 0 & \text{si } (x,y) = (0,0) \end{cases}$

◇

11.05 On considère l'application f définie de $\mathbb{R}^2$ dans $\mathbb{R}$ par :

$$f(x,y) = \begin{cases} \dfrac{x^3-y^3}{x^2+y^2} & \text{si } (x,y) \neq (0,0) \\ 0 & \text{si } (x,y) = (0,0) \end{cases}$$

1°) Déterminer le plus grand ensemble $D \subset \mathbb{R}^2$ sur lequel l'application f est de classe $\mathcal{C}^1$.

2°) Donner l'expression de la différentielle de f sur D.

◇

11.06 On considère l'application h définie de $\mathbb{R}^2$ dans $\mathbb{R}$ par :

$$h(x,y) = \begin{cases} y^2 \sin \dfrac{x}{y} & \text{si } y \neq 0 \\ 0 & \text{si } y = 0 \end{cases}$$

Montrer que h admet des dérivées partielles d'ordre 1 en tout point de $\mathbb{R}^2$.

◇

11.07 On considère l'application f définie de $\mathbb{R}^2$ dans $\mathbb{R}$ par :

$$f(x,y) = \begin{cases} \dfrac{x\sin y - y \sin x}{x^2+y^2} & \text{si } (x,y) \neq (0,0) \\ 0 & \text{si } (x,y) = (0,0) \end{cases}$$

1°) Montrer que l'application f est de classe $\mathcal{C}^0$ sur $\mathbb{R}^2$.

2°) Montrer que l'application f est de classe $\mathcal{C}^1$ sur $\mathbb{R}^2$.

3°) Montrer que $\dfrac{\partial^2 f}{\partial x \partial y}(0,0)$ et $\dfrac{\partial^2 f}{\partial y \partial x}(0,0)$ existent et les calculer. Que peut-on en conclure ?

◇

11.08 On considère l'application f de $\mathbb{R}^3$, à valeurs dans $\mathbb{R}$, définie par :

$$f(x,y,z) = \frac{x^3+y^3+z^3}{\sqrt{x^2+y^2+z^2}} \text{ si } (x,y,z) \neq (0,0,0) \text{ et } f(0,0,0) = 0.$$

1°) Montrer que l'application f est continue sur $\mathbb{R}^3$.

2°) Montrer que f admet des dérivées partielles d'ordre 1 en tout point de $\mathbb{R}^3$ et les déterminer.

3°) Montrer que f est de classe $\mathcal{C}^1$ sur $\mathbb{R}^3$.

◇

11.09 On considère l'intervalle $I = [0,1]$ et la fonction f définie sur $D = I \times I$ par :

$$f(x,y) = x - y + x^3 + y^3$$

1°) Justifier l'existence des deux réels m et M définis par :
$m = \min\{f(x,y), (x,y) \in D\}$ et $M = \max\{f(x,y), (x,y) \in D\}$.

2°) Déterminer les valeurs de m et M ainsi que les points de D en lesquels ils sont atteints.

◇

11.10 Etudier les extremums de la fonction f définie sur
$E = \{(x,y) \in \mathbb{R}^2 \ / \ |x| < \frac{1}{2}, |y| < \frac{1}{2}\}$, par :

$$f(x,y) = x^2 + y^2 + \cos(x^2 + y^2)$$

◇

11.11 Etudier les extremums locaux des fonctions f définies sur $\mathbb{R}^2$ par :

1°) $f(x,y) = y^2 - x^2 + x^3 + x^2y + \dfrac{y^3}{3}$.

2°) $f(x,y) = x^3 - y^2 - x$.

3°) $f(x,y) = 3xy - x^3 - y^3$.

◇

11.12 On note $f : \mathbb{R}^2 \to \mathbb{R}$ l'application définie par :

$$\forall (x,y) \in \mathbb{R}^2, f(x,y) = (x-1)(y-2)(x+y-6)$$

1°) Montrer que $a_1 = (4,2)$ et $a_2 = (2,3)$ sont des points critiques de f.

2°) Est-ce que f présente un extremum local en ces points ?

◇

11.13 On considère l'application F définie sur $\mathbb{R}_+^* \times \mathbb{R}$ par :

$$F(x,y) = x\mathrm{e}^y + y\ln(x).$$

1°) Soit l'application g définie sur $]0, +\infty[$ par $g(x) = x^2 + \ln(x)$. Montrer que l'équation $g(x) = 0$ admet une unique solution, notée α, et que $\frac{1}{2} < \alpha < 1$.

2°) Montrer que l'application F est de classe $\mathcal{C}^1$ sur $\mathbb{R}_+^* \times \mathbb{R}$ et calculer les dérivées partielles premières de F en tout point.

3°) Montrer que F admet un point critique et un seul que l'on exprimera à l'aide du nombre réel α.

4°) Est-ce que F admet un extremum local en ce point ?

◇

11.14 Etudier les extremums locaux de la fonction f définie sur $\mathbb{R}^3$ par :

$$f(x,y,z) = \frac{x^2}{2} + xyz - z + y$$

◇

11.15 On considère l'application f définie de $\mathbb{R}^2$ dans $\mathbb{R}$ par :

$$f(x,y) = \frac{\sin(yx^2)}{x} \text{ si } x \neq 0 \text{ et } f(0,y) = 0$$

1°) Montrer que l'application f est de classe $\mathcal{C}^1$ sur $\mathbb{R}^2$.

2°) Montrer que f admet des dérivées partielles d'ordre 2 en tout point de $\mathbb{R}^2$.

3°) La fonction f admet-elle un extremum au point $(0,0)$?

◇

11.16 On considère l'application f définie de $\mathbb{R}^2$ dans $\mathbb{R}$ par :

$$f(x,y) = (x^2+y^2)^x \text{ si } (x,y) \neq (0,0) \text{ et } f(0,0) = 1$$

1°) Etudier la continuité, puis l'existence des dérivées partielles de f en $(0,0)$.

2°) Déterminer la ligne de niveau $z = 1$ de f.

3°) Montrer que f n'admet pas d'extremum en $(0,0)$.

4°) Montrer que le signe de $f(x,y) - f(x,0)$ ne dépend que de celui de x.

5°) **a)** Etudier les variations de g définie sur $\mathbb{R}_+^*$ par $g(x) = f(x,0)$.

b) Déterminer les extremums locaux de f.

◇

11.17 On considère le plan muni d'un repère orthonormé $\mathcal{R} = (O, \vec{i}, \vec{j})$ ainsi que les deux points du plan $A : (-1,2)$ et $B : (3,0)$.

Montrer que le produit des distances d'un point M, intérieur au triangle OAB, aux trois côtés de ce triangle est *maximum* en un unique point G que l'on déterminera.

◇

11.18 On considère le plan muni d'un repère orthonormé $\mathcal{R} = (O, \vec{i}, \vec{j})$. Soient a et b réels strictement positifs et E l'ellipse d'équation : $\dfrac{x^2}{a^2} + \dfrac{y^2}{b^2} = 1$.

On note A et A' les points d'intersection de E avec l'axe des abscisses et M un point qui parcourt l'ellipse E privée des points A et A'.

La tangente en M à E coupe les tangentes en A et A' en P et P' respectivement.

Montrer que le produit $\overline{AP}.\overline{A'P'}$ est constant.

◇

11.19 On considère l'espace muni d'un repère orthonormé $\mathcal{R} = (O, \vec{i}, \vec{j}, \vec{k})$.

1°) Soit la courbe Γ_1 égale à l'intersection des surfaces Σ_1 et Σ_1' d'équations respectives :

$$x^2+y^2+z^2-9=0 \text{ et ; } x^2-y^2-3=0$$

Déterminer un système d'équations définissant la tangente T_1 à Γ_1 au point $M_1(2,1,2)$.

2°) Soit la courbe Γ_2 égale à l'intersection des surfaces Σ_2 et Σ_2' d'équations respectives :

$$x^3+y^3+z^3-18=0 \text{ et } xy+yz+zx+7=0$$

Déterminer une paramétrisation de la tangente T_2 à Γ_2 au point M_2 de coordonnées $(-2, -1, 3)$.

◊

11.20 On considère l'espace muni d'un repère orthonormé $\mathcal{R} = (O, \vec{i}, \vec{j}, \vec{k})$.

1°) On définit la surface $\Sigma_1 : x^2 + y^2 = z$ et la droite $\Delta : x = y = z$. Déterminer la courbe Γ_1 tracée sur Σ_1 constituée des points M en lesquels il existe une droite tangente à Σ_1 parallèle à la droite Δ.

2°) On définit la surface $\Sigma_2 : x^3 + yz + 1 = 0$.
Déterminer la courbe Γ_2 tracée sur Σ_2 constituée des points M en lesquels il existe une tangente à Σ_2 passant par le point O.

◊

11.21 On considère l'espace muni d'un repère orthonormé $\mathcal{R} = (O, \vec{i}, \vec{j}, \vec{k})$ et le point $M_0(1, 0, 1)$.
Soit la courbe Γ définie par les équations suivantes :

$$x^2 + y^2 + z^2 = 2 \text{ et } z^2 + 2x(y + z) = 3$$

On admet que l'on peut paramétrer localement au voisinage de M_0 la courbe Γ sous la forme $F : x \mapsto (x, y(x), z(x))$ avec F de classe $\mathcal{C}^2$.
Sans chercher à déterminer les expressions des fonctions y et z, déterminer une équation du plan passant par M_0 et dirigé par les vecteurs $F'(1)$ et $F''(1)$ (ce plan est appelé plan osculateur de la courbe Γ au point M_0).

◊

11.22 Déterminer, à l'aide du changement de variables spécifié et sur le domaine considéré de $\mathbb{R}^2$, l'ensemble des fonctions f de classe $\mathcal{C}^1$ vérifiant les équations suivantes :

1°) (E_1) : $\dfrac{\partial f}{\partial y}(x, y) - 2\dfrac{\partial f}{\partial x}(x, y) = 0$, sur $\mathbb{R}^2$, en posant $u = x + y$ et $v = x + 2y$.

2°) (E_2) : $x\dfrac{\partial f}{\partial y}(x, y) - y\dfrac{\partial f}{\partial x}(x, y) = kf(x, y)$, sur $\mathbb{R}_+^* \times \mathbb{R}$, en passant en coordonnées polaires.

◊

11.23 Déterminer toutes les fonctions $g : \mathbb{R}^2 \to \mathbb{R}$, de classe C^1, vérifiant :

$$\frac{\partial g}{\partial x} - \frac{\partial g}{\partial y} = k,$$

où k est une constante réelle, à l'aide du changement de variables :

$$(x, y) = \left(\frac{u + v}{2}, \frac{v - u}{2}\right).$$

◊

11.24 A l'aide d'un changement de variables linéaire, déterminer toutes les fonctions f de classe $\mathcal{C}^1$ sur $\mathbb{R}^2$ et vérifiant l'équation :

$$\frac{\partial f}{\partial x} - 3\frac{\partial f}{\partial y} = 0$$

◊

11.25 On souhaite déterminer les fonctions $f : \mathbb{R}^2 \to \mathbb{R}$, de classe $\mathcal{C}^1$, vérifiant l'équation suivante :

$$\forall (x, y, t) \in \mathbb{R}^3, f(x+t, y+t) = f(x, y) \quad (*)$$

1°) Démontrer que, pour tout $(x, y) \in \mathbb{R}^2$, on a : $\dfrac{\partial f}{\partial x}(x, y) + \dfrac{\partial f}{\partial y}(x, y) = 0$.

2°) Résoudre l'équation aux dérivées partielles précédente, à l'aide du changement de variables $u = x + y$, $v = x - y$ et en déduire l'ensemble des solutions de $(*)$.

◇

11.26 On considère une constante réelle $c \neq 0$ et l'équation aux dérivées partielles suivante (appelée par les physiciens équation des cordes vibrantes) :

$$c^2 \frac{\partial^2 f}{\partial x^2} = \frac{\partial^2 f}{\partial t^2}$$

Déterminer les solutions de classe $\mathcal{C}^2$ de cette équation à l'aide d'un changement de variables de la forme

$$(x, y) \mapsto (u, v) = (x + at, v = x + bt).$$

◇

11.27 **1°)** On considère une fonction $f : \mathbb{R}^2 \to \mathbb{R}$ de classe C^2 et harmonique, c'est-à-dire telle que son laplacien Δf vérifie :

$$\Delta f = \frac{\partial^2 f}{\partial x^2} + \frac{\partial^2 f}{\partial y^2} = 0$$

Montrer que si f est de classe $\mathcal{C}^3$, alors les fonctions

$\dfrac{\partial f}{\partial x}, \dfrac{\partial f}{\partial y}$ et $h : (x, y) \mapsto x\dfrac{\partial f}{\partial x}(x, y) + y\dfrac{\partial f}{\partial y}(x, y)$ sont harmoniques.

2°) Montrer que si f est définie, de classe $\mathcal{C}^2$, et radiale sur $\mathbb{R}^2 \setminus \{0, 0)\}$, c'est-à-dire telle qu'il existe $\varphi : \mathbb{R}_+^* \to \mathbb{R}$ de classe $\mathcal{C}^1$ telle que $f(x, y) = \varphi(x^2 + y^2)$, alors l'application φ' est solution d'une équation différentielle linéaire du premier ordre que l'on déterminera.
En déduire toutes les fonctions harmoniques radiales.

◇

11.28 On considère le domaine $D = (\mathbb{R}^*)^2$ et l'équation

$$(E) : x\frac{\partial f}{\partial x}(x, y) + y\frac{\partial f}{\partial y}(x, y) - 2f(x, y) + 2 = 0.$$

Résoudre l'équation (E) sur D à l'aide du changement de variables : $(x, y) \mapsto (u, v) = (xy, \frac{y}{x})$.

II. INDICATIONS

11.01. On pourra procéder directement, ou appliquer la règle de la chaîne.

11.02. On rappelle que le laplacien de f est défini en (x, y) par :

$$\Delta f(x,y) = \frac{\partial^2 f}{\partial x^2}(x,y) + \frac{\partial^2 f}{\partial y^2}(x,y).$$

11.03. On pourra utiliser la règle de la chaîne.

11.04. On montrera que la première fonction n'est continue qu'en (x,y) tel que $x \neq -y$ et que la seconde n'admet pas de dérivée partielle par rapport à x en $(0,0)$.

11.05. On pourra montrer que $\displaystyle\lim_{(x,y)\to(0,0)} \frac{\partial f}{\partial x}(x,y) \neq \frac{\partial f}{\partial x}(0,0)$.

11.06. On étudiera f au voisinage de $(x_0, 0)$, avec $x_0 \neq 0$.

11.07. On montrera que l'application f n'est pas de classe $\mathcal{C}^2$.

11.08. On a $|x| \leqslant \sqrt{x^2+y^2+z^2}, \ldots$

11.09. La fonction f est la somme d'une fonction de x et d'une fonction de y, comme le domaine d'étude est un pavé ...

11.10. Ici encore une étude directe donne la solution.

11.13. Pour la question **1)**, on pourra étudier les variations de la fonction g.

11.15. Pour montrer que la dérivée partielle de f par rapport à x est continue en tout point, on pourra utiliser la fonction $\varphi : u \mapsto \dfrac{\sin u}{u}$ prolongée par continuité en 0 afin d'obtenir une formule valable en tout point.

11.16. **1)** Noter que $|x| \leqslant \sqrt{x^2+y^2}$ et que $\displaystyle\lim_{u\to 0^+} \sqrt{u}\ln(u) = 0$. La fonction f n'est pas dérivable par rapport à x en $(0,0)$, mais elle l'est par rapport à y.

11.18. Soit $f(x,y) = 0$ l'équation de E, pour déterminer la tangente en un point, on commencera par calculer le gradient de f en ce point.

11.19. On pourra utiliser les vecteurs gradients au point considéré des fonctions qui définissent les surfaces considérées puisqu'ils sont normaux aux plans tangents à ces surfaces en ce point.

11.20. On pourra utiliser le fait que le vecteur gradient en un point est normal au plan tangent en ce point, donc aux vecteurs directeurs de toutes les droites tangentes à la surface en ce point.

11.21. On pourra dériver les équations définissant Γ par rapport à x et en déduire $F'(1)$, puis de même $F''(1)$.

11.22. Pour la première question, poser $g(u,v) = f(2u-v, v-u)$, d'où $f(x,y) = g(u,v) = g(x+y, x+2y)$. Pour la deuxième écrire $g(r,\theta) = f(r\cos\theta, r\sin\theta) = f(x,y)$ et ne pas chercher à expliciter tout de suite r et θ en fonction de x et y...

11.24. Effectuer un changement de variable linéaire réalisant un isomorphisme de $\mathbb{R}^2$ sur $\mathbb{R}^2$ et choisir ensuite les coefficients pour obtenir une simplification.

11.25. Pour obtenir l'équation aux dérivées partielles demandée, on pourra dériver la relation $(*)$ par rapport à t.

11.26. En posant $f(x,t) = F(u,v)$, choisir les constantes a et b qui permettent d'obtenir $\dfrac{\partial^2 F}{\partial v \partial u} = 0$.

11.27. Pour la question **2)**, on exprimera les dérivées partielles de f en fonction des dérivées de φ, puis on posera $t = x^2 + y^2$.

11.28. Il ne faut pas oublier de commencer par montrer que le changement de variables est admissible.

III. CORRIGÉS DÉTAILLÉS DES EXERCICES

Corrigé 11.01

1°) Pour tout triplet (x, y, z) de $\mathbb{R}^3$, on a :

$$\frac{\partial f_1}{\partial x}(x,y,z) = \mathrm{e}^{x+y+z} = \frac{\partial f_1}{\partial y}(x,y,z) = \frac{\partial f_1}{\partial z}(x,y,z)$$

et : $\dfrac{\partial f_2}{\partial x}(x,y,z) = 2x$, $\dfrac{\partial f_2}{\partial y}(x,y,z) = 2y$; $\dfrac{\partial f_2}{\partial z}(x,y,z) = 2z$

Donc les applications dérivées partielles de f_1 et de f_2 sont toutes continues sur $\mathbb{R}^3$.

On en déduit alors que f_1 et f_2 sont de classe $\mathcal{C}^1$ sur $\mathbb{R}^3$, donc différentiables, avec pour tout $h = (h_1, h_2, h_3) \in \mathbb{R}^3$:

$$df_1(x,y,z)\cdot h = \mathrm{e}^{x+y+z}(h_1 + h_2 + h_3)$$

et

$$df_2(x,y,z)\cdot h = 2(xh_1 + yh_2 + zh_3)$$

2°) On a : $h(u,v) = f_1(u+v, u-v, uv) = \mathrm{e}^{2u+uv}$, donc :

→ Par un calcul direct : $\dfrac{\partial h}{\partial u}(u,v) = (2+v)\mathrm{e}^{2u+uv}$

→ Par la règle de la chaîne :

$$\begin{aligned}\frac{\partial h}{\partial u}(u,v) &= \frac{\partial f_1}{\partial x}(u+v,u-v,uv)\times 1 + \frac{\partial f_1}{\partial y}(u+v,u-v,uv)\times 1 \\ &\qquad + \frac{\partial f_1}{\partial z}(u+v,u-v,uv)\times v \\ &= \mathrm{e}^{2u+uv} + \mathrm{e}^{2u+uv} + \mathrm{e}^{2u+uv}v = (2+v)\mathrm{e}^{2u+v}\end{aligned}$$

On retrouve bien le même résultat.

Le lecteur vérifiera de lui-même pour la dérivée partielle par rapport à v.

Corrigé 11.02

1°) Pour tout $(x,y) \in E$, on a :

$$\frac{\partial f}{\partial x}(x,y) = \frac{1}{y}\times\frac{1}{1+\frac{x^2}{y^2}} = \frac{y}{x^2+y^2} \text{ et } \frac{\partial f}{\partial y}(x,y) = \frac{-x}{y^2}\times\frac{1}{1+\frac{x^2}{y^2}} = \frac{-x}{x^2+y^2}.$$

On obtient ensuite :

$$\frac{\partial^2 f}{\partial x^2}(x,y) = \frac{-2xy}{(x^2+y^2)^2} \ ; \ \frac{\partial^2 f}{\partial y^2}(x,y) = \frac{2xy}{(x^2+y^2)^2}$$

$$\frac{\partial^2 f}{\partial y\partial x}(x,y) = \frac{x^2-y^2}{(x^2+y^2)^2} \ ; \ \frac{\partial^2 f}{\partial x\partial y}(x,y) = \frac{x^2-y^2}{(x^2+y^2)^2}$$

Les quatre dérivées partielles d'ordre 2 sont continues sur E, donc l'application f est bien de classe $\mathcal{C}^2$ sur E (les théorèmes généraux assurent même que f est de classe $\mathcal{C}^\infty$).

2°) On en déduit alors que, pour tout $(x,y) \in E$, on a :

$$\Delta f(x,y) = \frac{\partial^2 f}{\partial x^2}(x,y) + \frac{\partial^2 f}{\partial y^2}(x,y) = 0$$

Corrigé 11.03

1°) On a $F(r,\theta) = f(r\cos\theta, r\sin\theta)$.

Par la règle de la chaîne et avec l'abus habituel qui consiste à écrire avec la même lettre la fonction et sa valeur :

$$x = x(r,\theta) = r\cos\theta, y = y(r,\theta) = r\sin\theta :$$

$$\begin{aligned}\frac{\partial F}{\partial r}(r,\theta) &= \frac{\partial f}{\partial x}(x,y)\times\frac{\partial x}{\partial r}(r,\theta) + \frac{\partial f}{\partial y}(x,y)\times\frac{\partial y}{\partial r}(r,\theta)\\ &= \frac{\partial f}{\partial x}(x,y)\times\cos\theta + \frac{\partial f}{\partial y}(x,y)\times\sin\theta\\ \frac{\partial F}{\partial \theta}(r,\theta) &= \frac{\partial f}{\partial x}(x,y)\times\frac{\partial x}{\partial \theta}(r,\theta) + \frac{\partial f}{\partial y}(x,y)\times\frac{\partial y}{\partial \theta}(r,\theta)\\ &= -\frac{\partial f}{\partial x}(x,y)\times r\sin\theta + \frac{\partial f}{\partial y}(x,y)\times r\cos\theta\end{aligned}$$

Soit, en revenant aux notations exactes :

$$\frac{\partial F}{\partial r}(r,\theta) = \frac{\partial f}{\partial x}(r\cos\theta, r\sin\theta)\times\cos\theta + \frac{\partial f}{\partial y}(r\cos\theta, r\sin\theta)\times\sin\theta$$

$$\frac{\partial F}{\partial r}(r,\theta) = -\frac{\partial f}{\partial x}(r\cos\theta, r\sin\theta)\times r\sin\theta + \frac{\partial f}{\partial y}(r\cos\theta, r\sin\theta)\times r\cos\theta$$

2°) En abrégé : $\begin{cases}\dfrac{\partial F}{\partial r} = \cos\theta\dfrac{\partial f}{\partial x} + \sin\theta\dfrac{\partial f}{\partial y}\\ \dfrac{\partial F}{\partial \theta} = -r\sin\theta\dfrac{\partial f}{\partial x} + r\cos\theta\dfrac{\partial f}{\partial y}\end{cases}$

En résolvant le système : $\begin{cases}\dfrac{\partial f}{\partial x} = \cos\theta\dfrac{\partial F}{\partial r} - \dfrac{\sin\theta}{r}\dfrac{\partial F}{\partial \theta}\\ \dfrac{\partial f}{\partial y} = \sin\theta\dfrac{\partial F}{\partial r} + \dfrac{\cos\theta}{r}\dfrac{\partial F}{\partial \theta}\end{cases}$

où les dérivées partielles de F sont à prendre au point (r,θ) et celles de f au point $(r\cos\theta, r\sin\theta)$. Notons que si $(x,y) = (r\cos\theta, r\sin\theta)$, avec $r > 0$ et $\theta \in [0, 2\pi[$, on a $r = \sqrt{x^2+y^2}$ et θ est parfaitement défini par son sinus et son cosinus ...

On pourrait donc tout expliciter à l'aide seulement de x et y.

Corrigé 11.04

1°) $\star$ La fonction f est clairement continue en tout couple $(x,y) \in \mathbb{R}^2$ tel que $x \neq -y$, et même de classe $\mathcal{C}^\infty$ sur ce domaine, avec de plus :

$$\frac{\partial f}{\partial x}(x,y) = \frac{y^2}{(x+y)^2} \text{ et } \frac{\partial f}{\partial y}(x,y) = \frac{x^2}{(x+y)^2}$$

$\star$ Etude en $(x_0, -x_0)$, avec $x_0 \neq 0$.

On a : $f(x_0+h, -x_0+h) = \dfrac{(x_0+h)(-x_0+h)}{2h} \underset{(0)}{\sim} -\dfrac{x_0^2}{2h}$, qui n'a pas de limite dans $\mathbb{R}$ lorsque h tend vers 0.

Donc l'application f n'est même pas continue en $(x_0, -x_0)$ avec $x_0 \neq 0$.

$\star$ Etude en $(0,0)$.

On a, par exemple : $f(0+h, 0-h+h^2) = \dfrac{h(-h+h^2)}{h^2} \underset{h\to 0}{\longrightarrow} -1 \neq f(0,0)$, donc l'application f n'est pas continue en $(0,0)$.
Bilan : f est de classe $\mathcal{C}^1$ sur $D = \mathbb{R}^2 \setminus \{(x,-x), x \in \mathbb{R}\}$

2°) $\star$ La fonction f est bien évidemment continue, et même de classe $\mathcal{C}^\infty$ sur $\mathbb{R}^2 \setminus \{(0,0)\}$, avec :

$$\frac{\partial f}{\partial x}(x,y) = \frac{2x\cos(x^2)\sqrt{x^2+y^2} - \frac{x}{\sqrt{x^2+y^2}}(\sin(x^2)+\sin(y^2))}{x^2+y^2} = \frac{\partial f}{\partial y}(y,x)$$

$\star$ Etude en $(0,0)$.

On a : $\dfrac{f(t,0)-f(0,0)}{t} = \dfrac{\sin(t^2)}{t\sqrt{t^2}} \underset{(0)}{\sim} \dfrac{t^2}{t|t|} = \text{sgn}(t)$, qui n'admet pas de limite lorsque t tend vers 0, donc f n'a même pas de dérivée partielle par rapport à x en $(0,0)$. Par conséquent la fonction f est de classe C^1 sur $D = \mathbb{R}^2 \setminus \{(0,0)\}$.

Corrigé 11.05

1°) $\star$ La fonction f est bien entendu de classe $\mathcal{C}^1$ (et même plus) sur $\mathbb{R}^2 \setminus \{(0,0)\}$, avec :

$$\frac{\partial f}{\partial x}(x,y) = \frac{x^4+3x^2y^2+2xy^3}{(x^2+y^2)^2} \text{ et } \frac{\partial f}{\partial y}(x,y) = -\frac{y^4+3x^2y^2+2x^3y}{(x^2+y^2)^2}$$

$\star$ Etude en $(0,0)$.
On a :

$$\lim_{t\to 0}\frac{f(t,0)-f(0,0)}{t} = \lim_{t\to 0}\frac{t}{t} = 1 \text{ et } \lim_{t\to 0}\frac{f(0,t)-f(0,0)}{t} = \lim_{t\to 0}\frac{-t}{t} = -1$$

Donc f admet des dérivées partielles en $(0,0)$, avec :

$$\frac{\partial f}{\partial x}(0,0) = 1,\ \frac{\partial f}{\partial y}(0,0) = -1$$

Or : $\dfrac{\partial f}{\partial x}(x,x) = \dfrac{6x^4}{(2x^2)^2} = \dfrac{3}{2} \underset{x\to 0}{\longrightarrow} \dfrac{3}{2} \neq \dfrac{\partial f}{\partial x}(0,0)$, donc $\dfrac{\partial f}{\partial x}$ n'est pas continue en $(0,0)$ et f est de classe $\mathcal{C}^1$ seulement sur $\mathbb{R}^2 \setminus \{(0,0)\}$.

2°) On obtient alors, pour tout $(x,y) \in D$ et $h = (h_1,h_2) \in \mathbb{R}^2$:

$$df(x,y)\cdot h = \frac{(x^4+3x^2y^2+2xy^3)h_1 - (y^4+3x^2y^2+2x^3y)h_2}{(x^2+y^2)^2}$$

Corrigé 11.06

$\star$ La fonction h admet des dérivées partielles en tout point de $\mathbb{R}\times\mathbb{R}^*$, avec :

$$\frac{\partial h}{\partial x}(x,y) = y\cos\left(\frac{x}{y}\right) \text{ et } \frac{\partial h}{\partial y}(x,y) = 2y\sin\left(\frac{x}{y}\right) - x\cos\left(\frac{x}{y}\right)$$

$\star$ Etude en $(x_0,0)$.

$\to \displaystyle\lim_{t\to 0}\frac{h(x_0+t,0)-h(x_0,0)}{t} = \lim_{t\to 0} 0 = 0$;

$\to \displaystyle\lim_{t\to 0}\frac{h(x_0,0+t)-h(x_0,0)}{t} = \lim_{t\to 0} t\sin\left(\frac{x_0}{t}\right) = 0$ (car $\left|t\sin\left(\frac{x_0}{t}\right)\right| \leqslant |t|$).

Donc h admet des dérivées partielles en tout point $(x_0,0)$, avec :

$$\frac{\partial h}{\partial x}(x_0,0) = \frac{\partial h}{\partial y}(x_0,0) = 0$$

En revanche, on remarque que pour $x_0 \neq 0$, $\dfrac{\partial h}{\partial y}(x_0, y)$ n'a pas de limite lorsque y tend vers 0, donc $\dfrac{\partial h}{\partial y}$ n'est pas continue en $(x_0, 0)$.

Corrigé 11.07

La fonction f est évidemment de classe $\mathcal{C}^\infty$ sur $\mathbb{R}^2 \setminus \{(0,0)\}$ et notre seul problème est en $(0,0)$.

1°) Si on pose $x = r\cos\theta$ et $y = r\sin\theta$, avec $r > 0$, alors on obtient :

$$f(x,y) = \frac{r\cos\theta\sin(r\sin\theta) - r\sin\theta\sin(r\cos\theta)}{r^2}$$

Or, au voisinage de 0, on a $\sin u = u + o(u)$, donc :

$$\sin(r\sin\theta) \underset{(r\to 0)}{=} r\sin\theta + o(r\sin\theta) = r\sin\theta + o(r) \text{ et}$$
$$\sin(r\cos\theta) \underset{(r\to 0)}{=} r\cos\theta + o(r\cos\theta) = r\cos\theta + o(r)$$

Donc :

$$\begin{aligned} r\cos\theta\sin(r\sin\theta) - r\sin\theta\sin(r\cos\theta) &= r^2\sin\theta\cos\theta - r^2\sin\theta\cos\theta + o(r^2) \\ &= o(r^2) \end{aligned}$$

C'est-à-dire : $f(x,y) \underset{(r\to 0)}{=} o(1)$, soit : $\displaystyle\lim_{(x,y)\to(0,0)} f(x,y) = 0 = f(0,0)$ et f est continue en $(0,0)$ donc sur $\mathbb{R}^2$.

2°) $\star$ Pour $(x,y) \neq (0,0)$, on a :

$$\frac{\partial f}{\partial x}(x,y) = \frac{(\sin y - y\cos x)(x^2+y^2) - 2x(x\sin y - y\sin x)}{(x^2+y^2)^2}$$
$$\frac{\partial f}{\partial y}(x,y) = \frac{(x\cos y - \sin x)(x^2+y^2) - 2y(x\sin y - y\sin x)}{(x^2+y^2)^2}$$

et les applications $\dfrac{\partial f}{\partial x}$ et $\dfrac{\partial f}{\partial y}$ sont clairement continues sur $\mathbb{R}^2 \setminus \{(0,0)\}$.

$\star$ On a banalement $\displaystyle\lim_{t\to 0} \frac{f(t,0) - f(0,0)}{t} = 0 = \lim_{t\to 0} \frac{f(0,t) - f(0,0)}{t}$, donc f admet des dérivées partielles au point $(0,0)$ avec :

$$\frac{\partial f}{\partial x}(0,0) = 0 = \frac{\partial f}{\partial y}(0,0)$$

Avec les mêmes notations que dans la quesrtion **1°)**, on a :

$$\frac{\partial f}{\partial x}(x,y) = \frac{\sin(r\sin\theta) - r\sin\theta\cos(r\cos\theta)}{r^2} - \frac{2\cos\theta(\cos\theta\sin(r\sin\theta) - \sin\theta\sin(r\cos\theta))}{r^2}$$

Effectuons des développements limités à l'économie (en profitant des parités des fonctions sin et cos) :

$\sin(r\sin\theta) = r\sin\theta + o(r^2)$,

$\cos(r\cos\theta) = 1 + o(r)$, donc $r\sin\theta\cos(r\cos\theta) = r\sin\theta + o(r^2)$

$$\cos\theta\sin(r\sin\theta) = r\sin\theta\cos\theta + o(r^2)$$
$$\sin\theta\sin(r\cos\theta) = r\sin\theta\cos\theta + o(r^2)$$

Ainsi, par destruction des termes : $\dfrac{\partial f}{\partial x}(x,y) \underset{((x,y)\to(0,0))}{=} o(1)$.

Ce qui prouve que $\displaystyle\lim_{(x,y)\to(0,0)} \frac{\partial f}{\partial x}(x,y) = 0 = \frac{\partial f}{\partial x}(0,0)$.

Les mêmes calculs (en permutant quelques sinus et quelques cosinus) montrent que

$\displaystyle\lim_{(x,y)\to(0,0)} \frac{\partial f}{\partial y}(x,y) = 0 = \frac{\partial f}{\partial y}(0,0)$.

Finalement les dérivées partielles sont aussi continues en $(0,0)$ et f est de classe $\mathcal{C}^1$ sur $\mathbb{R}^2$.

3°) On a : $\dfrac{\partial f}{\partial x}(0,t) = \dfrac{(\sin t - t)t^2}{t^4}$ et $\dfrac{\partial f}{\partial y}(t,0) = \dfrac{(t-\sin t)t^2}{t^4}$, donc avec

$$\sin u = u - \frac{1}{6}u^3 + o(u^3)$$

il vient :

$$\lim_{t\to 0} \frac{\frac{\partial f}{\partial x}(0,t) - \frac{\partial f}{\partial x}(0,0)}{t} = \lim_{t\to 0} \frac{t^2(\sin t - t)}{t^5} = \lim_{t\to 0} \frac{\sin t - t}{t^3} = -\frac{1}{6}$$
$$\lim_{t\to 0} \frac{\frac{\partial f}{\partial y}(t,0) - \frac{\partial f}{\partial y}(0,0)}{t} = \lim_{t\to 0} \frac{t^2(t - \sin t)}{t^5} = \lim_{t\to 0} \frac{t - \sin t}{t^3} = \frac{1}{6}$$

Donc les dérivées partielles secondes croisées en $(0,0)$ existent, avec :

$$\frac{\partial^2 f}{\partial y \partial x}(0,0) = -\frac{1}{6} \text{ et } \frac{\partial^2 f}{\partial x \partial y}(0,0) = \frac{1}{6}$$

Ces dérivées sont de valeurs différentes, donc on en conclut, à l'aide du théorème de Schwarz, que f n'est pas de classe $\mathcal{C}^2$ en $(0,0)$.

Corrigé 11.08

1°) f est clairement continue sur $\mathbb{R}^3 \setminus \{(0,0,0)\}$ et comme $|x| \leqslant \sqrt{x^2+y^2+z^2}$, *idem* pour y et z, on a, en posant $r = \sqrt{x^2+y^2+z^2}$:

$$|f(x,y,z)| \leqslant \frac{3r^3}{r} = 3r^2$$

Ainsi $\displaystyle\lim_{(x,y,z)\to(0,0,0)} f(x,y,z) = 0 = f(0,0,0)$ et f est aussi continue en$(0,0,0)$.

2°) La fonction f est clairement de classe $\mathcal{C}^1$ sur $\mathbb{R}^3 \setminus \{(0,0,0)\}$ avec, pour tout triplet $(x,y,z) \neq (0,0,0)$:

$$\frac{\partial f}{\partial x}(x,y,z) = \frac{3x^2\sqrt{x^2+y^2+z^2} - \frac{(x^3+y^3+z^3)x}{\sqrt{x^2+y^2+z^2}}}{x^2+y^2+z^2}$$
$$= \frac{2x^4 + 3x^2y^2 + 3x^2z^2 - xy^3 - xz^3}{(x^2+y^2+z^2)^{3/2}}$$

idem pour les deux autres dérivées partielles premières, en permutant les rôles des variables.

D'autre part $\dfrac{f(t,0,0)-f(0,0,0)}{t} = \dfrac{t^3}{\sqrt{t^2}} = t^2\,\mathrm{sgn}(t) \underset{t\to 0}{\longrightarrow} 0$, donc f admet une dérivée partielle par rapport à x en $(0,0,0)$ et $\dfrac{\partial f}{\partial x}(0,0,0)=0$,

idem pour les deux autres dérivées partielles à l'origine.

La fonction f admet bien des dérivées partielles premières en tout point de $\mathbb{R}^3$.

3°) Les fonctions $\dfrac{\partial f}{\partial x}$, $\dfrac{\partial f}{\partial y}$ et $\dfrac{\partial f}{\partial z}$ sont continues sur $\mathbb{R}^3 \setminus \{(0,0,0)\}$.

De plus, avec les mêmes notations et la même remarque que dans la première question, pour tout point différent de $(0,0,0)$:

$$\left|\frac{\partial f}{\partial x}(x,y,z)\right| = \frac{|2x^4+3x^2y^2+3x^2z^2-xy^3-xz^3|}{(x^2+y^2+z^2)^{3/2}} \leqslant \frac{10r^4}{r^3} = 10r$$

Par conséquent $\displaystyle\lim_{(x,y,z)\to(0,0,0)} \frac{\partial f}{\partial x}(x,y,z) = 0 = \frac{\partial f}{\partial x}(0,0,0)$.

idem pour les deux autres dérivées partielles et f est de classe $\mathcal{C}^1$ sur $\mathbb{R}^3$.

Corrigé 11.09

1°) La fonction f est continue sur D car polynômiale. Or D est un fermé borné, donc f est bornée et atteint ses bornes sur D, d'où l'existence de m et de M.

2°) $\star$ Soit y fixé dans $[0,1]$, l'application $x \mapsto f(x,y) = x+x^3-y+y^3$ est clairement strictement croissante sur $[0,1]$, de *minimum* $f(0,y)=0-y+y^3$ et de *maximum* $f(1,y)=2-y+y^3$.

$\star$ La fonction $g : y \mapsto -y+y^3$ est dérivable sur $[0,1]$, avec $g'(y)=-1+3y^2$. D'où le tableau de ses variations :

y	0		$1/\sqrt{3}$		1
$g'(y)$		$-$	0	$+$	
g	0	$\searrow$	$-2/3\sqrt{3}$	$\nearrow$	0

Ainsi le *minimum* m de f est atteint en $(0,1/\sqrt{3})$ et vaut $-2/3\sqrt{3}$, tandis que son *maximum* est atteint aux points $(1,0)$ et $(1,1)$ et vaut 2.

Corrigé 11.10

Soit $\varphi : t \mapsto t+\cos t$. la fonction φ est dérivable sur $\mathbb{R}$ et $\varphi'(t)=1-\sin t$.

La fonction φ' est donc positive ou nulle et ne s'annule qu'en des points isolés.

Donc φ est strictement croissante sur $\mathbb{R}$.

L'ensemble E n'est autre que le pavé ouvert $]-1/2,1/2[\times]-1/2,1/2[$.

Sur ce pavé on a bien sûr $0 \leqslant x^2+y^2$, avec égalité seulement à l'origine et $x^2+y^2 \leqslant \frac{1}{2}$, cette borne supérieure n'étant pas atteinte.

Par conséquent f admet un *minimum* global en $(0,0)$, ce *minimum* valant $\varphi(0)=1$, mais n'admet pas de *maximum*.

Corrigé 11.11

1°) On a $\dfrac{\partial f}{\partial x}(x,y) = -2x + 3x^2 + 2xy$, $\dfrac{\partial f}{\partial y}(x,y) = 2y + x^2 + y^2$

Les points critiques sont donc les solutions du système : $\begin{cases} x(-2+3x+2y) = 0 \\ x^2 + y^2 + 2y = 0 \end{cases}$

On obtient alors :

→ Soit $x = 0$ et alors $y = 0$ ou $y = -2$.

→ Soit $x = \dfrac{2}{3}(1-y)$, et donc $\dfrac{4}{9}(y^2 - 2y + 1) + y^2 + 2y = 0$, c'est-à-dire :

$$13y^2 + 10y + 4 = 0$$

Qui n'admet pas de racine réelle.

Les deux seuls points critiques sont $O : (0,0)$ et $A : (0,-2)$.

⋆ $f(x,x) - f(0,0) = \dfrac{7}{3}x^3$ qui n'est pas de signe fixe au voisinage de 0, donc f n'a pas d'extremum en $(0,0)$ (on parle alors de *point col*).

⋆ $\Delta(x,y) = f(0+x, -2+y) - f(0,-2) = -3x^2 - y^2 + x^3 + x^2y + \dfrac{y^3}{3}$
avec $x = r\cos\theta$ et $y = r\sin\theta$, on a $\Delta(x,y) = -r^2 - 2r^2\cos^2\theta + o(r^2)$ qui est du signe de $-r^2$ pour r assez petit.

Ainsi f admet en $(0,-2)$ un *maximum* local.

2°) On a $\dfrac{\partial f}{\partial x}(x,y) = 3x^2 - 1$, $\dfrac{\partial f}{\partial y}(x,y) = -2y$.

Les points critiques sont donc les points $(1/\sqrt{3}, 0)$ et $-1/\sqrt{3}, 0)$.

⋆ On a : $\Delta_1(h,k) = f\big(\dfrac{1}{\sqrt{3}} + h, k\big) - f\big(\dfrac{1}{\sqrt{3}}, 0\big) = \sqrt{3}h^2 + h^3 - k^2$

On remarque alors que : $k \neq 0 \implies \Delta_1(0,k) < 0$ et $h > 0 \implies \Delta_1(h,0) > 0$, donc dans tout voisinage de $(1/\sqrt{3}, 0)$ la fonction f prend des valeurs supérieures et des valeurs inférieures à celle en $(1/\sqrt{3}, 0)$.

La fonction f n'a pas d'extremum local en ce point.

⋆ On a : $\Delta_2(h,k) = f\big(-\dfrac{1}{\sqrt{3}} + h, k\big) - f\big(-\dfrac{1}{\sqrt{3}}, 0\big) = -\sqrt{3}h^2 + h^3 - k^2$, donc :

$\Delta_2(h,k) = h^2(h - \sqrt{3}) - k^2$ et pour h non nul assez petit ($h < \sqrt{3}$ suffit !) $\Delta_2(h,h) < 0$, donc f admet en $(-1/\sqrt{3}, 0)$ un *maximum* local (strict).

3°) On a : $\dfrac{\partial f}{\partial x}(x,y) = 3y - 3x^2$, $\dfrac{\partial f}{\partial y}(x,y) = 3x - 3y^2$.

Les points critiques sont donc les points vérifiant : $\begin{cases} y = x^2 \\ x = y^2 \end{cases}$, soit $y = x^2$ et $x^4 = x$.

Les seules solutions réelles sont les points $(0,0)$ et $(1,1)$.

⋆ $\Delta_1(h,k) = f(h,k) - f(0,0) = 3hk - h^3 - k^3$, ainsi $\Delta_1(h,0) = -h^3$ qui n'est pas de signe fixe au voisinage de 0, f n'a pas d'extremum en $(0,0)$.

⋆ $\Delta_2(h,k) = f(1+h, 1+k) - f(1,1) = 3(h^2 + k^2 - hk) - h^3 - k^3$

Avec $h = r\cos\theta$ et $k = r\sin\theta$, il vient :

$\Delta_2(h,k) = r^2(1 - \frac{1}{2}\sin(2\theta)) + o(r^2)$ du signe de r pour r assez petit puisque $1 - \frac{1}{2}\sin(2\theta) \geqslant \frac{1}{2} > 0$. Donc f présente en $(1,1)$ un *maximum* local.

Corrigé 11.12

1°) Calculons tout d'abord les dérivées partielles de f qui est polynomiale, donc de classe $\mathcal{C}^\infty$ sur $\mathbb{R}^2$:

$$\frac{\partial f}{\partial x}(x,y) = (y-2)[(x+y-6)+(x-1)] = (y-2)(2x+y-7)$$
$$\frac{\partial f}{\partial y}(x,y) = (x-1)[(x+y-6)+(y-2)] = (x-1)(x+2y-8)$$

On voit alors facilement que $\frac{\partial f}{\partial x}(4,2) = \frac{\partial f}{\partial y}(4,2) = 0$, donc $a_1 = (4,2)$ est bien un point critique.

De même, $\frac{\partial f}{\partial x}(2,3) = \frac{\partial f}{\partial y}(2,3) = 0$, ce qui implique que $a_2 = (2,3)$ est également un point critique.

2°) $\star$ Au point $a_1 = (4,2)$, on a :

$\Delta_1(h,k) = f(4+h, 2+k) - f(4,2) = 3(hk+k^2) + h^2k + hk^2$

Donc

$\rightarrow \Delta_1(h,h) = 6h^2 + 2h^3 = h^2(6+2h)$ qui est positif pour $h \neq 0$ assez petit.

$\rightarrow \Delta_1(-2k,k) = -3k^2 + 5k^3$ qui est négatif pour $k \neq 0$ assez petit.

Ce qui implique que f n'admet pas d'extremum local en $(4,2)$.

$\star$ Au point $a_2 = (2,3)$, on a :

$$\Delta_2(h,k) = f(2+h,3+k) - f(2,3) = h^2 + hk + k^2 + h^2k + hk^2$$
$$= (h + \frac{1}{2}k)^2 + \frac{3}{4}k^2 + o(\|(h,k)\|^2)$$

Cette expression est donc positive ou nulle pour $\|(h,k)\|$ assez petite et$f$ admet un *minimum* local en $(2,3)$.

Corrigé 11.13

1°) La fonction $g : x \mapsto x^2 + \ln x$ est continue strictement croissante sur $]0,+\infty[$, car somme de deux fonctions continues strictement croissantes.

Comme $\lim\limits_{x\to 0^+} g(x) = -\infty$ et $\lim\limits_{x\to+\infty} g(x) = +\infty$, g réalise une bijection de $\mathbb{R}_+^*$ sur $\mathbb{R}$.

Donc 0 admet un unique antécédent $\alpha \in \mathbb{R}_+^*$ par g, c'est-à-dire que l'équation $g(x) = 0$ admet une unique solution α.

Or $g(\frac{1}{2}) = \frac{1}{4} - \ln 2 < 0$ car $\ln 2 \simeq 0,7$ et $g(1) = 1 > 0$, donc $\frac{1}{2} < \alpha < 1$.

2°) Les fonctions $(x,y) \mapsto x$, $(x,y) \mapsto \mathrm{e}^y$, $(x,y) \mapsto y$ et $(x,y) \mapsto \ln(x)$ sont de classe $\mathcal{C}^1$ sur $\mathbb{R}_+^* \times \mathbb{R}$ donc par produit et somme, F est également de classe $\mathcal{C}^1$ sur $\mathbb{R}_+^* \times \mathbb{R}$ avec :

$$\frac{\partial F}{\partial x}(x,y) = \mathrm{e}^y + \frac{y}{x} \qquad \text{et} \qquad \frac{\partial F}{\partial y}(x,y) = x\mathrm{e}^y + \ln(x)$$

3°) (x,y) point critique de $F \iff \begin{cases} e^y + \dfrac{y}{x} = 0 \\ xe^y + \ln(x) \end{cases} \iff \begin{cases} xe^y + y = 0 \\ xe^y + \ln x = 0 \end{cases}$

$$\iff \begin{cases} y = \ln x \\ xe^y + y = 0 \end{cases} \iff \begin{cases} y = \ln x \\ x^2 + \ln x = 0 \end{cases}$$

Donc l'unique point critique de F est $(\alpha, \ln\alpha)$, *i.e.* le point $(\alpha, -\alpha^2)$, puisque l'on a $\alpha^2 + \ln\alpha = 0$.

4°) Pour $(h,k) \in \mathbb{R}^2 \setminus \{(0,0)\}$, avec h et k assez petit, on a :

$$\begin{aligned}\Delta(h,k) &= F(\alpha+h, \ln\alpha + k) - F(\alpha, \ln\alpha) \\ &= (\alpha+h)e^{\ln\alpha + k} + (\ln\alpha + k)\ln(\alpha+h) - \alpha e^{\ln\alpha} - (\ln\alpha)^2\end{aligned}$$

$$\begin{aligned}\Delta(h,k) &= \alpha(\alpha+h)e^k + (\ln\alpha + k)(\ln\alpha + \ln(1+\frac{h}{\alpha})) - \alpha^2 - \ln^2\alpha \\ &= \alpha(\alpha+h)(1 + k + \tfrac{1}{2}k^2 + o(k^2)) + \\ &\qquad (-\alpha^2 + k)(-\alpha^2 + \frac{h}{\alpha} - \frac{h^2}{2\alpha^2} + o(h^2)) - \alpha^2 - \alpha^4 \\ &= \frac{h^2}{2} + (\alpha + \frac{1}{\alpha})hk + \frac{\alpha^2}{2}k^2 + o(\|(h,k)\|^2)\end{aligned}$$

L'équation $\frac{1}{2}t^2 + (\alpha + \frac{1}{\alpha})t + \frac{\alpha^2}{2} = 0$ a pour discriminant $(\alpha + \frac{1}{\alpha})^2 - \alpha^2 = 2 + \frac{1}{\alpha^2}$ qui est strictement positif. Donc cette équation a deux racines distinctes et le trinôme n'est pas de signe fixe sur $\mathbb{R}$, ce qui prouve que F n'a pas d'extremum local au point critique $(\alpha, -\alpha^2)$.

[Les gens qui ont un doute peuvent vérifier que pour $k \neq 0$, $\Delta(0,k) > 0$ et $\Delta(-(\alpha + \frac{1}{\alpha})k, k) < 0$ (le trinôme est négatif pour la valeur de t égale à la demi-somme des racines et 0 est à l'extérieur des racines…).]

Corrigé 11.14

$\star$ On a : $\begin{cases} \dfrac{\partial f}{\partial x}(x,y,z) = 0 \\ \dfrac{\partial f}{\partial y}(x,y,z) = 0 \\ \dfrac{\partial f}{\partial z}(x,y,z) = 0 \end{cases} \iff \begin{cases} x + yz = 0 \\ xz + 1 = 0 \\ xy - 1 = 0 \end{cases} \iff \begin{cases} y = \dfrac{1}{x} ; z = -\dfrac{1}{x} \\ x - \dfrac{1}{x^2} = 0 \end{cases}$

La dernière équation donne $x = 1$ et alors $y = 1, z = -1$.

Le point $(1,1,-1)$ est donc le seul point critique.

$\star$ On écrit alors :

$$\begin{aligned}\Delta(h_1,h_2,h_3) &= f(1+h_1, 1+h_2, -1+h_3) - f(1,1,-1) \\ &= \frac{1}{2}(1+h_1)^2 + (1+h_1)(1+h_2)(-1+h_3) + 2 + h_2 - h_3 - \frac{3}{2} \\ &= \frac{1}{2}h_1^2 - h_1h_2 + h_1h_3 + h_2h_3 + h_1h_2h_3\end{aligned}$$

On remarque que pour $h \neq 0$, $\Delta(h,0,0) = \frac{1}{2}h^2 > 0$ et $\Delta(h,h,0) = -\frac{1}{2}h^2 < 0$, donc f ne présente pas d'extremum au point critique.

Corrigé 11.15

La fonction f est clairement de classe $\mathcal{C}^\infty$ sur $\mathbb{R}^* \times \mathbb{R}$ et les questions se posent aux points $(0, y)$ ...

1°) Pour $x \neq 0$, on a sans problèmes :

$$\frac{\partial f}{\partial x}(x,y) = 2y\cos(yx^2) - \frac{\sin(yx^2)}{x^2} \ ; \ \frac{\partial f}{\partial y}(x,y) = x\cos(yx^2)$$

$\star$ $\dfrac{f(0+t,y)-f(0,y)}{t} = \dfrac{\sin(yt^2)}{t^2} \underset{t\to 0}{\longrightarrow} y \ ; \ \dfrac{f(0,y+t)-f(0,y)}{t} = 0 \underset{t\to 0}{\longrightarrow} 0$

Donc f admet aussi des dérivées partielles aux points $(0, y)$, avec :

$$\frac{\partial f}{\partial x}(0,y) = y \ ; \ \frac{\partial f}{\partial y}(0,y) = 0$$

Notons φ la fonction définie par $\varphi(u) = \begin{cases} \dfrac{\sin(u)}{u} & \text{si } u \neq 0 \\ 1 & \text{si } u = 0 \end{cases}$. On a :

$$\begin{cases} x \neq 0 \implies \dfrac{\partial f}{\partial x}(x,y) = 2y\cos(yx^2) - y\varphi(yx^2) \\ \dfrac{\partial f}{\partial x}(0,y) = y = 2y\cos(0) - y\varphi(0) \end{cases}$$

Ainsi :

$$\forall (x,y) \in \mathbb{R}^2, \ \frac{\partial f}{\partial x}(x,y) = 2y\cos(yx^2) - y\varphi(yx^2) \text{ et } \frac{\partial f}{\partial y}(x,y) = x\cos(yx^2)$$

La fonction $(x,y) \mapsto \dfrac{\partial f}{\partial y}(x,y)$ est clairement continue sur $\mathbb{R}^2$, et comme φ est continue sur $\mathbb{R}$ (grâce au choix de $\varphi(0)$), la formule précédente montre que $(x,y) \mapsto \dfrac{\partial f}{\partial x}(x,y)$ est aussi continue sur $\mathbb{R}^2$, car composée de fonctions continues.

Bref : f est de classe $\mathcal{C}^1$ sur $\mathbb{R}^2$.

2°) En tout point $(0, y)$, on a :

$\star$ $\displaystyle\lim_{t\to 0} \frac{\frac{\partial f}{\partial x}(0+t,y) - \frac{\partial f}{\partial x}(0,y)}{t} = \lim_{t\to 0} \frac{2y\cos(yt^2) - \frac{\sin(yt^2)}{t^2} - y}{t}$

Or $2y\cos(yt^2) - \dfrac{\sin(yt^2)}{t^2} - y = 2y(1+o(t)) - \dfrac{1}{t^2}(yt^2 + o(t^3)) - y = o(t)$

Ainsi $\displaystyle\lim_{t\to 0} \frac{\frac{\partial f}{\partial x}(0+t,y) - \frac{\partial f}{\partial x}(0,y)}{t} = 0$ et $\dfrac{\partial^2 f}{\partial x^2}(0,y)$ existe et vaut 0

$\star$ $\displaystyle\lim_{t\to 0} \frac{\frac{\partial f}{\partial x}(0,t+y) - \frac{\partial f}{\partial x}(0,y)}{t} = \lim_{t\to 0} \frac{y+t-y}{t} = 1$, donc $\dfrac{\partial^2 f}{\partial y \partial x}(0,y)$ existe et vaut 1.

$\displaystyle\lim_{t\to 0} \frac{\frac{\partial f}{\partial y}(0+t,y) - \frac{\partial f}{\partial y}(0,y)}{t} = \lim_{t\to 0} \frac{t\cos(yt^2)}{t} = 1$, donc $\dfrac{\partial^2 f}{\partial x \partial y}(0,y)$ existe et vaut 1.

$\star$ Enfin : $\displaystyle\lim_{t\to 0} \frac{\frac{\partial f}{\partial y}(0,t+y) - \frac{\partial f}{\partial y}(0,y)}{t} = \lim_{t\to 0} \frac{0-0}{t} = 0$, donc $\dfrac{\partial^2 f}{\partial y^2}(0,y)$ existe et vaut 0.

On a bien démontré que les quatre dérivées partielles secondes existent en tout point de $\mathbb{R}^2$.

3°) On remarque que $(0,0)$ est bien un point critique de f, avec $f(0,0) = 0$, mais que pour $x > 0$ et y assez petits et non nuls, $f(x,y) = \dfrac{\sin(yx^2)}{x}$ est du signe de y, donc n'est pas de signe fixe et f n'admet pas d'extremum en $(0,0)$.

Corrigé 11.16

1°) $\star$ Pour $(x,y) \neq (0,0)$, on a $f(x,y) = \mathrm{e}^{x\ln(x^2+y^2)}$, donc f est clairement continue sur $\mathbb{R}^2 \setminus \{(0,0)\}$.

$\star$ On peut écrire : $|x\ln(x^2+y^2)| \leqslant \sqrt{x^2+y^2}\,|\ln(x^2+y^2)|$.

Comme $\lim\limits_{u\to 0^+} \sqrt{u}\ln u = 0$, on a donc $\lim\limits_{(x,y)\to(0,0)} \sqrt{x^2+y^2}\,|\ln(x^2+y^2)| = 0$, puis par encadrement $\lim\limits_{(x,y)\to(0,0)} x\ln(x^2+y^2) = 0$ et enfin $\lim\limits_{(x,y)\to(0,0)} f(x,y) = 1$.

La fonction f est continue sur $\mathbb{R}^2$.

$\star$ $\dfrac{f(t,0)-f(0,0)}{t} = \dfrac{\mathrm{e}^{t\ln(t^2)}-1}{t} \underset{(0)}{\sim} \dfrac{t\ln(t^2)}{t} = \ln(t^2) \underset{t\to 0}{\longrightarrow} -\infty$, donc f n'admet pas de dérivée partielle par rapport à x en $(0,0)$.

$\star$ $\dfrac{f(0,t)-f(0,0)}{t} = \dfrac{t^0-1}{t} = 0 \underset{t\to 0}{\longrightarrow} 0$, donc f admet une dérivée partielle par rapport à y en $(0,0)$ qui vaut 0.

2°) On a $f(0,0) = 1$ et si $(x,y) \neq (0,0)$, alors on a :

$$\begin{aligned} f(x,y) = 1 &\iff (x^2+y^2)^x = 1 \iff x\ln(x^2+y^2) = 0 \\ &\iff [x = 0 \text{ ou } x^2+y^2 = 1] \end{aligned}$$

Donc la ligne de niveau 1 de f est l'union de la droite (Oy) et du cercle de centre $(0,0)$ et de rayon $R = 1$.

3°) Pour x non nul tel que $|x| < 1$, on a $f(x,0) = \mathrm{e}^{x\ln(x^2)}$, donc :

$$\begin{cases} 0 < x < 1 \implies x\ln(x^2) < 0 \implies f(x,0) < 1 \\ -1 < x < 0 \implies x\ln(x^2) > 0 \implies f(x,0) > 1 \end{cases}$$

Donc f n'admet pas d'extremum en $(0,0)$.

4°) Si $x > 0$, alors $f(x,y) = \mathrm{e}^{x\ln(x^2+y^2)} \geqslant \mathrm{e}^{x\ln(x^2)} = f(x,0)$.

Si $x = 0$, alors $f(x,y) = \mathrm{e}^0 = 1 = f(0,0)$.

Si $x < 0$, alors $f(x,y) = \mathrm{e}^{x\ln(x^2+y^2)} \leqslant \mathrm{e}^{x\ln(x^2)} = f(x,0)$.

Donc le signe de $f(x,y) - f(x,0)$ est bien le même que de celui de x.

5°) a) On a $g(x) = \mathrm{e}^{x\ln(x^2)} = \mathrm{e}^{2x\ln x}$ (car $x > 0$). La fonction g est dérivable avec $g'(x) = 2\mathrm{e}^{2x\ln x}(\ln x + x\times\dfrac{1}{x}) = 2\mathrm{e}^{2x\ln x}(1+\ln x)$.

D'où le tableau de variations :

x	0		e^{-1}		1
$g'(x)$	‖	$-$	0	$+$	
g	1	$\searrow$	$g(e^{-1})$	$\nearrow$	$+\infty$

b) Un point critique est un point où les dérivées partielles existent et sont nulles. on doit donc résoudre dans $\mathbb{R}^2 \setminus \{(0,0)\}$:

$$\begin{cases} \dfrac{\partial f}{\partial x}(x,y) = 0 \\ \dfrac{\partial f}{\partial y}(x,y) = 0 \end{cases}, \textit{i.e.} \begin{cases} e^{x\ln(x^2+y^2)}(\ln(x^2+y^2) + \dfrac{2x^2}{x^2+y^2}) = 0 \\ e^{x\ln(x^2+y^2)}(\dfrac{2xy}{x^2+y^2}) = 0 \end{cases}$$

Donc $xy = 0$ et :

$\rightarrow$ si $x = 0$, alors $\ln(y^2) = 0$ et $y \in \{-1, 1\}$

$\rightarrow$ si $y = 0$, alors $\ln(x^2) + 2 = 0$, donc $\ln|x| = -1$ et $x \in \{-e^{-1}, e^{-1}\}$.

Il y a donc quatre points critiques : $A(0,1), B(0,-1), C(e^{-1},0)$ et $D(-e^{-1},0)$. Comme $f(x,-y) = f(x,y)$ et $f(-x,y) = [f(x,y)]^{-1}$, il suffit d'étudier les cas des points A et C.

$\rightarrow$ $f(x,1) - f(0,1) = e^{x\ln(x^2+1)} - 1$ du signe de $x\ln(x^2+1)$, donc du signe de x : $A(0,1)$ est un point col et donc B aussi.

$\rightarrow$ Pour h assez petit, on a $e^{-1} + h > 0$ et donc :

$$f(e^{-1}+h,k) \geqslant f(e^{-1}+h,0) = g(e^{-1}+h) \geqslant g(e^{-1}) = f(e^{-1},0)$$

Ceci prouve que f admet en C un *minimum* local.

Par passage à l'inverse (f est à valeurs strictement positives) on en déduit que f admet en D un *maximum* local.

Corrigé 11.17

$\Delta_1 = (AB), \Delta_2 = (OA)$ et $\Delta_3 = (OB)$ admettent pour équations respectives :

$$\Delta_1 : y = -\frac{x}{2} + \frac{3}{2}, \Delta_2 : y = -2x \text{ et } \Delta_3 : y = 0,$$

donc les distances d_1, d_2 et d_3 d'un point $M(x,y)$ aux droites Δ_1, Δ_2 et Δ_3 sont respectivement :

$$d_1 = \frac{|y + \frac{x}{2} - \frac{3}{2}|}{\sqrt{1 + (\frac{1}{2})^2}} = \frac{|2y + x - 3|}{\sqrt{5}}, d_2 = \frac{|y + 2x|}{\sqrt{1 + 2^2}} = \frac{|y + 2x|}{\sqrt{5}} \text{ et } d_3 = |y|.$$

$$\text{Ainsi : } f(x,y) = d_1 d_2 d_3 = \left|\frac{(2y + x - 3)(y + 2x)y}{5}\right|$$

$$= \left|\frac{2y^3 + 5xy^2 + 2x^2y - 3y^2 - 6xy}{5}\right|$$

On pose donc $g(x,y) = 2y^3 + 5xy^2 + 2x^2y - 3y^2 - 6xy$ et on cherche les points critiques de cette fonction en cherchant les points où $\overrightarrow{\text{grad}}\, g$ est nul.

Par des calculs standards, on trouve quatre points critiques pour g. A savoir : $G : (\frac{2}{3}, \frac{2}{3}), A(-1;2), O(0;0)$ et $B(3;0)$.

Comme les points O, A et B sont les sommets de ce triangle, f est nulle en ces points et il s'agit évidemment de points où f est minimale.

Il reste à faire l'étude locale en G (qui est bien intérieur au triangle). On peut alors procéder comme d'habitude. Faites-le ...

Mais on remarque que G est le centre de gravité du triangle OAB, et on se dit qu'il est peu probable que ceci soit dû au hasard ! ... En effet :

Soit ABC un triangle quelconque, $a = BC, b = AC, c = AB$, M un point intérieur au triangle, $d_A = d(M,(BC)), d_B = d(M,(AC))$ et $d_C = d(M,(AB))$.

On fait un petit dessin et on voit que :

$$a{\times}d_A + b{\times}d_B + c{\times}d_C = 2\mathcal{A}(ABC)$$

(aire du triangle ABC coupé en 3 triangles)

On sait aussi que $\sqrt[3]{ad_A bd_B cd_C} \leqslant \dfrac{ad_A + bd_B + cd_C}{3}$, avec égalité si et seulement si $ad_A = bd_B = cd_C$ (inégalité entre moyenne géométrique et moyenne arithmétique)

Ainsi $d_A d_B d_C$ est maximal lorsque les triangles MAB, MBC, MCA ont la même aire, qui vaut donc le tiers de l'aire du triangle ABC, ce qui signifie que M est le centre de gravité du triangle.

[Il est vrai que cet exercice est rusé, mais il faut se dire que les exercices d'extremums géométriques qui se posent sont le plus souvent des exercices d'inégalités à la Cauchy-Schwarz ou de convexité ou de géométrie pure, mais pas vraiment des exercices de calcul différentiel !]

Corrigé 11.18

Notons $M : (x_0, y_0)$ le point courant de l'ellipse E et $f : (x,y) \mapsto \dfrac{x^2}{a^2} + \dfrac{y^2}{b^2} - 1$.

On a alors :

$$\overrightarrow{\text{grad}}\, f(x_0,y_0) = \frac{\partial f}{\partial x}(x_0,y_0)\,\vec{i} + \frac{\partial f}{\partial y}(x_0,y_0)\,\vec{j} = \frac{2x_0}{a^2}\,\vec{i} + \frac{2y_0}{b^2}\,\vec{j}.$$

La tangente en M étant normale au gradient en tout point régulier, elle admet pour équation :

$$\Big(\frac{x_0}{a^2}\vec{i} + \frac{y_0}{b^2}\vec{j}\Big)\cdot\big((x-x_0)\vec{i} + (y-y_0)\vec{j}\big) = 0, \textit{i.e.}\ \frac{x_0}{a^2}x + \frac{y_0}{b^2}y = 1.$$

Comme M est différent des sommets A et A', on a $y_0 \neq 0$ et on en déduit les coordonnées des points P et P' :

$$P : \Big(a, \frac{b^2}{y_0}\big(1 - \frac{x_0}{a}\big)\Big) \text{ et } P' : \Big(-a, \frac{b^2}{y_0}\big(1 + \frac{x_0}{a}\big)\Big)$$

On trouve alors :

$$\overline{AP}.\overline{A'P'} = \frac{b^2}{y_0}\big(1 - \frac{x_0}{a}\big){\times}\frac{b^2}{y_0}\big(1 + \frac{x_0}{a}\big) = \frac{b^4}{y_0^2}\big(1 - \frac{x_0^2}{a^2}\big) = \frac{b^4}{y_0^2}{\times}\frac{y_0^2}{b^2} = b^2$$

Corrigé 11.19

1°) Soient f_1 et g_1 les fonctions définies sur $\mathbb{R}^3$ par $f_1(x,y,z) = x^2 + y^2 + z^2 - 9$ et $g_1(x,y,z) = x^2 - y^2 - 3$.

$\star$ On commence par vérifier que le point $M_1(2,1,2)$ appartient bien aux surfaces Σ_1 et Σ_1'.

⋆ Pour tout point $M(x, y, z)$, on a :

$$\overrightarrow{\text{grad}}\, f_1(M) = 2x\overrightarrow{i} + 2y\overrightarrow{j} + 2z\overrightarrow{k} \text{ et } \overrightarrow{\text{grad}}\, g_1(M) = 2x\overrightarrow{i} - 2y\overrightarrow{j}$$

donc les vecteurs $\overrightarrow{n}_1 = 4\overrightarrow{i} + 2\overrightarrow{j} + 4\overrightarrow{k}$ et $\overrightarrow{n}'_1 = 4\overrightarrow{i} - 2\overrightarrow{j}$ sont respectivement normaux aux plans P_1 tangent à Σ_1 en M_1 et P'_1 tangent à Σ'_1 en M_1 également.

On a alors :
$M(x, y, z) \in P_1 \iff \langle \overrightarrow{M_1M}, \overrightarrow{n_1} \rangle = 0 \iff \langle (x-2, y-1, z-2), (2, 1, 2) \rangle = 0$, donc :

$$P_1 : 2x + y + 2z = 9$$

On a de même :
$M(x, y, z) \in P'_1 \iff \langle \overrightarrow{M_1M}, \overrightarrow{n_1}' \rangle = 0 \iff \langle (x-2, y-1, z-2), (2, -1, 0) \rangle = 0$, donc

$$P'_1 : 2x - y = 3$$

Les deux plans tangents étant différents, la tangente T_1 à Γ_1 en M_1 n'est autre que $P_1 \cap P'_1$, donc on obtient :

$$T_1 : \begin{cases} 2x + y + 2z = 9 \\ 2x - y = 3 \end{cases}$$

2°) Le point $M_2(-2, -1, 3)$ est bien sur les deux surfaces et pour f_2 et g_2 définies sur $\mathbb{R}^3$ par $f_2(x, y, z) = x^3 + y^3 + z^3 - 18$ et $g_2(x, y, z) = xy + yz + zx + 7$, on obtient :

$$\begin{cases} \overrightarrow{\text{grad}}\, f_2(x, y, z) = 3x^2\overrightarrow{i} + 3y^2\overrightarrow{j} + 3z^2\overrightarrow{k} \\ \overrightarrow{\text{grad}}\, g_2(x, y, z) = (y+z)\overrightarrow{i} + (x+z)\overrightarrow{j} + (y+x)\overrightarrow{k} \end{cases}$$

Ainsi :

⋆ $\overrightarrow{n}_2 = 4\overrightarrow{i} + \overrightarrow{j} + 9\overrightarrow{k}$ est normal au plan tangent à Σ_2 en M_2.

⋆ $\overrightarrow{n}'_2 = 2\overrightarrow{i} + \overrightarrow{j} - 3\overrightarrow{k}$ est normal au plan tangent à Σ_2 en M_2.

Ces deux vecteurs normaux ne sont pas colinéaires et la tangente T_2 à Γ_2 en M_2 est dirigée par le vecteur $\overrightarrow{n}_2 \wedge \overrightarrow{n}'_2 = -12\overrightarrow{i} + 30\overrightarrow{j} + 2\overrightarrow{k}$.

Soit :

$$M(x, y, z) \in T_2 \iff \exists t \in \mathbb{R}, \begin{cases} x = -2 - 6t \\ y = -1 + 15t \\ z = 3 + t \end{cases}$$

Corrigé 11.20

1°) Soit f_1 la fonction définie sur $\mathbb{R}^3$ par $f_1(x, y, z) = x^2 + y^2 - z$. Pour tout point $M(x, y, z)$, on a : $\overrightarrow{\text{grad}}\, f_1(M) = 2x\overrightarrow{i} + 2y\overrightarrow{j} - \overrightarrow{k}$.

Donc le vecteur $\overrightarrow{n}_1 = 2x\overrightarrow{i} + 2y\overrightarrow{j} - \overrightarrow{k}$ est normal au plan P_1 tangent à Σ_1 en $M(x, y, z) \in \Sigma_1$, donc à toute droite tangente à Σ_1 en M.

Or, le vecteur $\overrightarrow{u} = \overrightarrow{i} + \overrightarrow{j} + \overrightarrow{k}$ est un vecteur directeur de Δ, donc on a :

$$M \in \Gamma_1 \iff \begin{cases} \overrightarrow{u}.\overrightarrow{n}_1 = 0 \\ M(x, y, z) \in \Sigma_1 \end{cases} \iff \begin{cases} 2x + 2y - 1 = 0 \\ x^2 + y^2 - z = 0 \end{cases}$$

Γ_1 est donc l'intersection de Σ_1 et d'un plan vertical : on voit (éventuellement en allumant son ordinateur) qu'il s'agit d'une parabole.

2°) Soit f_2 la fonction définie sur $\mathbb{R}^3$ par $f_2(x,y,z) = x^3 + yz + 1$.

Pour tout point $M(x,y,z)$, on a : $\overrightarrow{\text{grad}}\, f_2(M) = 3x^2\overrightarrow{i} + z\overrightarrow{j} + y\overrightarrow{k}$, donc le vecteur $\overrightarrow{n}_2 = 3x^2\overrightarrow{i} + z\overrightarrow{j} + y\overrightarrow{k}$ est normal au plan P_2 tangent à Σ_2 en M.

Le plan tangent à Σ_2 en $M(x_0,y_0,z_0) \in \Sigma_2$ a donc pour équation :

$$3x_0^2(x - x_0) + z_0(y - y_0) + y_0(z - z_0) = 0$$

Ce plan passe par l'origine si et seulement si :

$$3x_0^3 + y_0z_0 + y_0z_0 = 3x_0^3 + 2y_0z_0 = 0$$

Dire qu'il existe une tangente à Σ_2 en un point M de Σ_2 qui passe par O c'est dire que le plan tangent en ce point passe par O, donc :

$$M(x,y,z) \in \Gamma_2 \Longleftrightarrow \begin{cases} 3x^3 + 2yz = 0 \\ x^3 + yz + 1 = 0 \end{cases} \Longleftrightarrow \begin{cases} x^3 + yz + 1 = 0 \\ yz = -3 \end{cases}$$

Γ_2 est donc l'intersection de la surface Σ_2 avec un cylindre hyperbolique de direction Ox : à vos machines ...

Corrigé 11.21

⋆ On vérifie tout d'abord que M_0 est bien un point de Γ !

⋆ On admet que l'on peut paramétrer localement au voisinage de M_0 la courbe Γ sous la forme $F : x \mapsto (x, y(x), z(x))$, avec F de classe $\mathcal{C}^2$. On a donc $F'(x) = (1, y'(x), z'(x))$ et $F''(x) = (0, y''(x), z''(x))$.

→ Par dérivation et simplification par 2, on obtient en retournant aux équations cartésiennes des surfaces définissant Γ :

$$\begin{cases} x + y(x)y'(x) + z(x)z'(x) = 0 \\ z(x)z'(x) + x(y'(x) + z'(x)) + y(x) + z(x) = 0 \end{cases}$$

ce qui nous donne, au point M_0 : $\begin{cases} 1 + z'(1) = 0 \\ 2z'(1) + y'(1) + 1 = 0 \end{cases}$ soit :

$$F'(1) = (1, 1, -1)$$

En dérivant une seconde fois, on obtient :

$$\begin{cases} 1 + (y'(x))^2 + y(x)y''(x) + (z'(x))^2 + z(x)z''(x) = 0 \\ (z'(x))^2 + z(x)z''(x) + x(y''(x) + z''(x)) + 2(y'(x) + z'(x)) = 0 \end{cases}$$

ce qui nous donne, au point M_0, compte-tenu des calculs précédents :

$$\begin{cases} 3 + z''(1) = 0 \\ 1 + 2z''(1) + y''(1) = 0 \end{cases}, \text{ soit } F''(1) = (0, 5, -3).$$

On a $F'(1) \wedge F''(1) = (2, 3, 5)$ et ce vecteur est normal au plan P cherché. Ainsi :

$$P : 2(x-1) + 3(y-0) + 5(z-1) = 0, \text{ soit } 2x + 3y + 5z - 7 = 0.$$

Corrigé 11.22

1°) L'application $(x,y) \mapsto (u,v) = (x+y, x+2y)$ est une bijection linéaire de $\mathbb{R}^2$ sur lui-même de bijection réciproque $(u,v) \mapsto (x,y) = (2u - v, v - u)$.

Soit f de classe $\mathcal{C}^1$ sur $\mathbb{R}^2$. La fonction $g : (u,v) \mapsto f(2u - v, v - u)$ est alors de classe $\mathcal{C}^1$ sur $\mathbb{R}^2$ et $f(x,y) = g(u,v) = g(x+y, x+2y)$.

On peut alors calculer les dérivées partielles de f à l'aide de la règle de la chaîne, et pour tout $(x,y) \in \mathbb{R}^2$:

$$\frac{\partial f}{\partial x}(x,y) = \frac{\partial g}{\partial u}(x+y, x+2y)\times 1 + \frac{\partial g}{\partial v}(x+y, x+2y)\times 1$$

$$\frac{\partial f}{\partial y}(x,y) = \frac{\partial g}{\partial u}(x+y, x+2y)\times 1 + \frac{\partial g}{\partial v}(x+y, x+2y)\times 2$$

Ainsi :

$$\frac{\partial f}{\partial y}(x,y) - 2\frac{\partial f}{\partial x}(x,y) = 0 \iff -\frac{\partial g}{\partial u}(x+y, x+2y) = 0$$

Les fonctions f cherchées sont donc les fonctions telles que la fonction g associée soit telle que $\forall\,(u,v) \in \mathbb{R}^2$, $\dfrac{\partial g}{\partial u}(u,v) = 0$, donc soit une fonction de v seul :

$$\exists\,\lambda \in \mathcal{C}^1(\mathbb{R},\mathbb{R}), \forall\,(u,v) \in \mathbb{R}^2, g(u,v) = \lambda(v)$$

Soit :

$$\forall\,(x,y) \in \mathbb{R}^2, f(x,y) = \lambda(x+2y)$$

2°) De même l'application $\varphi : (r,\theta) \mapsto (x,y) = (r\cos\theta, r\sin\theta)$ est une bijection de $D = \mathbb{R}_+^* \times \,]-\pi/2, \pi/2[$ sur $\mathbb{R}_+^* \times \mathbb{R}$ et sur le domaine considéré sa bijection réciproque est $\varphi^{-1} : (x,y) \mapsto (\sqrt{x^2+y^2}, \arctan\dfrac{y}{x})$ également de classe $\mathcal{C}^1$ et on pourrait procéder comme précédemment.

Mais avec $g(r,\theta) = f(r\cos\theta, r\sin\theta)$, qui est de classe $\mathcal{C}^1$ si f l'est, expliciter la fonction f en fonction de g n'a rien d'agréable.

On calcule donc plutôt les dérivées partielles de g en fonction de celles de f, en espérant « voir » apparaître l'équation aux dériévées partielles proposée.

En vous épargnant le calcul de l'autre dérivée partielle, on a : $\forall\,(r,\theta) \in D$:

$$\frac{\partial g}{\partial \theta}(r,\theta) = \frac{\partial f}{\partial x}(r\cos\theta, r\sin\theta)\times(-r\sin\theta) + \frac{\partial f}{\partial y}(r\cos\theta, r\sin\theta)\times(r\cos\theta)$$

Soit, en revenant aux variables x et y : $\dfrac{\partial g}{\partial \theta}(r,\theta) = -y\dfrac{\partial f}{\partial x}(x,y) + x\dfrac{\partial f}{\partial y}(x,y)$

Ainsi les fonctions f cherchées sont associées aux fonctions g telles que l'on ait :

$$\forall\,(r,\theta) \in D, \frac{\partial g}{\partial \theta}(r,\theta) = kg(r,\theta)$$

Pour $r > 0$ fixé, on a donc : $\exists\,\lambda \in \mathbb{R}$, (qui peut dépendre de r), $g(r,\theta) = \lambda.\mathrm{e}^{k\theta}$.

Par conséquent les fonctions g qui conviennent sont de la forme $g(r,\theta) = \lambda(r)\mathrm{e}^{k\theta}$, où λ est une fonction quelconque (mais de classe $\mathcal{C}^1$ sur $\mathbb{R}_+^*$).

En revenant aux variables initiales, on a donc :

$$\exists\,\lambda \in \mathcal{C}^1(\mathbb{R}_+^*, \mathbb{R}), \forall\,(x,y) \in \mathbb{R}_+^* \times \mathbb{R}, f(x,y) = \lambda(\sqrt{x^2+y^2})\mathrm{e}^{k\arctan\frac{y}{x}}$$

Corrigé 11.23

Le changement de variables proposé est une bijection linéaire de $\mathbb{R}^2$ sur $\mathbb{R}^2$, donc est admissible.

Posons $f(u,v) = g(\dfrac{u+v}{2}, \dfrac{v-u}{2})$. On a $g(x,y) = f(x-y, x+y)$, et donc :

$$\frac{\partial g}{\partial x}(x,y) = \frac{\partial f}{\partial u}(x-y, x+y)\times 1 + \frac{\partial f}{\partial v}(x-y, x+y)\times 1$$

$$\frac{\partial g}{\partial y}(x,y) = \frac{\partial f}{\partial u}(x-y,x+y)\times(-1) + \frac{\partial f}{\partial v}(x-y,x+y)\times 1$$

L'équation proposée devient : $2\frac{\partial f}{\partial u}(x-y,x+y) = k$, soit :

$$\forall\,(u,v) \in \mathbb{R}^2,\ \frac{\partial f}{\partial u}(u,v) = \frac{k}{2}$$

On intègre alors cette nouvelle équation : pour tout v, il existe une constante $\lambda(v)$ telle que $f(u,v) = \frac{ku}{2} + \lambda(v)$.

Comme f est de classe $\mathcal{C}^1$, il en est de même de la fonction λ.

En revenant aux variables initiales, on obtient les solutions de l'équation proposée :

$$\exists\,\lambda \in \mathcal{C}^1(\mathbb{R},\mathbb{R}), \forall\,(x,y) \in \mathbb{R}^2, g(x,y) = \frac{k}{2}(x-y) + \lambda(x+y)$$

Corrigé 11.24

Soit $\varphi : (x,y) \mapsto (u,v) = (ax+by, cx+dy)$ avec $ad - bc \neq 0$.

L'application φ est alors un automorphisme de l'espace vectoriel $\mathbb{R}^2$ et on pose comme on en a maintenant l'habitude :

$f(x,y) = F(u,v) = F(ax+by, cx+dy)$, où F est de classe $\mathcal{C}^1$ sur $\mathbb{R}^2$.

On obtient alors :

$$\frac{\partial f}{\partial x}(x,y) = a\frac{\partial F}{\partial u}(ax+by,cx+dy) + c\frac{\partial F}{\partial v}(ax+by,cx+dy)$$
$$\frac{\partial f}{\partial y}(x,y) = b\frac{\partial F}{\partial u}(ax+by,cx+dy) + d\frac{\partial F}{\partial v}(ax+by,cx+dy)$$

et, en omettant les points où sont prises les dérivées partielles :

$$\frac{\partial f}{\partial x} - 3\frac{\partial f}{\partial y} = (a-3b)\frac{\partial F}{\partial u} + (c-3d)\frac{\partial F}{\partial v}$$

Si on prend $c = 3$, $d = 1$, $b = 0$ et $a = 1$, alors on a $ad - bc = 1$ et il reste :

$$\frac{\partial f}{\partial x} - 3\frac{\partial f}{\partial y} = 0 \iff \frac{\partial F}{\partial u} = 0$$

L'application F est donc fonction uniquement de v.

On en déduit alors que f est solution de l'équation si, et seulement si, il existe une fonction λ de classe $\mathcal{C}^1$ définie sur $\mathbb{R}$ et telle que :

$$\forall\,(x,y) \in \mathbb{R}^2, f(x,y) = \lambda(3x+y)$$

Corrigé 11.25

1°) Soit f une fonction solution de $(*)$ (il en existe, par exemple la fonction nulle). On dérive la relation $(*)$ par rapport à t, par la règle de la chaîne et on trouve :

$$\forall\,(x,y,t) \in \mathbb{R}^3,\ \frac{\partial f}{\partial x}(x+t,y+t)\times 1 + \frac{\partial f}{\partial y}(x+t,y+t)\times 1 = 0$$

Il suffit ensuite de prendre $t = 0$ pour conclure.

2°) $\star$ Le changement de variables proposé donne :

$$f(x,y) = f\left(\frac{u+v}{2}, \frac{u-v}{2}\right) = F(u,v) = F(x+y, x-y)$$

D'où : $\begin{cases} \dfrac{\partial f}{\partial x}(x,y) = \dfrac{\partial F}{\partial u}(x+y,x-y) + \dfrac{\partial F}{\partial v}(x+y,x-y) \\ \dfrac{\partial f}{\partial y}(x,y) = \dfrac{\partial F}{\partial u}(x+y,x-y) - \dfrac{\partial F}{\partial v}(x+y,x-y) \end{cases}$

et l'équation aux dérivées partielles de la question **1°)** devient :

$$\forall (x,y) \in \mathbb{R}^2, \frac{\partial F}{\partial u}(x+y,x-y) = 0 \text{ ou : } \forall (u,v) \in \mathbb{R}^2, \frac{\partial F}{\partial u}(u,v) = 0$$

$\star$ On déduit de l'équation précédente que F ne dépend que de v, et donc qu'il existe une application $\lambda : \mathbb{R} \to \mathbb{R}$ de classe $\mathcal{C}^1$ telle que, pour tout $(u,v) \in \mathbb{R}^2$, on ait :

$$F(u,v) = \lambda(v)$$

Et, en revenant aux variables initiales : $f(x,y) = \lambda(x-y)$.

$\star$ Réciproquement, si f est définie par $f(x,y) = \lambda(x-y)$, alors on a bien $f(x+t,y+t) = f(x,y)$ pour tout triplet (x,y,t) de $\mathbb{R}^3$.

Conclusion, l'ensemble des fonctions f qui vérifient l'équation $(*)$ est l'ensemble des fonctions de la forme suivante :

$$f : (x,y) \mapsto \lambda(x-y), \text{ avec } \lambda \in \mathcal{C}^1(\mathbb{R},\mathbb{R})$$

Corrigé 11.26

Soit $\varphi : (x,t) \mapsto (u,v) = (x+at, x+bt)$, avec $a \neq b$. L'application φ est un automorphisme de l'espace $\mathbb{R}^2$ et en posant $F = f \circ \varphi^{-1}$, qui est de classe $\mathcal{C}^2$ si f l'est, il vient :

$$f(x,t) = F \circ \varphi(x,t) = F(u,v) = F(x+at, x+bt)$$

On peut alors enchaîner les calculs de dérivées partielles :

$$\frac{\partial f}{\partial x}(x,t) = \frac{\partial F}{\partial u}(x+at,x+bt)\times 1 + \frac{\partial F}{\partial v}(x+at,x+bt)\times 1$$
$$\frac{\partial f}{\partial t}(x,t) = \frac{\partial F}{\partial u}(x+at,x+bt)\times a + \frac{\partial F}{\partial v}(x+at,x+bt)\times b$$

et on recommence, en omettant cette fois de dire que toutes les dérivées partielles par rapport à F sont prises au point $(x+at, y+bt)$, afin de gagner un peu de place :

$$\frac{\partial^2 f}{\partial x^2}(x,t) = \frac{\partial^2 F}{\partial u^2} + \frac{\partial^2 F}{\partial v \partial u} + \frac{\partial^2 F}{\partial u \partial v} + \frac{\partial^2 F}{\partial v^2}$$
$$\frac{\partial^2 f}{\partial t^2}(x,t) = a\Big(a\frac{\partial^2 F}{\partial u^2} + b\frac{\partial^2 F}{\partial v \partial u}\Big) + b\Big(a\frac{\partial^2 F}{\partial u \partial v} + b\frac{\partial^2 F}{\partial v^2}\Big)$$

Par le théorème de H.A. Schwarz, les deux dérivées croisées sont égales, et :

$$c^2\frac{\partial^2 f}{\partial x^2} = \frac{\partial^2 f}{\partial t^2} \iff (c^2-a^2)\frac{\partial^2 F}{\partial u^2} + (c^2-b^2)\frac{\partial^2 F}{\partial v^2} + 2(c^2-ab)\frac{\partial^2 F}{\partial v \partial u} = 0$$

En prenant $a = c$ et $b = -c$ (ou le contraire !), on a bien $a \neq b$ et on obtient en tout point : $c^2\dfrac{\partial^2 f}{\partial x^2}(x,t) = \dfrac{\partial^2 f}{\partial t^2}(x,t) \iff \dfrac{\partial^2 F}{\partial v \partial u}(u,v) = 0$

Une première intégration donne $\dfrac{\partial F}{\partial u}(u,v) = \lambda(u)$, où λ est une fonction arbitraire de classe $\mathcal{C}^1$, puis $F(u,v) = \Lambda(u) + \mu(v)$, où Λ est une primitive de λ et μ une fonction arbitraire de classe $\mathcal{C}^2$.

Finalement, la solution générale de l'équation initiale est :

$f : (x,t) \mapsto g(x+ct) + h(x-ct)$, pour toutes fonctions g, h de classe $\mathcal{C}^2$ sur $\mathbb{R}$

Corrigé 11.27

1°) $\star$ Si on pose $g = \dfrac{\partial f}{\partial x}$, alors, d'après le théorème de Schwarz, on a en rejetant une dérivation par rapport à x en tête : $\Delta g = \dfrac{\partial^2 g}{\partial x^2} + \dfrac{\partial^2 g}{\partial y^2} = \dfrac{\partial}{\partial x}\left(\dfrac{\partial^2 f}{\partial x^2} + \dfrac{\partial^2 f}{\partial y^2}\right) = 0.$

$\star$ On prouve exactement de la même façon que $\dfrac{\partial f}{\partial y}$ est harmonique.

$\star$ D'autre part, si on pose $h(x,y) = x\dfrac{\partial f}{\partial x}(x,y) + y\dfrac{\partial f}{\partial y}(x,y)$, alors on obtient :

$\dfrac{\partial h}{\partial x} = \dfrac{\partial f}{\partial x} + x\dfrac{\partial^2 f}{\partial x^2} + y\dfrac{\partial^2 f}{\partial x \partial y}$, puis : $\dfrac{\partial^2 h}{\partial x^2} = 2\dfrac{\partial^2 f}{\partial x^2} + x\dfrac{\partial^3 f}{\partial x^3} + y\dfrac{\partial^3 f}{\partial x^2 \partial y}$

On trouve de la même façon :

$$\frac{\partial^2 h}{\partial y^2} = 2\frac{\partial^2 f}{\partial y^2} + y\frac{\partial^3 f}{\partial y^3} + x\frac{\partial^3 f}{\partial x \partial y^2}$$

Ainsi on a :

$$\Delta h = \frac{\partial^2 h}{\partial x^2} + \frac{\partial^2 h}{\partial y^2} = 2\frac{\partial^2 f}{\partial x^2} + x\frac{\partial^3 f}{\partial x^3} + y\frac{\partial^3 f}{\partial x^2 \partial y} + 2\frac{\partial^2 f}{\partial y^2} + y\frac{\partial^3 f}{\partial y^3} + x\frac{\partial^3 f}{\partial x \partial y^2}$$

$$\Delta h = 2\Delta f + x\Delta\left(\frac{\partial f}{\partial x}\right) + y\Delta\left(\frac{\partial f}{\partial x}\right) = 0.$$

2°) Par dérivation d'une fonction composée (ici ce n'est même pas la règle de la chaîne), on a :

$\dfrac{\partial f}{\partial x}(x,y) = 2x\varphi'(x^2+y^2)$ et $\dfrac{\partial^2 f}{\partial x^2}(x,y) = 2\varphi'(x^2+y^2) + 4x^2\varphi''(x^2+y^2)$

et de même : $\dfrac{\partial^2 f}{\partial y^2}(x,y) = 2\varphi'(x^2+y^2) + 4y^2\varphi'(x^2+y^2)$.

En posant $t = x^2 + y^2$, on obtient alors en tout point $(x,y) \neq (0,0)$:

$$\Delta f(x,y) = 0 \iff 4\varphi'(x^2+y^2) + 4(x^2+y^2)\varphi''(x^2+y^2) = 0$$
$$\iff 4\varphi'(t) + 4t\varphi''(t) = 0$$

Donc f convient si et seulement si φ' est solution sur l'intervalle $]0, +\infty[$ de l'équation différentielle $ty' + y = 0$, *i.e.* $y' = -\frac{1}{t}\times y$.

Les solutions de cette équation sont les fonctions de la forme

$$t \mapsto C.\exp(-\ln t) = \frac{C}{t}$$

En intégrant, φ convient si et seulement s'il existe un couple de constantes $(C,D) \in \mathbb{R}^2$ tel que $\varphi : t \mapsto C\ln(t) + D$.

Ainsi, les fonctions f qui conviennent sont les fonctions de la forme :

$f : (x,y) \mapsto C\ln(x^2+y^2) + D$, C et D constantes réelles quelconques.

Corrigé 11.28

Le changement de variables est admissible car :

$[(u,v) = (xy, \frac{y}{x}), x > 0, y > 0] \iff [(x,y) = \left(\sqrt{uv}, \sqrt{\frac{v}{u}}\right), u > 0, v > 0]$

Avec $F(u,v) = f\left(\sqrt{uv}, \sqrt{\dfrac{v}{u}}\,\right)$, on obtient ainsi $f(x,y) = F(u,v) = F\left(xy, \frac{y}{x}\right)$, et :

$$\frac{\partial f}{\partial x}(x,y) = \frac{\partial F}{\partial u}\left(xy, \frac{y}{x}\right)\times y + \frac{\partial F}{\partial v}\left(xy, \frac{y}{x}\right)\times\left(-\frac{y}{x^2}\right)$$
$$\frac{\partial f}{\partial y}(x,y) = \frac{\partial F}{\partial u}\left(xy, \frac{y}{x}\right)\times x + \frac{\partial F}{\partial v}\left(xy, \frac{y}{x}\right)\times\frac{1}{x}$$

Ce qui nous donne, replacé dans l'équation initiale :

$$x\frac{\partial f}{\partial x}(x,y) + y\frac{\partial f}{\partial y}(x,y) - 2f(x,y) + 2 = 0$$
$$\iff 2xy\frac{\partial F}{\partial u}\left(xy, \frac{y}{x}\right) - 2F\left(xy, \frac{y}{x}\right) + 2 = 0$$

C'est-à-dire :
f vérifie $(E) \iff \forall\,(u,v) \in (\mathbb{R}_+^*)^2, u\dfrac{\partial F}{\partial u}(u,v) - F(u,v) + 1 = 0$

On considère alors l'équation différentielle linéaire (L) : $uh'(u) - h(u) + 1 = 0$, dont les solutions sont de la forme :

$$h : u \mapsto \lambda u + 1,\ \lambda \text{ constante arbitraire}$$

dans le cas qui nous préoccupe, λ est en fait une constante par rapport à u, donc une fonction uniquement de v. On en déduit alors :

$$F(u,v) = \lambda(v)u + 1$$

ce qui nous donne finalement : $\forall\,(x,y) \in (\mathbb{R}_+^*)^2, f(x,y) = \lambda\left(\frac{y}{x}\right)xy + 1$,

où λ est une fonction quelconque de classe $\mathcal{C}^1$ sur $\mathbb{R}_+^*$.

Equations différentielles 12

RÉPARTITION DES EXERCICES

I. ÉNONCÉS DES EXERCICES

12.01 Résoudre dans $\mathbb{R}^{\mathbb{R}}$ les systèmes différentiels linéaires d'ordre 1 suivants :

$$(L_1) : \begin{cases} y_1' = y_2 + y_3 \\ y_2' = -y_1 + 2y_2 + y_3 \\ y_3' = y_1 + y_3 \end{cases} ; (L_2) : \begin{cases} y_1' = 2y_1 - 2y_2 + y_3 \\ y_2' = 2y_1 - 3y_2 + 2y_3 \\ y_3' = -y_1 + 2y_2 \end{cases}$$

◇

12.02 Résoudre le système différentiel : $\begin{cases} y_1' = (2-x)y_1 + (x-1)y_2 \\ y_2' = 2(1-x)y_1 + (2x-1)y_2 \end{cases}$

◇

12.03 Résoudre dans $\mathbb{R}^{\mathbb{R}}$ le système différentiel linéaire d'ordre 2 suivant :

$$(L) : \begin{cases} y_1'' = -3y_1 + y_2 + y_3 \\ y_2'' = y_1 - 3y_2 + y_3 \\ y_3'' = y_1 + y_2 - 3y_3 \end{cases}$$

◇

12.04 Résoudre le système différentiel d'ordre 2 suivant :

$$(S) : \begin{cases} y_1''(x) = y_1'(x) + y_2'(x) - y_2(x) \\ y_2''(x) = y_1'(x) + y_2'(x) - y_1(x) \end{cases}.$$

◇

12.05 Résoudre le système différentiel suivant :

$\begin{cases} x' = ay \\ y' = -ax \end{cases}$, où a est une constante réelle.

◇

12.06 Résoudre le système différentiel suivant :

$(S) : \begin{cases} x' = ay \\ y' = -ax + bz \\ z' = -by \end{cases}$, où a et b sont des constantes réelles non nulles.

◇

12.07 Résoudre dans $\mathbb{R}^{\mathbb{R}}$ les systèmes différentiels linéaires suivants :

$$(L_1) : \begin{cases} y_1' = 2y_1 + y_3 + 1 \\ y_2' = 2y_2 - y_3 \\ y_3' = y_1 - y_2 + y_3 \end{cases} \quad ; \quad (L_2) : \begin{cases} y_1' = y_2 + y_3 + 3\mathrm{e}^{-x} \\ y_2' = y_1 + y_3 + 3x\mathrm{e}^{-x} \\ y_3' = y_1 + y_2 + 3x^2\mathrm{e}^{-x} \end{cases}$$

◇

12.08 On considère les systèmes différentiels suivants :

$$(L) : \begin{cases} y_1' = 2xy_1 - y_2 + x\cos x \\ y_2' = y_1 + 2xy_2 + x\sin x \end{cases} \text{ et } (H) : \begin{cases} y_1' = 2xy_1 - y_2 \\ y_2' = y_1 + 2xy_2 \end{cases}$$

1°) Résoudre le système différentiel (H) à l'aide du changement de fonctions inconnues suivant : $z_1 = y_1\,\mathrm{e}^{-x^2}$; $z_2 = y_2\,\mathrm{e}^{-x^2}$.

2°) En déduire une solution particulière de (L) puis la forme générale de ses solutions.

◇

12.09 Résoudre dans $\mathbb{R}^{\mathbb{R}}$ le système différentiel linéaire suivant :

$$(L) : \begin{cases} y_1' = y_1 + y_2 \\ y_2' = -y_1 + 2y_2 + y_3 \\ y_3' = y_1 + y_3 \end{cases}$$

◇

12.10 Résoudre dans $\mathbb{R}^{\mathbb{R}}$ le système différentiel linéaire suivant :

$$(L) : \begin{cases} y_1' = y_1 - y_2 + 1 \\ y_2' = y_1 + y_2 + x \end{cases}$$

◇

12.11 Résoudre dans $\mathbb{R}^{\mathbb{R}}$ le système différentiel linéaire suivant :

$$(L) : \begin{cases} y_1' = -y_1 + 2y_2 \\ y_2' = 2y_1 + 2y_2 - 3y_3 \\ y_3' = -2y_1 + 2y_2 + y_3 \end{cases}$$

◇

12.12 Résoudre les équations différentielles suivantes :

1°) $y'' - 4y' + 3y = (2x+1)\mathrm{e}^{-x}$;

2°) $y'' - 2y' + y = (x^2+1)\mathrm{e}^{x} + \mathrm{e}^{3x}$;

3°) $y'' - 4y' + 3y = x^2\mathrm{e}^{x} + x\mathrm{e}^{2x}\cos x$.

◇

12.13 Résoudre les problèmess différentiels suivants :

1°) $y'' - 2y' + y = x$, avec $y(0) = y'(0) = 0$;

2°) $y'' + 9y = x + 1$, avec $y(0) = 0$.

◇

12.14 On considère l'équation différentielle, définie sur $I =]-\pi/2, \pi/2[$: $(H) : y''\cos^2 x - 2y = 0$.

Déterminer l'ensemble des solutions de l'équation (H) après avoir vérifié que la fonction $f : x \mapsto \tan x$ est solution.

◇

12.15 Résoudre l'équation différentielle suivante, après avoir trouvé une solution « évidente ».

$(H) : xy'' - (3+x)y' + 3y = 0$ sur $I =]0, +\infty[$.

◇

12.16 Résoudre les équations différentielles suivantes, après avoir trouvé une solution y_H de l'équation homogène associée sous la forme proposée :

1°) $(L_1) : xy'' + 2(x+1)y' + 2y = 1 - \mathrm{e}^{-2x}$ sur $I =]0, +\infty[$, avec y_H de la forme $x \mapsto x^n$.

2°) $(L_2) : (x+1)y'' - 2y' + (1-x)y = 2x\mathrm{e}^{-x}$ sur $J =]-1, +\infty[$, avec y_H de la forme $x \mapsto \mathrm{e}^{ax}$.

◇

12.17 On considère l'équation différentielle suivante, définie sur $I =]0, +\infty[$:

$(L) : x^2y'' + 4xy' + (2 - x^2)y = \sin x$.

1°) Résoudre l'équation différentielle $(L') : u'' - u = \sin x$.

2°) En déduire les solutions de (L) à l'aide du changement de fonction $z(x) = x^2y(x)$.

3°) Déterminer les solutions de (L) qui vérifient $\lim_{x \to 0^+} y(x) = 0$.

◇

12.18 Résoudre sur $\mathbb{R}_+^*$ les équations différentielles suivantes, à l'aide du changement de fonction proposé :

1°) $(H_1) : x^2y'' - 2xy' + (2 - x^2)y = 0$, en posant $y(x) = xz(x)$.

2°) $(H_2) : xy'' + 2y' - k^2xy = 0$, pour k réel fixé non nul, en posant $y(x) = \dfrac{z(x)}{x}$.

◇

12.19 On considère l'équation différentielle suivante :

$$(L) : x^2y'' - 2y = \frac{2x+1}{(x+1)^3}.$$

Résoudre sur $\mathbb{R}_+^*$ l'équation différentielle (L), à l'aide du changement de fonction $z = xy' + y$.

◇

12.20 On considère l'équation différentielle suivante :

$$(L) : (1 + x^2)y'' - 2xy' + 2y = 0.$$

Résoudre cette équation en cherchant des solutions polynômiales.

◇

12.21 On considère l'équation différentielle suivante :

$$(L) : 2(1-x)^2y'' + (1-x)y' + y = 0.$$

1°) Déterminer les solutions de (L) de la forme $x \mapsto (1-x)^\alpha$ sur $I =]-\infty, 1[$ puis celles de la forme $x \mapsto (x-1)^\alpha$ sur $J =]1, +\infty[$.

2°) Déterminer, si elles existent, les solutions de (L) définies sur $\mathbb{R}$.

◇

12.22 On considère l'équation différentielle suivante :

$$(L) : y'' - y = \frac{1}{\operatorname{ch}^3 x}.$$

1°) Déterminer une base (y_1, y_2) de l'ensemble des solutions de l'équation différentielle homogène associée.

2°) Déterminer une solution particulière de (L) de la forme

$$y_p = C_1 y_1 + C_2 y_2,$$

où C_1 et C_2 sont des fonctions de classe $\mathcal{C}^2$ telles que $C_1' y_1 + C_2' y_2 = 0$ (méthode de variations des constantes).

3°) En déduire l'ensemble des solutions de (L).

◇

12.23 On considère les équations différentielles, définies sur $I =]0, +\infty[$:

$$(L) : x^2y'' - 2xy' + 2y = 2(1 + x\sin x) ; (H) : x^2y'' - 2xy' + 2y = 0.$$

et les fonctions f et g définies sur I par :

$$f(x) = \int_1^x \frac{\sin t}{t}\, dt \text{ et } g(x) = \int_1^x \frac{\sin t}{t^2}\, dt.$$

1°) Déterminer deux solutions y_1 et y_2 de (H) de la forme $y_i : x \mapsto x^b$.

2°) Déterminer, en fonction de f et de g, une solution particulière de (L) de la forme $y_p = C_1 y_1 + C_2 y_2$, où C_1 et C_2 sont des fonctions de classe $\mathcal{C}^2$ telles que $C_1' y_1 + C_2' y_2 = 0$.

3°) En déduire l'ensemble des solutions de (L).

4°) Existe-t-il des solutions prolongeables en 0 ?

◇

12.24 On considère l'équation différentielle suivante, définie sur un intervalle réel I : $(L) : y'' + py' + qy = 0$, où p est une fonction de classe $\mathcal{C}^1$ sur I et q une fonction continue sur I.

1°) Déterminer une relation entre les fonctions p et q pour que l'équation (L) admette deux solutions u_1 et u_2, avec u_1 jamais nulle sur I et telles que : $\forall\, x \in I, u_2(x) = x u_1(x)$.

2°) En déduire l'ensemble des solutions de l'équation différentielle (L) : $xy'' + 2(1-x)y' + (x-2)y = 0$, définies sur l'intervalle $I =]0; +\infty[$.

◇

12.25 On considère l'équation différentielle suivante, définie sur l'intervalle $I =]0, +\infty[$:

$(L) : y'' = \dfrac{y'}{x} + py$, où p est une fonction de classe $\mathcal{C}^1$ sur I.

1°) Détermier une équation différentielle linéaire homogène du premier ordre (H) que doit vérifier la fonction p pour qu'il existe deux solutions u_1 et u_2 de (L) telles que $u_1 u_2 = 1$ (fonction constante égale à 1).

2°) Déterminer alors p et en déduire les solutions de l'équation (L) correspondante.

◇

12.26 On considère l'équation différentielle suivante : $(E) : y'' + xy' + y = 1$.

1°) Déterminer une relation de récurrence vérifiée par la suite $(a_n)_{n \geq 0}$ si la somme de la série entière $\sum\limits_{n \geq 0} a_n x^n$ est solution de l'équation différentielle (E) sur un intervalle ouvert contenant 0.

2°) En déduire explicitement les coefficients a_n correspondants à la solution de l'équation différentielle (E) vérifiant $y(0) = y'(0) = 0$, ainsi que le rayon de convergence de la série entière obtenue.

3°) Exprimer la somme de cette série entière à l'aide de fonctions usuelles.

◇

12.27 On considère l'équation différentielle $(E) : (x^2 - 1)y'' + 6xy' + 6y = 0$, définie sur $I =]-1; 1[$.

1°) Déterminer les solutions de (E) qui sont somme de séries entières.

2°) En déduire l'ensemble des solutions de (E) en fonction d'applications simples.

◇

12.28 On considère l'équation différentielle (E) définie sur $\mathbb{R}_+^*$ par :

$(E) : xy'' - y' + 4x^3 y = 0$.

On va rechercher les solutions de (E) qui sont développables en série entière au voisinage de 0. On note $y : x \mapsto \sum\limits_{n=0}^{+\infty} a_n x^n$ une telle solution, lorsqu'elle existe, et on désigne par R son rayon de convergence.

1°) Montrer qu'il existe une relation de récurrence, que l'on explicitera, entre a_{n+4} et a_n.

2°) En déduire une expression des coefficients a_n en fonction de a_0 et a_2.

3°) Déterminer le rayon de convergence R de la série entière obtenue puis une expression de la solution générale de l'équation différentielle (E) en fonction d'applications simples.

◇

12.29 On considère l'équation différentielle (E) définie sur $]0, 1[$ par :

$(E) : x(x - 1)y'' + 3xy' + y = 0$.

1°) Rechercher une solution de l'équation différentielle (E) exprimée sous la forme d'une somme de série entière.

2°) En déduire l'expression de la solution générale de l'équation différentielle (E).

◇

12.30 On considère l'équation différentielle (E), définie sur $\mathbb{R}_+^*$ par :

$$(E) : xy'' + 2y' + \omega^2 xy = 0, \text{ où } \omega \text{ est une concstante réelle.}$$

1°) Rechercher une solution de l'équation différentielle (E) exprimée sous la forme d'une somme de série entière.

2°) En déduire l'expression de la solution générale de l'équation différentielle (E).

◇

12.31 On considère l'équation différentielle (E), définie sur $]0, 1[$ par :

$$(E) : x^2(1-x)y'' - x(1+x)y' + y = 0.$$

1°) Rechercher une solution de l'équation différentielle (E) exprimée sous la forme d'une somme de série entière.

2°) En déduire l'expression de la solution générale de l'équation différentielle (E).

◇

12.32 Déterminer l'ensemble des fonctions $f : \mathbb{R} \to \mathbb{R}$ de classe $\mathcal{C}^1$ sur $\mathbb{R}$ et vérifiant l'équation : $\forall\, x > 0, f'(x) + f(-x) = \mathrm{e}^x$.

◇

12.33 Déterminer l'ensemble des fonctions $f :]0, +\infty[\to \mathbb{R}$ de classe $\mathcal{C}^1$ sur $\mathbb{R}_+^*$ et vérifiant : $\forall\, x > 0, f'(x) = f\left(\frac{3}{16x}\right)$.

II. INDICATIONS

12.01. On diagonalisera les matrices associées à ces systèmes.

12.02. On pourra écrire le système sous la forme matricielle $Y'(x) = A(x)Y(x)$. La matrice $A(x)$ se diagonalise avec une matrice de passage indépendante de x, donc on peut résoudre ce système avec la même méthode que s'il était à coefficients constants.

12.03. On commencera par diagonaliser la matrice associée à ce système.

12.04. On pourra faire un changement de fonctions inconnues (bien regarder la forme du système).

12.05. On pourra faire le changement de fonction inconnue suivant : $u = x + iy$.

12.06. On pourra déterminer une équation différentielle linéaire du second ordre vérifiée par y, la résoudre, puis en déduire x et z.

12.07. On diagonalisera à chaque fois la matrice associée.

12.08. On cherchera une solution particulière du système (L) de la forme :

$$f(x) = \lambda_1(x)h_1(x) + \lambda_2(x)h_2(x),$$

pour h_1 et h_2 vecteurs solutions indépendants de (H).

12.09. 12.10. On diagonalisera dans $\mathbb{C}$, puis on prendra la partie réelle des solutions obtenues.

12.11. Dans cet exemple, il faut trigonaliser.

12.12. On peut utiliser le principe de superposition des solutions pour les deux dernières équations.

12.13. On pourra chercher des solutions particulières polynômiales.

12.14. On pourra faire le changement de fonction $y = zf$ en justifiant.

12.15. Les solutions «évidentes» sont à chercher parmi les fonctions classiques, telles que $\exp, \ln, \sin, \cos, \ldots$.

12.16. On fera le changement de fonction $y = z \times y_{\boldsymbol{H}}$.

12.19. On pourra chercher une solution particulière de l'équation complète par la méthode de variation de la constante.

12.20. On pourra commencer par chercher les degrés des polynômes solutions.

12.21. Pour obtenir des solutions définies sur $\mathbb{R}$, on cherchera parmi celles définies sur I et J celles qui sont continues et dérivables jusqu'à l'ordre 2 en $x = 1$.

12.22. On a : $\operatorname{th}' = \dfrac{1}{\operatorname{ch}^2}$.

12.23. Pour la dernière question, on pourra montrer que toute solution de (L) vérifie $\lim\limits_{x \to 0} y''(x) = +\infty$.

12.24. On montrera que $u_1' = -\frac{p}{2} u_1$ puis que $u_1'' = \left(\frac{p^2}{4} - \frac{p'}{2}\right) u_1$.

12.25. On montrera que si u_1 et $1/u_1$ sont solutions de (L), alors $(u_1')^2 = p(x)(u_1)^2$.

12.26. Pour retrouver des fonctions usuelles, on pourra penser au développement en série entière de la fonction exponentielle.

12.27. On pourra utiliser la notion de série géométrique et de série géométrique dérivée.

12.29. On pourra remarquer que $\sum\limits_{n=1}^{\infty} n x^n = \dfrac{x}{(1-x)^2}$ pour $|x| < 1$.

12.30. Une fois la question **1)** résolue, on se dit qu'il y avait un piège ...

12.31. On pourra utiliser le changement de fonction $y = \dfrac{x}{1-x} u$.

12.32. On pourra dériver l'équation donnée et obtenir une équation différentielle du second ordre ou alors décomposer f en somme d'une fonction paire et d'une fonction impaire.

12.33. On pourra dériver l'équation donnée et obtenir une équation différentielle homogène du second ordre dont on cherchera des solutions de la forme $x \mapsto x^{\alpha}$.

III. CORRIGÉS DÉTAILLÉS DES EXERCICES

Corrigé 12.01

$$\star\ (L_1) \Longleftrightarrow Y' = AY \text{ pour } A = \begin{pmatrix} 0 & 1 & 1 \\ -1 & 2 & 1 \\ 1 & 0 & 1 \end{pmatrix} \text{ et } Y = {}^t\begin{pmatrix} y_1 & y_2 & y_3 \end{pmatrix}$$

(on écrit la transposée d'une ligne pour gagner de la place !)

$$\text{Or } \chi_A(\lambda = \det(A - \lambda I_3) = \begin{vmatrix} -\lambda & 1 & 1 \\ -1 & 2-\lambda & 1 \\ 1 & 0 & 1-\lambda \end{vmatrix} = \begin{vmatrix} 2-\lambda & 1 & 1 \\ 2-\lambda & 2-\lambda & 1 \\ 2-\lambda & 0 & 1-\lambda \end{vmatrix}$$

$$\chi_A(\lambda) = (2-\lambda)\begin{vmatrix} 1 & 1 & 1 \\ 0 & 1-\lambda & 0 \\ 0 & -1 & -\lambda \end{vmatrix} = (2-\lambda)(1-\lambda)(-\lambda)$$

Donc $\mathrm{Spec}(A) = \{0, 1, 2\}$.

$$E_0(A) = \mathrm{Vect}\begin{pmatrix} 1 \\ 1 \\ -1 \end{pmatrix} ; E_1(A) = \mathrm{Vect}\begin{pmatrix} 0 \\ -1 \\ 1 \end{pmatrix} ; E_2(A) = \mathrm{Vect}\begin{pmatrix} 1 \\ 1 \\ 1 \end{pmatrix}$$

Ainsi, pour $P = \begin{pmatrix} 1 & 0 & 1 \\ 1 & -1 & 1 \\ -1 & 1 & 1 \end{pmatrix}$ et $D = \mathrm{diag}(0, 1, 2)$, on a : $A = PDP^{-1}$ et le système devient : $Y' = PDP^{-1}Y$ ou encore $P^{-1}Y' = DP^{-1}Y$, soit avec $Z = P^{-1}Y$:

$$Z' = DZ, \textit{i.e.} \begin{pmatrix} z_1' \\ z_2' \\ z_3' \end{pmatrix} = \begin{pmatrix} 0 & 0 & 0 \\ 0 & 1 & 0 \\ 0 & 0 & 2 \end{pmatrix}\begin{pmatrix} z_1 \\ z_2 \\ z_3 \end{pmatrix}$$

On a donc :

$$z_1' = 0, z_2' = z_2 \text{ et } z_3' = 2z_3$$

ce qui signifie qu'il existe des constantes k_1, k_2, k_3 (réelles ou complexes selon le contexte) quelconques telles que, pour tout x :

$$z_1(x) = k_1, z_2(x) = k_2\mathrm{e}^x \text{ et } z_3(x) = k_3\mathrm{e}^{2x}$$

et la relation $Y = PZ$ donne alors :

$$\forall x \in \mathbb{R}, Y(x) = \begin{pmatrix} k_1 + k_3\mathrm{e}^{2x} \\ k_1 - k_2\mathrm{e}^x + k_3\mathrm{e}^{2x} \\ -k_1 + k_2\mathrm{e}^x + k_3\mathrm{e}^{2x} \end{pmatrix}$$

$\star$ L'idée est bien entendu la même : $(L_2) : Y' = AY$ pour $A = \begin{pmatrix} 2 & -2 & 1 \\ 2 & -3 & 2 \\ -1 & 2 & 0 \end{pmatrix}$.

Cette fois $\chi_A(\lambda) = \begin{vmatrix} 2-\lambda & -2 & 1 \\ 2 & -3-\lambda & 2 \\ -1 & 2 & -\lambda \end{vmatrix} = \begin{vmatrix} 1-\lambda & -2 & 1 \\ 1-\lambda & -3-\lambda & 2 \\ 1-\lambda & 2 & -\lambda \end{vmatrix}$

donc :

$$\chi_A(\lambda) = (1-\lambda)\begin{vmatrix} 1-\lambda & -2 & 1 \\ 0 & -1-\lambda & 1 \\ 0 & 4 & -\lambda-1 \end{vmatrix} = (1-\lambda)((\lambda+1)^2 - 4)$$

$$= -(\lambda+3)(1-\lambda)^2$$

Puis : $AX = X \iff X \in \mathrm{Vect}\left(\begin{pmatrix} 1 \\ 0 \\ -1 \end{pmatrix}, \begin{pmatrix} 1 \\ 1 \\ 1 \end{pmatrix}\right)$,

$$AX = -3X \iff X \in \mathrm{Vect}\begin{pmatrix} 1 \\ 2 \\ -1 \end{pmatrix}$$

Ainsi la matrice A est encore diagonalisable et pour $P = \begin{pmatrix} 1 & 1 & 1 \\ 0 & 1 & 2 \\ -1 & 1 & -1 \end{pmatrix}$ et $D = \operatorname{diag}(1, 1, -3)$, on a encore $Y' = AY \iff Z' = DZ$, avec $Z = P^{-1}Y$.

On obtient donc $z_1' = z_1, z_2' = z_2$ et $z_3' = -3z_3$, d'où l'existence de constantes k_1, k_2, k_3 quelconques telles que :

$$\forall x \in \mathbb{R}, z_1(x) = k_1 e^x, z_2(x) = k_2 e^x \text{ et } z_3(x) = k_3 e^{-3x}$$

et avec $Y = PZ$:

$$\forall x \in \mathbb{R}, Y(x) = \begin{pmatrix} (k_1 + k_2)e^x + k_3 e^{-3x} \\ k_2 e^x + 2k_3 e^{-3x} \\ (-k_1 + k_2)e^x - k_3 e^{-3x} \end{pmatrix}$$

Corrigé 12.02

On doit résoudre ici le système $Y'(x) = A(x)Y(x)$, avec

$$Y = \begin{pmatrix} y_1 \\ y_2 \end{pmatrix} \text{ et } A = \begin{pmatrix} 2 - x & x - 1 \\ 2 - 2x & 2x - 1 \end{pmatrix}.$$

On va procéder comme pour une matrice à coefficients constants, en espérant ...

Le polynôme caractéristique de $A(x)$ est :

$$\chi_{A(x)}(\lambda) = \begin{vmatrix} 2 - x - \lambda & x - 1 \\ 2 - 2x & 2x - 1 - \lambda \end{vmatrix} = \lambda^2 - (x+1)\lambda + x^2 = (\lambda - 1)(\lambda - x),$$

donc $\operatorname{Spec} A(x) = \{1, x\}$ si $x \neq 1$, et $\operatorname{Spec} A(1) = \{1\}$.

On trouve alors $A \begin{pmatrix} 1 \\ 1 \end{pmatrix} = \begin{pmatrix} 1 \\ 1 \end{pmatrix}$ et $A \begin{pmatrix} 1 \\ 2 \end{pmatrix} = x \begin{pmatrix} 1 \\ 2 \end{pmatrix}$, donc on trouve une matrice de passage diagonalisant $A(x)$ qui ne dépend pas de x :

Pour $P = \begin{pmatrix} 1 & 1 \\ 1 & 2 \end{pmatrix}$, on a $P^{-1}A(x)P = \operatorname{diag}(1, x)$.

Le système s'écrit donc $Y' = PDP^{-1}Y$, et si on pose $Z = P^{-1}Y$, alors comme P ne dépend pas de x, P^{-1} non plus, on a $Z' = P^{-1}Y'$ et le système devient $Z' = DZ$.

Avec $Z = \begin{pmatrix} z_1 \\ z_2 \end{pmatrix}$, on obtient donc $z_1'(x) = z_1(x)$ et $z_2'(x) = xz_2(x)$.

Ce qui donne $z_1(x) = k_1 e^x$ et $z_2(x) = k_2 e^{x^2/2}$, avec k_1 et k_2 constantes arbitraires.

Comme $Y = PZ$, on obtient finalement :

$$Y(x) = \begin{pmatrix} k_1 e^x + k_2 e^{x^2/2} \\ k_1 e^x + 2k_2 e^{x^2/2} \end{pmatrix}$$

[Notez que l'on a pu conclure parce que P ne dépend pas de x, sinon $Z = P^{-1}Y$ donnerait $Z' = (P^{-1})'Y + P^{-1}Y'$ et le nouveau système serait plutôt plus compliqué que l'ancien !]

Corrigé 12.03

On écrit (L) : $Y'' = AY$, avec $A = \begin{pmatrix} -3 & 1 & 1 \\ 1 & -3 & 1 \\ 1 & 1 & -3 \end{pmatrix}$ et $Y = \begin{pmatrix} y_1 \\ y_2 \\ y_3 \end{pmatrix}$.

On a : $A = -4I + J$, où J est la matrice dont tous les coefficients valent 1.

On finit par connaître les éléments propres de l'endomorphisme canoniquement associé à J (le noyau est de dimension 2 et d'équation $x + y + z = 0$ et le sous-espace propre associé à la valeur propre 3 est la droite dirigée par le vecteur $(1,1,1)$)

Donc pour $P = \begin{pmatrix} 1 & 1 & 1 \\ 1 & -1 & 0 \\ 1 & 0 & -1 \end{pmatrix}$ et $D = \text{diag}(-1,-4,-4)$, on a $A = PDP^{-1}$.

(L) devient $Y'' = PDP^{-1}Y$ et $Z = P^{-1}Y$ donne $Z'' = P^{-1}Y''$, ce qui permet d'écrire (L) sous la forme $Z'' = DZ$.

Avec $Z = {}^t\begin{pmatrix} z_1 & z_2 & z_3 \end{pmatrix}$, il vient donc :

$$z_1'' = -z_1 ; z_2'' = -4z_2 \text{ et } z_3'' = -4z_3.$$

dont on obtient immédiatement les solutions, à l'aide de 6 constantes arbitraires :

$$\begin{cases} z_1(x) = A_1 \cos x + B_1 \sin x \\ z_2(x) = A_2 \cos 2x + B_2 \sin 2x \\ z_3(x) = A_3 \cos 2x + B_3 \sin 2x \end{cases}$$

et comme $Y = PZ$, il vient finalement, avec toujours les 6 constantes arbitraires :

$$Y = \begin{pmatrix} A_1 \cos x + B_1 \sin x + (A_2 + A_3) \cos 2x + (B_2 + B_3) \sin 2x \\ A_1 \cos x + B_1 \sin x - A_2 \cos 2x - B_2 \sin 2x \\ A_1 \cos x + B_1 \sin x - A_3 \cos 2x - B_3 \sin 2x \end{pmatrix}$$

Corrigé 12.04

La symétrie entre $y_1(x)$ et $y_2(x)$ nous incite à poser $z_1 = y_1 + y_2$ et $z_2 = y_1 - y_2$. Alors, en faisant la somme et la différence des deux équations de (S), z_1 et z_2 sont solutions du système équivalent suivant :

$$(S') : \begin{cases} z_1''(x) - 2z_1'(x) + z_1(x) = 0 \\ z_2''(x) - z_2(x) = 0 \end{cases}$$

L'équation caractéristique de la première équation est $r^2 - 2r + 1 = 0$ qui admet 1 pour racine double et donc ses solutions sont de la forme : $z_1(x) = (k_1 x + k_2)\mathrm{e}^x$, avec k_1 et k_2 constantes arbitraires.

Les solutions de la deuxième sont les fonctions de la forme $z_2(x) = k_3\mathrm{e}^x + k_4\mathrm{e}^{-x}$, avec k_3, k_4 constantes arbitraires.

On en déduit alors les solutions de (S) :

$$\begin{cases} y_1(x) = \frac{1}{2}(z_1(x) + z_2(x)) = \frac{1}{2}\left[(k_1 x + k_2 + k_3)\mathrm{e}^x + k_4\mathrm{e}^{-x}\right] \\ y_2(x) = \frac{1}{2}(z_1(x) - z_2(x)) = \frac{1}{2}\left[(k_1 x + k_2 - k_3)\mathrm{e}^x - k_4\mathrm{e}^{-x}\right] \end{cases}$$

Avec toujours k_1, k_2, k_3, k_4 constantes arbitraires.

Corrigé 12.05

En posant $u = x + iy$ et en dérivant on trouve : $u' = x' + iy' = ay - iax = -iau$.

Les solutions de l'équation $u' = -iau$ à valeurs dans $\mathbb{C}$ sont les fonctions de la forme $u(t) = k\mathrm{e}^{-iat}$, où k est une constante complexe arbitraire. (on note la variable t, car la lettre x est déjà prise !)
On en déduit alors que $u(t) = (C_1 + iC_2)e^{-iat}$, pour $(C_1, C_2) \in \mathbb{R}^2$.
En séparant les parties réelles et imaginaires, on trouve ainsi :

$$\exists\,(C_1, C_2) \in \mathbb{R}^2, \forall\, t \in \mathbb{R}, \begin{cases} x(t) = C_1\cos(at) + C_2\sin(at) \\ y(t) = C_2\cos(at) - C_1\sin(at) \end{cases}$$

Corrigé 12.06

On remarque ici qu'il est plus facile de procéder par élimination que de passer par la méthode classique de réduction. En effet si (x, y, z) est une solution, y' s'exprime en fonction de x et z, donc y' est dérivable et :

$$\begin{cases} x' = ay \\ y' = -ax + bz \\ z' = -by \end{cases} \Longrightarrow y'' = -ax' + bz' = -a^2y - b^2y = -(a^2 + b^2)y.$$

On en déduit, en posant $\omega = \sqrt{a^2 + b^2} > 0$, qu'il existe des constantes réelles A et B telles que :

$$\forall\, t \in \mathbb{R}, y(t) = A\cos(\omega t) + B\sin(\omega t)$$

Comme $x' = ay$ et $z' = -by$, on en déduit :

$$\forall\, t \in \mathbb{R}, \begin{cases} x(t) = \dfrac{aA}{\omega}\sin(\omega t) - \dfrac{aB}{\omega}\cos(\omega t) + C_1 \\ z(t) = -\dfrac{bA}{\omega}\sin(\omega t) + \dfrac{bB}{\omega}\cos(\omega t) + C_2 \end{cases}$$

Les équations 1 et 3 sont donc alors vérifiées, mais comme on a dérivé, il faut encore regarder si la deuxième équation est ainsi vérifiée. Or $y' = -ax + bz$ s'écrit :

$$\forall\, t \in \mathbb{R}, -A\omega\sin(\omega t) + B\omega\cos(\omega t) = -a\Big(\frac{aA}{\omega}\sin(\omega t) - \frac{aB}{\omega}\cos(\omega t) + C_1\Big) + b\Big(-\frac{bA}{\omega}\sin(\omega t) + \frac{bB}{\omega}\cos(\omega t) + C_2\Big)$$

Comme $a^2 + b^2 = \omega^2$ les lignes trigonométriques disparaissent, et il reste :

$$\forall\, t \in \mathbb{R}, 0 = -aC_1 + bC_2, \text{ soit } C_2 = \tfrac{a}{b}C_1$$

il n'y a plus qu'à remplacer dans l'écriture de z.

Corrigé 12.07

$\star$ On a $Y' = AY + B$, avec $A = \begin{pmatrix} 2 & 0 & 1 \\ 0 & 2 & -1 \\ 1 & -1 & 1 \end{pmatrix}$, $Y = \begin{pmatrix} y_1 \\ y_2 \\ y_3 \end{pmatrix}$ et $B = \begin{pmatrix} 1 \\ 0 \\ 0 \end{pmatrix}$.

On commence comme d'habitude :

$$\chi_A(\lambda) = \det(A - \lambda I_3) = \begin{vmatrix} 2-\lambda & 0 & 1 \\ 0 & 2-\lambda & -1 \\ 1 & -1 & 1-\lambda \end{vmatrix}$$

$$= (2-\lambda)[(2-\lambda)(1-\lambda) - 1] - (2-\lambda) = (2-\lambda)(\lambda^2 - 3\lambda)$$

Donc $\mathrm{Spec}(A) = \{0, 2, 3\}$.
En notant a l'endomorphisme de $\mathbb{R}^3$ caniquement associé à A, on trouve alors

$E_{(0)}(a) = \mathrm{Vect}(-1,1,2)$; $E_{(2)}(a) = \mathrm{Vect}(1,1,0)$; $E_{(3)}(a) = \mathrm{Vect}(1,-1,1)$

Ainsi, avec $P = \begin{pmatrix} -1 & 1 & 1 \\ 1 & 1 & -1 \\ 2 & 0 & 1 \end{pmatrix}$ et $D = \mathrm{diag}(0,2,3)$, on obtient $A = PDP^{-1}$

et le système qui s'écrit : $Y' = PDP^{-1}Y + B$, devient :

$P^{-1}Y' = DP^{-1}Y + P^{-1}B$, soit :

$$Z' = DZ + P^{-1}B, \text{ en posant } P^{-1}Y = Z = {}^t\begin{pmatrix} z_1 & z_2 & z_3 \end{pmatrix}$$

Et comme le système n'est pas homogène, on a besoin ici de P^{-1}.

Toute méthode donne $P^{-1} = \frac{1}{6}\begin{pmatrix} -1 & 1 & 2 \\ 3 & 3 & 0 \\ 2 & -2 & 2 \end{pmatrix}$ et $P^{-1}B = \frac{1}{6}\begin{pmatrix} -1 \\ 3 \\ 2 \end{pmatrix}$.

On est donc ramené à la résolution du système (L_1') : $\begin{cases} z_1' = 0 - \frac{1}{6} \\ z_2' = 2z_2 + \frac{1}{2} \\ z_3' = 3z_3 + \frac{1}{3} \end{cases}$

On obtient immédiatement les solutions de la partie homogène :

$$z_1(x) = k_1, z_2(x) = k_2\mathrm{e}^{2x}, z_3(x) = k_3\mathrm{e}^{3x}, (k_1,k_2,k_3) \in \mathbb{R}^3$$

ainsi qu'une solution particulière de l'équation complète :

$$z_1(x) = -\frac{x}{6}, z_2(x) = -\frac{1}{4} \text{ et } z_3(x) = -\frac{1}{9}$$

On obtient alors la solution générale du système

$$(L_1') : Z(x) = \begin{pmatrix} k_1 - \frac{x}{6} \\ k_2\mathrm{e}^{2x} - \frac{1}{4} \\ k_3\mathrm{e}^{3x} - \frac{1}{9} \end{pmatrix}, \forall (k_1,k_2,k_3) \in \mathbb{R}^3,$$

ce qui nous donne finalement les solutions de (L_1) :

$$Y(x) = PZ(x) = \begin{pmatrix} -k_1 + k_2\mathrm{e}^{2x} + k_3\mathrm{e}^{3x} + \frac{x}{6} - \frac{13}{36} \\ k_1 + k_2\mathrm{e}^{2x} - k_3\mathrm{e}^{3x} - \frac{x}{6} - \frac{5}{36} \\ 2k_1 + k_3\mathrm{e}^{3x} - \frac{x}{3} - \frac{1}{9} \end{pmatrix}$$

$\star$ On a (L_2) : $Y'(x) = AY(x) + B(x)$, pour $A = \begin{pmatrix} 0 & 1 & 1 \\ 1 & 0 & 1 \\ 1 & 1 & 0 \end{pmatrix}$, Y et B ayant leurs sens habituels.

La réduction de la matrice $A + I_3$ finit par être connue (0 valeur prore double, 3 valeur propre simple,...) et on obtient :

$A = PDP^{-1}$, pour $P = \begin{pmatrix} 1 & 0 & 1 \\ 0 & 1 & 1 \\ -1 & -1 & 1 \end{pmatrix}$ et $D = \mathrm{diag}(-1,-1,2)$.

On a alors :

$(L_2) \Longleftrightarrow Y' = PDP^{-1}Y + B(x) \Longleftrightarrow P^{-1}Y' = DP^{-1}Y + P^{-1}B(x)$

$(L_2) \iff Z' = DZ + P^{-1}B(x)$, en posant $P^{-1}Y = Z = {}^t\begin{pmatrix} z_1 & z_2 & z_3 \end{pmatrix}$.

Or $P^{-1} = \frac{1}{3}\begin{pmatrix} 2 & -1 & -1 \\ -1 & 2 & -1 \\ 1 & 1 & 1 \end{pmatrix}$ et $P^{-1}B(x) = \begin{pmatrix} (2 - x - x^2)e^{-x} \\ (-1 + 2x - x^2)e^{-x} \\ (1 + x + x^2)e^{-x} \end{pmatrix}$,

donc on est ramené à résoudre le système équivalent :

$$(L_2') : \begin{cases} z_1'(x) = -z_1(x) + (2 - x - x^2)e^{-x} \\ z_2'(x) = -z_2(x) + (-1 + 2x - x^2)e^{-x} \\ z_3'(x) = 2z_3(x) + (1 + x + x^2)e^{-x} \end{cases}$$

On obtient immédiatement les solutions de la partie homogène :

$$z_1(x)k_1e^{-x}, z_2(x)k_2e^{-x}, z_3(x)k_3e^{2x}, (k_1, k_2, k_3) \in \mathbb{R}^3$$

puis, comme $x \mapsto e^{-x}$ est solution des deux premières équations homogènes précédentes, on cherche une solution particulière de chacune sous la forme $x \mapsto P(x)e^{-x}$, avec P de degré inférieur ou égal à 3 pour les deux premières et de degré inférieur ou égal à 2 pour la dernière (on peut aussi appliquer la méthode de variation de la constante, ce qui revient exactement au même).

On trouve alors, en ajoutant les solutions ainsi trouvées à la solution générale de l'équation homogène :

$$Z(x) = \begin{pmatrix} (2x - \frac{x^2}{2} - \frac{x^3}{3} + k_1)e^{-x} \\ (-x + x^2 - \frac{x^3}{3} + k_2)e^{-x} \\ -(\frac{14}{27} + \frac{5}{9}x + \frac{x^2}{3})e^{-x} + k_3e^{2x} \end{pmatrix}, (k_1, k_2, k_3) \in \mathbb{R}^3$$

ce qui nous donne finalement les solutions de (L_2) :

$$Y(x) = PZ(x) = \begin{pmatrix} (-\frac{14}{27} + \frac{13}{9}x - \frac{5}{6}x^2 - \frac{x^3}{3} + k_1)e^{-x} + k_3e^{2x} \\ (-\frac{14}{27} - \frac{14}{9}x + \frac{2}{3}x^2 - \frac{x^3}{3} + k_2)e^{-x} + k_3e^{2x} \\ (-\frac{14}{27} - \frac{14}{9}x - \frac{5}{6}x^2 + \frac{2}{3}x^3 - k_1 - k_2)e^{-x} + k_3e^{2x} \end{pmatrix}$$

Corrigé 12.08

1°) Une exponentielle n'étant jamais nulle, la connaissance de z_1 et z_2, dérivables sur $\mathbb{R}$, détermine y_1 et y_2 dérivables sur $\mathbb{R}$:

$$y_1(x) = z_1(x)e^{x^2} \text{ et } y_2(x) = z_2(x)e^{x^2}$$

et, en remplaçant, (H) devient :

$$(H') : \begin{cases} (z_1' + 2xz_1)e^{x^2} = (2xz_1 - z_2)e^{x^2} \\ (z_2' + 2xz_2)e^{x^2} = (z_1 + 2xz_2)e^{x^2} \end{cases}, \text{ soit : } \begin{cases} z_1' = -z_2 \\ z_2' = z_1 \end{cases}$$

On résout ensuite le système (H') de façon classique, par exemple à l'aide de la matrice $A = \begin{pmatrix} 0 & -1 \\ 1 & 0 \end{pmatrix}$ semblable à $D = \operatorname{diag}(i, -i)$ et on obtient les solutions :

$$Z(x) = \begin{pmatrix} z_1(x) \\ z_2(x) \end{pmatrix} = \alpha\begin{pmatrix} \cos x \\ \sin x \end{pmatrix} + \beta\begin{pmatrix} -\sin x \\ \cos x \end{pmatrix}$$

D'où les solutions de (H) :

$$Y(x) = \begin{pmatrix} y_1(x) \\ y_2(x) \end{pmatrix} = \alpha \begin{pmatrix} e^{x^2} \cos x \\ e^{x^2} \sin x \end{pmatrix} + \beta \begin{pmatrix} -e^{x^2} \sin x \\ e^{x^2} \cos x \end{pmatrix} = \alpha Y_1(x) + \beta Y_2(x)$$

α et β étant deux réels quelconques.

2°) On cherche une solution particulière du système (L) de la forme

$$Y(x) = \begin{pmatrix} y_1(x) \\ y_2(x) \end{pmatrix} = \alpha(x)Y_1(x) + \beta(x)Y_2(x)$$

On dérive alors Y, on place le résultat dans (L), et on obtient :

$$\begin{cases} \alpha'(x)\cos(x)e^{x^2} - \beta'(x)\sin(x)e^{x^2} = x\cos x \\ \alpha'(x)\sin(x)e^{x^2} + \beta'(x)\cos(x)e^{x^2} = x\sin x \end{cases}$$

Le déterminant de ce système vaut $e^{2x^2} \neq 0$ et des manipulations du genre $L_2 \leftarrow \sin x L_2 + \cos x L_1$ donnent alors : $\alpha'(x) = xe^{-x^2}$ et $\beta'(x) = 0$.

Une solution particulière est donc obtenue pour $\alpha(x) = -\frac{1}{2}e^{-x^2}$ et $\beta(x) = 0$.

La solution générale de l'équation est donc :

$$\begin{cases} y_1(x) = \alpha\cos(x)e^{x^2} - \beta\sin(x)e^{x^2} - \dfrac{1}{2}\cos(x) \\ y_2(x) = \alpha\sin(x)e^{x^2} + \beta\cos(x)e^{x^2} - \dfrac{1}{2}\sin(x) \end{cases}, (\alpha,\beta) \in \mathbb{R}^2$$

Corrigé 12.09

$$(L) : Y' = AY \text{ pour } A = \begin{pmatrix} 1 & 1 & 0 \\ -1 & 2 & 1 \\ 1 & 0 & 1 \end{pmatrix} \text{ et } Y = \begin{pmatrix} y_1 \\ y_2 \\ y_3 \end{pmatrix}$$

On a $\chi_A(\lambda) = \det(A - \lambda I_3) = \begin{vmatrix} 1-\lambda & 1 & 0 \\ -1 & 2-\lambda & 1 \\ 1 & 0 & 1-\lambda \end{vmatrix}$

en développant suivant la deuxième colonne :

$\chi_A(\lambda) = (2-\lambda) + (2-\lambda)(1-\lambda)^2) = (2-\lambda)((\lambda-1)^2+1)$

Ainsi A n'est pas $\mathbb{R}$-diagonalisable, ni même $\mathbb{R}$-trigonalisable, mais en revanche est $\mathbb{C}$-diagonalisable puisqu'elle admet trois valeurs propres : $2, 1+i, 1-i$.

On trouve ensuite :

$$A = PDP^{-1}, \text{ pour } P = \begin{pmatrix} 1 & 1 & 1 \\ 1 & i & -i \\ 1 & -i & i \end{pmatrix} \text{ et } D = \text{diag}(2, 1+i, 1-i)$$

Alors : $(L) : Y' = PDP^{-1}Y$, soit $Z' = DZ$, avec $Z = P^{-1}Y = {}^t(\,z_1 \quad z_2 \quad z_3\,)$

On est donc ramené à résoudre le système équivalent suivant :

$$(L') : \begin{cases} z_1' = 2z_1 \\ z_2' = (1+i)z_2 \\ z_3' = (1-i)z_3 \end{cases}, \text{ d'où : } \begin{cases} z_1(x) = k_1e^{2x} \\ z_2(x) = k_2e^{(1+i)x} \\ z_3(x) = k_3e^{(1-i)x} \end{cases}$$

où k_1, k_2, k_3 sont des constantes quelconques, *a priori* complexes.

ce qui nous donne finalement les solutions de (L) à valeurs dans $\mathbb{C}$:

$$Y(x) = PZ(x) = \begin{pmatrix} k_1 e^{2x} + k_2 e^{(1+i)x} + k_3 e^{(1-i)x} \\ k_1 e^{2x} + ik_2 e^{(1+i)x} - ik_3 e^{(1-i)x} \\ k_1 e^{2x} - ik_2 e^{(1+i)x} + ik_3 e^{(1-i)x} \end{pmatrix}$$

Si on veut les solutions à valeurs réelles, on explicite les solutions précédentes comme combinaisons des fonctions $x \mapsto e^{2x}, x \mapsto e^x \cos x$ et $x \mapsto e^x \sin x$, et avec $A = k_1 + k_3$, $B = i(k_2 - k_3)$, il vient :

$$Y(x) = PZ(x) = \begin{pmatrix} k_1 e^{2x} + e^x(A\cos x + B\sin x) \\ k_1 e^{2x} + e^x(B\cos x - A\sin x) \\ k_1 e^{2x} + e^x(-B\cos x + A\sin x) \end{pmatrix}, k_1, A, B \text{ réels}$$

Corrigé 12.10

(L) s'écrit : $Y' = AY + B(x)$, avec $A = \begin{pmatrix} 1 & -1 \\ 1 & 1 \end{pmatrix}, Y = \begin{pmatrix} y_1 \\ y_2 \end{pmatrix}, B(x) = \begin{pmatrix} 1 \\ x \end{pmatrix}$.

Or $\chi_A = \det(A - \lambda I_2) = (1-\lambda)^2 + 1 = (\lambda - 1 - i)(\lambda - 1 + i)$, d'où :

$\mathrm{Spec}(A) = \{1 - i, 1 + i\}$. On trouve ensuite $E_{(1+i)}(A) = \mathrm{Vect}\begin{pmatrix} 1 \\ -i \end{pmatrix}$ et donc, par conjugaison, $E_{(1-i)}(A) = \mathrm{Vect}\begin{pmatrix} 1 \\ i \end{pmatrix}$.

Par conséquent, avec $P = \begin{pmatrix} 1 & 1 \\ i & -i \end{pmatrix}$, on a :

$$P^{-1} = \frac{1}{2}\begin{pmatrix} 1 & -i \\ 1 & i \end{pmatrix} \text{ et } P^{-1}AP = \mathrm{diag}(1-i, 1+i)$$

On a alors :

$(L) \iff Y' = PDP^{-1}Y + B \iff P^{-1}Y' = DP^{-1}Y + P^{-1}B$

$\iff Z' = DZ + P^{-1}B$, en posant $P^{-1}Y = Z = \begin{pmatrix} z_1 \\ z_2 \end{pmatrix}$.

On a : $P^{-1}B = \frac{1}{2}\begin{pmatrix} 1 - ix \\ 1 + ix \end{pmatrix}$, donc on est ramené à résoudre le système équivalent suivant :

$$(L') : \begin{cases} z_1' = (1-i)z_1 + \frac{1}{2}(1 - ix) \\ z_2' = (1+i)z_2 + \frac{1}{2}(1 + ix) \end{cases}$$

On obtient alors par la technique habituelle (ou par conjugaison pour éviter quelques calculs, ou les deux pour vérifier ses calculs) :

$$\begin{cases} z_1(x) = k_1 e^{(1-i)x} + \dfrac{i-1}{4}x - \dfrac{i+2}{4} \\ z_2(x) = k_2 e^{(1+i)x} - \dfrac{i+1}{4}x + \dfrac{i-2}{4} \end{cases}$$

puis : $\begin{cases} y_1(x) = k_1 e^{(1-i)x} + k_2 e^{(1+i)x} - \frac{x}{2} - 1 \\ y_2(x) = i(k_1 e^{(1-i)x} - k_2 e^{(1+i)x}) - \frac{x}{2} + \frac{1}{2} \end{cases}$

où k_1 et k_2 sont des constantes *a priori* complexes.

Si on ne veut que les solutions réelles, il faut développer les exponentielles et écrire :

$$\begin{cases} y_1(x) = e^x((k_1+k_2)\cos x) + i(k_2-k_1)\sin x) - \frac{x}{2} - 1 \\ y_2(x) = e^x(i(k_1-k_2)\cos x + (k_1+k_2)\sin x) - \frac{x}{2} + \frac{1}{2} \end{cases}$$

En posant $A = k_1 + k_2$ et $B = i(k_2 - k_1)$ et en se limitant donc à A et B constantes réelles, les solutions à valeurs réelles sont donc :

$$\begin{cases} y_1(x) = e^x(A\cos x) + B\sin x) - \frac{x}{2} - 1 \\ y_2(x) = e^x(-B\cos x + A\sin x) - \frac{x}{2} + \frac{1}{2} \end{cases}$$

Corrigé 12.11

On a : $(L) \iff Y' = AY$ pour $A = \begin{pmatrix} -1 & 2 & 0 \\ 2 & 2 & -3 \\ -2 & 2 & 1 \end{pmatrix}, Y = \begin{pmatrix} y_1 \\ y_2 \\ y_3 \end{pmatrix}$.

$\star$ On obtient :

$\chi_A(\lambda) = \det(A - \lambda I_3) = \begin{vmatrix} -1-\lambda & 2 & 0 \\ 2 & 2-\lambda & -3 \\ -2 & 2 & 1-\lambda \end{vmatrix} = -\lambda(1-\lambda)^2$, d'où $\mathrm{Spec}(A) = \{0, 1\}$. On trouve ensuite :

$$E_0 = \mathrm{Vect}\left({}^t\begin{pmatrix} 2 & 1 & 2 \end{pmatrix}\right) \text{ et } E_1 = \mathrm{Vect}\left({}^t\begin{pmatrix} 1 & 1 & 1 \end{pmatrix}\right)$$

La matrice A n'est donc pas diagonalisable et on complète la famille (libre) précédente par la colonne ${}^t\begin{pmatrix} 0 & 0 & 1 \end{pmatrix}$ pour obtenir une base de $\mathcal{M}_{3,1}(\mathbb{R})$ et la matrice de passage :

$$P = \begin{pmatrix} 2 & 1 & 0 \\ 1 & 1 & 0 \\ 2 & 1 & 1 \end{pmatrix}$$

On obtient ainsi la matrice équivalente à A suivante :

$$T = P^{-1}AP = \begin{pmatrix} 0 & 0 & 3 \\ 0 & 1 & -6 \\ 0 & 0 & 1 \end{pmatrix}$$

On a alors :

$$(L) \iff Y' = PTP^{-1}Y \iff P^{-1}Y' = TP^{-1}Y \iff Z' = TZ$$

en posant $P^{-1}Y = Z = {}^t\begin{pmatrix} z_1 & z_2 & z_3 \end{pmatrix}$.

On est ramené à résoudre le système équivalent suivant :

$$(L') : \begin{cases} z_1' = 3z_3 \\ z_2' = z_2 - 6z_3 \\ z_3' = z_3 \end{cases}$$

On résout ce système en remontant les équations et on en trouve la solution générale :

$\to$ $z_3(x) = k_1 e^x$;

$\to$ En résolvant l'équation homogène associée, puis en appliquant le principe de superposition (en remplaçant z_3 par l'expression que l'on vient d'obtenir), il vient :

$$z_2(x) = k_2 e^x - 6k_1 x e^x \ ;$$

$\to$ Enfin $z_1' = 3k_1 e^x$ donne par primitivation :

$$z_1(x) = 3k_1 e^x + k_3 \ ;$$

Ce qui nous donne finalement les solutions de (L) :

$$Y = \begin{pmatrix} y_1 \\ y_2 \\ y_3 \end{pmatrix} = PZ = \begin{pmatrix} 2z_1 + z_2 \\ z_1 + z_2 \\ 2z_1 + z_2 + z_3 \end{pmatrix}, \text{ Il n'y a plus qu'à remplacer} \ldots$$

Corrigé 12.12

1°) On commence par résoudre l'équation homogène $y'' - 4y' + 3y = 0$.

Son équation caractéristique est $r^2 - 4r + 3 = 0$, dont les racines sont 1 et 3. Les solutions de l'équation homogène sont donc les fonctions

$y_H : x \mapsto \lambda e^x + \mu e^{3x}$, λ, μ réels quelconques.

Or -1 n'est pas racine de l'équation caractéristique, donc on va chercher une solution particulière sous la forme $y(x) = (ax + b)e^{-x}$.

En dérivant, on trouve $y'(x) = (-ax+(-b+a))e^{-x}$ et $y''(x) = (ax+(b-2a))e^{-x}$, donc en replongeant tout ceci dans l'équation différentielle, on trouve que a et b valent : $a = \dfrac{1}{4}$ et $b = \dfrac{5}{16}$

On en déduit une solution particulière y_p définie par $y_p(x) = \left(\frac{x}{4} + \frac{5}{16}\right)e^{-x}$.

Conclusion, les solutions de l'équation complète sont les fonctions de la forme :

$$y : x \mapsto \left(\frac{x}{4} + \frac{5}{16}\right)e^{-x} + \lambda e^x + \mu e^{3x}, \lambda, \mu \text{ réels}$$

2°) On commence par résoudre l'équation homogène $y'' - 2y + y = 0$. Son équation caractéristique associée est $r^2 - 2r + 1 = 0$ qui admet 1 comme racine double.

La solution générale de l'équation homogène est donc :

$$y_H : x \mapsto (Ax + B)e^x, A, B \text{ réels}$$

On cherche une solution particulière de l'équation générale en utilisant le principe de superposition des solutions.

$\rightarrow$ On commence donc par chercher une solution de $y'' - 2y' + y = (x^2 + 1)e^x$.

On la cherche sous la forme $y_{p_1}(x) = P(x)e^x$ avec P fonction polynômiale. On dérive alors deux fois et on obtient :

$$y'_{p_1}(x) = \big(P'(x) + P(x)\big)e^x \text{ et } y''_{p_1}(x) = \big(P''(x) + 2P'(x) + P(x)\big)e^x$$

ce qui nous donne alors : $y''_{p_1}(x) - 2y'_{p_1}(x) + y_{p_1}(x) = P''(x)e^x = (x^2 + 1)e^x$

On obtient donc comme solution particulière : $y_{p_1}(x) = \left(\frac{x^4}{12} + \frac{x^2}{2}\right)e^x$.

$\rightarrow$ On cherche maintenant une solution particulière y_{p_2} de $y'' - 2y' + y = e^{3x}$. Comme cette fois-ci 3 n'est pas racine de l'équation caractéristique, on cherche une solution particulière sous la forme $y_{p_2}(x) = \alpha e^{3x}$.

On obtient, en l'introduisant dans l'équation : $(9\alpha - 6\alpha + \alpha)e^x = e^x$ et $\alpha = \dfrac{1}{4}$, ce qui nous donne donc $y_{p_2}(x) = \dfrac{e^{3x}}{4}$.

Les solutions de l'équation complète sont donc les fonctions de la forme :

$$y : x \mapsto \left(\frac{x^4}{12} + \frac{x^2}{2} + Ax + B\right)e^x + \frac{e^{3x}}{4}, A, B \text{ réels}$$

3°) Soit l'équation homogène $y'' - 4y' + 3y = 0$ dont l'équation caractéristique associée est $r^2 - 4r + 3 = 0$. Ses racines sont 1 et 3, donc la solution générale de l'équation « sans second membre » est :

$$y_H : x \mapsto \lambda e^x + \mu e^{3x},\ \lambda, \mu \text{ réels}$$

On cherche ensuite une solution particulière en utilisant encore le principe de superposition des solutions.

→ On cherche donc d'abord une solution de $y'' - 4y' + 3y = x^2 e^x$. Puisque 1 est racine simple de l'équation caractéristique, on cherche une solution sous la forme $y_{p_1}(x) = (ax^3 + bx^2 + cx)e^x$. En dérivant et en identifiant, on trouve :

$$y_{p_1}(x) = -\big(\frac{1}{6}x^3 + \frac{1}{4}x^2 + \frac{1}{2}x\big)e^x$$

On cherche ensuite une solution particulière y_{p_2} de $y'' - 4y' + 3y = xe^{2x}\cos x$.

On cherche d'abord une solution particulière y_C de $y'' - 4y' + 3y = xe^{(2+i)x}$ dont on en prendra ensuite la partie réelle.

Comme $2+i$ n'est pas solution de l'équation caractéristique, on cherche une solution sous la forme $y_C(x) = (ax + b)e^{(2+i)x}$.

Après dérivation et identification, on obtient ainsi :

$$y_C(x) = \big(-\frac{1}{2}x - \frac{i}{2}\big)e^{(2+i)x} = e^{2x}\big(-\frac{1}{2}x - \frac{i}{2}\big)(\cos x + i\sin x)$$

dont la partie réelle correspond à la solution particulière y_{p_2} recherchée. On trouve ainsi :

$$y_{p_2} : x \mapsto \big(-\frac{x}{2}\cos x + \frac{1}{2}\sin x\big)e^{2x}$$

En conclusion, la solution générale de l'équation différentielle complète est donnée par :

$$y : x \mapsto -\big(\frac{1}{6}x^3 + \frac{1}{4}x^2 + \frac{1}{2}x + \lambda\big)e^x + \big(-\frac{x}{2}\cos x + \frac{1}{2}\sin x\big)e^{2x} + \mu e^{3x}$$

où λ et μ sont des réels quelconques.

Corrigé 12.13

1°) On commence par résoudre l'équation homogène $y'' - 2y' + y = 0$. Son équation caractéristique est $r^2 - 2r + 1 = 0$, dont 1 est racine double.

La solution générale de l'équation homogène est donc de la forme :

$$y_H : x \mapsto (\lambda + \mu x)e^x,\ \lambda, \mu \text{ réels quelconques}$$

Comme 0 n'est pas racine de l'équation caractéristique, on va chercher une solution particulière sous la forme d'un polynôme de degré 1. On voit alors que $x \mapsto x + 2$ est solution (si on ne voit pas, on pose $y(x) = ax + b$ et on remplace ...)

Les solutions de l'équation différentielle, sont donc les fonctions de la forme :

$$y_G : x \mapsto (\lambda + \mu x)e^x + (x + 2)$$

Si on ajoute les conditions $y(0) = y'(0) = 0$, on obtient les équations :

$\begin{cases} \lambda + 2 = 0 \\ \lambda + \mu + 1 = 0 \end{cases}$, soit $\lambda = -2, \mu = 1$ et **la** solution est :

$$y : x \mapsto (x - 2)e^x + (x + 2)$$

2°) L'équation homogène $y''+9y=0$ admet pour équation caractéristique associée $r^2+9=0$, dont les racines sont les nombres complexes $3i$ et $-3i$.
Les solutions réelles de l'équation homogène sont donc les fonctions de la forme :

$$y_H : x \mapsto A\cos(3x)+B\sin(3x),\ A, B \text{ réels quelconques}$$

On cherche ensuite une solution particulière sous la forme d'un polynôme de degré 1. Là on doit voir que $x \mapsto \frac{1}{9}(x+1)$ est solution et la solution générale de l'équation complète est :

$$y_G : x \mapsto A\cos(3x)+B\sin(3x)+\frac{x+1}{9},\ A, B \text{ réels}$$

La condition $y(0)=0$ implique $A=-\frac{1}{9}$, donc les solutions du problème différentiel sont les fonctions :

$$y : x \mapsto B\sin(3x)+\frac{x+1-\cos(3x)}{9},\ B \in \mathbb{R}$$

Corrigé 12.14

$\star$ Soit $f : x \mapsto \tan x$, alors :

$$f'(x)=\frac{1}{\cos^2 x}=1+\tan^2 x \text{ et } f''(x)=2\tan x\times\frac{1}{\cos^2 x}, \text{ donc on a :}$$

$$f''(x)\cos^2 x-2f(x)=2\tan x-2\tan x=0$$

et f est bien solution sur le domaine considéré.
$\star$ On pose alors $z=\dfrac{y}{f}$ et si y est deux fois dérivable, il en est de même de z. Puis :
$y=zf \implies y'=z'f+zf'$ et $y''=z''f+2z'f'+zf''$, ce qui nous donne, compte-tenu du fait que f est solution de (H) :

$$\cos^2 x(z''f+2z'f'+zf'')-2zf=0, \text{ soit } z''\sin x\cos x+2z'=0 \quad (*)$$

Cette nouvelle équation différentielle est donc linéaire du premier ordre en z' et il nous faut trouver une primitive de $\varphi : x \mapsto -\dfrac{2}{\sin x\cos x}$:
Pour éviter le recours à des formules de trigonométrie sophistiquées, on peut écrire :

$$\frac{1}{\sin x\cos x}=\frac{\sin^2 x+\cos^2 x}{\sin x\cos x}=\frac{\sin x}{\cos x}+\frac{\cos x}{\sin x}$$

Donc $\Phi : x \mapsto 2\ln\cos x-2\ln\sin x=-\ln(\tan^2 x)$ est une primitive de φ, et $(*)$ donne :

$$\exists\, k\in\mathbb{R}, z'(x)=k\exp(-\ln(\tan^2 x))=\frac{k}{\tan^2 x}=k\times\frac{1-\sin^2 x}{\sin^2 x}$$

Or la dérivée de $x \mapsto \dfrac{\cos x}{\sin x}$ est $x \mapsto -\dfrac{1}{\sin^2 x}$ et on obtient donc :

$$\exists\,(k_1,k_2)\in\mathbb{R}^2, z(x)=-k_1\left(\frac{\cos x}{\sin x}+x\right)+k_2$$

Finalement :

$$\exists\,(A,B)\in\mathbb{R}^2, \forall x\in\left]-\pi/2,\pi/2\right[, y : x \mapsto A(1+x\tan x)+B\tan x$$

Corrigé 12.15

$\star$ On remarque : $x-(3+x)+3=0$, donc la fonction $f : x \mapsto \mathrm{e}^x$ est une solution de (H).

$\star$ On pose alors $z(x) = y(x)e^{-x}$, donc si y est deux fois dérivable il en est de même de z, et : $y(x) = z(x)e^{x} \implies y'(x) = (z'(x) + z(x))e^{x}$ et $y''(x) = (z''(x) + 2z'(x) + z(x))e^{x}$, ce qui nous donne en remplaçant dans l'éqquation différentielle, compte-tenu du fait que f est solution de (H_1) :

y solution de $(H_1) \iff \forall x > 0, xz''(x) + (x-3)z'(x) = 0$ ou

$$z''(x) = (\frac{3}{x} - 1)z'(x)$$

On en déduit : $\exists k_1 \in \mathbb{R}, \forall x > 0, z'(x) = k_1 \exp(3\ln x - x) = k_1 x^3 e^{-x}$.

On en déduit que z de la forme $k_1(ax^3 + bx^2 + cx + d)e^{-x} + k_2$. En dérivant cette expression et en identifiant avec $k_1 x^3 e^{-x}$, on trouve : $a = -1, b = -3, c = -6$ et $d = -6$.

Ainsi : $z(x) = -k_1\big(x^3 + 3x^2 + 6x + 6\big)e^{-x} + k_2$

Par conséquent les solutions de (H) sont les fonctions :

$$y : x \mapsto k_1(x^3 + 3x^2 + 6x + 6) + k_2 e^{x},\ k_1, k_2 \text{ constantes réelles.}$$

[On aurait aussi pu chercher une solution polynomiale en commençant par démontrer qu'elle était alors nécessairement de degré 3.*]*

Corrigé 12.16

1°) $\star$ Si $y_H : x \mapsto x^n$ est solution de $(H_1) : xy'' + 2(x+1)y' + 2y = 0$, alors on obtient :

$$\forall x \in I, (n^2 + n)x^{n-1} + 2(n+1)x^n = 0$$

Ce qui est vérifié pour $n = -1$ et donc la solution annoncée est $y_H : x \mapsto \dfrac{1}{x}$.

$\star$ On pose alors $z(x) = xy(x)$ et si y est solution de (L_1), la fonction z est deux fois dérivable sur I, ce qui permet d'écrire :

$$y(x) = \frac{1}{x}z(x), y'(x) = -\frac{1}{x^2}z(x) + \frac{1}{x}z'(x), y''(x) = \frac{2}{x^3}z(x) - \frac{2}{x^2}z'(x) + \frac{1}{x}z(x)$$

et l'équation (L_1) devient :

$$z''(x) + 2z'(x) = 1 - e^{-2x}$$

$\rightarrow$ L'équation homogène associée a pour solution générale $x \mapsto ke^{-2x}$

$\rightarrow$ $z''(x) + 2z'(x) = 1$ admet $z' : x \mapsto \dfrac{1}{2}$ pour solution évidente.

$\rightarrow$ Par la méthode des coefficients indéterminés, $z''(x) + 2z'(x) = e^{-2x}$ admet $z' : x \mapsto xe^{-2x}$ pour solution.

Par superposition la solution générale de (L_1) est :

$$z' : x \mapsto k_1 e^{-2x} + \frac{1}{2} - xe^{-2x},\ k_1 \in \mathbb{R}$$

On primitive ensuite cette expression et on obtient ainsi :

$$z(x) = -\frac{k_1}{2}e^{-2x} + \frac{1}{2}x + (\frac{1}{2}x + \frac{1}{4})e^{-2x} + k_2,\ (k_1, k_2) \in \mathbb{R}^2$$

et la solution générale de (L_1) est $y : x \mapsto \dfrac{z(x)}{x}$.

2°) Comme $(x+1) - 2 + (1-x) = 0$, $y_H : x \mapsto e^{x}$ est solution de (H_2).

On pose alors $z(x) = y(x)\mathrm{e}^{-x}$, c'est-à-dire $y(x) = z(x)\mathrm{e}^{x}$ et on obtient l'équation différentielle linéaire du premier ordre vérifiée par z' suivante :

$$(x+1)z'' + 2xz' = 2xe^{-2x}$$

$z'' = -\dfrac{2x}{1+x}z' = (\dfrac{2}{x+1} - 2)z'$ a pour solution générale :

$$x \mapsto k\exp\big(2\ln(x+1) - 2x\big) = k(x+1)^2\mathrm{e}^{-2x}$$

et une solution particulière de l'équation complète est $z' : x \mapsto -(2x+1)\mathrm{e}^{-2x}$.

La solution générale est donc :

$$z' : x \mapsto k(x+1)^2\mathrm{e}^{-2x} - (2x+1)\mathrm{e}^{-2x}, k \in \mathbb{R}$$

Par primitivation on obtient ainsi :

$$z(x) = k_1\big(x^2 + 3x + \tfrac{5}{2}\big)\mathrm{e}^{-2x} + (x+1)\mathrm{e}^{-2x} + k_2, (k_1, k_2) \in \mathbb{R}^2$$

On en conclut alors que :

$$y : x \mapsto k_1\big(x^2 + 3x + \tfrac{5}{2}\big)\mathrm{e}^{-x} + (x+1)\mathrm{e}^{-x} + k_2\mathrm{e}^{x}, (k_1, k_2) \in \mathbb{R}^2$$

Corrigé 12.17

1°) L'équation différentielle homogène associée à (L') admet pour équation caractéristique : $r^2 - 1 = 0$, dont les solutions sont $r_1 = -1$ et $r_2 = 1$.

Ainsi les solutions de l'équation différentielle homogène sont les fonctions de la forme :

$u_H : x \mapsto A\mathrm{e}^{-x} + B\mathrm{e}^{x}$ ou $x \mapsto \lambda \operatorname{ch} x + \mu \operatorname{sh} x$, λ, μ réels quelconques

La fonction $u_p : x \mapsto \dfrac{-\sin x}{2}$ est une solution particulière évidente de (L'), donc l'ensemble des solutions est finalement :

$$S_{(L')} = \big\{x \mapsto \lambda \operatorname{ch} x + \mu \operatorname{sh} x - \tfrac{\sin x}{2}, (\lambda, \mu) \in \mathbb{R}^2\big\}$$

2°) On pose, donc $z(x) = x^2 y(x)$ et si y est deux fois dérivable, il en est de même de z, et comme $x \neq 0$, il vient :

$y(x) = \dfrac{z(x)}{x^2}$, $y'(x) = \dfrac{z'(x)}{x^2} - 2\dfrac{z(x)}{x^3}$ et $y''(x) = \dfrac{z''(x)}{x^2} - 4\dfrac{z'(x)}{x^3} + 6\dfrac{z(x)}{x^4}$.

Si y est solution de (L), on replonge tout ceci dans (L), on simplifie, et on trouve (oh surprise !) que ceci équivaut à :

$$z''(x) - z(x) = \sin x$$

On en conclut donc que l'ensemble des solutions de (L) est :

$$S_{(L)} = \big\{x \mapsto \tfrac{1}{x^2}\big(\lambda \operatorname{ch} x + \mu \operatorname{sh} x - \tfrac{\sin x}{2}\big), (\lambda, \mu) \in \mathbb{R}^2\big\}$$

3°) Si y est solution de (L) telle que $\lim\limits_{x\to 0} y(x) = 0$, *a fortiori* on a $\lim\limits_{x\to 0} x^2 y(x) = 0$ et donc $\lambda = 0$.

Alors $y(x) = \dfrac{1}{x^2}(\mu x + o(x^2) - \tfrac{1}{2}x + o(x^2)) = \dfrac{2\mu - 1}{2x} + o(1)$ et ceci est de limite nulle en 0 si et seulement si $\mu = \dfrac{1}{2}$.

Finalement, la seule solution y de (L) de limite nulle en 0 est donc :

$$y : x \mapsto \frac{\operatorname{sh} x - \sin x}{2x^2}$$

Corrigé 12.18

1°) On pose en fait $z(x) = \frac{1}{x}\, y(x)$ et si y est solution de (H_1), alors z est dérivable sur $\mathbb{R}_+^*$. Puis $y = xz \implies y' = z + xz'$ et $y'' = 2z' + xz''$. Donc, si y est solution de (H_1), alors on a :

$$x^2y'' - 2xy' + (2-x^2)y = 0 \iff x^2(2z' + xz'') - 2x(z + xz') + (2-x^2)xz = 0$$
$$\iff x^3(z'' - z) = 0 \iff z'' - z = 0.$$

Les solutions sont les fonctions de la forme : $z\ :\ x \mapsto k_1 \operatorname{ch} x + k_2 \operatorname{sh} x$, $(k_1, k_2) \in \mathbb{R}^2$.

On en conclut que les solutions de (H_1) sont les fonctions de la forme :

$$y : x \mapsto k_1 x \operatorname{ch} x + k_2 x \operatorname{sh} x, (k_1, k_2) \in \mathbb{R}^2$$

2°) De même $y = \frac{z}{x} \implies y' = \dfrac{xz' - z}{x^2}$ et $y'' = \dfrac{x^3z'' - 2x^2z' + 2xz}{x^4}$. Donc, si y est solution de (H_2), on a :

$$\frac{x^3z'' - 2x^2z' + 2xz}{x^3} + 2\frac{xz' - z}{x^2} - k^2z = 0, \text{ soit } z'' - k^2z = 0$$

Les solutions de cette équation différentielle sont les fonctions de la forme : $z : x \mapsto k_1 \mathrm{e}^{kx} + k_2 \mathrm{e}^{-kx}, (k_1, k_2) \in \mathbb{R}^2$.

On en conclut que les solutions de (H_2) sont les fonctions de la forme :

$$y : x \mapsto \frac{k_1 \mathrm{e}^{kx} + k_2 \mathrm{e}^{-kx}}{x}, (k_1, k_2) \in \mathbb{R}^2$$

Corrigé 12.19

Si $z = xy' + y$, alors z est dérivable et $z' = xy'' + 2y'$, donc $x^2y'' - 2y = xz' - 2z$. Donc, si y est solution de (L), alors on a :

$$xz' - 2z = \frac{2x+1}{(x+1)^3} \quad (L')$$

L'équation homogène (H') : $xz' - 2z = 0$ s'écrit aussi $z' = \frac{2}{x} \times z$ qui s'intègre en $z_H : x \mapsto= kx^2, k \in \mathbb{R}$.

Si on cherche une solution particulière de (L') de la forme $z_p(x) = x^2 f(x)$ (méthode de variation de la constante), alors on trouve :

$x^2 f'(x) = \dfrac{2x+1}{x(x+1)^3}$, soit $f'(x) = \dfrac{2x+1}{(x^2+x)^3}$ et comme on reconnaît la forme u'/u^3, on peut prendre $f(x) = \dfrac{-1}{2x^2(x+1)^2}$ et $z_p = \dfrac{-1}{2(x+1)^2}$.

Les solutions de (L') sont donc les fonctions $z : x \mapsto kx^2 - \dfrac{2}{(x+1)^2}, k \in \mathbb{R}$.

Il nous reste à résoudre l'équation différentielle linéaire du premier ordre :

$$(L'') : xy' + y = kx^2 - \frac{1}{2(x+1)^2}$$

Les solutions de l'équation homogène associée sont de la forme $y_H : x \mapsto \frac{c}{x}$ et on cherche une solution particulière de l'équation complète sous la forme $y_p = \frac{1}{x} \times g$, qui nous amène à $g'(x) = cx^2 - \dfrac{1}{2(x+1)^2}$ et on prend $g(x) = \frac{c}{3}x^3 + \dfrac{1}{2(x+1)}$, ce qui donne : $y_p(x) = \frac{c}{3}x^2 + \dfrac{1}{2x(x+1)}$.

En conclusion, les solutions de l'équation différentielle (L) sont les fonctions de la forme :

$$y : x \mapsto \frac{k_1}{x} + k_2x^2 + \frac{1}{2x(x+1)},\ k_1, k_2 \text{ constantes réelles}$$

Corrigé 12.20

Soit y une éventuelle solution polynomiale (autre que la solution nulle), n son degré, $a_n \neq 0$ son coefficient dominant. On a donc :
$y(x) = a_nx^n + \cdots ; y'(x) = na_nx^{n-1} + \cdots ; y''(x) = n(n-1)a_nx^{n-2} + \cdots$
Ainsi :

$$\begin{aligned}0 &= (1+x^2)y'' - 2xy' + 2y\\ &= n(n-1)a_nx^n + \cdots - 2na_nx^n + \cdots + 2a_nx^n + \cdots = (n^2-3n+2)a_nx^n + \cdots\end{aligned}$$

On a donc $(n-1)(n-2) = 0$ et $n \in \{1, 2\}$.

En prenant $y(x) = ax^2 + bx + c$, on a alors $y'(x) = 2ax + b$ et $y''(x) = 2a$, et en remplaçant, y est solution de l'équation différentielle proposée si et seulement si :
$\forall\, x \in \mathbb{R}, (1+x^2)(2a) - 2x(2ax+b) + 2(ax^2+bx+c) = 0$, soit :

$$c = -a$$

Les solutions polynômiales sont donc de la forme : $y : x \mapsto a(x^2-1) + bx$.

Comme (L) est une équation différentielle linéaire homogène d'ordre 2, on sait que l'ensemble de ses solutions est un espace vectoriel de dimension 2. Donc on vient de trouver **toutes** les solutions.

Corrigé 12.21

1°) $\star$ Soit la fonction $f : x \mapsto (1-x)^\alpha$ définie sur I.

On a alors $f'(x) = -\alpha(1-x)^{\alpha-1}$ et $f''(x) = \alpha(\alpha-1)(1-x)^{\alpha-2}$, donc f est solution de (L) sur I, si et seulement si :

$$\forall\, x \in I, \big(2\alpha(\alpha-1) - \alpha + 1\big)(1-x)^\alpha = 0, \textit{ i.e. } (2\alpha-1)(\alpha-1) = 0.$$

On obtient ainsi immédiatement que la fonction $x \mapsto (1-x)^\alpha$ est solution de (L) pour $\alpha = 1$ et pour $\alpha = \dfrac{1}{2}$.

On en déduit que les solutions de (L) sur I sont les fonctions de la forme :

$$y : x \mapsto k_1(1-x) + k_2\sqrt{1-x},\ k_1, k_2 \text{ constantes réelles}$$

On obtient de la même façon que les solutions sur J de (L) sont les fonctions de la forme : $y : x \mapsto k_1'(x-1) + k_2'\sqrt{x-1}$, k_1', k_2' constantes réelles.

2°) Une solution y de (L) valable sur $\mathbb{R}$ est donc de la forme :

$$y : x \mapsto \begin{cases} k_1(1-x) + k_2\sqrt{1-x} & \text{si } x < 1\\ k_1'(x-1) + k_2'\sqrt{x-1} & \text{si } x > 1\end{cases}$$

Toutes ces fonctions sont continues en 1, avec $y(1) = 0$.

Une telle fonction n'est dérivable à gauche en 1 que si $k_2 = 0$ et à droite que si $k_2' = 0$. Dans ce cas les demi-dérivées en 1 ne sont égales que si $k_1 = -k_1'$.

Réciproquement, il est facile de voir que les fonctions $x \mapsto k(x-1)$ sont solutions sur $\mathbb{R}$ de (L). Ce qui achève l'exercice.

Corrigé 12.22

1°) L'équation différentielle homogène associée à (L) admet pour équation caractéristique : $r^2 - 1 = 0$, dont les solutions sont $r_1 = -1$ et $r_2 = 1$.

Les solutions de l'équation différentielle homogène sont donc les fonctions de la forme :

$$y_H : x \mapsto A\mathrm{e}^{-x} + B\mathrm{e}^{x}, \ A \text{ et } B \text{ constantes}$$

ou bien, ce qui est équivalent, de la forme : $y_H : x \mapsto A\,\mathrm{ch}(x) + B\,\mathrm{sh}(x)$, A et B constantes réelles.

Au vu du membre de droite de l'équation (L), nous allons choisir pour base de S_H la famille $(y_1, y_2) = (\mathrm{ch}, \mathrm{sh})$.

2°) On cherche alors une solution particulière sur I de la forme $y_p = C_1y_1 + C_2y_2$, où C_1 et C_2 sont des fonctions de classe $\mathcal{C}^2$, où on impose la condition :

$$C_1'y_1 + C_2'y_2 = 0$$

Ainsi :

$$y_P' = C_1y_1' + C_2y_2' + C_1'y_1 + C_2'y_2 = C_1y_1' + C_2y_2' = 0\,;$$
$$y'' = C_1'y_1 + C_2'y_2 + C_1y_1'' + C_2y_2''.$$

En remplaçant dans (L), la fonction y_P vérifie donc : $C_1'y_1 + C_2'y_2 = \dfrac{1}{\mathrm{ch}^3 x}$

En remplaçant y_1 et y_2 par leurs expressions, les fonctions C_1' et C_2' vérifient donc :

$$\forall\, x \in \mathbb{R}, \begin{cases} C_1'(x)\,\mathrm{ch}\,x + C_2'(x)\,\mathrm{sh}\,x = 0 \\ C_1'(x)\,\mathrm{sh}\,x + C_2'(x)\,\mathrm{ch}\,x = \dfrac{1}{\mathrm{ch}^3 x} \end{cases}$$

On en déduit : $C_1'(x) = -\dfrac{\mathrm{sh}\,x}{\mathrm{ch}^3 x}$ et $C_2'(x) = \dfrac{1}{\mathrm{ch}^2 x}$.

On peut donc prendre : $C_1(x) = \dfrac{1}{2\,\mathrm{ch}^2 x}$ et $C_2(x) = \mathrm{th}\,x$.

Ainsi la fonction $y_p : x \mapsto \dfrac{1}{2\,\mathrm{ch}\,x} + \dfrac{\mathrm{sh}^2 x}{\mathrm{ch}\,x}$ est une solution particulière de (L).

3°) L'ensemble des solutions de (L) est donc l'ensemble des fonctions définies sur $\mathbb{R}$ de la forme :

$$y : x \mapsto A\,\mathrm{ch}\,x + B\,\mathrm{sh}\,x + \frac{1}{2\,\mathrm{ch}\,x} + \frac{\mathrm{sh}^2 x}{\mathrm{ch}\,x}, \ A \text{ et } B \text{ constantes réelles}$$

Corrigé 12.23

1°) On pose $y_H(x) = x^b$, ce qui entraîne $y_H'(x) = bx^{b-1}$, $y_H''(x) = b(b-1)x^{b-2}$.

Si y_H est solution de (H), alors :

$\forall\, x \in I, x^2b(b-1)x^{b-2} - 2xbx^{b-1} + 2x^b = 0$, soit $b(b-1) - 2b + 2 = 0$ ou encore $b^2 - 3b + 2 = (b-1)(b-2) = 0$

Les fonctions $y_1 : x \mapsto x$ et $y_2 : x \mapsto x^2$ sont donc les solutions recherchées.

2°) On cherche des solutions particulières sur I de la forme $y_p = C_1y_1 + C_2y_2$, où C_1 et C_2 sont des fonctions de classe $\mathcal{C}^2$.

On dérive alors deux fois y_p, en imposant la condition $C_1'y_1 + C_2'y_2 = 0$ et on obtient :

$$y_p' = C_1y_1' + C_2y_2' + C_1'y_1 + C_2'y_2 = C_1y_1' + C_2y_2'$$
$$y_p'' = C_1y_1'' + C_2y_2'' + C_1'y_1' + C_2'y_2'$$

puis on replace tout ceci dans l'équation (L) et on obtient puisque y_1 et y_2 sont solutions de l'équation homogène :

$$\begin{cases} x^2C_1'(x) + 2x^3C_2'(x) = 2(1+\sin x) \\ xC_1'(x) + x^2C_2'(x) = 0 \end{cases}$$

On résout alors ce système (on a $x \neq 0$) et on trouve :

$$C_1'(x) = \frac{-2}{x^2} - 2\frac{\sin x}{x} \text{ et } C_2'(x) = \frac{2}{x^3} + 2\frac{\sin x}{x^2}$$

Par primitivation :

$$C_1(x) = \frac{2}{x} - 2\int_1^x \frac{\sin t}{t}\,dt + K_1 \text{ et } C_2(x) = \frac{-1}{x^2} + 2\int_1^x \frac{\sin t}{t^2}\,dt + K_2$$

Avec K_1 et K_2 constantes.

Donc la fonction $y_p : x \mapsto 1 - 2xf(x) + 2x^2g(x)$ est une solution particulière de (L).

2°) On déduit directement des deux premières questions que l'ensemble des solutions de (L) est l'ensemble des fonctions définies sur I de la forme :

$$y : x \mapsto 1 - 2xf(x) + 2x^2g(x) + K_1x + K_2x^2, (K_1, K_2) \in \mathbb{R}^2$$

3°) Soit y une solution de (L). Pour tout x dans I, on trouve :

$$\begin{aligned} y'(x) &= -2f(x) - 2x\frac{\sin x}{x} + 4xg(x) + 2x^2\frac{\sin x}{x^2} + K_1 + 2K_2x \\ &= -2f(x) + 4xg(x) + K_1 + 2K_2x, \\ y''(x) &= 2\frac{\sin x}{x} + 4g(x) + 2K_2. \end{aligned}$$

La fonction $t \mapsto \frac{\sin t}{t^2}$ est de signe fixe au voisinage de 0 à droite, $\frac{\sin t}{t^2} \underset{(0^+)}{\sim} \frac{1}{t}$ et $t \mapsto \frac{1}{t}$ n'est pas intégrable en 0, donc g est de limite infinie en 0, alors que $\lim\limits_{x\to 0} 2\frac{\sin x}{x} + 2K_2 = 2 + 2K_2 \in \mathbb{R}$, donc : $\lim\limits_{x\to 0} y''(x) = +\infty$.

On en conclut donc qu'il n'y a pas de solution de (L) valable sur $\mathbb{R}_+$ tout entier.

Corrigé 12.24

1°) Si p et q sont telles que demande l'énoncé et u_1, u_2 les solutions correspondantes. On a :

$$u_2'' + pu_2' + qu_2 = 0, u_1'' + pu_1' + qu_1 = 0 \text{ et } u_2(x) = xu_1(x)$$

alors : $u_2'(x) = u_1(x) + xu_1'(x)$ et $u_2''(x) = 2u_1'(x) + xu_1''(x)$.

Donc $2u_1' + xu_1'' + p(u_1 + xu_1') + qxu_1 = 0$, soit :

$$2u_1' + pu_1 + x(u_1'' + pu_1' + qu_1) = 0$$

et comme u_1 est également solution de (L) :

$$u_1' = -\frac{p}{2}u_1 \quad (*)$$

On en déduit $u_1'' = -\frac{1}{2}(p'u_1 + pu_1') = -\frac{1}{2}\big(p'u_1 - \frac{p^2}{2}u_1\big) = \big(\frac{p^2}{4} - \frac{p'}{2}\big)u_1 \quad (**)$
Comme u_1 est solution de (L), compte tenu de $(*)$ et de $(**)$, on a :
$\big(\frac{p^2}{4} - \frac{p'}{2}\big)u_1 - \frac{p^2}{2}u_1 + qu_1 = 0$, soit $\big(q - \frac{p^2}{4} - \frac{p'}{2}\big)u_1 = 0$.
et comme u_1 n'est jamais nulle :

$$q = \frac{p^2}{4} + \frac{p'}{2} \quad (***)$$

Réciproquement, si l'équation $(***)$ est vérifiée, on voit alors, en remplaçant, que toute fonction u_1 telle que $u_1' = -\frac{p}{2}u_1$ est solution de l'équation (L), ainsi que la fonction $u_2 : x \mapsto xu_2(x)$. Comme u_1 est de la forme $u_1 : x \mapsto k\exp(-\frac{1}{2}P(x))$, où P est une primitive de p, il suffit de prendre $k \neq 0$ pour obtenir une solution qui ne s'annule jamis sur I.

2°) On a ici $p(x) = \dfrac{2(1-x)}{x}$ et $q(x) = \dfrac{x-2}{x}$ qui sont indéfiniment dérivables sur $I =]0, +\infty[$.
On remarque (ce qui était prévu !) que l'on a :

$$\frac{p^2(x)}{4} + \frac{p'(x)}{2} = \frac{4(1-x)^2}{4x^2} - \frac{2}{2x^2} = \frac{1 - 2x + x^2 - 1}{x^2} = \frac{x-2}{x} = q(x).$$

donc l'équation $(***)$ est vérifiée.
L'équation $(*)$ nous donne alors : $u_1'(x) = \dfrac{x-1}{x}u_1(x) = \big(1 - \frac{1}{x}\big)u_1(x)$,
d'où : $u_1(x) = k_1\exp(x - \ln x) = k_1\dfrac{e^x}{x}$, $k_1 \in \mathbb{R}$
On en déduit que l'ensemble des solutions de (L) est :

$$S_{(L)} = \big\{y : x \mapsto \big(\frac{k_1}{x} + k_2\big)e^x, (k_1, k_2) \in \mathbb{R}^2\big\}$$

[On aurait pu remarquer que $x \mapsto e^x$ était solution évidente de (L) et faire le changement de fonction habituel. . .]

Corrigé 12.25

1°) On suppose la condition de l'énoncé vérifiée et on remarque tout d'abord que la condition « $u_1u_2 = 1$ » implique que les fonctions u_1 et u_2 ne peuvent pas s'annuler sur I.
On calcule alors les dérivées première et seconde de $u_2 = \dfrac{1}{u_1}$ et on trouve :

$$u_2' = \frac{-u_1'}{u_1^2} \text{ et } u_2'' = \frac{-u_1''}{u_1^2} + \frac{2(u_1')^2}{u_1^3}$$

Comme u_1 et $u_2 = \dfrac{1}{u_1}$ sont solutions de (L), on a :

$$u_1'' = \frac{u_1'}{x} + pu_1 \text{ et } 2\frac{(u_1')^2}{u_1} - u_1'' = -\frac{u_1'}{x} + pu_1$$

On élimine alors $u_1''(x)$ entre ces deux équations et on trouve :

$$(u_1')^2 = p\times(u_1)^2 \quad (*)$$

[On remarque que cette relation implique que la fonction p est positive sur I.]
On dérive ensuite l'équation $(*)$ et on obtient :

$$2u_1'u_1'' = p'u_1^2 + 2pu_1u_1'$$

En remplaçant u_1'' par son expression tirée de (L), on trouve :

$2u_1'(\frac{u_1'}{x} + pu_1) = p'(u_1)^2 + 2pu_1u_1'$, soit : $2\frac{(u_1')^2}{x} = p'(u_1)^2$ et

$$\frac{2}{x}p(u_1)^2 = p'(u_1)^2$$

Comme, par hypothèse, u_1 ne s'annule pas sur I, on obtient l'équation différentielle recherchée :

$$p' = \frac{2}{x}p \quad (H)$$

2°) On résout alors (H) et on obtient, puisque p est positive :

$$\exists\, k \in \mathbb{R}_+, p(x) = kx^2$$

L'équation (L) devient alors $y'' = \frac{y'}{x} + kx^2y$.

L'équation $(*)$ s'écrit : $(u_1')^2 = kx^2(u_1)^2$ et comme u_1 ne s'annule jamais, la fonction $u_1(x)$ a un signe fixe et $u_1'(x) = \varepsilon\sqrt{k}xu_1(x)$, où ε vaut toujours 1 ou toujours -1.

On obtient ainsi, par exemple : $u_1(x) = \mathrm{e}^{\sqrt{k}x^2/2}$ et $u_2 = \mathrm{e}^{-\sqrt{k}x^2/2}$.

On vérifie que ces fonctions sont bien des solutions de (L) et comme elles sont non proportionnelles, la solution générale de (L) est :

$$y : x \mapsto k_1\mathrm{e}^{\sqrt{k}x^2/2} + k_2\mathrm{e}^{-\sqrt{k}x^2/2}$$

Corrigé 12.26

1°) Si $R > 0$ est le rayon de convergence de la série entière $\sum\limits_{n\geq 0} a_nx^n$, et $f(x)$ sa somme, alors on a, pour tout $x \in \left]-R; R\right[$:

$$f(x) = \sum_{n=0}^{\infty} a_nx^n,\ xf'(x) = x\sum_{n=1}^{\infty} na_nx^{n-1} = \sum_{n=0}^{\infty} na_nx^n$$

$$f''(x) = \sum_{n=2}^{\infty} n(n-1)a_nx^{n-2} = \sum_{n=0}^{\infty}(n+2)(n+1)a_{n+2}x^n.$$

Ce qui nous donne, si f est solution de (E) :

$$\forall\, x \in \left]-R, R\right[,\ \sum_{n=0}^{\infty} a_nx^n + \sum_{n=0}^{\infty} na_nx^n + \sum_{n=0}^{\infty}(n+2)(n+1)a_{n+2}x^n = 1$$

Soit : $\sum\limits_{n=0}^{\infty}(n+1)\big(a_n + (n+2)a_{n+2}\big)x^n = 1$

Par unicité du développement en série entière de la fonction constante égale à 1, il vient :

$$a_0 + 2a_2 = 1 \text{ et } \forall\, n \geqslant 1, a_n + (n+2)a_{n+2} = 0$$

Soit :

$$a_2 = \frac{1-a_0}{2},\ \forall\, n \geqslant 1, a_{n+2} = -\frac{1}{n+2}a_n$$

2°) Si on suppose de plus que $y(0) = y'(0) = 0$, alors on a $a_0 = a_1 = 0$, puis $a_3 = -\frac{1}{3}a_1 = 0$ et par une récurrence élémentaire tous les termes d'indices impairs a_{2n+1} sont nuls.

D'autre part $a_2 = \frac{1}{2}$, $a_4 = -\frac{1}{4}\,a_2 = \dfrac{-1}{4\times 2}$, $a_6 = -\frac{1}{6}\,a_4 = \dfrac{(-1)^2}{6\times 4\times 2}$ et, par une récurrence tout aussi élémentaire :

$$a_{2n} = -\frac{1}{2n}a_{2n-2} = \cdots = \frac{(-1)^{n-1}}{(2n)\times(2n-2)\times\ldots\times 2} = \frac{(-1)^{n-1}}{2^n n!}$$

Cette dernière formule étant valable pour tout $n \geqslant 1$.

Enfin la série entière, $\sum\limits_{n\geq 1} \dfrac{(-1)^{n-1}}{2^n n!}x^{2n}$ est de rayon de convergence $R = +\infty$ (par exemple à l'aide de la règle de d'Alembert). Les calculs précédents sont donc légitimes et la fonction somme y ainsi définie est solution de l'équation différentielle (E).

3°) On obtient alors, pour tout $x \in \mathbb{R}$:

$$y(x) = \sum_{n=1}^{\infty} \frac{(-1)^{n-1}}{2^n n!}x^{2n} = -\sum_{n=1}^{\infty} \frac{1}{n!}\Big(\frac{-x^2}{2}\Big)^n = 1 - \sum_{n=0}^{\infty} \frac{1}{n!}\Big(\frac{-x^2}{2}\Big)^n$$

soit :

$$y(x) = 1 - \mathrm{e}^{-x^2/2}$$

[Comme on est prudent, on vérifie que cette fonction est bien solution de l'équation différentielle proposée, ce qui achève l'exercice.]

Corrigé 12.27

1°) Si y est une solution de (E) somme d'une série entière de rayon de convergence $R > 0$, alors on peut écrire, pour tout $x \in \left]-R, R\right[$:

$$y(x) = \sum_{n=0}^{\infty} a_n x^n,\ y'(x) = \sum_{n=1}^{\infty} n a_n x^{n-1},$$

$$y''(x) = \sum_{n=2}^{\infty} n(n-1)a_n x^{n-2} = \sum_{n=0}^{\infty} (n+2)(n+1)a_{n+2}x^n$$

Ce qui nous donne, en remplaçant :

$$0 = \sum_{n=2}^{\infty} n(n-1)a_n x^n - \sum_{n=0}^{\infty} (n+2)(n+1)a_{n+2}x^n + 6\sum_{n=0}^{\infty} n a_n x^n + 6\sum_{n=0}^{\infty} a_n x^n$$

et en ajoutant dans la première somme les termes nuls qui correspondraient aux indices 0 et 1 :

$$\sum_{n=0}^{\infty} \big[(n(n-1) + 6n + 6)a_n - (n+2)(n+1)a_{n+2}\big]x^n = 0$$

Par unicité du développement en série entière, on obtient :

$$\forall n \in \mathbb{N}, (n^2 + 5n + 6)a_n - (n+2)(n+1)a_{n+2} = 0$$

Soit, en simplifiant par $n+2$: $a_{n+2} = \dfrac{n+3}{n+1}a_n$.

On obtient alors, avec les arguments de récurrence habituels :

$\rightarrow a_3 = \frac{4}{2}a_1 = 2a_1$, $a_5 = \frac{6}{4}a_3 = 3a_1, \ldots,$

$$a_{2p+1} = \frac{2p+2}{2p}a_{2p-1} = \frac{p+1}{p}a_{2p-1} = \cdots = (p+1)a_1$$

$\rightarrow a_2 = \frac{3}{1}a_0$, $a_4 = \frac{5}{3}a_2 = 5a_0$, et de même $a_{2p} = (2p+1)a_0$.

Les solutions de (E) sommes de séries entières sont donc les fonctions de la forme :

$$f : x \mapsto a_0 \sum_{p=0}^{\infty}(2p+1)x^{2p} + a_1 \sum_{p=0}^{\infty}(p+1)x^{2p+1}$$

Les deux séries entières composantes sont de rayon de convergence 1 (ce qui tombe bien !) et pour $x \in]-1, 1[$, on sait que :

$$\sum_{p=0}^{\infty} x^{2p+1} = x \sum_{p=0}^{\infty}(x^2)^p = \frac{x}{1-x^2} \text{ et } \sum_{p=0}^{\infty} x^{2p+2} = \frac{x^2}{1-x^2}$$

Par dérivation légitime, on a donc :

$$\sum_{p=0}^{\infty}(2p+1)x^{2p} = \frac{1+x^2}{(1-x^2)^2} \text{ et } \sum_{p=0}^{\infty} 2(p+1)x^{2p+1} = \frac{2x}{(1-x^2)^2}$$

En remplaçant : $y(x) = a_0 \dfrac{1+x^2}{(1-x^2)^2} + a_1 \dfrac{x}{(1-x^2)^2}$

2°) Les fonctions $y_1 : x \mapsto \dfrac{1+x^2}{(1-x^2)^2}$ et $y_2 : x \mapsto \dfrac{x}{(1-x^2)^2}$ sont clairement non proportionnelles et comme on sait que l'ensemble des solutions de (E) sur I est un espace vectoriel de dimension 2, on vient de trouver une base de cet espace. Donc l'ensemble des solutions de (E) est :

$$S_E = \text{Vect}(y_1, y_2) = \left\{ y : x \in I \mapsto \frac{a_0(1+x^2) + a_1 x}{(1-x^2)^2}, (a_0, a_1) \in \mathbb{R}^2 \right\}$$

Corrigé 12.28

1°) Soit y une solution de (E) somme d'une série entière de rayon de convergence R non nul : $y(x) = \sum_{n=0}^{\infty} a_n x^n$. Sur l'intervalle ouvert de convergence, on a :

$y'(x) = \sum_{n=1}^{\infty} n a_n x^{n-1}$ et $y''(x) = \sum_{n=2}^{\infty} n(n-1) a_n x^{n-2}$.

Donc y est solution de (E) si et seulement si :

$$\begin{aligned} 0 &= x \sum_{n=2}^{\infty} n(n-1)a_n x^{n-2} - \sum_{n=1}^{\infty} n a_n x^{n-1} + 4x^3 \sum_{n=0}^{\infty} a_n x^n \\ &= \sum_{n=1}^{\infty} n(n+1)a_{n+1}x^n - \sum_{n=0}^{\infty}(n+1)a_{n+1}x^n + 4\sum_{n=3}^{\infty} a_{n-3}x^n \\ &= -a_1 + 3a_3x^2 + \sum_{n=3}^{\infty}\big((n-1)(n+1)a_{n+1} + 4a_{n-3}\big)x^n \end{aligned}$$

L'unicité du développement en série entière de la fonction nulle implique alors que l'on a : $a_1 = a_3 = 0$ et $\forall\, n \geqslant 3, a_{n+1} = \dfrac{-4}{(n-1)(n+1)} a_{n-3}$

2°) La portée de la relation de récurrence vaut 4, donc $a_1 = a_3 = 0$ entraîne la nullité de tous les termes d'indices impairs.

Puis la relation $a_{n+4} = \dfrac{-4}{(n+2)(n+4)} a_n$ donne :

$\rightarrow a_{4p} = \dfrac{-4}{4p(4p-2)} a_{4(p-1)} = \dfrac{-1}{2p(2p-1)} a_{4(p-1)}$, ce qui implique alors, par récurrence, que :

$$a_{4p} = \frac{(-1)^p}{(2p)!} a_0 \text{ (valable pour tout } p \in \mathbb{N})$$

$\rightarrow a_{4p+2} = \dfrac{-4}{(4p)(4p+2)} a_{4p-2} = \dfrac{-1}{(2p+1)(2p)} a_{4p-2}$ donne de même :

$$\forall p \in \mathbb{N}, a_{4p+2} = \frac{(-1)^p}{(2p+1)!} a_2$$

3°) En appliquant par exemple la règle de d'Alembert, on obtient que les séries entières obtenues ont un rayon de convergence infini et on reconnaît les personnages, donc :

$$y(x) = a_0 \sum_{p=0}^{\infty} \frac{(-1)^p}{(2p)!} x^{4p} + a_2 \sum_{p=0}^{\infty} \frac{(-1)^p}{(2p+1)!} x^{4p+2} = a_0 \cos(x^2) + a_2 \sin(x^2)$$

Comme l'équation différentielle (E) est linéaire du second ordre, son ensemble de solutions S_E est un espace vectoriel de dimension 2. Or les fonctions $x \mapsto \cos(x^2)$ et $x \mapsto \sin(x^2)$ ne sont pas colinéaires, donc on en conclut alors que l'ensemble des solutions de (E) est :

$$S_E = \text{Vect}(x \mapsto \cos(x^2), x \mapsto \sin(x^2))$$

Ces solutions étant en fait valables sur $\mathbb{R}$ tout entier.

Corrigé 12.29

1°) On cherche une solution de (E) somme d'une série entière de rayon de convergence R non nul, donc de la forme $y(x) = \sum\limits_{n=0}^{\infty} a_n x^n$.

On obtient alors, par dérivation terme à terme sur l'intervalle ouvert de convergence :

$$\forall x \in]-R; R[, y'(x) = \sum_{n=1}^{\infty} n a_n x^{n-1} \text{ et } y''(x) = \sum_{n=2}^{\infty} n(n-1) a_n x^{n-2}$$

On replonge tout ceci dans l'équation (E) et on trouve que y est solution si et seulement si, pour $x \in]-R, R[$:

$$\sum_{n=2}^{\infty} n(n-1) a_n x^n - \sum_{n=2}^{\infty} n(n-1) a_n x^{n-1} + 3 \sum_{n=1}^{\infty} n a_n x^n + \sum_{n=0}^{\infty} a_n x^n = 0$$

Ce qui s'écrit aussi :

$$\sum_{n=0}^{\infty} n(n-1) a_n x^n - \sum_{n=0}^{\infty} n(n+1) a_{n+1} x^n + 3 \sum_{n=0}^{\infty} n a_n x^n + \sum_{n=0}^{\infty} a_n x^n = 0$$

Soit :

$$\sum_{n=0}^{\infty} (n+1)^2 a_n x^n - \sum_{n=0}^{\infty} n(n+1) a_{n+1} x^n = 0$$

Et, par unicité du développement en série entière de la fonction nulle :

$$a_0 = 0 \text{ et } \forall n \in \mathbb{N}^*, a_{n+1} = \frac{n+1}{n} a_n$$

Ce qui implique, par une récurrence immédiate, que l'on a :

$$a_0 = 0 \text{ et } \forall n \in \mathbb{N}^*, a_n = n a_1$$

Puisque la série entière $\sum\limits_{n \geq 1} n x^n$ a pour rayon de convergence 1, on a ainsi prouvé que la fonction f définie par :

$$f(x) = \sum_{n=1}^{\infty} n x^n = x \sum_{n=1}^{\infty} n x^{n-1} = x \times \frac{1}{(1-x)^2}$$

est solution de l'équation (E) sur $]0, 1[$.

2°) La fonction $f : x \mapsto \dfrac{x}{(1-x)^2}$ est donc une solution de (E) qui ne s'annule jamais, ce qui nous conduit à poser le changement de fonction $y = fu$ et si y est deux fois dérivable, il en est de même de u.
On a alors $y' = f'u + fu'$ et $y'' = f''u + 2f'u' + fu''$.
Avec $f'(x) = \dfrac{1+x}{(1-x)^3}$, $f''(x) = \dfrac{4+2x}{(1-x)^4}$, on replonge ceci dans (E) et on obtient après simplification attendue des termes en u :

$$x(1-x)u''(x) + (2-x)u'(x)$$

Soit : $u''(x) = \dfrac{x-2}{x(1-x)}u'(x) = \Big(-\dfrac{2}{x} - \dfrac{1}{1-x}\Big)u'(x)$

Donc : $\exists\, k \in \mathbb{R}, u'(x) = k\exp\big(-2\ln x + \ln(1-x)\big) = k\dfrac{1-x}{x^2} = k\big(\dfrac{1}{x^2} - \dfrac{1}{x}\big)$

On intègre encore une fois et on trouve alors : $u(x) = -k\big(\dfrac{1}{x} + \ln x\big) + k'$, k et k' étant des constantes réelles quelconques.
Conclusion, la solution générale de (E) sur $]0,1[$ est de la forme :

$$y : x \mapsto \frac{k'x - k(1 + x\ln x)}{(1-x)^2},\ k \text{ et } k' \text{ constantes réelles quelconques.}$$

Corrigé 12.30

1°) On cherche une série entière $\sum a_n x^n$, de rayon de convergence $R > 0$ dont la somme $y : x \mapsto \sum\limits_{n=0}^{\infty} a_n x^n$ soit solution de E au moins sur un intervalle de la forme $]0, b[$, avec $b > 0$.
On obtient alors, par dérivation terme à terme sur l'intervalle ouvert de convergence :
$\forall\, x \in\,]-R, R[, y'(x) = \sum\limits_{n=1}^{\infty} na_n x^{n-1}$ et $y''(x) = \sum\limits_{n=2}^{\infty} n(n-1)a_n x^{n-2}$.
On replonge tout ceci dans l'équation (E) et on obtient :

$$\sum_{n=2}^{\infty} n(n-1)a_n x^{n-1} + 2\sum_{n=1}^{\infty} na_n x^{n-1} + \omega^2 \sum_{n=0}^{\infty} a_n x^{n+1} = 0$$

Dans la première somme on ajoute le terme correspondant à la valeur $n = 1$ (pas d'incidence sur la somme) et on regroupe les deux premières sommes :

$$\sum_{n=1}^{\infty} n(n+1)a_n x^{n-1} + \omega^2 \sum_{n=0}^{\infty} a_n x^{n+1} = 0$$

$$2a_1 + \sum_{n=2}^{\infty} n(n+1)a_n x^{n-1} + \omega^2 \sum_{n=2}^{\infty} a_{n-2} x^{n-1} = 0$$

Soit :

$$2a_1 + \sum_{n=2}^{\infty} [n(n+1)a_n + \omega^2 a_{n-2}]x^{n-1} = 0$$

On en déduit alors que :

$$a_1 = 0 \text{ et } \forall\, n \geqslant 2, a_n = \frac{-\omega^2}{(n+1)n} a_{n-2}$$

Par l'argument de récurrence habituel, camouflé sous des « ... » on a alors : $\forall\, p \in \mathbb{N}, a_{2p+1} = 0$ et :

$$a_{2p} = \frac{-\omega^2}{(2p+1)(2p)} a_{2p-2} = \frac{(-1)^2\omega^4}{(2p+1)(2p)(2p-1)(2p-2)} a_{2p-4} = \cdots$$

$$a_{2p} = \frac{(-1)^p\omega^{2p}}{(2p+1)(2p)(2p-1)(2p-2)\cdots(3)(2)} a_0 = \frac{(-1)^p\omega^{2p}}{(2p+1)!} a_0$$

On obtient ainsi (sous réserve de convergence) :

$$y(x) = a_0 \sum_{p=0}^{\infty} \frac{(-1)^p\omega^{2p}x^{2p}}{(2p+1)!} = \frac{a_0}{\omega x} \sum_{p=0}^{\infty} \frac{(-1)^p(\omega x)^{2p+1}}{(2p+1)!}$$

Cette série entière est de rayon de convergence infini et de somme connue. Avec $a_0 = 1$, il vient :

$$\forall x > 0, y(x) = \frac{1}{\omega x}\sin(\omega x)$$

2°) On sent qu'il s'est passé quelque chose... Si y est une solution de (E), on pose alors, pour $x > 0$ appartenant au domaine de définition de y, $y(x) = \dfrac{z(x)}{x}$.

z est alors deux fois dérivable et l'équation (E) devient :

$$x\Big(-2\frac{z'(x)x - z(x)}{x^3} + \frac{xz''(x)}{x^2}\Big) + 2\frac{z'(x)x - z(x)}{x^2} + \omega^2 z(x) = 0$$

Soit $z''(x) + \omega^2 z(x) = 0$, qui s'intègre immédiatement en :

$$z(x) = k_1\cos(\omega x) + k_2\sin(\omega x)$$

et, en laissant la constante prendre en charge la pulsation ω, la solution générale sur $\mathbb{R}_+^*$ de l'équation initiale est :

$$y : x \mapsto A_1\frac{\cos(\omega x)}{\omega x} + A_2\frac{\sin(\omega x)}{\omega x},\ A_1, A_2 \text{ constantes quelconques}$$

Corrigé 12.31

1°) Supposons qu'il existe une solution y somme d'une série entière de rayon de convergence $R > 0$: $y(x) = \sum\limits_{n=0}^{\infty} a_n x^n$. On a alors pour $x \in\,]-R, R[$:

$$y'(x) = \sum_{n=1}^{\infty} n a_n x^{n-1},\ y''(x) = \sum_{n=2}^{\infty} n(n-1)a_n x^{n-2}.$$

En reportant dans l'équation différentielle, il vient :

$$0 = x^2(1-x)\sum_{n=2}^{\infty} n(n-1)a_n x^{n-2} - x(1+x)\sum_{n=1}^{\infty} n a_n x^{n-1} + \sum_{n=0}^{\infty} a_n x^n$$

$$= \sum_{n=2}^{\infty} n(n-1)a_n x^n - \sum_{n=2}^{\infty} n(n-1)a_n x^{n+1} - \sum_{n=1}^{\infty} n a_n x^n - \sum_{n=1}^{\infty} n a_n x^{n+1} + \sum_{n=0}^{\infty} a_n x^n$$

Dans la première somme, on ajoute les termes qui correspondraient aux indices 0 et 1 (ils sont nuls), dans la deuxième, on ajoute le terme d'indice 1 (même raison) et on regroupe :

$$0 = \sum_{n=0}^{\infty}(n(n-1) - n + 1)a_n x^n - \sum_{n=1}^{\infty}(n(n-1)+n)a_n x^{n+1}$$

$$= a_0 + \sum_{n=1}^{\infty}(n-1)^2 a_n x^n - \sum_{n=1}^{\infty} n^2 a_n x^{n+1}$$

Soit, par décalage de l'indice dans la deuxième somme :

$$\forall\, x \in\,]-R, R[,\ \sum_{n=2}^{\infty} (n-1)^2(a_n - a_{n-1})x^n + a_0 = 0$$

On obtient donc, par unicité du développement en série entière de la fonction nulle :

$$a_0 = 0 \text{ et } \forall\, n \geqslant 2, a_n = a_{n-1}$$

Toute solution développable en série entière s'écrit donc :

$$y(x) = \sum_{n=1}^{\infty} a_1 x^n = a_1 x \sum_{n=0}^{\infty} x^n$$

Le rayon de convergence de la série précédente vaut 1 (pour $a_1 \neq 0$) et comme on veut justement intégrer sur $]0, 1[$, on peut conclure :

$$f : x \mapsto x \sum_{n=0}^{\infty} x^n = \frac{x}{1-x} \text{ est solution de } (E) \text{ sur }]0, 1[.$$

2°) La fonction $f : x \mapsto \dfrac{x}{1-x}$ est une solution de (E), jamais nulle, ce qui nous conduit à poser $y = fu$ et si y est solution de (E), alors u est deux fois dérivable.
On a : $y' = f'u + fu'$ et $y'' = f''u + 2f'u' + fu''$.
On replonge tout ceci dans l'équation (E) et on obtient alors, pour $x \in\,]0; 1[$:

$$x^2(1-x)(f''u + 2f'u' + fu'') - x(1+x)(f'u + fu') + fu = 0$$

Soit :

$$u(x^2(1-x)f'' - x(1+x)f' + f) + x^2(1-x)(2f'u' + fu'') - x(1+x)fu' = 0$$

ou encore, puisque f est solution de (E) et x non nul :

$$x(1-x)(2f'u' + fu'') - (1+x)fu' = 0$$

Avec $f(x) = \dfrac{x}{1-x}$, on a $f'(x) = \dfrac{1}{(1-x)^2}$, $f''(x) = \dfrac{2}{(1-x)^3}$, et en remplaçant il reste :

$$\forall\, x \in\,]0, 1[, xu''(x) + u'(x) = 0$$

On trouve alors : $u'(x) = \dfrac{k_1}{x}$; $u(x) = k_1 \ln x + k_2$, k_1, k_2 constantes réelles.
En conclusion, la solution générale de (E) sur $]0; 1[$ est de la forme :

$$y = x \mapsto \frac{x(k_1 \ln x + k_2)}{1-x},\ k_1, k_2 \text{ constantes quelconques.}$$

Corrigé 12.32

Analyse. Soit f une éventuelle solution de l'équation (E).
Alors on a, pour tout réel x, $f'(x) = \mathrm{e}^x - f(-x)$. Ainsi, la fonction f' est de classe $\mathcal{C}^1$ sur $\mathbb{R}$, ce qui implique que la fonction f est de classe $\mathcal{C}^2$ sur $\mathbb{R}$. On peut alors dériver cette équation, et on trouve :

$$f''(x) - f'(-x) = \mathrm{e}^x$$

Or $f'(-x) = \mathrm{e}^{-x} - f(x)$, donc f vérifie :

$$f''(x) + f(x) = \mathrm{e}^x + \mathrm{e}^{-x} \quad (*)$$

Les solutions de l'équation homogène (H) associée à cette équation différentielle sont les fonctions de la forme :

$$y_H : x \mapsto \lambda \cos x + \mu \sin x, \text{ avec } \lambda, \mu \text{ constantes réelles}$$

Comme la fonction ch est une solution particulière évidente de l'équation $(*)$, alors il existe $(\lambda, \mu) \in \mathbb{R}^2$ tel que :

$$\forall x \in \mathbb{R}, f(x) = \lambda \cos x + \mu \sin x + \operatorname{ch} x$$

Synthèse. Cherchons maintenant les valeurs de λ et μ pour lesquelles l'équation initiale est bien vérifiée.

On a : $f'(x) = -\lambda \sin x + \mu \cos x + \operatorname{sh} x$, et pour $x \in \mathbb{R}$:

$$f'(x) + f(-x) = \mathrm{e}^x \iff -(\lambda + \mu) \sin x + (\lambda + \mu) \cos x = 0$$

Ceci est vrai pour tout x si et seulement si $\mu = -\lambda$.

En conclusion, l'ensemble de fonctions recherchées est :

$$S_E = \{f : x \mapsto \lambda(\cos x - \sin x) + \operatorname{ch} x,\ \lambda \in \mathbb{R}\}$$

Corrigé 12.33

$\star$ Soit f une éventuelle solution à ce problème.

Alors on a, pour tout réel $x > 0$, $f'(x) = f\left(\frac{3}{16x}\right)$. Ainsi, la fonction f' est de classe $\mathcal{C}^1$ sur $\mathbb{R}_+^*$, ce qui implique que la fonction f est de classe $\mathcal{C}^2$ sur $\mathbb{R}_+^*$. On peut alors dériver cette équation et on trouve :

$$\forall x > 0, f''(x) = \frac{-3}{16x^2} f'\left(\frac{3}{16x}\right) = \frac{-3}{16x^2} f\left(\frac{3}{16\frac{3}{16x}}\right) = \frac{-3}{16x^2} f(x)$$

On en déduit que la fonction f est solution sur $\mathbb{R}_+^*$ de l'équation différentielle linéaire suivante :

$$16x^2 y'' + 3y = 0$$

On cherche des solutions de (H) de la forme $y : x \mapsto x^\alpha$. On dérive deux fois cette fonction, on remplace et on obtient : $\forall x \in \mathbb{R}_+^*, 16x^2\alpha(\alpha - 1)x^{\alpha-2} + 3x^\alpha = 0$, soit :

$$16\alpha(\alpha - 1) + 3 = (4\alpha - 2)^2 - 1 = 0 \text{ et } \alpha \in \{1/4, 3/4\}$$

On obtient ainsi deux fonctions linéairement indépendantes $x \mapsto x^{1/4}$ et $x \mapsto x^{3/4}$ solutions de (H) et on en conclut donc que, si f est solution du problème étudié, il existe un couple $(A, B) \in \mathbb{R}^2$ tel que :

$$\forall x > 0, f(x) = Ax^{1/4} + Bx^{3/4}$$

$\star$ Réciproquement, soit $f : x \mapsto Ax^{1/4} + Bx^{3/4}$ et cherchons les valeurs de A et B pour lesquelles l'équation de départ est vérifiée.

On dérive f et on trouve : $f'(x) = \frac{A}{4}x^{-3/4} + \frac{3B}{4}x^{-1/4}$.

D'autre part, on a :

$$f\left(\frac{3}{16x}\right) = A\left(\frac{3}{16x}\right)^{1/4} + B\left(\frac{3}{16x}\right)^{3/4} = A\frac{3^{1/4}}{2}x^{-1/4} + B\frac{3^{3/4}}{8}x^{-3/4}$$

donc la fonction f est solution du problème proposé si et seulement si, pour tout $x > 0$:

$$\frac{A}{4}x^{-3/4} + \frac{3B}{4}x^{-1/4} = A\frac{3^{1/4}}{2}x^{-1/4} + B\frac{3^{3/4}}{8}x^{-3/4}$$

et les deux fonctions $x \mapsto x^{-1/4}$ et $x \mapsto x^{-3/4}$ formant une famille libre, ceci a lieu si et seulement si : $\frac{A}{4} = \frac{3^{3/4}B}{8}$ et $\frac{3B}{4} = \frac{3^{1/4}A}{2}$.

Ces deux conditions sont en fait une seule condition : $B = \dfrac{2A}{3^{3/4}}$.

En conclusion, les fonctions recherchées sont les fonctions définies sur $\mathbb{R}_+^*$ par :

$$\exists\, A \in \mathbb{R}, \forall\, x > 0, f(x) = A\big(x^{1/4} + 2\big(\tfrac{x}{3}\big)^{3/4}\big)$$

Cet ouvrage a été achevé d'imprimer en janvier 2015
dans les ateliers de Normandie Roto Impression s.a.s.
61250 Lonrai (Orne)
N° d'impression : 1500301
Dépôt légal : février 2015

Imprimé en France